C++17

教學範本 第五版

從新手晉身為 C++ 專家

Beginning C++17: From Novice to Professional (5th Ed.)

by Ivor Horton, Peter Van Weert, ISBN: 978-1-4842-3365-8

Original English language edition published by APress Media, LLC Copyright © 2018 Ivor
Horton, Peter Van Weert

This edition has been translated and published under licence from APress Media, LLC

Chinese Traditional-language edition copyright©2019 by GOTOP Information Inc.

All rights reserved.

譯者序

1983 年，Bjarne Stroustrup (丹麥人) 發佈了 C++ 程式語言。和傳統 C 語言不同的是，C++ 是物件導向程式語言 (Object-Oriented Programming Language, OOPL)，OOPL 具有三種特性，一為封裝 (Encapuslation)、繼承 (Inheritance)，以及同名異式或稱多型 (Polymorphism)。這三大特性對開發大型系統非常合適，對開發成本和日後的維護成本大幅降低。

1998 第一個標準 C++ 誕生了，名為 C++98，目前最新的是 2017 年所制定的第五個標準 C++17。本書是以 C++17 最新的標準撰寫內文與程式，所以要執行本書程式時，請需確定你使用的 C++ 編譯器是否已更新為 C++17 的版本。

C++ 目前是很夯的程式語言，大多數軟體公司幾乎都是以物件導向程式語言來撰寫大型系統，而 C++ 可以說是最早（除了 smalltalk 以外）用來開發實務系統，同時也是目前最佳的物件導向程式語言。根據 Toibe 的調查（https://www.tiobe.com/tiobe-index/）2019 年 11 月的程式語言使用排行榜中暫居第四，有興趣的讀者或身為程式設計師的你，應該隨時上此網站，查詢目前較受歡迎的程式語言有哪些，以利掌握目前程式語言的趨勢與脈動。

本書是由 Ivor Horton 所撰寫的，他是一資深電腦軟體作家，撰寫多本的 C++ 相關書本，其特色是淺顯易懂，重要之處配合流程圖或圖形加以說明。同時也在重要觀念的表達上，注入相關的範例程式，讓讀者對內文的理解能有事半功倍的效果。我也依照原作者想要表達的思想，儘量原封不動的加以譯出。

本書共分 19 章，第 1 章到第 10 章是基本程式語言的概念，第 11 章到第 16 章是物件導向特有的章節，第 17 章到第 19 章是 C++17 所注入的新元素。你可以循序漸近的按照前後章節加以研讀，若有不懂之處，沒有關係，一回生，二回熟，相信們自已是可以做到的，咱們彼此加油。

筆者在有限的時間內將這一厚厚的書本加以譯出，若有任何不妥難懂之處，歡迎大家不吝批評與指教。

蔡明志

mjtsai168@gmail.com

目錄

01 基本觀念

02 基本的資料型態

03 再論基本的資料型態

04 決策

05 陣列和迴圈

06 指標和參考

07 字串的運作

08 函數

09 函數樣版

10 程式檔案和前置處理指令

11 自訂資料型態

12 運算子多載

13 繼承

14 同名異式

15 執行期錯誤和異常處理

16 類別樣版

17 移動語意

18 頂層函數

19 容器和演算法

索引

01

基本觀念

在本書，我們有時會在範例中使用某些原始碼，然後再對其進行詳細解釋。本章旨在介紹 C++ 的主要元素，以及它們是如何組合在一起的概述。我們還將解釋一些與電腦中的數字和字元表示有關的概念。本章結束後，你將會學到以下各項：

- 什麼是 *modern C++*
- 什麼是 C++11、C++14 和 C++17
- 什麼是 C++ 的標準函式庫
- C++ 程式的基本元素為何
- 如何在原始碼中加註解
- 如何使原始碼變成可執行的程式
- 物件導向的程式設計（object-oriented programming）和程序導向的程式設計（procedural programming）有何不同
- 什麼是二進位、十六進位和八進位
- 什麼是浮點值
- 電腦如何使用位元和位元組表示數值
- 什麼是 Unicode

▌ Modern C++

C++ 程式語言最初是由丹麥電腦科學家 Bjarne Stroustrup 在 1980 年早期開發的。這使得 C++ 作為一種較老的程式語言但仍然在使用中——事實上，在快節奏的電腦程式設計世界中，這是非常古老的。儘管已經過時了，但 C++ 仍然保持著強勁的勢頭，在最受歡迎的程式語言排行榜上穩居前五名。毫無疑問，C++ 仍然是當今世界上使用最廣泛、功能最強大的程式語言之一。

幾乎任何一種程式都可以用 C++ 撰寫，從裝置驅動程式到作業系統，從薪資和管理程式到遊戲。主要的作業系統、瀏覽器、辦公室軟體、電子郵件客戶端、多媒體播放器、資料庫系統，這些至少有部分是用 C++ 寫的。最重要的是，C++ 可能最適合著重效能的應用程式，例如必須處理大量資料的應用程式、具有高端圖形的現代遊戲、或針對嵌入式或移動設備的應用程式。用 C++ 撰寫的程式仍然比用其他流行語言撰寫的程式快很多倍。此外，在跨大量電腦設備和環境（包括個人電腦、工作站、大型電腦、平板電腦和手機）開發應用程式方面，C++ 都比大多數其他語言要有效率。

C++ 可能已經很久了，但它仍然非常活躍。更好的是：它再次充滿活力。在 1980 年代最初的開發和標準化之後，C++ 的發展緩慢──直到 2011 年，即國際標準化組織（ISO）發布了正式定義 C++ 程式語言的標準的新版本。標準的這個版本，通常被稱為 C++11，復興了 C++，並讓這個有點過時的語言回到了 21 世紀。它使語言和我們使用它的方式變得更加現代化，以致於幾乎可以說 C++11 是一種全新的語言。

使用 C++11 及以後的功能進行程式設計被稱為 modern C++。在本書中，我們將展示現代 C++ 不僅僅是簡單地擁抱語言的新功能──舉幾個例子，如：lambda 表示式、自動型態推論和基於範圍的 for 迴圈。最重要的是，modern C++ 是最新的程式設計方式，也是良好的程式設計風格。它應用一組隱含式的指南和最佳實踐，所有這些設計都是為了使 C++ 程式設計更容易、更少出錯和更高效率。一個現代的、安全的 C++ 程式設計風格，取代傳統的低階語言結構，使用容器（第 5 章和第 19 章）、智慧指標（第 6 章）、或其他 RAII 技術（第 15 章）、和它強調異常以回報錯誤（第 15 章）、透過移動語意以值傳遞物件（第 17 章）、撰寫演算法代替迴圈（第 19 章）等等。當然，所有的這些對你來說可能還沒什麼意義，但是不用擔心：在這本書中，我們將逐步介紹所有你需要知道的 C++ 程式設計知識！

C++11 標準似乎已經復興了 C++ 社群，從那以後，C++ 社群一直在積極地擴展和進一步改進這種語言。每三年就會發布一個新的標準版本。2014 年 C++14 標準定稿，2017 年 C++17 版。本書與 C++17 定義的 C++ 有關，所有原始碼都應該在任何符合 C++17 版標準的編譯器上執行。好消息是，大多數主要編譯器已經跟上了最新版本，所以如果你的編譯器還不支援某個特定的功能，它很快就會支援的。

標準函式庫

若你每寫一次程式時,都需從頭產生所有的事物,確實是很繁瑣的。在許多程式中常常會用到相同的功能──例如從鍵盤讀資料,或顯示資訊在螢幕上。為了處理這些問題,程式語言傾向提供許多完成的原始碼,供應諸如此類的標準功能,所以你不必自己再撰寫這些原始碼,這些標準的程式碼定義在**標準函式庫**(*standard library*)。

標準函式庫中是大量的副程式和定義的集合,它們提供了許多程式所需的功能。例如包括數值計算、字串處理、排序和搜尋、組織和管理資料,以及輸入和輸出。我們幾乎在每一章中都會介紹主要的標準函式庫功能,稍後將更具體地於第 19 章中介紹一些關於資料結構和演算法。然而,標準函式庫如此之大,以致於本書中,我們只能粗略地了解其內容。它確實需要幾本書來全面闡述它所提供的所有功能。*Beginning STL*(Apress, 2015)是一本關於使用標準樣版函式庫的教本,它是 C++ 標準函式庫的子集合,以各種方式管理和處理資料。為了對現代標準函式庫提供的所有內容進行簡潔而完整的概述,我們還推薦使用 *C++ 標準函式庫快速參考*(*C++ Standard Library Quick Reference*)(Apress, 2016)。

考慮到這語言和函式庫的範圍,對於一個初學者來說,覺得 C++ 有些令人畏懼是很正常的。它太廣泛了,沒有辦法只學一本書。但是,你不需要學習完所有的 C++ 來撰寫大量的程式,可以循序漸進地學習這門語言,在這種情況下,這並不難。恰當的比喻可能是學開車。當然可以成為一個有能力和安全的司機,而不需要一定的專業知識和經驗才能開印第安納波利斯 500(Indianapolis 500)。有了這本書,你可以學習需要用 C++ 撰寫程式的一切。到最後,你會自信地撰寫自己的應用程式,還可以十分了解 C++ 及其標準函式庫的全部功能。

C++ 程式概念

在本書後面的部分將會討論更多細節。我們將直接進入圖 1-1 所示能夠完整執行的 C++ 程式,這也解釋了各種位元的含義。我們將使用這個範例作為基礎,來討論 C++ 一般的概念。

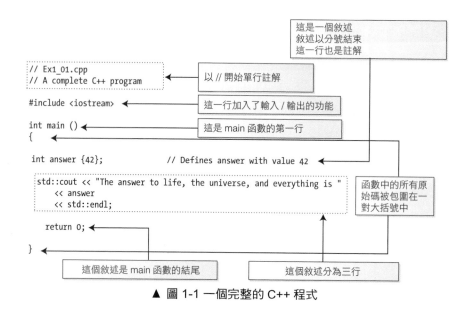

▲ 圖 1-1 一個完整的 C++ 程式

原始檔和標頭檔

圖 1-1 中描述的檔案 Ex1_01.cpp 可以在碁峯出版社網站下載其程式原始碼。附屬檔名 .cpp 表示這是一個 C++ 檔案。原始檔包含函數，因此包含程式中的所有可執行原始碼。原始檔的名稱通常具有附屬檔名 .cpp，而有時其他附屬檔名如 .cc、.cxx 或 .C++ 也會用於標識 C++ 原始檔。

C++ 原始碼實際上儲存在兩種檔案中。除了原始檔外，還有所謂的標頭檔。標頭檔包括 .cpp 檔案中，可執行原始碼所使用的類別和樣版的*函數原型與定義*。標頭檔的名稱通常具有 .h 附屬檔名，但也使用其他附屬檔名，如 .hpp。在第 10 章中會建立你自己的標頭檔；在此之前，你的所有程式都還夠小，可以直接在單個原始檔中定義。

註解和空白

圖 1-1 中的前兩行是註解。你可以加入註解來記錄你的原始碼，以便更容易地理解它是如何執行的。編譯器會忽略在一行中跟隨兩個連續斜線的所有內容，因此這種註解可以於同一行中跟在原始碼後面。在我們的範例中，第一行是一條註解，它表示包含此原始碼的檔案的名稱。我們將以相同的方式標識每個範例的檔案。

▌ 附註　每個標頭檔或原始檔中都有檔案名的註解，只是為了方便你使用。在正常的程式設計中，不需要加這樣的註解；它只會在重新命名檔案時，增加了不必要的維護成本。

當需要將註解分散到多行時，可以使用另一種形式的註解。下面有一個例子：

```
/* This comment is
   over two lines. */
```

編譯器會忽略 /* 和 */ 之間的所有內容。可以美化這類註解，使其更加地明顯。例如：

```
/********************\
 * This comment is *
 * over two lines. *
\********************/
```

白色空格（*whitespace*）是指空白、跳格、換行符號或跳頁字元的任意序列。除非出於語法原因需要區分一元素與另一元素，否則編譯器通常會忽略白色空格。

前置處理指令和標準函式庫標頭

圖 1-1 中的第三行是*前置處理指令*（*preprocessing directive*）。前置處理指令使原始碼在被編譯成可執行形式之前，以某種方式被修改。這個前置處理指令將名為 iostream 的標準函式庫標頭檔的內容，載入到原始檔 Ex1_01.cpp 中。標頭檔內容被插入到 #include 指令的位置。

標頭檔，有時被稱為*標頭*（*headers*），包含原始檔中使用的定義。iostream 包含了使用標準函式庫子程式執行鍵盤輸入、和螢幕常數輸出所需的定義。尤其，它定義了 std::cout 和 std::endl 等等。如果 Ex1_01.cpp 中省略了包含 iostream 標頭檔的前置處理指令，則原始檔不會編譯，因為編譯器不知道 std::cout 或 std::endl 是什麼。標頭檔的內容在編譯前包含在原始檔中。你會把一個或多個標準函式庫標頭檔的內容，包含到幾乎每個程式中，並且還將建立並使用自己定義的標頭檔，稍後在書中加以建置之。

▌ 注意　角括號和標準標頭檔名稱之間沒有空格。對於某些編譯器，角括號 < 和 > 之間的空格是很顯著的；如果在這裡插入空格，程式可能無法編譯。

函數

每個 C++ 程式都包含至少一個和更多的**函數**（*function*）。函數是原始碼區塊的命名，它用來執行定義好的操作，例如 "讀取輸入資料"、"計算平均值" 或 "輸出結果"。你用程式的名字來執行或**呼叫**（*call*）一個函數。程式中的所有可執行的原始碼都出現在函數中。必須有一個名為 main 的函數，並且總是由這個函數自動開始執行。main() 函數通常會呼叫其他函數，這些函數又可以呼叫其他函數，依此類推。函數有幾個重要的優點：

- 一個被分解成分離函數的程式更容易開發和測試。
- 可以在程式中的幾個不同位置重複使用一個函數，這使得程式比在每個需要的位置編寫同樣的要小。
- 可以在許多不同的程式中重複使用一個函數，從而節省時間和精力。
- 大型程式通常由一組程式設計師開發。每個團隊成員負責撰寫一組函數，這些函數是整個程式中的子集合。如果沒有函數結構，將會是非常不切實際的。

圖 1-1 中的程式由單一的 main() 函數組成，這函數的第一行是：

```
int main()
```

這稱為**函數標頭**，用於標識函數。在這裡，int 是一個型態名稱，它定義 main() 函數執行完後回傳值的型態是一個整數。整數是沒有小數部分的數；23 和 -2048 是整數，而 3.1415 和 ¼ 不是。一般來說，函數定義中，名稱後面的小括號包含了在呼叫函數時傳遞給函數的資訊。在這個例子中，小括號裡什麼都沒有，但可能會有。在第 8 章中，將了解如何在函數執行時，指定要傳遞給它的型態。在內文中，我們都會在函數名後面加上小括號，就像我們在 main() 中做的那樣，以區別於其他原始碼。

函數的可執行原始碼都是包含在大括號之間，而在函數標頭之後是左大括號。

敘述

敘述（*statement*）是 C++ 程式中的基本單元。敘述是以分號結尾，分號是標記敘述結尾的，而不是行尾。敘述定義了一些東西，例如計算，或要執行的運作。程式所做的一切都是由敘述指定。敘述按順序執行，直到出現導致序列發生變動的敘述為止。在第 4 章會談到可以改變執行順序的敘述。圖 1-1 的

main() 中有三個敘述。第一個定義了一個變數，這是一個用於儲存某種資料的記憶體位元。在這個範例中，變數的名稱為 answer，並且可以儲存整數值：

```
int answer {42};        // 用 42 定義 answer
```

型態 int 首先出現在名稱之前。這指定了可以儲存整數的資料型態。注意 int 和 answer 之間的間隔。在這裡，一個或多個空白字元是區分型態名稱和變數名稱的必要條件；如果沒有空白，編譯器就會看到 intanswer 這個名稱，而卻無法理解其意思。answer 的初始值出現在變數名稱後面的大括號中，因此它的初始值為 42。**answer** 和 {42} 之間有一個空白，但這不是必要的。下列任何一項定義均有效：

```
int one{ 1 };
int two{2};
int three{
    3
};
```

編譯器通常會忽略多餘的空白。但是，應該以一致的方式使用空白，使原始碼更具可讀性。

第一個敘述末尾有一個有點多餘的註解，它解釋了剛剛描述的內容，但它確實示範了可以在敘述加入註解。在 // 前面的白色空白也不是強制性的，但這麼做是可取的。

可以在一對大括號 {} 之間包含多個敘述，它們被稱為 敘述區塊（*statement block*）。函數的主體（**body**）就是一個區塊，如圖 1-1 所示，main() 函數中的敘述出現在大括號之間。敘述區塊亦稱為 複合敘述（*Compound statement*），因為在許多情況下，它被視為是單一的敘述，在第 4 章討論決策功能和第 5 章討論迴圈時，就會了解。無論在哪裡可放單一敘述，而在大括號之間放一個敘述區塊。因此，區塊可以放在其他區塊中——這個概念被稱為巢狀（*nesting*）。區塊可以是巢狀的，一個包含另一個，至你所需的任何深度。

資料輸入和輸出

使用 C++ 中的串流（*stream*）執行輸入和輸出。要輸出某些內容，可以將其寫入輸出串流，而要輸入資料，你可以從輸入串流中讀取它。串流是資料來源或資料接收器的抽象表示。當程式執行時，每個串流被綁定到一個特定的裝置，在輸入串流的情況下，該設備是資料來源，在輸出串流的情況下，該設備是資料的目的地。具有資料來源或匯聚的抽象表示的優點是，無論串流表示的設備是什麼，程式設計都是一樣的。可以用從鍵盤上相同讀取的方式，來讀取檔案。C++ 中的標準輸出串流和輸入串流，分別稱為 cout 和 cin，預設情況下它們對應於電腦的螢幕和鍵盤。在第 2 章會論及 cin 的輸入。

圖 1-1 中 main() 的下一個敘述將常數輸出到螢幕：

```
std::cout << "The answer to life, the universe, and everything is "
          << answer
          << std::endl;
```

這個敘述分三行展開，只是為了證明它是可能的。名稱 cout 和 endl 在 iostream 標頭檔中定義，稍後將在本章中解釋 std:: 前導詞。<< 是將資料傳輸到串流的插入運算子。在第 2 章中，會看到萃取運算子 >>，它從串流中讀取資料。每個 << 的右側出現的任何內容都被移至 cout。將 endl 插入到 std::cout 將導致，新的一行將被寫入到串流，而且輸出緩衝區將被更新。更新輸出緩衝區可確保輸出立即呈現。該敘述將產生以下輸出：

```
The answer to life, the universe, and everything is 42
```

可以將敘述的每一行加入註解。如下面的例子：

```
std::cout << "The answer to life, the universe, and everything is " // 這個敘述
          << answer                                                 // 佔了
          << std::endl;                                             // 三行
```

雖然不必對雙斜線進行對齊，但這樣做很常見，因為這樣看起來更整潔，原始碼更容易閱讀。當然，不應該僅僅為了寫註解而開始寫註解。註解通常包含有用的資訊，這些資訊不會立即從原始碼中顯示出來。

return 敘述

main() 中的最後一個敘述是 return 敘述。return 敘述結束一個函數，並回傳呼叫該函數的控件。在這個範例中，它結束函數並將控制權回傳給作業系統。return 敘述可能回傳值，也可能不回傳。這個特定的 return 敘述回傳 0 到作業系統。回傳 0 到作業系統表明程式正常結束。也可以回傳非零值，如 1、2 等，以表示不同的異常結束條件。Ex1_01.cpp 中的回傳敘述是一選項，所以可以省略它。這是因為如果執行經過 main() 中的最後一個敘述，就相當於執行回傳 0。

▌ **附註** main() 是唯一省略 return 等於回傳 0 的函數。任何具有回傳型態 int 的函數都必須以明確 return 敘述做為結束──編譯器從不猜測任何函數的回傳預設值。

名稱空間

一個大型專案需要幾個程式設計師同時工作。這可能會造成名稱的問題。相同的名稱可能會被不同的設計師用於不同的事情，這至少會引起一些混亂，還可能會導致事情出錯。標準函式庫定義了許多名稱，多到超出了你的記憶範圍。意外使用標準函式庫名稱也可能導致問題。**名稱空間**（*namespace*）就是為了克服這個困難而設計的。

namespace 是名稱空間中宣告的所有名稱的前導。標準函式庫中的名稱都是在一個名稱空間 std 定義的。cout 和 endl 是標準函式庫中的名稱，因此全名是 std::cout 和 std::endl。這兩個冒號加在一起 :: 有一個特定的名稱，那就是**範疇運算子**（*scope resolution operator*），稍後再詳細說明。在此範例中，名稱空間的名稱 std 與標準函式庫中的名稱（如 cout 和 endl）分開。來自標準函式庫的幾乎所有名稱都以 std 作為前導。

名稱空間的原始碼如下：

```
namespace my_space {

  // All names declared in here need to be prefixed
  // with my_space when they are reference from outside.
  // For example, a min() function defined in here
  // would be referred to outside this namespace as my_space::min()
}
```

括號之間的所有內容都在 my_space 名稱空間中。在第 10 章中會了解關於定義自己的名稱空間的更多資訊。

▌ **注意** main() 函數不可定義於名稱空間中。在沒有在名稱空間中定義的資料，存在於沒有名稱的**全域名稱空間**（*global namespace*）中。

名稱和關鍵字

Ex1_01.cpp 包含一個帶有名稱 answer 變數的定義，它使用 iostream 標準函式庫標頭中定義的名稱 cout 和 endl。有很多東西都需要在程式中的命名，並且有精確的規則：

- 名稱可以是 A 到 Z 或 a 到 z 的任意大小寫字母序列、數字 0 到 9、底線 _ 。
- 名稱必須以字母或底線開頭。
- 名稱區分大小寫。

C++ 標準允許名稱的長度為任意長度，但通常特定的編譯器會施加某種限制。通常是夠大的，但它並不代表一個嚴重的約束。大多數情況下，你不需要使用超過 12 到 15 個字元的名稱。

下面是一些有效的 C++ 名稱：

toe_count shoeSize Box democrat Democrat number1 x2 y2 pValue out_of_range

大寫和小寫是有區別的，所以 democrat 和 Democrat 是不一樣的。可以看到一些兩個或兩個以上單字組成的名稱；可以將第二個和往後的單字大寫或者用底線分開。

關鍵字（*keyword*）是在 C++ 中具有特殊含意的保留字，因此你不能將它們用於其他目的。class、double、throw 和 catch 都是關鍵字的例子。不應該使用的其他名稱包含：

- 以兩個連續底線開頭的名稱
- 以底線開頭，後跟大寫字母的名稱
- 在全域名稱空間中：所有以底線開頭的名稱

雖然編譯器通常不會抱怨使用這些名稱，但問題是這些名稱可能與編譯器產生的名稱，或標準函式庫實作內部使用的名稱發生衝突。請注意，這些保留名稱的共同原因都是以底線開頭。因此我們的建議是：

▌ **提示**　不要使用以底線開頭的名稱。

▌ 類別和物件

類別（*class*）是定義資料型態的原始碼區塊。類別的名稱是型態的名稱，類別型態的資料項目稱為**物件**（*object*）。在建立可以儲存資料型態物件的變數時，可以使用類別型態名稱。它能夠定義自己的資料型態，使你能夠根據問題，指定問題的解法。舉例來說，如果正在撰寫一個處理學生資訊的程式，可以定義一個 Student 型態。Student 型態可以包含學生的所有特徵，如年齡、性別，或學校記錄，這都根據專案的要求。

在第 11 章到第 14 章中，你將學習建立自己的類別和用物件寫程式。不過，在此之前會使用特定標準函式庫型態的物件。範例包括第 5 章中的向量和第 7 章中的字串，甚至 std::cout 和 std::cin 串流也是物件。但是不用擔心：你會發現使用物件很容易，例如，比建立自己的類別要容易得多。物件在使用中通常很直觀，因為它們常被設計成類似於現實生活中的實體（儘管有些物件確實是更抽象的概念，比如輸入或輸出流；或者低層 C++ 結構，比如資料陣列和字元序列）。

樣版

有時候，程式中需要幾個類似的類別或函數，其中原始碼只在處理的資料型態上有所不同。樣版（*template*）是編譯器用來自動產生為特定型態訂製的類別或函數的原始碼之方法。編譯器使用一個類別樣版（*class template*）來產生一個或多個類別家族。它使用函數樣版（*function template*）來產生函數。每個樣版都有一個名稱，當希望編譯器建立它的實例時，你可以使用它。標準函式庫廣泛地使用到樣版。

定義函數樣版是第 9 章的主題，定義類別樣版將在第 16 章中討論。但是，會在前面的章節中使用一些具體的標準函式庫樣版，例如第 5 章中容器類別樣版的實例化，或者一些基本的實用函數樣版，如 std::min() 和 max()。

原始碼外觀和程式設計風格

排列原始碼的方式對理解原始碼的容易程度產生重大影響。這有兩個基本面向。首先，可以使用跳格和 / 或空格縮排程式敘述，以增加視覺的感受，並且可以安排相對的大括號，以一致的方式定義程式區塊，以使區塊之間的關係更加明顯。其次，可以將一個敘述以兩行或兩行以上來表示，這樣可以提高程式的可讀性。

原始碼有許多不同的風格。下表顯示了原始碼範例的三種可能的排列方式：

風格 1	風格 2	風格 3
``namespace mine
{
bool has_factor(int x, int y)
{
int factor{ hcf(x, y) };
if (factor > 1)
{
return true;
}
else
{
return false;
}
}
}```	```namespace mine {
bool has_factor(int x, int y)
{
int factor{ hcf(x,y) };
if (factor>1) {
return true;
} else {
return false;
}
}
}```	```namespace mine {
bool has_factor(int x, int y) {
int factor{ hcf(x, y) };
if (factor > 1)
return true;
else
return false;
}
}```

我們使用風格 1 作為書中的例子。隨著時間的推移，你肯定會根據個人喜好或公司政策制定自己的計畫。在某些時候，建議選擇一種適合你的風格，然後在整個原始碼中始終使用這種樣式。不僅因為一致的原始碼呈現風格看起來不錯，而且還使原始碼更易於閱讀。

安排對應的大括號和縮排敘述的特定約定，只是設計風格（*programming style*）的幾個面向之一。其他重要方面包括命名變數、型態和函數的約定，以及（結構化的）註解的使用。好的設計風格是由什麼構成的，這個問題有時非常主觀，儘管有一些準則和慣例在客觀上是有共識的。但是，中心思想是符合一致風格的原始碼更容易閱讀和理解，有助於避免錯誤。在整本書中，我們會定期給你提供建議，幫助你形成自己的設計風格。

▌**提示**　關於良好的程式設計風格，我們能給你提供的最佳技巧之一，無疑是為所有變數、函數和型態選擇清晰的描述性名稱。

▌建立可執行檔

從 C++ 原始碼產生可執行的程式模組，基本上是一個三步驟的程序。在第一步驟，前置處理器（*preprocessor*）處理所有前置處理指令。它的關鍵任務之一是，將所有 #included 標頭的全部內容複製到 .cpp 檔案中。第 10 章將討論其他前置處理指令。第二步驟，編譯器將每個 .cpp 檔轉成含有機器碼的**目的檔**

（*object file*）。第三步驟，連結器（*linker*）組合編譯器產生的目的檔，構成一個含有完整可執行程式的檔案。

圖 1-2 顯示三個原始檔分別編譯成三個對應的目的檔。用來標識目的檔的附屬檔名，會隨著機器環境的不同而有所改變，所以在此不顯示。組成程式的原始檔可以在不同的編譯器中獨立編譯，或者大部分的編譯器都可在一次執行中編譯所有檔案。無論哪一種方式，編譯器將每一個原始檔都視為獨立的個體，而且為每個 .cpp 檔案產生目的檔。然後是連結步驟，組合這些目的檔，加上必需的函式庫函數，產生單一的可執行檔。

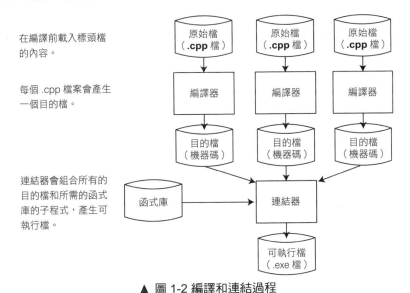

▲ 圖 1-2 編譯和連結過程

在本書的前半部分，程式將由一個原始檔組成。在第 10 章，將會展示如何組成一個更大的程式，它由多個標頭檔和原始檔組成。

附註 從原始碼到可執行檔案的具體步驟，在編譯器和編譯器之間有所不同。雖然我們的大多數範例足夠小，可以編譯並連結一系列命令行指令，但是使用所謂的整合開發環境（*IDE*）可能更容易一些。現代 IDE 提供了一個非常友善的圖形使用者介面，來編輯、編譯、連結、執行，以及除錯你的程式。可以從 Apress 網站（https://www.apress.com/gp）上找到最流行的編譯器和 IDE 的參考資料，並指引你如何使用，以及所有範例的原始碼。

實際上，編譯是反覆的過程，因為在原始碼中你幾乎一定會犯輸入和其他錯誤。一旦你除去原始檔中的所有錯誤，就可進入連結步驟，在此也許你會發現還有更多的錯誤。即使連結步驟產生了可執行模組，程式也許還有邏輯上的錯誤，也就是說，它沒有產生你預期的結果。要修正這些問題，你必須回頭並修正原始碼，再從頭開始編譯…。

程序導向和物件導向

自古以來，程序性程式設計（procedural programming）幾乎是所有程式的撰寫方式。要撰寫一解決問題的程式，你會將重點放在實作程式以解決問題的過程上。當需求確定以後，你的工作大綱如下：

- ◆ 對於實作程式的整個過程，建立清楚、高階的定義。
- ◆ 劃分全部的過程為可工作的計算單元。這些通常相當於函數。
- ◆ 用處理基本資料型態：數值資料、單一字元和字串來撰寫函數。

除了一開始要清楚的說明問題一般需求之外，在解決相同問題時，物件導向（object-oriented）的方法有很大的差異：

- ◆ 從問題規格，你就需判斷問題與何種型態的*物件*（*object*）有關。例如，若你的程式要處理棒球隊員，你可能要確認 BaseballPlayer 是一種程式要處理的資料型態。若你的程式是會計套裝軟體，可能你會定義型態為 Account 和 Transaction 的物件。你亦需確認一些*運作*（*operation*），執行物件的每種型態。這將導致一些特定應用程式的資料型態，並在撰寫程式時使用這些資料型態。
- ◆ 對於問題所需的新資料型態產生詳細的設計，包括可執行於每種物件型態的運作。
- ◆ 用你定義的新資料型態和其相關的運作來表示程式的邏輯。

將物件導向的問題解法寫成的程式碼，完全不同於程序導向的程式碼，而且幾乎可以確定的是較容易理解，它也更容易維護。物件導向的問題解法所需的設計時間比程序導向要長。然而，物件導向的程式碼之撰寫和測試階段往往更短，麻煩也更少，因此在這兩種情況下，總體開發時間可能大致相同。

要了解物件導向是什麼，假設你在實作處理各種型態盒子的程式。一個合理的需求是將數個較小的盒子，裝在另一個較大盒子中。在程序導向的程式中，你需要用不同的變數群來儲存每個盒子的長、寬和高。可容納數個盒子的新盒子的大小，需根據你定義包裝一組盒子的規則，以及所含的每個盒子的大小做明確的計算。

物件導向的解法首先會定義 Box 型態，此可讓你建立可以參考 Box 型態的變數，此為 Box 物件。然後定義一個運作來直接相加三個 Box 物件，產生可裝下這三個盒子的另一個新的 Box 物件。利用此運作，將寫出如下的敘述：

```
bigBox = box1 + box2 + box3;
```

此處的 + 運算子不僅僅意味著簡單的加法。應用於數值的 + 運算子將與以前一樣正常執行，但是對於 Box 物件，它有一個特殊的含義。這個敘述中的每個變數都是 Box 型態的。該敘述會產生一新的 Box 物件，其大小足以包含 box1、box2 和 box3。

撰寫像這樣的敘述很清楚的，比分別處理所有盒子的大小簡單，而且計算越複雜，這優點將越明顯。然而這不是重要的說明，有更多物件的功能這裡未提到。這討論的目的只是告訴你，用物件導向的方法解決的問題是很容易了解的。物件導向程式設計本質上，是根據問題所涉及的實體來解決問題，而不是用電腦喜歡的數字和字元之實體來解決問題。

數字表示法

在 C++ 程式中，數字以多種方式表示，你需要了解這些可能性。如果你熟悉二進位、十六進位和浮點值表示，那麼可以跳過這裡。

二進位數字

首先想想我們表示常用的十進位數字時，如 324 或 911，我們的目的是什麼。很顯然的我們的意思是 "三百二十四" 或 "九百一十一"，更準確地說是：

- 324 是 $3 \times 10^2 + 2 \times 10^1 + 4 \times 10^0$，即 $3 \times 100 + 2 \times 10 + 4 \times 1$
- 911 是 $9 \times 10^2 + 1 \times 10^1 + 1 \times 10^0$，即 $9 \times 100 + 1 \times 10 + 1 \times 1$

這被稱為十進位符號（*decimal notation*），因為它是以 10 的次方為基礎的。用這種方式來表示數字對於有 10 根手指頭，或 10 根腳趾頭的人來說是很方便的，或者是任何種類的 10 個附屬肢體。但 PC 不然，其主要的元件是開或關，其狀態不是開（on）就是關（off）。它最多只能算到 2，卻無法算到 10。這是電腦表現數字以 2 為基底，而不是 10 的主要原因。以基底 2 表示數字稱為二進位（*binary*）計算系統。一般而言，數字可以是任何基底，如 n，則其數字以 0 到 n-1 表示之。比照以 10 為基底的系統，例如，二進位數字 1101 其分解式為：

- $1 \times 2^3 + 1 \times 2^2 + 0 \times 2^1 + 1 \times 2^0$，即 $1 \times 8 + 1 \times 4 + 0 \times 2 + 1 \times 1$

此值等於十進位系統的 13。在表 1-1 中，是 8 位二進位數字所能表示的數字及其十進位值。二進位數字通常稱為位元（*bit*）。

❶ 表 1-1 8 位元二進位值及其十進位值

二進位	十進位數	二進位	十進位數
0000 0000	0	1000 0000	128
0000 0001	1	1000 0001	129
0000 0010	2	1000 0010	130
. . .	. . .	. . .	. . .
0001 0000	16	1001 0000	144
0001 0001	17	1001 0001	145
. . .	. . .	. . .	. . .
0111 1100	124	1111 1100	252
0111 1101	125	1111 1101	253
0111 1110	126	1111 1110	254
0111 1111	127	1111 1111	255

注意前 7 個位元可表示 0 到 127 的數字，總共是 128 個不同的數字。所有的 8 位元可表示 256 或 2^8 個數字。一般而言，若有 n 位元，則可表示 2^n 個整數，從 0 至 $2^n - 1$ 取正值。

在電腦中，計算二進位數字之和是很容易的，因為加總對應的各位數其 "進位"（carry）只有 0 或 1。以非常簡單的迂迴即可處理此程序。圖 1-3 說明如何計算兩個 8 位元二進位值的和。

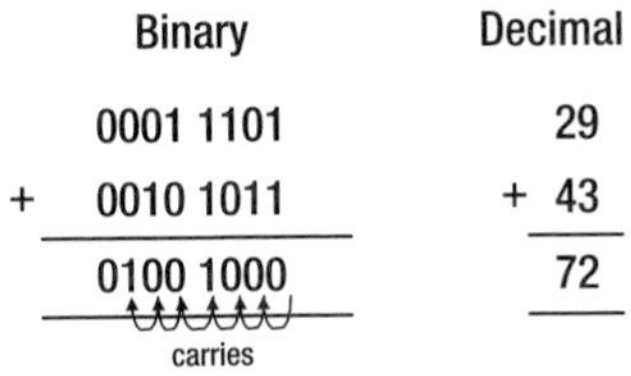

```
                Binary          Decimal
               0001 1101           29
          +    0010 1011        +  43
               0100 1000           72
                ᴗᴗᴗᴗᴗ
                carries
```

▲ 圖 1-3　加二進位值

從最右邊開始，加法運算在運算元中加上相對應的位元。圖 1-3 顯示了前六位的每一位元的"進位"為 1。這是因為每個數字只能是 0 或 1。當 1＋1 時，結果不能儲存在當前位元的位置上，這相當於在左邊的下一位元的位置上加 1。

十六進位數字

對於很大的二進位數字，如：

◆　1111 0101 1011 1001 1110 0001

在實際使用時，很快就會發現二進位表示法的限制，以數字 16,103,905 為例——一個不大的 8 位十進位數字。其二進位表示法是 1111 0101 1011 1001 1110 0001，很長的 24 位數字。很顯然的，我們需要更經濟的寫法，但是十進位不一定都適合。有時，我們需要將右邊第 10 位元和第 24 位元設為 1，但不希望使用冗長的二進位表示法。要以十進位數字表示是艱鉅的任務，而且很容易算錯。較簡單的方法是用十六進位表示法（hexadecimal notation），這是以 16 為基底來表示數字的方法。

基底 16 的計算是較容易的選擇，而且它和二進位非常適合。每位十六進位數字值從 0 至 15（10 至 15 以字母 A 至 F 表示，如表 1-2 所示）。而且 0 至 15 可表示 4 位二進位數字所能表示的範圍。

◑ 表 1-2 十六進位數字及其在十進位和二進位中的值

十六進位	十進位數	二進位
0	0	0000
1	1	0001
2	2	0010
3	3	0011
4	4	0100
5	5	0101
6	6	0110

十六進位	十進位數	二進位
7	7	0111
8	8	1000
9	9	1001
A 或 a	10	1010
B 或 b	11	1011
C 或 c	12	1100
D 或 d	13	1101
E 或 e	14	1110
F 或 f	15	1111

因為一個十六進位數對應於 4 位二進位數字，所以可將大的二進位數字從右邊開始，每 4 位二進位數字一群，將每一群轉成相等的十六進位數字，即成十六進位數字。例如二進位數字：

◆ 1111 0101 1011 1001 1110 0001

其十六進位是：

◆ F 5 B 9 E 1

6 個十六進位數字對應於 6 組 4 位二進位數字。為了證明這表示法可行，將此數字直接從十六進位轉成十進位，以十進位數字的意義類推，轉換如下，F5B9E1 的十進位值為：

◆ $15 \times 16^5 + 5 \times 16^4 + 11 \times 16^3 + 9 \times 16^2 + 14 \times 16^1 + 1 \times 16^0$

當二進位數字轉換為十進位數字時，得到的數字加起來是相同的：16,103,905。在 C++ 中，十六進位值以 0x 或 0X 作為前導撰寫，因此在原始碼中，該值將被寫成 0xF5B9E1。顯然，這意味著 99 與 0x99 完全不同。

與十六進位數字的另一個便利的巧合是，現代電腦將整數儲存在偶數位元組的單字中，通常是 2、4、8 或 16 個所謂的位元組。一個位元組（byte）是 8 位，正好是兩個十六進位數字。

負值的二進位數字

對於二進位計算還有一點需要了解：負數。至目前為止，所有數字都是正數——以樂觀者的想法，我們的玻璃杯裡的水仍然有半滿。但是我們無法避免生活的黑暗面——以悲觀者的觀點，我們的玻璃杯已經一半為空。在電腦中如何表示負數呢？你很快就可以知道答案了。

可以是正數和負數的整數稱為**有號數**（*signed integers*）。當然，你只能使用二進位來表示數字。正如你所知，電腦的記憶體通常由 8 位位元組組成，因此所有二進位數都將以 8 位的倍數（通常為 2 的次方）儲存。因此，你也只能有 8 位、16 位、32 位的有號數。

因此，有號數的直接表示由固定數量的二進位數字組成，其中一個位元被指定為所謂的正負位元（sign bit）。在實務中，正負位元總是被選擇為最左邊的位元。假設我們將所有有號數的大小固定為 8 位元；6 可以表示為 00000110，-6 可以表示為 10000110。將 +6 改為 -6 只需要將正負位元從 0 翻轉到 1。這被稱為**符號強度**（*signed magnitude*）表示：每個數字都包含一個正、負位元，對於正值為 0，對於負值為 1，加上指定數字的值或絕對值（換句話說，沒有符號的值）的給定數量的其他位元。

雖然符號強度表示對於人類來說很容易使用，但是它們有一個不幸的缺點：對於電腦來說根本不容易使用。更具體地說，就執行運算所需的電路的複雜性而言，它們帶來了大量成本。例如，當相加兩個有號數時，我們不希望電腦手忙腳亂地檢查兩個數字的正負狀態。你真正想要的是使用相同的簡單和非常快的「加法」，而不管運算元的符號。

讓我們來看看把 12 和 -8 的帶符號的大小相加會發生什麼。你應該知道它不會有作用，但無論如何我們都要看看：

12 的二進位是	00001100
假設 -8 的二進位是	10001000
若兩者相加，得到	10010100

看起來是 -20，這當然不是想要的答案。這肯定不是 +4，也就是 00000100。不能以其他數字來處理符號。

因此，幾乎所有現代電腦都採用了不同的方法：它們使用所謂的負值二進位數的 **2 補數表示**（*2's complement representation*）。有了這個表示法，你就可以透過一個簡單的過程，來得到任何正的二進位數的負數。我們會展示如何從一個正數建立一個負數的 2 補數形式，你可以自己驗證之。讓我們回到前面的範例，

其中需要 -8 的 2 的補數表示：

1. 從 +8 開始用二進位表示：00001000。

2. 接著將每位二進位數字 "翻轉"，即 0 變成 1，反之亦然：11110111。這叫做 *1* 的補數形式。

3. 如果再加上 1，就得到 2 的補數形式 -8：11111000。

請注意，這是雙向的。要將一個負數的 2 的補數表示形式，轉換回對應的正二進位數，再次翻轉所有位元並加 1。在此例中，翻轉 11111000 得到 00000111，再加上 1 得到 00001000，或者在小數部分加 8。

如果不能促進二進位運算，2 的補數表示將只是一個有趣的把戲。那麼，讓我們看看 11111000 如何與電腦的基本加法一起使用：

+12 的二進位是	00001100
目前 -8 的二進位是	11111000
若兩者相加，得到	00000100

答案是 4，真是神奇。正確了！進位值一直傳遞至左邊的 1，而將它們設為 0。最末端的 1 不見了，但是不用擔心——這可能是在計算減法得到 -8 時從末端借的 1。自己再試一些範例，你會發現此法是正確的。真正美好的是你的電腦可以容易地（且快速地）執行算術運算。

八進位值

八進位整數是以 8 為底的數字。八進位數字只能從 0 到 7。最近很少使用八進位。在電腦記憶體以 36 位字元計量的年代，它很有用，因為可以用 12 個八進位數字指定 36 位二進位值。那些日子已經過去很久了，我們為什麼要介紹它呢？答案是它可能造成混亂。你仍然可以用 C++ 寫出八進位常數。八進位值的開頭是 0，因此 76 是十進位值，076 是八進位值，對應於十進位的 62。所以，這裡有一條黃金法則：

▌ **注意**　不要在原始碼中使用前導 0 來撰寫十進位整數。會得到一個不同於你預期的值！

大端和小端系統

整數以二進位值的形式儲存在記憶體中，其位元組序列通常為 2、4、8 或 16 位元組。位元組出現的順序問題可能很重要——它是那些在重要之前不重要的事情之一，然後才是真正重要的事情。

讓我們考慮儲存為 4 位元組二進位值的十進位值 262,657。我們選擇這個值是因為在二進位檔案中，每個位元組都有一個很容易區別於其他位元組的位元模式：

00000000 00000100 00000010 00000001

如果使用的是 Intel 處理器的個人電腦，這個數字會儲存如下：

位元組位址	00	01	02	03
資料位元	00000001	00000010	00000100	00000000

如你所見，最重要的 8 位元（即所有的 0 位）儲存在位址最高的位元組中（換句話說，最後一個位元組），最不重要的 8 位元儲存在位址最低的位元組中，位址最低的位元組是最左邊的位元組。這種安排被稱為小端（*little-endian*）。電腦究竟為什麼要顛倒這些位元組的順序呢？其動機一如既往地基於一個事實，即它允許更高效率的計算和更簡單的硬體。細節並不重要；最主要的是你知道現在大多數現代電腦都使用這種違反直覺的設計。

不過，大多數（但不是所有）電腦都有。如果你使用的是基於 Motorola 處理器的機器，相同的資料可能會以更合理的方式在記憶體中排列，如下所示：

位元組位址	00	01	02	03
資料位元	00000000	00000100	00000010	00000001

現在，位元組順序顛倒了，最重要的 8 位元儲存在最左邊的位元組中，這是位址最低的位元組。這種安排被稱為大端（*big-endian*）。PowerPC 等一些處理器和所有最近的 ARM 處理器都是大端，這意味著資料的位元組順序可以在大端和小端之間切換。

■ **附註**　無論位元組順序是大端位元組還是小端位元組，每個位元組中的位都是由最重要的位在左邊、最不重要的位在右邊排列的。

你可能會說，這很有趣，但有什麼關係呢？大多數時候，它沒有關係。一般情況下，可以在不知道執行原始碼的電腦，是大端還是小端的情況下，愉快地撰寫程式。然而當處理來自另一台機器的二進位資料時，這就很重要，你需要知道是什麼。二進位資料以位元組序列的形式，寫入檔案或透過網路傳輸，如何理解它取決於你自己。如果資料的來源是一台機器，它的端值與執行原始碼的機器的端值不同，則必須顛倒每個二進位值的位元組順序。如果沒有，就會有垃圾值。

對於那些好奇名稱由來的人來說，大端和小端是從喬納森·斯威夫特（Jonathan Swift）的書《格列佛遊記》中提取出來的。在這個故事中，厘厘普（Lilliput）的皇帝命令他的子民們在小的一端敲雞蛋。這是由於皇帝的兒子按照傳統的方法在大端打雞蛋，結果割破了手指。遵紀守法的厘厘普王國普通人，在較小的一端敲雞蛋，被描述為小端（Little Endians）。大端（Big Endians）是厘厘普王國的一群反叛的傳統主義者，他們堅持要在大端繼續打蛋，許多人因此被處死。

浮點值

所有整數都是數字，但當然不是所有的數字都是整數：3.1415 不是整數、-0.00001 也不是。許多應用程式在某個時機必需處理小數。所以很明顯，你也需要一種方法在你的電腦上表示這些數字，並輔以有效地進行計算的能力。幾乎所有電腦都支援處理小數，這種機制稱為浮點值（*floating-point numbers*）。

不過浮點值並不僅僅代表小數，它們也能夠處理非常大的數字。例如，可以用它們來表示宇宙中質子的數量，這需要 79 位十進制的數（當然，在一個粒子內並不精確，但沒關係——反正誰有時間把它們都數出來？）。當然，後者可能有點極端，但很明顯在某些情況下，會需要從 32 位元二進位整數獲得 10 位以上的十進制的數，甚至需要從 64 位元整數獲得 19 位以上十進制的數。同樣，也有很多非常小的數字，例如，汽車銷售人員需要幾分鐘的時間來接受你的出價。浮點值是一種能夠非常有效地表示這兩類數字的機制。

首先，我們將使用十進位浮點值來解釋基本原理。當然，你的電腦將使用二進位表示，但對人類來說，使用十進位數字更容易理解。所謂的正規化數（normalized number）由兩部分組成：假數（*mantissa*）或分數（*fraction*）和指數

（*exponent*）。兩者都可以是正的或負的。這個數字的大小是假數乘以 10 的指數次方。與電腦的二進位浮點值表示類似，我們還將固定假數和指數的小數位數。

範例展示比描述更容易，所以讓我們看一些例子。數字 365 可以寫成浮點數形式，如下所示：

```
3.650000E02
```

假數有 7 位小數，指數 2。E 表示 "指數"，在 10 的乘方之前，乘以 3.650000（假數）部分，得到所需的值。即回到一般的十進位數字，只需要計算：3.650000×10^2，即是 365。

現在來看一個較小的數：

```
-3.650000E-03
```

這是 -3.65×10^{-3}，即 -0.00365。它們被稱為浮點值，原因很明顯，小數點 "浮動"，其位置取決於指數值。

現在假設有一個更大的數字，例如 2,134,311,179。使用相同數量的數字，這個數字看起來是這樣的：

```
2.134311E09
```

不完全一樣。你已經失去了 3 個低階數字，已經把你的初始值近似為 2,134,311000。這是能夠處理如此廣泛的數字所付出的代價：並非所有這些數字都能以完全精確的方式表示；浮點數一般只是精確數字的近似表示。

除了固定精確度限制外，你可能還需要注意其他方面。在加或減去明顯不同大小的數字時，需要非常小心。一個簡單的例子將說明這個問題：在 3.65E+6 加上 1.23E-4。當然，確切的結果是 3650,000 + 0.000123，或者 3650,000.000123。但是，如果以七位數的精確度轉換為浮點數，就會得到以下結果：

```
3.650000E+06 + 1.230000E-04 = 3.650000E+06
```

在前者的基礎上再加上一個較小的數字，無論如何都沒有效果。問題直接出在只有七位數的精確度上。較大數字的數字不會受到較小數字的任何數字的影響，因為它們都在更靠右的位置。

有趣的是，當數字接近相等時，也必須小心。如果計算這些數字之間的差值，大多數數字可能會相互抵消，最後得到的結果可能只有一兩個數字的精確度。這被稱為災難性的取消（*catastrophic cancellation*），在這種情況下，得出的結果完全是垃圾。

雖然浮點值使你能夠執行沒有浮點值就不可能完成的計算，但是如果你想要確保你的結果是有效的，那麼你必須始終牢記它們的限制。需要考慮可能要處理的值的範圍和它們的相對值。處理分析和最大化數學計算和演算法的精確度、或數值穩定性的領域稱為數值穩定性（*numerical stability*）。不過，這是一個進階主題，遠遠超出了本書的範圍。可以這樣說，浮點數的精確度是有限的，使用它們執行的算術運算的順序和性質，會對結果的準確性產生重大影響。

當然，你的電腦也不能處理十進制數；相反地，它使用二進位浮點表示法。位元和位元組，記得嗎？具體來說，今天幾乎所有的電腦都使用 IEEE 754 標準指定的編碼和計算規則。從左到右，每個浮點值都由一個正負位元組成，然後是一個固定的位元數來表示指數，最後是另一個編碼假數的位元數。最常見的浮點數表示是所謂的單精確度（1 位符號位元，有 8 位元表示指數，有 23 位元表示假數，總計 32 位元）和雙精確度（1 + 11 + 52 = 64 位元）浮點值。

浮點值可以表示大量的數字。例如，單精確度浮點值已經可以表示 10^{-38} 到 10^{+38} 之間的數字。當然，這種靈活性需要付出代價：精確數字的數量是有限的。之前就知道了，這也是合乎邏輯的；當然，不是所有 10^{+38} 的數字中的所有 38 位數都可以用 32 位元表示。畢竟，簽署的最大整數一個 32 位元二進位整數只能表示為 $2^{31} - 1$，約為 $2 \times 10^{+9}$。浮點值中的十進位數的精確度取決於它的假數分配了多少記憶體。例如，單精確度浮點數提供了大約 7 位十進制數的精確度。我們說 "近似" 是因為 23 位元的二進位分數與 7 位十進制數不完全對應。雙精確度浮點值相當於大約 16 位十進位數字的精確度。

字元表示

電腦內部的資料沒有內在的含義。機器原始碼指令只是數字；當然數字只是數字，但字元也一樣。每個字元被分配一個唯一的整數值，稱為其原始碼或碼位（*code point*）。42 可以是鉬（molybdenum）的原子序；生命、宇宙和萬物的答案；或者星號字元。這完全取決於你如何去理解它。你可以在單引號之間使用 C++ 撰寫單個字元，例如 'a' 或 '?' 或 '*'，編譯器將為它們產生原始碼值。

ASCII 碼

早在 1960 年代，美國標準資訊交換原始碼（American Standard Code for Information Interchange, ASCII）就被用來表示字元。這是一個 7 位元的原始碼，所以有 128 個不同的值。ASCII 值 0 到 31 表示各種非印出控制字元，例如輸入（原始碼 15）和換行（原始碼 12）。65 到 90 包含大寫字母 A 到 Z，和 97 到 122 對應的小寫字母 a 到 z。如果你看看相對應的二進位值的原始碼值，你會發現小寫和大寫字母不同的原始碼只有在第六位；小寫字母的第 6 位為 0，大寫字母的第 6 位為 1。其他原始碼表示數字 0 到 9、標點和其他字元。

如果是美國人或英國人，那麼最初的 7 位元 ASCII 碼是可以的，但是如果你是法國人或德國人，那麼你需要常數中的重音和變音之類的，而這些東西並不包括在 7 位元 ASCII 的 128 個字元中。為了克服 7 位元原始碼的限制，用 8 位元原始碼定義了 ASCII 的擴展版本。從 0 到 127 的值表示與 7 位元 ASCII 碼相同的字元，從 128 到 255 的值是變數。你可能見過 8 位元 ASCII 的一個變體稱為 Latin-1，它為大多數歐洲語言提供了字元，但是也有其他的語言，比如俄語。

如果會說韓文、日文、中文或阿拉伯語，8 位元編碼是完全不夠的。給你一個概念，現代的中文、日文和韓文的編碼（它們有著共同的背景）涵蓋了近 88,000 個字元——比從 8 位元中的 256 個字元多一些位元！為了克服擴展 ASCII 的限制，通用字元集（*Universal Character Set, UCS*）在 1990 年代出現。UCS 由 ISO 10646 國際編碼標準定義，長度為 32 位元。這為數億個獨特的原始碼值提供了可能性。

UCS 和 Unicode

UCS 定義了字元和整數原始碼值之間的映射，稱為碼位（*code point*）。重要的是要認識碼位與編碼（*encoding*）不一樣。碼位是整數；編碼指定了將給定的碼位表示為一系列位元組或字組的方法。小於 256 的原始碼很流行，可以用一個位元組表示。使用 4 個位元組儲存只需要 1 個位元組的原始碼是很沒效率的，因為還有其他原始碼需要幾個位元組。編碼是一種表示碼位的方法，它允許更有效地儲存碼位。

Unicode 是一種標準，它定義了一組與 UCS 中相同的字元及其碼位。Unicode 還為這些碼位定義了幾種不同的編碼，並包括處理從右到左的語言（如阿拉伯語）的其他機制。碼位的範圍足以容納世界上所有語言的字元集，以及許多不同的圖形字元集，比如數學符號，甚至是表情符號（emoji）。無論如何，原始碼的排列方式是這樣的：大多數語言中的字串都可以表示為一個 16 位元原始碼的序列。

Unicode 另一個令人困惑的是它提供了多個字元編碼方法（*character encoding method*）。最常用的編碼被稱為 UTF-8、UTF-16 和 UTF-32，它們都可以表示 Unicode 集中的所有字元。任何給定字元的數值，在任何一種表示形式中都是相同的。以下是這些編碼如何表示字元：

- *UTF-8* 表示字元為 1 到 4 位元組的可變長度序列。ASCII 字元集以 UTF-8 的形式，具有與 ASCII 相同原始碼的單個位元組碼。大多數網頁使用 UTF-8 編碼常數。
- *UTF-16* 表示一個或兩個 16 位元值的字元。UTF-16 包括 UTF-8。因為一個 16 位元的值可以容納所有的原始碼平面 0，UTF-16 在多語言環境的程式設計中，涵蓋了大多數的情況。
- *UTF-32* 只是將所有字元表示為 32 位元的值。

有四種整數型態用來儲存 Unicode 字元。它們是 char、wchar_t、char16_t 和 char32_t。在第 2 章會有更多的介紹內容。

C++ 基本字元

使用**基本字元集**（*basic source character set*）撰寫 C++ 敘述。這是一組允許在 C++ 原始檔中使用的字元。可以用來定義名稱的字元集，就是其中的一個子集。當然，基本字元集絕不限制你在原始碼中使用的字元資料。你的程式可用各種方式建立，由這個集合之外的字元組成的字串。基本字元集由以下字元組成：

- 字母 *a-z* 和 *A-Z*
- 數字 0-9
- 空白字元、水平跳格、垂直跳格、跳頁字元和換行符號

◆ 字元 _ { } [ ] # ( ) < > % : ; . ? * + - / ^ & | ~ ! = , \ " '

這就很清楚,你有 96 個可以使用的字元,這些字元很可能在大多數情況下都能滿足你的需求。大多數情況下,基本字元集就足夠了,但有時你需要的不是它本身的字元。至少在理論上,可以在名稱中包含 Unicode 字元。以其碼位的十六進位表示型式指定 Unicode 字元,可以是 \udddd 或 \Uddddddd,其中 d 是十六進位數字。注意,第一個小寫的 u,第二個大寫的 U;都是可以接受的。雖然編譯器對名稱中 Unicode 字元的支援有限,但字元和字串資料都可以包含 Unicode 字元。

轉義序列

當你要在程式中使用字元常數(*character constant*)當做字元或字串時會有問題,很顯然的你無法將 "換行"(newline)直接輸入成為字元常數,因為它們會執行換行的動作。你可藉由轉義序列(*escape sequence*)輸入有問題字元常數的字元。轉義序列是間接的指定字元方式。而且都以倒斜線 \ 起頭。

❶ 表 1-3 轉義序列表示的控制字元

轉義序列	控制字元
\n	換行符號(newline)
\t	水平跳格(horizontal tab)
\v	垂直跳格(vertical tab)
\b	後退一格(backspace)
\r	歸位(carriage return)
\f	跳頁(form feed)
\a	發出嗶聲(alert/bell)

有一些其他字元無法直接顯示。很顯然的倒斜線字元本身就是一個問題,因為它表示轉義序列的開始,單引號和雙引號字元使用於字元 'A' 或字串 "text" 常數當做分隔符。你可用轉義序列表示的字元如下:

❶ 表 1-4 表示 "問題" 字元的轉義序列

轉義序列	字元
\\	顯示倒斜線
\'	顯示單引號
\"	顯示雙引號

因為倒斜線表示轉義序列的開始，所以將倒斜線作為字元常數輸入的唯一方法，是使用兩個連續的倒斜線（\\）。

這個程式使用轉義序列將訊息輸出到螢幕。要看到它，你需要輸入、編譯、連結和執行原始碼：

```cpp
// Ex1_02.cpp
// Using escape sequences
#include <iostream>

int main()
{
  std::cout << "\"Least \'said\' \\\n\t\tsoonest \'mended\'.\"" << std::endl;
}
```

當你編譯 \ 連結並執行程式時，應該會看到如下的輸出：

```
"Least 'said' \
                soonest 'mended'."
```

這結果由下一敘述最外層的雙引號中的內容而定：

```cpp
  std::cout << "\"Least \'said\' \\\n\t\tsoonest \'mended\'.\"" << std::endl;
```

最外層雙引號的*所有內容*都會送至 cout。在一對雙引號之間的一連串字元稱為*字串常數*（*string literal*）。雙引號字元只是標識字串常數的開始與結束，不是字串本身的一部分。字串常數中的每個轉義序列，都將被轉換為編譯器表示的字元，因此該字元會被送至 cout，而不是轉義序列本身。字串常數中的倒斜線都是表示轉義序列的開始，所以送給 cout 的第一個字元是雙引號字元。

Least 後面跟著一個空格。後面是一個單引號字元，然後是 said，後面是另一個單引號。接下來是空格，後面是 \\ 指定的倒斜線。然後是一個換行字元，\n，因此，游標會移至下一行的開始處。之後送兩個跳格字元 \t\t 至 cout，所以游標會向右移動兩個跳格。單字 soonest 的輸出緊接著是空格，然後在單引號之間是 mended。最後，輸出一個句點，然後是雙引號。

━━

■ **附註**　如果你不喜歡轉義序列，那麼第 7 章將介紹一種可能的替代方法，稱為原始字串常數。

━━

事實上，在 Ex1_02.cpp 展示字元轉義中，可能有點過頭了。實際上你不需要在

字串常數中轉義單引號字元 '，因為沒有混淆的可能。所以，下面的敘述也能夠
順利地執行：

```
std::cout << "\"Least 'said' \\\n\t\tsoonest 'mended'.\"" << std::endl;
```

在一個字元字面值的形式 ' \ '，單引號真的需要轉義。相反地，雙引號當然
不需要倒斜線；編譯器很樂意接受 '\"' 和 '"'。但是我們已經更進一步：字
元字面值是下一章的主題。

▌ **附註**　嚴格來說，Ex1_02 中的 \t\t 轉義序列，也不是必需的 - 原則上，你也可以
在字串常數中鍵入跳格（在 "\"Least 'said' \\\n soonest 'mended'.\"" ）。但還是建議
使用 \t\t；因為人們通常無法區分跳格 " " 和許多空格 " "，更不用說正確計算跳
格的數量了。另外，一些常數編輯器在保存時，傾向於將跳格轉換為空格。因此，
對於設計風格來說，需要在字串常數中使用 \t 轉義序列是很常見的。

▌摘要

本章廣泛地提供你 C++ 的一些一般概念。討論的內容在之後的章節都會再遇
到，且更詳細。以下是本章所論及的一些基本概念：

- ◆ C++ 的程式至少由一個稱為 main() 的函數組成。
- ◆ 函數可執行的部分由敘述組成，並以一對大括號括住。
- ◆ 一對大括號定義一個敘述區塊。
- ◆ 敘述以分號作結束。
- ◆ 在 C++ 中，關鍵字是一組有特殊意義的保留字。你的程式中不可有項目
  名稱和關鍵字相同。
- ◆ C++ 程式可以含有一個以上的檔案。原始檔包含可執行程式碼，以及用
  於可執行程式碼的標頭定義。
- ◆ 含有定義功能的原始碼，其附屬檔名為 .cpp。
- ◆ 定義你自己資料型態的原始碼通常存在於標頭檔，其附屬檔名是 .h。
- ◆ 前置處理器指令指定要對檔案中的原始碼執行的動作。在編譯檔案的原
  始碼之前，執行所有前置處理器指令。
- ◆ 標頭檔的內容利用一個 #include 前置處理指令加到原始檔中。

- ◆ 標準函式庫提供廣泛的功能，支援並擴展 C++ 語言。
- ◆ 在原始檔中載入標準函式庫的標頭檔，用以存取標準函式庫的函數和定義。
- ◆ C++ 的輸入和輸出都以串流執行，並使用插入和萃取運算子，<< 和 >>。std::cin 是標準的輸入串流，其相當於鍵盤。std::cout 是標準的輸出串流，其相當於螢幕。這兩個皆定義於 iostream 標準函式庫的標頭。
- ◆ 物件導向的程式設計包含針對問題所定義的新資料型態。當你定義了你需要的資料型態，則可用此新的資料型態撰寫程式了。
- ◆ Unicode 定義了唯一的整數原始碼值，它們代表了世界上幾乎所有語言的字元，以及許多特定的字元集。原始碼值稱為碼位（*code points*）。Unicode 還定義了如何將這些碼位編碼為位元組序列。

習題

1.1 建立、編譯、連結，以及執行一程式，使其在螢幕上印出常數 "Hello World"。

1.2 建立與執行一程式，在一行中輸出你的名字，然後在下一行中輸出你的年齡。

1.3 下面的程式會產生一些編譯上的錯誤，請找出這些錯誤，並訂正之，使其可以編譯成功並執行。

```
include <iostream>

Int main()
{
  std:cout << "Hello World" << std:endl
)
```

02

基本的資料型態

在本章中，我們會看到 C++ 的一些基本資料型態，這些型態可能會用在所有的程式中。C++ 所有的物件導向功能都建立在這些基本資料型態上，因為你所建立的所有資料型態，最終都以你的電腦運作的數值資料定義之。本章結束時，你就會寫傳統形式的簡單 C++ 程式：輸入──處理──輸出。

在本章中，你可以學到以下各項：

- C++ 的資料型態
- 如何在程式中宣告和初始變數
- 如何修改變數的值
- 何謂整數字面值，如何在程式中定義它們
- 整數計算如何完成
- 如何定義包含浮點數的變數
- 如何產生可儲存字元的變數
- 關鍵字 auto 會做什麼

變數、資料和資料型態

變數（*variable*）是一段你定義的命名記憶體位置。每個變數都有型態，這個型態定義了它可以儲存的資料型態。每一個基本型態都是由一個或多個關鍵字（*keyword*）組成的唯一型態名稱。關鍵字是 C++ 中不能用於其他任何事情的保留字。

編譯器會進行大量的檢查，確保在任何給定的環境中，使用的都是正確的資料型態。它將確保當你在運算中組合不同的型態時，例如兩個值相加，可以是相

同型態；也可以將一個值轉換為另一個值的型態，來使它們相容。編譯器會偵測出，並回報試圖組合不相容的不同型態的資料。

數值可以分為兩大類：整數（即整個數字）以及浮點數（可以是非整數），每一類中都有幾種 C++ 基本型態。每種型態都可以儲存特定範圍的值，我們先從整數型態開始。

整數變數

下面是定義整數變數的敘述：

```
int apple_count;
```

當我們定義變數時，可指定初值。例如：

```
int apple_count {15};                    // 蘋果的數量
```

apple_count 的初值出現在名稱後面的大括號中，因此值為 15。包含初值的大括號稱為**大括號初始器**（*braced initializer*）。在本書之後的部分，會遇到這樣的情況：大括號初始器裡帶有多個值。你不必在定義變數時初始它們，但這樣做有好處，確保變數有已知的值，這樣當原始碼不如預期的執行時，就更容易找出哪裡出了問題。

型態 int 的大小通常為 4 位元組。因此它們可以儲存從 -2,147,483,648 至 +2,147,483,647 的整數。這涵蓋了大多數的情況，這就是為什麼 int 是最常用的整數型態。

以下是三個 int 型態變數的定義：

```
int apple_count {15};                      // 蘋果的數量
int orange_count {5};                      // 橘子的數量
int total_fruit {apple_count + orange_count}; // 所有水果的數量
```

total_fruit 的初值是前面定義的兩個變數值的總和。這說明了變數的初值可以是一個運算式。在 total_fruit 的初值運算式中，定義兩個變數的敘述，必須出現在原始檔的前面；否則，定義將無法編譯。

大括號之間的初值應該與正在定義的變數型態相同。如果不是，編譯器會嘗試將它轉換為需要的型態，如果轉換為更有限制的範圍的值的型態，則有可能遺漏一些資訊。舉例來說，如果你將不是整數的 1.5 指定為整數變數的初值，轉換至具有更有限範圍的型態，稱為縮小轉型（*narrowing conversion*）。如果使用大括號來初始變數，編譯器在偵測到縮小轉型時，都會發出警告或錯誤。

還有兩種初始變數的方法，使用函數式的表示法（*Functional notation*）看起來是這樣：

```
int orange_count(5);
int total_fruit(apple_count + orange_count);
```

另一種選擇是指定運算子：

```
int orange_count = 5;
int total_fruit = apple_count + orange_count;
```

這兩種選擇都與大括號初始器一樣有用，而且基本上完全相同。因此這兩種方法，在現有的原始碼中也被廣泛地使用。在本書中，我們將採用大括號初始器。這是 C++11 中為標準初始化而導入的最新語法。主要優點是，它可以讓你用相同的方式初始幾乎所有東西——這就是為什麼通常也被稱為統一初始化（*uniform initialization*）。另一個優點是，當涉及到縮小轉型時，大括號初始器的形式稍微安全一點：

```
int banana_count(7.5);        // 可以在沒有警告的情況下編譯
int coconut_count = 5.3;      // 可以在沒有警告的情況下編譯
int papaya_count{0.3};        // 至少會有一個編譯器警告，通常是錯誤
```

這三個定義都包含了縮小轉型，然後我們將會提到更多浮點數至整數的轉換，但是現在，當我們說在這些變數定義之後，banana_count 會包含整數值 7，coconut_count 會初始化為 5，而 papaya_count 會初始為 0——由於第三個敘述，提供的編譯不會因錯誤而失敗。這不太可能是作者所想的。因此，有縮小轉型的定義幾乎都是錯的。

然而就 C++ 標準而言，前兩個定義是完全有效的 C++，可以在不發出任何警告的情況下編譯。雖然有些編譯器會發出關於這種公然縮小轉型的警告，但絕對不是所有編譯器都會這樣做。但是，如果使用大括號初始器，則至少需要符合標準的編譯器才能發出診斷訊息。有些編譯器甚至會發出錯誤，並拒絕編譯這樣的定義。我們認為無意的縮小轉型不應該被忽視，這也是為什麼我們喜歡大括號初始器的原因。

▊ 附註 要表示小數，通常使用浮點變數而不是整數。在本章後面會談到這些內容。

在 C++17 之前，有一種比較常見的情況是，不能使用統一初始化。在本章結尾討論 auto 時，會回來看這個例外。但是由於這種情況，很快地就成為了回憶，相信沒有什麼客觀理由不接受新的語法。另一方面，一致性和可預測性是可取的特點——特別是對初次使用 C++ 的人來說。因此，在本書中，我們都會使用大括號初始器。

可以在單一敘述中，定義和初始給定形態的多個變數。下面是一個例子：

```cpp
int foot_count {2}, toe_count {10}, head_count {1};
```

雖然這是合法的，但通常認為最好在單一的敘述中定義每個變數。這使原始碼更有可讀性，可以在註解中解釋每個變數的用途。

可以將基本型態的任何變數值寫入標準輸出串流。下面是一個使用幾個整數執行此操作的程式：

```cpp
// Ex2_01.cpp
// Writing values of variables to cout
#include <iostream>

int main()
{
  int apple_count {15};                        // 蘋果的數量
  int orange_count {5};                        // 橘子的數量
  int total_fruit {apple_count + orange_count}; // 全部水果的數量

  std::cout << "The value of apple_count is "  << apple_count  << std::endl;
  std::cout << "The value of orange_count is " << orange_count << std::endl;
  std::cout << "The value of total_fruit is "  << total_fruit  << std::endl;
}
```

如果編譯並執行，會看到它輸出三個變數的值，然後在一些文字中解釋它們是什麼。整數值會自動轉換為字元，以便插入運算子 << 輸出。這適用於任何基本型態的值。

▌提示 Ex2_01.cpp 中的三個變數並不需要任何註解，來解釋它們所代表的意義。這些變數名稱已經清楚地表明這一點——這也是它們應該做的。相反地，一些新手的程式設計師可能會撰寫以下的原始碼：

```cpp
int n {15};
int m {5};
int t {n + m};
```

沒有額外上下文或解釋，沒有人能猜出這個原始碼是用來計算水果的，所以，應該盡可能地選擇自我描述的變數名稱。正確命名的變數和函數大多不需要以註解的形式進行額外的解釋。當然，不是指都不要在宣告中加入註解，你很難在一個名稱中取得所有的資訊。加入幾句話，或一小段的註解，可以幫助別人理解原始碼，一點額外的努力，可以大大加快未來的發展。

有正負號的整數型態

表 2-1 顯示了儲存有正負號整數的完整集合──正值和負值。為每一種形態分配的記憶體，以及它可以儲存的值的範圍，可能因不同的編譯器而異。表 2-1 顯示了編譯器用於所有通用平台和電腦結構的大小和範圍。

❶ 表 2-1 有正負號的整數型態

型態	一般大小（位元組）	值的範圍
signed char	1	-128 至 +127
short short int signed short signed short int	2	-256 至 +255
int signed signed int	4	-2,147,483,648 至 +2,147,483,647
long long int signed long signed long int	4 或 8	同 int 或 long long
long long long long int signed long long singed long long int	8	-9,223,372,036,854,775,808 至 +9,223,372,036,854,775,807

型態 signed char 都是 1 個位元組（8 位元）；其他型態佔用的位元組取決於編譯器。但是，每種型態的記憶體都至少與表中的上一種型態相同。

如果左側中出現兩個型態名稱，則首先出現的縮寫名稱更常用。也就是說，通常會看到 long 而不是 long int 或 signed long int。

signed 修飾詞是選擇性的。如果省略，型態預設是 signed。唯一的例外是char。雖然未經修改的 char 確實存在，但無論是有正負號還是無負號，它都依賴於編譯器。在下一節會進一步討論這個問題。但是，除了 char 以外的整數型態，可以自由選擇是否加上 signed 修飾詞。對個人而言，通常只在強調特定變數是 signed 時才這麼做。

無負號的整數型態

有些情況下不需要儲存負整數。一個班級的學生人數始終是正整數。可以透過在有正負號整數型態的任何名稱前加上 unsigned 關鍵字，例如 unsigned char、unsigned short、unsigned long long，來指定儲存非負值的整數型態。每個無負號型態都與有正負號型態不同，但佔用相同的記憶體數量。

型態 char 是 signed char 和 unsigned char 的不同整數型態。char 只用於儲存字元原始碼的變數，根據編譯器的不同，可以是有正負號或無負號型態。如果 climits 標頭中的字面值 CHAR_MIN 為 0，則編譯器中的 char 是無負號型態。在本章後面會討論儲存字元的變數。

█ **提示**　只用未修飾的 char 來儲存字元。對於 char 變數用以儲存其他資料，如整數數值，應該加上對應的修飾詞。

除 unsigned char 之外，增加可表示數字的範圍很少會加上 unsigned

修飾詞的主要動機──例如，可以表示高達 +2,147,483,647 或高達 +4,294,967,295 的數字（分別為 signed 和 unsigned int 的最大值）。通常加入 unsigned 來讓你的原始碼更加地自我文件化，也就是說，使它更可預測給定的變數將應該包含的值。

█ **附註**　你也可以自行使用關鍵字 signed 和 unsigned。如表 2-1 所示，signed 型態被認為是 signed int 的縮寫，所以很自然地，unsigned 是 unsigned int 的縮寫。

初始化為零

以下敘述定義一個初值等於 0 的整數變數：

```
int counter {0};        // counter 初值為 0
```

可以在這裡省略大括號中的 0，效果也是一樣的。因此定義 counter 的敘述可以這樣寫：

```
int counter {};         // counter 初值為 0
```

空括號有點類似數字 0，這也讓語法很好記。零初始化適用於任何型態。例如，對於所有基本數值型態，空的括號初始器都會假定它包含 0。

使用固定值定義變數

有時需要定義具有固定值且不得更改的變數。在不能更改的變數定義中使用 const 關鍵字。這些變數通常稱為常數（*constant*）。下面是一個例子：

```
const unsigned toe_count {10};        // 無負號整數，固定值為 10
```

const 關鍵字告訴編譯器不能更改 toe_count 的值。嘗試修改此值的任何敘述，都會在編譯期間被標記為錯誤，可以使用 const 關鍵字來固定任何型態的變數的值。

▍ **提示**　如果沒有其他方法，知道哪些變數可以或不可以改變它們的值，會讓原始碼更容易理解。因此，我們建議你在適當的時候，加上 const 修飾詞。

▍整數字面值

十進位字面值

任何型態的常數值，如 42、2.71828、'Z' 或 "Mark Twain"，歸類為字面值（literals）。這些範例依序為整數字面值（litager literal），浮點數字面值（floatiug-poiut literal），字元字面值（character literal），以及字串字面值（striug literal）。每一字面值將是某一型態。我們先說明整數字面值，其餘的字面值將會陸續的介紹。

整數字面值（integer literal）的寫法非常簡單，下面是十進位整數的一些範例：

```
-123L   +123   123   22333   98U -1234LL   12345ULL
```

無負號整數字面值附加 u 或 U。long 和 long long 型態的字面值分別附加 L 和 LL，如果它們是無負號的，也會加上 u 或 U。如果沒有後置，整數字面值的型態為 int。U 和 L 或 LL 可以任意排序，可以使用小寫字母表示 L 和 LL 後置，但我們建議不要使用小寫字母，因為小寫字母 L 很容易與數字 1 混淆。

可以在第二個範例中省略 +（預設是這樣），但如果你認為加上 + 可以更清楚，也沒有問題。字面值 +123 與 123 相同，且型態為 int，因為沒有後置。

第四個範例，22333，可以根據當地的慣例，寫成 22,333、22 333，或 22.333（儘管還存在其他格式約定）。但是你不能在 C++ 整數字面值中使用逗號或空格，加上一個點會將其轉換為浮點數字面值（稍後討論）。自從 C++14 以來，可以使用單引號字元'，使數字字面值更具可讀性。下面是一個範例：

```
22'333    -1'234LL    12'345ULL
```

以下是使用其中一些字面值的一些敘述：

```
unsigned long age {99UL};              // 99ul 或 99LU 也可以
unsigned short price {10u};            // 沒有特定的 short 字面值型態
long long distance {15'000'000LL};     // 1500 萬常見的分組
```

請注意，如何對數字進行分組沒有限制。大多數西方慣例傾向於每三個數字一組，但不是全部都這樣。例如，印度次大陸的原住民通常會按下面的方式來寫 1500 萬（除了最右邊的三位數組，使用兩位數組）：

```
1'50'00'000LL
```

到目前為止，我們很努力地為無負號字面值加上後置 u 或 U，為 long 型態字面值加上 L 等等。但是實際上，你很少會將這些加到變數的初始化中。原因是如果你只是輸入這個，沒有編譯器會抱怨：

```
unsigned long age {99};
unsigned short price {10};             // 沒有特定的字面值型態
long long distance {15'000'000};       // 1500 萬常見的分組
```

雖然所有這些字面值在技術上都是型態（signed）int，但編譯器會很樂意將它們轉換為正確的型態。只要目標型態可以表示給定值而不遺漏資訊，就不需要發出警告。

█ 附註 雖然大多數是可選擇的，但是在某些情況下，需要加上正確的後置，例如初始型態為 auto 的變數（如本章結尾所述），或使用字面值參數呼叫多載函數時（第 8 章）。

初始值不僅要在變數型態的允許範圍內，而且也要正確的型態。下面兩個敘述違反了這些限制。換句話說，它們需要縮小轉型：

```
unsigned char high_score { 513U };     // unsigned char 的合法範圍在 [0,255]
unsigned int high_score { -1 };        // -1 是 signed int 型態的字面值
```

如之前所述,根據編譯器的不同,如果不是編譯錯誤,這些大括號的初始化至少導致一個編譯器的警告。

十六進位字面值

前面所提的整數字面值都是十進位整數,亦可用十六進位表示整數。要表示 16 進位值,在數字之前要有 0x 或 0X,所以若是 0x999,則是一個十六進位數字。另一方面,簡單的 999 就是型態為 int 的十進位值。下面是一些十六進位字面值範例:

十六進位字面值	0x1AF	0x123U	0xAL	0xcad	0xFF
十進位字面值	431	291U	10L	3245	255

十六進位字面值的一個主要用途,是定義特定的位元模式,每個十六進位數字對應 4 位元,很容易將位元模式表示成十六進位字面值。例如,像素顏色的紅、藍和綠(RGB 值)通常表示為 3 個位元組,包裝在 32 位元的字組。白色可以指定為 0xFFFFFF,因為白色的三個顏色中的每一個都具有相同的最大值 255,即 0xFF。紅色是 0xff0000。下面有些例子:

```
unsigned int color {0x0f0d0e};    // unsigned int 十六進位字面值,十進位是 986,382
int mask {0XFF00FF00};            // 指定為 FF、00、FF、00 的四個位元組
unsigned long value {0xDEADlu};   // unsigned long 十六進位字面值,十進位是 57,005
```

八進位字面值

還可將整數以八進位值表示,也就是用基數 8。要標示八進位數字,在數字前要放置 0。下表是一些八進位值的範例:

八進位字面值	0657	0443U	012L	06255	0377
十進位字面值	431	291U	10L	3245	255

▌ **注意**　不要在十進位整數前放置 0,編譯器會將這種數值解釋為八進位(基數 8),所以 065 會等於十進位的 53。

二進位字面值

二進位字面值由 C++14 標準導入。可以將二進位整數字面值寫成一個前置為 0b 或 0B 的二進位數字序列(0 或 1)。通常,二進位字面值可以用 L 或 LL 作為

後置，來表示它是 long 或 long long 型態，如果是無負號字面值，則使用 u 或 U。下面是一些例子：

二進位字面值	0B110101111	0b100100011U	0b1010L	0B110010101101	0b11111111
十進位字面值	431	291U	10L	3245	255

我們在原始碼片段中說明了，如何為前置和後置（如 0x 或 0X 以及 UL，LU 或 Lu）撰寫各種組合，但當然最好堅持使用一致的方式撰寫整數字面值。

就編譯器而言，撰寫整數值時選擇哪個基數並不重要，最終它將儲存為二進位數，撰寫整數的不同方法只是為了你的方便，可以選擇某一種可能的表示法來適應上下文。

▌ **附註** 可以在整數字面值中使用單引號做為分隔符號，以便於閱讀，包括十六進位和二進位字面值。下面是一個例子：0xFF00'00FF'0001UL 或 0b1100'1010'1101。

▌執行簡單的計算

我們先了解一些術語。運算由**運算子**（*operator*）定義之──例如加（+），或乘（*）。運算子所運作的數值稱為**運算元**（*operand*），如在運算式 2 * 3 中運算元是 2 和 3。

因為乘法運算子需要 2 個運算元，故稱為**二元運算子**（*binary operator*）。有些其他的運算子只需 1 個運算元，這些稱為**一元運算子**（*unary operator*）。一元運算子的一個範例是 -2 中的負號。這減號應用在一個運算元（2）上，並改變其正負號。對照於二元減法運算子，如運算式 4-2 中，減號應用在兩個運算元上，4 和 2。

表 2-2 顯示了可以對整數執行的基本算術運算。

◑ 表 2-2 基本算術運算

運算子	運算
+	加
-	減
*	乘
/	除
%	模數 (兩數相除後的餘數)

表 2-2 中的運算子都是二元運算子，它們的運算方式基本上與你想的一樣。不過，有兩個運算子可能需要解釋一下：一個是不太為人所知的模數運算子，另一個是除法運算子。整數除法在 C++ 中有點特殊。當應用於兩個整數運算元時，除法運算的結果會是一個整數。例如，假設寫下以下內容：

```
int numerator = 11;
int quotient = numerator / 4;
```

從數學上講，除法 11/4 的結果當然是 2.75 或 2¾，即 2 和 3/4。但 2.75 顯然不是整數，那該怎麼辦？任何理智的數學家都會建議你將商捨入到最接近的整數，所以是 3。但是這**不是**電腦會做的，電腦將完全捨棄小數部分 0.75。這是因為適當的捨入需要更複雜的電路，還要更多的時間來計算。這意味著，在 C++ 中，11/4 會給出整數值 2。圖 2-1 說明了除法和模數運算子對我們範例的影響。

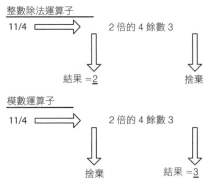

▲ 圖 2-1 對比除法和模數運算子

整數除法回傳分母劃分為分子的次數，而剩下的餘數都被捨棄。模數運算子 % 補充了除法運算子在整數除法後產生的餘數（*remainder after integer division*）。定義為對於所有整數 x 和 y，（x / y）* y +（x % y）等於 x。使用此公式可以輕鬆推斷出模數運算元對負運算元的作用。

當右運算元為 0 時，除法和模數運算子的結果都是未定義的──所發生的事情取決於編譯器和電腦結構。

複合算術運算式

如果多個運算子出現在同一運算式中，則乘法、除法和模數運算都是在加法和減法之前執行。以下是此類情況的範例：

```
long width {4};
long length {5};
long area { width * length };            // 結果是 20
long perimeter {2*width + 2*length};     // 結果是 18
```

可以使用括號控制執行更複雜運算式的順序。可以撰寫計算周長值的敘述，如下所示：

```
long perimeter{ (width + length) * 2 };     // 結果是 18
```

首先計算括號內的子運算式。然後將結果乘以 2，產生與之前相同的最終結果。但是，如果省略這裡的括號，結果將不再是 18，結果將變為 14：

```
long perimeter{ width + length * 2 };       // 結果是 14
```

原因是乘法是在加法之前進行計算。因此，前面的敘述實際上等於以下敘述：

```
long perimeter{ width + (length * 2) };
```

可以使用巢狀括號，在這種情況下，括號內的子運算式，從最裡面的括號對到最外面的順序執行。下面帶有巢狀括號的運算式範例會說明它的原理：

```
2*(a + 3*(b + 4*(c + 5*d)))
```

首先計算運算式 5 * d，並將 c 加到結果中。該結果乘以 4，並加 b。該結果乘以 3，並加 a。最後，將該結果乘以 2 以產生完整運算式的結果。

在下一章中，我們會詳細說明這些複合運算式（*compound expression*）的計算順序。要記住的是，無論預設計算順序是什麼，都可以透過加上括號來覆蓋它。即使順序恰好是你想要的，但為了清楚起見，加上一些額外的括號絕對不會有什麼問題：

```
long perimeter{ (2*width) + (2*length) };  // 結果是 18
```

▌指定運算子

在 C++ 中，只有在使用 const 修飾詞時才固定變數的值。其他情況下，變數的值總是可以用新值覆蓋：

```
long perimeter {};
// ...
perimeter = 2 * (width + length);
```

最後一行是指定敘述，= 是指定運算子（*assignment operator*）。計算指定運算子右側的運算式，並將結果儲存在左側的變數中。在宣告時初始變數 perimeter 不是絕對必要，只要在指定之前沒有讀取變數即可，但是初始變數被認為是比較好的做法。而 0 通常是一個不錯的選擇。

可以在單一敘述中為多個變數指定值。下面是一個例子：

```
int a {}, b {}, c {5}, d{4};
a = b = c*c - d*d;
```

第二個敘述計算運算式 c*c - d*d 的值，並將結果儲存在 b 中，因此 b 將設為 9。接下來，b 的值儲存在 a 中，因此 a 也將設為 9。可以根據所需，進行多次重複指定。

重要的是要理解指定運算子與代數方程式中的 = 符號完全不同。後者意思是等於，而前者則是覆蓋給定記憶體位置的行為。變數可以根據所需多次覆蓋，每次都使用不同的、數學上不等的值。請看到以下指定敘述：

```
int y {5};
y = y + 1;
```

變數 y 用 5 初始化，所以運算式 y + 1 產生 6。這個結果存回 y，所以效果是將 y 遞增 1。這個最後一行在普通數學中沒有意義：任何數學家都會告訴你，y 永遠不能等於 y + 1（當然除非 y 等於無窮大……）。但是在 C ++ 這樣的程式語言中，實際上變數反覆加 1 是非常常見的。在第 5 章中，會看到等值運算式在迴圈中無所不在。

來看一個例子中的一些算術運算子。此程式轉換你從鍵盤輸入的距離，並在過程中使用算術運算子：

```
// Ex2_02.cpp
// Converting distances
#include <iostream> // 為了輸出至螢幕

int main()
{
  unsigned int yards {}, feet {}, inches {};

  // 以 yards, feet, 以及 inches 表示的距離轉換為 inches
  std::cout << "Enter a distance as yards, feet, and inches "
            << "with the three values separated by spaces:"
```

```
               << std::endl;
  std::cin >> yards >> feet >> inches;

  const unsigned feet_per_yard {3};
  const unsigned inches_per_foot {12};

  unsigned total_inches {};
  total_inches = inches + inches_per_foot * (yards*feet_per_yard + feet);
  std::cout << "The distances corresponds to " << total_inches << " inches.\n";

  // 以 inches 表示的距離轉換為 yards, feet 和 inches
  std::cout << "Enter a distance in inches: ";
  std::cin >> total_inches;
  feet   = total_inches / inches_per_foot;
  inches = total_inches % inches_per_foot;
  yards  = feet / feet_per_yard;
  feet   = feet % feet_per_yard;
  std::cout << "The distances corresponds to "
            << yards << " yards "
            << feet << " feet "
            << inches << " inches." << std::endl;
}
```

以下是此程式的輸出樣本：

```
Enter a distance as yards, feet, and inches with the three values separated by spaces:
9 2 11
The distances corresponds to 359 inches.
Enter a distance in inches: 359
The distances corresponds to 9 yards 2 feet 11 inches.
```

main() 中的第一個敘述定義了三個整數變數，並用 0 初始它們。它們是 unsigned int 型態，因為在此範例中，距離值不能為負。這是一個在單一敘述中定義三個變數的實例，因為它們之間密切相關。

下一個敘述輸出 std::cout 的提示輸入。我們使用了一條分佈在三行的敘述，但它也可以寫成三個單獨的敘述：

```
  std::cout << "Enter a distance as yards, feet, and inches";
  std::cout << "with the three values separated by spaces:";
  std::cout << std::endl;
```

當在原始敘述中有一系列 << 運算子時，它們從左到右執行，因此前三個敘述的輸出會與原始敘述相同。

下一個敘述從 cin 讀取值，並將它們儲存在變數 yards、feet 和 inches 中。>>
運算子希望讀取的值的型態，由要在其中儲存值的變數之型態來決定。因此，
在這種情況下，預計將輸入無負號整數。>> 運算子忽略空格，值後面的第一個
空格終止操作。這意味著無法使用串流的 >> 運算子讀取和儲存空格，即使將它
們儲存在存放字元的變數中也是如此。範例中的輸入敘述也可以再寫為三個單
獨的敘述：

```
std::cin >> yards;
std::cin >> feet;
std::cin >> inches;
```

這些敘述的效果與原始敘述相同。

定義了兩個變數 inches_per_foot 和 feet_per_yard，你需要將它們從碼、
英呎、以及英吋轉換為英吋，反之亦然。這些值是固定的，因此將變數指定
為 const。你可以在原始碼中使用轉換因素的明確值，但使用 const 變數要
好得多，因為這樣做會更清楚。const 變數也是正值，因此你將它們定義為
unsigned int 型態。如果願意，可以將 U 修飾詞加到整數字面值中，但是沒有
必要。轉換為英吋是單個指定敘述：

```
total_inches = inches + inches_per_foot * (yards*feet_per_yard + feet);
```

括號之間的運算式會先執行。這會將碼值轉換為英呎，並加上英呎值以產生總
英呎數。將此結果乘以 inches_per_foot 可取得碼數和英呎值的總英吋數。加
上英吋會產生最終的總英吋數，可以使用以下敘述輸出：

```
std::cout << "The distances corresponds to " << total_inches << " inches.\n";
```

第一個字串將送至標準輸出串流 cout，後面加上 total_inches 的值。傳遞給
cout 的字串將 \ n 作為最後一個字元，這會讓接下來的輸出在下一行開始。

將值從英吋轉換為碼，英呎和英吋需要四個敘述：

```
feet    = total_inches / inches_per_foot;
inches = total_inches % inches_per_foot;
yards  = feet / feet_per_yard;
feet    = feet % feet_per_yard;
```

可以重複使用儲存輸入的變數進行上一次轉換，以儲存此轉換的結果。將
total_inches 的值除以 inches_per_foot 會產生整英呎數，存在 feet 中。% 運

算子在除法後產生餘數，因此下一個敘述計算剩餘存在 inches 裡的英吋。使用相同的過程來計算碼數和最終的英呎數。

請注意使用空格來美化這些指定敘述。也可以不加空格，但這樣可讀性並不是很好：

```
feet=total_inches/inches_per_foot;
inches=total_inches%inches_per_foot;
yards=feet/feet_per_yard;
feet=feet%feet_per_yard;
```

我們通常在每個二元運算子之前和之後加上一個空格，因為它提升了原始碼的可讀性。加上額外的空格勾勒出相關的作業也不會造成傷害。

在最終輸出敘述之後沒有 return 敘述，因為沒有必要。當執行的序列超出 main() 的結尾時，它相當於執行了 return 0。

op= 指定運算子

在 Ex2_02.cpp 中，有一個宣告可以寫得更簡短：

```
feet = feet % feet_per_yard;
```

可以使用 op= 指定運算子撰寫此敘述。op= 指定運算子，或稱複合指定運算子（*compound assignment operator*），之所以這麼稱呼，是因為它們由運算子和指定運算子 = 組成。可以只用一個運算子來撰寫上一個敘述，如下所示：

```
feet %= feet_per_yard;
```

這與前一個敘述的運算相同。

一般而言，op= 指定具有以下形式：

lhs op= rhs;

此處的 lhs 是一個變數，rhs 是運算式。同義的敘述為：

lhs = lhs op (rhs);

括號很重要，因為可以撰寫下面的敘述：

x *= y + 1;

這相當於以下敘述：

x = x * (y + 1);

若沒有括號，儲存在 x 中的值會是 x * y + 1 的結果，這是完全不同的。

你可將 op= 指定形式用於所有的運算子。表 2-3 顯示了完整的集合，包括在下一章會看到的運算子。

◑ 表 2-3 op= 指定運算子

運算	運算子	運算	運算子
加	+=	位元 AND	&=
減	-=	位元 OR	|=
乘	*=	位元互斥 OR	^=
除	/=	左移	<<=
模數	%=	右移	>>=

注意運算子和 = 之間並無空格。若有空格存在，將會發生錯誤。如果要將變數加上某個數字，可以使用 +=。舉例來說，以下兩個敘述具有相同的效果：

```
y = y + 1;
y += 1;
```

表中出現的位移運算子 << 和 >>，看起來與你在串流中使用的插入和萃取運算子相同。編譯器可以在上下的敘述中找出 << 或 >> 的含意。你會理解同一個運算子，在本書後面的章節，其意義可能會有所不同。

題外話：使用宣告和指示

在 Ex2_02.cpp 中出現了很多 std::cin 和 std::cout。可以使用 using 宣告，消除在原始檔中使用空間名稱所限定的名稱之需要。下面是一個例子：

```
using std::cout;
```

這告訴編譯器在撰寫 cout 時，它應該被解釋為 std::cout。在 main() 函數定義之前使用此宣告，可以使用 cout 而不是 std::cout，這樣可以節省輸入並使原始碼看起來不那麼雜亂。

可以在 Ex2_02.cpp 的開頭導入兩個 using 宣告，並避免對 cin 和 cout 進行限定：

```
using std::cin;
using std::cout;
```

當然，還是必須使用 std 來限定 endl，儘管也可以為它加上一個 using 宣告。你可以使用宣告來應用任何名稱空間中的名稱，而不僅僅是 std。

using 指令從名稱空間導入所有名稱。以下是如何使用 std 名稱空間中的任何名稱而無需限定它：

```
using namespace std;          // 使用 std 中的所有名稱都可以無限制地使用
```

在原始檔的開頭，你不必限定 std 名稱空間中定義的任何名稱。這看起來很有吸引力，問題是它推翻了擁有名稱空間的主要原因。你不太可能知道 std 中定義的所有名稱，並且使用此 using 指令，會增加意外使用 std 名稱的可能性。

在本書的範例中，偶爾會使用 std 名稱空間的 using 指令，否則需要的 using 宣告數量太多。我們建議只在有充分理由的情況下使用 using 指令。

sizeof 運算子

可以使用 sizeof 運算子來取得型態、變數或運算式結果所佔用的位元組數。以下是一些使用範例：

```
int height {74};
std::cout << "The height variable occupies " << sizeof height << " bytes." << std::endl;
std::cout << "Type \"long long\" occupies " << sizeof(long long) << " bytes." << std::endl;
std::cout << "The result of the expression height * height/2 occupies "
        << sizeof(height * height/2) << " bytes." << std::endl;
```

這些敘述顯示了如何輸出變數的大小、型態的大小以及運算式結果的大小。要使用 sizeof 來取得型態佔用的記憶體，型態名稱必須在括號之間。你還需要在 sizeof 的運算式周圍使用括號。你不需要在變數名稱周圍使用括號，但是將它們放入括號裡也沒有壞處。因此，如果都使用帶有 sizeof 的括號，就不會出錯。

可以將 sizeof 應用於任何基本型態、類別型態或指標型態（第 5 章）。sizeof 產生的結果是 size_t 型態，它是在標準函式庫標頭檔 cstddef 中定義的無負號整數型態。型態 size_t 是實作定義的，但如果使用 size_t，則原始碼適用於任何編譯器。

現在，你應該能夠建立自己的程式，並使用編譯器列出基本整數型態的大小。

遞增和遞減整數

你已經看過如何使用 += 運算子增加變數值。我想你已經推論出我們亦可用 -= 來減少變數值。但是有兩個相當特殊的數學運算子，可執行相同的功能。它們稱為遞增（*increment*）和遞減（*decrement*）運算子，分別是 ++ 和 --。

這些運算子的寫法不只一種，而且當我們認真的更深入應用了 C++ 後，將會發現它們很有用。特別是在第 5 章中使用陣列和迴圈時，會一直用到它們。遞增和遞減運算子是可應用於整數的一元運算子。例如，將變數 count 加 1，下列三個敘述的結果完全相同：

```
int count {5};
count = count + 1;
count += 1;
++count;
```

每個敘述都將值加 1。最後一個使用遞增運算子是最簡潔的。此運算子的作用不同於我們看過的其他運算子，因為它直接修改其運算元之值。運算式的結果是增加變數之值，然後將增加後之值用在運算式中。例如，若 count 之值為 5，則敘述

```
total = ++count + 6;
```

會使 count 之值變成 6，而將 12 指定給變數 total。遞減運算子的使用方法相同：

```
total = --count + 6;
```

假設在執行此敘述之前，count 之值為 6，遞減運算子會使它變成 5，而且會用此值計算新值存至 total，此新值為 11。

目前我們都將這些運算子置於其運算元之前，這稱為前置（*prefix*）形式。這些運算子亦可寫在其運算元之後，這稱為後置（*postfix*）形式，而且效果有些不同。

後置遞增和遞減運算子

當你使用 ++ 的後繼形式時，其運算元之值會先用於運算式中再加 1。例如，改寫前面的範例：

```
total = count++ + 6;
```

count 的初值為 5，total 指定為 11，因為在 count 加 1 之前，其初值會先用於運算式的求值，然後變數 count 會遞增至 6。上面的敘述等於下面兩個敘述：

```
total = count + 6;
++count;
```

像 a++ + b 或 a+++b 等運算式，對其意義、或編譯器的確實處理方式並不清楚。實際上這兩個運算式是相同的，但是第二個運算式可解釋成 a + ++b，這意義完全不同──此值比其他兩個運算式值多 1，如下的敘述會比較清楚：

```
total = 6 + count++;
```

另一個方式，你可用括號：

```
total = (count++) + 6;
```

有關遞增運算子的規則，亦可用於遞減運算子。例如，若 count 的初值為 5，敘述

```
total = --count + 6;
```

會指定 10 給 total，但是若將敘述寫成：

```
total = 6 + count--;
```

則 total 值為 11。

在同一運算式中，前置形式的運算子要避免使用超過一次。假設變數 count 之值為 5，而敘述

```
total = ++count * 3 + count++ * 5;
```

這個敘述的結果是未定義的，因為此敘述使用遞增運算子多次修改 count 的值。儘管這個運算式沒有根據 C++ 標準定義，但這並不意味著編譯器不會編譯它們，只是不能保證結果的一致性。

下一個敘述將會產生無法定義的結果：

```
k = k++ + 1;
```

在這裡，要對指定運算子左側運算式中出現的變數的值遞增，因此會再次修改 k 的值兩次。然而，從 C++17 開始，後一種運算式已經定義明確。非正式地，該標準的 C++17 版增加了一個規則，即在計算左側和實際指定之前，指定右側的所有副作用（包括複合指定、遞增和遞減）都是完全確定的。然而，即使在

C++17，運算式的精確規則是已定義或未定義仍然很微妙，因此我們的建議保持不變：

▌提示　作為計算單一運算式的結果，只修改變數一次，並只存取變數的前值以確定其新值──也就是說，在同一運算式中修改變數後，不要再次嘗試存取此變數。

遞增和遞減運算子通常應用於整數，尤其是用於迴圈（loop），我們在第 5 章就會看到。在後面的章節中我們還會看到它們用於 C++ 的其他特殊資料型態中，具有相當特別的效果（但是很有用）。

定義浮點數變數

當需要處理非整數值時，可以使用浮點變數，有三種浮點資料型態，如表 2-4：

◑ 表 2-4 浮點資料型態

資料型態	描述
float	單一精確度的浮點數
double	雙精確度的浮點數
long double	延伸雙精確度的浮點數

▌附註　不能對浮點資料型態使用 unsigned 或 signed 修飾詞；浮點資料型態都是 signed。

精確度（*precision*）在此處是指假數中有效數字的位數。資料型態依順序其精確度越來越大，float 在假數中提供最少的位數，而 long double 最多。注意精確度只決定假數的數字位數。某一型態可表示的數字範圍，主要由其指數範圍決定。

值的精確度和範圍不是由 C++ 標準規定的，所以每種型態的處理方式將視編譯器而定，這由你使用電腦的處理器和使用的浮點數表示方式而定。一般而言，型態 long double 提供的精確度，大於等於 double 型態，而 double 型態的精確度，大於等於 float 型態。

今日，實質上所有編譯器和電腦結構使用的浮點數和算術運算，皆是指定第 1 章所討論的 IEEE 標準。一般 float 型態提供 7 位精確度（23 位假數），double

型態接近 16 位精確度（52 位假數），而 long double 提供大約 18 至 19 位精確度（64 位假數）。然而對於一些主要的編譯器，long double 只有與 double 相同的精確度。表 2-5 顯示了使用 Intel 處理器的浮點型態可以表示的值之範圍。

ℓ 表 2-5 浮點型態的範圍

型態	精確度	範圍
float	7	$\pm 1.18 \times 10^{-38}$ 至 $\pm 3.4 \times 10^{38}$
double	15（接近 16）	$\pm 2.22 \times 10^{-308}$ 至 $\pm 1.8 \times 10^{308}$
long double	18-19	$\pm 3.65 \times 10^{-4932}$ 至 $\pm 1.18 \times 10^{4932}$

表 2-5 中的精確度是近似值。這些型態都可以精確地表示為 0，但在 0 和正或負最小值之間的下限無法表示，所以下限是最小的非 0 值。

以下是一些定義浮點變數的敘述：

```
float pi {3.1415926f};                    // 圓周長與直徑之比
double inches_to_mm {25.4};
long double root2 {1.41421356237730950488L}; // 根號 2
```

可以像整數變數一樣定義浮點變數。一般而言，double 型態都是夠用的。通常只有在速度或資料大小非常重要時才使用 float。但是如果使用 float，則需要小心，以確保程式可以接受精確度的損失。

浮點數字面值

可以從上一節的原始碼中看到 float 字面值加了 f（或 F），並且 long double 字面值附加了 L（或 l）。沒有後置的浮點數字面值是 double 型態。浮點數字面值包括小數點或指數，或兩者都有。

在浮點數字面值中，指數是可選的，它表示 10 的次方，可以將值乘起來。指數必須以 e 或 E 開頭，並在值之後。下面是一些包含指數的浮點數字面值：

```
5E3 (5000.0)  100.5E2 (10050.0)  2.5e-3 (0.0025)  -0.1E-3L (-0.0001L)  .345e1F (3.45F)
```

每個帶指數的字面值後面括號的值，是不帶指數等同的字面值。在需要表示非常小或非常大的值時，指數特別有用。

與往常一樣，編譯器會很高興地使用，缺少正確 F 或 L 後置的字面值，來初始浮點數變數，甚至使用整數字面值。如果字面值超出了變數型態的可表示範圍，那麼編譯器至少應該發出關於縮小轉型的警告。

浮點數計算

用與整數計算相同的方式撰寫浮點數計算。以下是一個例子：

```
const double pi {3.141592653589793}; // 圓的周長除以其直徑
double a {0.2};          // 適當的紐約式pizza的厚度（英吋）
double z {9};            // 紐約式大pizza的半徑（英吋）
double volume {};        // pizza的數量 – 待計算
volume = pi*z*z*a;
```

模數運算子 % 不能與浮點運算元一起使用，但你看到的所有其他二進位算術運算子，+、-、* 和 / 都可以。還可以將前置和後繼遞增與遞減運算子，++ 和 -- 應用於浮點變數，其效果與整數基本相同；變數將遞增或遞減 1.0。

陷阱

需要了解使用浮點數的限制。對於粗心的人來說，產生可能不準確，甚至不正確的結果並不困難。正如在第 1 章中的那樣，使用浮點數時常見的錯誤來源包括：

◆ 許多小數值並無法完全轉換為二進位浮點數值。這些小錯誤很容易在計算中放大產生大錯誤。

◆ 兩個幾乎相同值的差值會損失精確度。若兩個 float 型態值的第 6 位有效數字不同，則其差可能只有一位或兩位是正確的。其他的有效數字可能都是錯誤的。

◆ 處理一些很大範圍值時會導致錯誤。例如相加兩個 7 位精確度的 float 值，其中一個是另一個的 10^8 倍。你可多次的將較小值加至較大值，此較大值仍不會有改變。

無效的浮點數結果

就 C++ 標準而言，除以 0 的結果是不確定的。然而，大多數電腦中的浮點數運算是根據 IEEE 754 標準（也稱為 IEC 559）實作的。因此在實務中，編譯器在將浮點數除以 0 時，通常表現得非常相似。具體編譯器的詳細資訊可能有所不同，因此請查閱文件。

IEEE 浮點標準定義了具有全 0 的二進位假數和所有 1 的指數的特殊值，以表示 +infinity 或 -infinity，具體取決於符號。將正非零值除以零時，結果會是 +infinity，將負值除以 0 將導致 -infinity。

此標準定義的另一個特殊浮點數稱為非數字（*not-a-number*），通常縮寫為 NaN。這表示未在數學上定義的結果，例如將 0 除 0 或無窮大除以無窮大。其中一個或兩個運算元為 NaN 的任何運算，都會導致 NaN。一旦執行運算 ±infinity，這將影響其參與的所有後續運算。表 2-6 總結了所有可能性。

❶ 表 2-6 使用 NaN 和 ±infinity 運算元的浮點運算

運算	結果	運算	結果
±value / 0	±infinity	0 / 0	NaN
±infinity ± value	±infinity	±infinity / ±infinity	NaN
±infinity * value	±infinity	infinity - infinity	NaN
±infinity / value	±infinity	infinity * 0	NaN

表中的 value 是任何非零值。可以透過將以下原始碼插入 main() 來看看編譯器如何顯示這些值：

```
double a{ 1.5 }, b{}, c{};
double result { a / b };
std::cout << a << "/" << b << " = " << result << std::endl;
std::cout << result << " + " << a << " = " << result + a << std::endl;
result = b / c;
std::cout << b << "/" << c << " = " << result << std::endl;
```

可以從輸出中看到執行這個 ±infinity 和 NaN 的樣子。一個可能的結果是：

```
1.5/0 = inf
inf + 1.5 = inf
0/0 = -nan
```

▌**提示** 取得表示無窮大或 NaN 的浮點數的最簡單方法，是使用標準函式庫的 limits 標頭的工具，我們將在本章後面討論。這樣你就不需要記住如何透過除以 0 來得到它們的規則。要檢查給定的數字是 infinity 還是 NaN，應該使用 cmath header 提供的 std::isinf() 和 std::isnan() 函數——如何處理這些函數的結果會在第 4 章中說明。

數學函數

cmath 標準函式庫標頭檔定義了大量三角函數和數值函數，你可以在程式中使用它們。在本節中，我們將只討論一些可能經常使用的函數，但是還有很多很多。cmath 今天定義的函數從最基本的到一些最高階的數學函數（例如，C++17 標準最近增加了圓柱形的諾伊曼函數（Neumann function）、相關的拉蓋爾（Laguerre）多項式和黎曼澤塔函數（Riemann zeta function）。可以查閱標準函式庫參考資料，來取得完整的列表。

表 2-7 顯示了此標頭檔中一些最有用的函數。與往常一樣，定義的所有函數名稱都在 std 名稱空間中。除非另有說明，否則 cmath 的所有函數都接受可以是任何浮點數或整數型態的參數。結果都與給定的浮點數參數型態相同，並且整數參數的型態為 double。

◑ 表 2-7 cmath 標頭檔的數值函數

函數	描述
abs(arg)	計算 arg 的絕對值。與大多數 cmath 函數不同，如果 arg 是整數，abs() 回傳一個整數型態。
ceil(arg)	計算浮點數，該值是大於等於 arg 的最小整數，因此 std::ceil(2.5) 產生 3.0，std::ceil(-2.5) 產生 -2.0。
floor(arg)	計算浮點數，該值是小於等於 arg 的最大整數，因此 std::floor(2.5) 產生 2.0，std::floor(-2.5) 產生 -3.0。
exp(arg)	計算 e^{arg} 的值。
log(arg)	計算 arg 的自然對數（以 e 為基數）。
log10(arg)	計算 arg 的 10 的對數。
pow(arg1, arg2)	計算 arg1 的值為 arg2 或 arg1arg2。arg1 和 arg2 可以是整數或浮點數型態。std::pow(2, 3) 的結果是 8.0，std::pow(1.5f, 3) 等於 3.375f，std::pow(4, 0.5) 等於 2。
sqrt(arg)	計算 arg 的平方根。
round(arg)	將 arg 捨入為最接近的整數。結果是浮點數，即使對於整數輸入也是如此。cmath 標頭還定義了 lround() 和 llround()，它們分別計算為 long 和 long long 型態最接近的整數。一半的情況是四捨五入。換句話說，std::lround(0.5) 得到 1L，而 std::round(-1.5f) 得到 -2.0f。

除此之外，cmath 標頭提供了所有基本的三角函數（std::cos()、std::sin() 和 std::tan()），以及它們的反函數（std::acos()、std::asin() 和 std::atan()）。角度都是以弧度（radian）表示。

來看看一些使用它們的例子。以下是如何以弧度計算角度的餘弦（cosine）：

```
double angle {1.5};                              // 弧度
double cosine_value {std::cos(angle)};
```

如果角度以度（**degree**）為單位，則可以使用 π 值轉換為弧度來計算切線：

```
float angle_deg {60.0f};                         // 以度為單位
const float pi { 3.14159265f };
const float pi_degrees {180.0f};
float tangent {std::tan(pi * angle_deg/pi_degrees)};
```

如果你知道教堂頂端的高度是 100 英呎，並且你站在離基座 50 英呎的地方，你可以像這樣計算頂端的弧度：

```
double height {100.0};                           // 尖頂高度 - 英呎
double distance {50.0};                          // 距基座的距離
double angle {std::atan(distance / height)};     // 結果以弧度表示
```

可以在角度和距離值中，使用此值來計算從基座到頂端的距離：

```
double toe_to_tip {distance / std::sin(angle)};
```

當然，薩摩斯的畢達哥拉斯（**Pythagoras of Samos**）粉絲可以更容易地取得結果，如下所示：

```
double toe_to_tip {std::sqrt(std::pow(distance,2) + std::pow(height, 2))};
```

▌ 提示　形式為 std::atan (a/b) 的運算式的問題在於，透過計算除法 a/b，你會遺漏有關 a 和 b 的符號的資訊。在這例子中並不重要，因為 distance 和 height 都是正的，但一般來說，最好呼叫 std::atan2 (a, b)。atan2() 函數也由 cmath 標頭定義。因為它知道 a 和 b 的符號，所以能夠在得到的角度中正確地反映它。有關詳細規範，請參閱標準函式庫文件。

讓我們試試看一個浮點數範例。假設想要建造一個圓形池塘來養魚。經過調查，知道每 6 英吋長度的魚，必須要有 2 平方英呎的池塘表面積，你需要弄清楚池塘的直徑，來讓魚保持快樂。以下是你可以這樣做的方法：

```
// Ex2_03.cpp
// 為了快樂的魚計算池塘大小
#include <iostream>
#include <cmath>                                 // 為了平方根函數

int main()
```

```
{
    // 2 平方英呎池塘的表面積容納 6 英吋的魚
    const double fish_factor { 2.0/0.5 };          // 每單位面積魚的長度
    const double inches_per_foot { 12.0 };
    const double pi { 3.141592653589793238 };

    double fish_count {};                          // 魚的數量
    double fish_length {};                         // 魚的平均長度
    std::cout << "Enter the number of fish you want to keep: ";
    std::cin >> fish_count;
    std::cout << "Enter the average fish length in inches: ";
    std::cin >> fish_length;
    fish_length /= inches_per_foot;                // 轉換為英呎

    // 計算需要的表面積
    const double pond_area {fish_count * fish_length * fish_factor};

    // 從面積計算池塘的直徑
    const double pond_diameter {2.0 * std::sqrt(pond_area/pi)};

    std::cout << "\nPond diameter required for " << fish_count << " fish is "
              << pond_diameter << " feet.\n";
}
```

輸入值為 20 條魚，每條魚平均長度為 9 英吋，此範例產生以下輸出：

```
Enter the number of fish you want to keep: 20
Enter the average fish length in inches: 9
Pond diameter required for 20 fish is 8.74039 feet.
```

首先在 main() 中定義三個將在計算中使用的 const 變數。注意使用字面值運算式來指定 fish_factor 的初值。可以將任何運算式用於產生相對應型態結果的初值。你將 fish_factor、inches_per_foot 和 pi 指定為 const，因為它們的值是固定的，不應更改。

接下來，定義 fish_count 和 fish_length 變數，儲存使用者的輸入值。兩者的初值均為 0。魚長度的輸入以英吋為單位，因此在計算池塘之前將其轉換為英呎。使用 /= 運算子將原始值轉換為英呎。

可以為池塘區域定義變數，並使用產生所需值的運算式對其進行初始化：

```
const double pond_area {fish_count * fish_length * fish_factor};
```

fish_count 和 fish_length 的乘積得到了以英吋為單位的所有魚的總長度，並將其乘以 fish_factor 得到了平方英呎所需的池塘面積。一旦計算和初始化，pond_area 的值將不會也不應該被更改，所以不妨宣告此變數為 const。

圓的面積由公式 πr^2 給出，其中 r 是半徑。因此可以透過將面積除以 π、並計算結果的平方根來計算圓形池塘的半徑。直徑是半徑的兩倍，因此整個計算由以下宣告執行：

```
const double pond_diameter {2.0 * std::sqrt(pond_area / pi)};
```

可以使用 cmath 標頭中的 sqrt() 函數取得平方根。

可以在單一敘述中計算池塘直徑，如下所示：

```
const double pond_diameter {2.0 * std::sqrt(fish_count * fish_length * fish_factor / pi)};
```

這消除了對 pond_area 變數的需要，因此程式會更簡短。但這是否比原版更好是有爭議的，因為它發生的事情不那麼明顯。

main() 中的最後一個敘述輸出結果。但是，除非你是一個非常極致的池塘愛好者，不然池塘直徑的小數位數比你想要的還多，來看看如何解決這個問題。

格式化串流輸出

可以使用串流調整器（*stream manipulator*），在 iomanip 和 ios 標準函式庫標頭檔中宣告，它將資料寫入輸出串流時更改資料的格式。使用插入運算子 << 將串流調整器應用於輸出串流。我們會介紹最有用的調整器。如果想了解其他的，請參閱標準函式庫參考資料。

如果你導入熟悉的 iostream 標頭檔，則 ios 宣告的所有調整器都是自動可用的。與 iomanip 標頭檔不同，這些串流調整器不需要參數：

std::fixed	以定點表示法輸出浮點數。
std::scientific	以科學記號形式輸出所有後續浮點數，包括指數和小數點前一位數。
std::defaultfloat	恢復預設的浮點數資料顯示。
std::dec	所有後續整數輸出都是十進位。
std::hex	所有後續整數輸出都是十六進位。
std::oct	所有後續整數輸出都是八進位。

std::showbase	輸出十六進位和八進位整數值的基底前置。在串流中插入 std::noshowbase 則會關閉它。
std::left	輸出在欄位中靠左對齊。
std::right	輸出在欄位中靠右對齊。這是預設值。

iomanip 標頭也提供了有用的參數調整器，下面列出了其中的一些。要使用它們，需要先在原始檔中導入 iomanip 標頭。

std::setprecision(n)	將浮點精確度或小數位數設置為 n 位。如果預設浮點數輸出是有效的，則 n 指定輸出值中的總位數。如果設為 fixed 格式或 scientific 格式，則 n 是小數點後面的位數。預設精度為 6。
std::setw(n)	將輸出欄位寬度設置為 n 個字元，但僅適用於下一個輸出資料項。後續輸出將恢復為預設值，其中欄位寬度設置為容納資料所需的輸出字元數。
std::setfill(ch)	當欄位寬度的字元數多於輸出值時，欄位中的多餘字元將是預設填充字元，即空格。這會將填充字元設為 ch 以用於所有後續輸出。

在輸出串流中插入調整器時，直到更改它為止，通常會一直有效。唯一的例外是 std::setw()，它只影響輸出的下一個欄位的寬度。

讓我們看看其中一些是如何在實作中發揮作用的。用以下內容替換 Ex2_03.cpp 末尾的輸出敘述，並再次輸入 20 和 9 作為輸入：

```
std::cout << "\nPond diameter required for " << fish_count << " fish is "
          << std::setprecision(2)                    // 輸出值為 8.7
          << pond_diameter << " feet.\n";
```

會得到以 2 位精確度表示的浮點數，在這種情況下，它將對應於 1 位小數。由於浮點數輸出的預設處理有效，因此 setprecision() 中括號之間的整數指定浮點數的輸出精確度，即小數點之前和之後的總位數。可以透過將模式設置為 fixed，使參數指定小數點後的位數——小數位數。例如，在 Ex2_03.cpp 中嘗試：

```
std::cout << "\nPond diameter required for " << fish_count << " fish is "
          << std::fixed << std::setprecision(2)
          << pond_diameter << " feet.\n";                    // 輸出值為 8.74
```

將模式設為 fixed 或 scientific 會導致 setprecision() 參數被解釋為輸出值中的小數位數。設為 scientific 模式會導致浮點輸出採用科學記號並帶有指數：

```
std::cout << "\nPond diameter required for " << fish_count << " fish is "
          << std::scientific << std::setprecision(2)
          << pond_diameter << " feet.\n";                    // 輸出值為 8.74e+00
```

在科學記號中，小數點前總是有一位數字。setprecision() 設的值仍然是小數點後面的位數。即使指數為 0，也總是有兩位數的指數值。

以下敘述說明了使用整數值進行的一些格式化：

```
int a{16}, b{66};
std::cout << std::setw(5) << a << std::setw(5) << b << std::endl;
std::cout << std::left << std::setw(5) << a << std::setw(5) << b << std::endl;
std::cout << " a = " << std::setbase(16) << std::setw(6) << std::showbase << a
          << " b = " << std::setw(6) << b << std::endl;
std::cout << std::setw(10) << a << std::setw(10) << b << std::endl;
```

這些敘述的輸出如下：

```
16    66
16    66
a = 0x10  b = 0x42
0x10      0x42
```

當你將整數輸出為十六進位或八進位時，在串流中插入 showbase 是個好方法，因此輸出不會被誤解為十進位值。我們建議你嘗試這些調整器，和串流字面值的各種組合，以了解它們的運作方式。

混合運算式和型態轉型

你可以撰寫涉及不同型態運算元的運算式。例如，定義變數來儲存 Ex2_03 中的魚的數量，如下所示：

```
unsigned int fish_count {};              // 魚的數量
```

魚的數量肯定是一個整數，所以這是合理的。尺寸的英吋數也是不可或缺的，因此你需要像這樣定義變數：

```
const unsigned int inches_per_foot {12};
```

儘管變數現在具有不同型態，但計算仍然可以正常執行。下面是一個例子：

```
fish_length /= inches_per_foot;          // 轉換成英呎
double pond_area{fish_count * fish_length * fish_factor};
```

從技術上講，所有二元算術運算元，都要求兩個運算元屬於同一型態。但是，如果不是這種情況，編譯器將安排將其中一個運算元值，轉型為與另一個相同的型態。這些稱為隱式轉型（*implicit conversion*）。這種方式的運作方式是將範圍較小的型態之變數，轉換為另一種型態的變數。第一個敘述中的 fish_length 變數是 double 型態。型態 double 的範圍大於 unsigned int 型態，因此編譯器會將 inches_per_foot 的值轉型為 double 型態，以允許進行除法。在第二個敘述中，fish_count 的值將轉型為 double 型態，以使其在進行乘法運算之前與 fish_length 型態相同。

對於具有不同型態的運算元的每個運算，編譯器選擇範圍較小的型態的運算元，作為要轉型為另一個型態的運算元。實際上，它按以下順序對型態進行排序，從高到低：

1. long double	2. double	3. float
4. unsigned long long	5. long long	6. unsigned long
7. long	8. unsigned int	9. int

要轉型的運算元會是具有較低等級的運算元。因此，在具有 long long 型態和 unsigned int 型態的運算元的運算中，後者會轉型為 long long 型態。char、signed char、unsigned char、short 或 unsigned short 型態的運算元至少轉型為 int 型態。

隱含式轉型可能會產生意外結果。看到以下敘述：

```
unsigned int x {20u};
int y {30};
std::cout << x - y << std::endl;
```

你可能希望輸出為 -10，但事實並非如此。輸出很可能是 4294967286! 這是因為 y 的值被轉型為 unsigned int 以對應 x 的型態，因此減法的結果是無負號整數值。-10 不能用 unsigned 型態表示。對於無負號整數型態，低於 0 始終包含最大可能的整數值。也就是說，對於 32 位元的 unsigned int 型態，-1 變為 $2^{32}-1$ 或 4294967295，-2 變為 $2^{32}-2$ 或 4294967293，依此類推。這當然意味著 -10 確實變成 $2^{32}-10$ 或 4294967286。

■ **附註**　無負號整數減法的結果，包含在非常大的正整數中的現象有時稱為下溢（*underflow*）。一般來說，需要注意下溢（我們將在後面的章節中討論這個例子）。當然，也存在相反的現象，稱為溢位（*overflow*）。例如，unsigned char 值 253 和 5 相加，不會得到 258 最大值，unsigned char 可以容納的變數為 255！相反地，結果會是 2，或是 258%256，帶有正負號整數型態的溢位和下溢的結果是未定義的——也就是說，它取決於你使用的編譯器和電腦結構。

當右側的運算式產生與左側變數不同型態的值時，編譯器還將插入隱式轉換。
下面是一個例子：

```
int y {};
double z {5.0};
y = z;                            // 需要隱式縮小轉型
```

最後一個敘述需要轉換右側的運算式的值，以允許將其儲存為 int 型態。編譯
器將插入轉換來執行此運算，但由於這是一個縮小轉型，它可能會發出有關可
能的資料遺漏的警告訊息。

使用不同型態的運算元撰寫整數運算時需要注意。除非你確定它會這樣做，否
則不要依賴隱式型態轉換，來產生你想要的結果。如果不確定，則你需要的是
明確型態轉換，也稱為顯式轉型（*explicit cast*）。

明確型態轉換

要將運算式的值顯式轉型為給定型態，請撰寫以下內容：

```
static_cast<type_to_convert_to>(expression)
```

在編譯原始碼時，static_cast 關鍵字反映了靜態檢查強制轉型的事實。之後處
理類別時，會遇到動態轉型（*dynamic cast*），其中動態檢查轉型，是在程式執行
時。強制轉型的效果是將計算 expression 得到的值，轉換為角括號之間指定的
型態。expression 可以是從單個變數，至涉及大量巢狀括號的複雜運算式的任何
內容。可以透過撰寫如下內容，來消除上一節中的指定所產生的警告：

```
y = static_cast<int>(z);          // 這次沒有編譯器警告…
```

透過加入明確強制轉型，可以向編譯器發出有意縮小轉型的信號。如果轉型沒有
縮小，則幾乎不用加入顯式轉型。下面是使用 static_cast<>() 的另一個例子：

```
double value1 {10.9};
double value2 {15.9};
int whole_number {static_cast<int>(value1) + static_cast<int>(value2)};
```

whole_number 的初值是 value1 和 value2 的整數部分的總和，因此它們每個都
明確地轉換為 int 型態。因此，whole_number 將具有初值 25。注意，與整數除
法一樣，從浮點數型態轉換為整數型態將使用捨位（*truncation*）。也就是說，它
只是丟棄浮點數的整個小數部分。

▌**提 示** 　如本章前面所述，來自 cmath 標頭的 std::round()，lround() 和 llround() 函數，允許你將浮點數捨入為最接近的整數。在許多情況下，這比（隱式或顯式）轉換來得好，其中使用捨位。

強制轉型不會影響儲存在 value1 和 value2 中的值，它們將分別保持為 10.9 和 15.9。由轉型產生的值 10 和 15，僅被臨時儲存以用於計算，然後被丟棄。雖然兩個強制轉型都會導致資訊遺漏，但編譯器總是假設你在明確指定強制轉型時知道自己在做什麼。

當然，如果你這樣寫的話，whole_number 的值會有所不同：

```cpp
int whole_number {static_cast<int>(value1 + value2)};
```

value1 和 value2 相加的結果會是 26.8，當轉換為 int 型態時，結果為 26。與括號初始器一樣，如果沒有此敘述中的明確型態轉換，編譯器將拒絕插入或至少警告插入隱式縮小轉型。

通常對明確強制轉型的需求應該很少，特別是對於基本型態的資料。如果必須在原始碼中包含大量顯式轉型，則表明可以為變數選擇更合適的型態。不過，有些情況下需要進行轉型，所以讓我們看一個簡單的例子。此範例將碼的長度（十進位值）轉換為碼、英呎和英吋：

```cpp
// Ex2_04.cpp
// 使用顯式型態轉換
#include <iostream>

int main()
{
  const unsigned feet_per_yard {3};
  const unsigned inches_per_foot {12};

  double length {};              // 長度為十進位的碼
  unsigned int yards{};          // 碼
  unsigned int feet {};          // 英呎
  unsigned int inches {};        // 英吋

  std::cout << "Enter a length in yards as a decimal: ";
  std::cin >> length;

  // 得到長度，碼、英呎和英吋
  yards = static_cast<unsigned int>(length);
  feet  = static_cast<unsigned int>((length - yards) * feet_per_yard);
```

```
inches = static_cast<unsigned int>
                     (length * feet_per_yard * inches_per_foot) % inches_per_foot;
std::cout << length << " yards converts to "
          << yards  << " yards "
          << feet   << " feet "
          << inches << " inches." << std:: endl;
}
```

下面是該程式的典型輸出：

```
Enter a length in yards as a decimal:   2.75
2.75 yards converts to 2 yards 2 feet 3 inches.
```

main() 中的前兩個敘述將轉換字面值 feet_per_yard 和 inches_per_foot 定義為整數。你將這些宣告為 const 以防止它們被意外修改。將輸入轉換為碼、英呎和英吋的結果，儲存於變數型態為 unsigned int，並初始化為 0。

從輸入值計算碼數的敘述如下：

```
yards = static_cast<unsigned int>(length);
```

轉型丟掉了 length 值的小數部分，並將整數結果儲存在 yards 中。在這裡可以省略顯式轉型，並留給編譯器來處理，但在這種情況下撰寫顯式轉型更好。如果不這樣做，就不會意識到轉換的必要性和可能的資料遺漏。許多編譯器也會發出警告。

可以使用以下宣告取得英呎數：

```
feet = static_cast<unsigned int>((length - yards) * feet_per_yard);
```

從 length 中減去 yards 會產生長度中碼的部分，當作為 double 值。編譯器將安排將 yards 中的值轉換為減法的 double 型態。然後，feet_per_yard 的值將轉換為 double 以進行乘法，最後明確轉型將結果從 double 型態轉換為 unsigned int 型態。

計算的最後部分取得剩餘的英吋數：

```
inches = static_cast<unsigned int>
                     (length * feet_per_yard * inches_per_foot) % inches_per_foot;
```

明確強制轉型應用於 length 的總英吋數，這是由 length、feet_per_yard 和 inches_per_foot 的乘積產生的。由於 length 是 double 型態，因此兩個 const 值將隱式轉換為 double 型態計算之。將長度的英吋數除以英呎中的英吋數，最後的餘數是剩餘英吋數。

舊式轉型

在 1998 年左右將 static_cast <> 引入 C++ 之前，很久很久以前，將運算式顯式轉型成另一種型態的寫法是：

(目的型態)expression

expression 的結果會轉型成括號內的型態。例如，前上一個範例中，計算 inches 會寫成：

inches = (unsigned int)(length * feet_per_yard * inches_per_foot) % inches_per_foot;

此型態轉型是 C 語言的遺物，所以也稱為 *C 型態轉換*（*C-style cast*）。在 C++ 有數種不同的轉型而且有所區分，而舊式轉型語法就足以涵蓋全部。因此，使用舊式的程式碼更易於出錯——對其真正的目的不是很清楚，可能得到不是預期的結果。因此：

▍ **提示**　仍會看到使用舊式轉型，因為它仍然是語言的一部分，但強烈建議只在原始碼中使用新的轉換。應該永遠都不再使用 C++ 原始碼中的 C 風格的強制轉型。這也為什麼是我們在本書中最後一次提到這種語法的原因…

▍ 尋找限制

你已經看到了各種型態的上限和下限的典型範例。標準函式庫標頭的 limits，使此資訊可用於所有基本資料型態，因此你可以為編譯器存取此資訊。來看一個例子，要顯示可以儲存在 double 型態變數中的最大值，可以這樣寫：

```
std::cout << "Maximum value of type double is " << std::numeric_limits<double>::max();
```

運算式 std::numeric_limits<double>::max() 產生所需的值。透過在有角括號之間放置不同的型態名稱，可以取得其他資料型態的最大值。還可以使用 min() 替換 max() 以取得可以儲存的最小值，但是對於整數和浮點型態，**minimum** 的含義是不同的。對於整數型態，min() 導致真正的最小值，對於有正負號整數型態，它會是負數。對於浮點型態，min() 回傳可以儲存的最小正值。

▍ **注意**　std::numeric_limits<double>::min() 通常等於 2.225e-308，這是一個極

小 的 正 數 。 因 此 ， 對 於 浮 點 數 型 態 ， min() 不 會 給 出 max() 的 補 數 。 要 取 得 型 態 可 以 表 示 的 最 小 負 值 ， 應 該 使 用 lowest() 。 例 如 ， std::numeric_limits <double>::lowest() 等 於 -1.798e + 308 ， 這 是 一 個 巨 大 的 負 數 。 對 於 整 數 型 態 ， min() 和 lowest() 始 終 計 算 為 相 同 的 數 字 。

以下程式將顯示某些數值資料型態的最大值和最小值：

```cpp
// Ex2_05.cpp
// Finding maximum and minimum values for data types
#include <limits>
#include <iostream>

int main()
{
  std::cout << "The range for type short is from "
            << std::numeric_limits<short>::min() << " to "
            << std::numeric_limits<short>::max() << std::endl;
  std::cout << "The range for type int is from "
            << std::numeric_limits<int>::min() << " to "
            << std::numeric_limits<int>::max() << std::endl;
  std::cout << "The range for type long is from "
            << std::numeric_limits<long>::min() << " to "
            << std::numeric_limits<long>::max() << std::endl;
  std::cout << "The range for type float is from "
            << std::numeric_limits<float>::min() << " to "
            << std::numeric_limits<float>::max() << std::endl;
  std::cout << "The positive range for type double is from "
            << std::numeric_limits<double>::min() << " to "
            << std::numeric_limits<double>::max() << std::endl;
  std::cout << "The positive range for type long double is from "
            << std::numeric_limits<long double>::min() << " to "
            << std::numeric_limits<long double>::max() << std::endl;
}
```

你可以輕鬆擴展它以包括無負號整數型態和儲存字元的型態。在我們的測試系統上，執行的結果如下：

```
The range for type short is from -32768 to 32767
The range for type int is from -2147483648 to 2147483647
The range for type long is from -9223372036854775808 to 9223372036854775807
The range for type float is from 1.17549e-38 to 3.40282e+38
The positive range for type double is from 2.22507e-308 to 1.79769e+308
The positive range for type long double is from 3.3621e-4932 to 1.18973e+4932
```

尋找基本型態的其他屬性

你可以檢索有關各種型態的許多其他資訊。例如，此運算式回傳二進位數字或位數：

```
std::numeric_limits<type_name>::digits
```

type_name 會是你有興趣的型態。對於浮點數型態，你會取得假數中的位數。對於有正負號整數型態，你會取得值中的位數，即不包括符號位元。你還可以找出浮點數的指數部分的範圍，型態是否為 signed 等等。可以參考標準函式庫文件以取得完整列表。

在我們繼續之前，還想介紹兩個之前答應過的 numeric_limits<> 函數。要取得 infinity 和 not-a-number（NaN）的特殊浮點數，你應該使用以下形式的運算式：

```
float positive_infinity = std::numeric_limits<float>::infinity();
double negative_infinity = -std::numeric_limits<double>::infinity();
long double not_a_number = std::numeric_limits<long double>::quiet_NaN();
```

這些運算式都不會為整數型態編譯，也不會在編譯器使用的浮點數型態，不支持這些特殊值的情況下進行編譯。除了 quiet_NaN() 之外，還有一個名為 signaling_NaN() 的函數——而不是 loud_NaN() 或 noisy_NaN()。但是，這兩者之間的區別，超出了這次介紹的範圍：如果你有興趣，可以隨時查閱標準函式庫文件。

使用字元變數

char 型態的變數主要用於儲存單個字元的原始碼，並佔用 1 個位元組。C++ 沒有指定用於基本字元集的字元編碼，因此原則上這取決於特定的編譯器，但它通常是 ASCII。

可以使用與你看到的其他型態的變數相同方式，定義 char 型態的變數。下面是一個例子：

```
char letter;                    // 未初始化——所以是垃圾值
char yes {'Y'}, no {'N'};       // 使用字元字面值初始化
char ch {33};                   // 整數初值指定相當於 '!'
```

你可以使用單引號之間的字元字面值或整數，來初始 char 型態的變數。整數初

值指定項必須在 char 型態的範圍內，記住，它取決於編譯器是有正負號還是無負號型態。當然，你可以將字元指定為第 1 章中看到的轉義序列之一。

還有一些轉義序列透過其原始碼指定字元，表示為八進位或十六進位值。八進位字元原始碼的轉義序列是一到三個八進位數字，前面是倒斜線。十六進位字元原始碼的轉義序列是一個或多個以 \x 開頭的十六進位數字。如果要定義字元字面值，可以在單引號之間撰寫任一形式。例如，字母 'A' 可以用 ASCII 撰寫為十六進位 '\x41'。顯然，你可以撰寫不適合單個位元組的原始碼，在這種情況下，結果是實作所定義的。

char 型態的變數是數字；畢竟，它們儲存代表字元的整數原始碼。因此，它們可以參與算術運算式，就像 int 或 long 型態的變數一樣。下面是一個例子：

```
char ch {'A'};
char letter {ch + 5};    // letter 是 'F'
++ch;                    // ch 現在是 'B'
ch += 3;                 // ch 現在是 'E'
```

將 char 變數寫入 cout 時，它將作為字元輸出，而不是整數。如果你想看到它作為數值，可以將其轉換為另一個整數型態。下面是一個例子：

```
std::cout << "ch is '" << ch
          << "' which is code " << std::hex << std::showbase
          << static_cast<int>(ch) << std::endl;
```

會產生以下輸出：

```
ch is 'E' which is code 0x45
```

當你使用 >> 從串流中讀取 char 型態的變數時，將儲存第一個非空白字元。這意味著無法用這種方式讀取空白字元；它們只是被忽略了。此外，你無法把數值讀入 char 型態的變數中；如果你試了，只會儲存第一個數字的字元原始碼。

使用 Unicode 字元

ASCII 通常適用於使用拉丁字元的國家語言字元集。但是，如果希望同時處理多種語言的字元，或者希望處理許多非英語的字元集，那麼 256 個字元還遠遠不夠。Unicode 就是這個解決方法，有關 Unicode 和字元編碼的簡要介紹，請參考第 1 章。

wchar_t 是一種基本型態，可以儲存由實作所支援最大擴展字元集的所有成員。型態的名稱源於寬字元（*wide character*），因為字元比一般的單一位元組字元還要來得寬。相比之下，型態 char 被視為 "窄"，因為可用的字元範圍有限。

定義寬字元字面值的方式與 char 字面值類似，但是要加一個 L 在前面。下面是一個範例：

```
wchar_t wch {L'Z'};
```

把 wch 定義為 wchar_t 型態，並將其初始為 Z 的寬字元形式。

你的鍵盤上可能沒有其他語言字元的按鍵，但是仍然可以使用 16 進位符號來建立它們，下面有一個例子：

```
wchar_t wch {L'\x0438'};      // Cyrillic и
```

單引號之間是一個轉義序列，指定字元原始碼是 16 進位運算式。倒斜線代表轉義序列的開始，x 或 X 在倒斜線之後表示是為 16 進位。

wchar_t 形態無法很好的處理國際字元集。最好使用 char16_t 型態，它儲存編碼為 UTF-16 或 UTF-32 的字元，下面是一個定義 char16_t 型態變數的例子：

```
char16_t letter {u'B'};       // 用 B 的 UTF-16 原始碼初始化
char16_t cyr {u'\x0438'};     // 用 cyrillic и 的 UTF-16 原始碼初始化
```

前置的小寫 u 表示它們是 UTF-16，而大寫的 U 代表 UTF-32，下面有一個例子：

```
char32_t letter {U'B'};       // 用 B 的 UTF-32 原始碼初始化
char32_t cyr {U'\x044f'};     // 用 cyrillic и 的 UTF-32 原始碼初始化
```

如果編輯器與編譯器能夠接受與顯示字元，可以這樣定義 cyr：

```
char32_t cyr {U'я'};
```

標準函式庫提供了標準輸入和輸出串流 wcin 和 wcout，用來讀取和寫入型態為 wchar_t 的字元，但是該函式庫沒有提供處理 char16_t 和 char32_t 字元資料的功能。

▌ 注意　不要把 wcout 上的輸出與 cout 上的輸出混在一起，在任何串流上的第一個輸出，都會為標準輸出串流指定一個方向，此方向是窄的（*narrow*）或是寬的（*wide*），取決於是 cout 還是 wcout 運作，這個方向將繼續進行 cout 或 wcout 的後續輸出。

▎關鍵字 auto

使用 auto 關鍵字表示編譯器應該會推斷型態。下面是一些範例：

```
auto m {10};           // m 型態為 int
auto n {200UL};        // n 型態為 unsigned long
auto pi {3.14159};     // pi 型態為 double
```

編譯器將從提供的初值推斷 m、n、pi 的型態，也可以用函數式和指定運算子來表示初值：

```
auto m = 10;           // m 型態為 int
auto n = 200UL;        // n 型態為 unsigned long
auto pi(3.14159);      // pi 型態為 double
```

但這並不是 auto 的真正用途。一般來說，在定義基本型態的變數時，最好明確地指定型態，以便你確切地知道它是什麼。在本書後面，會再次提到 auto 更適當和更有效的應用。

▎**注意**　在使用 auto 關鍵字和大括號初始器時，需要小心。舉例來說，看到下面的範例（請注意等號）：

```
auto m = {10};
```

m 的型態不被推斷為 int，而是 std::initializer_list<int>。如果在大括號之間使用元素列表，你會得到相同的型態：

```
auto list = {1, 2, 3};  // list 型態為 std::initializer_list<int>
```

之後你會看到，這種列表通常用於指定容器的初值，例如 std::vector<>。更糟的是 C++17 中的型態判斷規則有些變化。如果使用的是較舊的編譯器，在很多情況下，編譯器代替 auto 推斷出來的型態可能根本不是我們想要的，如下所示：

```
/* C++11 and C++14 */
auto i {10};            // i 型態為 std::initializer_list<int> !!!
auto pi = {3.14159};    // pi 型態為 std::initializer_list<double>
auto list1{1, 2, 3};    // list1 型態為 std::initializer_list<int>
auto list2 = {4, 5, 6}; // list2 型態為 std::initializer_list<int>

/* C++17 and later */
auto i {10};            // i 型態為 int
auto pi = {3.14159};    // pi 型態為 std::initializer_list<double>
auto list1{1, 2, 3};    // 錯誤：不會編譯
auto list2 = {4, 5, 6}; // list2 型態為 std::initializer_list<int>
```

總之，如果編譯器能夠支援 C++17，可以使用大括號來初始變數。這也是我們在本書中遵循的規範。如果編譯器還沒有完全更新，就不應該使用大括號初始器於 auto 上。如果要明確地宣告型態，則應該使用指定或函數式表示法。

摘要

本章涵蓋 C++ 的基本運算。我們學習了此語言提供的大部分基本資料型態。至目前為止，我們討論的基本觀念如下：

- 任何型態的常數稱為字面值，所有的字面值有型態的。
- 你可將整數字面值定義為十進位、十六進位，或八進位。
- 浮點數字面值必須含有小數點或指數或兩者。
- 可儲存整數的基本型態是 short、int、long，以及 long long。它們預設儲存有正負號整數，但是你可用型態修飾詞 unsigned 加在這些型態的前面，用以產生一型態，它佔用的位元組數是相同的，但是儲存無負號的整數。
- 浮點資料型態是 float、double、long double。
- 未初始化的變數通常包含垃圾值，變數宣告時可以給予初值，而且這種作法是良好的程式設計習慣。
- char 型態的變數可儲存單一字元。char 型態可以是有正負號或無負號的數值，視編譯器而定。你亦可用型態 signed char 和 unsigned char 變數來儲存整數。char、signed char，以及 unsigned char 是不同的型態。
- wchar_t 型態的變數可儲存寬字元，且佔用 2 或 4 個位元組，視編譯器而定。char16_t 和 char32_t 型態可能更適合以跨平台方式處理 Unicode 字元。
- 你可用修飾詞 const 保護基本型態的 "變數" 值。編譯器會查出程式原始碼中所有試圖修改 const 變數的敘述。
- 四個主要的數學二元運算：+、-、* 和 / 運算子。對整數來說，模數運算子 % 會在整數除法後給予餘數。
- ++ 和 -- 運算子是從數字變數中，加 1 或減 1 的特殊縮寫。兩者都有前置和後置形式。

- 可以在運算式中混合使用不同型態的變數和常數。編譯器將在二元運算中安排一個運算元，以便在它們不同時自動轉型為另一個運算元的型態。
- 編譯器會自動將右側運算式的結果型態，轉換為左側變數的型態，此處這些變數的型態不同。例如，當左側型態不能包含與右側型態相同的資訊時，可能遺漏資訊，例如，double 轉型為 int，或者 long 轉型為 short。
- 可以使用 static_cast<>() 運算子將一種型態的值轉型為另一種型態。

習題

2.1 撰寫一程式計算圓面積。程式需提示使用者輸入圓半徑，利用公式 area = pi * radius * radius 計算面積，並顯示結果。

2.2 利用習題 2.1 的程式，修改程式碼讓使用者可控制輸出的精確度。要真正顯示浮點數的精確度，也可以切換雙精確度浮點運算，你會需要更精確的 π 近似值，可以用 3.141592653589793238。

2.3 撰寫一程式將英吋數換成英呎和英吋數──例如，輸入 77 吋應輸出 6 英呎 5 英吋。提示使用者輸入整數的英吋數，然後換算並輸出結果。提示：1 英呎等於 12 英吋。

2.4 你收到了一個很長的捲尺和一個測量角度的儀器作為生日禮物。現在要測量一棵樹的高度，假設你知道與樹之間的距離 d，且當你凝視測量角度的儀器時，眼睛的高度為 h，可以使用公式 h + d*tan(angle) 計算樹的高度。試撰寫一程式，從鍵盤輸入 h、d、angle。h 以英吋為單位，d 以英呎和英吋為單位，angle 以度為單位，並輸出以英呎為單位的樹高。

■ 附註 沒有必要砍掉任何樹來驗證程式的準確性。

2.5 身體質量指數（BMI）是體重 w 除以身高 h 的平方，公式為 (w/(h*h))。w 以公斤為單位，h 以公尺為單位。寫一個程式，以磅為單位的重量計算 BMI，以英呎和英吋為單位輸入高度。一公斤等於 2.2 磅，一英呎等於 0.3048 公尺。

2.6 這是一個額外練習。試撰寫一個程式，提示使用者輸入兩個不同的正整數。在輸出中標識較大整數的值和較小整數的值。使用第 5 章的決策工具，會顯得太簡單，請利用本章學到的運算子來完成。

再論基本的資料型態

在本章中，我們會細述前一章討論的資料型態，並研究如何在更複雜的狀況下，使用這些基本資料型態。同時亦會介紹一些新的 C++ 特性及使用方法。

在本章中，你可以學到以下各項：

- ◆ 如何確定運算式中的執行順序
- ◆ 何謂位元運算子，如何使用它們
- ◆ 如何定義新型態將變數限制在可能值之固定範圍內
- ◆ 如何定義現有資料型態的另一個名稱
- ◆ 變數的儲存期限為何，如何決定
- ◆ 何謂變數範疇，其作用為何

優先權和結合性

你已經知道在運算式中執行算術運算子有一個優先順序。你將在本書中遇到更多的運算子，包括本章中的一些運算子。通常，運算式中運算子執行的順序由運算子的**優先權**（*precedence*）決定。運算子優先權只是運算子優先權中的一個術語。

有些運算子，如加法和減法，具有相同的優先權。這就提出了一個問題，如何計算 a+b-c+d 這樣的運算式。當具有相同優先權的群組中若干運算子出現在運算式中時，如果沒有括號，則執行順序由群組的**結合性**（*associativity*）決定。一群組運算子可以是**左結合**（*left-associative*），這意味著運算子從左到右執行，或者它們可以是**右結合**（*right associative*），這意味著它們從右到左執行。

幾乎所有運算子組都是左結合的，因此涉及到相同優先權運算子的大多數運算式，都是從左到右計算。唯一右結合運算子是一元運算子、指定運算子和條件運算子。表 3-1 顯示了 C++ 中所有運算子的優先權和結合性。

⊕ 表 3-1 C++ 運算子的優先權與結合性

優先權	運算子	結合性
1	`::`	Left
2	`() [] -> .` 後繼 `++` 和 `--`	Left

3	`! ~`
	一元 `+` 和 `-`
	前置 `++` 和 `--`
	位址 `&` 間接 `*`
	C 的轉型 `(type)`
	`sizeof`
	`new new[] delete delete[]`
		Right

4	`.* ->*`	Left
5	`* / %`	Left
6	`+ -`	Left
7	`<< >>`	Left
8	`< <= > >=`	Left
9	`== !=`	Left
10	`&`	Left
11	`^`	Left
12	`|`	Left
13	`&&`	Left
14	`||`	Left
15	`?:`（條件運算子） `= *= /= %= += -= &= ^= |= <<= >>=` `throw`	Right
16	`,`（逗號）	Left

目前你還沒有遇到大多數這樣的運算子，但是當需要知道任何運算子的優先權和結合性時，你會知道在哪裡可以找到它。表 3-1 中的每一行都是一群組具有相同優先權的運算子，這些行按照由高到低的優先順序排列。讓我們看一個簡單的例子，以確保清楚所有的這些是如何工作的。考慮這個運算式：

```
x*y/z - b + c - d
```

`*` 和 `/` 運算子位於優先權高於包含 `+` 和 `-` 的群組的同一組中，因此首先對運算式 `x*y/z` 求值，得到 r 的結果。包含 `*` 和 `/` 群組中的運算子是左結合的，因此運算式的值就像 `(x*y)/z` 一樣。下一步是 r-b+c-d 的計算。包含 `+` 和 `-` 運算子的群組也是左結合，那麼這就等於計算 ((r-b)+c)-d。因此，整個運算式如下：

`((((x*y)/z) - b) + c) - d`

記住，巢狀的括號是按照從內到外的順序計算的。你可能無法記住每個運算子的優先權和結合性，至少在你花費大量時間撰寫 C++ 程式碼之前是這樣。當你不確定的時候，可以加上括號來確保事情按照你想要的順序執行。甚至當你確定時，加上額外的括號來讓複雜的運算式更好讀懂也無妨。

位元運算子

位元運算子（*bitwise operator*）就如名稱所示是在位元層次處理整數變數。你可將位元運算子應用於所有的整數型態，包括 signed 和 unsigned，以及型態 char。但是通常用在 unsigned 整數型態。這些運算子的典型應用是，當需要處理整數變數的個別位元時。範例之一是旗標（*flag*），這是描述二元狀態的指示器。你可用一個位元表示有兩種狀態的值：開或關、男性或女性、真或假。

你亦可用位元運算子處理儲存在單一變數中的數項資訊。例如，顏色值通常被記錄為顏色中紅色、綠色和藍色元件的強度的 3 個 8 位元值。它們通常被包裝成 4 位元組字組的 3 個位元組。第四個位元組也沒有浪費；它通常包含顏色透明度的值。這個透明度值稱為顏色的 *alpha* 元件。這種顏色編碼通常用四個字母來表示，例如 RGBA 或 ARGB。然後，這些字母的順序對應於 32 位元整數中出現的紅色（R）、綠色（G）、藍色（B）和 alpha（A）元件的順序，每個元件編碼為單一位元組。要處理單個顏色元件，需要能夠將單一位元組從一個字組中分離出來，位元運算子就是這個工具。

讓我們來看另一範例。例如，假設你需要記錄關於字型的資料，包括字型的格式和大小，以及是否為粗體或斜體。可將所有資訊包裝在 2 個位元組的整數變數中，如圖 3-1 所示。

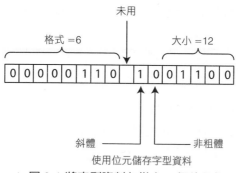

▲ 圖 3-1 將字型資料包裝在 2 個位元組

可用一個位元記錄字型是否為斜體，另一個位元說明是否為粗體。用一個位元組選擇一種格式，至多可有 256 種不同的格式。另外 5 個位元可記錄大小，最大為 32。因此，在 2 個位元組的字組中分成四個不同資料區。位元運算子讓你可以非常容易地存取及修改整數的個別位元和一群組位元。

位元移位運算子

位元移位運算子（*bitwise shift operator*）將整數變數的內容，往左或往右移動特定數目的位元。這些運算子與其他位元運算子結合使用，以實現我們在前一節中描述的那種操作。>> 運算子將位元往右移，而 << 運算子將位元往左移。移出變數兩端的位元則會遺失不見。

所有位元運算都適用於任何型態的整數，但我們將使用型態 short，通常是 2 位元組，以簡化說明。假設你使用以下敘述定義和初始變數 number：

```
unsigned short number {16387};
```

可以使用以下敘述移動此變數的內容：

```
auto result{ static_cast<unsigned short>(number << 2) }; // Shift left two bit positions
```

▌**注意**　前面的 static_cast<> 部分是必須的，因為運算式 number << 2 求值為 int 型態。儘管這兩個 number 都是型態 short。原因是，對於小於 int 的整數型態，在技術上沒有算數運算子或位元運算子。若它們的運算元是 char 或 short，則它們會先隱含式轉換為 int，在此轉換期間也不會保留 signed。如果沒有 static_cast<>，你的編譯器會發出至少一個警告，以發出縮小轉換的訊號，或者它甚至可能拒絕編譯整個指定值。

左移位運算子 << 的左運算元是要移位之值，而要移位的位元數目為右運算元，圖 3-2 說明此運作的結果：

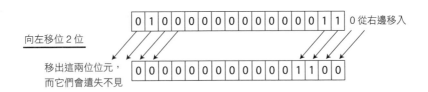

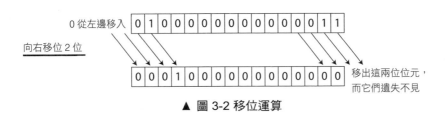

▲ 圖 3-2 移位運算

從圖 3-2 可看到，將 16,387 往左移動兩個位元產生 12。在值上劇烈的改變是因為其最高位元不見了。往右移位的敘述為：

```
result = static_cast<unsigned short>(number >> 2); // Shift right two bit positions
```

這敘述將 16,387 往右移位兩個位置，結果值為 4,096。往右移位兩位就是將值除以 4。只要沒有遺失位元，往左移 n 位元等於將值乘以 n 次的 2，換言之，即乘以 2^n。同樣的，往右移 n 位元等於除以 2^n。要小心的是，正如範例所示，變數 number 往左移位，若遺失有效位元，則結果和預期會不相同。無論如何，這和 "真正" 的乘法運算並無差異。若將此 2 位元組的數字乘以 4，會得到相同的答案，所以往左移位仍和乘法同義。而此正確性問題是，因為乘法的結果值超出了 2 位元組整數的範圍。

若你需要修改原始值，可用指定運算子 op=。此情況是使用 >>= 或 <<= 運算子。例如：

```
number >>= 2;                              // Shift right two bit positions
```

此敘述等於：

```
number = static_cast<unsigned short>(number >> 2); // Shift right two bit positions
```

這些移位運算子和用於輸入輸出的插入與萃取運算子是否會引起混淆？編譯器所關心的是上下文之間的意義是否清楚。若不清楚，編譯器會產生訊息，但你就必須小心了，例如，你希望輸出變數 number 往左移為 2 位元的結果：

```
std::cout << (number << 2) << std::endl;   // Prints 65548
```

此敘述的括號是必須的。沒有括號，編譯器會將移位運算子解釋為串流運算子，因此就不會得到想要的結果：

```
std::cout << number << 2 << std::endl;     // Prints 163872 (16387 followed by 2)
```

請注意，如果 number 開始時是 16,387，如圖 3-2 所示，那麼前面的敘述不會輸出 12。相反地，會輸出 65,548，正好是 16,387 乘以 4。原因是，在將其位元向左移動兩個位置之前，number 被隱含式提升為型態 int 的值，且 int 的大小足以表示正確的結果：65,548。要得到 12，可以加入 static_cast<> 明確將結果轉換回 unsigned short：

```
std::cout << static_cast<unsigned short>(number << 2) << std::endl;
```

有號整數的移位

你可將位元移位運算子應用在有號和無號整數上。但是，將右移運算子用於 signed 整數型態的結果，會因系統而不同，而且視編譯器的實作而定。在某些情況下，右移負數會將 "0" 填入左邊空白的位元。其他情況是將正負號位元往右填補，所以，"1" 位元會填滿左邊的空位元。這兩種情況的發生取決於編譯器對負數的二進位編碼（已經在第 1 章討論過最常見的編碼模式）。

填補正負號位元的原因是為了維持右移位和除法的一致性。我們用型態 signed char 的變數說明其運作情形。假設 value 是 signed char 型態，其值的十進位為 -104：

```
signed char value {-104};                  // Value is 10011000
```

104 的二進位值是 01101000，所以假設你的電腦對負數整數採用 2 的補數表示法，-104 會是 10011000（請記得，要取得 2 的補數二進位編碼，必須先翻轉正的二進位數的所有位元，然後加 1），透過這個運算，可以將值向右移動兩位：

```
value >>= 2;                               // Result is 11100110
```

此二進位結果放在註解中。兩個 0 移出右端，而且有號位元是 1，所以左邊填入 1。此結果的十進位值是 -26，這和 -104 除以 4 的值相同。對於 unsigned 整數型態，不會填補有號位元，而將 0 補滿左邊。

就如我說的，右移負數的實際情況會視編譯器的版本而定，所以你不能倚賴它的運作。因為使用這些運算子的大部分情況是在位元層次 – 因此維持位元樣式的完整性是很重要的 – 你應該都使用 unsigned 整數來避免高位元的擴散。

在位元樣式上的邏輯運算

表 3-2 顯示了 4 個位元運算子，可用來修改整數值中的位元。這些運算子是：

ᕕ 表 3-2 位元運算子

運算子	描述
~	這是位元補數運算子（*bitwise complement operator*），為一元運算子，將其運算元的位元反轉，所以 1 變成 0，而 0 變成 1。
&	這是位元 *AND* 運算子（*bitwise AND operator*），將其運算元對應的位元作 AND。若對應的位元都是 1，則結果為 1。其他情況都為 0。
^	這是位元互斥 *OR* 運算子（*bitwise exclusive OR operator* 或 *XOR operator*），將其運算元對應的位元作互斥 OR。若對應位元不一樣，亦即一為 1，另一為 0，則結果為 1。若對應位元相同，則結果為 0。
|	這是位元 *OR* 運算子（*bitwise OR operator*），將其運算元對應的位元作 OR。若兩個對應位元有一個位元為 1，則結果為 1，若兩個都為 0，則結果為 0。

這些運算子的出現順序是依其優先權排列，所以位元補數運算子在此集合中有最高的優先權，而位元 OR 運算子的優先權最小。移位運算子 << 和 >> 有相等的優先權，而且在 ~ 之、在 & 之上。

位元 AND 的使用

一般會使用位元 AND 運算子，選擇整數值中的特定的位元或位元組。假設宣告並初始一個變數為大小 12、斜體、格式為 6 的字型——事實上，和圖 3-1 中所示之值非常像。此格式的二進位值為 00000110（二進位 6）、斜體位元為 1、粗體位元為 0，而大小值為 01100（二進位 12）。記住還有一個未用位元。我們需將變數 font 之值初始為二進位數 0000 0110 0100 1100。因為每 4 個位元對應一個十六進位數，以十六進位表示法指定初值是最簡單的方法：

```
unsigned short font {0x064C};                         // Style 6, italic, 12 point
```

從 C++14 開始，也可以簡單的選擇使用二進位文字：

```
unsigned short font {0b00000110'0'10'01100};    // Style 6, italic, 12 point
```

請注意，此處使用數字分組字元來表示格式、斜體 / 粗體和大小的邊框。

要使用字型大小，須從變數 font 萃取此值，位元 AND 運算子即可完成此功能。因為位元 AND 只在兩個位元皆為 1 時，才會產生 1，所以我們可以定義一值在與 font 作 AND 時，可 "選" 出定義字型大小的位元。此值的定義方式是在我們有興趣的位元皆設為 1，而其餘位元均設為 0。這種值稱為**遮罩**（*mask*），我們可以用下面的敘述定義選擇字型大小的遮罩：

```
unsigned short size_mask {0x1F};
// unsigned short size_mask {0b11111};
```

font 的五個低位元表示字型的大小，所以將這些位元設為 1，其餘位元設為 0，（二進位值為 0000 00000 0001 1111，轉成十六進位為 1F）。接著用敘述萃取 font 的字型大小：

```
auto size {static_cast<unsigned short>( font & size_mask )};
```

在 & 運算中，對應位元為 1 者，結果位元為 1。其他組合的結果皆為 0。這些值的組合為：

font	0000 0110 0100 1100
size_mask	0000 0000 0001 1111
font & size_mask	0000 0000 0000 1100

將二進位值分成 4 位元一組沒有實質上的意義，只是較容易閱讀罷了。此遮罩的功能是區別出最右邊代表字型大小的 5 個位元。

我們亦可用相同的方法選出字型的格式，但是需要用移位運算子，將格式值往右移動。選出左邊 8 位元的遮罩為：

```
unsigned short style_mask {0xFF00};        // Mask for style is 1111 1111 0000 0000
```

然後用此敘述即可取得 style 之值：

```
auto style {static_cast<unsigned short>( (font & style_mask) >> 8 )};
```

此敘述的結果是：

font	0000 0110 0100 1100
style_mask	1111 1111 0000 0000
font & style_mask	0000 0110 0000 0000
(font & style_mask) >> 8	0000 0000 0000 0110

你應該可以了解要獨立出表示斜體和粗體的位元是簡單的，只要分別定義其遮罩即可。當然你仍需要方法測試結果的位元，下一章將會討論如何測試。

位元 AND 的另一個用法是關閉位元。從上面的範例中，我們可看到遮罩中為 0 的位元會產生 0 的位元。例如，要關閉斜體位元，你只需產生斜體位元為 0，而其餘位元為 1 的遮罩，用此遮罩與變數 font 作位元 AND 即可。在說明位元 OR 運算子的內容中，會看到此用途的程式碼，因此我將在那裡說明。

位元 OR 的使用

位元 OR 運算子是用來設定單一或多個位元。繼續以變數 font 為例，可以想見的是我們會需要設定斜體和粗體。我們可定義遮罩選擇這些位元：

```
unsigned short italic {0x40};        // Seventh bit from the right
unsigned short bold   {0x20};        // Sixth bit from the right
```

當然也可以使用二進位值來字面使用這些遮罩。但是在這種情況下，最簡單的方法是使用左移運算子：

```
auto italic {static_cast<unsigned short>( 1u << 6 )};  // Seventh bit from the right
auto bold   {static_cast<unsigned short>( 1u << 5 )};  // Sixth bit from the right
```

▌ **注意**　但要記住，要打開第 n 個位元，必須將值 1 向左移動 n-1 個位元。要看到這點，最容易想到的是如果用更小的值來移動會發生什麼事：0 的移動給你第一個位元，1 的移動給你第二個，依此類推。

用此敘述可設定粗體位元：

```
font |= bold;                // Set bold
```

此位元運算結果是：

font	0000 0110 0100 1100
bold	0000 0000 0010 0000
font | bold	0000 0110 0110 1100

現在，變數 font 所表示的字型是粗體且為斜體。注意此運作會設定位元，不管前一個狀態為何。若之前是開（on）的狀態，則仍然是開。

你亦可用 OR 設定多個位元，所以下列的敘述可同時設定粗體和斜體位元：

```
font |= bold | italic;                  // Set bold and italic
```

▌ **注意** 　它很容易使你落入選錯運算子的陷阱。因為你說，"設定斜體和粗體"，就會想用 & 運算子，但是這是錯誤的，將兩個遮罩 AND 起來會產生所有位元均為 0 的值，所以無法改變任何事情。

位元補數運算子的使用

上一節結束時說過，你可用 & 運算子關閉位元──只需一個遮罩將欲關閉之位元設為 0，而其他位元設為 1。但是這造成另一個問題：如何產生這類遮罩。若你要明確地指定這種遮罩，你需要知道變數有多少個位元組──若你希望程式是可隨處可攜的話，這不是很便利。然而，你還是可以取得此遮罩，方法是對一般用於開啟位元的遮罩，執行位元補數運算子。例如從 bold 遮罩取得關閉粗體位元的遮罩：

bold	0000 0000 0010 0000
~bold	1111 1111 1101 1111

補數運算子的功能是將原始值中的每個位元反轉，0 變 1 或 1 變 0。你可以看到這就是我們要的結果，不管 bold 是 2、4 或 8 個位元組。

▌ **附註** 　位元補數運算子有時稱為 *NOT* 運算子，因為它將每個位元變成原來的否定。

因此，當我們要關閉粗體位元時，只要對變數 font 和遮罩 bold 的補數作位元 AND。即下列敘述：

```
font &= ~bold;                          // Turn bold off
```

亦可用 & 運算子組合數個遮罩，設定多個位元為 0，然後將此結果與欲修改的變數作位元 AND。例如：

```
font &= ~bold & ~italic;                // Turn bold and italic off
```

這會將變數 font 的粗體和斜體位元設為 0，注意此處不需要括號，因為 ~ 的優先權高於 &。但是，如果不確定運算子的優先權，可以使用括號來表示你想要的。它沒有壞處，但在必要時確實有好處。請注意，可以使用下列的敘述達到相同的效果：

```
font &= ~(bold | italic);        // Turn bold and italic off
```

這裡需要括號，建議你花點時間熟悉，在下一章談到布林運算式時，會有更多使用相同邏輯的練習。

位元互斥 OR 的使用

位元互斥 *OR* 運算子（或簡稱 *XOR* 運算子）的結果包含一個 1，只在對應的輸入位元中一個恰好等於 1，另一個等於 0 時。當兩個輸入位元相等，即使都是 1，結果位元還是 0。後者是 XOR 運算子不同於一般 OR 運算子的地方。表 3-3 總結了所有三個二進位運算子的效果：

U 表 3-3 二元位元運算子的真值表

x	y	x & y	x | y	x ^ y
0	0	0	0	0
1	0	0	1	1
0	1	0	1	1
1	1	1	1	0

XOR 運算子的一個有趣的特性是，它可以用於切換或反轉各個位元的狀態。使用之前定義的 font 變數和 bold 遮罩，接下來會切換粗體位元，也就是說，如果之前是 0，現在會變成 1，反之亦然：

```
font ^= bold;                    // Toggles bold
```

這實現了在典型的文字編輯器中點擊粗體按鈕的概念。如果所選的文字不是粗體，則它會變為粗體。但是，如果已經是粗體，則其字體將恢復為非粗體。仔細看看它是如何運作的：

font	0000 0110 0100 1100
bold	0000 0000 0010 0000
font ^ bold	0000 0110 0010 1100

如果輸入是非粗體的字型，則結果因此包含 0 ^ 1 或 1。相反地，如果輸入已經是粗體，則結果將包含 1 ^ 1 或 0。

XOR 運算子的使用率比 & 和 | 運算子小，然而，重要的應用程式出現在例如密碼學、產生隨機數、電腦圖學。XOR 還用於某些 RAID 技術以對硬碟資料進行備份。假設你有三個相似的硬碟，兩個有資料，一個用作備份。基本的概念是第三個硬碟會包含其他兩個硬碟中所有內容的 XOR 位元，如下所示：

硬碟一	... 1010 0111 0110 0011 ...
硬碟二	... 0110 1100 0010 1000 ...
XOR 硬碟（備份用）	... 1100 1011 0100 1011 ...

如果這三個硬碟中的任何一個出問題，它的內容可以透過 XOR 其他兩個硬碟的內容恢復。例如，假設由於某些關鍵的硬體故障，而使第二個硬碟出問題，那麼其內容很容易恢復如下：

硬碟一	... 1010 0111 0110 0011 ...
XOR 硬碟（備份用）	... 1100 1011 0100 1011 ...
恢復資料（XOR）	... 0110 1100 0010 1000 ...

請注意，即使使用這樣一個相對簡單的技巧，你也只需要一個硬碟來備份其他兩個硬碟。最簡單的作法是將每個硬碟的資料複製到另一個硬碟上，但這就會需要有 4 個硬碟，而不只 3 個。因此，XOR 的技術已經節省了大量的成本。

使用位元運算子的範例

下面的範例用來練習如何使用位元運算子：

```cpp
// Ex3_01.cpp
// Using the bitwise operators
#include <iostream>
#include <iomanip>

int main()
{
  unsigned int red {0xFF0000u};            // Color red
  unsigned int white {0xFFFFFFu};          // Color white - RGB all maximum
  std::cout << std::hex                    // Hexadecimal output
            << std::setfill('0');          // Fill character 0

  std::cout << "Try out bitwise complement, AND and OR operators:";
  std::cout << "\nInitial value:      red = " << std::setw(8) << red;
  std::cout << "\nComplement:        ~red = " << std::setw(8) << ~red;
```

```cpp
std::cout << "\nInitial value:      white = " << std::setw(8) << white;
std::cout << "\nComplement:        ~white = " << std::setw(8) << ~white;

std::cout << "\nBitwise AND: red & white = " << std::setw(8) << (red & white);
std::cout << "\nBitwise  OR: red | white = " << std::setw(8) << (red | white);

std::cout << "\n\nNow try successive exclusive OR operations:";
unsigned int mask {red ^ white};
std::cout << "\nmask = red ^ white = " << std::setw(8) << mask;
std::cout << "\n        mask ^ red = " << std::setw(8) << (mask ^ red);
std::cout << "\n      mask ^ white = " << std::setw(8) << (mask ^ white);

unsigned int flags {0xFF};              // Flags variable
unsigned int bit1mask {0x1};            // Selects bit 1
unsigned int bit6mask {0b100000};       // Selects bit 6
unsigned int bit20mask {1u << 19};      // Selects bit 20

std::cout << "\n\nUse masks to select or set a particular flag bit:";
std::cout << "\nSelect bit 1 from flags  : " << std::setw(8) << (flags & bit1mask);
std::cout << "\nSelect bit 6 from flags  : " << std::setw(8) << (flags & bit6mask);
std::cout << "\nSwitch off bit 6 in flags: " << std::setw(8) << (flags &= ~bit6mask);
std::cout << "\nSwitch on bit 20 in flags: " << std::setw(8) << (flags |= bit20mask)
          << std::endl;
}
```

此範例產生的輸出如下：

```
Try out bitwise complement, AND and OR operators:
Initial value:       red = 00ff0000
Complement:         ~red = ff00ffff
Initial value:     white = 00ffffff
Complement:       ~white = ff000000
Bitwise AND: red & white = 00ff0000
Bitwise OR:  red | white = 00ffffff

Now try successive exclusive OR operations:
mask = red ^ white = 0000ffff
      mask ^ red = 00ffffff
    mask ^ white = 00ff0000

Use masks to select or set a particular flag bit:
Select bit 1 from flags  : 00000001
Select bit 6 from flags  : 00000020
Switch off bit 6 in flags: 000000df
Switch on bit 20 in flags: 000800df
```

有一個 #include 指令導入 iomanip 標頭檔，這在上一章提過，因為程式利用調整器（manipulator）運作子來控制輸出的格式。將變數 red 和 white 定義為無號整數，並用十六進位顏色值初始化它們。

可以方便地將資料顯示為十六進位值，並在輸出串流中插入 std::hex。十六進位是強制式的，因此所有後續整數輸出都將採用十六進位格式。如果它們有相同的數字和前置 0，比較輸出值會更容易。可以透過使用 std::setfill() 調整器將填充字元設置為 0，並確保每個輸出值的欄位寬度為十六進位數字，即 8，來安排這一點。setfill() 調整器是強制式的，所以它一直有效，直到重新設置它。std::setw() 調整器不是強制式的；你必須在每個輸出值之前將其插入到串流中。

可以使用 AND 和 OR 運算子將 red 和 white 與下列敘述組合：

```
std::cout << "\nBitwise AND red & white = " << std::setw(8) << (red & white);
std::cout << "\nBitwise OR  red | white = " << std::setw(8) << (red | white);
```

注意，輸出運算式外的括號。這些括號是必須的，因為 << 的優先權高於 & 和 |。沒有括號，這些敘述的編譯不會成功。若你檢查輸出值，將會看到和我們討論的內容完全相同。若兩個位元皆是 1，則 AND 的結果為 1，否則結果為 0。若兩個位元皆是 0，則 OR 的結果為 0，否則結果為 1。

接下來，透過將兩個值與 XOR 運算子組合，建立一個遮罩，用於在 red 和 white 值之間進行切換。遮罩值的輸出表明，當位元不同時，兩位元的 XOR 為 1，而當它們相同時為 0。透過使用 XOR 將遮罩與任一顏色值組合，你可以獲得另一個。這意味著透過使用精心選擇的遮罩重複應用 XOR，你可以在兩種不同的顏色之間切換。應用遮罩一次會產生一種顏色，第二次應用它會恢復為原始顏色。在電腦圖學中，當使用所謂的 XOR 模式繪製或著色時，經常使用這種特性。

最後一組敘述說明了如何使用遮罩，從一群組旗標位中選擇單一位元。選擇特定位元的遮罩必須將該位元設為 1，所有其他位元設為 0。要從 flags 中選擇一個位元，只需用位元 AND 帶有 flags 值的適當遮罩。要關閉位元，需要用位元 AND 一個包含 0 的遮罩（用於關閉位元）和其他位元是 1 的 flags。透過將補數運算子應用於具有適當位元集合的遮罩，可以很容易地產生這個遮罩，而 bit6mask 就是這樣的一個遮罩。當然，如果要關閉的位元已經為 0，它將保持為 0。

列舉資料型態

有時你需要的變數是屬於有限值域,且通常可用名稱參考這些值。如一星期的日子,或是一年的月份。在 C++ 中,有一特殊的功能可處理這種狀況,稱為列舉(*enumeration*)。當你定義列舉時,實際上是產生新型態,所以亦稱為列舉資料型態(*enumerated data type*)。我們用一個範例來說明此種用法,定義一星期日子的資料型態:

```
enum class Day {Monday, Tuesday, Wednesday, Thursday, Friday, Saturday, Sunday};
```

這宣告稱為 Day 列舉資料型態,而此型態之變數值只能為大括號內的數值。若欲設定 Day 型態之變數為非大括號內之值,則會造成錯誤。大括號內列出的符號名稱稱為列舉元素(*enumerator*)。

事實上,一星期的每個名稱會自動定義成一個固定的整數。串列中,第一個名稱 Monday 的值是 0,Tuesday 為 1 等等,至 Sunday 為 6。我們將 today 宣告為 Day 列舉型態的敘述為:

```
Day today {Day::Tuesday};
```

Day 型態的使用就像一般的基本型態。today 的宣告亦將變數初值為 Day::Tuesday。當你參考列舉元素時,必須由型態名稱限定。

要輸出 today 的值,必須將其轉換為數值型態,因為標準輸出串流無法辨識 Day 型態:

```
std::cout << "Today is " << static_cast<int>(today) << std::endl;
```

敘述會輸出 "Today is 1"。

在列舉型態的宣告中,每個列舉元素的預設值是前一個列舉元素的值加 1,而第一個列舉元素的值為 0。若你較喜歡隱含的計數從不同的數字開始,則下面的宣告方式可使列舉元素之值從 1 至 7:

```
enum class Day {Monday = 1, Tuesday, Wednesday, Thursday, Friday, Saturday, Sunday};
```

星期一被明確指定為 1,後續的列舉元素會比前一個大 1。你可以將希望的整數值設定給列舉元素,不限定是前幾個列舉元素。例如,下面的定義會讓工作日的值從 3 至 7,而 Saturday 為 1,Sunday 為 2:

```
enum class Day {Monday = 3, Tuesday, Wednesday, Thursday, Friday, Saturday = 1, Sunday};
```

列舉元素之值不一定要唯一。例如可定義 Monday 和 Mon 之值皆為 1，敘述如下：

```
enum class Day {Monday = 1, Mon = 1, Tuesday, Wednesday, Thursday, Friday, Saturday, Sunday};
```

因此，可以使用 Mon 或 Monday 作為一星期的第一天。變數 yesterday 已宣告為 Day 型態，可作如此設定：

```
yesterday = Day::Mon;
```

你也可以定義列舉元素的值使用其前一個列舉元素。根據上一個範例，可將 Day 宣告為：

```
enum class Day { Monday,                       Mon = Monday,
                 Tuesday   = Monday + 2,    Tues = Tuesday,
                 Wednesday = Tuesday + 2,   Wed = Wednesday,
                 Thursday  = Wednesday + 2, Thurs = Thursday,
                 Friday    = Thursday + 2,  Fri = Friday,
                 Saturday  = Friday + 2,    Sat = Saturday,
                 Sunday    = Saturday + 2,  Sun = Sunday
               };
```

現在 Day 型態的變數值從 Monday 至 Sunday，以及從 Mon 至 Sun，而且每個值對應的整數值為 0、2、4、6、8、10 和 12。指定給列舉元素的值必須是**編譯期常數**（*compile time constant*）──也就是編譯器可求值的運算式。這類運算式包括字面值，已定義過之列舉元素，以及已宣告為 const 的變數。你不可用非 const 變數，即使已初值化也不可以。

列舉元素可以是你選擇的整數型態，而不是預設的 int 型態。還可對所有的列舉元素作明確的設定。例如，定義列舉型態：

```
enum class Punctuation : char {Comma = ',', Exclamation = '!', Question='?'};
```

列舉元素的型態規格位於列舉型態名稱之後，並用冒號分隔。你可以為列舉元素指定任何整數資料型態。點符號型態變數的可能值被定義為字元字面值，並且將對應於符號的值。因此，列舉元素的值分別為十進位的 44、33 和 63，這也顯示值不必按升冪排列。

下面的例子說明了列舉可以做的事：

```
// Ex3_02.cpp
// Operations with enumerations
#include <iostream>
```

```
#include <iomanip>

int main()
{
  enum class Day { Monday, Tuesday, Wednesday, Thursday, Friday, Saturday, Sunday };
  Day yesterday{ Day::Monday }, today{ Day::Tuesday }, tomorrow{ Day::Wednesday };
  const Day poets_day{ Day::Friday };

  enum class Punctuation : char { Comma = ',', Exclamation = '!', Question = '?' };
  Punctuation ch{ Punctuation::Comma };

  std::cout << "yesterday's value is " << static_cast<int>(yesterday)
    << static_cast<char>(ch) << " but poets_day's is " << static_cast<int>(poets_day)
    << static_cast<char>(Punctuation::Exclamation) << std::endl;

  today = Day::Thursday;                    // Assign new ...
  ch = Punctuation::Question;               // ... enumerator values
  tomorrow = poets_day;                     // Copy enumerator value

  std::cout << "Is today's value(" << static_cast<int>(today)
            << ") the same as poets_day(" << static_cast<int>(poets_day)
            << ')' << static_cast<char>(ch) << std::endl;

// ch = tomorrow;        // Uncomment ...
// tomorrow = Friday;    // ... any of these ...
// today = 6;            // ... for an error.
}
```

會產生以下輸出：

```
yesterday's value is 0, but poets_day's is 4!
Is today's value(3) the same as poets_day(4)?
```

我們會讓你去找出原因。注意 main() 結尾的註解敘述，這些都是非法運算。應
該試著使用它們來查看結果的編譯器訊息。

▌附註　剛才描述的列舉語法太舊了，這些是在不使用 class 關鍵字定義的。例
如，Day 列舉可以這樣定義：

```
enum Day {Monday, Tuesday, Wednesday, Thursday, Friday, Saturday, Sunday};
```

但是，如果堅持使用 enum class 列舉型態，那麼程式碼就不會那麼容易出錯。例
如，舊式色列舉元素在沒有強制轉換的情況下，轉換成整數或浮點型態的值，這很
容易造成錯誤。更強的 enum class 會是比舊式的 enum 型態更好的選擇。

資料型態的同義字

我們已經看過如何使用列舉來定義自己的資料型態。關鍵字 using 可指定自己的資料型態**名稱**，為另一種型態的第二名稱。例如用下列的 using 敘述，你可宣告型態名稱 BigOnes 等於標準 unsigned long long 型態：

```
using BigOnes = unsigned long long;        // Defines BigOnes as a type alias
```

重要的是，要意識到這不是一種新的型態。這只是將 BigOnes 定義為 unsigned long long 型態的替代名稱。可以使用它來定義變數 mynum：

```
BigOnes mynum {};                           // Define & initialize as type unsigned long long
```

此宣告和使用標準內建型態名稱的宣告並無不同，仍然可以使用標準型態名稱和同義字，但很難找到同時使用它們的原因。

還有一種較舊的語法來定義型態名稱的同義字，可以使用 typedef 關鍵字。例如，可以像這樣定義型態同義字 BigOnes：

```
typedef unsigned long long BigOnes;        // Defines BigOnes as a type alias
```

然而，在其他幾個優點中 1，新的語法更直觀，因為它看起來像一個一般設定。使用舊的 typedef 語法，必須記住反轉現有型態的順序，unsigned long long 和新名稱 BigOnes。相信我們，每次你需要一個型態同義字時，你都會遇到這個命令。幸運的是，只要遵循這個簡單的做法，永遠不會遇到這種情況：

▌**提示** 使用 using 關鍵字來定義型態同義字。事實上，如果不是為了以前的程式碼，我們會建議你忘記關鍵字 typedef 這件事。

因為只是產生已經存在之型態的同義字，似乎有一點多餘。其實不然，它的主要用途，是簡化包含複雜型態名稱的程式碼。例如，一個程式可能包含一個型態名稱，例如 std::map<std::shared_ptr<Contact>, std::string>。在本書之後的部分，你會發現這種複雜型態的各種元件意味著什麼，但是現在應該已經很

1　與 typedef 語法相比，使用 using 語法的其他優點，僅在為更高階型態指定同義字時才會顯示。例如，使用 using，為函數型態指定同義字要容易得多。在第 18 章中會看到這一點。此外，using 關鍵字允許你指定所謂的型態同義字樣版、或參數化型態同義字，這是使用舊的 typedef 語法無法實現的。我們將在第 18 章中說明同義字樣版的範例。

清楚,當這種長型態經常重複時,它可能會造成冗長和含糊的程式碼。可以透過定義型態同義字來避免程式碼混亂,如下所示:

```
using PhoneBook = std::map<std::shared_ptr<Contact>, std::string>;
```

在程式碼中使用 PhoneBook 而不是完整型態規格,可以使程式碼更具可讀性。型態同義字的另一個用途,是為可能需要在各種電腦上執行的程式,使用的資料型態提供彈性。定義型態同義字並在整個程式碼中使用它,只允許透過更改同義字的定義來修改實際型態。

不過,型態同義字,就像生活中的大多數事情一樣,應該適度使用。型態同義字肯定會使程式碼更緊湊,但緊湊的程式碼並不一定好。很多時候寫出具體型態會使程式碼更容易理解。下面是一個例子:

```
using StrPtr = std::shared_ptr<std::string>;
```

StrPtr 雖然緊湊,但在增加程式碼可讀性方面完全沒有幫助。相反地,這樣一個模糊且不必要的同義字只會混淆程式碼。因此,有些指南甚至完全禁止型態同義字。在決定同義字是否有用或混淆時,只要使用基本常識就可以了。

變數的生命週期

所有變數的生命都是有限的。它們從宣告處開始存在,在某一點會消失——最晚當程式結束時。一個特定變數的壽命視其記憶體存活期(*storage duration*)而定。變數有四種記憶體存活期:

* 在未定義為 static 的區塊中定義的變數具有自動記憶體存活期(*automatic storage duration*)。它們存在於定義它們的地方,直到區塊的結尾,也就是右大括號,}。它們被稱為自動變數(*automatic variable*)或區域變數(*local variable*)。自動變數被稱為區域範疇(*local scope*)或區塊範疇(*block scope*)。到目前為止,你建立的所有變數都是自動變數。

* 使用 static 關鍵字定義的變數具有靜態記憶體存活期(*static storage duration*)。它們被稱為靜態變數(*static variable*)。靜態變數從它們被定義的時候就存在了,並且一直存在到程式結束。在第 8 章和第 11 章會討論有關於靜態變數。

◆ 在執行時為其分配記憶體的變數具有**動態記憶體存活期**（*dynamic storage duration*）。它們從你建立它們的那一刻起就存在了，直到你釋放它們的記憶來摧毀它們。在第 5 章會討論如何動態建立變數。

◆ 使用 thread_local 關鍵字宣告的變數具有**執行緒記憶體存活期**（*thread storage duration*）。執行緒區域變數是一個進階的主題，我們不會在本書中介紹它們。

變數的另一個特性是**範疇**（*scope*）。變數的範疇是程式中變數有效的部分。在變數的範疇中，你可合法的參考之，設定其值，或用於運算式中。在變數的範疇之外，你不能參考其名稱——若欲如此則會產生編譯錯誤。注意變數在其範疇之外仍可能存在，只是無法用名稱參考之。稍後會看到這種情況的範例。

▌ **附註** 記住變數的**生命週期**和**範疇**是不同的。生命週期是變數存活的執行時間。範疇是可以使用變數名稱的程式碼的區域，不要混淆這兩個概念。

▌ 全域變數

在定義變數方面有很大的彈性，最重要的是變數需要具有的範疇。通常，應該將定義盡可能放在靠近變數首次使用的位置，這會讓程式碼更容易被其他程式設計師理解。在本節中，將介紹第一個不是這樣的例子：所謂的全域變數（global variable）。

宣告在所有區塊和類別之外的變數稱為全域變數，有**全域範疇**（*global scope*）（亦稱為**全域名稱空間範疇**）。這意思是原始檔案中，在其宣告之後的所有函數均可存取之。若你在一開始就宣告，則檔案的任意處均可存取之。在第 10 章中，我們會說明如何宣告可以在多個檔案中使用的變數。

全域變數的預設壽命是**靜態記憶體存活期**（*static storage duration*）。具有靜態記憶體存活期的全域變數其生命從程式開始執行至程式結束。若未對全域變數指定初值，預設會初值化為 0。全域變數在 main() 執行前初值化，所以在變數範疇內的任意程式碼都可以使用它們。

圖 3-3 顯示原始檔案 Example.cpp 的內容，並說明了檔案中每個變數的範疇。

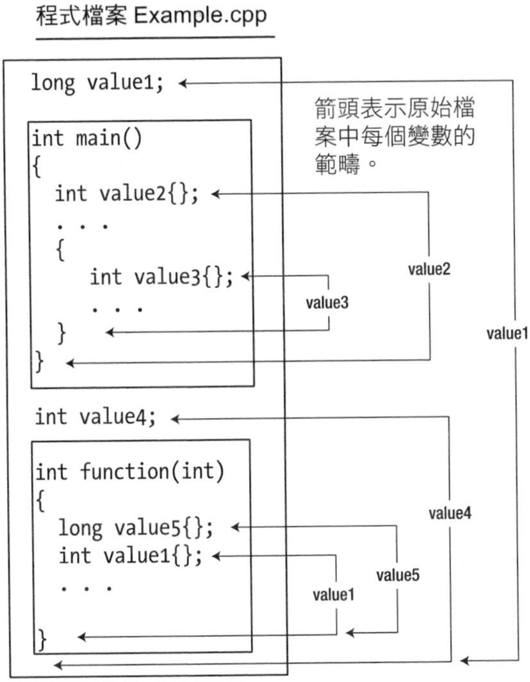

程式檔案 Example.cpp

▲ 圖 3-3 變數範疇

檔案一開始處宣告的 value1 有全域的範疇,在函數 main() 後宣告的 value4 也一樣。全域變數的範疇從變數宣告處至檔案結束處。雖然 value4 在執行時已存在,但是 main() 中不能參考之,因為 main() 不在此變數的範疇中。若 main() 要使用 value4,則需將其宣告移至檔案開始處。

function() 中的區域變數 value1 會遮蔽同名的全域變數。如果在函數中使用名稱 value1,那麼你正在存取該名稱的區域自動變數。要存取全域值 1,必須使用範圍解析運算子 :: 對其進行限定。下面是如何輸出名為 value1 的區域和全域變數的值:

```
std::cout << "Global value1 = " << ::value1 << std::endl;
std::cout << "Local value1 = " << value1 << std::endl;
```

只要程式在執行,全域變數就存在著,你可能會有一個問題 "為何不將所有的變數都宣告為全域變數,即可避免區域變數所造成的混亂?" 乍聽之下,這似乎很吸引人,但是這種方式所造成的嚴重缺點遠勝於優點。實際的程式一般由許多的敘述、函數,以及變數組成。將所有變數宣告為全域層次,會放大意外及錯誤修改變數的可能性，而且它們的命名是很困難的。在程式執行期間，它們也會佔用記憶體，因此，與可重複使用記憶體的區域變數相比，程式需要更多記憶體。

將變數宣告為函數或區塊的區域變數，可以確定的是它們可以受到完整的保護，避免外部的效應。它們的存在及佔用記憶體期間，只從定義處至區塊結束處，而且整個發展過程較易管理。

▍**提示**　常見的程式設計指南通常建議要避免全域變數，而且有著充分的理由。全域常數是這一規則的例外，那就是使用 const 關鍵字來宣告全域變數。建議只將所有常數宣告一次，而全域變數非常適合這樣做。

下面是說明全域變數和自動變數的範例：

```cpp
// Ex3_03.cpp
// Demonstrating scope, lifetime, and global variables
#include <iostream>
long count1{999L};       // Global count1
double count2{3.14};     // Global count2
int count3;              // Global count3 - default initialization

int main()
{ /* Function scope starts here */
  int count1{10};        // Hides global count1
  int count3{50};        // Hides global count3
  std::cout << "Value of outer count1  = " << count1 << std::endl;
  std::cout << "Value of global count1 = " << ::count1 << std::endl;
  std::cout << "Value of global count2 = " << count2 << std::endl;

{ /* New block scope starts here... */
  int count1{20};        // This is a new variable that hides the outer count1
  int count2{30};        // This hides global count2
  std::cout << "\nValue of inner count1 = "<< count1 << std::endl;
  std::cout << "Value of global count1 = " << ::count1 << std::endl;
  std::cout << "Value of inner count2 = " << count2 << std::endl;
  std::cout << "Value of global count2 = " << ::count2 << std::endl;

  count1 = ::count1 + 3; // This sets inner count1 to global count1+3
  ++::count1;            // This changes global count1
  std::cout << "\nValue of inner count1 = " << count1 << std::endl;
  std::cout << "Value of global count1 = " << ::count1 << std::endl;
  count3 += count2;      // Increments outer count3 by inner count2;
```

```
  int count4 {};
} /* ...and ends here. */

// std::cout << count4 << std::endl;    // count4 does not exist in this scope!

  std::cout << "\nValue of outer count1 = "<< count1 << std::endl
            << "Value of outer count3   = " << count3 << std::endl;
  std::cout << "Value of global count3  = " << ::count3 << std::endl;

  std::cout << "Value of global count2  = " << count2 << std::endl;
} /* Function scope ends here */
```

這個範例的輸出如下：

```
Value of outer count1 = 10
Value of global count1 = 999
Value of global count2 = 3.14

Value of inner count1 = 20
Value of global count1 = 999
Value of inner count2 = 30
Value of global count2 = 3.14

Value of inner count1 = 1002
Value of global count1 = 1000

Value of outer count1 = 10
Value of outer count3 = 80
Value of global count3 = 0
Value of global count2 = 3.14
```

在這個範例中，我們重複了一些名稱來說明發生了什麼——這當然不是一種很好的編程方法。在實際的程式中做這樣的事情完全沒有必要，它會導致程式碼容易出錯。

在全域範疇中定義了三個變數，count1、count2和count3。只要程式繼續執行，這些變數就存在，但是這些名稱將被具有相同名稱的區域變數遮蔽。main()中的前兩個敘述定義了兩個整數變數count1和count3，初值分別為10和50。這兩個變數從這裡一直存在，直到main()結尾的右括號。這些變數的範疇也擴展到main()結尾的右括號。因為區域count1遮蔽全域count1，所以必須使用範圍解析運算子，在第一組輸出行的輸出敘述中存取全域count1。全域count2只需要使用它的名字就可以存取。

第二個左大括號開始一個新的區塊。count1 和 count2 分別在這個區塊中定義，初始值為 20 和 30。這裡的 count1 與區塊外部中的 count1 不同。區塊外部的 count1 仍然存在，但是被區塊內部的 count1 遮蔽，在這裡無法存取；全域 count1 也被遮蔽，但可以透過範疇解析運算子存取。全域 count2 由同名的區域變數遮蔽。在內部區塊中的定義後面，使用 count1 這個名稱引用該區塊中定義的 count1。

第二個輸出區塊的第一行是在內部範疇（即內部大括號內）中定義的 count1 的值。如果是外部 count1，值就是 10。下一行輸出對應於全域 count1。下面的輸出行包含區域 count2 的值，因為你只使用它的名稱。這個區塊中的最後一行使用 :: 運算子輸出全域 count2。

為 count1 設定新值的敘述適用於內部範圍中的變數，因為外部 count1 是隱藏的。新值是全域 count1 值加 3。下一個敘述將全域 count1 加 1，下面兩個輸出敘述將確認這一點。在外部範疇中定義的 count3 在內部區塊中加上 count2，沒有任何問題，因為它不會被同名的變數遮蔽。這表明，在外部範疇中定義的變數，仍然可以在內部範疇中存取，只要在內部範疇中沒有定義同名的變數。

在大括號結束內部範疇之後，在內部範疇中定義的 count1 和 count2 不再存在。它們的存活期已經結束。區域 count1 和 count3 仍然存在於外部範疇中，它們的值顯示在最後一組輸出的前兩行。這表明 count3 在內部範疇內確實是遞增的。最後一行輸出對應於全域 count3 和 count2 值。

摘要

這些是在這一章學到的要點：

- 不需要記住所有運算子的優先權和結合性，但是在撰寫程式碼時，你需要意識到這一點。如果你不確定優先權，請使用括號。

- 型態安全的列舉型態對於表示固定的值集合非常有用，特別是那些有名稱的值，例如星期幾或一副撲克牌中的花色。

- 在處理旗標時，位元運算子是必需的——表示狀態的單一位元。例如，在處理檔案輸入和輸出時，這種情況經常出現。位元運算子於處理包裝在單一變數中的值時也很重要。其中一個非常常見的例子是類似 RGB 的編碼，其中給定顏色的三到四個元件，被包裝成一個 32 位元的整數值。

◆ using 關鍵字允許你為其他型態定義同義字。在以前的程式碼中，可能仍然會遇到同樣用途的 typedef。

◆ 預設情況下，在一個區塊中定義的變數是自動的，這意味著它只存在於定義它的點，到它的定義出現區塊的結尾，正如包含它的定義的區塊的右括號所示。

◆ 在程式中，變數可宣告於所有的區塊之外，此時它們具有全域的名稱空間範疇，且預設是靜態儲存的變數。對於全域範疇的變數，可從程式宣告之後的任意處存取之，例外的情況是，當區域變數與全域變數有相同名稱的時候。在那情況下，仍可用範疇運算子 (::) 存取全域變數。

習題

3.1 撰寫一程式，提示輸入整數並將其儲存為 int。反轉值中的所有位元並儲存結果。輸出原始值、位元反轉後的值，以及反轉後的值加 1，每一個都用十六進位表示，並在一行上。在下一行，以小數形式輸出相同的數字。這兩行應該進行格式化，使它們看起來像一個表格，其中同一列中的值在合適的欄位寬度中是右對齊的。所有十六進位值都應該有前導零，所以總是會出現 8 個十六進位數字。

翻轉所有位元並加 1──有印象嗎？也許你已經推論出執行程式的輸出結果是什麼？

3.2 撰寫一程式計算矩形架子的一層可放置多少個正方形盒子，不可突出架子外。從鍵盤輸入架子的維度（單位是英呎），與盒子的邊長（單位是英吋）。使用 double 型態的變數儲存架子的長度和深度，以及一個盒子一邊的長度。定義和初始一整數常數來轉換從英呎轉成英吋（1 英呎等於 12 英吋）。計算一層型態為 long 的架子可容納多少個盒子。

3.3 不要執行下面的程式片段，你可知道程式片段會產生什麼？

```
auto k {430u};
auto j {(k >> 4) & ~(~0u << 3)};
```

```
std::cout << j << std::endl;
```

3.4 撰寫一程式，從鍵盤上讀取四個字元，並將它們包裝成一個整數變數。將此變數的值顯示為十六進位。解壓縮變數的四個位元組，並以相反的順序輸出它們，首先是低階位元組。

3.5 撰寫一程式來定義型態 Color 的列舉，其中列舉元素是 Red、Green、Yellow、Purple、Blue、Black 和 White。將列舉元素的型態定義為無號整數型態，並將每個列舉元素的整數值安排為其表示顏色的 RGB 組合（可以在網路上很容易找到任意顏色的十六進位 RGB 編碼）。為黃色、紫色和綠色建立用列舉元素初始化的型態 Color 變數。存取列舉元素值，並提取和輸出 RGB 元件作為單獨的值。

3.6 最後，我們為喜愛解謎的愛好者們再做一個練習。撰寫一程式，提示輸入兩個整數，並將它們儲存在整數變數 a 和 b 中。在不使用第三個變數的情況下交換 a 和 b 的值。最後輸出 a 和 b 的值。

▌ **提示** 　這是一個特別棘手的問題。要解決這個難題，只需一個複合指定運算子。

04

決策

在電腦的程式設計中，作決策是很基本的。若不能根據資料的比較結果改變程式指令的執行順序，則就無法用電腦程式解決大部分的問題。在本章中，我們將研究如何在 C++ 程式中作選擇及決策。這可使你檢查程式輸入的有效性，並視輸入資料決定採取的步驟。你的程式將可處理需用邏輯解決的問題。

在本章中，你可以學到以下各項：

* 如何比較資料值
* 如何根據比較的結果改變程式的執行順序
* 何謂邏輯運算子及運算式，以及你如何運用它們
* 如何處理多重選擇

比較資料值

我們需要一個比較事物的方法，而且有數種比較的方式，如此才可以作決策。決策的範例如 "若交通號誌為紅燈，則停車"。這含有相等的比較。我們將號誌的顏色和參考顏色（紅色）作比較，若相等，則停車。另外像 "若車速超過限制，則減速" 包含不同的關係：我們需檢查車速是否大於目前的速限。這兩種比較的類似結果為兩個值的一個：真（*true*）或偽（*false*）。這就是 C++ 的比較功能。

比較資料值的運算子稱關係運算子（*relational operator*），表 4-1 列出了用於比較兩個值的 6 個運算子：

❂ 表 4-1 關係運算子

運算子	意義
<	小於
<=	小於或等於
>	大於
>=	大於或等於
==	等於
!=	不等於

▌**注意** "等於"比較運算子有兩個連續等號。這和只有一個等號的指定運算子（＝）不同。當你欲比較是否相等時，將這兩個運算子弄混是常見的錯誤。編譯器一般不會產生錯誤訊息，所以你需要特別注意，以避免這種錯誤。

這些二元運算子比較兩個值，比較成功，則回傳 true 值，否則回傳 false 值。值 true 和 false 都是 C++ 的關鍵字，亦是 bool 型態的字面值，稱之**布林字面值**（*Boolean literal*）（以布林代數之父 George Boole 為名），而它們的型態是 bool。

建立 bool 型態的變數就和其他型態一樣，下面有一個例子：

```cpp
bool isValid {true};            // Define and initialize a logical variable
```

這將變數 isValid 宣告為 bool 型態，其初值為 true。如果使用空大括號 {} 初始 bool 變數，其初值為 false：

```cpp
bool correct {};            // Define and initialize a logical variable to false
```

雖然在這裡明確地使用 {false} 可能會提高程式碼的可讀性，但是最好記住數值變數初始為 0 的地方，例如，在使用 {} 時，布林變數將初始為 false。

比較運算子的應用

我們從一些簡單的範例來說明如何用這些運算子來比較。假設有兩個整數變數 i 和 j，其值分別為 10 和 -5。可將這些值用於下列的邏輯運算式中：

```cpp
i > j     i != j     j > -8     i <= j + 15
```

這些運算式的值均為 true。注意，最後一個運算式 i <= j + 15，加法運算最先執行，因為 + 的優先權高於 <=。

可將這些運算式的結果存於 bool 型態的變數中。例如：

```
isValid = i > j;
```

如果 i 大於 j，則 true 存在 isValid 中；否則，存為 false。你還可以比較存在 char 型態變數中的值。假設你定義了以下變數：

```
char first {'A'};
char last {'Z'};
```

現在可用這些變數撰寫一些範例，如下：

```
first < last       'E' <= first       first != last
```

這裡比較編碼值（回想一下第 1 章中的內容，使用標準編碼方式（如 ASCII 和 Unicode）將字元映射到整數編碼）。第一個運算式檢查 first 之值 'A' 是否小於 last 之值 'Z'。這永遠為真。第二個運算式的結果為偽，因為 'E' 大於 first 之值。最後一個運算式之值為真，因為 'A' 絕對不會等於 'Z'。

bool 值的輸出和其他型態值的輸出一樣簡單，以下面的範例說明之。

```cpp
// Ex4_01.cpp
// Comparing data values
#include <iostream>

int main()
{
  char first {};                // Stores the first character
  char second {};               // Stores the second character

  std::cout << "Enter a character: ";
  std::cin >> first;

  std::cout << "Enter a second character: ";
  std::cin >> second;

  std::cout << "The value of the expression " << first << '<' << second
            << " is: " << (first < second) << std::endl;
  std::cout << "The value of the expression " << first << "==" << second
            << " is: " << (first == second) << std::endl;
}
```

程式的輸出如下：

```
Enter a character: ?
Enter a second character: H
The value of the expression ?<H is: 1
The value of the expression ?==H is: 0
```

提示使用者輸入，並從鍵盤讀入字元是標準的工作。注意，此處比較運算式中的括號是必須的，否則編譯器不能正確的解釋敘述，並會輸出錯誤訊息。此運算式比較輸入的第一個和第二個字元，從上面的敘述輸出你可看到 true 值為 1，而 false 值為 0。若想在螢幕上顯示布林值 true 和 false，則需使用輸出調整器 std::boolalpha。只要在 main() 的最後 4 行之前加入敘述：

```
std::cout << std::boolalpha;
```

若你重新編譯並執行此範例，你會看到 bool 值顯示為 true 或 false。要重新指定布林的預設輸出值需用 std::noboolalpha 調整器。

比較浮點值

當然浮點數亦可作比較。此節我們會看一些較複雜的數字比較。首先，我們先定義一些變數：

```
int i {-10};
int j {20};
double x {1.5};
double y {-0.25E-10};
```

接著看一些邏輯運算式：

```
-1 < y      j < (10 - i)      2.0*x >= (3 + y)
```

比較運算子的優先權都小於算術運算子，所以不一定需要這些括號，但是有括號可使運算式更清楚。第一個比較運算式的值為 true，因為變數 y 是非常小的負值（−0.000000000025），這比 -1 大。第二個比較運算式的值為 false，因為運算式 10-i 的值為 20，與 j 值相等。第三個比較運算式的值為 true，因為 3+y 略小於 3。

我們可以用關係運算子比較任意基本型態的值，所以目前我們所需的是，使用比較的結果修改程式行為的方法。

if 敘述

基本的 if 敘述在測試條件為真時，可執行單一的敘述，或是用大括號包住的區塊敘述。其圖示如圖 4-1：

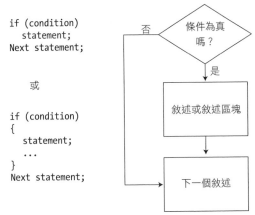

當 condition 為**真**時，才會執行 if 之後的敘述或敘述區塊
▲ 圖 4-1 簡單 if 敘述的邏輯

if 敘述的一個簡單範例是測試 char 型態的變數 letter 之值，敘述如下：

```
if (letter == 'A')
  std::cout << "The first capital, alphabetically speaking.\n"; //Only if letter equals 'A'

std::cout << "This statement always executes.\n";
```

letter 之值為 'A'，條件為真，故此敘述會輸出：

```
The first capital, alphabetically speaking.
This statement always executes.
```

若 letter 之值不等於 'A'，只會輸出第二行。測試條件在關鍵字 if 之後的括號內。我們採用慣例在 if 和括號之間添加一個空格（以區別於函數調用），但這不是必需的。像往常一樣，編譯器會忽略所有空格，因此以下是撰寫測試的同樣有效的方法：

```
if(letter == 'A')      if( letter == 'A' )
```

if 之後的敘述向內縮排，表示當條件為 true 時才執行。編譯時並不需要這種縮排，但是此種方式可幫助你，辨識 if 敘述和與其相關的敘述之間的關係。有時，你會看到簡單的 if 敘述寫成單一一行：

```
if (letter == 'A') std::cout << "The first capital, alphabetically speaking\n.";
```

■ 注意　切勿在 if 敘述的條件之後直接放置分號（;）。不幸的是，這樣編譯沒有錯誤（編譯器充其量會發出警告），但它不是有意的：

```
if (letter == 'A');
  std::cout << "The first capital, alphabetically speaking.\n";
```

第一行上的分號導致一個所謂的空敘述 (empty statement) 或是 null 敘述。多餘的分號 (因此是空敘述) 可出現在一系列敘述中的任何地方。例如，下面是合法的 C++：

```
int i = 0;; i += 5;; ; std::cout << i << std::endl  ;;
```

通常，這樣的空敘述根本不起作用。但是，當在 if 條件後立即添加時，如果條件的值為 true，則它將綁定執行的敘述。換句話說，在 if(letter == 'A') 測試後寫分號與寫這個具有相同的效果：

```
if (letter == 'A') { /* Do nothing */ }
std::cout << "The first capital, alphabetically speaking.\n";  // Always executes!
```

如果 letter 等於 A，那麼什麼都不做。但更糟糕的是，第二行總是無條件地執行，即使 letter 不同於 'A'——這正是 if 敘述想要阻止的。因此，千萬不要在條件測試之後直接使用分號，因為它實際上會使測試無效！

若 letter 之值為 'A'，我們延伸此範例改變 letter 值：

```
if (letter == 'A')
{
  std::cout << "The first capital, alphabetically speaking.\n";
  letter = 'a';
}

std::cout << "This statement always executes.\n";
```

當條件為 true 時，會執行區塊中的敘述。若無大括號，只有第一個敘述屬於 if，而第二個敘述將 letter 設成 'a' 的敘述，無論如何都會執行。注意，此區塊的每一個敘述後都有分號。區塊中的敘述數目沒有限制，甚至可有巢狀區塊。因為 letter 值為 'A'，所以在輸出訊息後，將值改為 'a'。若 if 條件為 false，則不會執行任何一個敘述，但是一定會執行區塊後的敘述。

如果將 true 轉換為整數型態，結果將是 1；將 false 轉換為整數會得到 0。相反地，你也可以將數值轉換為 bool 型態。0 轉換為 false，任何非 0 值轉換為

true。當你有一個預期 bool 值的數值時,編譯器將插入一個隱含式轉換,將數值轉換為 bool 型態。這在決策程式碼中很有用。

來試試真正的 if 敘述,此程式是檢查從鍵盤輸入的整數範圍。

```cpp
// Ex4_02.cpp
// Using an if statement
#include <iostream>

int main()
{
  std::cout << "Enter an integer between 50 and 100: ";

  int value {};
  std::cin >> value;

  if (value)
    std::cout << "You have entered a value that is different from zero." << std::endl;

 if (value < 50)
    std::cout << "The value is invalid - it is less than 50." << std::endl;

 if (value > 100)
    std::cout << "The value is invalid - it is greater than 100." << std::endl;

  std::cout << "You entered " << value << std::endl;
}
```

這輸出值將視你的輸入而定。對於介於 50 和 100 的值而言,輸出會類似:

```
Enter an integer between 50 and 100: 77
You have entered a value that is different from zero.
You entered 77
```

若輸入值超出 50 至 100 之間,則在顯示輸出值之前,會有一訊息指出此值無效。若此值比 50 小,則輸出為:

```
Enter an integer between 50 and 100: 27
You have entered a value that is different from zero.
The value is invalid - it is less than 50.
You entered 27
```

在提示並讀入一值後,第一個 if 敘述檢查輸入值是否與 0 不同:

```cpp
if (value)
  std::cout << "You have entered a value that is different from zero." << std::endl;
```

回想一下，任何數字都被轉換為 true，除了 0 ──它被轉換為 false。因此，值總是轉換為 true，除非你輸入的數字是 0。你經常會發現這樣的測試是如此撰寫的，但是如果你願意，你可以很容易地讓 0 測試更加明確，如下所示：

```
if (value != 0)
  std::cout << "You have entered a value that is different from zero." << std::endl;
```

第二個 if 敘述檢查輸入值是否小於 50：

```
if (value < 50)
  std::cout << "The value is invalid - it is less than 50." << std::endl;
```

只有在 if 條件為 true 時才執行輸出敘述，即當 value 小於 50 時。下一個 if 敘述以基本相同的方式檢查上限，並在超出時輸出訊息。最後，都會執行最後一個輸出敘述，並輸出該值。當然，當值低於下限時，檢查超過上限是多餘的。如果輸入的值低於下限，你可以安排程式立即結束，如下所示：

```
if (value < 50)
{
  std::cout << "The value is invalid - it is less than 50." << std::endl;
  return 0;                              // Ends the program
}
```

你可以使用檢查上限的 if 敘述執行相同的運算。你可以根據需要在函數中包含任意數量的 return 敘述。

當然，如果你有條件地結束這樣的程式，那麼兩個 if 敘述之後的程式碼就不再被執行了。也就是說，如果使用者輸入了無效數字，並且執行了其中一個 return 敘述，則將不再執行該程式的最後一行。為了讓你回想起來，這一行如下：

```
std::cout << "You entered " << value << std::endl;
```

在本章後面，如果已經發現 value 低於下限，我們將看到其他避免上限測試的方法──意味著不涉及結束程式。

巢狀 if 敘述

當 if 敘述中的條件為 true 時，所要執行的敘述本身可以是 if 敘述。此時稱為巢狀 if（nested if）。內層的 if 條件只在外層的 if 條件為 true 時才作測試。在另一個 if 中的 if 敘述還可以繼續含有巢狀的 if 敘述，通常可含有無限層次的巢狀。我們用一個測試輸入字元是否為字母的範例來說明巢狀 if：

```cpp
// Ex4_03.cpp
// Using a nested if
#include <iostream>

int main()
{
  char letter {};                       // Store input here
  std::cout << "Enter a letter: ";      // Prompt for the input
  std::cin >> letter;

  if (letter >= 'A')
  {                                      // letter is 'A' or larger
    if (letter <= 'Z')
    {                                    // letter is 'Z' or smaller
      std::cout << "You entered an uppercase letter." << std::endl;
      return 0;
    }
  }

  if (letter >= 'a')                     // Test for 'a' or larger
    if (letter <= 'z')
    {                                    // letter is >= 'a' and <= 'z'
      std::cout << "You entered a lowercase letter." << std::endl;
      return 0;
    }
  std::cout << "You did not enter a letter." << std::endl;
}
```

此範例的典型輸出是：

```
Enter a letter: H
You entered an uppercase letter.
```

在建立初值為 0 的 char 型態變數 letter 後，程式會提示你輸入一個字母。在輸入之後的 if 敘述，檢查輸入的字元是否為 'A' 或更大的字元。若 letter 大於等於 'A'，則執行巢狀 if，檢查輸入是否小於等於 'Z'。若是 'Z' 或更小，則可下結論這是一個大寫字母，顯示訊息，並執行 return 敘述結束程式。兩個敘述均用大括號包住，所以在巢狀 if 的條件為真時才會同時執行。

本質上第二個 if 採用的結構和第一個 if 相同，它檢查輸入字元是否為小寫，顯示訊息，並回傳。若你仔細看就會發現，檢查小寫字元只含有一對大括號，但是在檢查大寫字母中有兩對大括號。事實上，兩種方法都不錯：記住在 C++

中，if(condition){...} 實際上是單一的敘述，不需要再用大括號包住。根據相同的語法，若你覺得額外的大括號可使程式碼更清楚，則使用它吧。

最後，像測試大寫字母一樣，對於小寫字母，此程式碼隱含相同的假設。若輸入字元不是字母，才會執行最後一個 if 區塊後的輸出敘述，顯示訊息告知結果，然後執行 return 敘述。你可以看到巢狀 if 和輸出敘述之間的關係，因為有縮排而更清楚。在 C++ 中通常都用縮排，將程式的邏輯作視覺上的排列。

正如範例的開始處提過，此程式說明巢狀的 if 如何運作，但是這並不是測試字元的好方法。藉著標準函式庫，我們可撰寫與字元編碼無關的程式，接著說明之。

字元的分類與轉換

Ex4_03 的巢狀 if 依賴於三個關於用於表示字母字元編碼的內建假設：

- 字母 A 到 Z 由一組編碼表示，其中 'A' 的編碼是最小的，'Z' 的編碼是最大的。
- 大寫字母的編碼是連續的，所以沒有非字母字元位於 'A' 和 'Z' 的編碼之間。
- 字母表中的所有大寫字母都在 A 到 Z 的範圍內。

雖然前兩個假設適用於今天實際使用的任何字元編碼，但第三個假設肯定不適用於許多語言。例如，希臘的大寫字母，如 Δ、Θ、Π；俄羅斯包含 Ж、Ф、Ш；甚至拉丁語系的語言，如法語，也經常使用大寫字母 É 和 Ç，它們的編碼不會在 'A' 和 'Z' 之間。因此，將這些假設建構到程式碼中並不是一個好主意，因為它限制了程式的可移植性。永遠不要以為你的程式只會被其他母語為英語的人使用！

為了避免在程式碼中做出這樣的假設，C 和 C++ 標準函式庫提供了區域化的概念。locale 是一組參數，它定義使用者的語言和區域選項，包括國家或文化字元集合，以及貨幣和日期的格式規則。然而，這個主題的完整內容遠遠超出了本書的範圍。我們只介紹了 cctype 標頭提供的字元分類功能，如表 4-2 所示。

表 4-2 列出了 cctype 標頭提供的用於分類字元的函數。在每種情況下，都要向函數傳遞一個變數或是要測試的字元字面值。

❶ 表 4-2 用於分類 cctype 標頭提供的字元的函數

函數	功能
isupper(c)	檢查 c 是否為大寫字母 'A' 至 'Z'。
islower(c)	檢查 c 是否為小寫字母 'A' 至 'z'。
isalpha(c)	檢查 c 是否為大寫或小寫字母。（或者任何既不是大寫也不是小寫的字母字元，如果語言環境的字母表包含這些字元的話）。
isdigit(c)	檢查 c 是否為 '0' 至 '9' 的數字。
isxdigit(c)	檢查 c 是否為十六進位數字，'0 至 9'、'a' 至 'f'、或 'A' 至 'F'。
isalnum(c)	檢查 c 是否為字母或數字（即字母數字字元）。同 isalpha(c) || isdigit(c)。
isspace(c)	檢查 c 是否為空白，包括空格 (' ')，換行 ('\n')，歸位字元 ('\r')，換頁字元 ('\f')，水平 ('\t') 或垂直跳格 ('\v')。
isblank(c)	檢查 c 是否為單行文字中分隔單字的空格。預設為空格 (' ') 或水平跳格 ('\t')。
ispunct(c)	檢查 c 是否為標點字元，預設是空格以及下列字元：_ { } [ ] # ( ) < > % : ; . ? * + - / ^ & | ~ ! = , \ " '
isprint(c)	檢查 c 是否為可列印字元，包括大寫或小寫的字母、數字、標點字元或空格。
iscntrl(c)	檢查 c 是否為控制字元，它與可列印字元相反。
isgraph(c)	檢查 c 是否為繪圖字元，除了空格之外的可列印字元。

這些函數都回傳 int 型態的值。若字元在其檢查的範圍，則回傳值為非 0 值（true），否則為 0（false）。你會懷疑為何這些函數不回傳 bool 型態的值，似乎比較有意義。原因是在 C++ 納入 bool 之前，這些函數已經是標準函式庫的一部分了。

你可使用 cctype 字元分類函數，實作 Ex4_03 範例，無需作任何字元編碼的假設。在不同環境中的不同字元編碼，標準函式庫的函數會自行處理，所以我們無需擔心。另一個優點是這些函數會讓程式碼更簡單、更易於閱讀：

```
if (std::isupper(letter))
{
  std::cout << "You entered an uppercase letter." << std::endl;
  return 0;
}

if (std::islower(letter))
{
  std::cout << "You entered a lowercase letter." << std::endl;
  return 0;
}
```

由於 cctype 是 C++ 標準函式庫的一部分，它在 std 名稱空間中定義了所有函數，通常應該在他們的名字前面加上 std::。你會在 Ex4_03A.cpp 下找到調整過的程式。

最後，cctype 標頭還提供了表 4-3 所示的兩個函數，用於在大寫和小寫字元之間進行轉換。結果將以型態 int 回傳，因此如果希望將其儲存為型態 char，則需要明確地轉換它。

① 表 4-3 用於轉換 cctype 標頭提供的字元的函數

函數	功能
tolower(c)	若 c 為大寫，則回傳它的小寫；若不是，則回傳 c。
toupper(c)	若 c 為小寫，則回傳它的大寫；若不是，則回傳 c。

█ 附註 除 isdigit() 和 isxdigit() 外，所有標準的字元分類和轉換函數，都按照當前語言環境的規則進行運作。表 4-2 中給出的所有範例都是針對預設的所謂的 "C" 語言環境的，這是一組類似於說英語的美國人使用的第一選項。C++ 標準函式庫提供了一個廣泛的函式庫，用於與其他地區和字元集合一起運作。你可以使用它們來開發能夠正確工作的應用程式，而不需要考慮使用者的語言和區域。不過，這個主題對本書來說有點太深了。有關詳細資訊，請參閱標準函式庫的參考資料。

if-else 敘述

目前我們所用的 if 敘述，都是當指定的條件為 true 時，執行一個敘述。然後程式循序執行下一個敘述。但是也有可能條件為 false，才執行特定的敘述或區塊敘述。為了符合這需求，我們繼續擴展 if，在條件為 true 時執行一種運算，而當條件為 false 時執行另一種運算。然後循序繼續執行下一個敘述。這樣的 if 敘述擴展稱為 if-else 敘述。

if-else 組合提供了兩個選項之間的選擇。圖 4-2 說明了它的邏輯。

圖 4-2 的流程圖指出敘述的執行順序，視 if 條件為 true 或 false 而定。當一個敘述可出現處都可使用一個區塊。這允許為 if-else 敘述中的每個選項執行任意數量的敘述。

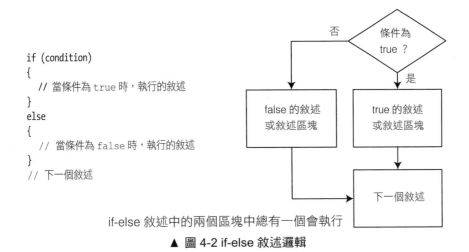

```
if (condition)
{
    // 當條件為 true 時，執行的敘述
}
else
{
    // 當條件為 false 時，執行的敘述
}
// 下一個敘述
```

if-else 敘述中的兩個區塊中總有一個會執行

▲ 圖 4-2 if-else 敘述邏輯

可以撰寫 if-else 敘述來回報儲存在 char 變數 letter 中的字元是否為字母數字：

```
if (std::isalnum(letter))
{
  std::cout << "It is a letter or a digit." << std::endl;
}
else
{
  std::cout << "It is neither a letter nor a digit." << std::endl;
}
```

這敘述利用標頭檔 cctype 的函數 isalnum()。若變數 letter 含有字母或數字，則 isalnum() 回傳正整數，if 敘述會將此值解釋為 true，所以顯示第一個訊息。若 letter 不是字母或數字，則 isalnum() 回傳 0，而 if 會自動轉換為 false，執行 else 之後的輸出敘述。大括號在這裡也不是必須的，因為它們只是單一敘述，但是如果你把它們放進去會更清楚。而且同樣用到縮排以表示敘述之間關係。可以清楚地看出結果為 true 時執行哪些敘述，而 false 時又執行哪些敘述。你應該在程式中使用縮排，來顯示它們的邏輯結構。

在範例中我們可看到 if-else 敘述的運作。此次試試數字值：

```
// Ex4_04.cpp
// Using the if-else statement
#include <iostream>

int main()
```

```
{
  long number {};                      // Stores input
  std::cout << "Enter an integer less than 2 billion: ";
  std::cin >> number;

  if (number % 2) // Test remainder after division by 2
  { // Here if remainder is 1
    std::cout << "Your number is odd." << std::endl;
  }
  else
  { // Here if remainder is 0
    std::cout << "Your number is even." << std::endl;
  }
}
```

此程式的輸出為：

```
Enter an integer less than 2 billion: 123456
Your number is even.
```

將輸入值讀至 number，在 if 的測試條件中檢查 number 值除以 2 的餘數（使用模數運算子 %，參考第 2 章）是否為 0。如果數字為奇數，餘數為 1，如果數字為偶數，餘數為 0，這些值分別轉換為 true 和 false。因此，如果餘數為 1，則 if 條件為 true，並且執行在 if 之後的敘述區塊。若餘數為 0，則 if 的條件為 false，因此執行 else 後面的敘述區塊。

可以將 if 條件指定為 number % 2 == 0，在這種情況下，if 和 else 的敘述需要對調，因為若 number 為偶數，回傳值為 true。

巢狀 if-else 敘述

我們已經看過在 if 敘述中可有巢狀的 if 敘述。無疑的在 if 敘述中可巢狀 if-else 敘述，在 if-else 敘述中可巢狀 if 敘述，以及在其他 if-else 敘述中可巢狀 if-else 敘述。這提供了許多的用途（以及混亂的可能），所以來看一些範例。首先看第一種情況，在 if 中巢狀 if-else 敘述：

```
if (coffee == 'y')
  if (donuts == 'y')
    std::cout << "We have coffee and donuts." << std::endl;
  else
    std::cout << "We have coffee, but not donuts." << std::endl;
```

最好是用大括號來寫，但這樣更容易表達出我們想要表達的意思。此處的 coffee 和 donuts 都是 char 型態的變數，其值為 'y' 或 'n'。當檢查 coffee 的結果為 true 時，才執行 donuts 的測試，所以在每種情況下，都會顯示訊息反映正確的狀態。else 屬於測試 donuts 的 if，但是這很容易混淆。

若我們撰寫許多此類的敘述，但是無正確的縮排時，則對下面的敘述我們可能會誤入陷阱，而作出錯誤的推論：

```
if (coffee == 'y')
  if (donuts == 'y')
    std::cout << "We have coffee and donuts." << std::endl;
  else                              // This is indented incorrectly...
    std::cout << "We have no coffee..." << std::endl;  // ...Wrong!
```

上述程式碼的縮排會誤導為在 if-else 中巢狀 if 敘述，這是不對的。第一個訊息時是正確的，但是 else 的輸出結果是不對的。此敘述是在測試 coffee 為 true 時執行，因為此 else 屬於 donuts 測試，而非 coffee 的測試。這錯誤很容易看出，但對於更大更複雜的 if 結構，我們需牢記哪一個 else 屬於哪一個 if 的規則。

▌ **注意**　else 一定屬於前面最近的一個 if，且此 if 尚未與其他的 else 配對的。這可能造成的問題就是所謂的懸擺 else（*dangling else*）。

括號可以讓情況更明朗：

```
if (coffee == 'y')
{
  if (donuts == 'y')
  {
    std::cout << "We have coffee and donuts." << std::endl;
  }
  else
  {
    std::cout << "We have coffee, but not donuts." << std::endl;
  }
}
```

現在應該很清楚了吧！else 絕對屬於檢查 donuts 的 if。

理解巢狀 if

現在我們知道規則了，則要理解在 if-else 中巢狀 if 就變得很容易：

```
if (coffee == 'y')
{
  if (donuts == 'y')
    std::cout << "We have coffee and donuts." << std::endl;
}
else if (tea == 'y')
{
  std::cout << "We have no coffee, but we have tea." << std::endl;
}
```

注意此處程式碼的格式。在 else 下巢狀 if 時，將 else if 寫成一行是公認的慣例，且本書中將沿用此格式。此處的大括號是必須的，若無此大括號，則 else 屬於檢查 donuts 的 if。在這種情況下，很容易忘記使用大括號，且會產生不易察覺的錯誤。具有此種錯誤的程式在編譯時不會有問題，因為程式碼完全正確，甚至有時會產生正確的結果。若移除此範例中的大括號，只有在 coffee 和 donuts 均為 'y' 時，此時才會產生正確的結果，所以不會執行對 tea 的檢查。

最後是在 if-else 敘述中巢狀 if-else 敘述。即使只有一層巢狀，也有可能會一團亂。繼續對咖啡和甜甜圈作分析：

```
if (coffee == 'y')
  if (donuts == 'y')
    std::cout << "We have coffee and donuts." << std::endl;
  else
    std::cout << "We have coffee, but not donuts." << std::endl;
else if (tea == 'y')
  std::cout << "We have no coffee, but we have tea, and maybe donuts..." << std::endl;
else
  std::cout << "No tea or coffee, but maybe donuts..." << std::endl;
```

雖然有正確的縮排，但是此處的邏輯不是很清楚。可驗證之前所說的，不需要任何的大括號，但是若加入大括號則會更清楚：

```
if (coffee == 'y')
{
  if (donuts == 'y')
  {
    std::cout << "We have coffee and donuts." << std::endl;
  }
  else
  {
    std::cout << "We have coffee, but not donuts." << std::endl;
  }
}
```

```
else
{
  if (tea == 'y')
  {
    std::cout << "We have no coffee, but we have tea, and maybe donuts..." << std::endl;
  }
  else
  {
    std::cout << "No tea or coffee, but maybe donuts..." << std::endl;
  }
}
```

處理這種程式的邏輯有更好的方法。若你有很多的巢狀 if，則幾乎可以保證某處會有錯誤。下一節會幫助簡化事情。

邏輯運算子

如前面的範例，當我們有兩個或更多的相關條件時，使用 if 敘述有一點麻煩。我們已試用過 if 的功能來檢查咖啡和甜甜圈，但是實際上可能會檢查更複雜的條件。你可以找尋人事檔案中大於 21 歲但小於 35 歲，具有大學學歷的未婚女性，而且會說印地語或烏都語。此測試的定義會全部都是 if。

C++ 的邏輯運算子（*logical operator*）提過一種簡潔且簡單的方法。邏輯運算子可結合一串比較為單一的運算式，所以最終只需要一個 if，和此組條件的複雜度無關。表 4-4 有三個邏輯運算子：

❶ 表 4-4 邏輯運算子

運算子	描述
&&	邏輯 AND
||	邏輯 OR
!	邏輯否定 NOT

前兩個 && 和 || 是二元運算子，結合兩個 bool 型態的運算元並產生 bool 型態的結果。第三個運算子 ! 是一元運算子，所以只用於一個 bool 型態的運算元，並產生 bool 結果。首先我們考慮這些運算子的使用情況，然後再看範例。要和稍早提過的位元運算子分清楚，此類運算子作用於整數運算元的位元，而邏輯運算子則應用於 bool 的運算元。

邏輯 AND

當兩個條件均為 true 其結果才為 true 時，則需使用 AND 運算子 &&。當我們用之前的巢狀 if 來決定一個字元是否為大寫字母時，測試值必須同時大於等於 'A' 且小於等於 'Z'。當兩個條件均為 true，字元才是大寫字母。若 && 運算子的兩個運算元為 true 時，才會產生 true 的結果，其他狀況則產生 false。下面是如何使用 && 運算子，測試 char 變數 letter 是否為大寫字母：

```
if (letter >= 'A' && letter <= 'Z')
{
  std::cout << "This is an uppercase letter." << std::endl;
}
```

當由運算子 && 結合的條件為 true 時，才會執行輸出敘述。運算式中不需要括號，因為比較運算子的優先權高於 &&。一般而言是否要加括號視你的喜好而定。此敘述亦可寫成：

```
if ((letter >= 'A') && (letter <= 'Z'))
{
  std::cout << "This is an uppercase letter." << std::endl;
}
```

現在毫無疑問的會先執行括號中的比較運算。

邏輯 OR

當你有兩個條件且其中一個為 true 時，則結果就為 true，此情況要用 OR 運算子 ||。|| 運算子在兩個運算元均為 false 時，結果才會 false，其他的組合均產生 true。

例如，你要向銀行貸款，而銀行則考慮你的年收入至少要 $100,000，或是有資金 $1,000,000，則可用下面的 if 敘述作測試：

```
if (income >= 100'000.00 || capital >= 1'000'000.00)
{
  std::cout << "Of course, how much do you want to borrow?" << std::endl;
}
```

當一個或兩個條件為 true 時，就顯示回應訊息（更好的回應是 "你為什麼要借錢"，但奇怪的是，銀行只會在你不需要的時候借你錢）。

還請注意，我們已經使用數字分隔符號，來提高整數字文字的可讀性：

1'000'000.00 等於 100 萬，此方式比 1000000.00 更明顯。如果沒有分隔符號，你能分辨出 100000.00 和 1000000.00 的區別嗎？（如果銀行在填寫這些數字中的任何一個時候出錯，你肯定希望它對你有利！）

邏輯否定

第三個邏輯運算子 ! 會將其運算元的邏輯值（true 或 false）反轉。所以布林變數 test 的值為 true，則 !test 值為 false：若布林變數 test 的值為 false，則 !test 值為 true。

與所有邏輯運算子一樣，你可以對任何計算為真或假的運算式應用邏輯否定。運算元可以是任何東西，從單個 bool 變數到複雜的比較和 bool 變數組合。例如，假設 x 的值是 10。然後運算式 !(x>5) 的值為 false，因為 x>5 為 true。當然，在這種情況下，最好寫 x<=5。後一種運算式也有一樣的效果，但是因為它不包含否定，所以它可能更容易閱讀。

▌ **注意** 讓 foo、bar 和 xyzzy 成為 bool 型態的變數（或任何運算式）。剛開始接觸 C++ 的程式設計師，比如你自己，可能會經常寫出這樣的敘述：

```
if (foo == true) ...
if (bar == false) ...
if (xyzzy != true) ...
```

雖然在技術上是正確的，但大家普遍認為應該使用以下較短的 if 敘述：

```
if (foo) ...
if (!bar) ...
if (!xyzzy) ...
```

組合邏輯運算子

你可任意組合條件運算式和邏輯運算子。例如，我們要建構一份問卷來判斷一個人是否適合貸款，此程式碼如下：

```cpp
// Ex4_05.cpp
// Combining logical operators for loan approval
#include <iostream>

int main()
{
```

```cpp
  int age {};                 // Age of the prospective borrower
  int income {};              // Income of the prospective borrower
  int balance {};             // Current bank balance

  // Get the basic data for assessing the loan
  std::cout << "Please enter your age in years: ";
  std::cin >> age;
  std::cout << "Please enter your annual income in dollars: ";
  std::cin >> income;
  std::cout << "What is your current account balance in dollars: ";
  std::cin >> balance;

  // We only lend to people who are over 21 years of age,
  // who make over $25,000 per year,
  // or have over $100,000 in their account, or both.
  if (age >= 21 && (income > 25'000 || balance > 100'000))
  {
    // OK, you are good for the loan - but how much?
    // This will be the lesser of twice income and half balance
    int loan {};              // Stores maximum loan amount
    if (2*income < balance/2)
    {
      loan = 2*income;
    }
    else
    {
      loan = balance/2;
    }
    std::cout << "\nYou can borrow up to $" << loan << std::endl;
  }
  else          // No loan for you...
  {
    std::cout << "\nUnfortunately, you don't qualify for a loan." << std::endl;
  }
}
```

此程式的輸出為：

```
Please enter your age in years: 25
Please enter your annual income in dollars: 28000
What is your current account balance in dollars: 185000

You can borrow up to $56000
```

if 敘述決定是否可合法貸款：

```cpp
age >= 21 && (income > 25'000 || balance > 100'000)
```

條件是申請者至少 21 歲，而且收入高於 $25,000 或是銀行帳戶餘額大於 $100,000。運算式（income>25'000||balance>100'000）的括號是必須的，如此可先將收入和帳戶餘額的條件作 OR，再與年齡測試作 AND。這是因為 && 運算子的優先權高於 ||，可以回去參考第 3 章的表 3-1。若無括號，則年齡測試會和收入作 AND 測試，結果再與帳戶餘額作 OR 測試。如果沒有括號將允許帳戶餘額大於 $100,000 者取得貸款，即使他們只有 8 歲也可以。這就不是原來的用意了。

若 if 條件為 true，則執行確定貸款金額的敘述區塊。貸款的變數在此區塊中定義，因此，在此區塊的結尾就不再存在。區塊中的 if 敘述確定薪水的兩倍是否小於帳戶餘額的一半。如果是，則貸款是薪水的兩倍；否則是帳戶餘額的一半，這確保貸款會符合最少量的規則。

▌ **提示**　在組合邏輯運算子時，建議加上括號讓程式碼更清晰。假設銀行的貸款條件如下：

```
(age < 30 && income > 25'000) || (age >= 30 && balance > 100'000)
```

也就是說，對於年輕的客戶來說，這個決定完全取決於他們的年收入──是的，即使是蹣跚學步的孩子，只要他們能提供足夠的收入證明，他們也能獲得貸款──而更成熟的客戶必須已經有足夠的資金。那麼也可以這樣寫：

```
age < 30 && income > 25'000 || age >= 30 && balance > 100'000
```

雖然這兩個運算式完全相同，但你肯定會同意，帶有括號的運算式，比沒有括號的運算式更容易閱讀。因此即使嚴格來說這是不必要的，但在組合 && 和 || 時，我們還是建議加上括號，讓邏輯運算式的含義更為清楚。

邏輯運算子上的整數運算元

在某種程度上（實際上是經常），邏輯運算子可以應用於整數運算元，而不是布林運算元。例如前面看到的，可以使用以下內容來測試 int 變數 value 是否與 0 不同：

```
if (value)
  std::cout << "You have entered a value that is different from zero." << std::endl;
```

同樣地，會經常遇到下列形式的測試：

```
if (!value)
  std::cout << "You have entered a value that equals zero." << std::endl;
```

在這裡，邏輯否定應用於整數運算元，而不是通常的布林運算元。同樣地，假使定義了兩個 int 變數 value1 和 value2；然後你可以寫：

```
if (value1 && value2)
  std::cout << "Both values are non-zero." << std::endl;
```

因為這些運算式很短，所以在 C++ 程式設計師中很流行。如果這些整數值表示物件集合中元素的數量，就會出現這種模式的典型範例。因此，理解它們的運作原理是很重要的：運算式中對邏輯運算子的每一個數字運算元，首先使用熟悉的規則轉換為 bool：0 轉換為 false，其他數字轉換為 true。即使所有運算元都是整數，邏輯運算式仍然計算為 bool。

邏輯運算子和位元運算子

重要的是，不要混淆邏輯運算子 &&、‖ 和！適用於可轉換為 bool 的運算元，其中位元運算子&、丨和~，可對整數運算元中的位元進行運算。

在前面的小節中，你記住邏輯運算子總是計算為 bool 型態的值，即使它們的運算元是整數。對位元運算子來說，情況正好相反：即使兩個運算元都是 bool 型態，它們總是計算為整數。然而，由於位元運算子的整數結果，都會轉換回 bool，因此，邏輯運算子和位元運算子似乎可以互換使用。例如，在 Ex4_05 中測試貸款是否可以接受的核心測試，原則上可以這樣撰寫：

```
if (age >= 21 & (income > 25'000 | balance > 100'000))
{
  ...
}
```

這將編譯並得到與以前 && 和 ‖ 有相同的最終結果。簡而言之，從比較中得到的 bool 值被轉換成 int，然後使用位元運算子將其位元組合成一個 int，最後這個 int 又被轉換成 if 敘述的 bool。覺得困惑嗎？別擔心，這並不是那麼重要，bool 和整數之間的這種轉換很少引起關注。

然而重要的是這兩組運算子之間的差別；也就是說，與位元運算子不同，二元邏輯運算子是所謂的捷徑運算子。

捷徑運算

看到下面的程式碼：

```
int x = 2;
if (x < 0 && (x*x + 632*x == 1268))
{
  std::cout << "Congrats: " << x << " is the correct solution!" << std::endl;
}
```

x = 2 是正確的解嗎？當然不是，2 不小於 0！。2*2 + 632*2 是否等於 1268 並不重要（實際上沒錯）。因為 AND 運算子的第一個運算元已經為 false，最終結果也將為 false。畢竟，false 和 true 仍然是 false；AND 運算子計算為 true 的唯一情況是 true && true。

同樣地，在下面的程式碼片段中，應該馬上清楚 x = 2 是一個正確的解：

```
int x = 2;
if (x == 2 || (x*x + 632*x == 1268))
{
  std::cout << "Congrats: " << x << " is a correct solution!" << std::endl;
}
```

為什麼？因為第一個運算元為 true，所以立即知道整個 OR 運算式也為 true。甚至不需要計算第二個運算元。

當然，C++ 編譯器也知道這一點。因此，如果二元邏輯運算式的第一個運算元已經決定了結果，編譯器會確保不會浪費時間計算第二個運算元。邏輯運算子 && 和 || 的這個性質稱為**捷徑運算**（*short-circuitevaluation*）。另一方面，位元運算子 & 和 | 沒有捷徑。對於這些運算子，兩個運算元都要運算。

這種邏輯運算子的捷徑運算經常被 C++ 程式設計師利用：

- 如果需要測試與邏輯運算子結合在一起的多個條件，那麼應該先計算最簡單的條件。本節中的兩個範例已經在一定程度上說明了這一點，但當然，只有當其中一個運算元的計算成本非常高時，這種技術才會真正奏效。

- 捷徑更常用來防止右運算元的運算，否則會無法運算──因為會導致致命的當機。這是透過把捷徑運算放在其他條件之前，不管其他運算元會不會失敗。我們會在本書後面看到這種技術的一個常見應用，是在解參考之前，檢查指標是否為 null。

在後面的章節中，我們會看到更多依賴捷徑運算的邏輯運算式的例子。現在只需記住 && 的第二個運算元，只在第一個運算元計算為 true 之後才運算，|| 的第二個運算元，只在第一個運算為 false 之後運算。對於 & 和 |，兩個運算元都要運算。

哦，如果你想知道，方程式的正確解是 x = -634。

邏輯 XOR

在邏輯運算子中沒有位元 XOR（eXclusive OR 的縮寫）運算子 ^ 的對應項。毫無疑問，這在一定程度上是因為在捷徑運算中，這個運算子是沒有意義的（兩個運算元都必須進行計算，才能知道這個運算子的正確結果）。幸運的是，XOR 運算子和任何位元運算子一樣，也可以簡單地應用於布林運算元。例如，下面這個測試對大多數年輕人且是百萬富翁則會通過。不過，擁有正常銀行帳戶餘額的成年人不會通過削減：

```
if ((age < 20) ^ (balance >= 1'000'000))
{
  ...
}
```

換句話說，這個測試相當於以下任意一種邏輯運算子的組合：

```
if ((age < 20 || balance >= 1'000'000) && !(age < 20 && balance >= 1'000'000))
{
  ...
}
```

```
if ((age < 20 && balance < 1'000'000) || (age >= 20 && balance >= 1'000'000))
{
  ...
}
```

說服自己這三個 if 敘述確實是相等的，這是布林代數的一個小練習。

▌條件運算子

條件運算子（*conditional operator*）有時稱為三元運算子（*ternary operator*），因為它含有三個運算元，而且只有一個這種運算子。此運算子類似 if-else 敘述，因為它會視條件值，在兩個選項中作選擇。但是 if-else 敘述是從兩個敘述中選擇一個執行，而條件運算子則從兩個值中選擇一個。我們來看範例吧。

假設有兩個變數 a 和 b，欲將兩數較大者設給第三個變數 c，此敘述如下：

```
c = a > b? a : b;              // Set c to the higher of a and b
```

條件運算子的第一個運算元是邏輯運算式，此例是 a >b。若此運算式為 true，則選擇第二個運算元，此例為 a，當作是此運算的結果。若第一個運算元為 false，則選擇第三個運算元為其值，此例為 b。因此若 a 大於 b，則條件運算式的結果為 a，否則為 b。在上面的敘述中，會將此值存於 c。此指定敘述的條件運算子等於下列的 if 敘述：

```
if (a > b)
{
  c = a;
}
else
{
  c = b;
}
```

條件運算子亦可用於選擇兩值中較小者。在前一個程式中，我們用 if-else 決定貸款金額，可用下面的敘述取代之：

```
loan = 2*income < balance/2? 2*income : balance/2;
```

這會產生相同的結果，條件運算式是 2*income < balance/2。假使結果是 true，將會指定 2*income 給 loan 變數。假使判斷條件運算式的結果是 false，則將 balance/2 指定給 loan 變數。

因為條件運算子的優先權，低於敘述中的其他運算子，所以不需要括號。當然若你覺得括號可使運算式更清楚，則可寫成：

```
loan = (2*income < balance/2)? (2*income) : (balance/2);
```

條件運算子可簡單的表示成 ?:，其一般形式為

condition ? expression1 : expression2

和往常一樣，所有在 ? 或 : 的空格都是可選的，而且會被編譯器忽略。若 condition 為 true，則結果為 expression1 之值；若為 false，則結果為 expression2 之值。若 condition 的值為數字值，則它會自動轉成 bool 型態。

注意 expression1 或 expression2 兩者只有一個會求值。類似於二元邏輯運算元

的捷徑運算，這對下列運算式具有重要的意義：

```
divisor ? (dividend / divisor) : 0;
```

假設 divisor 和 dividend 都是 int 型態的變數，對於整數，被 0 除導致 C++ 中未定義的行為。這意味著，在最壞的情況下，整數除以 0 可能會導致致命的當機。但是，如果 divisor 在前面的運算式中等於 0，那麼（dividend / divisor）就不計算了。如果條件運算子的條件求值為 false，則根本不計算第二個運算元。相反地，只計算第三個運算元。在本例中，這意味著整個運算式的值為 0。這確實比可能的當機好得多！

條件運算子的常見用法是，依據運算式的結果或變數值來控制輸出。你可依照條件來選擇不同的字串訊息。

```cpp
// Ex4_06.cpp
// Using the conditional operator to select output.
#include <iostream>

int main()
{
  int mice {};          // Count of all mice
  int brown {};         // Count of brown mice
  int white {};         // Count of white mice

  std::cout << "How many brown mice do you have? ";
  std::cin >> brown;
  std::cout << "How many white mice do you have? ";
  std::cin >> white;

  mice = brown + white;

  std::cout << "You have " << mice
            << (mice == 1? " mouse" : " mice")
            << " in total." << std::endl;
}
```

此程式的輸出可能為：

```
How many brown mice do you have? 2
How many white mice do you have? 3
You have 5 mice in total.
```

若變數 mice 值為 1，則條件運算子的運算式值為 "mouse"，否則為 "mice"。對任意數目的老鼠，都可使用相同的輸出敘述，並選擇合適的單複數。

有許多情況可使用這種架構，例如選擇 "is" 和 "are"，或是 "he" 和 "she"，或是任何有兩種選擇的情況。甚至你可結合兩個條件運算子在 3 個選項中作選擇。

```
std::cout << (a < b ? "a is less than b." :
             (a == b ? "a is equal to b." : "a is greater than b."));
```

這敘述會輸出三個訊息中的一個，視 a 和 b 的相對值而定。第一個條件運算子的第二個選擇是另一個條件運算子。

switch 敘述

你常常會面對多種選擇的情況，需要根據整數變數或運算式，從數個選擇中（也就是 2 個以上）執行一組特定的敘述。switch 敘述可在多種選項中作選擇執行特定的運算式，這些選項則是一組固定的值或列舉值。特定的選擇由給定的整數或列舉常數值決定。

switch 的選項稱為 *case*。一個範例是樂透：你買了一張有號碼的樂透，而且若你夠幸運，你會贏得獎品。例如若你的票號是 147，贏得第一獎；若是 387，則贏得第二獎；若票號是 29，則贏得第三獎；其他號碼則沒有獎品。用來處理這種情況的 switch 敘述有 4 個 case：3 個可以領獎的號碼和一個代表無獎數字的 'default' case。下面的程式碼是根據樂透號碼選擇訊息的 switch 敘述：

```
switch (ticket_number)
{
case 147:
  std::cout << "You win first prize!";
  break;
case 387:
  std::cout << "You win second prize!";
  break;
case 29:
  std::cout << "You win third prize!";
  break;
default:
  std::cout << "Sorry, you lose.";
  break;
}
```

switch 敘述的描述比使用更困難。在數個 case 中作選擇，是根據關鍵字 switch 後之括號中的整數運算式值。在此範例中是整數變數 ticket_number。

▌附註 只能在 switch 使用整數值（int、long、unsigned short 等）、字元（char 等）和列舉（請參閱第 2 章），從技術上來說，也允許在 switch 使用布林值，但是你應該只在 if-else 敘述使用布林值，而不是 switch。然而和其他程式語言不同的是，C++ 不允許建立帶有條件和標籤的 switch() 敘述，這些條件和標籤包含任何其他型態的運算式。例如，不允許 switch 有不同字串值的分支（會在第 7 章介紹字串）。

---

switch 敘述中可能的選項出現在區塊中，而可能的選項由 case 值（*case value*）標籤，case 值會出現在 *case* 標籤（*case label*）中，case 標籤的格式是：

```
case case_value:
```

稱為 case 標籤是因為它標籤於敘述之前。若選擇運算式之值和某一 case 相同，則執行此 case 標籤之後的敘述。每個 case 值都是唯一的，不一定需要特別的順序，如範例所示。

case 值必須是**常數運算式**（*constant expression*），這是編譯器可求值的運算式，所以只能包含字面值，const 變數的初值。而且所使用的任何字面值必須是整數型態或字元型態。

範例中的 default 標籤為**預設的** *case*（*default case*），這是總括其他所有的情況，若選擇運算式沒有對應到任何 case 值，則會執行此 case 之後的敘述。不一定要指定預設 case，若無預設 case 而且未選到 case 值，則 switch 不做事。

在每組敘述之後的 break 在邏輯上是絕對必要的。在執行 case 敘述後它會跳出 switch，並繼續執行 switch 右大括號之後的敘述。若省略了 case 中的 break 敘述，則會執行所有 case 之後的敘述。注意，在最後一個 case（通常是預設 case）不需要 break，因為通常執行了此 case 敘述後就離開了 switch，但是多加 break 並無害。

我們以下面的範例說明 switch 敘述：

```cpp
// Ex4_07.cpp
// Using the switch statement
#include <iostream>

int main()
```

```
{
  int choice {};                    // Stores selection value

  std::cout << "Your electronic recipe book is at your service.\n"
           << "You can choose from the following delicious dishes:\n"
           << "1 Boiled eggs\n"
           << "2 Fried eggs\n"
           << "3 Scrambled eggs\n"
           << "4 Coddled eggs\n\n"
           << "Enter your selection number: ";
  std::cin >> choice;

  switch (choice)
  {
  case 1:
    std::cout << "Boil some eggs." << std::endl;
    break;
  case 2:
    std::cout << "Fry some eggs." << std::endl;
    break;
  case 3:
    std::cout << "Scramble some eggs." << std::endl;
    break;
  case 4:
    std::cout << "Coddle some eggs." << std::endl;
    break;
  default:
    std::cout << "You entered a wrong number - try raw eggs." << std::endl;
  }
}
```

在輸出敘述中說明了選項,並讀入選擇值至變數 choice 後,立即執行關鍵字 switch 之後的選擇運算式,即括號中的 choice。switch 可能的選項用大括號包住,且每一個都有 case 標籤。若 choice 之值對應到 case 值,則執行此 case 之後的敘述。

若 choice 值沒有對應到任何給定的 case 值,則會執行 default 標籤後的敘述。若沒有包含 default 標籤,而且 choice 值與所有的 case 值不同時,switch 將不會作任何事情,程式會繼續執行 switch 之後的下一個敘述──執行 return 0;因為 main() 已經結束了。

此範例的每一個 case 只有一行敘述和 break 敘述,一般而言,每個 case 標籤之後的敘述數目不限,且不需要大括號。

前面說過每個 case 值必須是編譯期常數而且是唯一的。原因是當有兩個相同的
case 值時，若出現此特殊值，則編譯器不知道該執行哪些敘述。但是不同 case
值的作用不一定是唯一。數個 case 值可共享相同的動作，如下面的範例所示：

```cpp
// Ex4_08.cpp
// Multiple case actions
#include <iostream>
#include <cctype>

int main()
{
  char letter {};
  std::cout << "Enter a letter: ";
  std::cin >> letter;

  if (std::isalpha(letter))
  {
    switch (std::tolower(letter))
    {
    case 'a': case 'e': case 'i': case 'o': case 'u':
      std::cout << "You entered a vowel." << std::endl;
      break;
    default:
      std::cout << "You entered a consonant." << std::endl;
      break;
    }
  }
  else
  {
    std::cout << "You did not enter a letter." << std::endl;
  }
}
```

此程式的輸出為：

```
Enter a letter: E
You entered a vowel.
```

if 條件首先使用標準函式庫中的 std::isalpha() 分類函數，檢查你確實有一個
英文字母，而不是其他字元。如果參數是字母，回傳的整數將是非零值，並且
將轉換為 true，這將導致執行 switch。switch 條件使用標準函式庫字元轉換
函數 tolower() 將值轉換為小寫，並使用結果選擇 case。轉換為小寫避免了需
要有大寫和小寫字母的 case 標籤。所有識別母音的情況都會導致執行相同的敘

述。你可以看到，可以在一系列中撰寫每個 case，然後選擇任何這些 case 中的敘述。否則會執行 default 標籤，顯示告知輸入字元為子音。

若 isalpha() 的回傳值為 0，則不執行 switch 敘述，而執行 else 輸出訊息指出輸入字元不是字母。

在 Ex4_08.cpp 中，我們用單一行將母音帶入 case 標籤，還可以在 case 標籤之間加入換行（或任何形式的空格）。下面有一個例子：

```
switch (std::tolower(letter))
{
  case 'a':
  case 'e':
  case 'i':
  case 'o':
  case 'u':
    std::cout << "You entered a vowel." << std::endl;
    break;
...
```

break 敘述不是將控制從 switch 敘述中移出的唯一方法。如果 case 標籤後面的程式碼包含 return 敘述，那麼控制不僅立即退出 switch 敘述，還會退出它周圍的函數。因此，原則上，我們可以重寫 Ex4_08 中的 switch 敘述如下：

```
switch (std::tolower(letter))
  {
  case 'a': case 'e': case 'i': case 'o': case 'u':
    std::cout << "You entered a vowel." << std::endl;
    return 0;                        // Ends the program
  }

  // We did not exit main() in the above switch, so letter is not a vowel:
  std::cout << "You entered a consonant." << std::endl;
```

對於這個特定的變形，我們會再次說明預設情況是可有可無的。如果輸入一個母音字母，輸出將反映這一點，switch 敘述中的 return 敘述將終止程式。注意，在 return 敘述之後，你不應該再放入 break 敘述。如果輸入子音，switch 敘述什麼也不做。這些情況都不適用，也沒有預設情況。因此，在你輸入了子音的敘述和輸出之後，執行繼續進行——記住，如果你輸入了母音字母，程式就會因為 return 敘述而終止。

這個變形的程式碼可用 Ex4_08A。我們建立它是為了展示一些要點，但並不是因為它一定反映了良好的程式設計風格。在沒有任何一種 case 執行 return 之後，建議在 switch 敘述之後使用 default。

下通

在每組 case 敘述結尾的 break 敘述，將執行轉移到 switch 之後的敘述。你可以透過將 break 敘述從前面範例 Ex4_07 或 Ex4_08 的 switch 敘述中刪除，並查看發生了什麼，來說明 break 敘述的本質。你會發現 case 標籤下面的程式碼直接跟在 case 後面，沒有 break 敘述，然後也會被執行。這種現象被稱為下通（*fallthrough*），因為在某種程度上我們"掉進"了下一個案例。

一般而言，缺少 break 敘述表示疏忽，因此是個錯誤。要說明這點，回來看到前面的範例——樂透：

```
switch (ticket_number)
{
case 147:
  std::cout << "You win first prize!" << std::endl;
case 387:
  std::cout << "You win second prize!" << std::endl;
  break;
case 29:
  std::cout << "You win third prize!" << std::endl;
  break;
default:
  std::cout << "Sorry, you lose." << std::endl;
  break;
}
```

可以注意到，這一次我們"意外地"在第一個 case 之後省略了 break 敘述。如果現在於 ticket_number 等於 147 的情況下執行這個 switch 敘述，則輸出如下：

```
You win first prize!
You win second prize!
```

因為 ticket_number 等於 147，switch 敘述跳到相對應的 case，你會獲得第一獎。但是因為沒有 break 敘述，繼續執行下一個 case 標籤下的程式碼，你也獲得了第二獎！很明顯，這種 break 的省略一定是偶然的疏忽。實際上，因為 fallthrough 常常會發出錯誤信號，所以如果非空 case 後面，沒有出現 break

或 return 敘述，許多編譯器都會發出警告。空 case，例如 Ex4_08（檢查母音）中使用的空 case，很常見，不需要編譯器發出警告。

然而，下通並不總是意味著犯錯。有時，故意撰寫使用下通的 switch 敘述非常有用。假設在我們的樂透中，多個數字中了第二獎和第三獎（分別是兩名和三名），其中一個數字中了第三獎獲得了特別獎金。然後我們可以這樣寫邏輯：

```cpp
switch (ticket_number)
{
case 147:
  std::cout << "You win first prize!" << std::endl;
  break;
case 387:
case 123:
  std::cout << "You win second prize!" << std::endl;
  break;
case 929:
  std::cout << "You win a special bonus prize!" << std::endl;
case 29:
case 78:
  std::cout << "You win third prize!" << std::endl;
  break;
default:
  std::cout << "Sorry, you lose." << std::endl;
  break;
}
```

這個想法是如果你的 ticket_number 等於 929，結果應該是這樣的：

```
You win a special bonus prize!
You win third prize!
```

如果你的號碼是 29 或 78，你只會獲得三等獎。對於這些非典型情況（雙關語）的一個小麻煩是，編譯器可能會發出失敗警告，即使你知道這一次不是錯誤。當然，作為一個有自尊心的程式設計師，需要在不發出警告的情況下編譯所有的程式。你可以重寫程式碼，複製敘述，輸出你得了第三獎。但是一般而言，你也應該避免重複。那麼，該怎麼辦呢？

幸運的是，C++17 增加了一個新的語言特性，可以向編譯器和正在閱讀你有意使用下通的程式碼的人發出訊號：你可以在原來 break 敘述的地方加入 [[fallthrough]] 敘述：

```
switch (ticket_number)
{
...
case 929:
  std::cout << "You win a special bonus prize!" << std::endl;
  [[fallthrough]];
case 29:
case 78:
  std::cout << "You win third prize!" << std::endl;
  break;
...
}
```

對於空的 case，例如數字 29 的情況，是允許使用 [[fallthrough]] 敘述的，但不是必需。編譯器已經沒有為此發出警告。

決策敘述區塊和變數範疇

switch 敘述一般有自己的區塊，位於包住 case 敘述的大括號之間。if 敘述也常常用大括號包住條件為 true 時，要執行的敘述，else 部分可能也有大括號。你需要了解的是，這些敘述區塊在定義變數範疇上，和其他區塊是沒有區別的。在區塊中宣告的變數於區塊結束時就不存在，所以在區塊外就不能參考之。

例如，考慮下面相當隨意的計算：

```
if (value > 0)
{
  int savit {value - 1};   // This only exists in this block
  value += 10;
}
else
{
  int savit {value + 1};   // This only exists in this block
  value -= 10;
}
std::cout << savit;        // This will not compile! savit does not exist
```

最後的輸出會導致錯誤訊息，因為此時並未定義變數 savit，在區塊中定義的所有變數只可用在區塊中，所以若你要在定義資料的區塊外存取資料，則你必須將儲存資料的變數宣告於區塊之外。

注意，在 switch 敘述區塊中的宣告，必須在整個執行中可到達（reachable），而且不可略過（bypass）。下面的程式碼說明在 switch 中如何會產生不合法的宣告：

```cpp
int test {3};
switch (test)
{
  int i {1};                  // ILLEGAL - cannot be reached

case 1:
  int j {2};                  // ILLEGAL - can be reached but can be bypassed
  std::cout << test + j << std::endl;
  break;

  int k {3};                  // ILLEGAL - cannot be reached

case 3:
{
  int m {4};                  // OK - can be reached and cannot be bypassed
  std::cout << test + m << std::endl;
  break;
}

default:
  int n {5};                  // OK - can be reached and cannot be bypassed
  std::cout << test + n << std::endl;
  break;
}
std::cout << j << std::endl;    // ILLEGAL - j doesn't exist here
std::cout << n << std::endl;    // ILLEGAL - n doesn't exist here
```

在這個 switch 敘述中，只有兩個變數定義是合法的：m 和 n 的變數定義。要使一個定義合法，首先必須能夠達到它，從而在正常的執行過程中執行。很明顯，這不是 i 和 k 的變數。第二，它必須在執行期間，不可能進入一個變數的範疇而略過它的定義，這種情況為變數 j。如果執行跳到標籤 3 或 default 下，它進入範疇的變數定義，而略過它的實際定義。這是非法的。然而，變數 m 從它的宣告到封閉區塊的結尾只是 "在範疇內"，因此不能繞過這個宣告。變數 n 的宣告不能被略過，因為在 default 之後沒有 case。注意，不是因為它涉及 default，即 n 的宣告是合法的；如果在 default 之後還有其他 case，那麼宣告 n 也是不合法的。

初始化敘述

看到下面的程式碼片段：

```
auto lower{ static_cast<char>(std::tolower(input)) };
if (lower >= 'a' && lower <= 'z') {
  std::cout << "You've entered the letter '" << lower << '\'' << std::endl;
}
// ... more code that does not use lower
```

我們將一些 input 字元，轉換為小寫字元 lower，並首先使用結果檢查輸入是否為字母，如果是，則產生一些輸出。為了便於說明，請忽略這樣一個事實，即我們可以——甚至應該——在這裡使用可攜性的 std::isalpha() 函數，在這一章已經學過了。我們想用這個例子說明的關鍵點是，lower 變數只被 if 敘述使用，而不被程式碼片段後面的任何程式碼使用。一般來說，將變數的範圍限制在使用變數的區域內，被認為是一種很好的程式設計風格，即使這意味著加上一個額外的範圍如下：

```
{
  auto lower{ static_cast<char>(std::tolower(input)) };
  if (lower >= 'a' && lower <= 'z') {
    std::cout << "You've entered the letter '" << lower << '\'' << std::endl;
  }
}
// ... more code (lower does not exist here)
```

結果是，對於程式碼的其他部分來說，就好像變數 lower 從未存在過一樣。這樣的模式引入了額外的作用域（和縮排），將區域變數綁定到相對常見的 if 敘述。它們很常見，以致於 C++17 為它引入了一種新的、專門的語法。一般語法如下：

```
if (initialization; condition) ...
```

附加的*初始化敘述*是在計算 condition 運算式之前執行的，通常是 if 敘述的布林運算式。主要使用這種初始化敘述，來宣告 if 敘述的區域變數。有了這個例子，前面的例子就變成了：

```
if (auto lower{ static_cast<char>(std::tolower(input)) }; lower >= 'a' && lower <= 'z') {
  std::cout << "You've entered the letter '" << lower << '\'' << std::endl;
}
// ... more code (lower does not exist here)
```

在初始化敘述中宣告的變數，既可以在 if 敘述的條件運算式中使用，也可以在

if 敘述之後的敘述或區塊中使用。對於 if-else 敘述,也可以在 else 後面的敘述或區塊中使用它們。但是對於 if 或 if-else 敘述之後的任何程式碼,這些變數似乎都不存在。

為了完整起見,C++17 為 switch 敘述加入了類似的語法:

```
switch (initialization; condition) { ... }
```

▌**注意** 在撰寫本文時,這些擴展的 if 和 switch 敘述仍然是新的,在 C++ 開發人員中還不是很熟悉。使用不熟悉的語法可能會妨礙程式碼的可讀性。因此,如果你在一個團隊中工作,最好與你的同事確認是否在程式碼中使用它。但是,另一方面,如果沒有像你這樣受過良好教育的潮流引領者,新語法怎麼能獲得任何關注呢?

▌摘要

我們在程式中加入了作決策的能力,以及了解 C++ 的所有決策敘述如何運作。你已學得之決策基本要素為:

- ◆ 可用比較運算子比較兩個值。比較結果為 bool 型態,其值為 true 或 false。
- ◆ 可將 bool 值轉型為整數型態──true 轉型成 1,而 false 轉型成 0。
- ◆ 數字值可轉型成 bool 型態──0 轉型成 false,而非 0 值轉型成 true。
- ◆ if 敘述可執行一個敘述或敘述區塊,將視條件運算式之值而定。若條件值為 true 則執行敘述或區塊;若 if 條件為 false,則不執行。
- ◆ if-else 敘述在條件為 true 時執行一個敘述或敘述區塊,在條件為 false 時執行另一個敘述或敘述區塊。
- ◆ if 和 if-else 敘述均可巢狀。
- ◆ 邏輯運算子 &&、||、和 ! 用於連接更複雜的邏輯運算式。這些運算子的參數必須是布林值或可轉換為布林值的值(例如整數值)。
- ◆ 條件運算子根據運算式值從兩個值中作選擇。
- ◆ switch 敘述是視其整數運算式值,而在一組固定的選項中作選擇的方法。

習題

4.1 撰寫一程式提示使用者輸入兩個整數，然後利用 if-else 敘述輸出一條訊息，說明這些整數是否相同。

4.2 撰寫一程式提示使用者輸入兩個整數。這一次，拒絕任何負數或零。接下來，檢查其中一個（正整數）數字是否為另一個數字的精確倍數。例如，63 是 1、3、7、9、21 或 63 的倍數。請注意，應該允許使用者以任何順序輸入數字。也就是說，使用者是先輸入最大的數字，還是輸入較小的數字並不重要；兩者都應該能正確執行！

4.3 撰寫一程式，要求使用者輸入介於 1 至 100 之間的整數。利用巢狀 if 檢查此整數是否在範圍內。若在範圍內，判斷此整數大於、小於或等於 50。

4.4 在本章的某個地方，我們說過，我們會尋找 “大於 21 歲但小於 35 歲，具有大學學歷的未婚女性，而且會說印地語或烏都語” 的人。撰寫一個程式，提示使用者輸入這些條件，然後輸出他們是否符合這些非常具體的要求。為此，你應該定義一個整數變數 age、字元變數 gender（男性為 'm'、女性為 'f'）、列舉型態變數 AcademicDegree（可能的值：none、associate、bachelor、professional、master、doctor）和三個布林變數：married、speaksHindi 和 speaksUrdu。模擬一個簡單的線上工作面試，並詢問面試者關於所有這些變數的輸入。當然，輸入無效值的人不符合條件，應該儘早排除（即在輸入無效值之後立即排除；遺憾的是，在標準 C++ 中，不可能在輸入無效值之前預先排除它們）。

4.5 在 Ex4_06.cpp 的 main() 函數結尾加入一些程式碼以印出其他訊息。如果你有一隻老鼠，則輸出格式為 “It is a brown/white mouse.”。若有多隻老鼠，請撰寫一個語法正確的格式 “Of these mice, N is a/are brown mouse/mice.”。若沒有老鼠，不需印出新訊息。請使用條件運算子及 if-else 組合完成。

4.6 撰寫一個程式，僅使用條件運算子來判斷，如果輸入的整數的值為 20 或以下，大於 20 但不大於 30，大於 30 但不超過 100，或大於 100。

4.7 實作一個提示使用者輸入字母的程式。使用函式庫函數確定字母是否為母音字母，是否為小寫字母，並輸出結果。最後輸出小寫字母及其字元編碼的二進位值。

▌提示 即使從 C++14 開始，C++ 也支持二進位整數（形式為 0b11001010；參閱第 2 章），C++ 標準輸出函數和串流不支持以二進位格式輸出整數值。它們主要支持十六進位和八進位格式──例如，你可以使用 <ios> 中定義的 std::hex 和 std::oct 輸出調整器。但是要輸出二進位格式的字元，你必須自己撰寫一些程式碼。不過這應該不會太難：一個 char 通常只有 8 位元，記得嗎？你可以一個一個地串流這些位元。也許這些二進位整數字面值是有幫助的。

4.8 撰寫一程式，提示使用者輸入介於 $0 和 $10 之間的金額（可有小數）。決定需要幾個二角五分（25c，quarter），角（10c，dime），五分（5c，nickel）和分（penny）才可組成此金額，並將結果輸出至螢幕上。此外，輸出訊息要符合文法規則。（例如，若你需要 1 角，則輸出應為 "1 dime" 而不能是 "1 dimes"）

05

陣列和迴圈

陣列（array）允許你使用一個名稱（陣列名稱）來處理數個相同型態的資料項。這樣的需求很常見——例如，一連串的溫度、一群人的年齡。迴圈（loop）是程式設計的另一個基本概念，它提供一種方法使你可以重複一個或多個敘述任意次。你可以用一個迴圈處理所有重複性的工作，而且對大部分程式，迴圈是很基本的。例如，利用電腦計算員工的薪資，使用迴圈才是實際的辦法。有多種迴圈型式，每一種用於不同特定的應用領域。

在本章中，你可以學到以下各項：

- 何謂陣列以及如何建立陣列
- 如何使用 for 迴圈
- while 迴圈如何運作
- do-while 迴圈的好處
- 在迴圈中 break 和 continue 敘述的功能
- 在迴圈中 continue 敘述的功能
- 如何使用巢狀迴圈
- 如何建立以及使用陣列容器
- 如何建立以及使用向量容器

陣列

我們已經了解如何宣告並初值化基本型態的變數。每個變數可以儲存特定型態的單一資料項——我們可以有儲存整數的變數，或是儲存字元的變數等等。陣列（array）可儲存相同型態的數個資料項，可以是整數陣列，或是字元陣列——事實上是任何資料型態的陣列。

陣列的使用

陣列表示一系列記憶體位置的變數，每個可儲存相同型態的一項資料。例如，你已撰寫一程式計算平均溫度。現在要擴展程式用以計算有多少個樣本高於平均溫度，有多少個樣本低於平均溫度。你將需要保留原來樣本的資料。但儲存每一筆資料於獨立的變數，程式碼將會很嚕嗦且很不實際。利用陣列來處理會很容易的。你可將 366 個溫度取樣儲存在宣告如下的陣列中：

```
double temperatures[366];              // Define an array of 366 temperatures
```

此敘述宣告 double 型態的陣列，其名稱為 temperatures，而且有 366 個元素（element），這意思是此陣列佔了 366 個記憶體位置，每個位置可以用來儲存 double 型態的值。括號中指定的元素個數稱為陣列的**大小**（size）。陣列的元素在此敘述還未初值化，因此它們包含垃圾值。

陣列的大小必須用**常數整數運算式**（constant integer expression）設定，編譯器在編譯時可以計算的任何整數運算式都可以使用，不過通常是一個整數字面值或一個使用字面值初值化的常數整數變數。

參考陣列中的個別項目是用一般稱為**索引**（index）的整數。一個項目的索引是它與陣列第一個元素的距離（offset）。第一個元素的距離為 0，因此其索引為 0；所以索引值為 3 的元素是指陣列的第四個元素——從第一個元素後的三個元素。要參考元素將其索引放在陣列名稱之後的中括號內，因此要設定陣列 **temperatures** 的第 4 個元素為 99.0 的敘述是：

```
temperatures[3] = 99.0;                // Set the fourth array element to 99
```

雖然由 366 個元素組成的陣列，對陣列的需求做了最好的展示——想像一下必須定義 366 個不同的變數——但是使用許多元素建立圖形會有些麻煩。因此，讓我們看看另一個陣列：

```
unsigned int height[6];                // Define an array of six heights
```

此宣告的結果是編譯器會配置 6 個連續的儲存位置給 unsigned int 型態的值（因此這敘述亦是一個定義）。陣列 height 的每個元素含有不同的值。因為 height 的定義沒有為陣列設定初值，因此 6 個元素會包含垃圾值（就像定義沒有初值的 unsigned int 型態變數）。我們可以這樣定義陣列：

```
unsigned int height[6] {26, 37, 47, 55, 62, 75}; //Define & initialize array of 6 heights
```

大括號初始設定項包含以逗號分隔的六個值。這些可能是一個家庭成員的高度，記錄到最近的英吋。每個陣列元素將按順序從列表中分配一個初始值，因此元素將具有圖 5-1 中所示的值。圖中的每個框表示各個陣列元素的儲存位置。因為有 6 個元素，索引值從 0 至 5。因此，可以使用上面的運算式參考每個元素。

height [0]	height [1]	height [2]	height [3]	height [4]	height [5]
26	37	47	55	62	75

▲ 圖 5-1 有 6 個元素的陣列

▌附註 陣列的型態會決定儲存每個元素所需的記憶體數量。陣列的所有元素都儲存在一塊連續的記憶體區塊中。若你的電腦上 int 型態的值需要 4 個位元組，則陣列會佔用 24 個位元組。

初始器的值不能多於陣列中的元素；否則，敘述將無法編譯。但是，列表中的值可能更少，在這種情況下，沒有提供初始值的元素將被初始為 0（bool 元素陣列為 false）。這裡有一個例子：

```
unsigned int height[6] {26, 37, 47};        // Element values: 26 37 47 0 0 0
```

前三個元素的值將出現在陣列中。最後三個是 0。要用 0 初始所有元素，你可以使用一個空的初始器：

```
unsigned int height[6] {};                  // All elements 0
```

要定義無法修改的值陣列，只需將關鍵字 const 加到其型態。下面定義了一個由 6 個 unsigned int 常數組成的陣列：

```
const unsigned int height[6] {26, 37, 47, 55, 62, 75};
```

對這六個陣列元素之一的任何修改（無論是設定、遞增還是其他修改）都將被編譯器阻止。

陣列元素像其他變數一樣參與算術運算式。可以這樣對 height 的前三個元素求和：

```
unsigned int sum {};
sum = height[0] + height[1] + height[2];    // The sum of three elements
```

使用對個別陣列元素的參考，有如運算式中的普通整數變數。如前所述，陣列元素可以位於指定的左側，以設置新值，因此可以在設定中將一個元素的值複製到另一個元素，如下所示：

```
height[3] = height[2];              // Copy 3rd element value to 4th element
```

但是，不能在設定中將*所有*元素值，從一個陣列複製到另一個陣列的元素。你只能對個別元素進行運算。要將一個陣列的值複製到另一個陣列，必須一次複製一個值。此時你需要的是一個迴圈。

迴圈

迴圈是一種架構，其可以重複執行相同的敘述，直到符合特定的條件為止。構成迴圈的兩個基本元素，重複執行的敘述或敘述區塊組成所謂的迴圈主體，以及決定何時停止迴圈的某個迴圈條件。迴圈主體的單次執行稱為迭代（*iteration*）。

迴圈條件有數種形式，因此可提供不同的方法控制迴圈。例如，你可能需要：

+ 執行已知次數的迴圈
+ 執行迴圈直到已知值超過另一個值
+ 執行迴圈直到從鍵盤輸入特定的字元
+ 執行迴圈對集合中的每個元素

可以根據環境選擇迴圈條件，有以下幾種迴圈：

+ for 迴圈主要用在執行已知次數的迴圈，但是也可用在其他方面。
+ **基於範圍的** for 迴圈，對元素集合中的每個元素執行一次迭代。
+ 只要指定的條件為 true，while 迴圈就會繼續執行。在迭代開始時檢查條件，因此若條件為 false，則不執行迴圈。
+ 只要指定的條件為 true，do-while 迴圈就會繼續執行。與 while 迴圈不同的是，do-while 迴圈在迭代結束時檢查條件，因此至少會執行一次迭代。

首先，我們先討論 for 迴圈。

for 迴圈

for 迴圈執行預先決定次數的單一敘述或區塊敘述,但你也可以使用其他的方式。for 迴圈是在關鍵字 for 後加上小括號,在小括號裡有三個運算式,運算式之間以分號隔開。如圖 5-2 所示:

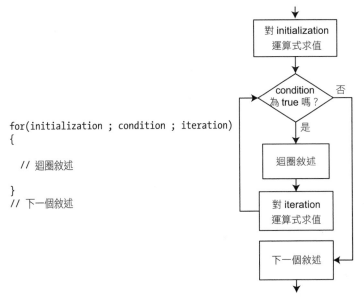

```
for(initialization ; condition ; iteration)
{
    // 迴圈敘述

}
// 下一個敘述
```

▲ 圖 5-2 for 迴圈的邏輯

可以省略控制 for 迴圈的任何或所有運算式,但必須包含分號。我們會在本章後面解釋為什麼和什麼時候可以省略一個或其他的控制運算式。initialization 運算式只在迴圈開始時求值一次。接下來檢查迴圈的 condition,如果為 true,則執行迴圈敘述或敘述區塊。如果 condition 為 false,迴圈將會結束,迴圈結束後敘述繼續執行。每次執行迴圈敘述或區塊之後,將計算 iteration 運算式,並檢查 condition 以決定是否應該繼續迴圈。

在 for 迴圈的一般應用上,第一個運算式是用來初值計數器,第二個運算式是用來檢查計數器是否達到給予的界限,第三個運算式是用來遞增計數器。例如,我們可以像這樣將元素從一個陣列複製到另一個陣列:

```
double rainfall[12] {1.1, 2.8, 3.4, 3.7, 2.1, 2.3, 1.8, 0.0, 0.3, 0.9, 0.7, 0.5};
double copy[12] {};
```

```
for (size_t i {}; i < 12; ++i) // i varies from 0 to 11
{
  copy[i] = rainfall[i];       // Copy ith element of rainfall to ith element of copy
}
```

第一個運算式將 i 定義為初始值為 0 的型態 size_t。你可能記得 size_t 型態來自於 sizeof 運算子回傳的值。它是一種無號整數型態，通常用於大小和計數。因為 i 用於陣列的索引，所以使用 size_t 是有意義的。第二個運算式，迴圈條件，只要 i 小於 12 就為 true，所以當 i 小於 12，迴圈就會繼續。當達到 12 時，運算式將為 false，因此迴圈結束。第三個運算式在每個迴圈迭代的結尾遞增 i，因此將第 i 個元素從 rainfall 複製到 copy 的迴圈區塊，i 的值會從 0 執行到 11。

▌附註　size_t 不是一個內建的基本型態的名稱，例如 int、long 或 double；它是標準函式庫定義的型態別名。更具體地說，它是無號整數型態之一的別名，大到足以包含編譯器支援的任何型態（包括任何陣列）的大小。別名在 cstddef 標頭中定義，還有在許多其他的標頭。實務上，你通常不需要明確地載入（使用 #include）任何這些標頭，來使用 size_t 別名；別名通常透過包含其他更高層次的標頭（例如我們的大多數範例使用的 iostream 標頭）來間接定義。

▌注意　並沒有檢查陣列索引值來驗證它們是否有效。由你決定是否參考陣列邊界之外的元素。若使用陣列有效範圍之外的索引值儲存資料，會無意中覆蓋在記憶體中的東西，或導致所謂分段錯誤（*segmentation fault*）或存取權限衝突（*access violation*）（這兩個術語都是同義詞，表示作業系統在檢測到未經授權的記憶體存取時引發的錯誤）。不管怎樣，程式幾乎肯定會變得棘手。

與往常一樣，編譯器會忽略 for 敘述中的所有空格。若迴圈的主體只包含一個敘述，大括號也是可有可無的。所以，可以這樣格式化 for 迴圈：

```
for( size_t i {} ; i<12 ; ++i ) // i varies from 0 to 11
  copy[i] = rainfall[i];        // Copy ith element of rainfall to ith element of copy
```

在本書中，我們會按照慣例在 for 關鍵字之後，放一個空格（區分迴圈和函數呼叫），在兩個分號之前不要放置空格（與任何其他敘述一樣），甚至對單一敘述的迴圈結構會使用大括號（讓迴圈的主體更具可讀性）。當然，你可以自由地遵循你喜歡的任何程式設計風格。

在 for 迴圈初始運算式中定義變數（如 i）不僅合法，而且很常見。這有一些重要的含義。迴圈定義了一個範疇。迴圈敘述或區塊，包括控制迴圈的任何運算式，都屬於迴圈的範疇。在迴圈範疇內宣告的任何自動變數，在它之外都不存在。因為 i 是在第一個運算式中定義的，它屬於迴圈的範疇，所以當迴圈結束時，i 將不再存在。當需要能夠在迴圈結束後，存取迴圈控制變數時，則需在迴圈之前定義它，如下所示：

```
size_t i {};
for (i = 0; i < 12; ++i)      // i varies from 0 to 11
{
  copy[i] = rainfall[i];      // Copy ith element of rainfall to ith element of copy
}
// i still exists here...
```

現在可於迴圈之後取得 i 之值，因為它宣告在迴圈的範疇之外，在這種情況下它的值是 12。i 在其定義中初始為 0，因此第一個迴圈控制運算式是多餘的。你可以省略任何或所有的迴圈控制運算式，因此迴圈可以這樣寫：

```
size_t i {};
for ( ; i < 12; ++i)          // i varies from 0 to 11
{
  copy[i] = rainfall[i];      // Copy ith element of rainfall to ith element of copy
}
```

迴圈與以前一樣運作。我們在本章稍後會討論忽略其他控制運算式。

▌ **附註**　在上一章的結尾，提到 C++17 導入了新的語法，用於 if 和 switch 敘述的初始化敘述。這些初始化敘述是在 for 迴圈之後建模的，因此完全類似於 for 迴圈。唯一的區別是，對於 for 迴圈，在放棄初始化敘述時，不能省略第一個分號。

▌ 避免神秘數字

上一節中程式碼片段的一個小問題是，它們涉及陣列大小的 "神秘數字" 12。假設它們發明了第 13 個月──Undecimber──你必須為那個月加入降雨值。那麼，在增加了 rainfall 陣列的大小之後，忘記更新 for 迴圈中的 12。這就是錯誤如何發生的！

更安全的解決方案是為陣列大小定義一個 const 變數並使用它，而不是使用明確的數值：

```cpp
const size_t size {12};
double rainfall[size] {1.1, 2.8, 3.4, 3.7, 2.1, 2.3, 1.8, 0.0, 0.3, 0.9, 0.7, 0.5};
double copy[size] {};
for (size_t i {}; i < size; ++i)   // i varies from 0 to size-1
{
  copy[i] = rainfall[i];        // Copy ith element of rainfall to ith element of copy
}
```

這更不容易出錯，而且很明顯 size 兩個陣列中元素的數量。

▌ **提示**　如果相同的常數分散在你的程式碼中，很容易忘記更新其中一些常數而發生錯誤。因此只定義一次神秘數字，或者任何常數變數。如果需要改變常數，只需要在一個地方改變即可。

讓我們在完整的範例中使用 for 迴圈：

```cpp
// Ex5_01.cpp
// Using a for loop with an array
#include <iostream>

int main()
{
  const unsigned size {6};                      // Array size
  unsigned height[size] {26, 37, 47, 55, 62, 75};  // An array of heights

  unsigned total {};                            // Sum of heights
  for (size_t i {}; i < size; ++i)
  {
    total += height[i];
  }

  const unsigned average {total/size};          // Calculate average height
  std::cout << "The average height is " << average << std::endl;

  unsigned count {};
  for (size_t i {}; i < size; ++i)
  {
    if (height[i] < average) ++count;
  }
  std::cout << count << " people are below average height." << std::endl;
}
```

輸出如下：

```
The average height is 50
3 people are below average height.
```

height 陣列的定義使用 const 變數來指定元素的數量。size 變數也用作兩個 for 迴圈中的控制變數的界限。第一個 for 迴圈依次迭代每個 height 元素，將其值加到 total。當迴圈變數 i 等於 size 時，迴圈結束，並繼續執行迴圈後的敘述，該敘述定義了初始值為 total 除以 size 的 average 變數。

輸出 average 後，第二個 for 迴圈迭代陣列中的元素，將每個值與 average 進行比較。每次元素小於 average 時，count 變數都會遞增，因此當迴圈結束時，count 將包含小於 average 的元素數量。

順便說一句，可以用以下敘述替換迴圈中的 if 敘述：

```
count += height[i] < average;
```

這是有效的，因為比較產生的 bool 值將轉換為整數。true 轉換為 1，false 轉換為 0，因此，只有在比較結果為 true 時，計數才會增加。然而，雖然這個新程式碼很聰明，也很有趣，但是需要解釋它的麻煩程度，應該足以讓你堅持使用最初的 if 敘述。大家總是喜歡讀起來（幾乎）像簡單英語的程式碼，而不是聰明的程式碼 1。

以大括號的初始器定義陣列大小

在陣列宣告中有另一件可以省略的事是陣列的大小，但前提是要提供初始值，此時陣列的元素個數，會與初始值的個數相同。例如陣列宣告：

```
int values[] {2, 3, 4};
```

定義三個元素的陣列，其初值分別是 2、3 和 4。此敘述等於：

---

1 在不深入細節的情況下，如 count += height[i] < average; 有時是由 "聰明的" C++ 程式設計師產生的，因為他們認為 if (height[i] < average) ++count; 的執行速度會比原始條件敘述快（因為後者包含一個所謂的分支敘述）。事實上，任何編譯器都會以類似的方式重寫這段程式碼。我們的建議是，最好將聰明之處留給編譯器；首先，你的工作應該是產生正確且清晰可讀的程式碼。

```
int values[3] {2, 3, 4};
```

第一個形式的優點是陣列的大小不會出錯，因為是由編譯器為你決定。

計算陣列的元素個數

稍早我們看過定義常數作為陣列的大小，以避免陣列的元素個數變成神秘數字。當然若讓編譯器從大括號初始器決定元素個數時，就不必如此了。在必要時，你需要一種萬無一失的方法來確定陣列的大小。

如果你的實作支援它，最簡單和推薦的方法，是使用標準函式庫的陣列標頭提供的 std::size() 函數 2。假設陣列的宣告如下：

```
int values[] {2, 3, 5, 7, 11, 13, 17, 19, 23, 29};
```

可以使用運算式 std::size（values）來獲得陣列的大小 10。

▌**附註** std::size() 函數的作用不僅僅是陣列；你還可以使用它作為另一種方法，來獲得標準函式庫定義的任何元素集合的大小，包括 std::vector<> 和 std::array<> 容器，我們會在本章後面介紹。

在撰寫本文時，便利的 std::size() 輔助函數仍然很新；它被加到 C++17 標準函式庫中。在此之前，經常使用基於 sizeof 運算子的不同技術。從第 2 章可以看出，sizeof 運算子回傳變數佔用的位元組數。這適用於整個陣列以及個別的陣列元素。因此，sizeof 運算子提供了一種確定陣列中元素數量的方法；只需將陣列大小除以個別元素的大小。讓我們試試這兩個方式：

```
// Ex5_02.cpp
// Obtaining the number of array elements
#include <iostream>
#include <array> // for std::size()

int main()
```

2　從技術上來說，**std::size()** 主要是在 iterator 標頭中定義的。但是因為它是這樣一個常用的實用工具，所以當載入 **array** 標頭（以及其他幾個標頭）時，標準函式庫也保證它是有效的。由於你將主要對陣列使用 **std::size()**，因此我們認為載入 **array** 標頭檔，比載入 iterator 標頭檔更容易記住。

```
{
  int values[] {2, 3, 5, 7, 11, 13, 17, 19, 23, 29};

  std::cout << "There are " << sizeof(values) / sizeof(values[0])
            << " elements in the array." << std::endl;

  int sum {};
  for (size_t i {}; i < std::size(values); ++i)
  {
    sum += values[i];
  }
  std::cout << "The sum of the array elements is " << sum << std::endl;
}
```

此範例產生的輸出為：

```
There are 10 elements in the array.
The sum of the array elements is 129
```

values 陣列中的元素數量，由編譯器從定義中的初值數量決定。第一個輸出敘述使用 sizeof 運算子，來計算陣列元素的數量。運算式 sizeof（values）會算出整個陣列佔用的位元組數，換言之，運算式 sizeof（values[0]）可算出個別元素佔用的位元組數——此例是第一個元素。因此運算式 sizeof（values）/ sizeof（values[0]）可求出陣列個數。

在 for 迴圈中，我們使用 std::size() 來控制迭代次數。與舊的基於 sizeof 的運算式相比，std::size() 更易於使用和理解。因此，如果可能的話，你應該使用 std::size()。

for 迴圈本身決定陣列元素的和。沒有一個控制運算式必須是特定的形式。你已經看到可以省略第一個控制運算式。在此例的 for 迴圈中，可以在第三個迴圈控制運算式中累積元素的總和。迴圈將變成：

```
int sum {};
for (size_t i {}; i < std::size(values); sum += values[i++]);
```

第三個迴圈控制運算式現在做兩件事：它在索引 i 處元素的值加到 sum，然後遞增控制變數 i。請注意，較早的 i 使用前置 ++ 運算子遞增，而現在使用後置 ++ 運算子遞增。這是必要的，以確保在 i 遞增之前，將 i 索引的元素加到 sum。如果使用前置的形式，會得到錯誤的元素總和；還會使用一個無效的索引值來存取陣列結尾以外的記憶體。

行結尾的單個分號是一個空敘述，它構成迴圈的主體。一般來說，這是需要注意的；永遠不要在迴圈主體之前加入分號。但是，在這種情況下，它可以執行，因為所有計算都已經在迴圈的控制運算式中進行了。另一種更清晰的方法是：

```
int sum {};
for (size_t i {}; i < std::size(values); sum += values[i++]) {}
```

▌ **注意** 至少可以說，在 for 迴圈的遞增運算式（圓括號之間的第三個的最後一個元件）中執行超出迴圈索引變數的運算是不常見的。在我們的範例中，簡單地更新迴圈主體中的 sum 變數要常見得多，如 Ex5_02 中所示。我們在這裡只是給你們展示了這些替代方案，讓你們感覺原則上什麼是可能的。但是，你通常應該會更喜歡一般和清晰的程式碼，而不是緊湊和聰明的程式碼！

▌ 用浮點值控制 for 迴圈

至目前為止，對於 for 迴圈的範例都是用整數變數來控制迴圈，但是一般而言，可用任何型態。下面是使用浮點值的範例：

```
const double pi { 3.14159265358979323846 };
for (double radius {2.5}; radius <= 20.0; radius += 2.5)
{
  std:: cout << "radius = " << std::setw(12) << radius
             << " area = " << std::setw(12)
             << pi * radius * radius << std::endl;
}
```

迴圈由變數 radius 控制，此變數的型態是 double，初值為 2.5，而且每次迴圈迭代時會遞增，直到超過 20.0，然後迴圈結束。迴圈敘述根據 radius 的值計算圓面積，其公式為 πr^2，r 為圓半徑。在迴圈敘述中用調整器 setw() 使每個輸出值有相同的欄位寬，輸出值可以排列整齊。當然在程式中使用調整器需要載入標頭檔 iomanip。

當你用浮點變數控制 for 迴圈時，需要特別小心。小數值無法完全用二進位浮點數表示。因此會導致一些無法預期的效果。

```
// Ex5_03.cpp
// Floating-point control in a for loop
#include <iostream>
```

```
#include <iomanip>

int main()
{
  const double pi { 3.14159265358979323846 }; // The famous pi
  const size_t perline {3};                    // Outputs per line
  size_t linecount { };                        // Count of output lines
  for (double radius {0.2}; radius <= 3.0; radius += 0.2)
  {
    std::cout << std::fixed << std::setprecision(2)
              << " radius =" << std::setw(5) << radius
              << " area =" << std::setw(6) << pi * radius * radius;
    if (perline == ++linecount)              // When perline outputs have been written...
    {
      std::cout << std::endl;                // ...start a new line...
      linecount = 0;                         // ...and reset the line counter
    }
  }
  std::cout << std::endl;
}
```

此程式的輸出為：

```
radius = 0.20 area =  0.13 radius = 0.40 area =  0.50 radius = 0.60 area =  1.13
radius = 0.80 area =  2.01 radius = 1.00 area =  3.14 radius = 1.20 area =  4.52
radius = 1.40 area =  6.16 radius = 1.60 area =  8.04 radius = 1.80 area = 10.18
radius = 2.00 area = 12.57 radius = 2.20 area = 15.21 radius = 2.40 area = 18.10
radius = 2.60 area = 21.24 radius = 2.80 area = 24.63
```

迴圈包含 if 敘述，以輸出每行三組值。會看到半徑為 3.0 的圓面積作為最後的輸出。畢竟只要半徑小於或等於 3.0，迴圈就應該繼續。但最後顯示的值半徑為 2.8；哪裡出錯了嗎？

迴圈比我們的預期更早結束，因為 0.2 加到 2.8 後，結果大於 3.0。這是將 0.2 表示為二進位浮點數時有個非常小的錯誤。0.2 無法完全表示成二進位浮點值。這錯誤是在精確度的最後一位，所以若你的編譯器對於 double 型態支援 15 位精確度，則誤差的級數為 10^{-15}。當然這是不重要的，但是這裡要連續加總 0.2 至 3.0——這情況卻未發生。

我們可在迴圈敘述中顯示 3.0 和下一個 radius 值的差：

```
for (double radius {0.2}; radius <= 3.0; radius += .2)
{
  std::cout << std::fixed << std::setprecision(2)
```

```
        << " radius =" << std::setw(5) << radius
        << " area =" << std::setw(6) << pi * radius * radius
        << " delta to 3 = " << std::scientific << ((radius + 0.2) - 3.0) << std::endl;
}
```

在我的機器上，最後一行的輸出是：

```
radius = 2.80 area = 24.63 delta to 3 = 4.44e-016
```

從結果可知，radius + 0.2 比 3.0 大，兩者相距約 4.44×10^{-16}，所以迴圈再下一次迭代時結束。

▌ **附註** 任何帶有奇數分母的分數，都不能精確地表示為二進位浮點數。

雖然這個範例看起來有點學術性，但四捨五入的錯誤確實會在實務上導致類似的錯誤。其中一位作者回憶了一個現實生活中的 bug，其 for 迴圈類似於 Ex5_03。這個錯誤幾乎導致了一些價值遠遠超過 1 萬美元的高科技硬體的當機——僅僅是因為迴圈偶爾運行的迭代次數過多。結論：

▌ **注意** 比較浮點數是很棘手的。在使用 ==、<= 或 >= 等運算子比較浮點運算的結果時，應該保持謹慎。四捨五入的誤差幾乎會讓浮點數的值，不完全等於精確的數學值。

對於 Ex5_03 中的 for 迴圈，一個選擇是載入用於控制迴圈的積分計數器 i，另一個選擇是將迴圈的條件，替換為預期四捨五入誤差的條件。在這種情況下，使用 radius < 3.0 + 0.001 就足夠了。與 0.001 不同的是，你可以使用任何足夠大於預期四捨五入誤差，但又足夠小於迴圈的 0.2 遞增。在 Ex5_03A.cpp 中可以找到該程式的正確版本。大多數數學函式庫和所謂的單元測試框架，將提供實用函數，以可靠的方式幫助你比較浮點數。

▌更複雜的迴圈控制運算式

可以在第一個 for 迴圈控制運算式中，定義和初始給定型態的多個變數。只需用逗號將每個變數與下一個變數分隔開即可。下面是一個很好的例子：

```cpp
// Ex5_04.cpp
// Multiple initializations in a loop expression
#include <iostream>
#include <iomanip>

int main()
{
  unsigned int limit {};
  std::cout << "This program calculates n! and the sum of the integers"
            << " up to n for values 1 to limit.\n";
  std::cout << "What upper limit for n would you like? ";
  std::cin >> limit;

  // Output column headings
  std::cout << std::setw(8) << "integer" << std::setw(8) << " sum"
                           << std::setw(20) << " factorial" << std::endl;

  for (unsigned long long n {1}, sum {}, factorial {1}; n <= limit; ++n)
  {
    sum += n;                           // Accumulate sum to current n
    factorial *= n;                     // Calculate n! for current n
    std::cout << std::setw(8) << n << std::setw(8) << sum
              << std::setw(20) << factorial << std::endl;
  }
}
```

這程式計算 1 至 n 的整數之和，每個整數 n 從 1 到 limit，其中 limit 是輸入的上限。它還計算每個 n 的階乘（整數 n 的階乘，寫為 $n!$，是 1 到 n 所有整數的乘積；例如，5! = 1×2×3×4×5 = 120）。不要為 limit 輸入太大的值，因為階乘會快速變大，而且容易超過 unsigned long long 型態變數的容量。此程式的典型輸出為：

```
This program calculates n! and the sum of the integers up to n for values 1 to
limit.
What upper limit for n would you like? 10
integer     sum             factorial
      1       1                     1
      2       3                     2
      3       6                     6
      4      10                    24
      5      15                   120
      6      21                   720
      7      28                  5040
      8      36                 40320
      9      45                362880
     10      55               3628800
```

首先，在顯示提示之後，從鍵盤上讀取 limit 值。limit 輸入的值不會很大，因此 unsigned int 型態就足夠了。使用 setw() 為輸出指定列標題的欄位寬，只需指定相同的欄位寬，就可以使值與標題對齊。for 迴圈完成所有工作。第一個控制運算式定義，並初始化三個 unsigned long long 型態的變數。n 是迴圈計數器，sum 將整數的和從 1 累加至目前的 n，factorial 將儲存 n!。型態 unsigned long long 提供了正整數的最大範圍，因此最大化可以計算的階乘的範圍。注意，如果在分配的記憶體中不能容納階乘值，則沒有警告，而且結果會不正確。

▌**附註**　if 和 switch 敘述的可選初始化敘述，完全等於 for 迴圈。如果你願意，也可以同時定義多個相同型態的變數。

逗號運算子

雖然逗號彷彿是不起眼的運算子，實際上它是二元運算子。它結合兩個運算式為單一的運算式，結合後的運算式結果，是其右運算元的結果。這意思是你可任意放置運算式，亦可用逗號區隔一連串的運算式。例如，考慮下面的運算式：

```
int i {1};
int value1 {1};
int value2 {1};
int value3 {1};
std::cout << (value1 += ++i, value2 += ++i, value3 += ++i) << std::endl;
```

上面的前 4 個敘述初值化每一個變數為 1。最後一個敘述由三個設定運算式組成，以逗號作區隔。因為逗號運算子是左結合，而且是所有運算子中優先權最低的，此敘述的執行有如：

```
(((value1 += ++i), (value2 += ++i)), (value3 += ++i));
```

結果 value1 是加 2 為 3，value2 是加 3 為 4，value3 是加 4 為 5。組合運算式之值是此串列最右邊運算式之值，所以整個運算式之值是 5。你可以使用逗號運算子，將計算合併至 Ex5_04.cpp 中，for 迴圈的第三個迴圈控制運算式：

```
for (unsigned long long n {1}, sum {1}, factorial {1}; n <= limit;
                            ++n, sum += n, factorial *= n)
{
  std::cout << std::setw(8) << n << std::setw(8) << sum
            << std::setw(20) << factorial << std::endl;
}
```

第三個控制運算式，使用逗號運算子組合了三個運算式。第一個運算式和前面一樣遞增 n，第二個運算式將 n 加至 sum，第三個運算式將 factorial 乘以相同的值。這裡很重要的一點是，首先遞增 n，然後才執行另外兩個運算。還要注意，這裡我們將 sum 初值化為 1，之前的範例我們將它初值化為 0。原因是第三個控制運算式，它在迴圈主體的第一次執行之後才執行。如果不進行修改，第一次迭代將開始於輸出一個不正確 sum 為 0 的值。若用新版本的迴圈替換 Ex5_04.cpp 中的迴圈，並再次執行這個範例，會看到它和以前一樣的運作（參見 Ex5_04A）。

基於範圍的 for 迴圈

基於範圍（*range-based*）的 for 迴圈迭代一系列值中的所有值。這就提出了一個直接的問題：什麼是範圍？陣列是元素的範圍，字串是字元的範圍。標準函式庫提供的容器（*container*）也都是範圍。我們將在本章後面介紹兩個標準函式庫的容器。這是基於範圍的 for 迴圈的一般形式：

```
for (range_declaration : range_expression)
  loop statement or block;
```

range_declaration 是一個變數，該變數將依次指定範圍內的每個值，並在每次迭代中指定一個新值。range_expression 是作為資料來源的範圍。用例子來說明會更清楚。看到下面的敘述：

```
int values [] {2, 3, 5, 7, 11, 13, 17, 19, 23, 29};
int total {};
for (int x : values)
  total += x;
```

變數 x 將在每次迭代中從 values 陣列裡指定一個值。它將被依次指定 2、3、5 等。因此，迴圈將累計 values 陣列中所有元素的總和。變數 x 是迴圈的區域變數，在它之外不存在。

大括號初始器串列本身是一個有效的範圍，因此你可以更緊湊地撰寫前面的程式碼，如下所示：

```
int total {};
for (auto x : {2, 3, 5, 7, 11, 13, 17, 19, 23, 29})
  total += x;
```

當然，編譯器知道 values 陣列中元素的型態，所以你也可以讓編譯器，透過這樣撰寫前一個迴圈來確定 x 的型態：

```
for (auto x : values)
  total += x;
```

使用 auto 關鍵字會讓編譯器推斷出 x 的正確型態。auto 關鍵字經常與基於範圍的 for 迴圈一起使用。這是迭代陣列或其他範圍中的所有元素的一種很好的方法。你不需要知道元素的數量。迴圈機制會處理這個問題。

注意，範圍內的值被指定給了範圍變數 x，這代表不能透過修改 x 的值來修改 values 的元素，舉例來說，這不會改變 values 陣列中的元素：

```
for (auto x : values)
  x += 2;
```

這只是給區域變數 x 加 2，而不是陣列元素。儲存在 x 中的值被下一個迭代的 values 之下一個元素值覆蓋。在下一章中，會了解如何使用此迴圈更改範圍內的值。

while 迴圈

while 迴圈使用邏輯運算式，來控制迴圈主體的執行。圖 5-3 顯示了 while 迴圈的一般形式。

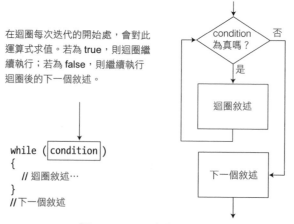

▲ 圖 5-3 while 迴圈如何執行

圖 5-3 中的流程圖說明了迴圈的邏輯。你可以使用任何運算式來控制迴圈，只要它的求值為 bool 型態，或者可以轉換為 bool 型態。例如，如果迴圈條件運算式求值為數值，那麼只要值不為 0，迴圈就會繼續。值為 0 會結束迴圈。

你可以實作使用 while 迴圈版本的 Ex5_04.cpp，看看它有什麼不同：

```cpp
// Ex5_05.cpp
// Using a while loop to calculate the sum of integers from 1 to n and n!
#include <iostream>
#include <iomanip>

int main()
{
  unsigned int limit {};
  std::cout << "This program calculates n! and the sum of the integers"
            << " up to n for values 1 to limit.\n";
  std::cout << "What upper limit for n would you like? ";
  std::cin >> limit;

  // Output column headings
  std::cout << std::setw(8) << "integer" << std::setw(8) << " sum"
            << std::setw(20) << " factorial" << std::endl;
  unsigned int n {};
  unsigned int sum {};
  unsigned long long factorial {1ULL};
  while (++n <= limit)
  {
    sum += n;                    // Accumulate sum to current n
    factorial *= n;              // Calculate n! for current n
    std::cout << std::setw(8) << n << std::setw(8) << sum
              << std::setw(20) << factorial << std::endl;
  }
}
```

這個程式的輸出與 Ex5_04 相同，如果你輸入正確的話。變數 n、sum 和 factorial 是在迴圈之前定義的。這裡變數的型態可以是不同的，因此 n 和 sum 被定義為 unsigned int。可以在 factorial 中的最大值限制計算，因此這仍然是 unsigned long long 型態。由於計算的實作方式，計數器 n 初始為 0。while 迴圈條件遞增 n，然後將新值與 limit 進行比較。只要條件為 true，迴圈就會繼續執行，因此迴圈的 n 值從 1 至 limit。當 n 到達 limit+1 時，則結束迴圈。迴圈主體中的敘述與 Ex5_04.cpp 中的敘述相同。

█ 附註 任何 for 迴圈都可以寫成相等的 while 迴圈，反之亦然。例如，for 迴圈具有以下通用形式：

```
for (initialization; condition; iteration)
  body
```

這通常[3]可以使用 while 迴圈撰寫，如下所示：

```
{
  initialization;
  while (condition)
  {
    body
    iteration
  }
}
```

while 迴圈需要被額外的一對大括號包圍，以模擬 *initialization* 程式碼中宣告的變數是由原始 for 迴圈限定範疇的方式。

do-while 迴圈

do-while 迴圈與 while 迴圈類似，因為只要指定的迴圈條件為 true，迴圈就會繼續。但是，不一樣的地方在 do-while 迴圈的**結束端**，檢查迴圈測試條件，而不是在開端，所以迴圈敘述至少會執行一次。

圖 5-4 顯示了 do-while 迴圈的邏輯及其一般形式。特別注意分號在 condition 敘述之後，這是一定要的。若無此分號，則程式編譯不會成功。

---

3 如果 for 迴圈的 *body* 包含 continue 敘述（本章稍後介紹），則需要額外將迴圈重寫為 while 迴圈。具體來說，必須確保將 iteration 程式碼複製到每個 continue 敘述之前。

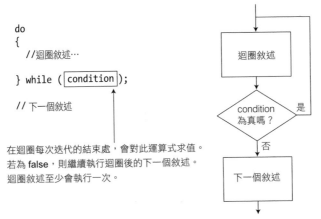

```
do
{
   //迴圈敘述…

} while ( condition );

// 下一個敘述
```

在迴圈每次迭代的結束處，會對此運算式求值。
若為 false，則繼續執行迴圈後的下一個敘述。
迴圈敘述至少會執行一次。

▲ 圖 5-4 do-while 迴圈的邏輯

這種邏輯對於一定要執行一次，而且可能更多次程式碼的情況是很理想的。此
迴圈的範例如下。

假設我們要計算任意輸入數字的平均值——例如，這些數字可能是在某一期間收
集的溫度值。我們無法事先知道會輸入多少個值，但是可以安全地假設至少有
一個值，因此 do-while 迴圈是最合適的方法。程式碼如下：

```cpp
// Ex5_06.cpp
// Using a do-while loop to manage input
#include <iostream>
#include <cctype>                      // For tolower() function

int main()
{
  char reply {};                       // Stores response to prompt for input
  int count {};                        // Counts the number of input values
  double temperature {};               // Stores an input value
  double total {};                     // Stores the sum of all input values
  do
  {
    std::cout << "Enter a temperature reading: "; // Prompt for input
    std::cin >> temperature;           // Read input value

    total += temperature;              // Accumulate total of values
    ++count;                           // Increment count

    std::cout << "Do you want to enter another? (y/n): ";
    std::cin >> reply;                 // Get response
```

```
  } while (std::tolower(reply) == 'y');

  std::cout << "The average temperature is " << total/count << std::endl;
}
```

此程式的的執行範例為：

```
Enter a temperature reading: 53
Do you want to enter another? (y/n): y
Enter a temperature reading: 65.5
Do you want to enter another? (y/n): y
Enter a temperature reading: 74
Do you want to enter another? (y/n): Y
Enter a temperature reading: 69.5
Do you want to enter another? (y/n): n
The average temperature is 65.5
```

這個程式處理任意數量的輸入值，而不事先知道要輸入多少個。在定義輸入和計算所需的四個變數之後，資料值將在 do-while 迴圈中讀取。在每次迴圈迭代中讀取一個輸入值，並且至少會讀取一個值，這並不是不合理。對 reply 中儲存的提示回應決定是否結束迴圈。若回應是 y 或 Y，則繼續執行迴圈，否則就結束迴圈。使用 cctype 標頭中宣告的 std::tolower() 函數可確保接受大、小寫字母。

在迴圈條件中使用 tolower() 的另一種替代方法，是對該條件使用更複雜的運算式。可以將條件表示為 reply == 'y' || reply == 'Y'，因此輸入的大寫或小寫 y 都會得到 true。

█ 注意 雖然 do-while 敘述後的分號是語言所必需的，但一般而言，在一般 while 迴圈的 while() 之後不應該加入分號：

```
while (condition);   // You rarely want a semicolon here!!
  body
```

這會建立一個 while 迴圈，其主體等於一個空敘述。換句話說，它相當於：

```
while (condition) {} /* Do nothing until condition becomes false (if ever) */
body
```

如果不小心加入分號，可能會發生兩種情況：一種是完全執行一次，另一種是根本不執行。例如，如果在 Ex5_05 的 while 迴圈中加入分號，則會發生前一種情況。一般而言，while 迴圈的**主體**更有可能在一次或多次迭代之後，使其條件計算從 true 轉為 false。加入一個錯誤的分號會導致 while 迴圈執行無限次。

巢狀迴圈

在迴圈中可放置另一個迴圈。事實上，你可在迴圈中 "巢狀" 迴圈至可解決問題的深度。而且巢狀迴圈可為任意迴圈：若你需要，可在 while 迴圈中巢狀 for 迴圈，或在 for 迴圈中巢狀 for 迴圈，它們可以任意方式混合使用。

巢狀迴圈最常見的應用是處理陣列，但是還有其他用法。我們將說明巢狀迴圈如何解決問題。乘法表是許多小孩子求學時的惡夢，我們可以用巢狀迴圈產生一個，程式碼如下：

```cpp
// Ex5_07.cpp
// Generating multiplication tables using nested loops
#include <iostream>
#include <iomanip>
#include <cctype>

int main()
{
  size_t table {};              // Table size
  const size_t table_min {2};   // Minimum table size - at least up to the 2-times
  const size_t table_max {12};  // Maximum table size
  char reply {};                // Response to prompt

  do
  {
    std::cout << "What size table would you like ("
              << table_min << " to " << table_max << ")? ";
    std::cin >> table;                // Get the table size
    std::cout << std::endl;
    // Make sure table size is within the limits
    if (table < table_min || table > table_max)
    {
      std::cout << "Invalid table size entered. Program terminated." << std::endl;
      return 1;
    }

    // Create the top line of the table
    std::cout << std::setw(6) << " |";
    for (size_t i {1}; i <= table; ++i)
    {
      std::cout << " " << std::setw(3) << i << " |";
    }
    std::cout << std::endl;
```

```
  // Create the separator row
  for (size_t i {}; i <= table; ++i)
  {
    std::cout << "------";
  }
  std::cout << std::endl;

  for (size_t i {1}; i <= table; ++i)
  {  // Iterate over rows
    std::cout << " " << std::setw(3) << i << " |"; // Start the row

    // Output the values in a row
    for (size_t j {1}; j <= table; ++j)
    {
      std::cout << " " << std::setw(3) << i*j << " |"; // For each col.
    }
    std::cout << std::endl;                      // End the row
  }

  // Check if another table is required
  std::cout << "\nDo you want another table (y or n)? ";
  std::cin >> reply;

  } while (std::tolower(reply) == 'y');
}
```

程式的輸出如下：

```
What size table would you like (2 to 12)? 4
   | 1 | 2 | 3 | 4 |
----------------------
 1 | 1 | 2 |  3 |  4 |
 2 | 2 | 4 |  6 |  8 |
 3 | 3 | 6 |  9 | 12 |
 4 | 4 | 8 | 12 | 16 |
Do you want another table (y or n)? y

What size table would you like (2 to 12)? 10

    | 1 | 2 | 3 | 4 | 5 | 6 | 7 | 8 | 9 | 10 |
------------------------------------------------
 1 | 1 |  2 |  3 |  4 |  5 |  6 |  7 |  8 |  9 | 10 |
 2 | 2 |  4 |  6 |  8 | 10 | 12 | 14 | 16 | 18 | 20 |
 3 | 3 |  6 |  9 | 12 | 15 | 18 | 21 | 24 | 27 | 30 |
 4 | 4 |  8 | 12 | 16 | 20 | 24 | 28 | 32 | 36 | 40 |
 5 | 5 | 10 | 15 | 20 | 25 | 30 | 35 | 40 | 45 | 50 |
 6 | 6 | 12 | 18 | 24 | 30 | 36 | 42 | 48 | 54 | 60 |
```

```
  7 |   7 |  14 |  21 |  28 |  35 |  42 |  49 |  56 |  63 |   70 |
  8 |   8 |  16 |  24 |  32 |  40 |  48 |  56 |  64 |  72 |   80 |
  9 |   9 |  18 |  27 |  36 |  45 |  54 |  63 |  72 |  81 |   90 |
 10 |  10 |  20 |  30 |  40 |  50 |  60 |  70 |  80 |  90 |  100 |

Do you want another table (y or n)? n
```

這個範例包含三個標準標頭檔：iostream、iomanip 和 cctype。稍微複習一下，第一個標頭檔是關於輸入 / 輸出串流，第二個是有關串流運作子，而第三個是提供 tolower() 和 toupper() 字元轉換函數以及各種字元分類函數。

表格大小的輸入值儲存在 table 中。表格呈現的結果將輸出所有從 1×1 至 table × table 的乘積。輸入的值透過與 table_min 和 table_max 進行比較來驗證。表格小於 table_min 沒有什麼意義，而 table_max 表示的是輸出時看起來合理的最大值。若 table 不在範圍內，程式以回傳值 1 結束，以表明它不是一個正常的結束。（當然，在使用者輸入錯誤後，結束程式是有點極端，也許可以試著讓使用者再試一次？）

乘法表格以矩形表格的形式呈現，還有什麼？沿左行和頂部一列的值是乘法運算中的運算元數值。列和行的交集處的值是列和行值的乘積。table 變數用作建立表格最上列的第一個 for 迴圈的迭代限制。垂直線用於分隔行，使用 setw() 運作子讓所有欄的寬度相同。

下一個 for 迴圈建立一列短橫線字元，以將表格主體上的乘數列分隔開。每次迭代都會加入 6 個破折號到每一列。透過從 0 開始計數而不是 1，可以輸出 table+1 個集合——一個用於乘數的左行，一個用於表格項的每一行。

最後的 for 迴圈包含一個巢狀 for 迴圈，它輸出乘數的左行和表格項的乘積。巢狀迴圈輸出一個完整的表格列，就在乘數的右邊輸出。巢狀迴圈對外層迴圈的每次迭代執行一次，因此共產生 table 列。

在 do-while 迴圈中的程式碼建立完整表格，這提供了所需產生的表格。如果在輸出一個表格後，對提示的回應是 y 或 Y，則繼續執行 do-while 迴圈的另一個迭代，而產生另一個表格。這個例子說明了三層巢狀結構：for 迴圈在 do-while 迴圈內部的另一個 for 迴圈中。

略過迴圈迭代

有時會有一些情況需要略過一次迴圈迭代，而繼續執行下一次的迭代。continue 敘述就提供此功能，而且敘述很簡單。

```
continue;                 // Go to the next iteration
```

當迴圈中執行此敘述時，立即將執行移至目前迭代的結束處。當迴圈控制運算式允許時，就繼續執行下一次迭代。我們最好用範例說明之。假設我們要輸出字元表格，以及對應的十進位和十六進位的字元碼。當然我們不希望輸出無法用符號表示的字元──例如跳格和換行，因為這些字元會弄亂輸出。所以我們希望程式只輸出 "可列印" 的字元。程式碼如下：

```cpp
// Ex5_08.cpp
// Using the continue statement to display ASCII character codes
#include <iostream>
#include <iomanip>
#include <cctype>
#include <limits>

int main()
{
  // Output the column headings
  std::cout << std::setw(11) << "Character " << std::setw(13) << "Hexadecimal "
            << std::setw(9)  << "Decimal " << std::endl;
  std::cout << std::uppercase;                      // Uppercase hex digits

  // Output characters and corresponding codes
  unsigned char ch {};
  do
  {
  if (!std::isprint(ch))                        // If it's not printable...
    continue;                                   // ...skip this iteration
  std::cout << std::setw(6) << ch               // Character
            << std::hex << std::setw(12) << static_cast<int>(ch)  // Hexadecimal
            << std::dec << std::setw(10) << static_cast<int>(ch)  // Decimal
            << std::endl;
  } while (ch++ < std::numeric_limits<unsigned char>::max());
}
```

這會輸出字元碼從 0 至最大 unsigned char 值的所有可列印字元，在我的電腦上會顯示可列印的 ASCII 字元。do-while 迴圈是最有趣的部分。變數 ch 的值從 0 到其型態 unsigned char 的最大值。在第 2 章中，我們看到了 numeric_limits<>::max() 函數，它回傳你放在角括號之間型態的最大值。在迴圈中，你不希望輸出任何沒有可列印表示字元的資訊，並且在 locale 標頭中宣告的 isprint() 函數，僅對可列印字元回傳 true。因此，當 ch 包含不可列印字元的編碼時，if 敘述中的運算式將為 true。在本例中，此時執行 continue 敘述，它將略過目前迴圈迭代的其餘程式碼。

輸出敘述中的 hex 和 dec 運算子，將整數的輸出模式設為你需要的值。你必須在輸出敘述中將 ch 的值轉換為 int，以顯示為數值；否則，它會作為字元輸出。使用 setw() 調整器來處理標題和迴圈中的輸出，可以確保所有內容都整齊地排列在一起。

我們相信你在執行範例時，注意到輸出中的最後一個字元碼是 126。這是因為 isprint() 函數對超過此值的字元碼回傳 false。如果希望在輸出中看到大於 126 的字元碼，可以在迴圈中撰寫 if 敘述如下：

```
if (std::iscntrl(ch))
  continue;
```

這只對表示控制字元的程式碼執行 continue 敘述，這些字元是從 0x00 到 0x1F 的編碼值。現在你會在最後的 128 個字元中，看到一些奇怪而精彩的字元；這些取決於平台的語言和區域設置。

使用 unsigned char 作為 ch 的型態可以使程式碼保持簡單。如果你使用 char 作為 ch 的型態，那麼你需要提供這樣一種可能性，即它可以是 signed 型態或 unsigned 型態。有號數的複雜因素之一是無法將整個值域從 0 開始計算。總而言之，如果只使用 unsigned char，迴圈的邏輯就容易得多。

還要注意這裡不適合 for。因為條件是在執行迴圈區塊之前，你可能會將迴圈寫成：

```
for (unsigned char ch {}; ch <= std::numeric_limits<unsigned char>::max(); ++ch)
{
  // Output character and code...
}
```

這迴圈不會結束，因為當 ch 為最大值時，在執行迴圈區塊後，遞增 1 至 ch 時會變成 0，則第二個迴圈控制運算式絕不會為 false。

中斷迴圈

有時你需要提早結束迴圈；有時在迴圈中會發生一些事情，使得迴圈無法繼續。這種情況下，你可用 break 敘述。此時的功能和前一章 switch 敘述中的 break 功能相同：若你在迴圈中執行 break 敘述，迴圈立即結束，並繼續執行迴圈後面的敘述。break 敘述最常用在無窮迴圈中，所以在下一節就可看到範例。

無窮迴圈

無窮迴圈（*indefinite loop*）可以永遠地執行。省略 for 迴圈中的第二個控制運算式，將導致迴圈可能執行無限次迭代。必須有某種方法在迴圈區塊內部結束迴圈；否則，迴圈會無窮無盡地執行——即其名稱的緣由。

無窮迴圈有一些實際的用法，例如，監視某種警報指示器的程式，或是收集工廠中感應器資料的程式。當你無法事先知道迴圈需要的次數時，比如在讀取變動數量的輸入資料，則無窮迴圈就很有用了。結束迴圈的程式碼是要放在迴圈區塊中，而不是迴圈的控制運算式中。

無窮迴圈的常見形式是省略所有的控制運算式：

```
for (;;)
{
  // Statements that do something...
  // ... and include some way of ending the loop
}
```

注意，即使沒有迴圈控制運算式，還是需要分號，唯一可結束迴圈的方式是，在迴圈中加入結束它的程式碼。

while 迴圈亦可是無窮迴圈：

```
while (true)
{
  // Statements that do something...
  // ... and include some way of ending the loop
}
```

因為繼續執行迴圈的條件都是 true，所以為無窮迴圈。當然，do-while 也可以是無窮迴圈，但是它沒有優於其他兩種，而且一般較不使用它。

結束無窮迴圈的明顯方法是使用 break 敘述。你可以在 Ex5_07.cpp 中使用一個無窮迴圈，允許多次嘗試輸入有效的表格大小，而不是立即結束程式。這個迴圈會這樣做：

```cpp
const size_t max_tries {3}; // Max. number of times a user can try entering a table size
do
{
  for (size_t count {1}; ; ++count)  // Indefinite loop
  {
    std::cout << "What size table would you like ("
              << table_min << " to " << table_max << ")? ";
    std::cin >> table;                // Get the table size

    // Make sure table size is within the limits
    if (table >= table_min && table <= table_max)
    {
      break;                          // Exit the input loop
    }
    else if (count < max_tries)
    {
     std::cout << "Invalid input - try again.\n";
    }
    else
    {
      std::cout << "Invalid table size entered - yet again! \nSorry, only "
                << max_tries << " allowed - program terminated." << std::endl;
      return 1;
    }
  }
  ...
```

這個無窮的 for 迴圈，替換 Ex5_07.cpp 開頭程式碼中的 do-while 迴圈，它用來處理輸入的表格大小。此程式允許你最多 max_tries 次嘗試輸入有效的表格大小。有效項目執行 break 敘述，該敘述結束此迴圈，並繼續執行 do-while 迴圈中的下一個敘述。我們會在 Ex5_07A.cpp 中找到完整的程式。

下面有一個例子，它使用一個無窮的 while 迴圈，由小至大排列陣列的內容：

```cpp
// Ex5_09.cpp
// Sorting an array in ascending sequence - using an indefinite while loop
#include <iostream>
#include <iomanip>

int main()
{
  const size_t size {1000};        // Array size
```

```cpp
  double x[size] {};                  // Stores data to be sorted
  size_t count {};                    // Number of values in array

  while (true)
  {
    double input {};                  // Temporary store for a value
    std::cout << "Enter a non-zero value, or 0 to end: ";
    std::cin >> input;
    if (input == 0)
      break;

    x[count] = input;

    if (++count == size)
    {
      std::cout << "Sorry, I can only store " << size << " values.\n";
      break;
    }
  }

  if (!count)
  {
    std::cout << "Nothing to sort..." << std::endl;
    return 0;
  }

  std::cout << "Starting sort." << std::endl;

  while (true)
  {
    bool swapped{ false };        // becomes true when not all values are in order
    for (size_t i {}; i < count - 1; ++i)
    {
      if (x[i] > x[i + 1])           // Out of order so swap them
      {
        const auto temp = x[i];
        x[i] = x[i+1];
        x[i + 1] = temp;
        swapped = true;
      }
    }

    if (!swapped)                    // If there were no swaps
      break;                         // ...all values are in order...
  }                                  // ...otherwise, go round again.

  std::cout << "Your data in ascending sequence:\n"
```

```
            << std::fixed << std::setprecision(1);
  const size_t perline {10};          // Number output per line
  size_t n {};                        // Number on current line
  for (size_t i {}; i < count; ++i)
  {
    std::cout << std::setw(8) << x[i];
    if (++n == perline)               // When perline have been written...
    {
      std::cout << std::endl;         // Start a new line and...
      n = 0;                          // ...reset count on this line
    }
  }
  std::cout << std::endl;
}
```

典型的輸出如下：

```
Enter a non-zero value, or 0 to end: 44
Enter a non-zero value, or 0 to end: -7.8
Enter a non-zero value, or 0 to end: 56.3
Enter a non-zero value, or 0 to end: 75.2
Enter a non-zero value, or 0 to end: -3
Enter a non-zero value, or 0 to end: -2
Enter a non-zero value, or 0 to end: 66
Enter a non-zero value, or 0 to end: 6.7
Enter a non-zero value, or 0 to end: 8.2
Enter a non-zero value, or 0 to end: -5
Enter a non-zero value, or 0 to end: 0
Starting sort.
Your data in ascending sequence:
   -7.8    -5.0    -3.0    -2.0     6.7     8.2    44.0    56.3    66.0    75.2
```

此程式碼限制了可以輸入 size 值的數量，該值設為 1000。因此這相當浪費記憶體，但你會在本章後面學習如何在這種情況下避免這種情況。

在第一個 while 迴圈中管理資料輸入。這個迴圈執行，直到輸入 0 或陣列 x 已滿，因為已經輸入了 size 值。在後一種情況下，使用者會看到一則訊息，用以說明限制的範圍。

每個值都讀入變數 input。這允許在將值儲存於陣列之前測試該值為 0。每個值都以索引計數儲存在陣列 x 的元素中。在隨後的 if 敘述中，count 是先遞增的，因此在與 size 進行比較*之前*遞增。這確保它在與 size 比較時，表示陣列中元素的數量。

元素在下一個無窮的 while 迴圈中按升冪排序。排序陣列元素的值是在巢狀的 for 迴圈中執行的，它迭代連續的元素對，並檢查它們是否按升冪排列。若一對元素包含不按遞增順序排列的值，則交換這些值以正確排序它們。bool 變數 swapped 記錄是否有在巢狀 for 迴圈的執行中交換任何元素。若為否，則元素已按升冪排列，此時執行 break 敘述以結束 while 迴圈。如果必須互換任何一對元素，則 swapped 為 true，因此 while 迴圈將執行另一次迭代，會導致 for 迴圈再次迭代元素對。

這種排序方法稱為泡沫排序（*bubble sort*），因為元素逐漸 "浮" 到陣列中的正確位置。它不是最有效的排序方法，但優點是很容易理解，並且是很好展示無窮迴圈的另一種用法。

▌ **提示** 　在一般情況下，無窮迴圈，甚至是 break 敘述，都應該明智地使用。它們有時被認為是糟糕的程式設計風格。你應該盡可能地在 for 或 while 敘述的括號之間，設定確定迴圈何時結束的條件。這樣做可以提高程式碼的可讀性，因為這是每個 C++ 程式設計師都要尋找的條件。迴圈主體中的任何（額外的）break 敘述都很容易被忽略，因此會使程式碼更難理解。

▌ 以 unsigned 整數控制迴圈

你可能沒有注意到，但 Ex5_09 實際上包含一個完美範例，關於控制帶有無號整數的 for 迴圈的重要警告，如 size_t 型態值。假設我們從 Ex5_09.cpp 中的程式中省略了以下檢查：

```
if (!count)
{
  std::cout << "Nothing to sort..." << std::endl;
  return 0;
}
```

若使用者決定不輸入任何值，會發生什麼？也就是說，若 count 等於 0？有點不好。你猜對了！會發生的是，執行將進入以下 for 迴圈，count 等於 0：

```
for (size_t i {}; i < count - 1; ++i)
{
```

```
  ...
  }
```

從數學上來說，如果 count 等於 0，count - 1 應該變為 -1。但由於 count 是無號整數，因此它實際上不能表示負值，例如 -1。相反地，從 0 中減去 1，給 numeric_limits <size_t>::max() 一個非常大的無號值。在我們的測試系統中，這相當於 18446744073709551615——一個超過 $18*10^{18}$ 的數字。這有效地將迴圈轉換為以下內容：

```
for (size_t i {}; i < 18446744073709551615; ++i)
{
  ...
}
```

雖然從技術上來說不是一個無窮的迴圈，但即使是最快的計算機，也需要相當長的時間來計算到 $18*10^{18}$。但是在我們的情況下，程式會在計數器接近該數字之前就會當機。原因是迴圈計數器 i 用在諸如 x[i] 之類的運算式中，這意味著迴圈將快速開始存取，並覆蓋它沒有觸及的部分記憶體。

▌ 注意 從無號整數中做減法運算時要非常小心。數學上來說的任何值都應該是負數，然後包圍成為一個巨大的正數。這些型態的錯誤可能會在迴圈控制運算式中產生災難性後果。

第一種解決方案是在進入迴圈之前測試 count 不等於 0，就像我們在 Ex5_09 中所做的那樣。其他選項包括轉換為有號整數或重寫迴圈，使其不再使用減法：

```
// Cast to a signed integer prior to subtracting
for (int i {}; i < static_cast<int>(count) - 1; ++i)
  ...

// Rewrite to avoid subtracting from unsigned values
for (size_t i {}; i + 1 < count; ++i)
  ...
```

當使用 for 迴圈以相反的順序迭代陣列時，會有類似的警告潛伏著。假設有一個陣列 my_array，我們想要從最後一個元素開始處理它，然後回傳到陣列的開始處。可理解的第一次嘗試可能是以下形式的迴圈：

```
for (size_t i = std::size(my_array) - 1; i >= 0; --i)
  ... process my_array[i] ...
```

假設我們知道 my_array 不是大小為 0 的陣列。如果是這樣的話，讓我們忽略那些真正可怕的事情。即使如此，也遇到了嚴重問題。因為索引變數 i 是無號型態，所以根據定義，i 大於或等於 0，這就是 unsigned 的意思。換句話說，根據定義，迴圈的終止條件 i >= 0 總是為 true，從而有效地將這個錯誤的反轉迴圈轉換為無窮迴圈。我們留給你在章末的習題中提出解決方法。

字元陣列

char 型態的元素陣列有雙重的特性。它可以只是單純的字元陣列，每個元素儲存一個字元，或是可代表一個字串。對於後者，字串中的每個字元會儲存在不同的的陣列元素中，而且在字串結束時，會用一個特殊的字串結束字元 '\0'，這字元稱為空字元（null character）。

這種字元字串稱為 C 格式字串（C-style string），和標準函式庫定義的 string 型態成一對比。string 型態的物件，比使用 char 型態的陣列更有用且更方便。此時我們在陣列的一般內容中只考慮 C 格式字串，在第 7 章中會回到 string 型態。

我們可用下面的敘述宣告，並初始字元陣列：

```
char vowels[5] {'a', 'e', 'i', 'o', 'u'};
```

這不是字串──只是一個由 5 個字元組成的陣列。每個陣列元素會用初值串列中的對應字元作初始化。和數字陣列一樣，若你提供的初始值個數少於陣列元素，則沒有明確初始值的元素會初始為 0，在本例中為 '\0'。這意味著如果初始值不足，陣列將有效地包含一個字串。下面有一個例子：

```
char vowels[6] {'a', 'e', 'i', 'o', 'u'};
```

最後一個元素將初始為 '\0'。空字元的存在意味著可以將其視為 C 格式字串。當然，你仍可將其視為一個字元陣列。

你亦可讓編譯器將陣列的大小設為初始值的個數：

```
char vowels[] {'a', 'e', 'i', 'o', 'u'};    // An array with five elements
```

這還定義了一個由五個字元組成的陣列，這些字元在大括號初始器中以母音初始化。

亦可用**字串文字**宣告 char 型態的陣列並作初值化。例如：

```
char name[10] {"Mae West"};
```

因為用字串文字初始陣列，空字元會附加在字串之後，因此陣列的內容將如圖 5-5 所示：

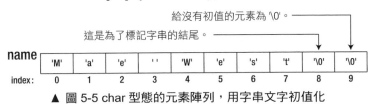

```
char name[10] {"Mae West"};
```

給沒有初值的元素為 '\0'。

這是為了標記字串的結尾。

name

'M'	'a'	'e'	' '	'W'	'e'	's'	't'	'\0'	'\0'

index: 0   1   2   3   4   5   6   7   8   9

▲ 圖 5-5 char 型態的元素陣列，用字串文字初值化

可讓編譯器在使用字串字面值初始陣列時，設定陣列的大小：

```
char name[] {"Mae West"};
```

此時這陣列會有 9 個元素；8 個元素儲存字串的字元，加上一個額外的元素儲存字串結束字元。當然宣告陣列 vowels 亦可用下面的方法：

```
char vowels[] {"aeiou"};              // An array with six elements
```

這與前一個 vowels 宣告之間存在明顯差異，沒有明確的陣列維度。此宣告用字串字面值初始陣列，而且會附加 '\0' 表示字串結束，所以 vowels 陣列會含有 6 個元素。使用前一個宣告建立的陣列只有 5 個元素，不能用作字串。

可用陣列名稱顯示存在陣列的字串。例如在陣列 name 字串中，可用下面的敘述顯示之：

```
std::cout << name << std::endl;
```

這敘述會顯示整個字串的字元，直到 '\0'。在結束處**必須**有 '\0'，若無此字元，則繼續輸出連續的記憶體位置的字元，直到字串結束字元出現，或是發生不合法的記憶體參考。

■ **注意**　無法使用陣列名稱輸出數字型態的陣列內容。此法只適用於 char 陣列。甚至傳遞給輸出串流的 char 陣列，也必須以空字元結束，否則程式可能會當掉。

此範例說明如何使用字元陣列，程式會讀入一行文字，並找出有多少個母音和子音：

```cpp
// Ex5_10.cpp
// Classifying the letters in a C-style string
#include <iostream>
#include <cctype>

int main()
{
  const int max_length {100};          // Array size
  char text[max_length] {};            // Array to hold input string

  std::cout << "Enter a line of text:" << std::endl;

  // Read a line of characters including spaces
  std::cin.getline(text, max_length);
  std::cout << "You entered:\n" << text << std::endl;
  size_t vowels {};                    // Count of vowels
  size_t consonants {};                // Count of consonants
  for (int i {}; text[i] != '\0'; i++)
  {
    if (std::isalpha(text[i]))         // If it is a letter...
    {
      switch (std::tolower(text[i]))
      {                                // ...check lowercase...
        case 'a': case 'e': case 'i': case 'o': case 'u':
          ++vowels;                    // ...it is a vowel
          break;

        default:
          ++consonants;                // ...it is a consonant
      }
    }
  }
  std::cout << "Your input contained " << vowels << " vowels and "
            << consonants << " consonants." << std::endl;
}
```

此程式的輸出如下：

```
Enter a line of text:
A rich man is nothing but a poor man with money.
You entered:
A rich man is nothing but a poor man with money.
Your input contained 14 vowels and 23 consonants.
```

char 元素型態的 text 陣列，具有由 const 變數 max_length 定義的大小。這確定了可以儲存的字串的最大長度，包括終止空字元，因此最長的字串可以包含 max_length-1 個字元。

我們不能使用萃取運算子讀取輸入，因為它不會讀取包含任何空白的字串；任何白色空白的字元會終止以 >> 運算子輸入的操作。iostream 標頭中定義的 cin 的 getline() 函數會讀取字元序列，包括空白。預設情況下，當一個換行 '\n' 被讀取時，也就是按下 Enter 鍵時，輸入就結束了。getline() 函數的作用是：在括號之間輸入兩個參數。第一個參數指定輸入儲存在何處，在本例中是 text 陣列。第二個參數指定要儲存的最大字元個數。這包括字串終止字元 '\0'，它將自動附加到輸入的結尾。

■ **附註**　cin 物件的名稱與其所謂成員函數 getline() 之間的週期，稱為**直接成員選擇運算子**（*direct member selection operator*）。此運算子用於存取類別物件的成員。從第 11 章開始，會學習所有關於定義類別和成員函數的知識。

雖然這裡還沒有這樣做，但是可選擇為 getline() 函數提供第三個參數。這可指定另一個不是 '\n' 的字元來表示輸入結束。例如，若希望輸入字串的結尾用星號表示，則敘述為：

```
std::cin.getline(text, maxlength, '*');
```

這允許輸入多行文字，因為按 Enter 鍵產生的 '\n' 將不再終止輸入動作。當然，在讀取動作中可以輸入的字元總數仍受 maxlength 的限制。

為了證明你可以，程式輸出的字串只使用陣列名稱，text。然後在 for 迴圈中以直接的方式分析 text 字串。當目前索引 i 處的字元為空字元時，迴圈中的第二個控制運算式將為 false，因此當達到空字元時迴圈結束。

接下來，我們計算母音和子音的個數，只需要檢查字母字元，if 敘述選擇它們；isalpha() 只對字母字元回傳 true。因此，switch 敘述只對字母執行。將 switch 運算式轉換為小寫，這可避免在 case 中考慮大寫字母的情況。任何母音都會進入第一個情況，預設的情況是由任何不是母音的，也就是子音。

順便說一下，因為空字元 '\0' 是唯一一個轉換為布林值 false 的字元（類似於整數值的 0），所以亦可在 Ex5_10 中這樣撰寫 for 迴圈：

```
for (int i {}; text[i]; i++)
{
  ...
```

多維陣列

目前我們所宣告的陣列只需一個索引值來選擇元素。這種陣列稱為一維陣列（*one-dimensional array*），變動一個索引就可參考所有的元素。然而亦可宣告需要兩個以上的索引值來參考元素的陣列，這些一般稱為多維陣列（*multidimensional array*）。需要兩個索引值參考元素的陣列稱為二維陣列。可不斷增加至你能處理的任何維度。

假設你是一個園丁，你要記錄小小蔬菜園中栽種的每個紅蘿蔔的重量。要儲存 3 列 4 行的紅蘿蔔重量，你可宣告二維陣列：

```
double carrots[3][4] {};
```

要參考陣列 carrots 中的某一個元素，需要兩個索引值：第一個索引值標示列，從 0 至 2；第二個索引值指定此列的某一個紅蘿蔔，從 0 至 3。要儲存第二列的第三個紅蘿蔔的重量，此敘述是：

```
carrots[1][2] = 1.5;
```

圖 5-6 顯示了這個陣列在記憶體中的排列。這些列都存在連續的記憶體中。從圖中可以看到，二維陣列實際上是 3 個元素的一維陣列，而每個元素是有 4 個元素的一維陣列。所以此陣列是 3 個大小為 4 的 double 型態的陣列。圖 5-6 還表明，可以使用陣列名稱和括號中的單一索引值參考陣列的一整列。

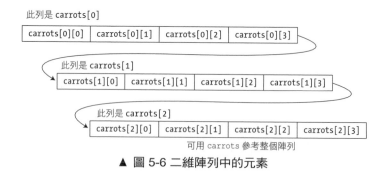

▲ 圖 5-6 二維陣列中的元素

在參考元素時，要用兩個索引值。右邊的索引值是在一列中作選擇，且變動較快。若你從左到右讀入陣列，則右邊的索引對應至行號。左邊的索引選擇列，因此代表列號。對於二維以上陣列,最右邊的索引值都是變動最快速,而最左邊的索引則最慢。

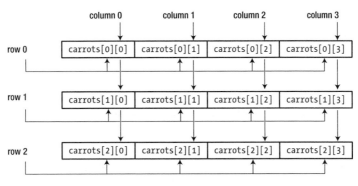

▲ 圖 5-7 二維陣列中的行與列

陣列名稱本身是參考整個陣列。注意對此陣列,你無法用此表示法顯示任何一列或整個陣列的內容。例如,敘述:

```
std::cout << carrots << std::endl;    // Not what you may expect!
```

會輸出一個十六進位值,這是陣列第一個元素的記憶體位址。在下一章討論指標時就會了解此狀況。正如我們之前的討論,char 型態的陣列有些不同。

要顯示整個陣列,一列一行,此敘述必須類似:

```
for (size_t i {}; i < 3; ++i)    // Iterate over rows
{
  for (size_t j {}; j < 4; ++j)  // Iterate over elements within the row
  {
    std::cout << std::setw(12) << carrots[i][j];
  }
  std::cout << std::endl;        // A new line for a new row
}
```

此敘述用了神秘數字 3、4,我們可用 std::size() 避免之:

```
for (size_t i {}; i < std::size(carrots); ++i)
{
  for (size_t j {}; j < std::size(carrots[i]); ++j)
  {
    std::cout << std::setw(12) << carrots[i][j];
  }
```

```
  std::cout << std::endl;
}
```

▌附註　也可以在這裡使用基於範圍的 `for` 迴圈。但是，要將外層迴圈撰寫為基於範圍的迴圈，首先需要了解參考，在下一章中會這樣做。

當然在陣列宣告處，陣列的維度大小最好都不要用神秘數字，所以整段程式碼較好的寫法是：

```
const size_t nrows {3};        // Number of rows in the array
const size_t ncols {4};        // Number of columns, or number of elements per row
double carrots[nrows][ncols] {};
```

宣告三維的陣列只要再加一組中括號。也許你要記錄一年 52 個星期，一個星期 7 天，一天三次的溫度，儲存這種資料的陣列其宣告如下：

```
int temperatures[52][7][3] {};
```

此陣列每列儲存 3 個值，一個星期有 7 列，一整年有 52 組一星期的資料。這個陣列共有 1092 個 int 型態的元素。它們都將被初始為 0。要顯示第 26 個星期的第 3 天的中午溫度，則此敘述為：

```
std::cout << temperatures[25][2][1] << std::endl;
```

記住所有的索引皆從 0 開始，所以星期從 0 至 51，日期從 0 至 6，而一天的取樣從 0 至 2。

多維陣列的初值化

你已看過利用大括號初始器來初始陣列的元素值為 0。若要初始值不為 0，則會複雜一些。多維陣列設定初值的方式衍生自二維陣列，是一維陣列的陣列的概念。一維陣列的初始值是包括在大括號中，並用逗號分隔。依此方式我們可宣告並初始二維陣列 carrots：

```
double carrots[3][4] {
                      {2.5, 3.2, 3.7, 4.1},   // First row
                      {4.1, 3.9, 1.6, 3.5},   // Second row
                      {2.8, 2.3, 0.9, 1.1}    // Third row
                     };
```

每列都是一個一維陣列，所以每列的初始值有自己的大括號。這三個初值串列又包含在一組大括號中，因為二維陣列是一維陣列的一維陣列。你可以將此原則擴展至任意維度的陣列——每多一維就需多一層大括號來包住初值。

此時心中應該馬上會浮現一個問題：“若省略一些初始值會如何？”，從過去的經驗多少都可以猜到答案。最內層的每對大括號所含之值為列元素之值。第一個串列對應至 carrots[0]，第二個串列對應至 carrots[1]，第三個串列則對應至 carrots[2]。每對大括號中的值會設定給對應列的元素。若初始值不足以初始一列所有的元素，則無初始值的元素會初始化為 0。

範例如下：

```
double carrots[3][4] {
                { 2.5, 3.2      },    // First row
                { 4.1           },    // Second row
                { 2.8, 2.3, 0.9 }     // Third row
              };
```

第一列的前兩個元素有初始值，但是第二列只有一個元素有初始值，第三列的三個元素都有初始值。因此陣列元素中無初始值的將被初始為 0，如圖 5-8 所示。

carrots[0][0]	carrots[0][1]	carrots[0][2]	carrots[0][3]
2.5	3.2	0.0	0.0

carrots[1][0]	carrots[1][1]	carrots[1][2]	carrots[1][3]
4.1	0.0	0.0	0.0

carrots[2][0]	carrots[2][1]	carrots[2][2]	carrots[2][3]
2.8	2.3	0.9	0.0

▲ 圖 5-8 省略二維陣列的初值

從圖中可看到，沒有明確初始值的元素都會設成 0。若大括號的組數不足以初始陣列的所有列，則沒有初始值的列其元素都會設成 0。若你在初值串列有數個初值，但是省略了巢狀大括號包住每列的值，則這些值會循序設給元素，就如它們存在記憶體中的順序——最右邊的索引會較快速變動。例如，假設我們宣告陣列如下：

```
double carrots[3][4] {1.1, 1.2, 1.3, 1.4, 1.5, 1.6, 1.7};
```

串列中的前四個值，將初始為第 1 列中的元素。串列中的最後三個值將初始第 2 列中的前三個元素。其餘的元素將以 0 初始化。

預設的維度

你可讓編譯器從初始化之值決定任何陣列的第一（左邊）維度大小，該維度包含初始值集中的任意多個維度。然而編譯器只能確定多維陣列中的一個維度，而且必須是第一個維度。我們用下面的敘述宣告二維陣列 carrots：

```
double carrots[][4] {
                {2.5, 3.2      },    // 第一列
                {4.1           },    // 第二列
                {2.8, 2.3, 0.9 }     // 第三列
             };
```

這會有三列，因為在外層大括號內有三組大括號。若只有兩組，則此陣列只有兩列。裡面的大括號數量決定列數。

你不能做的是，讓編譯器推斷除第一個維度之外的任何維度。在某種程度上，這是有道理的。例如，如果要為一個二維陣列提供 12 個初始值，那麼編譯器就無法知道陣列應該是 3 列 4 個元素，6 列 2 個元素，或者實際上是 12 個元素的任何組合。然而不幸的是，像下面這樣的陣列定義也會導致編譯器錯誤：

```
double carrots[][] {                  /* 無法編譯 */
                {2.5, 3.2, 3.7, 4.1},   // 第一列
                {4.1, 3.9, 1.6, 3.5},   // 第二列
                {2.8, 2.3, 0.9, 1.1}    // 第三列
             };
```

除了第一個維度之外，必須明確地指定所有陣列的維度。下面是一個定義三維陣列的例子：

```
int numbers[][3][4] {
               {
                { 2, 4, 6, 8},
                { 3, 5, 7, 9},
                { 5, 8, 11, 14}
               },
               {
                {12, 14, 16, 18},
                {13, 15, 17, 19},
                {15, 18, 21, 24}
               }
             };
```

此陣列有三個維度，分別是 2，3，4。最外層的大括號包含兩組大括號，每組大括號各含有三組，每組含有每列的 4 個初值。從此簡單的範例可以看出陣列的

維度，在三維以上時處理複雜度會增加，而且當你用大括號包住初值時要特別
小心。大括號巢狀的層度與維度大小一樣。

多維字元陣列

你可以宣告兩個或更多的維度，來儲存任何型態的資料。char 型態的二維陣列
特別有趣，因為它可以是字串陣列。當你初始 char 型態的二維陣列時，字串字
面值要用雙引號包住，而不需要大括號包住一列的字串——雙引號取代了大括號
的工作。例如：

```cpp
char stars[][80] {
                  "Robert Redford",
                  "Hopalong Cassidy",
                  "Lassie",
                  "Slim Pickens",
                  "Boris Karloff",
                  "Oliver Hardy"
                };
```

這個陣列有 6 列，因為有 6 個字串字面值作為初始值。每列儲存一個電影明星
名字的字串，每個字串都會附加結束的空字元 ' \0'。根據指定的列維度，每行
最多可容納 80 個字元。我們可以在下面的例子中看到它的應用：

```cpp
// Ex5_11.cpp
// Working with strings in an array
#include <iostream>
#include <array>                  // for std::size()

int main()
{
  const size_t max_length{80};   // Maximum string length (including \0)
  char stars[][max_length] {
                            "Fatty Arbuckle", "Clara Bow",
                            "Lassie",          "Slim Pickens",
                            "Boris Karloff",   "Mae West",
                            "Oliver Hardy",    "Greta Garbo"
                          };
  size_t choice {};

  std::cout << "Pick a lucky star! Enter a number between 1 and "
            << std::size(stars) << ": ";
  std::cin >> choice;
```

```
  if (choice >= 1 && choice <= std::size(stars))
  {
    std::cout << "Your lucky star is " << stars[choice - 1] << std::endl;
  }
  else
  {
    std::cout << "Sorry, you haven't got a lucky star." << std::endl;
  }
}
```

此程式的典型輸出是：

```
Pick a lucky star! Enter a number between 1 and 8: 6
Your lucky star is Mae West
```

除了它不可思議的娛樂價值之外，此範例的主要重點是陣列 stars 的宣告。它是二維的 char 陣列，可以儲存多個字串，每個字串至多可包含 max_length 字元，包括由編譯器自動附加的結束空字元。陣列的初始字串用逗號區隔，並包在大括號中。因為我們忽略了陣列第一維度的大小，所以編譯器產生陣列的列數，可容納所有的初始字串。正如我們先前所論，只可以省略第一個維度的大小，其他維度的大小都需指定。

在顯示名字之前，if 條件先檢查輸入的整數是否在範圍之內。在敘述中需要參考字串做輸出時，我們只需要標示第一個維度的索引值。單一的索引值可選出特定的 80 元素的子陣列，因為這是一個字串，所以輸出運作會顯示字串內容至結束的空字元。將索引值設定為 choice-1，是因為 choice 值從 1 開始，然而從陣列選擇名字的索引值則從 0 開始。當你在程式設計中使用陣列時，這是很常見的習慣用法。

▌在執行時分配陣列

C++17 標準不允許在執行時指定陣列維度。也就是說，陣列維度必須是一個可以由編譯器計算的常數運算式。然而，一些目前的 C++ 編譯器確實允許在執行時設定變數陣列維度，因為目前的 C 標準，C11，允許這樣做，而且 C++ 編譯器通常也會編譯 C 程式碼。

這些所謂的變動長度陣列可能是一個有用的特性，所以如果編譯器支援這個特性，我們將透過一個範例展示它是如何工作的。但是請記住，這並不完全符合 C++ 語言標準。假設你希望計算一組人的平均身高，並且希望皆可容納使用者輸入身高的那些人。只要使用者可以輸入要處理的身高，你就可以建立一個與將要輸入的資料完全相等的陣列，如下所示：

```cpp
size_t count {};
std::cout << "How many heights will you enter? ";
std::cin >> count;
unsigned int height[count];        // Create the array of count elements
```

height 陣列是在程式碼執行時建立的，它具有 count 元素。因為陣列大小在編譯時是未知的，所以不能為陣列指定任何初始值。

下面是使用這個的範例：

```cpp
// Ex5_12.cpp
// Allocating an array at runtime
#include <iostream>
#include <iomanip>                 // for std::setprecision()

int main()
{
  size_t count {};
  std::cout << "How many heights will you enter? ";
  std::cin >> count;
  int height[count];              // Create the array of count elements

  // Read the heights
  size_t entered {};
  while (entered < count)
  {
    std::cout <<"Enter a height: ";
    std::cin >> height[entered];
    if (height[entered] > 0)      // Make sure value is positive
    {
      ++entered;
    }
    else
    {
      std::cout << "A height must be positive - try again.\n";
    }
  }

  // Calculate the sum of the heights
  unsigned int total {};
```

```
for (size_t i {}; i < count; ++i)
{
  total += height[i];
}
std::cout << std::fixed << std::setprecision(1);
std::cout << "The average height is " << static_cast<float>(total) / count << std::endl;
}
```

以下是範例輸出：

```
How many heights will you enter? 6
Enter a height: 47
Enter a height: 55
Enter a height: 0
A height must be positive - try again.
Enter a height: 60
Enter a height: 78
Enter a height: 68
Enter a height: 56
The average height is 60
```

設定 height 陣列大小是使用輸入的 count 值。在 while 迴圈中輸入身高於陣列中。並以 if 敘述檢查輸入的值是否為 0。當它是非零時，entered 變數將增加，該變數將計算到目前為止輸入的值的數量。當值為 0 時，將輸出一條訊息，並執行下一個迭代，而不遞增 entered。因此，新輸入值會被讀取到目前的 height 陣列的元素中，該元素將覆蓋在前一次迭代中讀取的 0 值。一個簡單的 for 迴圈加總所有身高的總和，用於輸出平均身高。可以在這裡使用基於範圍的 for 迴圈：

```
for (auto h : height)
{
  total += h;
}
```

或者可以在 while 迴圈中加總所有的身高，而完全不需要 for 迴圈。這將大大縮短程式。while 迴圈將如下所示（這個變形也可以在 Ex5_12A 中找到）：

```
unsigned int total {};
size_t entered {};
while (entered < count)
{
  std::cout <<"Enter a height: ";
  std::cin >> height[entered];
  if (height[entered])                // Make sure value is positive
```

```
  {
    total += height[entered++];
  }
  else
  {
    std::cout << "A height must be positive - try again.\n";
  }
}
```

當你加入最近的元素值於 total 時，在 height 陣列的索引運算式中，使用後繼遞增運算子，確保於下一個迴圈迭代之前，使用 entered 目前值來存取陣列的元素。

▌ **附註**　如果編譯器不允許使用變動長度陣列，那麼你可以使用 vector（稍後會討論它）獲得相同的結果，甚至更多。

▌使用陣列的替代方法

標準函式庫定義了一個豐富的資料結構集合，稱為容器（*container*），它提供了多種組織和存取資料的方法。在第 19 章中，你將了解關於這些不同容器的更多資訊。然而，在本節中，我們將簡要介紹兩個最基本的容器：std::array<> 和 std::vector<>。它們是 C++ 語言中一般陣列的直接替代品，但是它們更容易使用，使用起來也更安全，並且比更低層的內建陣列提供了更大的靈活性。不過，我們在這裡的討論並不詳盡；就像目前看到的內建陣列那樣，使用它們就足夠了。更多資訊會在第 19 章中介紹。

與所有容器一樣，std::array<> 和 std::vector<> 被定義為類別樣版（class template）──這是兩個你還不熟悉的 C++ 概念。我們會在第 11 章開始介紹所有的類別，以及在第 9 章和第 16 章介紹所有的樣版。儘管如此，我們還是希望在這裡介紹這些容器，因為它們非常重要，而且可以在接下來的章節的範例和習題中使用它們。另外，如果有一個明確的初始解釋和一些範例，我們肯定你已經能夠成功地使用這些容器了。畢竟，這些容器被專門設計成類似內建陣列，因此可以作為它們的近似替代品。

編譯器使用 std::array<T, N> 和 std::vector<T> 樣版來建立一個具體的型態，根據你指定的樣版參數，T 和 N。例如，若你定義一個變數型態的 std::vector<int>，編譯器會產生一個 vector< > 容器類別，專門訂製的控制和操作陣列的 int 值。樣版的強大之處，在於任何型態 T 都可以被使用。在內文中通常參考名稱空間 std 和型態參數 T 和 N 時，我們通常會忽略它們，比如 array<> 和 vector<>。

使用 array<T, N> 容器

array<T, N> 樣版是在 array 標頭檔中定義的，因此必須將其包含在原始檔中才能使用容器型態。array<T, N> 容器是型態為 T 的 N 個元素的固定序列，所以它就像一般陣列，只是你指定的型態和大小略有不同。以下是如何建立一個包含 100 個型態為 double 的元素的 array<>：

```
std::array<double, 100> values;
```

這將建立一個具有 100 個 double 型態元素的物件。參數 N 的規範必須是常數運算式──就像一般陣列的宣告一樣。實際上，對於大多數意圖和目的，std::array <double, 100> 型態的變數行為方式與一般陣列變數完全相同：

```
double values[100];
```

如果建立一個 array<> 容器而不指定初始值，它也將包含垃圾值──就像使用一般陣列一樣。大多數標準函式庫型態（包括 vector<> 和所有其他容器）始終初始其元素，通常為 0。但是 array<> 是特殊的，因為它專門設計為盡可能地模仿內建陣列。當然也可以在定義中初始 array<> 的元素，就像一般陣列一樣：

```
std::array<double, 100> values {0.5, 1.0, 1.5, 2.0};//5th and subsequent elements are 0.0
```

初值串列中的四個值用於初始前四個元素；後續元素為 0。若你想要所有的值被初始為 0，你可以使用空大括號：

```
std::array<double, 100> values {};      // Zero-initialize all 100 elements
```

還可以使用 array<> 物件的 fill() 函數將所有元素設為任何其他特定值。這裡有一個例子：

```
values.fill(3.14159265358979323846);    // Set all elements to pi
```

fill() 函數屬於 array<> 物件。該函數是所謂的類別型態成員，array<double, 100>。因此，所有 array<> 物件都將具有 fill() 成員以及其他幾個成員。執行

此敘述會將所有元素設為你傳遞給 fill() 函數的參數的值，這必須是可以儲存在容器中的型態。在第 11 章之後，會更好地理解 fill() 函數和 array<> 物件之間的關係。

array<> 物件的 size() 函數回傳型態 size_t 的元素數量。使用與之前相同的 values 變數，以下敘述因此輸出 100：

```
std::cout << values.size() << std::endl;
```

在某種程度上，size() 函數提供了超過標準陣列的第一個真正優勢，因為它意味著 array<> 物件總是知道有多少元素。但是，在第 8 章之後，將能夠完全理解這一點，你會學習將參數傳遞給函數。也會學習將一般陣列傳遞給函數，使其保留其大小的知識，這需要一些進階的，難以記住的語法。即使是擁有多年經驗的程式設計師——包括你在內——大多數人都不清楚這種語法。我們確信，許多人甚至不知道它存在。另一方面，將 array<> 物件傳遞給函數將變得簡單，而且物件會透過 size() 函數知道它的大小。

存取個別元素

可用索引存取和使用元素，方式與標準陣列相同。下面有一個例子：

```
values[4] = values[3] + 2.0*values[1];
```

第 5 個元素被設為右邊運算元的運算式之值。舉另一個例子，下面是如何計算 values 物件中所有元素的和：

```
double total {};
for (size_t i {}; i < values.size(); ++i)
{
  total += values[i];
}
```

因為 array<> 物件是一個範圍，所以可用基於範圍的 for 迴圈，來更簡單地計算素和：

```
double total {};
for (auto value : values)
{
  total += value;
}
```

使用中括號之間的索引存取 array<> 物件中的元素，不會檢查無效的索引值。array<> 物件的 at() 函數確實會檢測到嘗試使用合法範圍之外的索引值。at()

函數的參數是一個索引，與使用中括號時相同，因此你可以撰寫總計這些元素的 for 迴圈：

```
double total {};
for (size_t i {}; i < values.size(); ++i)
{
  total += values.at(i);
}
```

運算式 values.at(i) 等於 values[i]，但如果增加了安全性，則會檢查 i 的值。下面的程式碼會失敗：

```
double total {};
for (size_t i {}; i <= values.size(); ++i)
{
  total += values.at(i);
}
```

現在使用 <= 運算子的第二個迴圈條件，允許 i 在最後一個元素之外參考。這將導致程式在執行時終止，並拋出與 std::out_of_range 型態例外相關的訊息。丟出例外是一種發出例外錯誤條件訊號的機制。在第 15 章中會學到更多關於例外的知識。若使用 values[i] 對其進行編碼，則程式將在陣列結尾之外安靜地存取元素，並向 total 加入它所包含的任何內容。與標準陣列相比，at() 函數提供了進一步的優勢。

array<> 樣版還提供存取第一個和最後一個元素的方便函數。給定一個 array<> 變數值，運算式 values.front() 等於 values[0]，values.back() 等於 values[values.size()-1]。

將 array<> 作為一個整體的操作

你可以使用任何比較運算子比較整個 array<> 容器，只要容器大小相同，並且儲存的元素型態相同。下面有一個例子：

```
std::array<double,4> these {1.0, 2.0, 3.0, 4.0};
std::array<double,4> those {1.0, 2.0, 3.0, 4.0};
std::array<double,4> them  {1.0, 1.0, 5.0, 5.0};

if (these == those) std::cout << "these and those are equal."   << std::endl;
if (those != them)  std::cout << "those and them are not equal." << std::endl;
if (those > them)   std::cout << "those are greater than them."  << std::endl;
if (them < those)   std::cout << "them are less than those."     << std::endl;
```

容器逐個元素進行比較。對於 == 的 true 結果，所有對應的元素對必須相等。對於不等式，至少一對對應的元素必須是不同的，才能得到 true。而對於其他比較，第一對不同的元素會產生結果。這本質上就是字典中單字的排序方式，其中兩個單字中第一對不同的對應字母，決定了它們的順序。程式碼片段中的所有比較都為 true，因此在執行此運算時將輸出 4 條訊息。

為了讓你相信這有多方便，讓我們用純陣列做同樣的事情：

```
double these[4] {1.0, 2.0, 3.0, 4.0};
double those[4] {1.0, 2.0, 3.0, 4.0};
double them[4]  {1.0, 1.0, 5.0, 5.0};

if (these == those) std::cout << "these and those are equal."    << std::endl;
if (those != them)  std::cout << "those and them are not equal." << std::endl;
if (those > them)   std::cout << "those are greater than them."  << std::endl;
if (them < those)   std::cout << "them are less than those."     << std::endl;
```

這段程式碼仍然可以編譯。然而，在我們的測試系統上，執行這個程式會產生以下令人失望的結果：

```
those and them are not equal.
```

可以透過執行 Ex5_13.cpp 自己嘗試。結果因使用的編譯器而異，但不太可能看到所有 4 個訊息都像以前一樣出現。但是到底發生了什麼呢？為什麼比較一般陣列不能像預期的那樣執行？我們會在下一章中找到答案。現在請記住，將比較運算子應用於一般陣列名稱並不是很有用，因為這顯然不會對其元素進行比較。

與標準陣列不同，你還可以將 array<> 容器指定給另一個陣列，只要它們都儲存相同數量的相同型態的元素。下面有一個例子：

```
them = those;        // Copy all elements of those to them
```

此外，array<> 物件可以儲存在其他容器中，而一般陣列不能。例如，下面建立一個 vector<> 容器，它可以將 array<> 物件作為元素保存，每個物件依次包含三個 int 值：

```
std::vector<std::array<int, 3>> triplets;
```

vector<> 容器將在下一節中討論。

結論和範例

我們已經給出了很多理由──至少有七個原因，在程式碼中使用 array<> 容器而不是標準陣列。而且使用 array<> 也絕對沒有缺點。與標準陣列相比，使用 array<> 容器完全沒有效能成本（也就是說，除非使用 at() 函數而不是 array<> 的 [] 運算子──當然檢查邊界可能會有很小的執行成本）。

■ **附註**　即使在程式碼中使用了 std::array<> 容器，仍然完全有可能呼叫保留函數，這些函數將一般陣列作為輸入。你可用 data() 成員存取 array<> 物件中包裝的內建陣列。

下面的例子說明了 array<> 容器的作用：

```cpp
// Ex5_14.cpp
// Using array<T,N> to create Body Mass Index (BMI) table
// BMI = weight/(height*height)
// weight in kilograms, height in meters

#include <iostream>
#include <iomanip>
#include <array>                              // For array<T,N>

int main()
{
  const unsigned min_wt {100};               // Minimum weight in table (in pounds)
  const unsigned max_wt {250};               // Maximum weight in table
  const unsigned wt_step {10};
  const size_t wt_count {1 + (max_wt - min_wt) / wt_step};

  const unsigned min_ht {48};                // Minimum height in table (inches)
  const unsigned max_ht {84};                // Maximum height in table
  const unsigned ht_step {2};
  const size_t ht_count { 1 + (max_ht - min_ht) / ht_step };

  const double lbs_per_kg {2.2};             // Pounds per kilogram
  const double ins_per_m {39.37};            // Inches per meter
  std::array<unsigned, wt_count> weight_lbs {};
  std::array<unsigned, ht_count> height_ins {};

  // Create weights from 100lbs in steps of 10lbs
  for (size_t i{}, w{ min_wt }; i < wt_count; w += wt_step, ++i)
  {
```

```
  weight_lbs[i] = w;
}

// Create heights from 48 inches in steps of 2 inches
for (size_t i{}, h{ min_ht }; h <= max_ht; h += ht_step)
{
  height_ins.at(i++) = h;
}
// Output table headings
std::cout << std::setw(7) << " |";
for (auto w : weight_lbs)
  std::cout << std::setw(5) << w << " |";
std::cout << std::endl;

// Output line below headings
for (size_t i{1}; i < wt_count; ++i)
std::cout << "---------";
std::cout << std::endl;

double bmi {};                    // Stores BMI
unsigned int feet {};             // Whole feet for output
unsigned int inches {};           // Whole inches for output
const unsigned int inches_per_foot {12U};
for (auto h : height_ins)
{
  feet = h / inches_per_foot;
  inches = h % inches_per_foot;
  std::cout << std::setw(2) << feet << "'" << std::setw(2) << inches << '"' << '|';
  std::cout << std::fixed << std::setprecision(1);
  for (auto w : weight_lbs)
  {
    bmi = h / ins_per_m;
    bmi = (w / lbs_per_kg) / (bmi*bmi);
    std::cout << std::setw(2) << " " << bmi << " |";
  }
  std::cout << std::endl;
}
// Output line below table
for (size_t i {1}; i < wt_count; ++i)
  std::cout << "---------";
std::cout << "\nBMI from 18.5 to 24.9 is normal" << std::endl;
}
```

因為輸出佔用了大量空間，我們讓你自己執行程式來看輸出為何。定義了兩組
4 個 const 變數，它們與 BMI 表格的體重和身高範圍有關。體重和身高儲存在

array<> 容器中，元素型態為 unsigned（unsigned int 的簡稱），因為所有的體重和身高都是整數。容器是用 for 迴圈中的適當值初始化的。初始 height_ins 的第二個迴圈使用不同的方法來設定值，只是為了說明 at() 函數。在這個迴圈中這是合適的，因為迴圈不受容器的索引限制控制，使用容器的合法範圍之外的索引會出現錯誤。如果發生這種情況，程式將被終止，但使用中括號參考元素的情況不會如此。

接下來的兩個 for 迴圈輸出表格的行標題，和一行將標題與表格的其他部分分隔開來。使用基於巢狀範圍的 for 迴圈建立表格。外部迴圈迭代身高並輸出最左邊列的身高（以英呎和英吋為單位）。內迴圈迭代體重並輸出一列目前身高的 BMI 值。

使用 std::vector<T> 容器

vector<T> 容器是一個序列容器，看起來很像 array<T,N> 容器，但實際上它要強大得多。在編譯時，無需知道 vector<> 將提前儲存的元素數量。事實上，甚至不需要知道它在執行時將預先儲存的元素數量。也就是說，vector<> 的大小可以自動增長以容納任意數量的元素。你可以在以後加入一些。當加入越來越多的元素時，vector<> 將會增長；在需要時自動分配額外空間。也沒有真正的最大元素數量──當然，除了由程序可用的記憶體數量決定的元素數量──這就是為什麼只需要型態參數 T 的原因。使用 vector<> 容器需要將 vector 標頭包含在原始檔中。

下面是一個建立 vector<> 容器來儲存型態為 double 的值的例子：

```
std::vector<double> values;
```

這通常還沒有分配元素的空間，因此在加入第一個資料時，需要動態分配記憶體。你可用容器物件的 push_back() 函數加入元素。下面有一個例子：

```
values.push_back(3.1415);    // Add an element to the end of the vector
```

push_back() 函數將作為參數（在這裡為 3.1415）傳遞的值，加入現有元素結尾的新元素。由於這裡沒有現有的元素，這是第一個元素，這可能會導致第一次分配記憶體。

可以使用預定義的元素數量初始 vector<>，如下所示：

```
std::vector<double> values(20);         // Vector contains 20 double values - all zero
```

與內建陣列或 array<> 物件不同，vector<> 容器總是初始其元素。在本例中，我們的容器從 20 個元素開始，初始化時為 0。若你不喜歡 0 作為元素的預設值，你可以明確地設定另一個值：

```
std::vector<long> numbers(20, 99L);  // Vector contains 20 long values - all 99
```

括號中的第二個參數指定所有元素的初始值，因此所有 20 個元素都是 99L。與到目前為止看到的大多數其他陣列型態不同，第一個指定元素數量的參數（在範例中為 20）不需要是常數運算式。它可能是在執行時執行的運算式的結果，也可能是從鍵盤讀取。當然可用 push_back() 函數向這個或任何其他向量的結尾加入新元素。

建立 vector<> 的另一個選項是使用初值串列來設定初值：

```
std::vector<unsigned int> primes { 2, 3, 5, 7, 11, 13, 17, 19 };
```

primes 向量容器用給定的初值建立 8 個元素。

▌ 注意　可能已經注意到，我們沒有使用通常的大括號初始器語法初始 values 和數字 vector<> 物件，而是使用小括號：

```
std::vector<double> values(20);         // Vector contains 20 double values - all zero
std::vector<long> numbers(20, 99L);  // Vector contains 20 long values - all 99
```

這是因為在這裡使用大括號初始器有一個明顯不同的效果，正如下面的註解所說明的那樣：

```
std::vector<double> values{20};         // Vector contains 1 single double value: 20
std::vector<long> numbers{20, 99L};  // Vector contains 2 long values: 20 and 99
```

當使用大括號初始化 vector<> 時，編譯器將其解釋為初始值序列。這是為了適應初始向量的方式，就像以前處理一般陣列或 array<> 容器一樣：

```
std::vector<int> six_initial_values{ 7, 9, 7, 2, 0, 4 };
```

這是少數幾種所謂的統一初始化語法，並非如此統一的情況之一。要使用給定數量的相同值初始化 vector<>，而不迭代重複相同的值，則不能使用大括號。如果這樣做，編譯器會將其解釋為一個或兩個初始值的串列。

你可用中括號之間的索引來設定現有元素的值，或者只在運算式中使用其目前值。下面有一個例子：

```
values[0] = 3.14159265358979323846;    // Pi
values[1] = 5.0;                        // Radius of a circle
values[2] = 2.0*values[0]*values[1];    // Circumference of a circle
```

vector<> 的索引值從 0 開始，就像標準陣列一樣。你可用中括號之間的索引來參考現有的元素，但是不能以這種方式建立新元素。為此需要使用 push_back() 函數。當你對一個向量做這樣的索引時，索引值不會被檢查。因此，會意外地存取向量範圍之外的記憶體，並使用中括號之間的索引在這些位置儲存值。vector<> 物件同樣也提供 at() 函數，就像 array<> 容器物件一樣，因此你可以考慮使用 at() 函數在索引可能超出合法範圍時參考元素。

除了 at() 函數，array<> 容器的幾乎所有其他優點都直接遷移到 vector<>：

- ◆ 每個 vector<> 都知道它的大小，並且有一個 size() 成員來查詢它。
- ◆ 將 vector<> 傳遞給函數很簡單（參見第 8 章）。
- ◆ 每個 vector<> 都有方便的函數 front() 和 back()，以方便存取 vector<> 的第一個和最後一個元素。
- ◆ 可以使用 <、>、<=、>=、== 和 != 運算子比較兩個 vector<> 容器。與 array<> 不同，這甚至適用於不包含相同數量元素的向量。語意是相同的，當你按字母順序比較不同長度的單字時。我們都知道在字典裡 aardvark 先於 zombie，儘管前者有更多的字母。愛情（*love*）比相思（*lovesickness*）更早出現——無論是在生活中還是在字典中。vector<> 容器的比較類似。唯一的區別是，元素並不都是字母，但可以是編譯器知道如何使用 <、>、<=、>=、== 和 != 進行比較的任何值。用專業術語來說，這個原則被稱為*字典順序比較*（*lexicographical comparison*）。
- ◆ 將 vector<> 設定給另一個 vector<> 變數，將前者的所有元素複製到後者中，覆蓋以前可能存在的任何元素，即使新 vector<> 更短。如果需要，將分配額外的記憶體以容納更多的元素。
- ◆ vector<> 可以儲存在其他容器中，例如，你可以建立一個整數的向量的向量。

不過，vector<> 沒有 fill() 成員。相反地，它提供了 assign() 函數，可用於重新初始 vector<> 的內容，就像第一次初始時所做的那樣：

```
std::vector<long> numbers(20, 99L);    // Vector contains 20 long values - all 99
numbers.assign(99, 20L);               // Vector contains 99 long values - all 20
numbers.assign({99L, 20L});            // Vector contains 2 long values - 99 and 20
```

刪除元素

透過呼叫 vector 物件的 clear() 函數，可以從 vector<> 中刪除所有元素。下面有一個例子：

```
std::vector<int> data(100, 99);    // Contains 100 elements initialized to 99
data.clear();                      // Remove all elements
```

> ▌ **注意**　vector<> 和 array<> 都提供了一個 empty() 函數，為了清除 vector<>，有時會錯誤地呼叫這個函數。但是 empty() 並不會清空 vector<>；而 clear() 會。相反地，empty() 成員檢查給定的容器是否為空。也就是說，只有當容器不包含元素，且在過程中完全不修改容器時，計算結果為布林值 true。

你可以透過呼叫 vector 物件的 pop_back() 函數來刪除最後一個元素。下面有一個例子：

```
std::vector<int> data(100, 99);    // Contains 100 elements initialized to 99
data.pop_back();                   // Remove the last element
```

第二個敘述刪除了最後一個元素，因此資料的大小將為 99。

這絕不是使用 vector<> 容器的全部內容。例如，我們只展示了如何從 vector<> 的結尾加入或刪除元素，而在任意位置插入或刪除元素也是完全可能的。在第 19 章中，會了解關於使用 vector<> 容器的更多資訊。

範例和結論

你現在可以建立 Ex5_09.cpp 的新版本，該版本只使用目前輸入資料所需的記憶體：

```
// Ex5_15.cpp
// Sorting an array in ascending sequence - using a vector<T> container
#include <iostream>
#include <iomanip>
#include <vector>

int main()
```

```cpp
{
  std::vector<double> x;      // Stores data to be sorted
  while (true)
  {
    double input {};           // Temporary store for a value
    std::cout << "Enter a non-zero value, or 0 to end: ";
    std::cin >> input;
    if (input == 0)
      break;

    x.push_back(input);
  }

  if (x.empty())
  {
    std::cout << "Nothing to sort..." << std::endl;
    return 0;
  }

  std::cout << "Starting sort." << std::endl;

  while (true)
  {
    bool swapped{ false };    // becomes true when not all values are in order
    for (size_t i {}; i < x.size() - 1; ++i)
    {
      if (x[i] > x[i + 1])   // Out of order so swap them
      {
      const auto temp = x[i];
      x[i] = x[i+1];
      x[i + 1] = temp;
      swapped = true;
      }
    }

  if (!swapped)             // If there were no swaps
    break;                  // ...all values are in order...
  }                         // ...otherwise, go round again.

  std::cout << "Your data in ascending sequence:\n"
            << std::fixed << std::setprecision(1);
  const size_t perline {10}; // Number output per line
  size_t n {};               // Number on current line
  for (size_t i {}; i < x.size(); ++i)
  {
    std::cout << std::setw(8) << x[i];
```

```
  if (++n == perline)                // When perline have been written...
  {
    std::cout << std::endl;          // Start a new line and...
    n = 0;                           // ...reset count on this line
  }
 }
 std::cout << std::endl;
}
```

輸出與 Ex5_09.cpp 相同。因為資料現在儲存在 vector<double> 型態的容器中，所以不再向使用者強加最多 1,000 個元素的限制。記憶體以遞增方式分配，以適應輸入的輸入資料。我們也不再需要追蹤使用者輸入值的計數；vector<> 已經為我們處理了這個問題。

除了這些簡化之外，函數內的所有其他程式碼都保持不變。這表示你可以像使用一般陣列一樣使用 std::vector<>。但是它給了你額外的好處，不需要使用編譯時常數來指定它的大小。這個好處的成本並不高，這種小的性能成本很少引起關注，你很快就會發現 std::vector<> 會是最常用的容器。稍後我們將更詳細地討論這個問題，但現在只需遵循以下簡單的原則：

▌ 提示　若知道編譯時元素的確切數量，使用 std::array<>；否則使用 std::vector<>。

▌ 摘要

在下一章中，我們會更深入探討容器和迴圈的進一步應用。幾乎任何影響深遠的程式都涉及某種迴圈。因為它們是程式的基礎，所以你需要確保對本章所涉及的概念有很好的理解。這些是你在這一章學到的要點：

- 陣列儲存給定型態的固定數量的值。
- 使用中括號之間的索引值存取一維陣列中的元素。索引值從 0 開始，所以在一維陣列中，索引是第一個元素的距離。
- 一個陣列可以有多個維度。每個維度都需要一個單獨的索引值來參考一個元素。存取具有兩個或多個維度的陣列中的元素，需要在每個陣列維度的中括號之間建立索引。

- 迴圈是迭代執行區塊敘述的一種架構。
- 有 4 種可使用的迴圈：while 迴圈、do-while 迴圈、for 迴圈和基於範圍的 for 迴圈。
- 只要特定條件為 true，則 while 迴圈會不斷迭代執行。
- do-while 迴圈至少都會執行一次，而且只要指定的條件為 true 就會繼續執行。
- for 迴圈一般是用來迭代特定次數，而且有三個控制運算式。第一個是初始運算式，在迴圈開始時執行一次。第二個是迴圈條件，在每次迭代之前執行，當求值為 true 時才可繼續執行。第三個運算式是每次迭代結束時執行，通常是將迴圈計數器遞增 1。
- 基於範圍的 for 迴圈迭代範圍內的所有元素。陣列是元素的範圍，字串是字元的範圍。陣列和向量容器定義了一個範圍，因此可以使用基於範圍的 for 迴圈迭代其包含的元素。
- 任何種類的迴圈都可在其他種類的迴圈中作巢狀到任意深度。
- 在迴圈中執行 continue 敘述，會略過目前迭代的其餘敘述，而且在迴圈控制條件許可的情況下，進行下一次迭代。
- 在迴圈中執行 break 敘述會立即結束迴圈。
- 迴圈定義一個範疇，所以在迴圈中宣告的變數，在迴圈外不可存取。尤其是宣告在 for 迴圈初始化運算式中的變數，不可在迴圈之外存取。
- array<T,N> 容器儲存一系列型態為 T 的 N 個元素。array<> 容器提供了使用內建於 C++ 語言的陣列的絕佳替代方法。
- vector<T> 容器儲存型態為 T 的元素序列，當你加入元素時，這些元素的大小會根據需要動態增加。如果無法事先確定元素數量，可以使用 vector<> 容器而不是標準陣列。

習題

5.1 撰寫一個程式，輸出從 1 至使用者輸入界限的奇數之平方。

5.2 撰寫一個程式，該程式使用 while 迴圈累積使用者輸入任意數量的整數和。每次迭代之後，詢問使用者是否輸入完數字了。程式應該輸出所有值的總數和浮點數型態的平均值。

5.3 建立一個使用 do-while 迴圈，計算一行中輸入的非空白字元數的程式。當發現第一個 # 字元時就結束計數。

5.4 使用 std::cin.getline(...) 從使用者那裡獲得最多 1000 個字元的 C 格式字串。使用適當的迴圈計算使用者輸入的字元數。接下來，撰寫第二個迴圈，一個接一個地印出所有字元，但順序相反。

5.5 撰寫一個相當於習題 5.4 的程式，但使用以下內容：

如果在使用 for 迴圈計數字元之前，現在使用 while，反之亦然。

這一次，你應該首先反轉陣列中的字元，然後從左到右輸出它們（為了便於練習，你仍可以使用迴圈逐個輸出字元）。

5.6 建立一個 vector<> 容器，其元素包含從 1 到使用者輸入的任意上限的整數。從包含不為 7 或 13 的倍數值的向量中輸出元素。在一行中輸出它們 10 個，依照欄位對齊。

5.7 撰寫一個程式，該程式將讀取和儲存與產品相關的任意序列紀錄。每個紀錄包括三個資料項——整數產品編號、數量和單價。產品編號 1001，數量為 25，單價為 9.95 美元。因為還不知道如何建立組合型態，所以只需使用三個不同的類別陣列序列來表示這些紀錄。程式應該在單獨的生產線上輸出每個產品，並包括總成本。最後一行應該輸出所有產品的總成本。欄位應該對齊，所以輸出應該是這樣的：

產品	數量	單價	成本
1001	25	$9.95	$248.75
1003	10	$15.50	$155.00
			$403.75

5.8 著名的費波那契數列（Fibonacci series）是一個整數序列，前兩個值為 1，後兩個值為前兩個值的和。它從 1、1、2、3、5、8、13 開始，依此類推。這不僅僅是數學上的好奇心。例如，這種序列也經常出現在自然環境中。它與貝殼以螺旋的方式生長有關，或是許多花朵上的花瓣數目，就是這個序列中的一個數字。建立一個包含 93 個元素的 array<> 容器。將費波那契數列中的前 93 個數字儲存在陣列中，然後每行輸出一個數字。你知道為什麼我們要求 93 個費波那契數而不是 100 嗎？

06

指標和參考

指標和參考的概念有相似之處，這就是為什麼我們把它們放在同一章裡。指標是重要的元素，因為它是動態配置和使用記憶體的基本要件，可使程式在許多方面更有用且更有效率。

在本章中，你可以學到以下各項：

- ◆ 何謂指標與如何宣告
- ◆ 如何取得變數位址
- ◆ 當程式執行時，如何產生新變數的記憶體位址
- ◆ 如何釋放動態配置的記憶體位址
- ◆ 原始的動態記憶體配置有許多缺點，可以使用什麼更安全的替代方案
- ◆ 原始指標和智慧指標的區別
- ◆ 如何建立與使用智慧指標
- ◆ 何謂參考，與指標有何區別
- ◆ 如何在基於範圍的 for 迴圈使用參考

何謂指標

程式中每個變數都會儲存於記憶體位址（*address*）。同樣的，要執行程式，程式所使用的變數必須從記憶體位址載入。指標（*pointer*）是用來儲存記憶體位址的變數。圖 6-1 說明指標是如何取得它的名字：它"指向"記憶體中儲存其他值的位址。

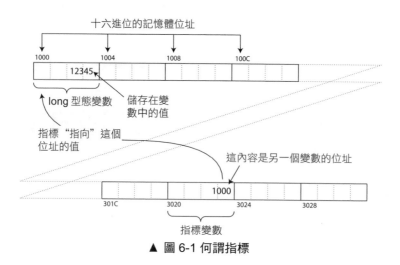

▲ 圖 6-1 何謂指標

因為整數和浮點數的表示方式大不相同，而且一般而言儲存整數需要較少的位元組數，因此要利用儲存在指標所含之位址的資料，還需要這資料的型態。若不知道資料的型態，指標就沒有太大用處。因此，它指向特定型態之資料項的位址。當我們再深入探討時，就會更清楚，所以我們先來看如何宣告指標。指標的宣告和一般的變數宣告類似，不一樣的地方是在指標宣告的型態名稱之後有一個星號，表示你在宣告一個指向該型態的指標變數。例如，宣告指標 pnumber 為 "指向" long 型態的位址：

```
long* pnumber {};            // A pointer to type long
```

pnumber 的型態是 "指向 long 型態的指標"，通常寫成 long*。此指標只能儲存型態為 long 的變數位址，試圖儲存型態 long 以外的變數會無法編譯。因為初始值是空的，所以用等於 0 的指標初始 pnumber，一個不指向任何資料的特殊位址。這個特殊的指標值寫為 nullptr，可以明確指定它的初值。

```
long* pnumber {nullptr};
```

在宣告指標時，沒有必要把它初值化，但是不要吝嗇這麼做。未初值化的指標比未初值化的普通變數更危險。因此：

█ 提示　通常在宣告指標時應初值化指標，若你還沒有給它初值請將指標初值化為
nullptr。

使用 p 開頭的變數名稱表示指標，這是比較常見的方式，儘管最近這種慣例已經不流行了。那些堅持所謂的 "匈牙利命名法"（有點舊的命名法）的人認為，它讓查看程式中的哪些變數是指標變得更容易，進一步讓程式碼更容易理解。在本書中，我們偶爾會使用這個命名法，特別是我們將指標與一般變數混合的更人為的例子中。但老實說，我們並不認為將變數名稱加上特定的型態前導字（例如 p）的做法會更好。在真正的程式碼中，可以從內文很清楚地知道某個資料是否是指標。

在前面的範例中，將星號寫在型態名稱的隔壁，但這不是唯一的格式，亦可將星號緊鄰變數名稱，如下：

```
long *pnumber {};
```

這是完全相同的宣告。編譯器接受這兩種宣告方式，但是前者可能較常用，因為它更清楚地表達出型態是 "指向 long 型態的指標"。

但是在同一敘述中混合宣告一般變數和指標就有可能會不清楚，試著解釋下面敘述做了什麼：

```
long* pnumber {}, number {};
```

事實上，此敘述宣告變數 pnumber 為 "指向 long 型態的指標"—用 nullptr 初值化，和型態 long 的變數 number—用 0L 初值化。number 不是型態 long* 的第二個變數可能讓你訝異。這並不奇怪—星號和型態名稱相鄰的表示法使此意思較不清楚。若宣告這兩個變數要以另一種形式宣告：

```
long *pnumber {}, number {};
```

這樣就較清楚了，星號很明顯的與變數 pnumber 相關。但是此問題的真正解法是不要在一起宣告。將所有的變數分行宣告總是較佳的方式，這可避免混淆的可能性：

```
long number {};              // Variable of type long
long* pnumber {};            // Variable of type 'pointer to long'
```

這種宣告還有額外的優點，就是很容易在宣告後附加註解，說明其用途。

若你想讓 number 成為第二個指標，可以這樣寫：

```
long *pnumber {}, *number {};   // Define two variables of type 'pointer to long'
```

可以宣告指向任何形態的指標，包括自宣告的型態。下面是一些其他型態的指標變數的宣告：

```
double* pvalue {};            // Pointer to a double value
char32_t* char_pointer {};    // Pointer to a 32-bit character
```

但是，無論指標參考的資料型態或大小，指標變數本身的大小都是相同的。更精準的，在給予平台下所有指標變數的大小是相同的。指標的大小完全取決於你使用的平台下，可位址的（addressable）記憶體數量。要找出適合你的大小，可以執行下面這個小程式：

```cpp
// Ex6_01.cpp
// 指標的大小
#include <iostream>

int main()
{
  // Print out the size (in number of bytes) of some data types
  // and the corresponding pointer types:
  std::cout << sizeof(double)  << " > "  << sizeof(char) << std::endl;
  std::cout << sizeof(double*) << " == " << sizeof(char*) << std::endl;
}
```

在我的電腦上，程式會產生下面的輸出：

```
8 > 1
8 == 8
```

在目前幾乎所有的平台上，指標變數的大小會是 4 或 8 位元組（取決於 32 和 64 位元的電腦）。原則上，可能還會遇到其他值，比如在更專業的嵌入式系統中。

取址運算子

取址運算子（*address-of operator*），&，是一元運算子，可取得變數的儲存位址，下面的敘述宣告指標 pnumber 和變數 number：

```
long number {12345L};
long* pnumber {&number};
```

&number 產生 number 的位址，所以 pnumber 有這個位址作為它的初始值。pnumber 可以儲存任何 long 型態變數的位址，因此可以撰寫下面的指定：

```
long height {1454L};        // 儲存建築物的 height
pnumber = &height;          // 儲存 height 的位址於 pnumber
```

這個敘述的結果是 pnumber 包含了 height 的位址，如圖 6-2 所示：

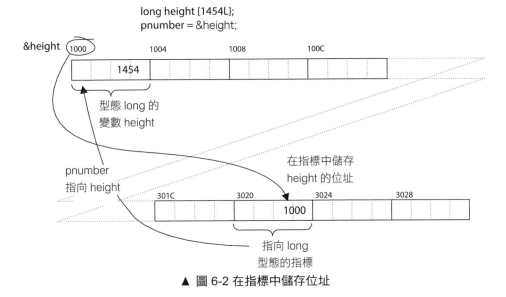

▲ 圖 6-2 在指標中儲存位址

你可用 & 運算子取得任何型態變數的位址，但是需將此位址儲存在合適型態的指標中。例如，若要儲存 double 型態的位址，則指標必須宣告為 double* 型態，這是 "指向 double 型態的指標"。

當然也可以讓編譯器透過 auto 關鍵字來推斷型態：

```
auto pmynumber {&height};        // deduced type: long* (pointer to long)
```

我們建議在這裡使用 auto*，以便從宣告中清楚地說明與指標有關。使用 auto*，可以宣告編譯器推斷的指標型態的變數：

```
auto* mynumber {&height};
```

用 auto* 宣告的變數只能用指標值加以初值化，若使用任何其他型態的值初值化它會導致編譯器錯誤。

取得變數位址並儲存到指標中都很簡單，但真正有趣的是如何使用。指標的基本用途是存取指標所指向記憶體位址中的資料，這就要使用間接運算子（*indirect operator*）。

間接運算子

間接運算子，*，是用在指標變數依存取指標所指向記憶體位址的內容。"間接運算子"的來由是因為它"間接"存取資料。這運算子有時亦稱為**解參考運算子**（*dereference operator*），存取指標所指之記憶體中的資料的過程稱為**解參考**（*dereferencing*）此指標。要存取指標 pnumber 中包含位址的資料，可以利用運算式 *pnumber。我們實際來看一個範例，這個範例旨在說明使用指標的各種方式，它的工作方式毫無意義，但遠比無指標的好：

```cpp
// Ex6_02.cpp
// Dereferencing pointers
// Calculates the purchase price for a given quantity of items
#include <iostream>
#include <iomanip>

int main()
{
  int unit_price {295};          // Item unit price in cents
  int count {};                  // Number of items ordered
  int discount_threshold {25};   // Quantity threshold for discount
  double discount {0.07};        // Discount for quantities over discount_threshold

  int* pcount {&count};          // Pointer to count
  std::cout << "Enter the number of items you want: ";
  std::cin >> *pcount;
  std::cout << "The unit price is " << std::fixed << std::setprecision(2)
            << "$" << unit_price/100.0 << std::endl;

  // Calculate gross price
  int* punit_price{ &unit_price };      // Pointer to unit_price
  int price{ *pcount * *punit_price };  // Gross price via pointers
  auto* pprice {&price};                // Pointer to gross price

  // Calculate net price in US$
  double net_price{};
  double* pnet_price {nullptr};
  pnet_price = &net_price;
  if (*pcount > discount_threshold)
  {
    std::cout << "You qualify for a discount of "
              << static_cast<int>(discount*100.0) << " percent.\n";
    *pnet_price = price*(1.0 - discount) / 100.0;
  }
```

```
  else
  {
    net_price = *pprice / 100.0;
  }
  std::cout << "The net price for " << *pcount
            << " items is $" << net_price << std::endl;
}
```

以下為範例輸出：

```
Enter the number of items you want: 50
The unit price is $2.95
You qualify for a discount of 7 percent.
The net price for 50 items is $137.17
```

相信你已經注意到，任意交換使用指標和使用原始變數，並不是正確的計算方法。然而這個範例確實說明了，使用解參考指標與使用它指向的變數是一樣的。你可以在運算式中使用一個解參考指標，方法與原始變數相同，像 price 的初值運算式一樣。

間接運算子的用法似乎很令人困惑，因為符號 * 現在有幾個不同的用法。它可為乘法運算子和間接運算子，而且亦可用在指標的宣告。每次你使用 * 時，編譯器可以根據上下文區別其意義。運算式 *pcount * *punit_price 可能看起來有點困惑，但是編譯器可以確定它是兩個解參考指標的乘積。這個運算式沒有其他有意義的解釋。如果有，它就不會編譯。不過可以加入括號，讓程式碼的可讀性更高：（*pcount）*（*punit_price）。

為何使用指標？

通常此時心中會懷疑為何要使用指標？畢竟讀取變數位址並存於指標中，以及稍後解參考之，這些似乎都是額外的負擔，其實沒有指標也能達到。不要擔心，有數個理由可以說明指標是很重要。

◆ 在本章的稍後，會學習如何動態配置新變數的空間—也就是說在程式執行期間。這種功能可使程式視輸入來調整記憶體的使用。當程式執行時，若有需要，則可產生新的變數。因為你無法事先知道你要動態產生多少變數，唯一可用的方法就是使用指標。

- ◆ 還可以使用指標表示法運算儲存在陣列中的資料。這完全等於一般陣列表示法，因此可以視情況選擇適合的表示法。顧名思義，陣列表示法在運算陣列時更方便，但指標表示法也有其優點。
- ◆ 在第 8 章宣告自己的函數時，你會看到在函數中廣泛地運用指標，存取儲存於函數之外的一大塊資料，諸如陣列等。
- ◆ 指標是同名異式或多型（*polymorphism*）運作的基礎。同名異式可能是為物件導向程式設計提供的最重要的功能。在第 14 章會繼續討論同名異式。

▌**附註**　列表中的最後兩項同樣適用於參考─C++ 的語言架構在許多方面很類似指標。在本章結尾會討論參考。

▌指向 char 型態的指標

型態為 "指向 char 之指標" 的變數有一點有趣的性質，它可用字串字面值來初值化的。例如，宣告並初值化此類指標的敘述是：

```
char* pproverb {"A miss is as good as a mile."};      // Don't do this!
```

這看起來很像是初值化 char 陣列，但是你不應該從表面來判斷，它是不一樣的。此敘述將根據雙引號中的字串，產生以空字元結尾的字串字面值（事實上是 const char 型態的陣列），並將此字串字面值的第一個字元的位址存在指標 pproverb，如圖 6-3 所示：

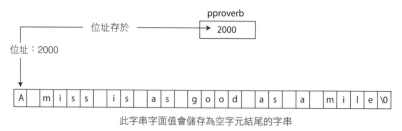

▲ 圖 6-3 初值化 char* 型態的指標

不幸的是，事實不是如表面看到的。字串字面值的形態是 const，但是指標的型態不是。此敘述不會產生可修改的字串字面值副本，它只是儲存第一個字元的位址。這意思是若你撰寫一些程式碼試圖修改字串，如下面的敘述欲修改第一個字元為 'X'：

```
*pproverb = 'X';
```

有些編譯器不會產生抱怨，因為它看不到錯誤。指標 pproverb 沒有宣告為 const，所以編譯器很高興。使用某些編譯器，會得到一個警告，那就是從 const char* 型態轉換為 char* 型態的不適用轉換。在某些環境中，執行程式時會出現錯誤，導致程式當掉。在其他環境中，敘述什麼也不做，這大概也不是必需的或預期的。這樣做的原因是，在記憶體中的字串字面值仍是常數，而且你不可以修改之。

你有充分的理由懷疑為何編譯器允許你在宣告時，將 const 值指定至非 const 型態，而導致這些問題。這原因是字串字面值在 C++ 標準出版時才變成常數，有許多舊式的程式碼仍使用這種 "不正確" 的指定。這種用法是不對的，而此問題的正確解法是將指標宣告如下：

```
const char* pproverb {"A miss is as good as a mile."};      // Do this instead!
```

此敘述宣告 pproverb 指向 const char* 型態，所以會與字串字面值的型態一致。關於 const 和指標有更多要討論，所以在本章稍後會回到這個主題。現在我們先來看看如何使用 const char* 型態的變數。這是範例 Ex5_11.cpp "幸運之星" 的新版本，使用指標而不是陣列：

```cpp
// Ex6_03.cpp
// Initializing pointers with strings
#include <iostream>

int main()
{
  const char* pstar1 {"Fatty Arbuckle"};
  const char* pstar2 {"Clara Bow"};
  const char* pstar3 {"Lassie"};
  const char* pstar4 {"Slim Pickens"};
  const char* pstar5 {"Boris Karloff"};
  const char* pstar6 {"Mae West"};
  const char* pstar7 {"Oliver Hardy"};
  const char* pstar8 {"Greta Garbo"};
  const char* pstr {"Your lucky star is "};

  std::cout << "Pick a lucky star! Enter a number between 1 and 8: ";
```

```
size_t choice {};
std::cin >> choice;

switch (choice)
{
case 1: std::cout << pstr << pstar1 << std::endl; break;
case 2: std::cout << pstr << pstar2 << std::endl; break;
case 3: std::cout << pstr << pstar3 << std::endl; break;
case 4: std::cout << pstr << pstar4 << std::endl; break;
case 5: std::cout << pstr << pstar5 << std::endl; break;
case 6: std::cout << pstr << pstar6 << std::endl; break;
case 7: std::cout << pstr << pstar7 << std::endl; break;
case 8: std::cout << pstr << pstar8 << std::endl; break;
default: std::cout << "Sorry, you haven't got a lucky star." << std::endl;
  }
}
```

輸出和 Ex5_11.cpp 相同。

原來範例中的陣列已用 8 個指標取代，pstar1 至 pstar8，每個用一個名字作初值化。同時宣告一個額外的指標 pstr，其初值使用在標準輸出的開端片語，因為所有指標都指向字串字面值，所以都將它們宣告為 const。

因為指標是分散的，所以用 switch 敘述選擇適當的輸出訊息，比原版的 if 更簡單。當輸入不正確的值時，都由 switch 的 default 處理。

輸出指標所指之字串並沒有比陣列更簡單。就如你所看到的，只需用指標名稱。現在也許你會注意到 cout 的插入運算子 << 以不同的方式處理指標，視指標所指的型態而定。在 Ex6_02.cpp，你有這一個敘述：

```
std::cout << "The net price for " << *pcount
          << " items is $" << net_price << std::endl;
```

若這裡沒有解參考 pcount，則輸出 pcount 中包含的位址。因此，必須解除對數值型態的指標之參考，才能輸出它所指向的值。而將插入運算子應用於未解參考的 char 型態指標時，該指標包含以空字元字串結尾的位址。若輸出一個指向 char 型態的解參考指標，該位址的字元會被寫入 cout。如以下範例：

```
std::cout << *pstar5 << std::endl;          // Outputs 'B'
```

指標陣列

那麼在 Ex6_03.cpp 中學到了什麼？使用指標消除了 Ex5_11 中的記憶體浪費。因

為每個字串現在只佔用所需的位元組。然而這個程式現在有點冗長，若你在想
"一定有更好的方法"，你是對的。可以使用指標陣列：

```cpp
// Ex6_04.cpp
// Using an array of pointers
#include <iostream>
#include <array>              // for std::size()

int main()
{
  const char* pstars[] {
                        "Fatty Arbuckle", "Clara Bow",
                        "Lassie", "Slim Pickens",
                        "Boris Karloff", "Mae West",
                        "Oliver Hardy", "Greta Garbo"
                       };

  std::cout << "Pick a lucky star! Enter a number between 1 and "
            << std::size(pstars) << ": ";
  size_t choice {};
  std::cin >> choice;

  if (choice >= 1 && choice <= std::size(pstars))
  {
    std::cout << "Your lucky star is " << pstars[choice - 1] << std::endl;
  }
  else
  {
    std::cout << "Sorry, you haven't got a lucky star." << std::endl;
  }
}
```

此範例幾乎是所有可能解法中最好的。我們有一個一維的 char 指標陣列，其宣
告方式由編譯器根據初值字串的個數決定陣列的大小。此敘述所產生的記憶體
配置如圖 6-4 所示。

Ex5_11 中的 char 陣列，每列必須至少有最長字串的長度，如此會浪費許多的
位元組。圖 6-4 清楚說明透過分別配置所有字串，這在 Ex6_04 中不再是問題。
當然，你確實需要一些額外的記憶體來儲存字串的位址，通常每個字串指標需
要 4 或 8 位元組。因為在我們的例子中，字串長度的差異還沒有那麼大，我們
可能實際上還沒有得到很多（甚至相反）。但是，一般來說，與字串本身所需
的記憶體相比，額外指標的成本通常可以忽略不計。即使對於我們的測試程式

來說,這也不是完全不可想像的。例如,若要加入以下名稱作為第九種選擇:
"Rodolfo Alfonso Raffaello Pierre Filibert Guglielmi di Valentina d'Antonguolla"
(默劇時期的電影明星)!

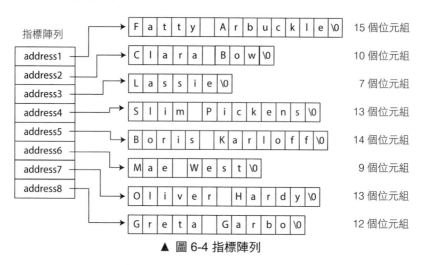

▲ 圖 6-4 指標陣列

指標不只是可以節省空間,在許多情況下亦可節省時間。例如若你要交換
"Greta Garbo" 和 "Mae West",這是對字串做字母排序的典型操作。利用上述
的指標陣列,你只需交換指標—字串本身並不需移動。若字串存在 char 陣列,
則必須做許多複製。我們需要將 "Greta Garbo" 複製到暫存的位址,這些操作
需要許多的電腦執行時間,這理論在 string 物件同樣成立。使用指標陣列的程
式碼與使用 char 陣列的程式碼類似,用相同的計算方法,以陣列元素的個數檢
查輸入的選擇是否為有效。

■ **附註** 在強調指標陣列的一些優點時,我們可能對 const char*[] 陣列的使用過
於樂觀。只要知道編譯時字串的確切數量,並且所有字串都是由字面值宣告的,這
種方法就可以很好地運作。然而,在實際應用程式中,你更可能從使用者輸入或檔
案收集可變數量的字串。使用一般的字元陣列會很快變得非常麻煩和不安全。在下
一章中,會有更高階的字串型態 std::string,它比普通的 char* 陣列更安全,當
然更適合更高階的程式。首先,std::string 物件被設計成與標準容器完全相容,
允許完全動態和完全安全的 std::vector<std::string> 容器!

常數指標和指向常數的指標

在之前 Ex6_04.cpp 的 "幸運之星" 程式中，將陣列使用 const 關鍵字宣告，我們可以確定編譯器將會挑出，所有嘗試修改 pstars 陣列元素所指向字串的敘述：

```
const char* pstars[] {
                       "Fatty Arbuckle", "Clara Bow",
                       "Lassie", "Slim Pickens",
                       "Boris Karloff", "Mae West",
                       "Oliver Hardy", "Greta Garbo"
                     };
```

在此宣告中，我們將 pstars 陣列之元素所指向 char 元素宣告為常數。編譯器會禁止對它們做直接的修改，所以編譯器對於下面的敘述會產生錯誤訊息，免於在執行期產生嚴重的問題：

```
*pstars[0] = 'X';                // Will not compile...
```

但是下面的敘述仍是合法的，將指定運算子右邊元素所含的位址複製到左邊的元素：

```
pstars[5] = pstars[6];           // OK
```

這本來應得到 West 女士，現在會取得 Hardy 先生，因為這兩個指標都指向相同的字串。注意，這敘述並未改變指標陣列元素所指向的內容—只改變了其中儲存的位址，所以並未違反 const 的規定。

實際上我們可以禁止這種改變，如下面的敘述：

```
const char* const pstars[] {
                             "Fatty Arbuckle", "Clara Bow",
                             "Lassie", "Slim Pickens",
                             "Boris Karloff", "Mae West",
                             "Oliver Hardy", "Greta Garbo"
                           };
```

用額外的 const 宣告常數指標（constant pointer），現在指標和其所指的字串都宣告為常數，所以此陣列沒有任何內容可以修改了。

從指標陣列開始可能有點複雜，因為理解不同的選項很重要，讓我們再次使用一個基本的非陣列變數指向一位明星，如下面的宣告：

```
const char* my_favorite_star{ "Lassie" };
```

這宣告了一個包含元素的陣列，意味著編譯器不會讓你把 Lassie 重新命名為
Lossie：

```
my_favorite_star[1] = 'o';        // Error: my_favorite_star[1] is const!
```

但是，my_favorite_star 的宣告並不會阻止改變更喜歡哪個明星的想法。這
是因為 my_favorite_star 本身不是常數。換句話說，可以隨意覆寫儲存在 my_
favorite_star 中的指標值，只要使用參考 const char 元素的指標來覆寫它：

```
my_favorite_star = "Mae West";    // my_favorite_star now points to "Mae West"
my_favorite_star = pstars[1];     // my_favorite_star now points to "Clara Bow"
```

若不允許這樣的指定，必須加入第二個 const 來保護 my_favorite_star 變數的
內容：

```
const char* const forever_my_favorite{ "Oliver Hardy" };
```

總而言之，使用 const 的指標可區分成三種狀況：

◆ **指向常數的指標**（*A pointer to a constant*）。意思是指標所指向的內容不可
修改，但是可指定指標指向其他位址：

```
const char* pstring {"Some text that cannot be changed"};
```

當然這亦可用於其他型態的指標。例如：

```
const int value {20};
const int* pvalue {&value};
```

value 是一個常數不能修改。pvalue 是一個指向常數的指標，所以可用
來儲存 value 的位址。你不可將 value 的位址儲存於指向非 const 的指標
（因為這樣隱含你可透過指標修改常數），但是你可將非 const 變數的位
址存在 pvalue。對於後者的情況，若透過指標修改變數將是不合法的。
一般而言，此種形式可加強 const 的特性，但是會削弱指標的功能。

◆ **常數指標**（*A constant pointer*）：這種形式是存在指標的位址不可改變，所
以此類指標只可指向其初值化的位址。但是在此位址中的內容不是常數，
而且可以修改。我們用數字的範例來說明常數指標，假設我們宣告整數
變數 data 和常數指標 pdata：

```
int data {20};
int* const pdata {&data};
```

此敘述將指標 pdata 宣告為 const，所以它只可以指向 data，若欲將它
指向另一個 int 變數，則編譯器會產生錯誤訊息。而 data 的內容不是

const，所以可以任意修改其內容。

```
*pdata = 25;                  // Allowed, as pdata points to a non-const int
```

若 data 宣告為 const，則不能使用 &data 初值化 pdata。pdata 只能指向非 const 的 int 變數。

◆ **指向常數的常數指標**（*A constant pointer to a constant*）。這意思是將存在指標的位址和指標所指向的內容都宣告為常數，所以兩者都不可修改。以數字為例，宣告 value 為：

```
const float value {3.1415f};
```

value 現在是常數，不可修改之。亦可用 value 的位址初值化指標：

```
const float* const pvalue {&value};
```

pvalue 是一個指向常數的常數指標，所以無法改變 pvalue 所指的內容，而且也無法改變其所含的位址。

▌**提示** 在一些罕見的情況下，甚至需要更複雜的型態，例如指向指標的指標。一個實務的提示是，可以從右到左讀取所有型態名稱。這樣做的時候，把每個星號都看成 "指向"。看一下這個變數宣告的變形—這也是一個合法的變數：

```
float const * const pvalue {&value};
```

從右向左讀取，就會發現 pvalue 實際上是指向 const float 的 const 指標。這個技巧很有用（即使在本章後面的參考）。可以試著使用本節中的其他宣告。唯一的額外複雜性是第一個 const 通常是寫在元素型態之前。

```
const float* const pvalue {&value};
```

因此，當從右向左讀取型態時，通常仍然需要與元素型態交換 const。不過，這應該不難記住。畢竟 "指向 float const 的 const 指標" 沒有相同的語氣！

▌ 指標和陣列

指標和陣列名稱兩者之間有很親密的關係。因為有許多狀況可將陣列名稱當指標來使用。就目前我們所知的內容，在輸出敘述中可將陣列名稱本身視為指標。若你只用陣列名稱（不是 char 型態的陣列）輸出此陣列，則你只會看到陣列在記憶體中的十六進位的位址。依此結果而言，陣列名稱的行為就像指標，你可用來初值化指標。例如：

```
double values[10];
double* pvalue {values};
```

此敘述將陣列 values 的位址存在指標 pvalue。雖然陣列名稱表示位址，但它不是指標。你可修改指標所儲存的位址，但是陣列名稱所指向的位址是固定的。

指標運算

你可在指標上執行數學運算以改變其所含的位址。以數學運算子而言，只可用加法和減法，而且可對指標作比較產生邏輯結果。加法所能做的是將整數值（或是結果為整數的運算式）加到指標，加法的結果仍是一個位址。最後是可利用兩個指標的差，這是一個整數而不是位址。此外在指標上就沒有其他合法的運算了。

指標的運算方式很特別，若指標的運算敘述如下：

```
++pvalue;
```

此敘述將指標加 1，此處你如何使用指標加 1 是沒有關係的—你可用指定或 += 運算子，所以此敘述的結果與下面的敘述相同。

```
pvalue += 1;
```

儲存在指標的位址不會與一般的數學結果一樣增加 1。指標運算的隱含假設是指標指向一個陣列。編譯器知道儲存一個陣列元素所需的位元組數，所以指標加 1 就是將指標的位址增加該位元組數。換言之，指標加 1 就是將指標移到陣列的下一個元素。例如，若 pvalue 是 "指向 double 型態的指標"，和前面的宣告一樣，編譯器會配置 8 個位元組給 double 型態的變數，所以 pvalue 所含的位址會增加 8。以圖 6-5 說明如下。

如圖 6-5 所示，pvalue 的起始位址對應於陣列的開始處，加 1 至 pvalue 等於將它所含的位址加 8，所以結果是陣列的下一個元素。接著指標增加 2 等於將指標移動 2 個元素。當然 pvalue 不一定要指向陣列的開始處，我們可將陣列的第三個元素的位址指定給指標，敘述如下：

```
pvalue = &values[2];
```

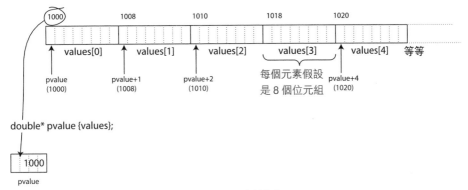

▲ 圖 6-5 遞增指標

在此敘述之後，運算式 pvalue + 1 會求出 values[3] 的位址，使此指標直接指向陣列 values 第四個元素的敘述是：

pvalue += 1;

此敘述會將 pvalue 所含的位址，增加陣列 values 一個元素的位元組。一般而言，若 n 是任何整數的運算式，而 pvalue 的型態是 "指向 double 型態的指標"，所以運算式 pvalues + n 產生之值，等於將運算式 n * sizeof（double）之值加到 pvalue 所含的位址。

同樣的亦可將指標減去一個整數。若 pvalue 含有 values[2] 的位址，運算式 pvalue – 2，會求出此陣列第一個元素 values[0] 的位址。換言之，遞增或遞減指標的運作與其所指的元素型態有關。若將指向 long 之指標加 1，會將其內容改變成指向下一個 long 位址，亦即將位址加上 sizeof（long）個位元組。若將指標減 1 就是將所含的位址減去 sizeof（long）。

對指標做完數學運算後，當然可對其解參考（否則這些計算就沒有多大的意義了）。例如，看到下面的敘述：

*(pvalue + 1) = *(pvalue + 2);

假設 pvalue 仍指向 values[3]，敘述等於：

values[4] = values[5];

如 pvalue + 1 的運算式不會改變 pvalue 中的位址。它只是一個運算式，其結果與 pvalue 型態相同。另一方面，運算式 ++pvalue 和 pvalue += n **確實**改變了 pvalue。

當你遞增指標所含的位址之後，若欲解參考，則括號是必要的，因為間接運算子的優先權高於數學運算子 + 和 -。運算式 *pvalue + 1 將 1 加到儲存在 pvalue 中包含位址的值，這等於執行 values[3] + 1。而且這結果是數字值，並非位址，故在上式的指定敘述會引起編譯器產生錯誤訊息。

當然，若你使用指標所包含的不正確的位址（如位址超出其所指之陣列範圍）來儲存值，則將會覆寫該位址的內容，這一般會導致大災難，使你的程式以某一種方式失敗。導致問題的原因是誤用指標，但不是很明顯。

兩個指標的差

你可將兩個指標相減，當它們型態相同並指向同一陣列時，這相減才有意義。假設有一個 long 型態的一維陣列 numbers，其宣告如下：

```
long numbers[] {10, 20, 30, 40, 50, 60, 70, 80};
```

宣告並初值化兩個指標變數：

```
long *pnum1 {&numbers[6]};          // Points to 7th array element
long *pnum2 {&numbers[1]};          // Points to 2nd array element
```

現在可計算這兩個指標的差：

```
auto difference {pnum1 - pnum2};    // Result is 5
```

變數 difference 會設成 5，因為兩個位址之差是以元素為單位，而不是位元組。仍有一個問題，difference 的型態是什麼？它應該是一個有號整數型態，來適應下面的敘述：

```
auto difference2 {pnum2 - pnum1};   // Result is -5
```

指標變數，如 pnum1 和 pnum2，的大小會根據使用的平台而有差異—通常是 4 或 8 位元組。這代表儲存指標位移量所需的位元組，是依平台而有所不同。因此，C++ 規定，減去兩個指標會得到 std::ptrdiff_t 型態的值，這是 cstddef 標頭宣告的有號整數型態之一的特定平台之型態別名。所以：

```
std::ptrdiff_t difference2 {pnum2 - pnum1};    // Result is -5
```

根據平台的不同，std::ptrdiff_t 通常是 int、long 或 long long 的別名。

比較指標

可以使用熟悉的 ==、!=、<、>、<= 和 >= 運算子安全地比較相同型態的指標。
這些比較的結果當然會與你對指標和整數運算的直覺一致。使用與以前相同
的變數，運算式 pnum2 < pnum1 將因此計算為 true，以及 pnum2 - pnum1 < 0 和
（pnum2 - pnum1 = -5）。換句話說，指標在陣列中指向的越遠，或者它指向的元
素的索引越高，指標就越大。

採用陣列名稱的指標表示法

我們可將陣列名稱當作指標使用，對陣列元素作定址運算。若有一個一維陣列
的宣告如下：

```
long data[5] {};
```

則使用指標表示法參考元素 data[3] 的敘述為 *（data + 3）。這種表示法可作一
般性的使用，所以對應於元素 data[0]、data[1]、data[2]，…的指標表示法是
data、（data + 1）、*（data + 2）等等。陣列名稱 data 本身是陣列的起始位
址，所以運算式如 data+2 是產生離第一個元素有兩個元素遠的位址。

採用陣列名稱的指標表示法，和索引值表示法的使用方式一樣—用於運算式
中，或是指定敘述的左邊。你可用下面的迴圈指定陣列 data 為偶數：

```
for (size_t i {}; i < std::size(data); ++i)
{
  *(data + i) = 2 * (i + 1);
}
```

運算式 *(data + i) 會參考陣列的連續元素。*(data + 0) 對應於 data[0]，
*(data + 1) 對應於 data[1] 等依此類推。這迴圈會將陣列元素值設為 2、4、
6、8 和 10。若欲計算陣列的元素和，則程式碼是：

```
long sum {};
for (size_t i {}; i < std::size(data); ++i)
{
  sum += *(data + i);
}
```

我們以實際範例來更了解它的意義。這個範例計算質數（質數是只能被 1 與自己整除的整數），以下是程式碼：

```cpp
// Ex6_05.cpp
// Calculating primes using pointer notation
#include <iostream>
#include <iomanip>

int main()
{
  const size_t max {100};              // Number of primes required
  long primes[max] {2L};               // First prime defined
  size_t count {1};                    // Count of primes found so far
  long trial {3L};                     // Candidate prime

  while (count < max)
  {
    bool isprime {true};               // Indicates when a prime is found

    // Try dividing the candidate by all the primes we have
    for (size_t i {}; i < count && isprime; ++i)
    {
      isprime = trial % *(primes + i) > 0; // False for exact division
    }

    if (isprime)
    {                                  // We got one...
      *(primes + count++) = trial;     // ...so save it in primes array
    }
    trial += 2;                        // Next value for checking
  }

  // Output primes 10 to a line
  std::cout << "The first " << max << " primes are:" << std::endl;
  for (size_t i{}; i < max; ++i)
  {
    std::cout << std::setw(7) << *(primes + i);
    if ((i+1) % 10 == 0)                // Newline after every 10th prime
      std::cout << std::endl;
  }
  std::cout << std::endl;
}
```

此程式的輸出如下：

```
The first 100 primes are:
     2       3       5       7      11      13      17      19      23      29
    31      37      41      43      47      53      59      61      67      71
    73      79      83      89      97     101     103     107     109     113
   127     131     137     139     149     151     157     163     167     173
   179     181     191     193     197     199     211     223     227     229
   233     239     241     251     257     263     269     271     277     281
   283     293     307     311     313     317     331     337     347     349
   353     359     367     373     379     383     389     397     401     409
   419     421     431     433     439     443     449     457     461     463
   467     479     487     491     499     503     509     521     523     541
```

常數 max 宣告要產生的質數。primes 陣列儲存程式開始所定義的第一個質數。變數 count 記錄找到了多少個質數,因此初值化為 1。

變數 trial 儲存下一個要檢查的數字,從 3 開始,因為會在接下來的迴圈中遞增。bool 變數 isprime 是一個旗標,表示存在 trial 的數字是否為質數。

所有的工作都在兩個迴圈中完成:外部的 while 迴圈挑選下一個要檢查的數字,而且若是質數則將數字加入 primes 陣列;而內層迴圈實際上是檢查候選字是否為質數。外層迴圈會一直執行直到填滿陣列 primes 為止。

迴圈中的演算法非常簡單,其原理是任何不是質數的數字,一定可以被較小的質數整除。我們以遞增的順序找出質數,所以任何時刻陣列 primes 所含的質數,都會小於目前的候選數字。若我們所有的質數都不能整除此候選數字,則此候選數字一定是質數。

```
// Try dividing the candidate by all the primes we have
  for (size_t i {}; i < count && isprime; ++i)
  {
    isprime = trial % *(primes + i) > 0;     // False for exact division
  }
```

在此迴圈中,isprime 指定為運算式 trial % * (primes + i) >0 之值。此運算式找出 trial 除以存在 primes + i 之質數的餘數。若餘數是正數,則結果為 true。若 i 之值達到 count,或 isprime 之值為 false 時,迴圈會結束。若陣列 primes 中的質數可以整除 trial,則 trial 不是質數,所以迴圈結束。若這些質數無法整除 trial,則 isprime 都是 true,當 i 之值為 count 時迴圈結束。

▌ **附註**　事實上，只需要測試小於等於檢查數字開根號之值的質數即可。所以此範例的效率不是很好。

內層迴圈結束後，不管是因為 isprime 為 false，或是已經檢查完陣列 primes 的所有質數，我們都必須決定 trial 之值是否為質數。從 isprime 之值即可看出，故在 if 敘述中檢查此值：

```
if (isprime)
  {                                  // We got one...
  *(primes + count++) = trial;   // ...so save it in primes array
  }
```

若 isprime 之值為 false，則有一個除法是整除的，因此 trial 不是質數。若 isprime 為 true，則將 trial 儲存在 primes[count]，然後用後置遞增運算子將 count 值加 1。當找到 max 個質數時，外部 while 迴圈結束，這些質數會被 for 迴圈的敘述輸出，每行顯示 10 個數字，每個數字的欄位寬是 10 個字元。

▌動態記憶體配置

我們目前寫過的程式碼都是在編譯期配置資料空間。最值得注意的例外是，當使用 std::vector<> 容器時，它會動態地配置它容納元素所需的所有記憶體。除此之外，你已經預先指定了程式碼中需要的所有變數和陣列，無論是否需要整個陣列，程式啟動時都將配置這些變數和陣列。

動態記憶體配置（*dynamic memory allocation*）是在執行時，配置儲存正在處理的資料所需的記憶體，而不是在編譯程式時預宣告記憶體數量。在執行過程中，你可以更改程式配置給它的記憶體量。在宣告上，動態配置的變數不可在編譯期宣告，所以不可在原始碼中替它們命名。當你動態配置記憶體時，回應你的需求所配置的空間要用其位址識別之。儲存位址最明顯（而且唯一）的地方是指標。在 C++ 中由於指標和動態記憶體管理工具的威力，寫入這種彈性於程式是相當快而簡單的。可以在應用程式需要時將記憶體加到應用程式中，然後在完成之後，釋放已獲得的記憶體。因此，隨著程式的進行，專用於應用程式的記憶體量可以增加或減少。

回到第 3 章，我介紹過三種變數的存在期—自動、靜態和動態—並討論前兩種變數如何產生。在執行時為其配置記憶體的變數一定都屬於動態存在期。

堆疊和自由空間

你知道自動變數是在執行其宣告時建立的。自動變數的空間配置在稱為**堆疊**（*stack*）的記憶體區域中。堆疊的大小由編譯器決定。儘管很少用到，但通常有一個編譯器選項允許你更改堆疊大小。在宣告自動變數的區塊的結尾，為堆疊上的變數配置的記憶體被釋放，因此可以自由地重新使用。當呼叫一個函數時，傳遞給該函數的參數將儲存在堆疊中，以及在函數執行結束時回傳的位址。

在大部分的情況下，當你的程式在執行時，電腦中都會有未用的記憶體。在 C++ 中，未用的記憶體稱為**自由空間**（*free store*）[1]。你可利用 C++ 的特殊運算子，從自由空間中配置空間，給特定型態的變數，此運算子會回傳配置空間的位址。此運算子是 new，其互補的運算子是 delete，這是釋放先前由 new 配置的記憶體。new 和 delete 都是關鍵字，所以不能將它們用於其他目的。

你可在程式的某一處從自由空間配置空間給變數，然後在用完此變數後就釋放此空間，並將它歸還給自由空間。如此同一程式才可在稍後重新動態配置給其他變數，使記憶體可再利用。這方式非常有效率地使用記憶體，而且在許多狀況下，這程式因此可以處理更大的問題，包括比正常情況多出很多資料的時候。

當你使用 new 為變數配置空間時，將在自由空間中建立該變數。該變數將保留給你，直到它所佔用的記憶體被 delete 運算子釋放。在使用 delete 釋放變數之前，為變數配置的記憶體區塊，不能再被 new 的後續呼叫使用。注意，無論你是否仍然記錄它的位址，記憶體都將繼續被保留。如果不使用 delete 來釋放記憶體，則在程式執行結束時將自動釋放記憶體。

1　自由空間有時稱為**堆積** *(heap)*。事實上，這個詞可能比自由空間更常見。儘管如此，有些人認為堆積和自由空間是不同的記憶體。從他們的角度來看，C++ 的 new 和 delete 運算子運作自由空間，而 C 的記憶體管理功能，如 malloc 和 free 運作堆積。雖然我們在這個技術、術語的爭論中沒有任何立場，但是在本書中我們會使用術語 "自由空間"，因為這也是 C++ 標準所使用的。

使用 new 和 delete 運算子

假設你需要一個 double 型態的變數空間，則可以宣告指向 double 型態的指標，並在執行期要求配置記憶體。使用 new 的敘述如下：

```
double* pvalue {};          // Pointer initialized with nullptr
pvalue = new double;        // Request memory for a double variable
```

這裡要再提醒一次，*所有的指標都應初值化*。動態使用記憶體一般會包含許多到處浮動的指標，所以這些指標不應含有錯誤值是很重要的。當指標所含的位址可能是不合法時，則應確保指標包含 nullptr。

上面的第二行敘述中，運算子 new 會回傳從自由空間中，配置給 double 變數的記憶體位址，而且此位址會存在指標 pvalue。我們可以用此指標，藉著間接運算子參考此變數，例如：

```
*pvalue = 3.14;
```

當然在極端的情況下，記憶體的配置也許會失敗，因為自由空間可能已經用完了。另一種情況是因先前的使用，而導致自由空間成片片斷斷，也就是說在自由空間中沒有足夠的連續位元組數，可以儲存你要配置的變數。這不可能發生在儲存 double 值的空間，而是當你處理的資料項很多時，諸如陣列或是複雜的類別物件。很顯然的，這些都是我們需要考慮的，但是在此時，假設都可順利取得我們要求的記憶體空間。在第 17 章討論異常（*exception*）時，會再回到這個主題。

你可初始在自由空間建立的變數，以上述的範例為例：用 new 配置 double 變數，其位址存在 pvalue。我們在它產生時將初始值設為 3.14，如以下敘述所示：

```
pvalue = new double {3.14};      // Allocate a double and initialize it
```

還可以在自由空間中建立和初值化該變數，並在建立該變數時使用其位址初始化指標：

```
double* pvalue {new double {3.14}}; // Pointer initialized with address in the free store
```

這將建立指標 pvalue，為自由空間中的一個 double 變數配置空間，使用 3.14 初始自由空間中的變數，並使用變數的位址初始 pvalue。

以下程式碼將 pvalue 指向的 double 變數初始為 zero（0.0）：

```
double* pvalue {new double {}}; // Pointer initialized with address in the free store
                               // pvalue points to a double variable initialized with 0.0
```

不過，請注意與下面敘述的區別：

```
double* pvalue {};        // Pointer initialized with nullptr
```

當你再也不需要這個動態配置的變數時，你可用運算子 delete 釋放此變數佔用的記憶體：

```
delete pvalue;            // Release memory pointed to by pvalue
```

這可保證此記憶體可再被另一個變數使用，若你沒有使用 delete，而且之後你將不同的位址存於指標 pvalue 時，就再也不可能釋放原來的記憶體位址或使用它所含的變數，因為此位址已經遺失。有一點很重要，delete 運算子釋放記憶體單不會改變指標值。在上面的敘述之後，pvalue 仍含有先前配置之記憶體的位址，但是此記憶體現在已經釋放，也可能馬上配置給其他資料—可能是給另一個程式。要避免使用含有錯誤位址之指標的危險，除非你會再對它指定新位址，或是它會離開範疇，否則當你釋放記憶體時，應該重設指標。此工作的敘述應是：

```
delete pvalue;            // Release memory pointed to by pvalue
pvalue = nullptr;         // Reset the pointer
```

pvalue 不指向任何東西。指標不能用於存取已釋放的記憶體。使用包含 nullptr 的指標，來儲存或搜尋資料將立即終止程式，這比程式以不可預知的方式使用無效資料要好得多。

■ 提示　對包含 nullptr 的指標變數使用 delete 是完全安全的。這樣的話，該宣告就完全沒有效果了，因此，沒有必要使用下列的 if 測試：

```
if (pvalue)               // No need for this test: 'delete nullptr' is harmless!
{
  delete pvalue;
  pvalue = nullptr;
}
```

陣列的動態配置

配置記憶體給陣列是很簡單的，例如，為一個 100 個 double 型態值的陣列配置記憶體，並將其位址存在 data 中。

```
double* data {new double[100]};              // Allocate 100 double values
```

一如既往，該陣列的記憶體包含未初值化的垃圾值。當然，你可以初始動態陣列的元素，就像初始一般陣列一樣：

```
double* data {new double[100] {}};           // All 100 values are initialized to 0.0
int* one_two_three {new int[3] {1, 2, 3}}; // 3 integers with a given initial value
float* fdata{ new float[20] { .1f, .2f }}; // All but the first 2 floats are initialized to 0.0f
```

但是與一般陣列不同，編譯器不能推斷陣列的維度。因此，下面的宣告在 C++ 中是無效的：

```
int* one_two_three {new int[] {1, 2, 3}};  // Does not compile!
```

要從自由空間中刪除陣列，需要使用一個類似於 delete 的運算子，但是這次 delete 運算子後面必須加上 []：

```
delete[] data;                               // Release array pointed to by data
```

此處的中括號是重要的，它們表示我們正在刪除的是一個陣列。當從自由空間中刪除陣列時，你都應使用中括號，否則結果將無法預測。注意，你沒有指定任何維度，只是 []。原則上如果願意的話，也可以在 delete 和 [] 之間加空格：

```
delete [] fdata;                             // Release array pointed to by data
```

當然我們還要重設指標，因為現在它已不能再指向我們曾經擁有的記憶體了：

```
data = nullptr;                              // Reset the pointer
```

我們可以實際來看看這些運作。像 Ex6_05 一樣，這個程式計算質數。關鍵的區別在於，這一次質數的數量沒有寫死在程式中。相反地，使用者在執行時輸入要計算的質數，以及配置的元素個數。

```
// Ex6_06.cpp
// Calculating primes using dynamic memory allocation
#include <iostream>
#include <iomanip>
#include <cmath>                             // For square root function

int main()
```

```cpp
{
  size_t max {};                              // Number of primes required

  std::cout << "How many primes would you like? ";
  std::cin >> max;                            // Read number required

  if (max == 0) return 0;                     // Zero primes: do nothing

  auto* primes {new unsigned[max]};           // Allocate memory for max primes

  size_t count {1};                           // Count of primes found
  primes[0] = 2;                              // Insert first seed prime

  unsigned trial {3};                         // Initial candidate prime

  while (count < max)
  {
    bool isprime {true};                      // Indicates when a prime is found

    const auto limit = static_cast<unsigned>(std::sqrt(trial));
    for (size_t i {}; primes[i] <= limit && isprime; ++i)
    {
      isprime = trial % primes[i] > 0;        // False for exact division
    }
      if (isprime)                            // We got one...
        primes[count++] = trial;              // ...so save it in primes array
      trial += 2;                             // Next value for checking
  }

  // Output primes 10 to a line
  for (size_t i{}; i < max; ++i)
  {
    std::cout << std::setw(10) << primes[i];
    if ((i + 1) % 10 == 0)                    // After every 10th prime...
      std::cout << std::endl;                 // ...start a new line
  }
  std::cout << std::endl;

  delete[] primes;                            // Free up memory...
  primes = nullptr;                           // ... and reset the pointer
}
```

輸出基本上與前一個程式相同,所以這裡不再重複它。總體而言,這程式和前一版非常類似。從鍵盤讀入質數個數,並儲存在 int 變數 max,我們用運算子 new 在自由空間中配置該大小的陣列。new 回傳的位址存在指標 primes,這是有

max 個 unsigned(int) 元素之陣列的第一個元素的位址。

與 Ex06_05 不同，本程式中涉及質數陣列的所有敘述和運算式，都使用陣列表示法。只是因為這更簡單，也可以用指標表示法來表示：*primes = 2、*(primes + i)、*(primes + count++) = trial 等等。

在配置質數陣列，並插入第一個質數 2 之前，我們驗證使用者是否輸入數字 0。如果沒有這種安全措施，程式將把值 2 寫入超出配置陣列邊界之外的記憶體位址，會導致未宣告和潛在的災難性結果。

還請注意，與 Ex6_05.cpp 相比，改進了判斷候選數字是否為質數的方法。在測試中，將候選數字除以現有的質數，當該候選數字的平方根以內的質數被試過之後，就會停止，因此，尋找質數的速度會更快。由 cmath 標頭的 sqrt() 函數執行此計算。

當輸出所需的質數時，可以使用 delete[] 運算子從自由空間中刪除該陣列，不要忘記包含中括號，來表明要刪除的是一個陣列。下一個敘述會重設指標。雖然這裡沒有必要，但是養成在釋放指標指向的記憶體後，重設指標的習慣是有好處的。

當然，若使用在第 5 章的 vector<> 容器來儲存質數，則可以忘記元素的記憶體配置，並在完成時刪除它；這些都是由容器來處理的。實際上，應該使用 std::vector<> 來為你管理動態記憶體。事實上，本書中關於動態記憶體配置的範例和習題，可能是你仍然應該直接管理動態記憶體的最後幾個場合之一。我們會在本章後面詳細討論低階動態記憶體配置的風險、缺點和替代方案！

多維陣列

在上一章中，學到了如何建立多個靜態維度的陣列。我們使用的例子是這 3×4 多維陣列，來保存你在花園裡種的紅蘿蔔：

```
double carrots[3][4] {};
```

當然，作為一名全心狂熱的園丁，每年都要種紅蘿蔔，但數量和配置卻不盡相同，並不是三列四行。由於為每個新的播種季節重新編譯非常麻煩，讓我們看看如何以動態方式配置多維陣列。自然會嘗試這樣寫：

```
size_t rows {}, columns {};
```

```
std::cout << "How many rows and columns of carrots this year?" << std::endl;
std::cin >> rows >> columns;
auto carrots{ new double[rows][columns] {} };                    // Won't work!
...
delete[] carrots;              // Or delete[][]? No such operator exists though!
```

標準 C++ 不支援具有多個動態維度的多維陣列，至少不支援將其作為內建的語言特性。使用內建 C++ 型態最多只能得到陣列，其中第一個維度的值是動態的。如果喜歡把紅蘿蔔種在四個行中，C++ 允許你這樣寫：

```
size_t rows {};
std::cout << "How many rows, each of four carrots, this year?" << std::endl;
std::cin >> rows;
double (*carrots)[4]{ new double[rows][4] {} };
...
delete[] carrots;
```

但是，所需的語法實在是太糟糕了— *carrots 的括號是必須的—以致於大多數程式設計師都不熟悉它。但至少這是可行的。好消息是，從 C++11 開始，可以使用 auto 關鍵字完全避免這種語法：

```
auto carrots{ new double[rows][4] {} };
```

只要稍加努力，使用一般的一維動態陣列模擬完全動態的二維陣列也不是太難。畢竟，二維陣列即是一列陣列。在本範例中，另一種方法可以這樣寫：

```
double** carrots{ new double*[rows] {} };
for (size_t i = 0; i < rows; ++i)
    carrots[i] = new double[columns] {};
...
for (size_t i = 0; i < rows; ++i)
    delete[] carrots[i];
delete[] carrots;
```

carrots 陣列是一個 double* 指標的動態陣列，每個指標依次包含一個 double 值陣列的位址。後一個陣列表示多維陣列的列，也由第一個 for 迴圈一個一個地在自由空間中配置。處理完陣列後，必須使用第二個迴圈逐個釋放它的列，然後再處理 carrots 陣列本身。

考慮到設置這樣一個多維陣列，並再次將其分解所需要的程式碼數量，強烈建議將這種功能，封裝在一個可重複使用的類別中。在接下來的章節中，學會建立自己的類別型態之後，我們會把它留給你作為習題。

▊ **提示**　我們在這提出的表示動態多維陣列的技術，並不是最有效的。它在自由空間中分別配置所有列，這意味著它們在記憶體中可能不再是連續的。當在連續記憶體上操作時，程式往往執行得更快。這就是封裝多維陣列的類別，通常只配置一個由 rows*columns 元素組成的陣列，然後使用公式 i * columns + j，將陣列在第 i 列和第 j 行的存取映射到單個索引。

透過指標選擇成員

指標可以儲存類別型態的物件的位址，例如 vector<T> 容器。物件通常具有對物件進行運算的成員函數—例如，你看到 vector<T> 容器具有用於存取元素的 at() 函數和用於加入元素的 push_back() 函數。假設 pdata 是指向 vector<> 容器的指標。這個容器可以在自由空間中使用如下敘述配置：

```
auto* pdata {new std::vector{}};
```

但是它也可以是區域物件的位址，使用取址運算子獲得。

```
std::vector data;
auto* pdata = &data;
```

在這兩種情況下，編譯器推斷 pdata 的型態為 vector<int>*，這是一個 "指向 int 元素向量的指標"。對於下面的內容，無論 vector<> 是在自由空間中建立的，還是作為區域物件在堆疊中建立的，都沒有關係。要加入元素，需要為 vector<int> 物件呼叫 push_back() 函數，你已經看到了如何在表示向量和成員函數名稱的變數之間使用句點。要使用指標存取向量物件，可以使用解參考運算子，因此增加元素的敘述如下：

```
(*pdata).push_back(66);      // Add an element containing 66
```

圍繞 *pdata 的括號對於敘述的編譯是必不可少的，因為 . 運算子的優先權高於 * 運算子。這種看起來很笨拙的運算式，在處理物件時經常出現，這就是為什麼 C++ 提供了一個運算子，它結合了取消參考一個指向物件的指標，然後選擇物件的一個成員。可以這樣寫前面的敘述：

```
pdata->push_back(66);      // Add an element containing 66
```

運算子 -> 由一個減號和一個大於號組成，稱為箭頭運算子或間接成員選擇運算子。箭頭更能表達這裡發生的事情。在本書後面，會廣泛地使用這個運算子。

動態記憶體配置的缺點

當你使用 new 動態配置記憶體時，可能會遇到許多嚴重的問題。在本節中，我們會列出最常見的一些。不幸的是，這些危險都真實存在，任何使用過 new 和 delete 的開發人員都會證實這一點。作為一名 C++ 開發人員，你處理的大部分嚴重錯誤（bugs）通常歸結為對動態記憶體的管理不當。

在這一節中，我們將為你描繪一幅看似非常黯淡的畫面，充滿了動態記憶的各種缺點。在這一節之後，我們將列出一些經過驗證的習慣用法和工具，它們實際上可以幫助你輕易地避免大部分（如果不是全部的話）這些問題。實際上，你已經知道這樣一個工具：std::vector<> 容器。與直接使用 new[] 配置動態記憶體相比，這個容器幾乎總是更好的選擇。下一節將討論標準函式庫中，更好的管理動態記憶體的其他功能。但首先讓我們詳細討論所有這些可愛的風險、危險、陷阱以及與動態記憶相關的其他危險。

懸擺指標和多個釋放位址

如你所知，懸擺指標（*dangling pointer*）是一個指標變數，它仍包含已透過 delete 或 delete[] 釋放的儲存記憶體的位址。取消對懸擺指標的參考，會使你從程式的其他部分讀取或寫入記憶體，而這些記憶體可能已經配置給程式的其他部分，並被程式的其他部分使用，從而導致各種不可預知和意外的結果。當使用 delete 或 delete[] 第二次釋放一個已經釋放（因此是懸擺）的指標時，會發生釋放多個位址，導致另一個災難。

我們已經教會你一個基本的策略來防範懸擺指標，也就是說，在釋放指向的記憶體之後，都重設指標指向 nullptr。然而，在更複雜的程式中，程式碼的不同部分通常透過存取相同的記憶體—物件或物件陣列—透過相同指標的不同副本進行協作。在這種情況下，我們的策略很快就會失敗。程式碼的哪一部分將呼叫 delete/delete[] ？在什麼時候？也就是說，如何確保程式碼中沒有其他部分，仍用相同的動態配置記憶體？

配置 / 釋放不匹配

使用 new[] 配置的動態配置陣列，它用於一般指標變數中。但使用 new 配置的單一配置值也是如此：

```
int* single_int{ new int{123} };  // Pointer to a single integer, initialized with 123
int* array_of_ints{ new int[123] }; // Pointer to an array of 123 uninitialized integers
```

在此之後，編譯器無法區分這兩者，特別是當這樣的指標，傳遞到程式的不同部分時。這意味著下面兩條敘述編譯時不會出錯（在許多情況下甚至沒有警告）：

```
delete[] single_int;    // Wrong!
delete array_of_ints;   // Wrong!
```

若配置不匹配的釋放運算子，會發生什麼事，這完全取決於與實作的編譯器。但這不會有什麼好處。

■ **注意** 每個新操作必須與一個 delete 操作配對；每個新 [] 必須與 delete[] 配對。任何其他事件序列都會導致未宣告的行為或記憶體缺口（稍後會討論）。

記憶體缺口

當使用 new 或 new[] 配置記憶體，但未能釋放它時，就會發生記憶體缺口。若遺失了已配置的自由空間記憶體的位址，例如，透過覆蓋用於存取該位址的指標中的位址，就會出現記憶體缺口。這一般發生在迴圈中，並且比你想的更容易產生這種問題。這結果是你的程式會漸漸消耗光自由空間，程式可能會越來越慢，甚至在配置所有自由空間時出現錯誤。

當涉及到範疇時，指標就像任何其他變數一樣。指標的存活期從你在區塊中宣告它的位址，擴展到區塊的右括號。之後它就不存在了，所以它所包含的位址就不能存取。如果一個包含自由空間區塊位址的指標，超出了作用範疇，那麼就不可能再刪除該記憶體。

當記憶體的使用在接近配置記憶體的地方停止時，仍很容易看到你忘記使用 delete 來釋放記憶體，但你會發現程式設計師很常犯這樣的錯誤，例如，特別是若 return 敘述在配置和釋放變數之間。當然，在複雜的程式中更難以發現記憶體缺口，因為在複雜的程式中，記憶體可能配置在程式的一個部分中，應該在完全獨立的部分中釋放。

避免記憶體缺口的一個基本策略是，每次使用 new 運算子時，立即在適當的位址加入 delete。但這種策略絕不是萬無一失。我們再怎麼強調這一點也不為過：人類，甚至 C++ 程式設計師，都是易犯錯誤的生物。因此，無論何時直接操作動態記憶體，遲早都會有記憶體缺口。即使它在撰寫的時候是有效的，但是隨著程式的進一步發展，錯誤也經常會進入程式。加入 return 敘述、更改條件測試、拋出例外（請參閱第 15 章）等等。突然之間，記憶體不再被正確釋放！

自由空間的碎片

記憶體碎片會發生在經常配置和釋放記憶體的程式中。每次使用 new 運算子時，它都會配置一個連續的位元組區塊。若你產生並結束了許多不同大小的變數，則就有可能達到一種狀態：已配置的記憶體散佈在許多未用記憶體的小區塊之間，而沒有一個足夠大的區塊可容納程式（或是其他同時執行的程式），為了新的動態變數所要求的配置。整個未用的記憶體可能非常龐大，但是個別的區塊也許相當小─小到不足以應付目前的需求。圖 6-6 說明了記憶體碎片的影響。你的記憶體不再被正確釋放！

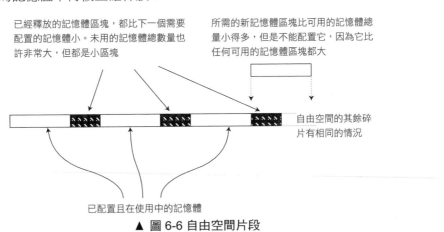

▲ 圖 6-6 自由空間片段

我們在這裡提到這個問題主要是為了完整起見，因為現在它出現的頻率相對較低。虛擬記憶體提供了很大的記憶體位址空間，即使是在非常普通的計算機上。new/delete 背後的演算法非常聰明，可以盡可能地抵消這些現象。只有在極少數情況下，你才需要再擔心片段問題。例如，對於程式碼中效能最關鍵的部分，在碎片記憶體上運行可能會嚴重降低效能。避免自由空間碎片的方法，是不配置許多小區塊記憶體。配置更大的區塊並自己管理記憶體的使用。但這是一個高階主題，遠遠超出了本書的範圍。

動態記憶體配置的黃金法則

在花了 6 個多頁的時間，學習如何使用 new 的和 delete 運算子之後，我們的動態記憶體配置黃金法則，可能會讓你大吃一驚。然而，這是我們在本書中給你的最有價值的建議之一：

■ **提示** 不要在日常寫程式中直接使用 new、new[]、delete 和 delete[] 運算子。這些運算子沒有置放於現代 C++ 程式碼中。使用 std::vector<> 容器（用於替換動態陣列）或智慧指標（用於動態配置物件並管理它們的存活期）。這些高階替代方案比原始的低階記憶體管理要安全得多，並且透過立即消除所有懸擺指標、多個釋放、配置 / 釋放不匹配，以及程式中的記憶體缺口，可以有效地幫助你。

上一章已經介紹了 std::vector<> 容器，下一節將解釋智慧指標。我們仍會向你介紹低階動態記憶體配置的主要原因，不是因為我們希望你（經常或完全）使用它們，而是因為你肯定會在現有程式碼中遇到它們。不幸的是，這也意味著你將承擔修復使用它們所導致 bug 的工作（額外提示：好的第一步是使用更好、更現代的記憶體管理工具重寫程式碼；一般而言，潛在的問題會暴露出來）。在自己的程式碼中，通常應該避免直接操作動態記憶體。

原始指標和智慧指標

到目前為止我們討論的所有指標型態都是 C++ 語言的一部分。這些指標被稱為原始指標（*raw pointer*），因為這些型態的變數只包含一個位址。原始指標可以儲存自動變數的位址，也可以儲存在自由空間區中配置的變數的位址。智慧指標（*smart pointer*）是一個物件，它模仿原始指標，因為它包含一個位址，可以在許多方面以相同的方式使用它。智慧指標通常只用於儲存在自由空間中配置的記憶體位址。不過，智慧指標的功能比原始指標多很多。到目前為止，智慧指標最顯著的特性是不必擔心使用 delete 或 delete[] 運算子來釋放記憶體。當不再需要時，它將自動釋放。這意味著多重釋放、配置／釋放不匹配和記憶體缺口將不再可能發生。若一直使用智慧指標，那麼懸擺指標也將成為歷史。

智慧指標對於管理動態建立的類別物件特別有用，因此從第 11 章開始，智慧指標將具有更大的相關性。還可以將它們儲存在 array<T,N> 或 vector<T> 容器中，這在處理類別型態的物件時也非常有用。

智慧指標型態是由標準函式庫 memory 標頭中的樣版宣告的，因此必須將其包含在原始檔中才能使用。有三種型態的智慧指標，都在 std 名稱空間中宣告：

◆ unique_ptr<T> 物件表現為一個指向型態 T 的指標，並且是 "唯一的"，因為只有一個 unique_ptr<> 物件包含相同的位址。換句話說，不可能有兩個或更多 unique_ptr<T> 物件同時指向相同的記憶體位址。unique_ptr<> 物件被稱為**獨占**它所指向的物件。這種唯一性是由於編譯器永遠不允許複製 unique_ptr<>[2]。

◆ shared_ptr<T> 物件也可以作為指向型態 T 的指標，但是與 unique_ptr<T> 不同的是，可以有任意數量的 shared_ptr<T> 物件包含或共享相同的位址。因此，shared_ptr<> 物件允許共享自由空間中的物件的所有權。在任何給定時刻，shared_ptr<> 物件的數量由執行期得知。這稱為**參考計數**（*reference counting*）。shared_ptr<> 包含給定的自由空間位址，每次建立包含該位址的 shared_ptr<> 物件時，參考計數都會增加，當包含該位址的 shared_ptr<> 被結束或被配置到另一個位址時，參考計數會減少。當沒有 shared_ptr<> 物件包含給定位址時，參考計數將下降到 0，該位址處物件的記憶體將自動釋放。指向同一個位址的所有 shared_ptr<> 物件，都可以存取共有多少個物件的計數。到了第 11 章時，就會明白這是如何實現的。

◆ weak_ptr<T> 鏈接到 shared_ptr<T>，並包含相同的位址。但是，建立 weak_ptr<> 不會增加與鏈接 shared_ptr<> 物件相關聯的參考計數，所以

2　在第 17 章中，會了解到，雖然不可能複製 unique_ptr<>，但是可以使用 std::move() 函數將一個 unique_ptr<> 物件儲存的位址 "移動" 到另一個物件。在這個移動操作之後，原來的智慧指標將再次為空。

weak_ptr<> 不會阻止所指向的物件被結束。當參考它的 shared_ptr<> 的最後一個 shared_ptr<> 被結束或重新配置到另一個位址時，它的記憶體仍然會被釋放，即使相關聯的 weak_ptr<> 物件仍然存在。如果發生這種情況，weak_ptr<> 仍然不包含懸擺指標，至少不會無意中存取。原因是你不能直接存取 weak_ptr<T> 封裝的位址。相反地，編譯器將強制你先從參考相同位址的 shared_ptr<T> 中建立一個 shared_ptr<T>。若 weak_ptr<> 的記憶體位址仍然有效，則強制建立 shared_ptr<> 首先確保參考計數再次增加，並且指標可以再次安全使用。但是，如果記憶體已經釋放，那麼這個操作將導致 shared_ptr<> 包含 nullptr。

使用 weak_ptr<> 物件的一個用途是避免使用 shared_ptr<> 物件的所謂參考循環。概念上，參考循環是指物件 x 中的 shared_ptr<> 指向另一個包含 shared_ptr<> 的物件 y，後者指向 x，在這種情況下，x 和 y 都不能被結束。實際上，這可能以更複雜的方式發生。weak_ptr<> 智慧指標允許你打破這種參考迴圈。weak 指標的另一個用途是實現物件高速存取。

但是，你已經開始意識到，weak 指標只在更高階的範例中使用。由於只是偶爾使用它們，將不再在這裡討論。但是，另外兩種智慧指標型態應該一直使用，所以讓我們深入研究它們。

使用 unique_ptr <T> 指標

unique_ptr<T> 物件儲存唯一位址，因此它所指向的值完全由 unique_ptr<T> 智慧指標所擁有。當 unique_ptr<T> 被結束時，它指向的值也被結束。跟所有智慧指標一樣，unique_ptr<> 在處理動態配置的物件時最有用。那麼物件不應該由程式的多個部分共享，或者動態物件的存活期，自然地與程式中的其他單一物件的存活期相關聯。unique_ptr<> 的一個常見用法是持有一個稱為 **多型指標**（*polymorphic pointer*）的東西，它實際上是一個指向動態配置物件的指標，該物件可以是任何數量的相關類別型態。在第 11 到 15 章了解關於類別物件和多型的所有知識之後，才會完全理解這種智慧指標型態。

現在，我們的範例將簡單地使用動態配置的基本型態值，這些值實際上並不具有實用性。然而變得明顯的是，為什麼這些智慧指標使用比低階配置和釋放更安全；也就是說，它們使你無法忘記或不匹配釋放！

在不是太久之前,你必須像這樣建立和初值化一個 unique_ptr<T> 物件:

```
std::unique_ptr<double> pdata {new double{999.0}};
```

這將在自由空間中建立包含 double 變數位址的 pdata,該變數初值化為 999.0。雖然這種語法仍有效,但是推薦的建立 unique_ptr<> 的方法是使用 std::make_unique<>() 函數樣版(由 C++14 引入)。因此,要宣告 pdata,通常應使用以下方法:

```
std::unique_ptr<double> pdata { std::make_unique<double>(999.0) };
```

std::make_unique<T>(…) 的參數正是那些、否則會出現在 new T{…} 動態配置的大括號初始器中的值。在我們的例子中,它是一個雙精確度的 999.0。為了節省一些輸入,可能需要將這種語法與 auto 關鍵字結合起來:

```
auto pdata{ std::make_unique<double>(999.0) };
```

這樣只需輸入動態變數的型態 double 一次。

▌ 提示 要建立指向新配置的 T 值的 std::unique_ptr<T> 物件,使用 std::make_unique<T>() 函數。這個函數不僅更短(若在變數宣告中使用 auto 關鍵字),而且對於一些更細微的記憶體缺口也更安全。

可以像普通指標一樣去參考 pdata,可用同樣的方式來使用結果:

```
*pdata = 8888.0;
std::cout << *pdata << std::endl;        // Outputs 8888
```

最大的區別在於,不再需要擔心從自由空間中刪除 double 變數。

可以透過呼叫智慧指標的 get() 函數來存取其包含的位址。下面有一個例子:

```
std::cout << std::hex << std::showbase << pdata.get() << std::endl;
```

它將 pdata 中包含的位址的值以十六進位表示式輸出。所有智慧指標都有一個 get() 函數,它將回傳指標包含的位址。你應只存取智慧指標內的原始指標,以便將其傳遞給只簡單使用該指標的函數,而不應傳遞給建立並保留該指標副本的函數或物件。不建議儲存指向與智慧指標相同物件的原始指標,因為這可能再次導致懸擺指標,以及各種相關問題。

還可以建立指向陣列的 unique 指標。執行此操作的舊語法如下:

```
const size_t n {100};                          // Array size
std::unique_ptr<double[]> pvalues {new double[n]};//Dynamically create array of n elements
```

和以前一樣，建議都使用 std::make_unique<T[]>() 來代替：

```
auto pvalues{ std::make_unique<double[]>(n) }; // Dynamically create array of n elements
```

無論哪種方式，pvalues 都指向自由空間中 double 型態的 n 個元素陣列。與原始指標一樣，可用陣列表示法與智慧指標來存取它指向的陣列元素：

```
for (size_t i {}; i < n; ++i)
  pvalues[i] = i + 1;
```

這將陣列元素設為從 1 到 n 的值。編譯器將為指定右側的運算式的結果，插入一個隱含式轉換為 double 型態。可以用類似的方式輸出元素的值：

```
for (size_t i {}; i < n; ++i)
{
  std::cout << pvalues[i] << ' ';
  if ((i + 1) % 10 == 0)
    std::cout << std::endl;
}
```

它只在每一行輸出 10 個值。因此，可以使用 unique_ptr<T[]> 變數，該變數包含陣列的位址，就像陣列名稱一樣。

█ **提示**　通常建議使用 vector<T> 容器，而不是 unique_ptr<T[]>，因為這種容器型態比智慧指標更強大、更靈活。我們參考前一章的結尾來討論使用向量的各種優點。

可以透過呼叫其 reset() 函數來重設 unique_ptr<> 中包含的指標，或者任何型態的智慧指標：

```
pvalues.reset();          // Address is nullptr
```

pvalues 仍存在，但它不再指向任何東西。這是一個 unique_ptr<double> 物件，由於不可能有其他 unique 的指標包含陣列的位址，因此將釋放陣列的記憶體。當然，也可以透過將智慧指標與 nullptr 進行比較，來檢查它是否包含 nullptr，但是智慧指標也可以像原始指標一樣，方便地轉換為布林值（也就是說，只有當它包含 nullptr 時才轉換為 false）：

```
if (pvalues)                      // Short for: if (pvalues != nullptr)
```

```
std::cout << "The first value is " << pvalues[0] << std::endl;
```

可以透過使用空大括號 {} 或省略大括號來建立包含 nullptr 的智慧指標：

```
std::unique_ptr<int> my_number;    // Or: ... my_number{};
                                   // Or: ... my_number{ nullptr };
if (!my_number)
  std::cout << "my_number points to nothing yet" << std::endl;
```

建立空的智慧指標沒什麼用，若不能更改智慧指標指向的值的話。可以再次使用 reset()：

```
my_number.reset(new int{ 123 });  // my_number points to an integer value 123
my_number.reset(new int{ 42 });   // my_number points to an integer 42
```

因此，在沒有參數的情況下呼叫 reset()，等於呼叫 reset (nullptr)。在 unique_ptr<T> 物件上呼叫 reset() 時，無論是帶參數還是不帶參數，該智慧指標以前擁有的任何記憶體都會被釋放。因此，對於前一個程式碼片段中的第二條敘述，將釋放包含整數值 123 的記憶體，然後智慧指標將取得包含數字 42 的記憶體所有權。

除了 get() 和 reset() 之外，unique_ptr<> 物件還有一個成員函數 release()。這個函數主要用於將智慧指標轉換回原始指標。

```
int* raw_number = my_number.release();  // my_number points to nullptr after this
...
delete raw_number;                      // The smart pointer now no longer does this for you!
```

呼叫 release() 時，應用 delete 或 delete[] 又成為了你的責任。因此，只有在必要時才使用這個函數，通常是在將動態配置的記憶體交給舊有程式碼時。若這樣做了，那麼一定要確保這個舊有程式碼釋放了記憶體—若沒有，就應該呼叫 get()！

■ **注意** 在不獲取原始指標的情況下，請不要呼叫 release()。也就是說，不要撰寫以下形式的敘述：

```
pvalues.release();
```

為什麼？因為會導致巨大的記憶體缺口！釋放（使用 release()）智慧指標來重新分配記憶體的責任，但是由於忽略了獲取原始指標，任何人都無法再對其應用 delete 或 delete[]。雖然這一點現在看起來很明顯，但是你會發現，在使用下列形式的 reset() 敘述替代 release() 的敘述時，常常會錯誤地呼叫 release()：

```
pvalues.reset();                  // Not the same as release(); !!!
```

這種混淆無疑源於 release() 和 reset() 函數都有類似的開頭名稱，而且這兩個函數都將指標的位址設置為 nullptr。儘管有這些相似之處，但有一個非常關鍵的區別：reset() 釋放 unique_ptr<> 以前擁有的任何記憶體，而 release() 則沒有。通常，release() 是一個應該偶爾使用的函數，並且要特別注意不要引入缺口。

使用 shared_ptr<T> 指標

可以宣告 shared_ptr<T> 物件，其方式類似於 unique_ptr<T> 物件：

```
std::shared_ptr<double> pdata {new double{999.0}};
```

你也可以解除對它的參考，以存取它指向或更改儲存在位址的值：

```
*pdata = 8888.0;
std::cout << *pdata << std::endl;      // Outputs 8888
*pdata = 8889.0;
std::cout << *pdata << std::endl;      // Outputs 8889
```

與建立 unique_ptr<T> 物件相比，建立 shared_ptr<T> 物件涉及更複雜的過程，尤其是因為需要維護參考計數。pdata 的宣告涉及兩個變數的記憶體配置，和與智慧指標物件相關的另一個配置。在自由空間中配置記憶體的成本很高。透過使用記憶體標頭中宣告的 make_shared<T>() 函數來建立 shared_ptr<T> 型態的智慧指標，可以使這個過程更有效率：

```
auto pdata{ std::make_shared<double>(999.0) };   // Points to a double variable
```

在自由空間中建立的變數型態在角括號之間指定。這個敘述為 double 變數配置記憶體，並在一個步驟中為智慧指標配置記憶體，因此速度更快。函數名稱後面括號中的參數用於初值化它建立的 double 變數。通常 make_shared() 函數可以有任意數量的參數，實際數量取決於建立物件的型態。當使用 make_shared() 在自由空間中建立物件時，通常會有兩個或多個參數以逗號分隔。auto 關鍵字使 pdata 的型態可以從 make_shared<T>() 回傳的物件中自動推導出來，因此它將是 shared_ptr<double>。

當定義它時，可以用另一個方式來初始 shared_ptr<T>：

```
std::shared_ptr<double> pdata2 {pdata};
```

pdata2 指向與 pdata 相同的變數。你也可以配置一個 shared_ptr<T> 給另一個：

```cpp
std::shared_ptr<double> pdata{new double {999.0}};
std::shared_ptr<double> pdata2;      // Pointer contains nullptr
pdata2 = pdata;                      // Copy pointer - both point to the same variable
std::cout << *pdata2 << std::endl; // Outputs 999
```

當然，複製 pdata 會遞增參考計數。為了釋放 double 變數佔用的記憶體，必須重設或結束這兩個指標。

雖然我們在前面的小節中可能沒有明確提到它，但是使用 unique_ptr<> 物件，這兩個操作都是不可能的。編譯器永遠不會允許，建立指向相同記憶體位址的兩個 unique_ptr<> 物件[3]。這有充分的理由，若允許的話，它們最終都會釋放相同的記憶體，從而可能帶來災難性的結果。

當然，另一個選項是儲存在自由空間中建立的 array<T> 或 vector<T> 容器物件的位址。下面有一個範例：

```cpp
// Ex6_07.cpp
// Using smart pointers
#include <iostream>
#include <iomanip>
#include <memory>                    // For smart pointers
#include <vector>                    // For vector container
#include <cctype>                    // For toupper()

int main()
{
  std::vector<std::shared_ptr<std::vector<double>>> records;
                                     // Temperature records by days
  size_t day{ 1 };                   // Day number

  while (true)                       // Collect temperatures by day
  {
    // Vector to store current day's temperatures created in the free store
    auto day_records{ std::make_shared<std::vector<double>>() };
    records.push_back(day_records);  // Save pointer in records vector

    std::cout << "Enter the temperatures for day " << day++
              << " separated by spaces. Enter 1000 to end:\n";
```

---

3 除非使用原始指標繞過編譯器的安全檢查，即呼叫 **get()**。混合原始指標和智慧指標通常不是一個好主意。

```
  while (true)
  { // Get temperatures for current day
    double t{};                            // A temperature
    std::cin >> t;
    if (t == 1000.0) break;

    day_records->push_back(t);
  }

  std::cout << "Enter another day's temperatures (Y or N)? ";
  char answer{};
  std::cin >> answer;
  if (std::toupper(answer) != 'Y') break;
  }

  day = 1;
  std::cout << std::fixed << std::setprecision(2) << std::endl;
  for (auto record : records)
  {
    double total{};
    size_t count{};

    std::cout << "\nTemperatures for day " << day++ << ":\n";
    for (auto temp : *record)
    {
      total += temp;
      std::cout << std::setw(6) << temp;
      if (++count % 5 == 0) std::cout << std::endl;
    }

    std::cout << "\nAverage temperature: " << total / count << std::endl;
  }
}
```

下面是任意輸入值下的輸出：

```
23 34 29 36 1000
Enter another day's temperatures (Y or N)? y
Enter the temperatures for day 2 separated by spaces. Enter 1000 to end:
34 35 45 43 44 40 37 35 1000
Enter another day's temperatures (Y or N)? y
Enter the temperatures for day 3 separated by spaces. Enter 1000 to end:
44 56 57 45 44 32 28 1000
Enter another day's temperatures (Y or N)? n

Temperatures for day 1:
```

```
 23.00 34.00 29.00 36.00
Average temperature: 30.50

Temperatures for day 2:
 34.00 35.00 45.00 43.00 44.00
 40.00 37.00 35.00
Average temperature: 39.13

Temperatures for day 3:
 44.00 56.00 57.00 45.00 44.00
 32.00 28.00
Average temperature: 43.71
```

這個程式讀取在一天中的任意個溫度數量，為任意天數。溫度紀錄的累積儲存在 records 向量中，其元素型態為 shared_ptr<vector<double>>。因此，每個元素都是指向向量型態為 vector<double> 向量的智慧指標。

任何天數的溫度容器都是在外部 while 迴圈中建立的。一天的溫度記錄儲存在一個向量容器中，這個容器是由這個敘述在自由空間中建立的：

```
auto day_records{ std::make_shared<std::vector>() };
```

day_records 指標型態由 make_shared<>() 函數回傳的指標型態決定。該函數為自由空間中的 vector<double> 物件配置記憶體，並為 shared_ptr<vector<double>> 智慧指標配置記憶體，該指標由位址初值化並回傳。因此，day_records 型態為 shared_ptr<vector<double>>，這是一個指向 vector<double> 物件的智慧指標。這個指標被加到 records 容器中。

day_records 指向的向量填充了在內部 while 迴圈中讀取的資料。對於 day_records 指向的目前向量，每個值都使用 push_back() 函數儲存。使用間接成員選擇運算子呼叫該函數。這個迴圈一直持續到輸入 1000，這對於白天的溫度來說是一個不太可能的值，所以不能將它誤認為是真實的數值。當輸入目前日期的所有資料時，內部 while 迴圈結束，並有一個提示，詢問是否要輸入另一天的溫度。若答案是肯定的，那麼外部迴圈將繼續，並在自由空間中建立另一個向量。當外部迴圈結束時，records 向量將包含指向包含每天溫度的向量的智慧指標。

下一個迴圈是基於範圍的 for 迴圈，迴圈迭代 records 向量中的元素。內部基於範圍的 for 迴圈迭代目前紀錄元素指向的向量中的溫度值。這個內部迴圈輸出當天的資料，並累計溫度值。使得當內部迴圈結束時，可以計算當天的平均溫度。儘管有一個相當複雜的資料結構，其中有一個指向自由空間中的向量的智慧指標向量，但是使用基於範圍的 for 迴圈存取資料和處理資料是很容易的任務。

這個例子說明了，如何使用容器和智慧指標，是一個強大且靈活的組合。這個程式處理任意數量的輸入集合，每個輸入集合包含任意數量的值。自由空間記憶體由智慧指標管理，因此無需擔心使用 delete 運算子或記憶體缺口的可能性。records 向量也可以在自由空間中建立，但我們將把它作為習題留給你嘗試。

▌ **附註**　我們在 Ex6_07 中使用了共享指標，主要是為了建立第一個範例。通常，你只需使用型態為 std::vector<std::vector<double>> 的向量。只有當同一個程式的多個部分真正共享同一個物件時，才真正需要共享指標。因此，共享指標的實際使用通常涉及到物件，以及比在書中所呈現的更多程式碼。

▌ 了解參考

參考在許多方面與指標類似，這就是我們在這裡介紹它的原因。但是，只有在學習了如何在第 8 章中宣告函數之後，才能真正了解參考的價值。在以後的物件導向設計環境中，參考變得更加重要。

參考是可以用作另一個變數別名的名稱。顯然，當它指向記憶體中的其他東西時，它就像一個指標，但是有一些關鍵的區別。與指標不同，不能宣告參考，也不能初始參考。因為參考是別名，所以必須在初始參考時提供作為別名的變數。此外，參考不能被修改為其他參考的別名。一旦參考被初值化為某個變數的別名，它將在其存在期的剩餘時間內一直參考該變數。

定義參考

假設定義這個變數：

```
double data {3.5};
```

你可以定義一參考，當做 data 變數的別名，如下所述：

```
double& rdata {data};          // Defines a reference to the variable data
```

型態名稱後面的 & 表示定義的變數 rdata，是對 double 型態變數的參考。它所代表的變數在大括號初始器中指定。因此，rdata 的型態是 "參考 double"。你可以使用參考作為原始變數名稱的替代品。下面有一個例子：

```
rdata += 2.5;
```

這會使 data 增加 2.5。不需要用指標解參考—只要把參考的名稱當作變數來使用即可。參考都是充當真正的別名，否則就無法與原始變數區分開來。例如，若使用參考的位址，結果甚至會是指向原始變數的指標。在下面的程式碼片段中，儲存在 pdata1 和 pdata2 中的位址是相同的：

```
double* pdata1 {&rdata};          // pdata1 == pdata2
double* pdata2 {&data};
```

讓我們透過對比，將前一段程式碼中的參考 rdata，和這條敘述中宣告的指標 pdata，來確定參考和指標之間的區別：

```
double* pdata {&data};            // A pointer containing the address of data
```

它宣告一個指標 pdata，並使用 data 位址初始它。這讓你可以像這樣增加 data：

```
*pdata += 2.5;                    // Increment data through a pointer
```

必須取消對指標的參考，以存取指標指向的變數。有了參考，就不需要解參考。在某些方面，參考就像已經解參考的指標，儘管它也不能更改為參考其他東西。不過別搞錯了；給定我們以前的 rdata 參考變數，下面的片段程式碼進行編譯：

```
double other_data = 5.0; // Create a second double variable called other_data
rdata = other_data;      // Assign other_data's current value to data (through rdata)
```

關鍵是最後一條敘述，不會會使 rdata 參考 other_data 變數。rdata 參考變數被定義為 data 的別名，且永遠是 data 的別名。參考始終與它所參考的變數完全相等的。換句話說，第二句敘述的作用和以下寫的完全一樣：

```
data = other_data;               // Assign the value of other_data to data (directly)
```

而指標是不同的。例如，對於指標 pdata，我們可以執行以下操作：

```
pdata = &other_data;             // Make pdata point to the other_data variable
```

因此，參考變數很像 const 指標變數：

```
double* const pdata {&data};     // A const pointer containing the address of data
```

注意：我們不說指向 const 的指標變數，而是說 const 指標變數。也就是說，const 需要在星號之後。參考 const 變數也存在。可以使用 const 關鍵字定義這樣一個參考變數：

```
const double& const_ref{ data };
```

這種參考類似於指向 const 的指標變數（確切地說，是一個指向 const 的 const 指標變數），因為它是一個別名，不能透過它修改原始變數。例如，下面的敘述就無法編譯：

```
const_ref *= 2;    // Illegal attempt to modify data through a reference-to-const
```

在第 8 章中，會看到參考 const 變數，在定義對非基本物件型態的參數進行運算的函數時，扮演著特別重要的角色。

在基於範圍的 for 迴圈中使用參考變數

你知道可以使用基於範圍的 for 迴圈來迭代陣列中的所有元素：

```
double sum {};
unsigned count {};
double temperatures[] {45.5, 50.0, 48.2, 57.0, 63.8};
for (auto t : temperatures)
{
  sum += t;
  ++count;
}
```

變數 t 在每次反覆中初始為目前陣列元素的值，從第一個開始。t 變數本身不能存取該元素。它只是一個與元素值相同的區域副本。因此，也不能使用 t 來修改元素的值。但是，如果使用參考，可以更改陣列元素：

```
const double F2C {5.0/9.0};        // 華氏溫度轉為攝氏溫度
for (auto& t : temperatures)       // 參考迴圈變數
  t = (t - 32.0) * F2C;
```

迴圈變數 t 現在是 double& 型態，因此它是每個陣列元素的別名。迴圈變數在每次迭代中重新定義，並使用目前元素初值化，因此在初值化後參考不會更改。此迴圈將溫度陣列中的值，從華氏改為攝氏溫度。可在能夠使用原始變數或陣列元素的任何位址中使用別名 t。例如，撰寫上一個迴圈的另一種方法是：

```
const double F2C {5.0/9.0};        // 華氏溫度轉為攝氏溫度
for (auto& t : temperatures) {     // 參考迴圈變數
  t -= 32.0;
```

```
  t *= F2C;
}
```

在基於範圍的 for 迴圈中，使用參考在處理物件集合時非常有效。複製物件的成本可能很高，因此避免使用參考型態進行複製，可以提高程式碼的效率。

當在基於範圍的 for 迴圈中為變數，使用參考型態且不需要修改值時，可以為迴圈變數使用參考 const 型態：

```
for (const auto& t : temperatures)
  std::cout << std::setw(6) << t;
std::cout << std::endl;
```

仍可用參考型態使迴圈盡可能有效率（沒有建立元素的副本），同時還可以防止陣列元素被此迴圈意外更改。

摘要

本章探討一些非常重要的觀念，你將會在 C++ 的程式中廣泛地利用指標，所以要確定你了解它們—本章之後，你將會看到更多的指標。

本章的重點是：

- ◆ 指標是含有位址的變數。
- ◆ 可用取址運算子 & 得到變數的位址。
- ◆ 要參考指標所指之值需使用間接運算子 *。這亦稱為解參考運算子。
- ◆ 可用間接成員選擇運算子（->）透過指標或智慧指標存取物件的成員。
- ◆ 你可對指標所儲存之位址加、減整數值，結果就好像是參考陣列的指標，而且指標是根據加、減的整數值指向不同的陣列元素。不能對智慧指標進行運算。
- ◆ 運算子 new 和 new[] 會配置自由空間的一塊記憶體—分別保存變數和陣列，並回傳此配置記憶體的位址，使你可在程式中使用之。
- ◆ 使用 delete 或 delete[] 運算子釋放之前使用 new 或 new[] 運算子配置的記憶體。當自由空間記憶體位址儲存在智慧指標中時，不需要使用這些運算子。
- ◆ 低階動態記憶體操作是各種嚴重缺點的同義詞，例如懸擺指標、多重釋放、釋放不匹配、記憶體缺口等等。因此，我們的黃金法則是：永遠不要直接使用低階 new/new[] 和 delete/delete[] 運算子。容器（特別是 std::vector<>）和智慧指標是更好的選擇！

◆ 智慧指標是一個可以像原始指標那樣使用的物件。預設情況下，智慧指標僅用於儲存自由空間記憶體位址。

◆ 有兩種常用的智慧指標。只能有一種 unique_ptr<T> 指標指向型態 T 的物件，但是可以有多個 shared_ptr<T> 物件，其中包含型態為 T 的給定物件的位址。當沒有 shared_ptr<T> 物件包含該物件的位址時，該物件將被結束。

◆ 參考是表示永久儲存位址的變數的別名。

◆ 可以為基於範圍的 for 迴圈中的迴圈變數使用參考型態，以允許修改範圍內元素的值。

習題

6.1 撰寫一程式，宣告並初值化含有前 50 個奇數的陣列。使用指標表示法將陣列中的數字加以輸出，每一行含有十個數值，然後以相反的順序輸出，也使用指標表示法。

6.2 回顧前面的習題，但是這次不使用迴圈計數器存取陣列值，而是使用指標遞增（使用 ++ 運算子）在第一次輸出陣列時迭代陣列。然後，使用指標遞減（使用 --）以相反的方向再次迭代陣列。

6.3 撰寫一程式，從鍵盤上讀取陣列大小，並動態配置該大小的陣列以保存浮點值。使用指標表示法，初值化陣列的所有元素，使元素在索引位址 n 的值為 $1 / (n + 1)^2$。使用陣列表示法計算元素的和，將和乘以 6，然後輸出結果的平方根。

6.4 重複在習題 6.3 中的計算，但是使用配置在自由空間中的 vector<> 容器。用超過 100,000 個元素測試程式。注意到結果中有什麼有趣的地方嗎？

6.5 重寫習題 6.3，但是這次使用智慧指標來儲存陣列。好學生應該知道不要使用低階的記憶體配置方式。

6.6 重寫習題 6.4，並將其中的任何原始指標替換為智慧指標。

字串的運作

本章將提供比儲存在 char 元素陣列中的 C 格式字串，更有效和安全地處理字面值資料的處理機制：

在本章中，你可以學到以下各項：

- ◆ 如何產生 string 型態的變數
- ◆ 對於型態 string 的物件有哪些可用的運作，以及如何使用
- ◆ 如何組成一個單一 string
- ◆ 如何在字串中搜尋特定字元或子字串
- ◆ 如何修改已存在的字串
- ◆ 如何將字串，如 "3.1415"，轉換為相對應的數字
- ◆ 如何使用串流和串流調整器進行高階的字串格式化
- ◆ 如何使用包含 Unicode 字元的字串
- ◆ 什麼是原始字串字面值

較佳的字串類別

我們已經看過如何用 char 型態的陣列，儲存以空字元結束（C 格式）的字串。cstring 標頭檔提供了廣泛的函數，來處理 C 格式的字串，包括連結字串、搜尋字串和比較字串的功能。所有這些運作都依賴於空字元來標記字串的結束。若它遺失或被覆寫，許多函數會在記憶體中運作，超出字串的結尾，直到找到空字元或出現某種問題而停止程序。

C++ 標準函式庫的 string 標頭定義了 std::string 型態，它比空字元結束字串更容易使用。string 型態是由類別（或者更準確地說，是類別樣版）定義的，因此它不是基本型態之一。string 型態是一種複合型態（*compound type*），它

是幾個資料項目的組合，這些資料項目最終是根據基本資料型態定義。在組成字串的字元旁邊，比如字串中的字元數，string 物件還包含其他資料。因為字串型態是在 string 標頭中定義，所以在使用 string 物件時必須包含此標頭。string 型態名稱是在 std 名稱空間中定義，因此在非限定形式使用型態名稱，需要使用 using 定義。我們將從解釋如何定義 string 物件開始。

定義字串物件

string 型態的物件，其內容是一系列的 char 型態的字元，這可以是空字串。string 型態的物件定義敘述為：

```
std::string empty;              // An empty string
```

這敘述定義 string 物件稱為 empty，在此範例中，empty 是一個空的 string 物件—也就是說它表示的字串沒有字元，長度為 0。

當你定義 string 物件時，可用字串字面值來初始它：

```
std::string proverb {"Many a mickle makes a muckle."};
```

此敘述的 proverb 是一個 string 物件，其字串內容為此字串字面值。在內部，string 物件封裝的字元陣列也是以空字元結束。這樣做是為了確保與許多現有函數所需 C 格式字串相容。

▌ **附註** 你可以使用兩個類似的方法，將 std::string 物件轉換為 C 格式的字串。第一種方法是呼叫它的 c_str() 成員函數（C-string 的縮寫）：

```
const char* proverb_c_str = proverb.c_str();
```

這個轉換的結果是 const char* 型態的 C 字串。因為它是 const，所以這個指標不能用來修改字串的字元，只能用來存取它們。第二個選項是字串的 data() 函數，從 C++17 開始計算，得到一個非 const char* pointer[1]（在 C++17 之前，data() 也會得到一個 const char* 指標）：

```
char* proberb_data = proverb.data();
```

只有在呼叫舊式的 C 格式函數時，才應該轉換為 C 格式的字串。在你自己的程式碼中，我們建議使用 std::string 物件，因為它們比純 char 陣列更安全、更方便。

1　除非 proverb 本身是 const std::string 型態；若是這樣，data() 也會產生一個 const char* 指標。有關 const 物件和成員函數之間的關係，請參閱第 11 章。

所有 std::string 函數的定義方式都是這樣,通常不需再擔心結束 null 字元。
string 物件使用 length() 函數取得字串的長度,此函數不需引數,例如:

```
std::cout << proverb.length();          // Outputs 29
```

此敘述呼叫 proverb 物件的函數 length(),並用插入運算子將其回傳值輸出至
cout 串流。字串長度的紀錄保證由物件本身維護。也就是說,要找出被封裝的
字串的長度,string 物件不必追蹤整個字串,來尋找結束的空字元。當加入一
個或多個字元時,長度會自動增加相對的數量,如果刪除字元,長度會減少。

對於初始 string 物件還有其他可能性。可以使用字串字面值的初始序列,例
如:

```
std::string part_literal { "Least said soonest mended.", 5 };   // "Least"
```

列表中的第二個初始器,指定第一個初始器來初始 part_literal 物件系列的長
度。

不能在單個引號之間使用一個字元初始 string 物件—必須在雙引號之間使用字
串字面值,即使只有一個字元也是如此。但是,**可**以使用給予的字元,任意數
量來初始字串。可以像這樣定義和初始一個休眠時間 string 物件:

```
std::string sleeping(6, 'z');
```

string 物件 sleeping 會含有字串 "zzzzzz"。字串長度是 6。若是對於睡得較短
的人,則只有一個 "z":

```
std::string light_sleeper(1, 'z');
```

這使用字串字面值 "z" 初始 light_sleeper。

▌ **注意** 　要用重複的字元值初始 string,不能像這樣使用大括號:

```
std::string sleeping{6, 'z'};
```

這個大括號語法確實可以編譯,但肯定不能達到預期的效果。在範例中,字面
值 6 將被解釋為字母字元的編碼,意味著 sleeping 將被初始為難解的兩個字
母的單字,而不是預期的 "zzzzzz"。若還記得的話,在上一章中,已經遇到過
C++ 近乎一致的初始語法問題,即 std::vector<>。

初始 string 物件的另一種方法是利用現有的 string 物件，已知 proverb 的定義如上，可用下面的敘述定義另一個物件：

`std::string sentence {proverb};`

sentence 物件的初值與 proverb 的字串字面值相同，所以它也含有 "Many a mickle makes a muckle."，長度為 29。

在 string 物件中，字元的索引值從 0 開始，就像陣列一樣。我們可用此現象選擇 string 中的部分字串，並用它初始 string 物件。例如：

`std::string phrase {proverb, 0, 13}; //Initialize with 13 characters starting at index 0`

圖 7-1 說明了整個過程。

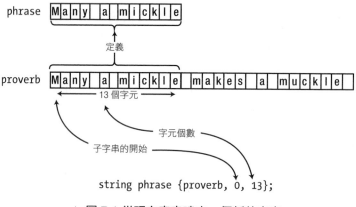

▲ 圖 7-1 從現有字串建立一個新的字串

大括號中的第一個引數是用作初值來源的 string 物件名稱，第二個引數是在 string 物件中的起始索引，第三個引數是欲選擇的字元個數。所以此敘述是從第一個字元開始（索引值為 0），選擇 proverb 的前 13 個字元，作為物件 phrase 的初值，故其值為 "Many a mickle"。

───────────────────────────────

■ **注意**　{proverb, 0, 13} 中的第三個項目 13 是子字串的長度，而不是索引，表示子字串的最後一個（或最後的下一個）字元。因此，要萃取子字串 "mickle"，應該使用 {proverb, 7, 6}，而不是 {proverb, 7, 13}。這是一個常見的混淆和錯誤的來源，特別是對於那些有 JavaScript 或 Java 等語言經驗的 C++ 初學者，在這些語言中，子字串通常使用開始和結束索引進行指定。

───────────────────────────────

要顯示建立了哪個子字串，可以在輸出串流 cout 中插入 phrase 物件：

```
std::cout << phrase << std::endl;
```

因此，可以像 C 格式的字串那樣輸出字串物件。對於 string 物件，也支援從 cin 中萃取：

```
std::string name;
std::cout << "enter your name: ";
std::cin >> name;                       // Pressing Enter ends input
```

這將讀取第一個白色空白字元（結束輸入過程）之前的字元。讀取的資料儲存在 string 物件 name 中。在此過程中，不能使用嵌入空格輸入字面值。當然，讀取完整的帶有空格的片語也是可能的，只是不能使用 >>。稍後我們會解釋如何進行此運作。

總之，我們描述了定義和初始 string 物件的六個選項；下面的註解標識了每種情況下的初始字串：

- 沒有初始器（或空大括號，{}）：
  ```
  std::string empty;                      // The string ""
  ```
- 包含字串字面值的初始器：
  ```
  std::string proverb{ "Many a mickle makes a muckle." }; // The given literal
  ```
- 包含現有 string 物件的初始器：
  ```
  std::string sentence{ proverb };   // Duplicates proverb
  ```
- 一個初始器，它包含一個字串字面值，後面跟著用於初始字串物件的字面值的序列長度：
  ```
  std::string part_literal{ "Least said soonest mended.", 5 }; // "Least"
  ```
- 一個初始器，它包含一個重複計數，後面跟著一個字元字面值，這個字元字面值將在初始 string 物件的字串中重複出現（注意是小括號）
  ```
  std::string open_wide(5, 'a');      // "aaaaa"
  ```
- 包含現有 string 物件的初始器、指定子字串起始點的索引和子字串的長度：
  ```
  std::string phrase{proverb, 5, 8};  // "a mickle"
  ```

string 物件的運作

在 string 物件上最簡單的運作也許就是指定，可將字面值或另一個 string 物件指定給 string 物件。例如：

```
std::string adjective {"hornswoggling"};      // Defines adjective
std::string word {"rubbish"};                 // Defines word
word = adjective;                             // Modifies word
adjective = "twotiming";                      // Modifies adjective
```

第三個敘述將 adjective 之值，"hornswoggling"，指定給 word，所以取代了 "rubbish"，最後一個敘述，將新的字串字面值 "twotiming" 指定給 adjective，所以取代了原始值 "hornswoggling"，在此敘述後，word 之值為 "hornswoggling"，而 adjective 之值為 "twotiming"。

連結字串

你可用加法運算子結合兩個字串—技術名詞是連結（*concatenation*）。我們將用剛定義的物件說明連結：

```
std::string description {adjective + " " + word + " whippersnapper"};
```

在執行此敘述後，物件 description 所含的字串是 " twotiming hornswoggling whippersnapper"。我們可以很容易地將字串字面值與 string 用 + 運算子連結起來。這是因為 + 運算子已被重新定義為對 string 物件具有特殊意義。當一個運算元是 string 物件而另一個運算元是另一個 string 物件或字串字面值時，+ 運算的結果是一個新的 string 物件，其中包含連結在一起的兩個字串。

注意：+ 運算子不可以只用來連結字面值，其中一個運算元必須是 string 型態的物件。例如，下面的敘述會編譯失敗：

```
std::string description {" whippersnapper" + " " + word};        // Wrong!!
```

此敘述的問題是編譯器會嘗試計算初值如下：

```
std::string description {(" whippersnapper" + " ") + word};        // Wrong!!
```

換句話說，它計算的第一個運算式是（" whippersnapper" + " "），而 + 運算子不能將兩個運算元作為兩個字串字面值使用。好消息是，至少有五種方法可以解決這個問題：

◆ 當然，可以將前兩個字串字面值寫成單個字串字面值：{"whippersnapper " + word}。

◆ 可以省略兩個字面值之間的 + ：{" whippersnapper" " " + word}。序列中的兩個或多個字串字面值，將由編譯器連結成單個字面值。

◆ 可以加入括號：{"whippersnapper" + (" " + word)}。然後，首先計算連結 " " 和 word 的小括號之間的運算式，以產生 string 物件，該物件隨後可以使用 + 運算子連結到第一個字面值。

◆ 可以使用熟悉的初始語法將一個或兩個字面值轉換為 std::string 物件：{std::string{" whippersnapper"} + " " + word}。

◆ 可以將一個或兩個字面值轉換為 std::string 物件，方法是將後置 s 加到字面值中，例如在 {" whippersnapper"s + " " + word} 中。首先必須加入一個 using namespace std::string_literals; 指令。可以在原始檔的開頭或函數的內部加入此指令。一旦該指令進入範疇，將字母 s 附加到字串字面值轉換為 std::string 物件，就像將 u 加到整數字面值建立 unsigned 整數一樣。

理論夠多了，來看看實際的範例吧。此程式會從鍵盤讀入你的姓和名字。

```cpp
// Ex7_01.cpp
// Concatenating strings
#include <iostream>
#include <string>

int main()
{
  std::string first;                        // Stores the first name
  std::string second;                       // Stores the second name

  std::cout << "Enter your first name: ";
  std::cin >> first;                        // Read first name

  std::cout << "Enter your second name: ";
  std::cin >> second;                       // Read second name

  std::string sentence {"Your full name is "};  // Create basic sentence
  sentence += first + " " + second + ".";   // Augment with names

  std::cout << sentence << std::endl;       // Output the sentence
  std::cout << "The string contains "       // Output its length
            << sentence.length() << " characters." << std::endl;
}
```

此程式的輸出範例是：

```
Enter your first name: Phil
Enter your second name: McCavity
Your full name is Phil McCavity.
The string contains 32 characters.
```

在定義了兩個空 string 物件（first 和 second）之後，程式提示輸入第一個名稱和第二個名稱。輸入操作將讀取第一個白色空白字元之前的所有內容。所以，若名字由多個部分組成，比如 Van Weert，這個程式不會讓你輸入它。例如，若輸入第二個名稱 Van Weert，>> 運算子將只從串流中萃取 Van 部分。在本章的後面，會了解如何讀取包含白色空白的字串。

在取得名稱之後，會建立另一個 string 物件，該物件將使用字串字面值加以初始。sentence 物件與由 += 指定運算子的右運算元產生的 string 物件連結：

```
sentence += first + " " + second + ".";            // Augment with names
```

右運算元 first 與字面值 " " 連結，然後將 second 追加到該結果，最後將字面值 "." 追加到該結果，以產生與 += 運算子的左運算元連結的最終結果。這個敘述說明了 += 運算子，也以類似於基本型態的方式，處理 string 型態的物件。這個敘述相當於這個敘述：

```
sentence = sentence + (first + " " + second + ".");  // Augment with names
```

程式最後用串流插入運算子，輸出 sentence 的內容，以及字串的長度。

█ **提示**　sted::string 物件的 append() 函數是 += 運算子的另一種選擇。可以用這個將上一個例子改寫為如下：

```
sentence.append(first).append(" ").append(second).append(".");
```

append() 的基本形式並不是那麼有趣─除非喜歡打字，或者鍵盤上的 + 鍵壞了。當然，還有更多的原因。append() 函數比 += 更靈活，因為它允許子字串或重複字元的連結：

```
std::string compliment("~~~ What a beautiful name... ~~~");
sentence.append(compliment, 3, 22);   // Appends " What a beautiful name"
sentence.append(3, '!');              // Appends "!!!"
```

連結字串和字元

在兩個 string 物件或一個 string 物件和一個字串字面值旁邊，還可以連結一個 string 物件和一個字元。例如，Ex7_01 中的字串連結也可以表示為如下形式（請參閱 Ex7_01A.cpp）：

```
sentence += first + ' ' + second + '.';
```

另一種選擇，只是為了說明這些可能性，是使用以下兩個敘述：

```
sentence += first + ' ' + second;
sentence += '.';
```

但是，不能像以前那樣連結兩個單獨的字元。+ 運算元的其中一個運算元應該始終是 string 物件。

要觀察將字元加在一起的另一個陷阱，可以使用以下變形取代 Ex7_01 中的連結：

```
sentence += second;
sentence += ',' + ' ';
sentence += first;
```

也許令人驚訝的是，這段程式碼確實可以編譯。但是，輸出可能如下：

```
Enter your first name: Phil
Enter your second name: McCavity
Your full name is McCavityLPhil.
The string contains 32 characters.
```

特別令人感興趣的是第三行；注意，McCavity 和 Phil 之間的逗號和空格字元不知何故神秘地融合成一個大寫字母 L。發生這種情況的原因是編譯器沒有連結兩個字元；相反地，它將兩個字元的字元碼相加。幾乎所有的編譯器都對基本的拉丁字元使用 ASCII 碼（ASCII 編碼在第 1 章中有解釋）。它們的和，32 + 44，因此等於 76，正好是大寫字母 'L' 的 ASCII 碼。

請注意，若按照下面的方式撰寫這個範例，則可以很好地運作：

```
sentence += second + ',' + ' ' + first;
```

原因與前面類似，編譯器會從左到右計算這個敘述，就像下面的括號一樣：

```
sentence += ((second + ',') + ' ') + first;
```

對於這個敘述，兩個連結運算元中的一個總是 std::string。困惑嗎？也許有點。使用 std::string 連結的規則很簡單，但是連結是從左到右計算的，並且只有在串聯運算子 + 的一個運算元是 std::string 物件時才能正確運作。

▌ 附註　到目前為止，我們一直使用字面值來初始或連結 string 物件一無論是字串字面值還是字元字面值。在我們使用字串字面值的任何地方，你當然也可以使用任何其他形式的 C 格式字串：char[] 陣列、char* 變數或以這兩種型態之一的運算式。所有涉及字元字面值的運算式，都可以與任何導致 char 型態值的運算式一起運作。

連結字串和數字

C++ 中的一個重要限制是，你只能將 std::string 物件與字串或字元連結起來。與大多數其他型態（如 double）的連結通常無法編譯：

```
const std::string result_string{ "The result equals: " };
double result = 3.1415;
std::cout << (result_string + result) << std::endl;        // Compiler error!
```

更糟糕的是，這樣的連結甚至可以編譯，儘管它們當然永遠不會產生期望的結果。任何特定的數字將再次被視為字元碼，如下面的範例所示（字母 'E' 的 ASCII 碼為 69）：

```
std::string song_title { "Summer of '" };
song_title += 69;
std::cout << song_title << std::endl;            // Summer of 'E
```

這個限制一開始可能會讓你感到沮喪，特別是若習慣於在 Java 或 C# 中處理字串。在這些語言中，編譯器隱含式地將任何型態的值轉換為字串。但在 C++ 中不是：在 C++ 中，必須自己明確地將這些值轉換為字串。有幾種方法可以實現這一點。對於基本數值型態的值，到目前為止最簡單的方法是使用 std::to_string() 函數，它定義在 string 標頭：

```
const std::string result_string{ "The result equals: " };
double result = 3.1415;
std::cout << (result_string + std::to_string(result)) << std::endl;
std::string song_title { "Summer of '" };
song_title += std::to_string(69);
std::cout << song_title << std::endl; // Summer of '69
```

存取字串的字元

可用中括號和索引值參考 string 中的特定字元，就和處理陣列一樣。string 物件的第一個字元的索引值為 0。例如可參考 sentence 的第三個字元，此運算式是 sentence[2]。亦可將此運算式置於指定運算子的左邊，所以可以存取及修改個別字元。下面的敘述將 sentence 的所有字元都改成大寫：

```
for (size_t i {}; i < sentence.length(); ++i)
  sentence[i] = std::toupper(sentence[i]);
```

這個迴圈依次對字串中的每個字元應用 toupper() 函數，並將結果儲存在字串中的相同位置。第一個字元的索引值為 0，最後一個字元的索引值比字串的長度小 1，因此只要 i < sentence.length() 為真，迴圈就會繼續。

string 物件是一個範圍，所以你也可以用一個基於範圍的 for 迴圈來實現：

```
for (auto& ch : sentence)
  ch = std::toupper(ch);
```

指定 ch 為參考型態，允許在迴圈中修改字串中的字元。這個迴圈和上一個迴圈需要載入 cctype 標頭檔來編譯。

可以在 Ex5_11.cpp 的版本中練習此陣列樣式的存取方法，該版本確定字串中母音和子音的數量。新版本將使用 string 物件，還會說明如何使用 getline() 函數讀取一行包含空格的字面值：

```cpp
// Ex7_02.cpp
// 在字串中存取字元
#include <iostream>
#include <string>
#include <cctype>

int main()
{
  std::string text;                    // Stores the input
  std::cout << "Enter a line of text:\n";
  std::getline(std::cin, text);        // Read a line including spaces

  unsigned vowels {};                  // Count of vowels
  unsigned consonants {};              // Count of consonants
  for (size_t i {}; i < text.length(); ++i)
  {
    if (std::isalpha(text[i]))         // Check for a letter
    {
```

```
    switch (std::tolower(text[i]))   // Convert to lowercase
    {
      case 'a': case 'e': case 'i': case 'o': case 'u':
        ++vowels;
        break;

      default:
        ++consonants;
        break;
    }
  }
}

  std::cout << "Your input contained " << vowels << " vowels and "
            << consonants << " consonants." << std::endl;
}
```

此程式的範例輸出是：

```
Enter a line of text:
A nod is as good as a wink to a blind horse.
Your input contained 14 vowels and 18 consonants.
```

text 物件最初包含一個空字串。使用 getline() 函數從鍵盤上讀取一行資料放入 text。getline() 的這個版本是在 string 標頭檔中定義的；前面使用的 getline() 版本在 iostream 標頭中定義。這個版本從第一個引數 cin 指定的串流中讀取字元，直到讀取換行字元，結果儲存在第二個引數指定的 string 物件中，在本例中是 text。這一次，不必擔心輸入中有多少字元。string 物件會自動容納輸入的任意字元，並在物件中記錄長度。

可以透過使用 getline() 的第三個引數來改變輸入結束的界定字元，該引數指定了輸入結束的新界定字元：

```
std::getline(std::cin, text, '#');
```

這會讀取字元，直到讀取 '#' 字元。因為換行在本例中並不表示輸入結束，所以你可以輸入任意多行輸入，它們都將組合成一個字串。輸入的任何換行字元都將出現在字串中。

使用 for 迴圈計算母音和子音的方式，與 Ex5_11.cpp 中的方式非常相似。當然，也可以使用基於範圍的 for 迴圈：

```
for (const auto ch : text)
{
```

```
if (std::isalpha(ch))              // Check for a letter
{
  switch (std::tolower(ch))        // Convert to lowercase
  {
    ...
```

此程式碼在 Ex7_02A.cpp 中可以取得,比原始程式碼更簡單、更易於理解。但是,與 Ex5_11.cpp 相比,此範例使用 string 物件的主要優點是,我們不需要擔心字串的長度。

存取子字串

用函數 substr() 可取得子字串。指定子字串開始的索引位置,以及長度—子字串的字元數目。此函數回傳含有此字串的 string 物件。例如:

```
std::string phrase {"The higher the fewer."};
std::string word1 {phrase.substr(4, 6)};           // "higher"
```

此敘述從 phrase 中,於索引位置 4 開始擷取 6 個字元的子字串,所以在第二個敘述執行後 word1 將含有 "higher"。若你指定的長度超過 string 物件的長度,則函數會回傳至字串結束的所有字元。下面的敘述會說明此行為:

```
std::string word2 {phrase.substr(4, 100)};         // "higher the fewer."
```

當然在整個 phrase 中沒有 100 個字元,更不用說其子字串了。在此敘述中,最後 word2 所含的子字串從索引位置 4 開始至字串結束,內容是 "higher the fewer."。

省略長度引數亦可得到相同的結果:

```
std::string word {phrase.substr(4)};               // "higher the fewer."
```

這同樣會回傳從索引位置 4 開始至字串結束的子字串。若你省略函數 substr() 的兩個引數,則整個 phrase 都將選為子字串。

若指定子字串的起始索引位置,超過 string 物件的有效範圍,則會丟出一個異常(exception),然後不正常地結束程式—除非你已經撰寫一些程式碼處理此異常,這將在第 15 章討論。

■ **注意**　和前面一樣,子字串使用它們的開始索引和長度來指定,而不是使用它們的開始和結束索引。請記住這一點,尤其是在從 JavaScript 或 Java 等語言轉換過來時。

比較字串

在範例 Ex7_02 中我們看到如何使用索引存取 string 物件中的個別字元。當你用索引值存取個別字元時，結果型態是 char，所以你可用比較運算子比較個別字元。還可以使用任何比較運算子比較整個 string 物件。以下是可以使用的比較運算子：

```
>          >=          <          <=          ==          !=
```

你可以使用這些運算子來比較 string 型態的兩個物件，或是比較 string 物件和字串字面值或 C 格式字串。此操作會比較運算元的每個字元，直到出現不同的字元，或是有任何一個運算元結束。當發現不同的字元時，會對字元碼做數字的比較，決定哪一個字串在前。若沒有發現不一樣的字元，且字串長度不同時，則較短的字串 "小於" 較長的字串。若兩個字串有相同的字元數且對應的字元都相等，則它們是相等的。因為是比較字元碼，很明顯的會是大小寫相異。

這種字串比較算法的技術術語是詞典比較（*lexicographical comparison*），這是一種奇特的方式，表示字串的順序與詞典中的字串相同。

我們用 if 敘述比較這兩個 string 物件：

```cpp
std::string word1 {"age"};
std::string word2 {"beauty"};
if (word1 < word2)
  std::cout << word1 << " comes before " << word2 << '.' << std::endl;
else
  std::cout << word2 << " comes before " << word1 << '.' << std::endl;
```

執行這些敘述會產生以下輸出：

```
age comes before beauty.
```

這說明那句老話一定是真的。前面的程式碼看起來很適合使用條件運算子。你可用以下敘述得出類似的結果：

```cpp
std::cout << word1 << (word1 < word2? " comes " : " does not come ")
          << "before " << word2 << '.' << std::endl;
```

讓我們在範例中比較字串。這個程式讀取任意數量的名稱，並將它們按升冪排列：

```cpp
// Ex7_03.cpp
// Comparing strings
```

```cpp
#include <iostream>                  // For stream I/O
#include <iomanip>                   // For stream manipulators
#include <string>                    // For the string type
#include <cctype>                    // For character conversion
#include <vector>                    // For the vector container

int main()
{
  std::vector<std::string> names;    // Vector of names
  std::string input_name;            // Stores a name
  char answer {};                    // Response to a prompt

  do
  {
    std::cout << "Enter a name: ";
    std::cin >> input_name;          // Read a name and...
    names.push_back(input_name);     // ...add it to the vector
    std::cout << "Do you want to enter another name? (y/n): ";
    std::cin >> answer;
  } while (std::tolower(answer) == 'y');

  // Sort the names in ascending sequence
  bool sorted {};
  do
  {
    sorted = true;                          // remains true when names are sorted
    for (size_t i {1}; i < names.size(); ++i)
    {
      if (names[i-1] > names[i])
      { // Out of order - so swap names
        names[i].swap(names[i-1]);
        sorted = false;
      }
    }
  } while (!sorted);

  // Find the length of the longest name
  size_t max_length{};
  for (const auto& name : names)
    if (max_length < name.length())
      max_length = name.length();

  // Output the sorted names 5 to a line
  const size_t field_width = max_length + 2;
  size_t count {};

  std::cout <<"In ascending sequence the names you entered are:\n";
```

```
  for (const auto& name : names)
  {
    std::cout << std::setw(field_width) << name;
    if (!(++count % 5)) std::cout << std::endl;
  }

  std::cout << std::endl;
}
```

此程式的輸出樣本如下：

```
Enter a name: Zebediah
Do you want to enter another name? (y/n): y
Enter a name: Meshak
Do you want to enter another name? (y/n): y
Enter a name: Eshak
Do you want to enter another name? (y/n): y
Enter a name: Abegnego
Do you want to enter another name? (y/n): y
Enter a name: Moses
Do you want to enter another name? (y/n): y
Enter a name: Job
Do you want to enter another name? (y/n): n
In ascending sequence the names you entered are:
  Abegnego    Eshak    Job    Meshak    Moses
  Zebediah
```

這些名稱存在 string 型態的陣列中。如你所知，使用 vector<> 容器意味著可以容納無限個名稱。容器還獲取儲存字串物件所需的記憶體，並在銷毀向量時刪除它。容器還會記錄有多少個，所以不需要單獨計數。

■ 附註　字串可以儲存在容器中，這是 string 物件相對於普通 C 格式字串的另一個主要優勢；不能將純 char 陣列儲存到容器中。

排序是使用之前在 Ex5_09 中看到的氣泡排序法演算法。因為需要比較向量中的連續元素並在必要時交換它們，所以 for 迴圈迭代向量元素的索引值；這裡不適合使用基於範圍的 for 迴圈。for 迴圈中的 names[i].swap（names[i-1]）敘述交換兩個 string 物件的內容。換句話說，它的效果與下列順序相同：

```
auto temp = names[i];        // Out of order - so swap names
names[i] = names[i-1];
names[i-1] = temp;
```

在程式的最後，排序後的名稱以一個基於範圍的 for 迴圈的形式輸出。你可以這樣做，因為 vector<> 容器表示一個範圍。要使用 setw() 調整器垂直對齊名稱，你需要知道最大的名稱長度，它由位於輸出迴圈之前的基於範圍的 for 迴圈找到。

▌ **提示** 大多數標準函式庫型態都提供了 swap() 函數。除了 std::string 之外，它還包括所有容器類別（例如 std::vector<> 和 std::array<>）、std::optional<>、所有智慧指標型態等等。std 名稱空間還定義了一個非成員函數樣版，可以用於相同的效果：

```
std::swap(names[i], names[i-1]);
```

這個非成員樣版函數的優點是，它也適用於 int 或 double 等基本型態。可在 Ex5_09 中嘗試這個方法（可能必須先導入 utility 標頭，因為它定義了基本的 std::swap() 函數樣版）。

compare() 函數

對於已知的 string 物件，可以呼叫函數 compare() 將此物件和另一個 string 型態的物件，或是字串字面值，或是存在 char 型態陣列的空字元結尾字串做一比較。下面是一個運算式的例子，該運算式呼叫 compare() 對 string 物件 word 進行比較，將其與字串字面值進行比較：

```
word.compare("and")
```

將 word 與要比較的引數進行 compare()。函數以 int 型態回傳比較結果。若 word 大於 "and"，則為正整數；若 word 等於 "and"，則為 0；若 word 小於 "and"，則為負整數。

▌ **注意** 一個常見錯誤是將 if（word.compare（"and"）) 形式寫成 if word.compare（"and"）) 的 if 敘述，假設這個條件在 if 和 "and" 相等時的值為 true。當然，結果恰恰相反。對於相等的運算元，compare() 回傳 0。和往常一樣，0 將轉換布林值 false。要比較等式，應該使用 == 運算子。

在前面的例子中，你可以使用 compare() 函數來代替使用 compare 運算子：

```
for (size_t i {1}; i < names.size(); ++i)
{
```

```
    if (names[i-1].compare(names[i]) > 0)
    { // Out of order - so swap names
      names[i].swap(names[i-1]);
      sorted = false;
    }
}
```

這沒有原始程式碼清楚，但是可了解如何使用 compare() 函數。在這個例子中，使用 > 運算子更好，但是在某些情況下 compare() 更具優勢。這個函數一步就能說明兩個物件之間的關係。若 > 結果為 false，仍不知道運算元是否相等，而與 compare() 可以做到。

這個函數還有另一個優點。可以比較 string 物件的子字串與引數：

```
std::string word1 {"A jackhammer"};
std::string word2 {"jack"};
int result{ word1.compare(2, word2.length(), word2) };
if (result == 0)
  std::cout << "word1 contains " << word2 << " starting at index 2" << std::endl;
```

初始 result 的運算式，將從索引位置 2 開始的 4 個字元的 word1 子字串與 word2 進行比較。如圖 7-2 所示。

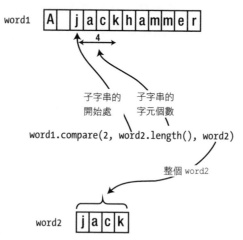

▲ 圖 7-2. 將 compare() 與子字串一起使用

compare() 的第一個引數是要與 word2 比較的 word1 子字串的起始索引。第二個引數是此子字串的字元數。在此範例中 word2 和 word1 的子字串是相等的，故會執行輸出敘述。很明顯的，若 word2 的長度不同於指定之子字串的長度，則它們在定義上是不相等的。

可以使用 compare 函數來搜尋子字串。例如：

```
std::string text {"Peter Piper picked a peck of pickled pepper."};
std::string word {"pick"};
for (size_t i{}; i < text.length() - word.length() + 1; ++i)
  if (text.compare(i, word.length(), word) == 0)
    std::cout << "text contains " << word << " starting at index " << i << std::endl;
```

這個迴圈尋找 text 中索引位置為 12 和 29 的 word。迴圈變數的上限允許，將 text 的最後一個 word.length() 字元與 word 進行比較，但這不是最有效的搜尋。當找到 word 時，將選中的下一個子字串安排為 word.length() 字元會更有效，但前提是在 text 結束之前仍然有 word.length() 字元。但是，有更簡單的方法來搜尋字串物件，我們很快就會看到。

可以使用 compare() 函數比較一個字串的子字串和另一個字串的子字串。這需要傳遞五個引數來 compare()，例如：

```
std::string text {"Peter Piper picked a peck of pickled pepper."};
std::string phrase {"Got to pick a pocket or two."};
for (size_t i{}; i < text.length() - 3; ++i)
  if (text.compare(i, 4, phrase, 7, 4) == 0)
    std::cout << "text contains " << phrase.substr(7, 4)
              << " starting at index " << i << std::endl;
```

另外兩個引數是，子字串在 phrase 中的索引位置及其長度。將 text 的子字串與 phrase 的子字串進行比較。

還沒結束。compare() 函數的作用是：將 string 物件的子字串與空字元結束字串進行比較。

```
std::string text{ "Peter Piper picked a peck of pickled pepper." };
for (size_t i{}; i < text.length() - 3; ++i)
  if (text.compare(i, 4, "pick") == 0)
    std::cout << "text contains \"pick\" starting at index " << i << std::endl;
```

輸出結果將與前面的程式碼相同；"pick" 出現在索引位置 12 和 29。

還有一種方法是，從空字元結束字串中選擇前 n 個字元，方法是指定字元的數量。迴圈中的 if 敘述可以如下：

```
if (text.compare(i, 4, "picket", 4) == 0)
  std::cout << "text contains \"pick\" starting at index " << i << std::endl;
```

compare() 的第四個引數指定在比較中使用的 "picket" 的字元數。

■ **附註**　我們已經看到 compare() 函數，可以很好地處理各種型態的不同數量的引數。我們前面簡要提到的 append() 函數也是如此。這裡有幾個同名的不同函數。這些函數稱為覆載函數（*overload function*），在下一章中會了解如何以及為什麼要用它們。

使用 substr() 比較

當然，如果無法記住 compare() 函數的更複雜版本的引數序列，可用 substr() 函數萃取 string 物件的子字串。然後，可在許多情況下將結果與比較運算子一起使用。例如，要檢查兩個子字串是否相等，可以撰寫如下測試：

```cpp
std::string text {"Peter Piper picked a peck of pickled pepper."};
std::string phrase {"Got to pick a pocket or two."};
for (size_t i{}; i < text.length() - 3; ++i)
  if (text.substr(i, 4) == phrase.substr(7, 4))
    std::cout << "text contains " << phrase.substr(7, 4)
              << " starting at index " << i << std::endl;
```

與前面使用 compare() 函數的操作不同，這個新程式碼很容易理解。當然，它的效率會稍低一些（因為建立了臨時子字串物件），但是程式碼的清晰性和可讀性，比改善微小的性能重要得多。事實上，這是一條重要的生活準則。你應該試著撰寫正確和可維護的程式碼，而不是容易出錯的、混淆的程式碼，即使後者可能快幾個百分點。只有在基準測試顯示性能顯著提高是可行的情況下，才應該將問題複雜化。

搜尋字串

除了 compare() 之外，在 string 物件中搜尋還有許多其他選擇。它們都包含回傳索引的函數。我們從最簡單的搜尋開始。string 物件有一個 find() 函數，用於尋找其中的子字串的索引。你還可用它來尋找特定字元的索引。正在搜尋的子字串可以是另一個 string 物件或字串字面值。下面是一個展示這些選項的例子：

```cpp
// Ex7_04.cpp
// Searching within strings
#include <iostream>
```

```
#include <string>

int main()
{
  std::string sentence {"Manners maketh man"};
  std::string word {"man"};
  std::cout << sentence.find(word) << std::endl;  // Outputs 15
  std::cout << sentence.find("Ma") << std::endl;  // Outputs 0
  std::cout << sentence.find('k') << std::endl;   // Outputs 10
  std::cout << sentence.find('x') << std::endl;   // Outputs  std::string::npos
}
```

在每個輸出敘述中，sentence 都是透過呼叫 find() 函數從頭開始搜尋的。該函數回傳所尋找內容的第一次出現的第一個字元的索引。在最後一條敘述中，字串中沒有找到 'x'，因此回傳值 std::string::npos。這是一個在 string 標頭檔中定義的常數。它表示字串中的非法字元位置，用於表示搜尋失敗。

在我們的電腦上，程式產生了這四個數字：

```
15
0
10
18446744073709551615
```

從這個輸出可以看出，std::string::npos 被定義為一個非常大的數字。更具體地說，它是型態 size_t 可以表示的最大值。對於 64 位元的平台，這個值等於 $2^{64}-1$，這是一個編號，順序是 $10^{19}-1$ 後面跟著 19 個 0。因此，不太可能使用足夠長的字串來表示有效的索引。為了讓你有個概念，上次我們數了一下，可以把維基百科英文版的所有字元，放在一個 270 億個字元的字串中—仍然比 npos 少 6.8 億倍。

當然，可用 npos 來檢查搜尋失敗，敘述如下：

```
if (sentence.find('x') == std::string::npos)
  std::cout << "Character not found" << std::endl;
```

▌ **注意** npos 常數的 std::string::npos 的值不是 false，而是 true。唯一計算為 false 的數值是 0，而 0 是一個完全有效的索引值。因此，應該注意不要撰寫這樣的程式碼：

```
if (!sentence.find('x')) std::cout << "Character not found" << std::endl;
```

雖然聽起來很合理，但是這個 if 敘述實際上做的幾乎沒有意義。當在索引 0 處找到字元 'x' 時，即對於所有以 'x' 開頭的 sentence，它會印出 "Character not found"。

搜尋子字串

find() 函數的另一個變形，允許從指定位置開始搜尋字串的一部分。例如，用之前定義的 sentence，可以這樣寫：

```cpp
std::cout << sentence.find("an", 1) << std::endl;        // Outputs 1
std::cout << sentence.find("an", 3) << std::endl;        // Outputs 16
```

每個敘述從第二個引數指定的索引到字串的尾端搜尋 sentence。第一個敘述尋找字串中第一個出現的 "an"。第二個敘述尋找第二個事件，因為搜尋從索引位置 3 開始。

可以透過將 string 物件指定為 find() 的第一個引數來搜尋它。這裡有一個例子：

```cpp
std::string sentence {"Manners maketh man"};
std::string word {"an"};
int count {};                                            // Count of occurrences
for (size_t i {}; i <= sentence.length() - word.length(); )
{
  size_t position = sentence.find(word, i);
  if (position == std::string::npos)
    break;
  ++count;
  i = position + 1;
}
std::cout << '"' << word << "\" occurs in \"" << sentence
          << "\" " << count << " times." << std::endl;     // Two times...
```

字串索引的型態是 size_t，因此儲存 find() 回傳的值的 position 就是這種型態。迴圈索引 i 定義了 find() 操作的起始位置，因此它的型態也是 size_t。sentence 中最後一個 word 的出現，必須從至少 word.length() 開始，位於 sentence 結尾的後面，因此迴圈中 i 的最大值是 sentence.length()- word.length()。沒有迴圈運算式來遞增 i，因為這是在迴圈主體中完成的。

若 find() 回傳 npos，則沒有找到 word，因此迴圈透過執行 break 敘述結束。否則，count 將遞增，i 將被設置到 word 找到的位置之外的一個位置，為下一次迭代做好準備。你可能認為應該將 i 設置為 i + word.length()，但這不會允許出現重疊的情況，例如在字串 "ananas" 中搜尋 "ana"。

還可以在 string 物件中，搜尋 C 格式字串的子字串或字串字面值。在本例中，find() 的第一個引數是空字元結束字串，第二個引數是你希望開始搜尋的索引位置，第三個引數是你希望將空字元結束字串，作為你要尋找的字串的字元數。下面有一個例子：

```cpp
std::cout << sentence.find("akat", 1, 2) << std::endl;    // Outputs 9
```

它從位置 1 開始搜尋 sentence 中 "akat"（即 "ak"）的前兩個字元。以下搜尋將失敗，並回傳 npos：

```cpp
std::cout << sentence.find("akat", 1, 3) << std::endl; // Outputs std::string::npos
std::cout << sentence.find("akat", 10, 2) << std::endl; // Outputs std::string::npos
```

第一次搜尋失敗是因為 "aka" 不在 sentence 中。第二個是尋找 sentence 中的 "ak"，但它失敗了，因為它不在位置 10 之後出現。

以下的程式，搜尋 string 物件為特定的子字串，並確定子字串發生多少次：

```cpp
// Ex7_05.cpp
// 在子字串中搜尋
#include <iostream>
#include <string>

int main()
{
  std::string text;                  // The string to be searched
  std::string word;                  // Substring to be found
  std::cout << "Enter the string to be searched and press Enter:\n";
  std::getline(std::cin, text);

  std::cout << "Enter the string to be found and press Enter:\n";
  std::getline(std::cin, word);

  size_t count{};                    // Count of substring occurrences
  size_t index{};                    // String index
  while ((index = text.find(word, index)) !=  std::string::npos)
  {
    ++count;
    index += word.length();
  }

  std::cout << "Your text contained " << count << " occurrences of \""
            << word << "\"." << std::endl;
}
```

此程式的輸出是：

```
Enter the string to be searched and press Enter:
Smith, where Jones had had "had had", had had "had". "Had had" had had the
examiners' approval.
Enter the string to be found and press Enter:
had
Your text contained 10 occurrences of "had".
```

"had" 只出現過 10 次。"Had" 不算數，因為它以大寫字母開頭。程式在 word 中搜尋字串的 text，這兩個字串都是使用 getline() 從標準輸入串流讀取的。輸入以換行結束，當按下 Enter 時就會出現換行。搜尋在 while 迴圈中進行，只要用於 text 的 find() 函數不回傳 npos，該迴圈就會繼續。npos 的回傳值，表示從指定索引到字串尾端的 text 中，沒有找到搜尋目標，因此搜尋結束。在每次迭代中，當回傳一個非 npos 的值時，word 中的字串在 text 中找到，因此 count 增加，index 增加字串的長度；這假設我們不搜尋重疊的事件。在這個迴圈中發生了很多事情，因此為了幫助你執行操作，流程如圖 7-3 所示。

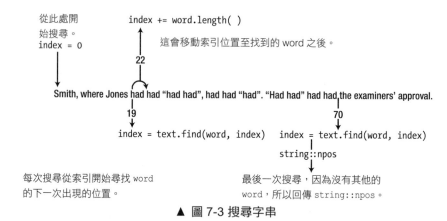

▲ 圖 7-3 搜尋字串

搜尋字串中任何字元集

假設你有一字串—也許就是一段散文—而你想將它分成個別的單字。在此情況下，你需要找出界定符號的位置，而這些界定符號也許是一些不同的字元，可能是空格、逗號、句點、、分號等等。你需要一個函數可找出字串中，屬於特定字元集合的字元位置—這可告訴你這些單字的界定符號的位置。這就是函數 find_first_of() 的功能。

```
std::string text {"Smith, where Jones had had \"had had\", had had \"had\"."
                  " \"Had had\" had had the examiners' approval."};
std::string separators {" ,.\""};
std::cout << text.find_first_of(separators) << std::endl;        // 輸出 5
```

因為 text 中第一個落在 separators 定義之集合的字元是逗號，所以上一個敘述會輸出 5。若有需要，此處的引數可以是空字元結尾字串。例如，若欲找出 text 中的第一個母音，則敘述是：

```
std::cout << text.find_first_of("AaEeIiOoUu") << std::endl;        // 輸出 2
```

因為第一個母音是 'i'，故輸出 2。

亦可用函數 find_last_of() 從 string 物件的尾端往後搜尋最後一個出現在特定集合中的字元。例如，要找出 text 中最後一個母音的敘述是：

```
std::cout << text.find_last_of("AaEeIiOoUu") << std::endl;        // 輸出 92
```

text 的最後一個母音是 approval 的第二個 'a'，其索引位置是 92。

在函數 find_first_of() 和 find_last_of() 中，可指定一個額外的引數，告知要從字串的何處開始搜尋。若函數的第一個引數是空字元結尾字串，則可有第三個引數，指定要包含這個集合的幾個字元。

另一個可用工具是，幫你找出**不在**特定集合中的字元。函數 find_first_not_of() 和 find_last_not_of() 是此功能的工具。要找出 text 中不是母音的第一個字元的位置，其敘述是：

```
std::cout << text.find_first_not_of("AaEeIiOoUu") << std::endl;  // Outputs 0
```

不是母音的第一個字元，很顯然是在位置 0。

下面的程式會使用一部分這些函數。我們可以撰寫程式說明 find_first_of() 的功能。從字串中挑出單字。此程式結合 find_first_of() 和 find_first_not_of()。

```cpp
// Ex7_06.cpp
// Searching a string for characters from a set
#include <iostream>
#include <iomanip>
#include <string>
#include <vector>

int main()
```

```cpp
{
  std::string text;                                 // The string to be searched
  std::cout << "Enter some text terminated by *:\n";
  std::getline(std::cin, text, '*');

  const  std::string separators{ " ,;:.\"!?'\n" };  // Word delimiters
  std::vector<std::string> words;                   // Words found
  size_t start { text.find_first_not_of(separators) }; // First word start index

  while (start !=  std::string::npos)                // Find the words
  {
    size_t end = text.find_first_of(separators, start + 1); // Find end of word
    if (end ==  std::string::npos)                  // Found a separator?
      end = text.length();                          // No, so set to end of text
    words.push_back(text.substr(start, end - start));  // Store the word
    start = text.find_first_not_of(separators, end + 1); // Find first character of next word
  }

  std::cout << "Your string contains the following " << words.size() << " words:\n";
  size_t count{};                                   // Number output
  for (const auto& word : words)
  {
    std::cout << std::setw(15) << word;
    if (!(++count % 5))
      std::cout << std::endl;
  }
  std::cout << std::endl;
}
```

此程式的輸出是：

```
Enter some text terminated by *:
To be, or not to be, that is the question.
Whether tis nobler in the mind to suffer the slings and
arrows of outrageous fortune, or by opposing, end them.*
Your string contains the following 30 words:
         To            be            or           not            to
         be          that            is           the      question
    Whether           tis        nobler            in           the
       mind            to        suffer           the        slings
        and        arrows            of     outrageous       fortune
         or            by      opposing           end          them
```

string 變數 text 將包含從鍵盤讀取的字串。getline() 函數從 cin 讀取字串，並將星號指定為結束字元，這允許輸入多行。separators 變數定義了一組單字界定符號。它被定義為 const，因為這些不應該被修改。這個例子中有趣的部分是對字串的分析。

記錄 start 中第一個單字的第一個字元的索引。只要這是一個有效的索引（它不是 npos 的值），你就知道 start 包含第一個單字的第一個字元的索引。while 迴圈尋找目前單字的尾端，萃取單字作為子字串，並將其儲存在 words 向量中。它還記錄在 start 中搜尋下一個單字的第一個字元的索引之結果。迴圈會繼續，直到找不到第一個字元，在這種情況下，start 將包含結束迴圈的 npos。

while 迴圈中的最後一次搜尋可能會失敗，以 npos 值作為結束。如果 text 以字母或除指定 separators 以外的任何其他字元結束，就會發生這種情況。要處理這個問題，需要檢查 if 敘述中的 end 值，如果搜尋失敗，則將 end 設為 text 的長度。這將是字串尾端之外的一個字元（因為索引從 0 開始，而不是 1），因為 end 應該對應於單字中最後一個字元之後的位置。

向後搜尋字串

函數 find() 向前搜尋整個字串，可從頭或是你指定的位置開始搜尋。若你想從字串的尾端開始向後搜尋，則你可用函數 rfind()，其名稱也許取自 reverse find（反向找尋）。函數 rfind() 的變化與函數 find() 相同。你可在 string 物件中搜尋另一個 string 物件、或空字元結尾字串定義的子字串，或是搜尋一個字元。例如：

```
std::string sentence {"Manners maketh man"};
std::string word {"an"};
std::cout << sentence.rfind(word)  << std::endl;        // Outputs 16
std::cout << sentence.rfind("man") << std::endl;        // Outputs 15
std::cout << sentence.rfind('e')   << std::endl;        // Outputs 11
```

每次搜尋都會找到 rfind() 引數的最後一次出現，並回傳找到該引數的第一個字元的索引。圖 7-4 說明了使用 rfind()。

當引數為 word 時，搜尋會找出字串中最後一個 "an"。rfind() 函數回傳找到之子字串的第一個字元的索引位置。

若無此子字串，則回傳 npos。例如：

```
std::cout << sentence.rfind("miners") << std::endl;      // Outputs std::string::npos
```

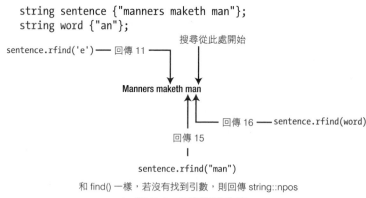

和 find() 一樣，若沒有找到引數，則回傳 string::npos

▲ 圖 7-4　向後搜尋字串

因為 sentence 中沒有子字串 "miners"，所以此敘述回傳 npos 並顯示之。圖 7-4 中的其他兩個搜尋和第一個類似，從字串尾端往後搜尋引數第一次出現之處。

就如 find() 函數一樣，函數 rfind() 可加入額外的引數，指定向後搜尋的起始位置，而且當第一個引數是 C 格式的字串時，可加入第三個引數。第三個引數說明要取 C 格式字串多少個字元，當作搜尋的子字串。

修改字串

當你找尋字串並找到時，很自然的也許會想要以某一方式改變之。我們已經看過如何用中括號和索引值，修改 string 物件中的單一字元，但是亦可插入子字串至 string 物件中、或取代現有的子字串。藉著函數 insert() 可插入子字串，而用 replace() 取代子字串。我們首先來看插入子字串。

插入字串

也許最簡單的插入是，將 string 型態物件插入另一個 string 物件的特定位置之前，下面是其運作的範例：

```
std::string phrase {"We can insert a string."};
std::string words {"a string into "};
phrase.insert(14, words);
```

如圖 7-5 所示，字串 words 會於 phrase 位置索引 14 的字元之前插入。在此操作之後，phrase 中的字串是 "We can insert a string into a string."。

亦可在 string 物件中插入空字元結尾的字串。例如，下面敘述的結果與前一個操作相同：

```
phrase.insert(14, "a string into ");
```

在插入之前，會去除空字元結尾字串的 '\0' 字元。

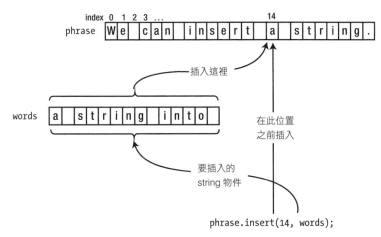

▲ 圖 7-5 插入字串到另一個字串中

接下來較複雜的是插入 string 物件的子字串。在呼叫函數 insert() 時，需提供兩個額外的引數：一個指定子字串的起始位置，另一個引數是指定字元數目。例如：

```
phrase.insert(13, words, 8, 5);
```

此敘述將 words 從位置 8 開始的 5 個字元插入 phrase。若這兩個物件都代表原來的字串，則此敘述插入 " into" 至 "We can insert a string." 後，phrase 會變成 "We can insert into a string."。

要將空字元結尾字串的特定字元數，插入 string 物件的方式類似於上述的方法。下面敘述的結果與上一個敘述相同：

```
phrase.insert(13, " into something", 5);
```

此敘述將 " into something" 的前 5 個字元，插入 phrase 索引 13 之字元前面的位置。

若你需要將數個相同字元的字串插入 string 物件，則此敘述是：

```
phrase.insert(16, 7, '*');
```

此敘述會在 phrase 索引 16 之字元的前面插入 7 個星號。Phrase 的結果是 "We can insert a *******string."。

取代子字串

你可用不同的子字串，取代 string 物件中的任意子字串—即使這兩個子字串的長度不同也可以。若 text 的定義如前：

```
std::string text {"Smith, where Jones had had \"had had\", had had \"had\"."};
```

我們可用較不常見的名字取代 "Jones"：

```
text.replace(13, 5, "Gruntfuttock");
```

此敘述用字串 "Gruntfuttock" 取代 text 從位置 13 開始的 5 個字元，若現在輸出 text，則結果如下：

```
Smith, where Gruntfuttock had had "had had", had had "had".
```

一個較實際的方法是，先找尋要取代的子字串。例如：

```
const std::string separators {" ,;:.\"!'\n"};          // Word delimiters
size_t start {text.find("Jones")};                    // Find the substring
size_t end {text.find_first_of(separators, start + 1)};  // Find the end
text.replace(start, end - start, "Gruntfuttock");
```

這段程式碼先找出 text 中 "Jones" 第一個字母的位置，並將索引值存在 start 中。接著利用函數 find_first_of() 和 separators 中的界定字元，找出 "Jones" 的最後一個字元之後一個字元的位置。然後將這兩個索引位置用於 replace() 運作中。

取代字串可以是 string 物件或空字元結尾字串。若是前者，可以指定 string 物件中的起始索引，和用於取代的子字串長度。例如，上述的取代運作可改寫成：

```
std::string name {"Amos Gruntfuttock"};
text.replace(start, end - start, name, 5, 12);
```

這些敘述與前面使用 replace() 的效果相同，因為取代字元從 name 的索引位置 5（即 'G'）開始，包含 12 個字元。

若第一個引數是空字元結尾字串，則可知道要取多少個字元當作取代字串。例如：

```
text.replace(start, end - start, "Gruntfuttock, Amos", 12);
```

此時會用 "Gruntfuttock, Amos" 的前 12 個字元作取代字串,所以此結果仍與前面相同。

另一種可能性與 insert() 很類似,就是指定取代字串為重複數次的特定字元。例如,可將 "Jones" 用 3 個星號取代:

```
text.replace(start, end - start, 3, '*');
```

此敘述假設 start 和 end 的取得方式與前面相同,text 的結果會是:

```
Smith, where *** had had "had had", had had "had".
```

在範例中試試取代運作,此程式用一個單字取代字串中的某一個單字。

```cpp
// Ex7_07.cpp
// Replacing words in a string
#include <iostream>
#include <string>

int main()
{
  std::string text;                                // The string to be modified
  std::cout << "Enter a string terminated by *:\n";
  std::getline(std::cin, text, '*');

  std::string word;                                // The word to be replaced
  std::cout << "Enter the word to be replaced: ";
  std::cin >> word;

  std::string replacement;                         // The word to be substituted
  std::cout << "Enter the string to be substituted for " << word << ": ";
  std::cin >> replacement;

  if (word == replacement)                         // Verify there's something to do
  {
    std::cout << "The word and its replacement are the same.\n"
              << "Operation aborted." << std::endl;
    return 1;
  }

  size_t start {text.find(word)};                  // Index of 1st occurrence of word
  while (start !=  std::string::npos)              // Find and replace all occurrences
  {
    text.replace(start, word.length(), replacement); // Replace word
    start = text.find(word, start + replacement.length());
  }

  std::cout << "\nThe string you entered is now:\n" << text << std::endl;
}
```

此程式的輸出為：

```
Enter a string terminated by *:
A rose is a rose is a rose.*
Enter the word to be replaced: rose
Enter the string to be substituted for rose: dandelion

The string you entered is now:
A dandelion is a dandelion is a dandelion.
```

取代單字的字串被 getline() 讀入 text。可以用星號輸入和結束任意數量的行。使用萃取運算子讀取取代的單字及被取代的單字，因此不能包含空格。若取代的單字及被取代的單字相同，則程式立即結束。

第一個 word 出現的索引位置用於初始 start。它用於 while 迴圈，用於尋找和取代 word 的連續出現。每次取代之後，text 中下一次出現的 word 的索引儲存在 start 中，為下一次迭代做好準備。若 text 中不再出現 word，start 將包含 npos，這將結束迴圈。然後輸出 text 中修改的字串。

從字串中移除字元

可用函數 replace() 移除 string 物件的子字串，只需將取代字串指定為空字串即可。但是也有執行此功能的特定函數 erase()，你可指定要清除之子字串的起始索引位置和長度。例如要清除 text 的前 6 個字元：

```
text.erase(0, 6);          // Remove the first 6 characters
```

同樣的，通常先搜尋欲移除的特定子字串，再用此函數刪除。利用 erase() 較典型的範例是：

```
std::string word {"rose"};
size_t index {text.find(word)};
if (index != std::string::npos)
  text.erase(index, word.length());
```

這裡我們嘗試找到 text 中的 word 的位置，並確認它的存在後，則用 erase() 函數清除之。移除之子字串的字元個數，可從 word 的 length() 函數取得。

erase() 函數也可以只使用一個引數，或不適用任何引數。例如：

```
text.erase(5);          // Removes all but the first 5 characters
text.erase();           // Removes all characters
```

在最後一條敘述執行之後，text 將是一個空字串。另一個從 string 物件中刪除所有字元的函數是 clear()：

```
text.clear();
```

▌ 注意　另一個常見的誤會是使用一個引數 i 呼叫 erase(i)，試圖刪除特定索引 i 上的一個字元。錯的，它會從索引位置 i 開始刪除所有字元，直到字串結束。要刪除索引位置 i 的單一字元，應該使用 erase(i,1)。

std::string 與 std::vector<char>

可能已經注意到 std::string 很像 std::vector<char>。它們都是 char 元素的動態陣列，使用 [] 運算子，來模擬純 char[] 陣列。但相似之處不只如此。std::string 物件支援幾乎所有 std::vector<char> 支援的成員函數，包括第 5 章的 vector<> 函數：

- string 有 push_back() 函數，用於在字串的尾端插入一個新字元（就在結束字元之前）。但是，它並不常使用，因為 std::string 物件支援更方便的 += 語法來追加字元。

- string 有 at() 函數，與 [] 運算子不同，它對給定的索引執行邊界檢查。

- string 有 size() 函數，它是 length() 的別名。之所以加入後者，是因為更常見的說法是 "字串的長度"，而不是 "字串的大小"。

- string 提供了 front() 和 back() 方便的函數來存取它的第一個，和最後一個字元（不包括空字元結束字元）。

- string 支援一系列 assign() 函數來重新初始它。這些函數接受的引數組合類似於首次初始 string 時在括號之間使用的引數組合。例如，s.assign(3, 'X') 將 s 重新初始為 "XXX"，而 s.assign("Reinitialize", 2, 4) 用 "init" 覆寫字串物件 s 的內容。

本章已經說明了，std::string 不僅僅是一個簡單的 std::vector<char>。在 vector<char> 提供的函數的基礎上，它為常見的字串運作（如連結、子字串存取、字串搜尋和取代等）提供了大量附加的有用函數。當然，std::string 知道結束其 char 陣列的空字元，並且知道在成員中考慮這一點（如 size()、back() 和 push_back()）。

將字串轉換為數字

在本章的前面，了解到可以使用 std::to_string() 將數字轉換為字串。但是另一個方向呢：如何將字串 "123" 和 "3.1415" 轉換成數字呢？在 C++ 中有幾種方法可以實現這一點，但是 string 標頭本身提供了最簡單的選項。它的 std::stoi() 函數，簡稱 "**string to int**"，將特定的字串轉換為 int：

```
std::string s{ "123" };
int i{ std::stoi(s) };            // i == 123
```

string 標頭提供了 stol()、stoll()、stoul()、stoull()、stof()、stod() 和 stold()，它們都在 std 名稱空間中，分別將 string 轉換為 long、long long、unsigned long、unsigned long long、float、double 和 long double 型態的值。

字串串流

假設有一個浮點數陣列，並且你的任務是組合一個字串，該字串包含所有這些數字的字面值表示，精確度為 4 位，每行 5 位，並且在 7 個字元寬的列中向右對齊。當然，對於 std::string，這是可能的，它使用一系列複雜的連結，中間穿插一些對 std::to_string() 和 substr() 的呼叫。但這種方法特別乏味，而且容易出錯。若你被要求將這些數字串流到 std::cout—那就會非常簡單！所需要的就是來自 iomanip 標頭的兩個串流調整器。

好消息是，標準函式庫提供了一種不同型態的串流，它不直接將字元輸出到電腦螢幕，而是將它們收集到一個 string 物件中。在任何時候，都可以檢索此字串以進行進一步處理。這個串流型態被恰當地命名為 std::stringstream，並由 sstream 標頭定義。使用它的方式與 std::cout 相同，如下所示：

```
// Ex7_08.cpp
// Formatting using string streams
#include <iostream>
#include <iomanip>
#include <sstream>
#include <string>
#include <vector>

int main()
```

```
{
  std::vector<double> values;

  std::cout << "How many numbers do you want to enter? ";
  size_t num {};
  std::cin >> num;
  for (size_t i {}; i < num; ++i)            // Stream in all 'num' user inputs
  {
    double d {};
    std::cin >> d;
    values.push_back(d);
  }

  std::stringstream ss;                      // Create a new string stream
  for (size_t i {}; i < num; ++i)            // Use it to compose the requested string
  {
    ss << std::setprecision(4) << std::setw(7) << std::right << values[i];
    if ((i+1) % 5 == 0) ss << std::endl;
  }
  std::string s{ ss.str() }; // Extract the resulting string using the str() function
  std::cout << s << std::endl;
}
```

可能的輸出如下：

```
How many numbers do you want to enter? 7
1.23456
3.1415
1.4142
-5
17.0183
-25.1283
1000.456
  1.235   3.142   1.414    -5    17.02
 -25.13    1000
```

該程式從使用者那裡收集一系列浮點數，並將它們推入向量。接下來，它透過它的 << 運算子將所有這些值，串流到 stringstream 物件 ss 中。處理字串串流就像處理 std::cout 一樣。只需將 std::cout 取代為型態 std::stringstream，如 Ex7_08 中的變數 ss。除此之外，只需要知道串流的 str() 函數。使用該函數，會獲得一個 std::string 物件，其中包含串流到目前為止累積的所有字元。

注意，不僅可以使用 std::stringstream 物件向字串寫入數字，還可以使用它從給定的輸入字串讀取值。可用它的 >> 運算子來實現這一點，它的運作方式與 std::cin 的相應運算子相同。可以在本章的習題中嘗試一下。

串流是抽象（*abstraction*）能力的證明。給定一個串流，該串流是否與電腦螢幕、string 物件、甚至檔案或網路埠進行互動並不重要。可用相同的介面與所有這些串流目標和來源進行互動。在第 11 章及之後的章節中，會說明抽象是物件導向程式設計的特徵之一。

國際字元字串

第 1 章的內容中，在國際上，使用的字元比標準 ASCII 字元集定義的 128 個字元多得多。例如，法語和西班牙語經常使用重音字母，如 ê、á 或 ñ。當然，俄語、阿拉伯語、馬來西亞語或日語等語言使用的字元，甚至與 ASCII 標準定義的字元完全不同。用一個 8 位字元可以表示 256 個不同的字元，但這遠遠不夠表示所有這些可能的字元，單是中文就有數萬個。

支援多個國家字元集是更高階的主題，因此我們只介紹 C++ 提供的基本功能，而不詳細介紹如何應用它們。因此，當必須使用不同國家的字元集時，本節只是一個指標，指示你應該查看哪些地方。對於可能包含擴充字元集的字串，你可能有三個選擇：

- 可以定義 std::wstring 物件，該物件包含型態為 wchar_t 的字元字串—建構在 C++ 實現中的寬字元型態。
- 可以定義 std::u16string 物件，該物件儲存 16 位元 Unicode 字元的字串，型態為 char16_t。
- 可以定義 std::u32string 物件，該物件包含 32 位元 Unicode 字元的字串，型態為 char32_t。

string 標頭檔定義了這些型態。

▌ **附註** string 標頭檔定義的所有四種字串型態，實際上只是同一個類別樣版的特定實例化的型態別名，即 std::basic_string<CharType>。例如，std::string 是 std::basic_string<char> 的別名，std::wstring 是 std::basic_string<wchar_t> 的縮寫。這就解釋了為什麼所有字串型態都提供完全相同的函數集合。在第 16 章知道如何建立自己的類別樣版之後，會更好地理解這是如何運作的。

---

wchar_t 字元字串

在 string 標頭檔中定義的 std::wstring 儲存型態為 wchar_t 的字元的字串。使用 wstring 型態的物件的方式，與使用 string 型態的物件的方式基本相同。可用下面的敘述定義一個寬字串（*wide string*）物件：

```
std::wstring quote;
```

可在雙引號之間撰寫包含型態為 wchar_t 字元的字串字面值，但是使用 L 前導字元將其與包含 char 字元的字串字面值區分開來。因此，可以像這樣定義和初始 wstring 變數：

```
std::wstring saying {L"The tigers of wrath are wiser than the horses of instruction."};
```

開頭雙引號前面的 L 指定字面值，是由型態為 wchar_t 的字元組成。如果沒有它，就會有一個 char 字串字面值，敘述將無法編譯。

要輸出寬字串，可以使用 wcout 串流。如下所示：

```
std::wcout << saying << std::endl;
```

我們在 string 物件中討論的，幾乎所有函數都同樣適用於 wstring 物件，因此不再深入研究它們。其他函數—例如 to_wstring() 函數和 wstringstream 類別—在它們的名稱中只接受一個額外的 w，但在其他方面是完全相等。當使用 wstring 物件時，只需記住用字串和字元字面值指定 L 前導字元即可。

型態 wstring 的一個問題是，應用於型態 wchar_t 的字元碼是已定義的實作，因此不同的編譯器可以使用不同的編碼。Windows 作業系統的 API 通常期望使用 UTF-16 編碼的字串，因此在編譯 Windows 時，wchar_t 字串通常也由 2 位元組 UTF-16 編碼的字元組成。然而，大多數的實作使用 4 位元組 UTF-32 編碼的 wchar_t 字元。若需要支援可移植的多國字元集，那麼最好使用下一節中描述的 u16string 或 u32string 型態。

包含 Unicode 字串的物件

string 標頭檔定義了另外兩種型態，用於儲存 Unicode 字元的字串。型態 std::u16string 的物件儲存型態為 char16_t 的字元的字串，型態為 std::u32string 的物件儲存型態為 char32_t 的字元的字串。它們旨在包含分別使用 UTF-16 和 UTF-32 編碼的字元序列。與 wstring 物件一樣，必須使用適當型態的字面值來初始 u16string 或 u32string 物件。下面有一個例子：

```
std::u16string question {u"Whither atrophy?"};                    // char16_t characters
std::u32string sentence {U"This sentence contains three errors."}; // char32_t characters
```

這些敘述說明了在包含 char16_t 字元的字串字面值前面加上 u 前導字元，以及在包含 char32_t 字元的字串前面加上 U 前導字元。u16string 和 u32string 型態的物件具有與 string 型態相同的函數集合。

理論上，可用本章詳細介紹的 std::string 型態來儲存 UTF-8 字元的字串。定義 UTF-8 字串的方法是在一般字串字面值前面加上 u8 前導字元，例如 u8"This is a UTF-8 string."。但是，string 型態將字元儲存為 char 型態，對 Unicode 編碼一無所知。UTF-8 編碼使用 1 到 4 位元組，對每個字元進行編碼，對字串物件進行操作的函數不會識別這一點。這意味著，例如，如果字串包含任何需要兩到三個位元組來表示的字元，length() 函數將回傳錯誤的長度，如下面的程式碼片段所示：

```
std::string s(u8"字符串");   // UTF-8 encoding of the Chinese word for "string"
std::cout << s.length();     // Length: 9 code units!
```

■ **提示**　在撰寫本文時，根據我們的經驗，在標準函式庫中對操作 Unicode 字串的支援是有限的，在一些實作中更是如此。首先，不存在 std::u16cout 或 std::u32stringstream，標準正規表示式函式庫也不支援 u16string 或 u32string。此外，在 C++17 中，標準函式庫用於在各種 Unicode 編碼之間進行轉換的大多數函數已經被棄用。若產生和操作可移植的 Unicode 編碼字面值對你的程式很重要，那麼最好使用第三方函式庫（可行的候選函式庫：包括強大的 ICU 函式庫，或建立在 ICU 之上的 Boost.Locale 函式庫）。

原始字串字面值

如你所知，一般字串字面值不能包含換行或跳格。要包含這樣的特殊字元，它們必須是換行和跳格，然後分別變成 \n 和 \t。出於顯而易見的原因，雙引號字元也必須轉義到 \"。由於這些跳逸控制字元，倒斜線字元本身也需要轉義到 \\。

然而,有時你會發現必須定義,包含某些或更多這些特殊字元的字串字面值。連續轉義這些字元不僅很乏味,而且會使這些字面值無法讀取。以下是一些例子:

```
auto escape{ "The \"\\\\\" escape sequence is a backslash character, \\." };
auto path{ "C:\\ProgramData\\MyCompany\\MySoftware\\MyFile.ext" };
auto text{ L"First line.\nSecond line.\nThird line.\nThe end." };
std::regex reg{ "\\*" };    // Regular expression that matches a single * character
```

後者是正規表示式(定義搜尋和轉換字面值的過程的字串)的一個範例。從本質上說,正規表示式定義在字串中配對的模式,找到的模式可以取代或重新排序。C++ 透過 regex 標頭支援正規表示式,不過關於這一點的討論不在本書的討論範圍之內。這裡的要點是正規表示式字串通常包含倒斜線字元。必須為每個倒斜線字元使用跳逸控制字元,這會使正規表示式特別難以正確指定,而且非常難以讀取。

引入原始字串字面值是為了解決這些問題。原始字串字面值可以包含任何字元,包括倒斜線、跳格、雙引號和換行,因此不需要跳逸控制字元。原始字串字面值在前導字元中包含一個 R,在此之上,字面值的字元序列由小括號包圍。因此,原始字串字面值的基本形式是 R"(…)"。括號本身不是字面值的一部分。你所看到的任何字面值型態,都可以指定為原始字面值,方法是在 R 之前加入 L、u、U 或 u8 的前導字元。

```
auto escape{ R"(The "\\" escape sequence is a backslash character, \.)" };
auto path{ R"(C:\ProgramData\MyCompany\MySoftware\MyFile.ext)" };
auto text
{ LR"(First line.
Second line.
Third line.
The end.)" };
std::regex reg{ R"(\*)" };  // Regular expression that matches a single * character
```

在原始字串字面值中,不需要轉義。這意味著你可簡單地複製和貼上,例如,將一個 Windows 路徑貼到它們之中,甚至是完整的莎士比亞戲劇,包括引用字元和換行。在後一種情況下,應該注意前導字元空格和所有換行,因為這些空格和所有其他字元都將包含在字串字面值中,以及周圍的 "()" 界定符號之間。

請注意,即使不需要雙引號,也可以轉義,這就引出了一個問題:若字面值本身在某個地方包含序列)",該怎麼辦?也就是說,若它包含一個) 字元加上一個 "。這是一個有問題的字面意思:

```
R"(The answer is "(a - b)" not "(c - d)")"          // Error!
```

編譯器會反對這個字串，因為原始的字面值似乎已經在 (a - b 右邊停止了。但若沒有轉義，任何倒斜線字元都會被簡單地複製到原始字面值中，你怎麼能讓編譯器清楚地知道字串應該包含這個第一個)"，以及 (c - d 之後的下一個)" 的答案是，標記原始字串字面值的開始和結束的界定符號是靈活的。可用 "char_sequence（標記字面值的開頭，並用配對的序列）char_sequence" 標記結尾。下面有一個例子：

```
R"*(The answer is "(a - b)" not "(c - d)")*"
```

這現在是一個包含 char32_t 字元的有效原始字串字面值。只要在兩端使用相同的序列，基本上可以選擇任何 char_sequence：

```
R"Fa-la-la-la-la(The answer is "(a - b)" not "(c - d)")Fa-la-la-la-la"
```

唯一的其他限制是 char_sequence 不能超過 16 個字元，並且不能包含任何小括號、空格、控制字元或倒斜線字元。

摘要

在本章中，我們已經看過如何使用定義在標準函式庫中的 string 型態。string 型態比使用 C 格式的字串更加簡單且安全，所以當需要處理字元字串時，它應該是你的第一選擇。

本章的討論重點如下：

- std::string 型態儲存字元字串。
- 就像 std::vector<char>，它是一個動態陣列—意味著在需要時，會配置更多記憶體。
- 在內部，空結束字元仍然存在於 std::string 物件管理的陣列中，但僅用於相容舊式 C 函數。作為 std::string 的使用者，通常不需要知道它是否存在。所有 string 功能都能為你處理這個舊式字元。
- 可以將 string 物件儲存在陣列中，或者更好地儲存在序列容器中，如向量中。
- 可以使用中括號之間的索引，存取和修改 string 物件的個別字元。存取的索引值從 0 開始。

◆ 可以使用 + 運算子將 string 物件與字串字面值、字元或其他 string 物件連結起來。

◆ 若想連結基本數值型態之一的值，例如 int 或 double，則必須首先將這些數值轉換為字串。最簡單但最不靈活的選項是 std::to_string() 函數樣版，它定義在 string 標頭檔中。

◆ string 型態的物件有對自己搜尋、修改和萃取子字串的函數。

◆ string 標頭檔提供 std::stoi() 和 std::stod() 等函數，將字串轉換為 int 和 double 等數字型態的值。

◆ 將數字寫入字串或從字串讀取數字更強大的選項是 std::stringstream。你可以使用與 std::cout 和 std::cin 完全相同的方式使用字串串流。

◆ wstring 型態的物件包含 wchar_t 型態的字元字串。

◆ u16string 型態的物件包含 char16_t 型態字元字串。

◆ u32string 型態的物件包含 char32_t 型態字元字串。

習題

7.1 撰寫一個程式，讀取和儲存任意數量的學生的名字以及他們的成績。計算並輸出平均成績，並將所有學生的姓名和成績，輸出到每行三個學生的姓名和成績的表格中。

7.2 撰寫一個程式，讀取任意行數上輸入的字面值。尋找並記錄字面值中出現的每個唯一單字，並記錄每個單字的出現次數。輸出單字及其出現次數，單字和計數應該在列中對齊。單字應該向左對齊；計數向右對齊。表中每行應該有三個單字。

7.3 撰寫一個程式，從鍵盤上讀取任意長度的字面值字串，並提示輸入在字串中找到的單字。這個程式應該找到並取代這個單字的所有出現，不論大小寫，這個單字中有多少個字元就有多少個星號。然後它應該輸出新的字串，只有完整的單字可以取代。例如，如果字串是 "Our house is at your disposal."，而要找到的單字是 "our"，那麼結果字串應該是："*** house is at your disposal." 而不是 "*** house is at y*** disposal."。

7.4 撰寫一個程式，提示輸入兩個單字，並確定其中一個單字是否是另一個單字的字母組合。一個單字的字謎（anagram）是透過重新排列它的字母，精確地使用每個原始字母一次而形成的。例如，*listen* 和 *silent* 是相對應的字謎，但 *listens* 和 *silent* 不是。

7.5 將習題 7.4 的程式一般化，使其在決定兩個字串是否是字謎時忽略空格。根據這個廣義的定義，*funeral* 和 *real fun* 被認為是字謎，就像 *11 加 2* 和 *12 加 1* 一樣，還有 *desperation* 和 *a rope ends it*。

7.6 撰寫一個程式，從鍵盤上讀取任意長度的字面值字串，然後讀取包含一個或多個字母的字串。輸出字面值中以任何字母（大寫或小寫）開頭的所有單字的列表。

7.7 撰寫一個程式，該程式將使用者輸入的任意長整數序列讀入單個字串物件。這個序列的數字由空格界定，並以 # 字元結束。換句話說，使用者不必在兩個連續的數字之間按 "Enter" 鍵。接下來，使用串流逐個萃取字串中的所有數字，將這些數字相加，並輸出它們的和。

在開始之前，你需要更多關於如何使用字串串流作為輸入的資訊。首先，建構一個 std::stringstream 物件，該物件包含與指定 std::string 物件 my_string 相同的字元序列，如下所示：

```
std::stringstream ss{ my_string };
```

或者，可將指定字串的內容分配給現有字串串流：

```
ss.str(my_string);
```

其次，與 std::cin 不同，可以從字串串流中萃取的值的數量是有限制的。對於這個練習，你可以透過將流轉換為布林值來檢查，是否還有更多的數字需要萃取。只要串流能夠產生更多的值，它就會轉換為 true。一旦串流耗盡，會轉換為 false。換句話說，應該簡地在迴圈的形式中使用字串輸入串流變數 ss 如下：

```
while (ss) { /* Extract next number from the stream */ }
```

7.8 重複習題 7.7，只是這次使用者逐個輸入數字，每次輸入完後再按下 Enter。輸入應該作為不同字串的序列進行收集—為了便於練習，仍不能直接作為整數進行收集—然後將這些字串連結到單個字串。輸入仍然以 # 字元結束。而且這一次，不允許再使用字串串流從結果字串中萃取數字。

08

函數

將程式分成可管理的程式碼區塊是撰寫任何程式語言的基本方式。在 C++ 程式中，*函數或函式*（*function*）是基本的建構區塊。目前我們已經用過一些標準函式庫中的函數，但是你自己撰寫的唯一函數是 main()。本章談論的就是關於如何定義自己的函數。

在本章中，你可以學到以下各項：

◆ 何謂函數，及為何需將程式分成函數

◆ 如何宣告及定義函數

◆ 如何傳遞資料給函數，以及如何回傳值

◆ 以值傳遞（pass-by-value）和以參考傳遞（pass-by-reference）有和差別，兩種機制又該如何選擇

◆ 傳遞字串給函數的最好方式是什麼

◆ 如何指定函數參數的預設值

◆ 在現代 C++ 中，回傳函數輸出的首選方式是什麼

◆ 如何處理可選輸入引數和可選回傳值

◆ 使用 const 作為參數型態的修飾子會如何影響函數的運作

◆ 在函數中將變數宣告為 static 有何效果

◆ 何謂內嵌函數

◆ 如何宣告有相同名稱但引數不同的多個函數—*函數多載*（*function overloading*）

◆ *遞迴*（recursion）是什麼？以及如何使用它來實作優雅的演算法？

劃分程式

我們目前所撰寫的函數只有一個，就是 main()。所有的程式都必須有一個稱為 main() 的函數—這是程式開始執行之處，它必須在全域名稱空間中定義。main() 可以呼叫其他函數，每個函數也可呼叫其他函數，依此類推。main() 以外的函數可在你建立的名稱空間中定義。

一個函數呼叫另一個函數，且此函數再呼叫另一個函數，不斷呼叫，此時會有數個函數在活動。每個呼叫了另一個尚未回傳的函數的函數，都需等待被呼叫的函數結束，所以必須記錄在記憶體中的何處發生函數呼叫，以及函數需回傳至何處。這些資訊都會記錄在呼叫堆疊（call stack）中，並自動在此作維護。在任何時刻，呼叫堆疊中會含有所有未解決之函數呼叫，以及傳給函數資料的詳細資訊。在大部分的 C++ 發展系統中，除錯功能通常會提供你方法，在程式執行時觀看這些呼叫堆疊。

類別中的函數

類別定義了一個新型態，每個類別定義通常都包含一些函數，這些函數表示可以使用類別型態的物件執行的運算。我們已經廣泛地使用了屬於一個類別的函數。在前一章中，我們使用了屬於 string 類別的函數，例如 length() 函數，它回傳 string 物件中的字元個數，以及 find() 函數，用於搜尋字串。標準的輸入和輸出串流 cin 和 cout 是物件，使用串流插入和萃取運算子為這些物件呼叫函數。屬於類別的函數是物件導向程式設計的基礎，我們會從第 11 章開始討論。

函數的特徵

一個函數應該執行一個單獨的、定義良好的運算，並且應該相對較短。大多數函數不需要很多行程式碼。這適用於所有函數，包括類別中定義的函數。前面看到的幾個範例可以很容易地劃分為函數。例如，再看 Ex7_05.cpp，發現程式所做的事情自然地分為三個不同的運算。首先從輸入串流讀取文字，然後從文字中萃取單字，最後輸出萃取的單字。因此，可以將程式定義為執行這些運算的三個函數，以及呼叫這些運算的 main() 函數。

定義函數

函數（*function*）是具有特定功能的獨立程式碼區塊。函數定義通常具有與 main() 相同的基本結構。函數定義由函數標頭（*function header*）和包含函數程式碼的區塊組成。函數標頭指定三件事：

* 回傳型態，這是函數在完成執行時回傳的值型態（如果有的話）。函數可以回傳任何型態的資料，包括基本型態、類別型態、指標型態或參考型態。它也可以不回傳任何內容，在這種情況下，你可以將回傳型態指定為 void。
* 函數的名稱。函數的命名規則與變數相同。
* 當函數被呼叫時可以傳遞給它的資料項目的數量和型態。這稱為**參數列**（*parameter list*），它以逗號分隔的列表形式出現在函數名稱後面的小括號中。

函數的一般格式如下：

```
return_type function_name(parameter_list)
{
  // Code for the function...
}
```

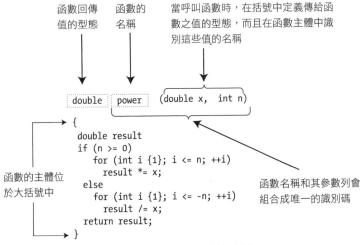

▲ 圖 8-1 函數定義的範例

圖 8-1 顯示了一個函數定義的例子。它實作著名的基本數學指數運算，對於任意整數 *n* >0 定義如下：

$$\text{power}(x,0)=1$$

$$\text{power}(x,n)=x^n=\underbrace{x*x*\cdots*x}_{n\ \text{times}}\quad \text{power}(x,-n)=x^{-n}=\frac{1}{\underbrace{x*x*\cdots*x}_{n\ \text{times}}}$$

如果在呼叫函數時不傳遞任何內容，則小括號之間不顯示任何內容。如果參數列中有多個項，則用逗號分隔它們。圖 8-1 中的 power() 函數有兩個參數 x 和 n，在函數主體中使用參數名稱，來存取傳遞給函數的對應值。此處 power 函數可以從程式的其他地方呼叫如下：

```
double number {3.0};
const double result { power(number, 2) };
```

當這個對 power() 的呼叫被計算時，函數主體中的程式碼將被執行，參數 x 和 n 分別初值化為 3.0 和 2，其中 3.0 是 number 變數的值。引數（*argument*）這個術語用於在呼叫時傳遞給函數的值。在我們的例子中，number 和 2 是引數，x 和 n 是對應的參數。函數呼叫中的引數序列，必須與函數定義的參數列的參數序列相對應。

更具體地說，它們的型態應該相同。如果它們不完全相同，編譯器將盡可能應用隱含的轉換。下面有一個例子：

```
float number {3.0f};
const double result { power(number, 2) };
```

即使這裡傳遞的第一個引數的型態是 float，這個程式碼片段仍然會被編譯；編譯器隱含地將參數轉換為其相應參數的型態。若不能進行轉換，編譯會失敗。

從 float 到 double 的轉換沒有損失，因為 double 通常有兩倍多的可用位元來表示數字。因此，這種轉換是安全的。不過，編譯器也會很樂意執行相反的轉換。也就是說，當 double 引數指定給 float 參數時，它將隱含地轉換為 float 型態，這就是所謂的縮小轉換；因為 double 比 float 更精確地表示數字，所以在轉換過程中可能會遺失資訊。大多數編譯器在執行這種縮小轉換時會發出警告。

函數名稱和參數列的組合稱為函數的簽名（*signature*）。編譯器使用簽名來決定在任何特定實例中呼叫哪個函數。因此，具有相同名稱的函數，必須具有在某些方面有所不同的參數列，以便對它們進行區分。稍後我們將詳細討論，這些函數稱為多載（*overloaded*）函數。

▌提示　雖然它所產生的程式碼非常緊湊，非常適合圖 8-1，但是從程式風格的角度來看，我們對 power() 的定義所使用的參數名稱 x 和 n，在清晰度方面並不特別突出。也許有人會說，x 和 n 在這種特殊情況下仍然是可以接受的，因為 power() 是一個眾所周知的數學函數，x 和 n 在數學公式中是很常見的。儘管如此，我們還是強烈建議你使用更具描述性的參數名稱。例如，你應該分別用底數和指數來代替 x 和 n。實際上，應該始終為幾乎所有內容選擇描述性名稱：函數名稱、變數名稱、類別名稱等等。這樣做有助於維持程式碼的高可讀性。

函數 power() 的作用是：回傳一個 double 型態的值。但是，並不是每個函數都必須回傳一個值—它可能只是將一些內容寫入檔案或資料庫，或修改某些全局狀態。void 關鍵字用於指定函數不回傳如下值：

```
void printDouble(double value) { std::cout << value << std::endl; }
```

▌附註　函數的回傳型態若指定為 void，則表示此函數不回傳值，因此它不能在大多數運算式中使用。試圖要以這種方式使用這樣的函數，將會導致編譯器產生錯誤訊息。

函數主體

呼叫函數執行函數主體中的敘述，參數具有作為參數傳遞的值。回到圖 8-1 中 power() 的定義，函數主體的第一行定義了使用 1.0 初始 double 型態的 result 變數。result 是自動變數，因此只存在於函數主體中。這意味著在函數完成執行後，結果將不再存在。

根據 n 的值，計算在兩個 for 迴圈中執行，如果 n 大於或等於 0，則執行第一個 for 迴圈。如果 n 為 0，則迴圈主體根本不執行，因為迴圈條件立即為 false。在本例中，結果為 1.0。否則，假設迴圈變數 i 從 1 到 n 是連續的值，每次迭代的結果都乘以 x。如果 n 為負，則執行第二個 for 迴圈，它在每次迴圈迭代中將結果除以 x。

在函數主體中定義的變數和所有參數，都是函數的區域變數。你可以在其他函數中，使用相同的名稱來實作完全不同的目的。在函數中定義的每個變數的範疇，是從定義它的點到包含它的區塊的尾端。這個規則的唯一例外是定義為靜態的變數，我們在本章後面會討論這些變數。

我們先在一個完整的程式中利用函數 power()。

```cpp
// Ex8_01.cpp
// Calculating powers
#include <iostream>
#include <iomanip>

// Function to calculate x to the power n
double power(double x, int n)
{
  double result {1.0};
  if (n >= 0)
  {
    for (int i {1}; i <= n; ++i)
      result *= x;
  }
  else // n < 0
  {
    for (int i {1}; i <= -n; ++i)
      result /= x;
  }
  return result;
}

int main()
{
  // Calculate powers of 8 from -3 to +3
  for (int i {-3}; i <= 3; ++i)
    std::cout << std::setw(10) << power(8.0, i);

  std::cout << std::endl;
}
```

程式產生的輸出如下：

```
0.00195313    0.015625    0.125    1    8    64    512
```

所有運算都發生在 main() 中的 for 迴圈中。power() 函數被呼叫七次。第一個參數每次都是 8.0，但第二個參數的 i 值是連續的，從 -3 到 +3。因此，有 7 個值對應於 8^{-3}、8^{-2}、8^{-1}、8^{0}、8^{1}、8^{2} 和 8^{3}。

■ 提示　雖然撰寫自己的 power() 函數很有意義，但是標準函式庫當然已經提供了一個。cmath 標頭提供了各式各樣的 std::pow (base, exponent) 函數，類似我們的版本，除非是為了工作優化所設計的數值參數型態，如 double 和 int、float 與 long、long double 和 unsigned short，甚至與非整數指數。你應該使用 cmath 標頭

的預定義數學函數；它們幾乎可以肯定比自己寫的任何程式，都要有效和準確得多。

回傳值

回傳型態不是 void 的函數，**必須**回傳函數標頭中指定型態的值。這個規則的唯一例外是 main() 函數，如你所知，在該函數中，到達右大括號等於回傳 0。但是，通常回傳值是在函數主體中計算的，並由 return 敘述回傳，該敘述結束函數，然後從呼叫點繼續執行。函數主體中可以有多個 return 敘述，每個敘述可能回傳不同的值。函數只能回傳一個值，這一事實可能看起來是一個限制，但事實並非如此。回傳的單一值可以是你喜歡的任何值：陣列、容器（如 std::vector<>），甚至包含容器元素的容器。

return 敘述

上一個程式中的 return 敘述，將 result 的值回傳到呼叫函數的位置。result 變數是函數的區域變數，當函數完成執行時，它就不存在了，那麼它是如何回傳的呢？答案是，將自動產生回傳 double 的**副本**，提供給呼叫函數。return 的一般形式如下：

```
return expression;
```

expression 必須計算為函數標頭中的回傳值指定型態的值，或者必須轉換為該型態。運算式可以是任何東西，只要它產生一個適當型態的值。它可以包含函數呼叫，甚至可以包含出現它的函數之呼叫，如本章後面所示。

如果回傳型態指定為 void，則 return 敘述中不可出現運算式。它必須寫得簡單如下：

```
return;
```

如果函數主體中的最後一條敘述執行，從而到達大括號，這就相當於執行一個沒有運算式的 return 敘述。在回傳型態不是 void 的函數中，這是一個錯誤，函數不會編譯—main() 除外。

函數宣告

Ex8_01.cpp 在撰寫時執行得非常好，但是讓我們嘗試重新排列程式碼，以便在原始檔中 main() 的定義**先於** power() 函數的定義。程式檔案中的程式碼如下：

```
// Ex8_02.cpp
// Calculating powers - rearranged
#include <iostream>
#include <iomanip>

int main()
{
  // Calculate powers of 8 from -3 to +3
  for (int i {-3}; i <= 3; ++i)
    std::cout << std::setw(10) << power(8.0, i);

  std::cout << std::endl;
}

// Function to calculate x to the power n
double power(double x, int n)
{
  double result {1.0};
  if (n >= 0)
  {
    for (int i {1}; i <= n; ++i)
      result *= x;
  }
  else // n < 0
  {
    for (int i {1}; i <= -n; ++i)
      result /= x;
  }
  return result;
}
```

若嘗試編譯此檔案，不會成功。編譯器有一個問題，因為在處理 main() 時，
main() 中呼叫的 power() 函數還沒有定義。原因是編譯器從上到下處理原始
檔。當然，你可以回復到原始版本，但在某些情況下，這不能解決問題。有兩
個重要的問題需要考慮：

- 稍後會看到，一個程式可以由幾個原始檔組成。在一個原始檔中呼叫的
  函數的定義，可以包含在單獨的原始檔中。

- 假設有一個函數 A() 呼叫一個函數 B()，而 B() 反過來呼叫 A()。如果將
  A() 的定義放在前面，它將無法編譯，因為它呼叫 B()；如果首先定義
  B()，因為它呼叫 A()，那麼也會出現同樣的問題。

這些問題有一個解決方法，我們可在使用或定義函數之前宣告此函數，此宣告
的方法稱為函數原型（*function prototype*）。

▌**附註** 相互定義的函數，如我們剛才描述的 A() 和 B() 函數，稱為相互遞迴函數。在本章的最後，我們將更多地討論遞迴。

函數原型

函數原型是這樣一種敘述：它充分描述一個函數，使編譯器能夠編譯對該函數的呼叫。它定義函數名稱、回傳型態和參數列。函數原型有時被稱為*函數宣告*（*function declaration*）。只有在呼叫之前，必須在原始檔中宣告函數時，才能編譯函數。函數的定義也可以用作宣告，這就是為什麼在 Ex8_01.cpp 中不需要 power() 函數原型的原因。

函數 power() 的原型為：

```
double power(double x, int n);
```

如果將函數原型放在原始檔的開端處，則編譯器就可以編譯程式碼，而不管函數定義在哪裡。如果在定義 main() 之前插入 power() 函數的原型，Ex8_02.cpp 將會編譯。

前面顯示的函數原型與附加分號的函數標頭相同。函數原型總是以分號結束，但通常，它不必與函數標頭相同。可以為參數使用與函數定義中使用的參數不同的名稱—當然，不能使用不同的型態。下面有一個例子：

```
double power(double value, int exponent);
```

這一樣可行。編譯器只需要知道每個參數的型態，所以可以在原型中省略參數名稱，如下所示：

```
double power(double, int);
```

撰寫這樣的函數原型並沒有什麼特別的優點。它提供的資訊遠遠少於帶有參數名稱的版本。如果兩個函數參數都是相同型態的，那麼這樣的原型就不會給出關於哪個參數是哪個的線索。我們建議你在函數原型中包含描述性參數名稱。

始終為原始檔中定義的每個函數撰寫原型可能是一個好主意—當然 main() 除外，它從來不需要原型。在檔案開頭附近指定原型，可以消除由於函數沒有正確排序而導致編譯器錯誤的可能性。它還允許其他程式設計師獲得程式碼功能的概述。

書中的大多數範例使用標準函式庫中的函數，那麼它們的原型在哪裡？在標頭檔案中。標頭檔案的主要用途是為一組相關的函數收集函數原型。

傳遞引數給函數

確實了解引數是如何傳遞給函數的非常重要。這將影響你撰寫函數的方式，並最終影響函數的運算方式。還有許多陷阱需要避免。通常，函數引數的型態和順序應該與函數定義中的參數列相對應。就序列而言，你沒有任何自由度，但是在引數型態中有一些靈活性。如果指定的函數引數型態與參數型態沒有對應，則編譯器將在可能的情況下，插入隱含的將引數型態轉換為參數的型態。這類自動轉換的規則與指定敘述中的自動轉換規則相同。如果無法進行自動轉換，你將從編譯器獲得一條錯誤訊息。如果這種隱含的轉換可能導致精確度損失，編譯器通常會發出警告。這種縮小轉換的例子，包括從 long 到 int、double 到 float 或 int 到 float 的轉換（請參閱第 2 章）。

傳遞引數給函數的機制有兩種，*以值傳遞*（*pass-by-value*）和*以參考傳遞*（*pass-by-reference*）。我們首先來看以值傳遞的架構。

以值傳遞的架構

透過值傳遞機制，作為引數指定的變數或常數的值根本不會傳遞給函數。相反地，將建立參數的副本，並將這些副本傳輸到函數。如圖 8-2 所示，再次使用 power() 函數。

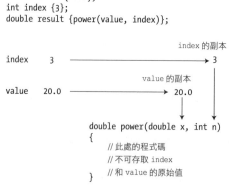

▲ 圖 8-2 函數參數的以值傳遞機制

每次呼叫 power() 函數時，編譯器都會安排將參數的副本存在呼叫堆疊的臨時位置。在執行期間，程式碼中所有參考到函數的參數，都映射到這些參數的臨時副本。當函數執行完成，就會丟棄這些引數的副本。

以一個簡單的範例說明此結果。我們可以寫一個修改引數的函數，可預期的是函數會失敗。

```cpp
// Ex8_03.cpp
// Failing to modify the original value of a function argument
#include <iostream>

double changeIt(double value_to_be_changed); // Function prototype

int main()
{
  double it {5.0};
  double result {changeIt(it)};

  std::cout << "After function execution, it = " << it
            << "\nResult returned is " << result << std::endl;
}

// Function that attempts to modify an argument and return it
double changeIt(double it)
{
  it += 10.0;                            // This modifies the copy
  std::cout << "Within function, it = " << it << std::endl;
  return it;
}
```

此程式的輸出為：

```
Within function, it = 15
After function execution, it = 5
Result returned is 15
```

輸出結果顯示，在 changeIt() 函數中加 10 對 main() 中的變數沒有影響。changeIt() 中的 it 變數是函數的區域變數，它參考在呼叫函數時傳遞的任何引數值的副本。當然，當 changeIt() 區域變數 it 的值被回傳時，它的當前值之副本就會被建立，而這個副本將被回傳給呼叫程式。

以值傳遞是傳遞引數給函數的預設機制。透過防止函數修改呼叫函數所擁有的變數，它為呼叫函數提供了很大的安全性。然而，有時你確實需要修改呼叫函數中的值。有辦法在你需要的時候做嗎？當然有方法——一個方法是利用指標。

傳遞指標給函數

當函數參數是指標型態時，以值傳遞機制的操作與以前一樣。但是，指標包含另一個變數的位址；指標的副本包含相同的位址，因此指向相同的變數。

如果修改第一個 changeIt() 函數的定義以接受 double* 型態的參數，則可以將其位址作為引數傳遞。當然，你還必須將 changeIt() 主體中的程式碼更改為解參考指標的參數。現在的程式碼是這樣的：

```cpp
// Ex8_04.cpp
// Modifying the value of a caller variable
#include <iostream>

double changeIt(double* pointer_to_it);          // Function prototype

int main()
{
  double it {5.0};
  double result {changeIt(&it)};                 // Now we pass the address
  std::cout << "After function execution, it = " << it
            << "\nResult returned is " << result << std::endl;
}

// Function to modify an argument and return it
double changeIt(double* pit)
{
  *pit += 10.0;                                   // This modifies the original double
  std::cout << "Within function, *pit = " << *pit << std::endl;
  return *pit;
}
```

此版本的程式產生的輸出如下：

```
Within function, *pit = 15
After function execution, it = 15
Result returned is 15
```

圖 8-3 說明了它是如何運作的。

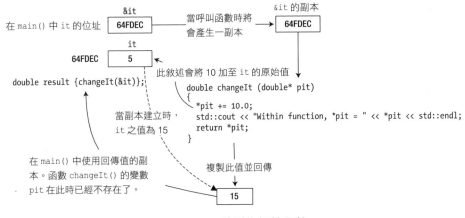

▲ 圖 8-3 傳遞指標給函數

此版本的 changeIt() 只在說明指標參數如何修改呼叫函數中的變數—它不是函數應該如何撰寫的典範。因為我們直接修改了 it 的值,所以回傳其值是有些多餘。

傳遞陣列給函數

陣列名稱本質上是一個位址,因此你可以僅透過使用它的名稱,將陣列的位址傳遞給函數。陣列的位址被複製並傳遞給函數。這提供了幾個優勢:

首先,傳遞陣列的位址是將陣列傳遞給函數的一種有效方法。以值傳遞所有陣列元素將非常耗時,因為要複製每個元素。實際上,不能將陣列中的所有元素以值作為單一引數傳遞,因為每個參數代表一項資料。

其次,也是更重要的一點,因為函數不處理原始陣列變數,而是處理副本,所以函數主體中的程式碼,可以表示陣列的參數作為指標處理,包括修改其中包含的位址。這意味著對於陣列參數,可以在函數主體中使用指標表示法。在此之前,讓我們先嘗試最簡單的情況—使用陣列符號處理陣列參數。

這個例子包括一個函數用來計算陣列中元素的平均值:

```cpp
// Ex8_05.cpp
// Passing an array to a function
#include <iostream>
#include <array>                // For std::size()

double average(double array[], size_t count);   // Function prototype
```

```
int main()
{
  double values[] {1.0, 2.0, 3.0, 4.0, 5.0, 6.0, 7.0, 8.0, 9.0, 10.0};
  std::cout << "Average = " << average(values, std::size(values)) << std::endl;
}

// Function to compute an average
double average(double array[], size_t count)
{
  double sum {};                               // Accumulate total in here
  for (size_t i {}; i < count; ++i)
    sum += array[i];                           // Sum array elements
  return sum / count;                          // Return average
}
```

此程式的輸出很簡短：

```
Average = 5.5
```

average() 函數的作用是：處理一個包含任意數量 double 元素的陣列。從原型中可以看到，它接受兩個引數：array 位址和元素數量的 count。第一個參數的型態指定為任意數量的 double 型態值的陣列。可將 double 型態的任何一維元素陣列作為引數傳遞給該函數，因此，指定元素數量的第二個參數是必要的。該函數將依賴於呼叫者提供的 count 參數的正確值。沒有辦法驗證它是否正確，因此，如果 count 的值大於陣列長度，那麼函數將很高興地存取陣列之外的記憶體位置。有了這個定義，就由呼叫者來確保不會發生這種情況。

你不能透過在 average() 函數中使用 sizeof 運算子或 std::size() 來繞過對 count 參數的需要。記住，陣列參數（如 array）只儲存陣列的位址，而不是陣列本身。因此，運算式 sizeof（array）將回傳記憶體位置的大小，此包含陣列位址，而不是整個陣列的大小。

使用陣列參數名稱呼叫 std::size() 將無法編譯，因為 std::size() 也無法確定陣列的大小。如果沒有陣列的定義，編譯器就無法確定它的大小。它不能僅從陣列的位址執行此操作。

在 average() 主體中，計算以你期望的方式表示。這與直接在 main() 中撰寫相同計算的方式沒有區別。在輸出敘述的 main() 中呼叫 average() 函數。第一個引數是陣列名稱 values，第二個引數是計算陣列元素數量的運算式。

傳遞給 average() 的陣列元素，使用一般陣列表示法進行存取。你還可以將傳遞給函數的陣列視為指標，並使用指標表示法來存取元素。下面是這種情況下的 average()：

```
double average(double* array, size_t count)
{
  double sum {};                            // Accumulate total in here
  for (size_t i {}; i < count; ++i)
    sum += *array++;                         // Sum array elements
  return sum/count;                          // Return average
}
```

無論出於何種目的，這兩個符號都是完全相等的。如同在第 5 章看到的，可以自由地混合這兩種符號。例如，可用帶有指標參數的陣列表示法：

```
double average(double* array, size_t count)
{
  double sum {};                            // Accumulate total in here
  for (size_t i {}; i < count; ++i)
    sum += array[i];                         // Sum array elements
  return sum/count;                          // Return average
}
```

實際上，這些函數定義的計算方法沒有任何區別。事實上，編譯器認為以下兩個函數原型是相同的：

```
double average(double array[], size_t count);
double average(double* array, size_t count);
```

我們將在關於函數多載的一節中重新討論這個問題。

■ **注意**　將固定大小的陣列傳遞給函數，存在一種常見且潛在危險的誤解。考慮 **average**() 函數的以下變形：

```
double average10(double array[10]) /* The [10] does not mean what you might expect! */
{
  double sum {};                     // Accumulate total in here
  for (size_t i {}; i < 10; ++i)
    sum += array[i];                 // Sum array elements
  return sum / 10;                   // Return average
}
```

顯然，這個函數的作者把它寫成 10 個值的平均值；不多不少。我們建議你將 Ex8_05.cpp 中的 average() 替換為前面的 average10() 函數，並對應地更新

main() 中的函數呼叫。產生的程式應該能夠很好地編譯和運行。那麼，問題是什麼呢？問題是，這個函數的簽名（它是完全合法的 C++ 語法）產生了一種錯誤的期望，即編譯器會強制要求只能將大小正好為 10 個元素的陣列，作為引數傳遞給這個函數。為了驗證這一點，我們來看看，如果我們將範例程式的 main() 函數的主體，改為只傳遞三個值會發生什麼情況（可以在 Ex8_05A.cpp 中找到產生的程式）：

```
double values[] { 1.0, 2.0, 3.0 };  // Only three values!!!
std::cout << "Average = " << average10(values) << std::endl;
```

即使我們現在使用一個比所需的 10 個值短得多的陣列呼叫 average10()，得到的程式仍然應該能夠編譯。如果執行它，average10() 函數將盲目讀取遠遠超出 values 陣列範圍的值。顯然，這樣做不會有什麼好處。要麼程式當掉，要麼產生垃圾輸出。不幸的是，問題的根源是 C++ 語言規定編譯器應該處理表單的函數簽名

```
double average10(double array[10])
```

它是下列任何一種的同義詞：

```
double average10(double array[])
double average10(double* array)
```

因此，在以值傳遞陣列時，永遠不要使用維度規範，它只會產生錯誤的期望。透過值傳遞的陣列，總是作為指標傳遞，編譯器不會檢查它的大小。稍後我們將看到，可以使用以參考傳遞而不是以值傳遞，將給定大小的陣列安全地傳遞給函數。

const 指標參數

average() 函數只需要存取陣列元素的值；不需要改變它們。最好確保函數中的程式碼不會不經意地修改陣列的元素。將參數型態指定為 const 可以做到這一點：

```
double average(const double* array, size_t count)
{
  double sum {};                      // Accumulate total in here
  for (size_t i {}; i < count; ++i)
    sum += *array++;                  // Sum array elements
  return sum/count;                   // Return average
}
```

現在編譯器將驗證陣列的元素沒有在函數主體中被修改。例如，如果你現在不小心輸入 (*array)++ 而不是 *array++，編譯將失敗。你必須修改函數原型以反

映第一個參數的新型態；請記住，指向 const 型態的指標與指向非 const 型態的指標是完全不同的。

將指標參數指定為 const 有兩個後果：編譯器檢查函數主體中的程式碼，以確保你不會嘗試更改指向的值，並且允許使用指向常數的引數呼叫函數。

▌附註　在最新的 average() 定義中，我們也沒有宣告函數的 count 參數為 const。如果透過值傳遞基本型態（如 int 或 size_t）的參數，則不需要宣告它為 const，至少不是出於相同的原因。以值傳遞機制在呼叫函數時複製引數，這樣就可以防止從函數內部修改原始值。

儘管如此，如果變數會或不應該在函數執行過程中更改，那麼將它們標記為 const 仍然是一種好的作法。這個通用準則適用於**任何**變數—包括參數列中宣告的變數。出於這個原因，且僅僅這個原因，可能仍然會考慮將 count 宣告為 const。例如，這防止意外地在函數主體的某個地方寫入 ++count，可能會導致災難性的結果。但是要知道，你將把一個區域副本標記為常數，並且根本不需要加 const 來防止對原始值的更改。

傳遞多維陣列

將多維陣列傳遞給函數非常簡單。假設你有一個二維陣列定義如下：

```
double beans[3][4] {};
```

假設 yield() 函數的原型是這樣的：

```
double yield(double beans[][4], size_t count);
```

理論上，也可以在型態規範中為第一個參數指定第一個陣列維度，但是最好不要這樣做。編譯器會再次忽略這一點，類似於前面討論的 average10() 函數的情況。第二個陣列維度的大小確實達到了預期的效果，儘管 C++ 在這方面變化無常。任何以 4 為第二維的二維陣列，都可以傳遞給這個函數，但是以 3 或 5 為第二維的陣列不可以。

讓我們在一個具體的例子中，嘗試將一個二維陣列傳遞給一個函數：

```cpp
// Ex8_06.cpp
// Passing a two-dimensional array to a function
#include <iostream>
```

```
#include <array>           // For std::size()

double yield(const double values[][4], size_t n);

int main()
{
  double beans[3][4] { { 1.0,  2.0,  3.0,  4.0},
                       { 5.0,  6.0,  7.0,  8.0},
                       { 9.0, 10.0, 11.0, 12.0} };

  std::cout << "Yield = " << yield(beans, std::size(beans))
            << std::endl;
}

// Function to compute total yield
double yield(const double array[][4], size_t size)
{
  double sum {};
  for (size_t i {}; i < size; ++i)        // Loop through rows
  {
    for (size_t j {}; j < 4; ++j)         // Loop through elements in a row
    {
      sum += array[i][j];
    }
  }
  return sum;
}
```

產生的輸出如下：

```
Yield = 78
```

yield() 函數的第一個參數定義為一個 const 陣列，該陣列由四個 double 型態的元素的任意數量的列所組成。當呼叫該函數時，第一個引數是 beans 陣列，第二個引數是陣列的總長度（以位元組為單位）除以第一列的長度。它等於陣列中的列數。

指標表示法不適用於多維陣列。在指標表示法中，巢狀 for 迴圈中的敘述如下：

```
sum += *(*(array+i)+j);
```

用陣列表示法的計算是比較清楚的。

▐ **附註** Ex8_06 中 yield 的定義在內部 for 迴圈中包含一個 "神奇數字" 4。在第 5 章中，我們警告過你，這樣的數字通常是一個壞主意。畢竟，如果在某個時候函數簽名中列的長度發生了更改，那麼也很容易忘記更新 for 迴圈中的數字 4。第一個解決方案是，將固定的數字 4 替換為 std::size(array[i])。另一種方法是用基於範圍的 for 迴圈替換內部迴圈：

```
for (double val : array[i])          // Loop through elements in a row
{
  sum += val;
}
```

請注意，也不能用基於範圍的迴圈替換外部迴圈，並且不能在其中使用 std::size()。請記住，編譯器無法知道 double[][4] 陣列的第一個維度。在以值傳遞陣列時，只能固定陣列的第二維或更高維度。

以參考傳遞

參考是另一個變數的別名。你還可以指定一個函數參數作為參考，在這種情況下，函數使用引數的**以參考傳遞**機制。當呼叫該函數時，引數對應的參考參數不會複製。相反地，使用引數初始參考參數。因此，它成為呼叫函數中的引數的別名。在函數主體中使用參數名稱的任何地方，它就像直接存取呼叫函數中的引數值一樣。

透過在型態名稱後面加 & 來指定參考型態。例如，要將參數型態指定為 "對 sstring 的參考"，可以將型態撰寫為 string&。呼叫具有參考參數的函數與呼叫以值傳遞引數的函數沒有什麼不同。然而，使用參考可以提高諸如 string 型態這樣的物件的性能。以值傳遞機制複製物件，這對於長字串和記憶體消耗來說是非常耗時的。對於參考參數，不存在複製。

參考與指標

在許多方面，參考類似於指標。為了查看相似性，讓我們使用 Ex8_04 的變形，其中有兩個函數：一個接受指標作為引數，另一個接受參考：

```
// Ex8_07.cpp
// Modifying the value of a caller variable - references vs pointers
#include <iostream>
```

```cpp
void change_it_by_pointer(double* reference_to_it);    // Pass pointer (by value)
void change_it_by_reference(double& reference_to_it);  // Pass by reference

int main()
{
  double it {5.0};

  change_it_by_pointer(&it);        // Now we pass the address
  std::cout << "After first function execution, it = " << it << std::endl;

  change_it_by_reference(it);       // Now we pass a reference, not the value!
  std::cout << "After second function execution, it = " << it << std::endl;
}

void change_it_by_pointer(double* pit)
{
  *pit += 10.0;                     // This modifies the original double
}
void change_it_by_reference(double& pit)
{
  pit += 10.0;                      // This modifies the original double as well!
}
```

結果是 main() 中的原始 it 值更新了兩次，每次函數呼叫更新一次：

```
After first function execution, it = 15
After second function execution, it = 25
```

最明顯的區別是，要傳遞指標，首先需要使用位址運算子獲取值的位址。當然，在函數內部，你必須再次解參考該指標，以存取該值。對於透過參考接受引數的函數，你必須兩者都不做。但請注意，這種差異純粹是語法上的；最後，兩者都有相同的效果。事實上，編譯器編譯參考的方式和編譯指標的方式是一樣的。

那麼，應該使用哪種機制，因為它們在功能上是相同的？這個問題問得很好。因此，讓我們考慮一下在這個決策中扮演的角色。

指標最獨特的特性是它可以是 nullptr，而參考必須總是涉及某個東西。所以如果你想允許空引數的可能性，你不能使用參考。當然，正是因為指標參數可以為 null，所以在使用它之前，幾乎必須始終測試 nullptr。參考的優點是你不需要擔心 nullptr。

正如 Ex8_07 所示，使用呼叫一個參考參數的函數之語法，實際上與呼叫透過值傳遞引數的函數沒有什麼不同。另一方面，由於不需要位址和解參考運算子，參考參數允許使用更優雅的語法。然而，另一方面，準確地說，沒有語法差異意味著參考有時會引起意外。令人驚訝的程式碼就是糟糕的程式碼，因為驚訝會導致錯誤。例如，考慮以下函數呼叫：

```
do_it(it);
```

如果沒有原型或 do_it() 的定義，就無法知道這個函數的引數，是透過參考還是透過值傳遞的。因此，你也無法知道前面的敘述是否會修改 it 值一當然，前提是它本身不是 const。傳遞參考的這個屬性有時會使程式碼更難理解，如果作為引數傳遞的值，在你不希望它們發生更改時發生更改，則可能會導致意外。因此：

▌提示　當變數的值在初始後不再改變時，總是將其宣告為 const。這將使你的程式碼更容易預測，因此更容易閱讀，不易出現細微的錯誤。此外，也許更重要的是，在函數簽名中，如果函數沒有修改對應的引數，那麼總是使用 const 宣告指標或參考參數。首先，這使得程式設計師更容易使用你的函數，因為他們可以透過查看函數的簽名輕鬆地理解函數將修改或不修改什麼。其次，參考 const 的參數允許使用 const 值呼叫函數。正如我們在下一節中所說的，const 值（應該盡可能多使用它）不能指定給參考非 const 參數。

總而言之，由於它們非常相似，所以指標或參考引數之間的選擇，並不是明確的。事實上，這通常是個人偏好的問題。以下是一些方針：

- 如果希望允許 nullptr 參數，則不能使用參考。相反地，以參考傳遞可以看作是不允許值為 null。請注意，可能還考慮使用 std::optional<>，而不是將可選值表示為可空指標。我們將在本章後面討論這個選項。

- 使用參考參數允許使用更優雅的語法，但可能會掩蓋函數正在更改值的事實。如果從內容（例如函數名稱）不清楚會發生這種情況，則永遠不要更改引數值。

- 由於潛在的風險，一些程式設計指南建議永遠不要使用參考非 const 參數，而應該使用指向非 const 參數的指標。就個人而言，我們不會用到那麼多。參考非 const 本身沒有什麼問題，只要呼叫者可以預測哪些引數可能被修改。選擇描述性函數和參數名稱，是使函數的行為更可預測的良好開端。

◆ 傳遞參考 const 引數通常比傳遞指向 const 值的指標更可取。因為這是一個常見的情況，在下一小節中我們說明一個更大的範例。

輸入與輸出參數

在上一節中，你看到參考參數使函數能夠修改呼叫函數中的引數。然而，呼叫具有參考參數的函數與呼叫透過值傳遞引數的函數，在語法上是沒有區別的。這使得在不更改引數的函數中，使用參考 const 參數變得尤其重要。因為函數不會更改參考 const 的參數，所以編譯器將同時允許 const 和非 const 參數。但是只能為參考非 const 的參數，提供非 const 引數。

讓我們研究一下在 Ex7_06.cpp 的新版本中，使用參考參數的效果，該版本從文字中萃取單字：

```cpp
// Ex8_08.cpp
// Using a reference parameter
#include <iostream>
#include <iomanip>
#include <string>
#include <vector>

using std::string;
using std::vector;

void find_words(vector<string>& words, const string& str, const string& separators);
void list_words(const vector<string>& words);

int main()
{
  string text;                                // The string to be searched
  std::cout << "Enter some text terminated by *:\n";
  std::getline(std::cin, text, '*');

  const string separators {" ,;:.\"!?'\n"};    // Word delimiters
  vector<string> words;                       // Words found

  find_words(words, text, separators);
  list_words(words);
}
```

```cpp
void find_words(vector<string>& words, const string& str, const string& separators)
{
  size_t start {str.find_first_not_of(separators)};  // First word start index
  size_t end {};                                     // Index for end of a word

  while (start != string::npos)                      // Find the words
  {
    end = str.find_first_of(separators, start + 1);  // Find end of word
    if (end == string::npos)                          // Found a separator?
      end = str.length();                             // No, so set to last + 1

    words.push_back(str.substr(start, end - start)); // Store the word
    start = str.find_first_not_of(separators, end + 1); // Find 1st character of next word
  }
}

void list_words(const vector<string>& words)
{
  std::cout << "Your string contains the following" << words.size() << "words:\n";
  size_t count {};                                   // Number output
  for (const auto& word : words)
  {
    std::cout << std::setw(15) << word;
    if (!(++count % 5))
      std::cout << std::endl;
  }
  std::cout << std::endl;
}
```

輸出和 Ex7_06.cpp 相同，下面是其樣本：

```
Enter some text terminated by *:
Never judge a man until you have walked a mile in his shoes.
Then, who cares? He is a mile away and you have his shoes!*
Your string contains the following 26 words:
      Never         judge             a           man         until
        you          have        walked             a          mile
         in           his         shoes          Then           who
      cares            He            is             a          mile
       away           and           you          have           his
      shoes
```

除了 main() 之外，現在還有兩個函數：find_words() 和 list_words()。注意，這兩個函數中的程式碼與 Ex7_05.cpp 中的 main() 的程式碼是相同的。將程式分成三個函數使其更容易理解，並且不會顯著增加程式碼行數。

函數的作用是：查找第二個引數標識的字串中的所有單字，並將它們存在第一個引數指定的向量中。第三個引數是包含單字界定字元的 string 物件。

find_words() 的第一個參數是一個參考，它避免複製 vector<string> 物件。更重要的是，它是對非 *const* vector<> 的參考，這允許我們從函數內部加值給向量。因此，這樣的參數有時稱為**輸出參數**（*output parameter*），因為它用於收集函數的輸出。值純粹用作輸入的參數稱為**輸入參數**（*input parameter*）。

▌提示　原則上，參數既可以作為輸入參數，也可以作為輸出參數。這樣的參數稱為**輸入輸出參數**。具有這樣或那樣一個參數的函數，首先從這個參數讀取資料，然後使用這個輸入產生一些輸出，然後將結果儲存到相同的參數中。但是，通常最好避免輸入輸出參數，即使這意味著要向函數中加額外的參數。如果每個參數只服務於一個目的，那麼程式碼更容易理解—參數應該是輸入或輸出，而不是兩者都是。

---

find_words() 函數的作用是：不修改傳遞給第二個和第三個參數的值。換句話說，它們都是輸入參數，因此永遠不應該透過參考非 const 的引數傳遞。應該為需要修改原始值的情況（換句話說，為輸出參數）保留參考非 const 參數。對於輸入參數，只剩下兩個主要競爭者：以參考 const 傳遞或以值傳遞。因為 string 物件將被複製，所以唯一的邏輯結論是，將兩個輸入參數宣告為 const string&。

實際上，如果將 find_words() 的第三個參數宣告為參考非 const 的 string，程式碼甚至不會編譯。如果你願意，就試一試。原因是 main() 函數呼叫中的第三個參數 separators 是一個 const string 物件。不能將 const 物件作為參考非 const 參數的參數傳遞。也就是說，你可以將一個非 const 引數傳遞給一個參考非 const 的參數，但不能反過來。簡而言之，T 值可以傳遞給 T& 和 const T& 的參考，而 const T 值只能傳遞給 const T& 的參考。這是符合邏輯的。如果你有一個允許修改的值，那麼將它傳遞給一個不會修改它的函數也沒有什麼害處—不修改你允許修改的東西即可。反之，則不然：若有一個 const 值，那麼最好不要將它傳遞給可能會修改它的函數。

list_words() 的參數最後是參考 const，因為它也是一個輸入參數。函數只存取參數，它不會改變它。

■ **提示** 輸入參數通常應該是參考 const。只有較小的值，尤其是基本型態的值，才可以透過值傳遞。僅對輸出參數使用參考非 const，即使這樣，也應該經常考慮回傳一個值。我們將很快學習如何從函數回傳值。

透過參考傳遞陣列

乍一看，透過參考傳遞陣列似乎有一點點好處。畢竟，若以值傳遞陣列，陣列元素本身就不會被複製。相反地，複製指向陣列的第一個元素的指標。傳遞陣列還允許修改原始陣列的值—除非加入 const。因此，這肯定已經涵蓋了透過參考傳遞的兩個優勢：不複製和修改原始值的可能性？

我們已經發現主要限制傳遞陣列的值，即在函數簽名沒有辦法指定陣列的第一維度，編譯器強迫只有這個大小的陣列才能傳遞給函數。然而，一個不太為人所知的事實是，你可以透過參考傳遞陣列來實作這一點。

為了說明這一點，我們再次使用 average10() 函數替換 Ex8_05.cpp 中的 average() 函數，但這次使用以下變形：

```
double average10(const double (&array)[10]) /* Only arrays of length 10 can be passed! */
{
  double sum {};                    // Accumulate total in here
  for (size_t i {}; i < 10; ++i)
    sum += array[i];                // Sum array elements
  return sum / 10;                  // Return average
}
```

透過參考傳遞陣列的語法有些複雜。原則上，const 可以從參數型態中省略，但是在這裡它是首選的，因為你不需要修改函數主體中的陣列值。但是，需要在 & 陣列周圍加上額外的小括號。沒有它們，編譯器將不再將參數型態解釋為陣列參考，而是參考陣列。因為 C++ 中不允許參考陣列，這會導致編譯器錯誤：

```
double average10(const double& array[10]) // error: array of double& is not allowed
```

有了改進的 average10() 版本，編譯器確實達到了預期的效果。嘗試傳遞任何不同長度的陣列，現在應該會如預期的那樣，導致編譯器錯誤：

```
double values[] { 1.0, 2.0, 3.0 };                     // Only three values!!!
std::cout << "Average = " << average10(values) << std::endl; // Error...
```

此外，請注意，如果透過參考傳遞固定大小的陣列，則可以將其用作 sizeof()、std::size() 和基於範圍的 for 迴圈等運算的輸入。對於以值傳遞的陣列，這是不可能的。可以用它來消除 average10() 中出現的兩次 10：

```
double average10(const double (&array)[10])
{
  double sum {};                    // Accumulate total in here
  for (double val : array)
    sum += val;                     // Sum array elements
  return sum / std::size(array);    // Return average
}
```

▌ 提示　在第 5 章 std::array<> 中，你已經看到了使用固定長度陣列的現代替代方法。使用這種型態的值，你可以安全地透過參考傳遞固定大小的陣列，而不必記住透過參考傳遞純固定大小陣列的複雜語法：

```
double average10(const std::array<double,10>& values)
```

我們提供了這個程式的三個變形：Ex8_09A，它使用了以參考傳遞；Ex8_09B，消除了神奇數字；Ex8_09C，說明 std::array<> 的用法。

參考和隱含的轉換

一個程式經常使用許多不同的型態，正如你所知道的，編譯器通常非常樂意在它們之間隱含地進行轉換來幫助你。然而，你是否應該總是對這種轉換感到高興則是另一回事。除此之外，大多數情況下，如下程式碼片段可以很好地編譯，儘管它為不同型態的 double 變數指定了一個 int 值：

```
int i{};          // Declare some differently typed variables
double d{};
...
d = i;            // Implicit conversion from int to double
```

對於使用以值傳遞的函數引數，這樣的轉換自然也會發生。例如，給定相同的兩個變數 i 和 d，具有簽名 f（double）的函數不僅可以用 f（d）或 f（1.23）呼叫，還可以用不同型態的參數呼叫，如 f（i）、f（123）或 f（1.23f）。

因此，隱含的轉換對於以值傳遞仍然非常簡單。現在讓我們看看它們在參考參數中的表現：

```
// Ex8_10.cpp
```

```
// Implicit conversions of reference parameters
#include <iostream>

void double_it(double& it)      { it *= 2; }
void print_it(const double& it) { std::cout << it << std::endl; }

int main()
{
  double d{123};
  double_it(d);
  print_it(d);

  int i{456};
  // double_it(i);       /* error, does not compile! */
  print_it(i);
}
```

我們首先定義兩個簡單的函數：一個是將 double 數值乘以 2，另一個是將它們流到 std::cout。main() 的第一部分顯示，當然，這對於 double 變數是有效的─顯然，你應該看到輸出中出現了數字 246。這個範例中有趣的部分是它的最後兩條敘述，其中第一條敘述由於無法編譯而被註解掉。

讓我們先考慮 print_it（i）敘述，並解釋為什麼它實際上已經是一個小奇蹟，甚至可以執行。函數 print_it() 對 const double 的參考，你知道，這個參考應該作為在其他地方定義的 double 的別名。在一個典型的系統上，print_it() 最終將讀取在這個參考後面的記憶體位置中，找到的 8 個位元組，並以某種可讀的格式將其中找到的 64 位元印出到 std::cout。但是我們作為引數傳遞給函數的值不是 double；它是一個 int，這個 int 通常只有 4 位元組大，它的 32 位元與 double 完全不同。那麼，如果程式中沒有這樣的 double 定義，那麼這個函數如何從別名讀取 double 呢？答案是，編譯器在呼叫 print_it() 之前，隱含地在記憶體中某處建立一個臨時雙精確度值，將轉換後的 int 值指定給它，然後將這個臨時記憶體位置的參考傳遞給 print_it()。

這種隱含的轉換只支援參考 const 參數，不支援參考非 const 參數。為了參數的緣故，假設倒數第二行中的 double_it（i）敘述編譯無誤。當然，編譯器隨後將類似地將 int 值 456 轉換為雙精度值 456.0，將這個臨時雙精確度值存在記憶體中的某個位置，並將 double_it() 函數主體應用於它。然後在某個地方有一個臨時的 double，現在的值是 912.0，而 int 值 i 仍然等於 456。雖然理論上編譯器可以將產生的臨時值轉換回 int，但 C++ 程式設計語言的設計者認為這是一個過渡。原因是，通常這種反向轉換將不可避免地意味著資訊的遺失。在我們的例子中，這將涉及到從 double 到 int 的轉換，這將導致至少遺失數字的小數部分。因此，不允許建立臨時參數來參考非 const 參數。這也是為什麼 double_it(i) 敘述在標準 C++ 中無效，應該無法編譯的原因。

字串：新的參考 const 字串

如前所述，透過參考 const 而不是透過值傳遞輸入引數的主要動機是避免不必要的複製。例如，過於頻繁地複製較大的字串，在時間和記憶體方面的成本都會變得非常昂貴。這就是為什麼對於那些不修改它們所操作的 std::string 的函數，現在應該將對應的輸入參數宣告為 const string&。例如，在 Ex8_08 的 find_words() 中做的。

```
void find_words(vector<string>& words, const string& str, const string& separators);
```

不幸的是，const string& 參數並不完美。雖然它們避免了 std::string 物件的副本，但是它們有一些缺點。為了說明原因，假設將 Ex8_08 的 main() 函數修改如下：

```
int main()
{
  string text;                                          // The string to be searched
  std::cout << "Enter some text terminated by *:\n";
  std::getline(std::cin, text, '*');

  // const string separators {",;:.\"!?'\n"}; /* no more 'separators' constant this time! */
  vector<string> words;                                 // Words found

  find_words(words, text, ",;:.\"!?'\n");
  list_words(words);
}
```

區別在於，不再先將 separators 存於 const std::string 型態的 separators 常數中。相反地，對應的字串字面值直接作為第三個參數傳遞給 find_words() 呼叫。可以很容易地驗證它仍然能夠正確地編譯和工作。

那麼第一個問題是，為什麼它可以編譯且正常執行？畢竟，find_words() 的第三個參數期望參考 std::string 物件，但是傳遞的參數是一個字串字面值。你可能還記得，字串字面值的型態是 const char[] 一字元陣列一因此肯定不是

std::string 物件。我們已經從上一節中知道了答案：編譯器必須應用某種形式隱含地轉換。也就是說，函數的參考實際上不會參考字面值，而是參考編譯器在記憶體中隱含地建立的某個臨時（*temporary*）std::string 物件。我們將在後面的章節中詳細解釋如何轉換非基本型態，在本例中，臨時 string 物件將使用字串字面值中的所有字元的**完整副本**進行初值化。

你現在已經意識到，為什麼透過參考 const 傳遞字串仍然存在一些缺陷。我們使用參考的動機是避免複製，但是，唉，字串字面值在傳遞給參考 const-std::string 參數時仍然會被複製。它們被複製到隱含的轉換所產生的臨時 std::string 物件中。

這就引出了本節真正的第二個問題：如何建立不複製輸入字串參數的函數，甚至不複製字串字面值或其他字元陣列？我們不希望在這裡使用 const char*，因為還須單獨傳遞字串的長度，然後會錯過 std::string 提供的許多很好的輔助。

答案由 std::string_view 提供，它是在 string_view 標頭中定義的一種型態，由 C++17 加到標準函式庫中。這種型態的值類似於 const std::string 型態的值—注意 const 只有一個主要區別：它們封裝的字串永遠**不能**透過它們的公共介面進行修改。也就是說，string_view 在某種程度上是固有的 const。你可以看，但不能碰到 string_view 的字元。有趣的是，這種限制意味著這些物件與 std::string 不同，它們不需要自己操作的字元陣列的副本。相反地，只要它們指向存在實際 std::string 物件、字串字面值、或任何其他字元陣列中的任何字元序列就足夠了。因為它不涉及複製整個字元陣列，所以初始和複製 string_view 非常便宜。

因此，std::string 在建立時隱含地或明確地複製字元，而 string_view 不會。所有這些可能會讓你想知道，物件建立是如何準確運作的，以及標準函式庫實作如何使 string_view 和 string 的物件建立行為有所不同。不用擔心，我們將在接下來的章節中對其深入的解釋。不過，現在請記住以下最佳實務方法：

▌提示 始終使用 std::string_view 型態，而不是 const std::string& 作為輸入字串參數。雖然使用 const std::string_view& 沒有任何問題，但是也可以以值傳遞 std::string_view，因為複製這些物件很便宜。

使用 string view 函數參數

對於 Ex8_08 的新版本（請參閱前面的內容），find_words() 函數最好宣告如下：

```
void find_words(vector<string>& words, std::string_view str, std::string_view separators);
```

在許多情況下，程式不需要再做任何更改。std::string_view 型態通常可以作為 const std::string& 或 const std::string 的替代。但在我們的例子中不是這樣，這是幸運的，因為它允許我們解釋什麼時候會出錯，以及為什麼會出錯。要使 find_words() 函數定義使用其新的和改進的簽名進行編譯，必須對其進行輕微更改，如下所示（也可在 Ex8_08A.cpp 中取得）：

```cpp
void find_words(vector<string>& words, std::string_view str, std::string_view separators)
{
  size_t start{ str.find_first_not_of(separators) };  // First word start index
  size_t end{};                                        // Index for end of a word

  while (start != string::npos)                        // Find the words
  {
    end = str.find_first_of(separators, start + 1);   // Find end of word
    if (end == string::npos)                           // Found a separator?
    end = str.length();                                // No, so set to last + 1

     words.push_back(std::string{str.substr(start, end - start)}); // Store the word
     start = str.find_first_not_of(separators, end+1); // Find 1st character of next word
  }
}
```

我們必須在倒數第二個敘述中進行修改，該敘述最初不包含明確的 std::string{...} 初始：

```cpp
words.push_back(str.substr(start, end - start));
```

但是，編譯器將拒絕 std::string_view 物件的任何和所有隱含的轉換為 std::string 型態的值，這種刻意限制背後的基本原理是，你通常使用 string_view 來避免更昂貴的字串複製操作，並且將 string_view 轉換回 std::string 總是涉及到複製底層的字元陣列。為了防止你意外地這樣做，編譯器不允許隱含地進行此轉換。必須自己明確地按照這個方向加入轉換。

■ **附註** 在另外兩種情況下，string_view 並不完全等同於 const 字串。首先，string_view 不提供 c_str() 函數將其轉換為 const char* 陣列。幸運的是，它確

實與 std::string 共享了它的 data() 函數，但在大多數情況下，這是等同的。其次，string_views 不能使用加法運算子（+）連接。要在連結運算式中使用 **string_view** 值 view，必須首先將其轉換為 std::string，例如使用 string{view}。

字串字面值通常沒有那麼大，所以你可能想知道，如果它們被複製，是否真的有那麼大的問題。也許不是。但是可以從任意 C 格式的字元陣列建立 std::string_view，它可以是任意大小。因此，雖然對於 find_words()，可能不會從將 separators 設置為 string_view 中獲得太多好處，但是對於另一個參數 str，它確實可以帶來很大的不同，如下面的程式碼片段所示：

```
char* text = ReadHugeTextFromFile();   // last character in text array is null ('\0')
find_words(words, text, " ,;:.\"!?'\n");
delete[] text;
```

在這種情況下，假定 char 陣列由 null 字元元素終止，這是 C 和 C++ 程式設計中常見的慣例。若不是這樣，就必須使用更多這種形式：

```
char* text = ...;            // again a huge amount of characters...
size_t numCharacters = ...;  // the huge amount
find_words(words, std::string_view{text, numCharacters}, " ,;:.\"!?'\n");
delete[] text;
```

這兩種情況的底線都是，如果你使用 std::string_view，那麼在將巨大的文字陣列傳遞給 find_words() 時不會複製它，而若使用 const std::string& 則會複製它。

預設的參數值

在許多情況下，為一個或多個函數參數設置預設引數值很有用。這會允許你僅在需要與預設值不同的內容時指定引數值。簡單的例子是輸出標準錯誤訊息的函數。大多數情況下，一個預設訊息就足夠了，但是偶爾需要另一個替代訊息。你可以透過在函數原型中，指定預設參數值來實作這一點。可以定義一個函數來輸出這樣的訊息：

```
void show_error(string_view message)
{
  std::cout << message << std::endl;
}
```

指定預設引數值如下：

```
void show_error(string_view message = "Program Error");
```

如果兩者是分開的，則需要在函數原型中，而不是在函數定義中指定預設值。原因是在解析函數呼叫時，編譯器需要知道給定數量的引數是否可以接受。

要輸出預設訊息，可呼叫這些函數而不使用其對應的引數：

```
show_error();              // Outputs "Program Error"
```

要輸出特定的訊息，需要指定引數：

```
show_error("Nothing works!");
```

在前面的範例中，參數碰巧是以值傳遞的。以相同的方式為非參考和參考參數指定預設值：

```
void show_error(const string& message = "Program Error");
```

從前幾節中學到的知識中，隱含的轉換需要建立臨時物件的預設值（如前一個範例）對於參考非 const 參數是非法的，這一點也不奇怪。因此，以下程式碼不應該能夠編譯：

```
// void show_error(string& message = "Program Error"); /* Error: does not compile */
```

指定預設參數值可以簡化函數的使用。並不局限於具有預設值的一個參數。

多個預設參數值

所有具有預設值的函數參數必須放在參數列的結尾。當函數呼叫省略參數時，列表中的所有後續參數也必須被省略。因此，具有預設值的參數應該從最不可能被忽略到最後最可能被忽略進行排序。這些規則對於編譯器能夠處理函數呼叫是必要的。

讓我們設計一個具有幾個預設參數值的函數範例。假設撰寫了一個函數來顯示一個或多個資料值，每行顯示幾個，如下所示：

```
void show_data(const int data[], size_t count, std::string_view title,
                                               size_t width, size_t perLine)
{
  std::cout << title << std::endl;              // Display the title

  // Output the data values
```

```
for (size_t i {}; i < count; ++i)
{
    std::cout << std::setw(width) << data[i];     // Display a data item
    if ((i+1) % perLine == 0)                      // Newline after perLine values
        std::cout << '\n';
}
std::cout << std::endl;
}
```

data 參數是要顯示值的陣列，count 表示有多少個值。string_view 型態的第三個參數指定了一個標題，該標題用於標題輸出。第四個參數確定每個項的欄位寬度，最後一個參數是每行資料項目的數量。這個函數有很多參數。這顯然是一個預設參數值的工作。下面有一個例子：

```
// Ex8_11.cpp
// Using multiple default parameter values
#include <iostream>
#include <iomanip>
#include <string_view>

// The function prototype including defaults for parameters
void show_data(const int data[], size_t count = 1, std::string_view title = "Data Values",
                                        size_t width = 10, size_t perLine = 5);

int main()
{
    int samples[] {1, 2, 3, 4, 5, 6, 7, 8, 9, 10, 11, 12};

    int dataItem {-99};
    show_data(&dataItem);

    dataItem = 13;
    show_data(&dataItem, 1, "Unlucky for some!");

    show_data(samples, std::size(samples));
    show_data(samples, std::size(samples), "Samples");
    show_data(samples, std::size(samples), "Samples", 6);
    show_data(samples, std::size(samples), "Samples", 8, 4);
}
```

Ex8_11.cpp 中 show_data() 的定義可以在本節的前面取得。此程式的輸出為：

```
Data Values
        -99
Unlucky for some!
        13
Data Values
        1           2           3           4           5
        6           7           8           9          10
       11          12
Samples
        1           2           3           4           5
        6           7           8           9          10
       11          12
Samples
        1           2           3           4           5
        6           7           8           9          10
       11          12
Samples
        1           2           3           4
        5           6           7           8
        9          10          11          12
```

show_data() 的原型為除第一個參數之外，所有參數皆指定預設值。呼叫這個函數有五種方法：可以指定所有五個引數，也可以省略最後一個、最後兩個、最後三個或最後四個引數。只要你對其餘參數的預設值滿意，就可以只提供第一個輸出單一資料項目的參數。

請記住，只能在列表的結尾省略引數，不允許省略第二和第五項。下面有一個例子：

```
show_data(samples, , "Samples", 15);        // Wrong!
```

main() 的引數

你可以定義 main()，以便它在程式執行時接受在命令行上輸入的引數。可以為 main() 指定的參數是標準化的，可以在沒有參數的情況下定義 main()，也可以以以下形式定義 main()：

```
int main(int argc, char* argv[])
{
  // Code for main()...
}
```

第一個參數 argc 是在命令行中找到的字串引數的數量。出於歷史的原因，它的型態是 int，而不是 size_t，因為可能希望參數不能為負。第二個參數 argv 是指向命令行引數的指標陣列，包括程式名稱。陣列型態意味著所有命令行引數都作為 C 格式的字串接收。用來呼叫程式的程式名稱，通常記錄在 argv 的第一個元素 argv[0] 中[1]。argv（argv[argc]）中的最後一個元素總是 nullptr，所以 argv 中的元素數目將是 argc+1。我們會舉幾個例子來說明這一點。假設要運行該程式，只需在命令行中輸入程式名稱：

Myprog

在這種情況下，argc 將是 1，argv[] 包含兩個元素。第一個是字串 "Myprog" 的位址，第二個是 nullptr。

假設輸入：

Myprog 2 3.5 "Rip Van Winkle"

現在 argc 是 4，argv 有 5 個元素。前 4 個元素是指向字串 "Myprog"、"2"、"3.5" 和 "Rip Van Winkle" 的指標。第五個元素 argv[4] 是 nullptr。

如何使用命令行引數完全取決於你。下面的程式說明了如何存取命令行引數：

```cpp
// Ex8_12.cpp
// Program that lists its command line arguments
#include <iostream>

int main(int argc, char* argv[])
{
  for (int i {}; i < argc; ++i)
    std::cout << argv[i] << std::endl;
}
```

這將列出命令行引數，包括程式名稱。命令行引數可以是任何東西—例如檔案複製程式的檔案名稱，或者要在聯繫人檔案中搜尋的人名。它們可以是啟動程式執行時，輸入的任何有用的東西。

---

[1] 如果由於某種原因，作業系統無法確定用於呼叫程式的名稱，那麼 argv[0] 將是一個空字串。這在正常使用中不會發生。

函數的回傳值

如你所知，可以從函數回傳任何型態的值。當你回傳基本型態之一的值時，這是非常簡單的，但是當你回傳指標或參考時，就會出現一些缺陷。

回傳指標

當從函數回傳指標時，它必須包含 nullptr 或在呼叫函數中仍然有效的位址。換句話說，在回傳到呼叫函數後，所指向的變數必須仍然在範疇中。這意味著以下絕對規則：

▌ **注意**　永遠不要從函數中回傳自動的、配置堆疊的區域變數的位址。

假設定義了一個函數，該函數回傳兩個引數值中較大那一個的位址。這可以用在指定運算子的左邊，這樣就可以改變包含較大值的變數，也許在這樣的敘述中：

```
*larger(value1, value2) = 100;    // Set the larger variable to 100
```

在實作這一點時，很容易出錯。下面是一個無法執行的實作：

```
int* larger(int a, int b)
{
  if (a > b)
    return &a;          // Wrong!
  else
    return &b;          // Wrong!
}
```

很容易看出這有什麼問題：a 和 b 是函數的區域變數。引數值被複製到區域變數 a 和 b 中。當回傳 &a 或 &b 時，這些位址上的變數在回到呼叫函數中不再存在。在編譯此程式碼時，通常會從編譯器收到警告。

你可以指定參數作為指標：

```
int* larger(int* a, int* b)
{
  if (*a > *b)
   return a;          // OK
  else
   return b;          // OK
}
```

如果有，也不要忘記解參考指標。前面的條件 (a > b) 仍然可以編譯，但是你不會對值本身進行比較。而是比較保存這些值的記憶體位址。你可以這樣呼叫這個函數：

```
*larger(&value1, &value2) = 100;        // Set the larger variable to 100
```

回傳兩個值中較大值的位址之函數不是特別有用，但是讓我們考慮一些更實用的方法。假設我們需要一個程式來正規化一組 double 型態的值，使它們都位於包括 0.0 和 1.0 在內的範圍內。為了標準化這些值，我們可以先減去它們的最小樣本值，使它們都是非負的。有兩個函數可以幫助解決這個問題，一個是求最小值，另一個是按給定的數量調整值。下面是第一個函數的定義：

```
const double* smallest(const double data[], size_t count)
{
  if (!count) return nullptr;           // There is no smallest in an empty array

  size_t index_min {};
  for (size_t i {1}; i < count; ++i)
    if (data[index_min] > data[i])
      index_min = i;

  return &data[index_min];
}
```

你應該不難看出這裡發生了什麼。最小值的索引存在 index_min 中，它被初始以參考第一個陣列元素。迴圈將 index_min 處的元素值與其他元素的值進行比較，當一個元素的值較小時，它的索引記錄在 index_min 中。函數回傳陣列中最小值的位址。回傳索引可能更明智，但我們正在說明指標回傳值以及其他內容。第一個參數是 const，因為函數不改變陣列。使用這個 const 參數，你必須將回傳型態指定為 const。編譯器不允許你回傳指向 const 陣列元素的非 const 指標。

一個按給定數量調整陣列元素值的函數如下：

```
double* shift_range(double data[], size_t count, double delta)
{
  for (size_t i {}; i < count; ++i)
    data[i] += delta;
  return data;
}
```

這個函數將第三個引數的值加到每個陣列元素中。回傳型態可以是 void，因此它不回傳任何資料，但是回傳 data 的位址，允許函數用作接受陣列的另一個函數之引數。當然，仍然可以在不儲存或以其他方式使用回傳值的情況下呼叫函數。

你可以結合使用這個和前面的函數來調整陣列 samples 的值，這樣所有的元素都是非負的：

```
const size_t count {std::size(samples)};                 // Element count
shift_range(samples, count, -(*smallest(samples, count))); // Subtract min from elements
```

shift_range() 的第三個參數呼叫 smallest()，它回傳一個指向最小元素的指標。運算式的值加上負號，因此 shift_range() 將從每個元素中減去最小值，以實作我們想要的效果。data 中的元素現在從 0 到某個正上限。為了將它們映射到 0 到 1 的範圍內，我們需要將每個元素除以最大元素。我們首先需要一個函數來求最大值：

```
const double* largest(const double data[], size_t count)
{
  if (!count) return nullptr; // There is no largest in an empty array

  size_t index_max {};
  for (size_t i {1}; i < count; ++i)
   if (data[index_max] < data[i])
     index_max = i;

  return &data[index_max];
}
```

它的工作原理與 smallest() 基本相同。我們可以使用一個函數，透過除以給定的值來縮放陣列元素：

```
double* scale_range(double data[], size_t count, double divisor)
{
  if (!divisor) return data;          // Do nothing for a zero divisor
  for (size_t i {}; i < count; ++i)
    data[i] /= divisor;
  return data;
}
```

除以 0 將是一場災難，所以當第三個參數為 0 時，函數只回傳原始陣列。我們可以將這個函數與 largest() 結合使用，將現在從 0 到某個最大值的元素縮放到 0 到 1 的範圍：

```
scale_range(samples, count, *largest(samples, count));
```

當然，使用者可能更喜歡的是一個函數，該函數將正規化一個值陣列，從而避免了進入複雜的細節：

```
double* normalize_range(double data[], size_t count)
{
  return scale_range(shift_range(data, count, -(*smallest(data, count))),
                                       count, *largest(data, count));
}
```

值得注意的是，這個函數只需要一條敘述。讓我們看看這一切在實務中是否行得通：

```
// Ex8_13.cpp
// Returning a pointer
#include <iostream>
#include <iomanip>
#include <string_view>
#include <array>            // for std::size()

void show_data(const double data[], size_t count = 1, std::string_view title = "Data Values",
                                          size_t width = 10, size_t perLine = 5);
const double* largest(const double data[], size_t count);
const double* smallest(const double data[], size_t count);
double* shift_range(double data[], size_t count, double delta);
double* scale_range(double data[], size_t count, double divisor);
double* normalize_range(double data[], size_t count);

int main()
{
  double samples[] {
                    11.0,   23.0,   13.0,   4.0,
                    57.0,   36.0, 317.0, 88.0,
                     9.0, 100.0, 121.0, 12.0
                   };

  const size_t count{std::size(samples)};              // Number of samples
  show_data(samples, count, "Original Values");        // Output original values
  normalize_range(samples, count);                     // Normalize the values
  show_data(samples, count, "Normalized Values", 12);  // Output normalized values
}
// Outputs an array of double values
void show_data(const double data[], size_t count, std::string_view title,
                                      size_t width, size_t perLine)
```

```
{
  std::cout << title << std::endl;                    // Display the title

  // Output the data values
  for (size_t i {}; i < count; ++i)
  {
    std::cout << std::setw(width) << data[i];         // Display a data item
    if ((i + 1) % perLine == 0)                        // Newline after perLine values
      std::cout << '\n';
  }
  std::cout << std::endl;
}
```

如果編譯並執行這個範例，並使用前面顯示的 largest()、smallest()、shift_range()、scale_range() 和 normalize_range() 的定義來完成，應該會得到以下輸出：

```
Original Values
         11            23           13            4            57
         36           317           88            9           100
        121            12
Normalized Values
    0.0223642    0.0607029    0.028754            0     0.169329
     0.102236            1     0.268371    0.0159744    0.306709
     0.373802    0.0255591
```

輸出表明結果是必需的。main() 中的最後兩條敘述，可以透過將 normalize_range() 回傳的位址，作為 show_data() 的第一個參數來壓縮為一條：

```
show_data(normalize_range(samples, count), count, "Normalized Values", 12);
```

這更簡潔，但不一定更清楚。

回傳參考

從函數回傳指標是有用的，但可能會有問題。指標可以是空的，解 nullptr 的參考通常會導致程式的失敗。你肯定已經從本節的標題猜到了，解決方案是回傳一個參考。參考是另一個變數的別名，因此，我們可以為參考規定以下黃金法則：

▌注意 永遠不要回傳對函數中自動區域變數的參考。

透過回傳參考，允許在指定運算子的左側，使用函數呼叫函數。實際上，從函數回傳參考是在指定運算式的左側啟用函數（不用解參考）的唯一方法。

假設撰寫了一個 larger() 函數，如下所示：

```
string& larger(string& s1, string& s2)
{
  return s1 > s2? s1 : s2;     // Return a reference to the larger string
}
```

回傳型態是"對 string 的參考"，參數是對非 const 值的參考。因為你希望回傳非 const 的參考，以參照其中一個引數，所以你不能將參數指定為 const。

可用這個函數來改變兩個引數中較大的一個，就像這樣：

```
string str1 {"abcx"};
string str2 {"adcf"};
larger(str1, str2) = "defg";
```

因為參數不是 const，所以不能使用字串字面值作為引數；編譯器不允許。參考參數允許對值進行更改，而更改常數不是編譯器有意要做的事情。如果參數為 const，則不能使用非 const 的參考作為回傳型態。

現在我們不打算研究使用參考的回傳型態的延伸範例，但是可以肯定不久就會再次遇到它們。在使用類別建立自己的資料型態時，參考的回傳型態變得非常重要。

回傳與輸出參數

函數將其產生的結果回傳給呼叫者的兩種方式：它可以回傳一個值，也可以將值放入輸出參數中。在 Ex8_08 中，遇到了下面的例子：

```
void find_words(vector<string>& words, const string& str, const string& separators);
```

然而，宣告此函數的另一種方法如下：

```
vector<string> find_words(const string& str, const string& separators);
```

當函數輸出一個物件時，你不希望複製這個物件，特別是如果這個物件的複製成本與字串的向量一樣高的話。在 C++11 之前，推薦的方法主要是使用輸出參數。這是唯一可以確保當從函數中回傳 vector<> 時，vector<> 中的所有字串沒有被複製的方法。然而，這個建議在 C++11 中發生了巨大的變化：

▌ 提示 在現代 C++ 中，通常更喜歡回傳值而不是輸出參數。這使得函數簽名和呼叫更容易閱讀。引數用於輸入，並回傳所有輸出。這種機制稱為*移動語意*（*move semantics*），將在第 17 章中詳細討論。簡而言之，移動語意確保回傳管理動態配置記憶體的物件（如 vector 和 string）不再需要複製該記憶體，因此非常便宜。值得注意的例外是陣列或包含陣列的物件，例如 std::array<>。對於這些，最好還是使用輸出參數。

回傳型態推斷

就像可以讓編譯器從變數的初值化，推斷出變數的型態一樣，也可以讓編譯器從函數的定義，推斷出函數的回傳型態。例如：

```
auto getAnswer() { return 42; }
```

從這個定義中，編譯器將推斷 getAnswer() 的回傳型態是 int。當然，對於像 int 這樣短的型態名稱，使用 auto 沒有什麼意義。事實上，它甚至會導致多打一個字母。稍後會遇到更冗長的型態名稱（迭代器是一個經典範例）。對於這些，型態推斷可以節省時間。或者你可能想讓函數回傳與其他函數相同的型態，不管出於什麼原因，你不覺得有必要去查找它是什麼型態或者把它推敲出來。一般來說，這裡的注意事項與使用 auto 宣告變數的注意事項相同。如果從內容中已經夠清楚型態是什麼，或者確切的型態名稱，對程式碼的清晰性影響較小，那麼回傳型態推斷很實用。

▌ 附註 另一個實用的回傳型態推斷是指定函數樣版的回傳型態。你將在下一章學到這一點。

編譯器甚至可以推斷出帶有多個回傳敘述的函數的回傳型態，前提是它們的運算式的計算值為完全相同型態的值。也就是說，不會執行隱含的轉換，因為編譯器無法決定推斷哪種型態。例如，考慮以下函數以另一個字串的形式獲取字串的第一個字母：

```
auto getFirstLetter(string_view text)    // function to get first letter,
{                                        // not as a char but as another string
  if (text.empty())
```

```
        return " ";                        // deduced type: const char*
    else
        return text.substr(0, 1);          // deduced type: std::string_view
}
```

這會無法編譯。編譯器發現一個回傳敘述回傳型態為 const char* 的值，另一
個回傳型態為 std::string_view 的值。string_view 的子字串也是 string_view
這一事實可以在標準函式庫文件中找到。不過，不要因此而分心。這裡的要點
是，編譯器無法決定為回傳型態在這兩種型態中選擇哪一種。要編譯此定義，
選項包括：

- 將函數中的 auto 替換為 std::string_view。這將允許編譯器為你執行必
  要的型態轉換。
- 將第一個 return 敘述替換為回傳 std::string_view{" "}。編譯器然後將
  std::string_view 推斷為回傳型態。
- 用回傳 text.substr(0, 1).data() 替換第二個 return 敘述。因為 data()
  函數—正如標準函式庫文件將確認的那樣—回傳一個 const char* 指標，
  所以 getFirstLetter() 的回傳型態也推斷為 const char*。

回傳型態推斷和參考

如果希望回傳型態是參考，則需要特別注意回傳型態的推斷。假設使用自動推
斷的回傳型態，來撰寫前面顯示的 larger() 函數：

```
auto larger(string& s1, string& s2)
{
    return s1 > s2? s1 : s2;       // Return a reference to the larger string
}
```

在這種情況下，編譯器將把 std::string 推斷為回傳型態，而不是
std::string&。也就是說，將回傳一個副本而不是一個參考。如果你想回傳
larger() 的參考，你的選項包括：

- 像以前一樣明確地指定 std:: string& 回傳型態。
- 指定 auto& 取代 auto。那麼回傳型態會是一個參考。

雖然討論 C++ 型態推斷的所有細節和複雜性超出了我們的範圍，但好訊息是一
個簡單的規則涵蓋了大多數情況：

▋ **注意** auto 從不推斷參考型態，總是推斷值型態。這意味著即使你為 auto 分配了一個參考，該值仍然會被複製。此外，除非明確使用 const auto，否則此副本不會是 const。要讓編譯器推斷參考型態，可以使用 auto& 或 const auto&。

當然，此規則並不特定於回傳型態推斷。同樣的道理，若使用自動區域變數也是：

```
string test = "Your powers of deduction never cease to amaze me";
const string& ref_to_test = test;
auto auto_test = ref_to_test;
```

在前面的程式碼片段中，auto_test 具有型態 std::string，因此包含 test 的一個副本。與 ref_to_test 不同，這個新副本也不再是 const。

使用選項值

在撰寫自己的函數時，經常會遇到輸入參數的選項，或者只有在沒有出錯時才回傳值的函數。考慮以下函數原型：

```
int find_last_in_string(string_view string, char char_to_find, int start_index);
```

從這個宣告中，你可以想像這個函數從指定的起始索引開始，從後到前，搜尋給予的字串中某一個的字元。一旦找到，它將回傳該字元最後一次出現的索引。但是如果字元不在於字串中會發生什麼呢？如果你想讓演算法考慮整個字串你會怎麼做？可以將 string.length()-1 作為起始索引傳遞，但是這有點乏味。若把 -1 傳遞給第三個參數，它會不會同樣有效？如果沒有介面文件或實作程式碼，就無法確切地知道這個函數的行為。

傳統的解決方案是，當呼叫者希望函數使用其預設的指定、或在無法計算實際值時回傳一些特定的值。指標的典型選擇是 -1。因此，find_last_in_string() 的一個可能的規格是，如果給定的字串中沒有 char_to_find，則回傳 -1；若作為 start_index 傳遞 -1 或任何負值，則搜尋整個字串。實際上，std::string 和 std::string_view 定義了它們自己的 find() 函數，它們使用特殊的 size_t 常數 std::string::npos 和 std::string_view::npos 來實作這些目的。

問題是，通常很難記住每個函數是如何編碼"未提供"或"未計算的"。在不同的函式庫之間，甚至在同一個函式庫中，約定往往是不同的。一些可能在失敗時回傳 0，另一些可能回傳負值。一些可能會接受 nullptr 作為 const char* 參數，而另一些則不會。

為了幫助函數的使用者，參數選項通常給定一個有效的預設值。下面有一個例子：

```
int find_last_in_string(string_view string, char char_to_find, int start_index = -1);
```

但是，這種技術當然不能擴展到回傳值。傳統方法的另一個問題是，通常，甚至沒有一種編碼選項值的明顯方式。原因之一可能是選項值的型態。想一想，例如，如何編碼選項 bool？另一個原因是具體情況。例如，假設你需要定義一個函數，該函數從給定的組態檔案中讀取組態覆蓋。那麼你可能更願意給出如下形式的函數：

```
int read_configuration_override(string_view fileName, string_view overrideName);
```

但是，如果組態檔案不包含具有給定名稱的值，會發生什麼情況呢？因為這是一個通用函數，所以你不能預先假定 int 值（如 0、-1）或任何其他值都不是有效的組態覆蓋。傳統的變通辦法包括：

```
// Returns the 'default' value provided by the caller if the override is not found int
read_configuration_override(string_view file, string_view overrideName, int default);
```

```
// Puts the override in the output parameter if found and return true; or return false otherwise
bool read_configuration_override(string_view file, string_view overrideName, int& value);
```

C++17 標準函式庫現在提供了 std::optional<>，我們相信這個可以讓你的函數宣告更清晰、更容易閱讀。

std::optional

在 C++17 中，標準函式庫提供了 std::optional<>，它構成了對我們前面討論的所有選項值隱含的編碼有趣的替代。使用這個輔助型態，任何選項的 int 可以用 optional<int> 宣告如下：

```
optional<int> find_last_in_string(string_view string, char to_find, optional<int> start_index);
optional<int> read_configuration_override(string_view fileName, string_view overrideName);
```

這些參數或回傳值是選項的，這一事實很明確地被宣告了，這使得這些原型能夠自我記錄。因此，你的程式碼比使用傳統方法的程式碼更容易使用和閱讀。讓我們看看 std::optional<> 在一些實際程式碼中的基本用法：

```cpp
// Ex8_14.cpp
// Working with std::optional
#include <iostream>
#include <optional>
#include <string_view>
using std::optional;
using std::string_view;

optional<size_t> find_last(string_view string, char to_find,
                               optional<size_t> start_index = std::nullopt);
int main()
{
  const auto string = "Growing old is mandatory; growing up is optional.";

  const optional<size_t> found_a{ find_last(string, 'a') };
  if (found_a)
    std::cout << "Found the last a at index " << *found_a << std::endl;

  const auto found_b{ find_last(string, 'b') };
  if (found_b.has_value())
    std::cout << "Found the last b at index " << found_b.value() << std::endl;

  // const size_t found_c{ find_last(string, 'c') }; /* error: cannot convert to size_t */

  const auto found_early_i{ find_last(string, 'i', 10) };
  if (found_early_i != std::nullopt)
    std::cout << "Found an early i at index " << *found_early_i << std::endl;
}

optional<size_t> find_last(string_view string, char to_find, optional<size_t> start_index)
{
  // code below will not work for empty strings
  if (string.empty())
    return std::nullopt;        // or: 'return optional<size_t>{};'
                                // or: 'return {};'

  // determine the starting index for the loop that follows:
  size_t index = start_index.value_or(string.size() - 1);

  while (true)       // never use while (index >= 0) here, as size_t is always >= 0!
  {
```

```
    if (string[index] == to_find) return index;
    if (index == 0) return std::nullopt;
    --index;
  }
}
```

此程式產生的輸出如下：

```
Found the last a at index 46
Found an early i at index 4
```

為了說明 std::optional<>，我們定義了 find_last()，它是我們在前面的範例中使用 find_last_in_string() 函數的變形。注意，由於 find_last() 使用無號 size_t 索引，而不是 int 索引，因此使用 -1 作為預設值在這裡就不那麼明顯了。第二個更有趣的區別是，函數第三個引數的預設值。這個值 std::nullopt 是標準函式庫定義的特殊常數，用於初始 optional<T> 值，這些值還沒有指定值。我們很快會看到為什麼使用它作為預設參數值會很有趣。

在函數原型之後，會看到程式的 main() 函數。在 main() 中，我們呼叫 find_last() 三次來搜尋一些範例字串中的字母 "a"、"b" 和 "i"。其實這些呼叫本身沒什麼好奇怪的。若想要一個非預設的起始索引，只需將一個數字傳遞給 find_last()，就像我們在第三次呼叫中所做的那樣。編譯器接著將這個數字轉換為一個 std::optional<> 物件，就像你所期望的那樣。但是，若對預設的起始索引沒有問題，那麼就可以明確地傳遞 std::nullopt。不過，我們選擇使用預設參數值來處理這個問題。

以下是從 main() 函數中學到的最有趣的經驗：

+ 如何檢查 find_last() 回傳的 optional<> 值是否被指定給了實際值
+ 接下來如何從 optional<> 中萃取這個值來使用它

對於前者，main() 按以下順序顯示了三個備選方案：讓編譯器將 optional<> 轉換為布林值、呼叫 has_value() 函數，或將 optional<> 與 nullopt 進行比較。對於後者，main() 提供了兩個選項：可以使用 * 運算子或呼叫 value() 函數。但是，將 optional<size_t> 回傳值直接指定給 size_t 是不可能的。編譯器不能將選項型態 <size_t> 的值轉換為 size_t 型態的值。

在 find_last() 的主體中，除了一些帶有空字串和無號索引型態的有趣挑戰

之外，我們最希望你注意與 optional<> 相關的另外兩個方面。首先，注意
回傳值是很簡單的。回傳 std::nullopt，或回傳實際值。然後編譯器將兩
者轉換為合適的 optional<>。其次，我們在這裡使用了 value_or()。如果
optional<>start_index 包含一個值，該函數將回傳與 value() 相同的值；如果
它不包含值，value_or() 只計算作為參數傳遞給它的值。因此 value_or() 函數
是等同於 if-else 敘述或條件運算子運算式的一個受歡迎的替代方法，首先呼叫
has_value()，然後呼叫 value()。

▌ **附註** Ex8_14 涵蓋了大部分關於 std::optional<> 的知識。一如既往，若需要
了解更多，請參考你最喜歡的標準函式庫參考文件。但是需要注意的是，在 * 運算
子旁邊，std::optional<> 也支援 -> 運算子。也就是說，在下面的例子中，最後兩
個敘述是相同的：

```
std::optional<std::string> os{ "Falling in life is inevitable--staying down is optional." };
if (os) std::cout << (*os).size() << std::endl;
if (os) std::cout << os->size() << std::endl;
```

注意，雖然這種語法使 optional<> 物件看起來和感覺上都像指標，但它們肯定
不是指標。每個 optional<> 物件都包含賦予它的任何值的副本，並且該副本不
會保存在閒置空間中。也就是說，雖然複製指標不會複製它所指向的值，但複製
optional<> 總是涉及複製存在其中的整個值。

▌ 靜態變數

到目前為止，我們所看到的函數中，從一個執行到下一個執行，函數主體中沒
有保留任何內容。若想計算一個函數被呼叫了多少次。你如何做到呢？一種方
法是在檔案範圍內定義一個變數，並在函數中對其進行遞增。這樣做的一個潛
在問題是，檔案中的任何函數都可以修改該變數，因此你不能確保它只在應該
增加的時候才增加。

更好的解決方案是在函數主體中將變數定義為 static。在函數中定義的 static
變數在第一次執行其定義時被建立。然後它繼續存在，直到程式終止。這意味
著你可以將一個值從一個函數呼叫轉到下一個函數呼叫。要將變數指定為靜態

變數，需要在定義中的型態名稱前加上 static 前導關鍵字。讓我們考慮這個簡單的例子：

```
unsigned int nextInteger()
{
  static unsigned int count {0};
  return ++count;
}
```

第一次執行從 static 開始的敘述時，count 被建立並初始為 0。敘述的後續執行沒有進一步的效果。這個函數然後遞增 static 變數 count，並回傳遞增的值。第一次呼叫該函數時，它將回傳 1。第二次，回傳 2。每次呼叫該函數時，它都會回傳一個比前一個值大 1 的整數。count 只建立和初始一次，即首次呼叫該函數時。後續呼叫只是增加 count 並回傳結果值。只要程式在執行，count 就會一直存在。

可以將任何型態的變數指定為 static 變數，並且將 static 變數用於從一個函數呼叫到下一個函數呼叫中，需要記住的任何內容。例如，你可能希望保留已讀取的前一個檔案記錄的編號，或前一個參數的最大值。

如果沒有初始靜態變數，預設情況下其值將為 0。因此，在前面的範例中，若省略 {0} 的初始，仍然可得到相同的結果。但是要小心，因為這種 0 的初始**不會**發生在常規的區域變數上。如果沒有初始化它們，它們將包含垃圾值。

內嵌函數

對於較短的函數，編譯器處理傳遞引數和回傳結果的開銷與執行，與實際計算所涉及的程式碼相比非常大。這兩種型態的程式碼的執行時間可能類似。在極端情況下，用於呼叫函數的程式碼可能比函數主體中的程式碼佔用更多記憶體。在這種情況下，你可以建議編譯器用函數主體中的程式碼替換函數呼叫，適當地調整程式碼以處理區域名稱。這可以使程式更短、更快，或者兩者兼有。

可用函數定義中的 inline 關鍵字來完成此操作。下面有一個例子：

```
inline int larger(int m, int n)
{
  return m > n ? m : n;
}
```

這個定義表明編譯器可以用內嵌程式碼替換呼叫。然而，這只是一個建議，是否採納你的建議取決於編譯器。當一個函數被 inline 指定時，該定義必須在呼叫該函數的每個原始檔中是有效的。因此，內嵌函數（inline function）的定義通常出現在標頭檔案中，而不是原始檔中，並且標頭包含在使用該函數的每個原始檔中。大多數（如果不是所有的話）現代編譯器將使短函數內嵌，即使在定義中不使用 inline 關鍵字時也是如此。如果在多個原始檔中使用了指定為 inline 的函數，則應該將定義放在標頭檔案中，其中包括使用該函數的每個原始檔。如果不這樣做，在連接程式碼時，會得到 "未解析的外部" 訊息。

函數多載

你常常會發現，你需要兩個或多個函數來完成本質上相同的工作，但是參數的型態不同。Ex8_13.cpp 中的 largest() 和 smallest() 函數可能是候選函數。你可能希望這些運算能夠處理不同型態的陣列，例如 int[]、double[]、float[]，甚至 string[]。理想情況下，所有這些函數都有相同的名稱、smallest() 或 largest()。函數多載（function overloading）可以辦到這點。

函數多載允許程式中具有相同名稱的多個函數，只要它們都有彼此不同的參數列。在本章前面已經了解，編譯器透過函數的 **簽名**（*signature*）（函數名稱和參數列的組合）來標識函數。多載函數具有相同的名稱，因此每個多載函數的簽名必須僅由參數列進行區分。這允許編譯器根據參數列為每個函數呼叫選擇正確的函數。如果下列的條件至少有一個為真，則兩個同名的函數是有差異的：

- ◆ 函數有不同數量的參數。
- ◆ 至少一對對應的參數是不同型態的。

▌ **附註** 函數的回傳型態不是函數簽名的一部分。要決定使用哪個函數多載，編譯器只查看函數參數的數量和型態。如果使用相同的名稱和參數列宣告兩個函數，但回傳型態不同，則程式將無法編譯。

下面是一個使用多載版本的 largest() 函數的例子：

```
// Ex8_15.cpp
// Overloading a function
```

```cpp
#include <iostream>
#include <string>
#include <vector>
using std::string;
using std::vector;

// Function prototypes
double largest(const double data[], size_t count);
double largest(const vector<double>& data);
int largest(const vector<int>& data);
string largest(const vector<string>& words);
// int largest(const vector<string>& words); /* would not compile: overloaded functions must
//                                    differ in more than just their return type! */

int main()
{
  double values[] {1.5, 44.6, 13.7, 21.2, 6.7};
  vector<int> numbers {15, 44, 13, 21, 6, 8, 5, 2};
  vector<double> data{3.5, 5, 6, -1.2, 8.7, 6.4};
  vector<string> names {"Charles Dickens", "Emily Bronte", "Jane Austen",
                        "Henry James", "Arthur Miller"};
  std::cout << "The largest of values is " << largest(values, std::size(values)) << std::endl;
  std::cout << "The largest of numbers is " << largest(numbers)<< std::endl;
  std::cout << "The largest of data is " << largest(data)<< std::endl;
  std::cout << "The largest of names is " << largest(names)<< std::endl;
}

// Finds the largest of an array of double values
double largest(const double data[], size_t count)
{
  double max{ data[0] };
  for (size_t i{ 1 }; i < count; ++i)
    if (max < data[i]) max = data[i];
  return max;
}

// Finds the largest of a vector of double values
double largest(const vector<double>& data)
{
  double max {data[0]};
  for (auto value : data)
    if (max < value) max = value;
  return max;
}

// Finds the largest of a vector of int values
```

```
int largest(const vector<int>& data)
{
  int max {data[0]};
  for (auto value : data)
    if (max < value) max = value;
  return max;
}

// Finds the largest of a vector of string objects
string largest(const vector<string>& words)
{
  string max_word {words[0]};
  for (const auto& word : words)
    if (max_word < word) max_word = word;
  return max_word;
}
```

此程式產生的輸出如下：

```
The largest of values is 44.6
The largest of numbers is 44
The largest of data is 8.7
The largest of names is Jane Austen
```

編譯器根據在 main() 中的引數列選擇要呼叫的 largest() 版本。函數的每個版本都有一個唯一的簽名，因為參數列是不同的。需要注意的是，接受 vector<T> 引數的參數是參考。如果沒有將它們指定為參考，那麼 vector 物件將透過值傳遞，從而進行複製。對於含有很多元素的向量來說，這個代價可能很高。陣列型態的參數是不同的。在這種情況下只傳遞陣列的位址，因此它們不需要是參考型態。

▌ **附註**　Ex8_15.cpp 中幾個 largest() 函數具有完全相同的實作，只是型態不同，這讓你感到困擾嗎？如果是這樣，很好。一個好的程式設計師應該時刻警惕重複相同的程式碼多次—不僅僅因為程式設計師是一群懶惰的人。我們稍後會把這種程式碼複製稱為*程式碼複製*（*code duplication*），並向你解釋這樣做除了必須輸入大量內容之外的其他一些缺點。為了避免這種特殊型態的複製—多個函數執行相同的任務，但是對於不同的參數型態—需要函數樣版。在下一章中，會了解函數樣版。

多載和指標參數

指向不同型態的指標是不同的，因此下面的原型宣告了不同的多載函數：

```
int largest(int* pValues, size_t count);        // Prototype 1
int largest(float* pValues, size_t count);      // Prototype 2
```

注意，int* 型態的參數與 int[] 型態的參數的處理方法相同。因此，下面的原型宣告了與前面的 Prototype 1 相同的函數：

```
int largest(int values[], size_t count);      // Identical signature to prototype 1
```

對於任意一種參數型態，引數都是位址，因此沒有區別。事實上，你可能還記得，甚至下面的原型也宣告了相同的函數：

```
int largest(int values[100], size_t count);  // Identical signature to prototype 1
```

由於編譯器完全忽略了此類陣列維度規範，因此我們在前面指出，它們具有危險的誤導性，建議永遠不要使用這種形式。若想要一個維度規範，推薦的方法是使用 std::array<> 或透過參考傳遞陣列。

多載和參考參數

當使用參考參數多載函數時，需要小心。不能用參數型態 data_type 和具有參數型態 data_type& 的函數，來多載參數型態 data_type 的函數。編譯器無法確定你想從參數中獲得哪個函數。下面的原型說明了問題：

```
void do_it(std::string number);        // These are not distinguishable...
void do_it(std::string& number);       // ...from the argument type
```

假設寫出下面的敘述：

```
std::string word {"egg"};
do_it(word);                           // Calls which???
```

第二個敘述可以呼叫任何一個函數。編譯器無法確定應該呼叫 do_it() 的哪個版本。因此無法根據參數區分多載的函數，一個版本是給定型態的，另一個版本是該型態的參考。

如果一個版本的參數型態為 type1，而另一個版本的參數參考型態為 type2，即使 type1 和 type2 不同，在多載函數時也應該小心。呼叫哪個函數取決於你使用的參數型態，但是你可能會得到一些令人驚訝的結果。讓我們用一個例子來探討一下這個問題：

```cpp
// Ex8_16.cpp
// Overloading a function with reference parameters
#include <iostream>

double larger(double a, double b);      // Non-reference parameters
long& larger(long& a, long& b);         // Reference parameters

int main()
{
  double a_double {1.5}, b_double {2.5};
  std::cout << "The larger of double values "
            << a_double << " and " << b_double << " is "
            << larger(a_double, b_double) << std::endl;

  int a_int {15}, b_int {25};
  std::cout << "The larger of int values "
            << a_int << " and " << b_int << " is "
            << larger(static_cast<long>(a_int), static_cast<long>(b_int))
            << std::endl;
}

// Returns the larger of two floating point values
double larger(double a, double b)
{
  std::cout << "double larger() called." << std::endl;
  return a > b ? a : b;
}

// Returns the larger of two long references
long& larger(long& a, long& b)
{
  std::cout << "long ref larger() called" << std::endl;
  return a > b ? a : b;
}
```

這會產生以下輸出：

```
double larger() called.
The larger of double values 1.5 and 2.5 is 2.5
double larger() called.
The larger of int values 15 and 25 is 25
```

第三行輸出可能不是你所期望的。你可能希望 main() 中的第二個輸出敘述使用 long& 參數呼叫 larger() 的版本。這個敘述呼叫了帶有 double 參數的版本—為什麼呢？畢竟，你把這兩個引數都轉換為 long。

這正是問題所在。參數不是 a_int 和 b_int，而是在轉換為 long 型態後包含相同值的臨時位置。如前所述，編譯器不會使用臨時位址來初始非 const 的參考。

那麼能做些什麼呢？有兩個選擇。如果 a_int 和 b_int 型態為 long，編譯器將呼叫參數型態為 long& 的 larger() 版本。如果變數的型態不能太長，可以將參數指定為對 const 的參考，如下所示：

```
long larger(const long& a, const long& b);
```

顯然，還必須更改函數原型。該函數可以使用 const 或非 const 參數。編譯器知道函數不會修改參數，所以它會為臨時值的參數呼叫這個版本，而不是使用 double 參數的版本。注意，現在回傳 long 型態。如果堅持回傳參考，則回傳型態必須是 const，因為編譯器無法將 const 的參考轉換為非 const 的參考。

多載和 const 參數

對於參考和指標，const 參數僅與非 const 參數區分開來。對於一個基本型態，例如 int，其 const int 與 int 是相同的，因此，下面的原型是不可區分的：

```
long larger(long a, long b);
long larger(const long a, const long b);
```

編譯器在第二個宣告中忽略參數的 const 屬性。這是因為參數是透過值傳遞的，這意味著將每個參數的副本傳遞到函數中，從而保護原始參數不受函數的修改。當參數透過值傳遞時，沒有必要在函數原型中指定參數為 const。

當然，雖然在函數原型（*prototype*）中沒有意義，但是在函數定義（*definition*）中宣告參數變數 const 當然是有意義的。你可以這樣做，以防止參數的函數區域副本被修改，如果早期的一些函數原型不包含 const 指定器，你甚至可以這樣做。因此，以下內容是完全有效的，甚至是相當聰明的：

```
// Function prototype
long larger(long a, long b);               // const specifiers would be pointless here

/* ... */

// Function definition for the same function we declared earlier as a prototype
long larger(const long a, const long b)    // local a and b variables are contants
{
  return a > b ? a : b;
}
```

多載和 const 指標參數

如果一個函數的參數型態為 type*，另一個函數的參數型態為 const type*，則多載的函數是不同的。參數是指向不同事物的指標—因此它們是不同的型態。例如，這些原型具有不同的函數簽名：

```
long* larger(long* a, long* b);               // Prototype 1: pointer-to-long parameters
const long* larger(const long* a, const long* b); // Prototype 2: pointer-to-const-long
                                              // parameters
```

將 const 修飾器應用於指標可防止修改位址上的值。沒有 const 修飾器，可以透過指標修改值；以值傳遞機制不會以任何方式抑制這一點。在本例中，前面顯示的第一個函數使用以下敘述呼叫：

```
long num1 {1L};
long num2 {2L};
long num3 {*larger(&num1, &num2)}; // Calls larger() that has non-const parameters
```

帶有 const 參數的 larger() 的後一個版本由以下程式碼呼叫：

```
const long num4 {1L};
const long num5 {2L};
const long num6 {*larger(&num4, &num5)}; // Calls larger() that has const parameters
```

編譯器不會將指標指到 const 的值，傳遞給參數為指標指到非 const 的函數。允許指標到 const 的值透過指標傳遞給非 const 的指標，將違反變數的 const 宣告。因此，編譯器選擇帶有 const 指標參數的 larger() 版本來計算 num6。

但是，有兩個多載的函數是相同的，如果其中一個函數的參數型態為 "指向 type 的指標"，另一個函數的參數型態為 "指向 type 的 const 指標"。舉個例子：

```
long* larger(long* const a, long* const b);                  // Identical to Prototype 1
const long* larger(const long* const a, const long* const b); // Identical to Prototype 2
```

當你考慮指標型態星號（*）後面的 const 指定器，使得指標變數本身成為常數時，原因就很明顯了。也就是說，它們不能重新分配另一個值。因為函數原型沒有定義任何可以進行此類重新分配的程式碼，所以在原型中星號後面加這些 const 指定器也是沒有意義的；這樣做應該只在函數定義中考慮而已。

多載和 const 參考參數

在 const 的情況下，參考參數更是簡單。例如，不允許在 & 之後加 const。參考在本質上已經是常數，因為它們總是參考相同的值。型態 T& 和型態 const T& 是不同的，所以型態 const int& 不同於型態 int&。這意味著可以用這些原型隱含的方式多載函數：

```
long& larger(long& a, long& b);
long larger(const long& a, const long& b);
```

每個函數都有相同的函數主體，它回傳兩個引數中較大的一個，但是函數的行為不同。第一個原型宣告了一個不接受常數作為引數的函數，但是你可以使用指定運算子左側的函數，修改一個或另一個參考參數。第二個原型宣告了一個函數，它接受常數和非常數作為引數，但是回傳型態不是參考，因此不能使用指定運算子左側的函數。

多載和預設引數值

你知道可以為函數指定預設參數值。然而，多載函數的預設參數值有時會影響編譯器區分呼叫的能力。例如，假設有兩個版本的 show_error() 函數，該函數輸出一條錯誤訊息。這個版本有一個 C 格式的字串參數：

```
void show_error(const char* message)
{
  std::cout << message << std::endl;
}
```

下一個是接受 string_view 的引數：

```
void show_error(string_view message)
{
  std::cout << message << std::endl;
}
```

不應該為這兩個函數指定預設參數，因為這會產生歧義。在這兩種情況下輸出預設訊息的敘述如下：

```
show_error();
```

編譯器無法知道需要哪個函數。當然，這是一個愚蠢的範例：你沒有理由為這兩個函數指定預設值。只有一個的預設值可以完成你需要的所有操作。然而，在不那麼愚蠢的情況下，可能會出現這種情況，總體而言，必須確保所有函數呼叫，能唯一確認應該呼叫的函數。

遞迴

函數可以呼叫自己，而包含對自身呼叫的函數稱為**遞迴函數**（*recursive function*）。遞迴也許是無窮迴圈，而且若你不注意它就會是。避免無窮迴圈的先決條件是函數必須包含一些停止行程的方法。

遞迴函數呼叫可以是間接的。例如，一個函數 fun1() 呼叫另一個函數 fun2()，後者反過來呼叫 fun1()。在這種情況下，fun1() 和 fun2() 也稱為**相互遞迴函數**（*mutually recursive functions*）。但是，我們不會看到任何真正的相互遞迴函數的例子，我們只討論更簡單、更常見的情況，即單一函數 fun() 遞迴呼叫自己。

遞迴可以用於解決許多不同的問題。編譯器有時使用遞迴實作，因為語言語法的定義通常適合於遞迴分析。以樹狀結構組織的資料是另一個例子。圖 8-4 說明了一個樹狀結構。顯示了一個包含可視為子樹結構的樹。描述機械裝配（如汽車）的資料通常組織為一棵樹。汽車由零件組成，如車身、發動機、變速箱和懸吊。每個零件都由次零件組成，直到最終到達樹的葉子，這些葉子都是沒有進一步內部結構的零件。

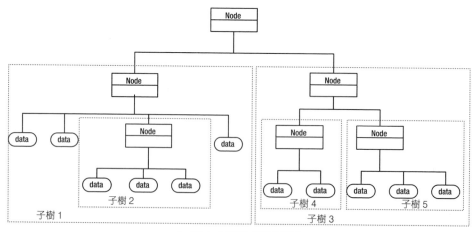

▲ 圖 8-4 樹狀結構範例

可以使用遞迴有效地追蹤組織為樹的資料。樹的每個分支都可以看作一個子樹，因此當遇到分支節點時，用於存取樹中項目的函數可以簡單地呼叫自己。當遇到資料項目時，該函數對該項執行所需的操作，並回傳呼叫點。因此，查找樹的葉子節點—資料項目—提供了函數停止自身遞迴呼叫的方法。

基本範例

在物理和數學中有很多東西你可以認為是涉及到遞迴的。一個簡單的例子是正整數 n 的階乘（寫成 $n!$），它是 n 種排列方式的個數。對於給定的正整數，n，n 的階乘會產生 $1 \times 2 \times 3 \times \cdots \times n$。下面的遞迴函數計算：

```
long long factorial(int n)
{
  if (n == 1) return 1LL;

  return n * factorial(n - 1);
}
```

如果用參數值 4 呼叫此函數，則執行在運算式中呼叫值為 3 的函數之 return 敘述。這將執行 return 來呼叫引數為 2 的函數，該函數將呼叫引數為 1 的 factorial()。在這種情況下，if 運算式為 true，會回傳 1，將在下一步乘以 2，等等，直到第一個呼叫回傳值 $4 \times 3 \times 2 \times 1$。這通常是用來說明遞迴的例子，但它是較無效率的過程。使用迴圈肯定會快得多。

▌注意　如果呼叫 factorial() 函數時為 0 會如何。第一個遞迴呼叫是 factorial(-1)，下一個 factorial(-2)，依此類推。也就是說，n 變得越來越小。這種情況將持續很長一段時間，很可能一直持續到程式失敗為止。這裡的教訓是，必須始終確保遞迴最終達到停止條件，否則可能會遇到所謂的**無窮遞迴** *(infinite recursion)*，這通常會導致程式當掉。例如，factorial() 的正確定義如下：

```
unsigned long long factorial(unsigned int n) // n < 0 impossible due to unsigned type!
{
  if (n <= 1) return 1;                       // 0! is normally defined as 1 as well
  return n * factorial(n - 1);
}
```

下面是另一個遞迴函數的範例—在本章開頭遇到的 power() 函數的遞迴版本：

```cpp
// Ex8_17.cpp
// Recursive version of function for x to the power n, n positive or negative
#include <iostream>
#include <iomanip>

double power(double x, int n);
int main()
{
  for (int i {-3}; i <= 3; ++i)              // Calculate powers of 8 from -3 to +3
    std::cout << std::setw(10) << power(8.0, i);

  std::cout << std::endl;
}

// Recursive function to calculate x to the power n
double power(double x, int n)
{
  if (n == 0)        return 1.0;
  else if (n > 0)  return x * power(x, n - 1);
  else /* n < 0 */ return 1.0 / power(x, -n);
}
```

輸出如下：

```
0.00195313    0.015625    0.125    1    8    64    512
```

如果 n 為 0，power() 中的第一行回傳 1.0。對於正 n，下一行回傳運算式 x *
power（x, n-1）的結果。這將導致進一步呼叫 power()，索引值將減少 1。如果
在遞迴函數執行過程中，n 仍然為正數，則再次呼叫 power()，並將 n 減少 1。
每個遞迴呼叫都記錄在呼叫堆疊中，以及參數和回傳位置。這樣重複下去，直
到 n 最終為 0，然後回傳 1，並展開連續未完成的呼叫，每次回傳後都乘以 x。
對於 n 大於 0 的給定值，函數呼叫自己 n 次。對於 x 的負次方，xⁿ 的倒數也是
用同樣的方法計算的。

在本例中，與迴圈相比，遞迴呼叫流程效率較低。每個函數呼叫都涉及大量的
內務管理。像本章前面所做的那樣，使用迴圈實作 power() 函數可以使其執行
得更快。本質上，需要確保解決問題所需的遞迴深度本身不是問題。例如，如
果一個函數呼叫自己一百萬次，那麼將需要大量的堆疊記憶體，來儲存引數值
的副本和每個呼叫的回傳位址。即使在運行時耗盡堆疊記憶體之前，分配給呼
叫堆疊的記憶體量通常也是固定的和有限的；超過這個限制通常會導致致命的

當機。在這種情況下，通常最好使用不同的方法，例如迴圈。儘管有成本，但使用遞迴通常可以大大簡化程式碼。有時候，這種簡單的好處抵得上遞迴效率上的損失。

遞迴演算法

在排序和合併運算中，遞迴通常很受歡迎。排序資料可以是一個遞迴過程，在這個過程中，相同的演算法適用於原始資料的越來越小的子集合。我們可以開發一個使用遞迴的範例，該範例使用一種著名的排序演算法，稱為**快速排序**（*quicksort*）。該範例將對一系列的單字進行排序。我們選擇這個，是因為它說明了很多不同的程式設計技術，而且它非常複雜，比你現在看到的例子要多消耗一些腦細胞。該範例包含 100 多行程式碼，因此我們將分別討論書中的每個函數，並將它們組裝成一個完整的程式。完整的程式可以在 Ex8_18.cpp 中下載。

快速排序演算法

將快速排序演算法應用到一系列的單字中，它涉及到在一序列中選擇任意單字，並對其他單字進行排列，以便所有"小於"所選單字在其前面，所有"大於"所選單字在其後面。圖 8-5 說明了這個過程。

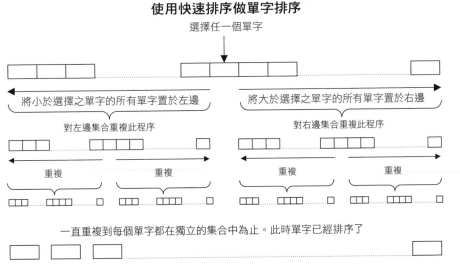

▲ 圖 8-5 快速排序演算法的原理

對於越來越小的單字集合，重複相同的過程，直到每個單字都位於單獨的集合中。在這種情況下，該過程結束，單字按升序排列。你將在程式碼中重新排列位址，而不是移動單字。每個單字的位址儲存為指向 string 物件的智慧指標，指標可以存在 vector 容器中。

指向 string 物件的智慧指標的型態看起來有點混亂，因此它不會幫助提升程式碼的可讀性。以下型態別名將有助於使程式碼更容易閱讀：

```
using Words = std::vector<std::shared_ptr<std::string>>;
```

main() 函數

main() 的定義很簡單，因為所有的工作都由其他函數完成。在 main() 定義之前的應用程式中，將有幾個用於其他函數的 #include 指令和原型：

```
#include <iostream>
#include <iomanip>
#include <memory>
#include <string>
#include <string_view>
#include <vector>

using Words = std::vector<std::shared_ptr<std::string>>;

void swap(Words& words, size_t first, size_t second);
void sort(Words& words);
void sort(Words& words, size_t start, size_t end);
void extract_words(Words& words, std::string_view text, std::string_view separators);
void show_words(const Words& words);
size_t max_word_length(const Words& words);
```

我們認為現在你已經知道，為什麼需要所有這些標準函式庫的標頭了。memory 用於智慧指標樣版定義，vector 包含用於 vector 容器的樣版。型態別名將減少程式碼的混亂。

下面有五個函數原型：

- ◆ swap() 是一個輔助函數，用於在向量 words 中的索引 first 和 second 處交換元素。
- ◆ 帶有三個函數參數的 sort() 的多載，將使用快速排序演算法對單字中從索引 start 到 end （包括 end）的連續元素序列進行排序。指定範圍的索引是必需的，因為快速排序演算法涉及對序列子集合進行排序，如前所述。

◆ 帶有單個參數的 sort() 的多載，只呼叫帶有三個參數的 sort()（請參閱後面的內容）；它只是為了方便—允許你使用單個 vector<> 參數呼叫 sort()。

◆ extract_words() 從 text 中萃取單字，並將智慧指標儲存到向量 words 中的單字中。

◆ show_words() 輸出 words 中的單字。

◆ max_word_length() 確定 words 中最長單字的長度，這只是為了使輸出更漂亮。

最後兩個函數具有向量 words 的參考 const 參數，因為它們不需要更改它。其他的有一般的參考參數。下面是 main() 的程式碼：

```
int main()
{
  Words words;
  std::string text;                          // The string to be sorted
  const auto separators{" ,.!?\"\n"};        // Word delimiters

  // Read the string to be searched from the keyboard
  std::cout << "Enter a string terminated by *:" << std::endl;
  getline(std::cin, text, '*');

  extract_words(words, text, separators);
  if (words.empty())
  {
    std::cout << "No words in text." << std::endl;
    return 0;
  }
  sort(words);                               // Sort the words
  show_words(words);                         // Output the words
}
```

智慧指標的向量是使用型態別名 Words 定義的。該向量將透過參考傳遞給每個函數，以避免複製該向量，並允許在必要時對其進行更新。忘記型態參數中的 & 可能會導致一個令人費解的錯誤。如果更改 words 的函數的參數不是參考，則以值傳遞 words，這些更改將應用於呼叫函數時建立的 words 的副本。當函數回傳時，副本將被丟棄，原始向量保持不變。

main() 中的過程非常簡單。將一些文字讀入字串物件 text 後，文字被傳遞給 extract_words() 函數，該函數儲存指向 words 中的單字的指標。在檢查 words 是否為空之後，呼叫 sort() 對 words 的內容進行排序，呼叫 show_words() 輸出單字。

extract_words() 函數

我們見過類似的函數。下面是程式碼：

```
void extract_words(Words& words, std::string_view text, std::string_view separators)
{
  size_t start {text.find_first_not_of(separators)}; // Start 1st word
  size_t end {};                                     // Index for the end of a word

  while (start != std::string_view::npos)
  {
    end = text.find_first_of(separators, start + 1); // Find end separator
    if (end == std::string_view::npos)               // End of text?
      end = text.length();                           // Yes, so set to last+1
    words.push_back(std::make_shared<std::string>(text.substr(start, end - start)));
    start = text.find_first_not_of(separators, end + 1); // Find next word
  }
}
```

最後兩個參數是 string_view，因為函數不會更改與之對應的引數。可以將 separators 物件定義為函數中的 static 變數，但是將其作為引數傳遞會使函數更加靈活。這個過程基本上和之前看到的是一樣的。表示單字的每個子字串都傳遞給在 memory 標頭中定義的 make_shared() 函數。make_shared() 使用子字串在閒置空間中建立一個 string 物件，和一個指向該物件的智慧指標。make_shared() 回傳的智慧指標被傳遞給 push_back() 函數，以便向量 words 將其作為新元素追加到序列中。

swap() 函數

會有需要在幾個地方交換向量中的位址對，因此定義一個輔助函數來實作這一點：

```
void swap(Words& words, size_t first, size_t second)
{
  auto temp{words[first]};
  words[first] = words[second];
```

```
  words[second] = temp;
}
```

這只是在索引 first 和 second 中交換 words 中的位址。

sort() 函數

可在快速排序方法的實作中使用 swap()，因為它涉及到重新排列向量中的元素。排序演算法的程式碼如下：

```
void sort(Words& words, size_t start, size_t end)
{
  // start index must be less than end index for 2 or more elements
  if (!(start < end))
  return;

  // Choose middle address to partition set
  swap(words, start, (start + end) / 2); // Swap middle address with start

  // Check words against chosen word
  size_t current {start};
  for (size_t i {start + 1}; i <= end; i++)
  {
   if (*words[i] < *words[start])      // Is word less than chosen word?
     swap(words, ++current, i);        // Yes, so swap to the left
  }

  swap(words, start, current);         // Swap chosen and last swapped words

  if (current > start) sort(words, start, current - 1); // Sort left subset if exists
  if (end > current + 1) sort(words, current + 1, end); // Sort right subset if exists
}
```

參數是位址向量和在排序子集合中第一個與最後一個位址的索引位置。第一次呼叫函數時，start 為 0，end 為最後一個元素的索引。在隨後的遞迴呼叫中，需要對向量元素的子序列進行排序，因此在許多情況下，start 與 / 或 end 將是內部索引位置。

sort() 函數程式碼的步驟如下：

1. 檢查 start 是否小於 end 將停止遞迴函數呼叫。如果集合中有一個元素，函數回傳。在 sort() 的每次執行中，當前序列在最後兩條遞迴呼叫 sort() 的敘述中，被分割成兩個較小的序列，因此最終必須得到一個只有一個元素的序列。

2. 在初始檢查之後，序列中間的一個位址被任意選擇為排序的主元素。它與索引 start 處的位址交換，只是為了讓它不礙事。也可以把它放在序列的結尾。

3. for 迴圈將選擇的單字與 start 之後的元素所指向的單字進行比較。如果一個單字小於所選單字，它的位址將被交換到 start 後面的位置：第一個單字變為 start+1，第二個單字變為 start+2，依此類推。這個過程的效果是將所有小於所選單字的單字，放在大於或等於它的單字之前。當迴圈結束時，current 包含找到的最後一個小於所選單字的位址的索引。將 start 時所選單字的位址與 current 時的位址進行交換，因此小於所選單字的位址現在位於 current 的左側，大於或等於的單字的位址位於右側。

4. 最後一步透過為每個子集合呼叫 sort() 對 current 兩邊的子集合進行排序。小於所選單字的索引從 start 運行到 current-1，大於所選單字的索引從 current+1 運行到 end。

使用遞迴，排序的程式碼相對容易理解。若嘗試在不使用遞迴的情況下實作快速排序，也就是只使用迴圈，會注意到這不僅困難許多，而且還需要追蹤自己的堆疊。因此，對於快速排序來說，使用迴圈比使用遞迴要快得多，而且非常具有挑戰性的。因此，遞迴不僅可以產生非常自然、優雅的演算法，而且它們的性能對於許多用途來說，非常接近最佳化了。

這個遞迴 sort() 函數的一個小缺點是它需要三個引數；遺憾的是，對一個向量進行排序需要將傳遞的內容，解讀為第二個和第三個引數。因此，我們提供了一個更方便的單一參數 sort() 函數呼叫：

```
// Sort strings in ascending sequence
void sort(Words& words)
{
  if (!words.empty())
    sort(words, 0, words.size() - 1);
}
```

這實際上是一個相當常見的模式。要讓遞迴繼續，需要提供一個非遞迴輔助函數。通常，遞迴函數甚至不公開給使用者（稍後會了解如何封裝或區域定義函數）。

還要注意檢查空輸入。如果忽略空輸入會發生什麼？明確地，從一個無號的

size_t 值減去 1 等於 0 會得到一個很大的數字（參閱第 5 章取得完整的解釋），在本例中，這將導致使用大量越界索引存取 vector<> 的遞迴 sort() 函數。

max_word_length() 函數

這個輔助函數，由 show_words() 函數使用：

```
size_t max_word_length(const Words& words)
{
  size_t max {};
  for (auto& pword : words)
    if (max < pword->length()) max = pword->length();
  return max;
}
```

這一步透過向量元素所指向的單字，找到並回傳最長單字的長度。可以將程式碼直接放在 show_words() 函數的函數主體中。如果將程式碼分解為定義良好的小區塊，則程式碼更容易遵循。這個函數執行的操作是獨立的，並且為單獨的函數提供了一個合理的單元。

show_words() 函數

這個函數輸出向量元素指向的單字。它很長，因為它列出了所有以相同字母開頭的單字，每列最多八個單字。以下是程式碼：

```
void show_words(const Words& words)
{
  const size_t field_width {max_word_length(words) + 1};
  const size_t words_per_line {8};
  std::cout << std::left << std::setw(field_width) << *words[0]; // Output the first word

  size_t words_in_line {};                                       // Words in current line
  for (size_t i {1}; i < words.size(); ++i)
  { // Output newline when initial letter changes or after 8 per line
    if ((*words[i])[0] != (*words[i - 1])[0] || ++words_in_line == words_per_line)
    {
      words_in_line = 0;
      std::cout << std::endl;
    }
    std::cout << std::setw(field_width) << *words[i];            // Output a word
  }
  std::cout << std::endl;
}
```

field_width 變數初值化為比最長單字中的字元數多兩個字元。該變數用於每個單字的欄位寬度，因此它們將在列中整齊地對齊。還有 words_per_line，它是一列中單字的最大數量。第一個單字是 for 迴圈之前的輸出。這是因為迴圈將當前單字中的初始字元與前一個單字中的字元進行比較，以決定是否應該將其放在新的列上。單獨輸出第一個單字可以確保在開始時有一個前一個單字。iostream 中定義的 std::left 操作子導致資料在輸出欄位中左對齊。有一個互補的 std:: 右邊的調整器。其餘的單字在 for 迴圈中輸出。當一列中有 8 個單字，或者遇到與前一個單字不同的具有初始字母的單字時，將輸出換行字元。

若將這些函數組成完整的程式，那麼會看到將程式拆分為幾個函數的範例。下面是輸出的一個例子：

```
Enter a string terminated by *:
It was the best of times, it was the worst of times, it was the age of wisdom, it was the
age of foolishness, it was the epoch of belief, it was the epoch of incredulity, it was the
season of Light, it was the season of Darkness, it was the spring of hope, it was the winter
of despair, we had everything before us, we had nothing before us, we were all going direct
to Heaven, we were all going direct the other way—in short, the period was so far like the
present period, that some of its noisiest authorities insisted on its being received, for
good or for evil, in the superlative degree of comparison only.*
Darkness
Heaven
It
Light
age        age        all        all        authorities
before     before     being      belief     best
comparison
degree     despair    direct     direct
epoch      epoch      everything evil
far        foolishness for       for
going      going      good
had        had        hope
in         incredulity insisted  it         it         it         it         it
it         it         it         it         its        its
like
noisiest   nothing
of         of         of         of         of         of         of         of
of         of         of         of         on         only       or         other
period     period     present
received
season     season     short      so         some       spring     superlative
that       the        the        the        the        the        the        the
```

```
the         the         the         the         the         the         the         times
times       to
us          us
was         was         was         was         was         was         was         was
was         was         was         way-in      we          we          we          we
were        were        winter      wisdom      worst
```

以大寫字母開頭的單字，在所有以小寫字母開頭的單字之前。

摘要

這個馬拉松式的章節介紹了函數的撰寫和使用。不過，這並不是與函數相關的所有內容。下一章將介紹函數樣版，從第 11 章開始，你將在使用者自訂型態的內容中，看到更多關於的函數。本章你學到的重點是：

- 函數是獨立單元的程式碼，具有一個定義完整的功能。典型的程式會由許多小函陣列成而不是一些大函數。
- 函數定義由函數標頭（指定函數名稱、參數和回傳型態）和函數主體（包含函數的可執行程式碼）組成。
- 函數原型使編譯器即使在違處理此函數的定義之前，也可以處理函數呼叫。
- 以值傳遞的引數傳遞架構是將原來的引數值的副本傳遞給函數，所以在函數中不可以存取原來的引數值。
- 雖然將指標傳遞給函數對於指標本身是以值傳遞，但是允許修改指標所指之值。
- 將指標參數宣告為 const 可以避免修改原始值。
- 你可傳遞陣列的位址給函數就像指標一樣。如果這樣做，通常也應該傳遞陣列的長度。
- 用參考將值傳給函數是以參考傳遞的架構—可避免以值傳遞時暗中複製傳遞的引數。不可在函數中修改的參數都應宣告為 const。
- 輸入參數應該是 const 參考，除了一些較小的值，如基本型態的值。與輸出參數相比，回傳值是首選的，除非是非常大的值，例如 std::array<>。
- 指定函數參數的預設值，使引數選項可以省略，此時將採用預設值。

◆ 預設值可以與 std::optional<> 結合使用，使簽名更加自動化。std::optional<> 也可以用於選項的回傳值。

◆ 從函數回傳參考使函數可置於指定運算子的左邊。宣告回傳型態為 const 參考則可避免此情況。

◆ 函數簽名的定義是函數名稱加上參數的個數和型態。

◆ 多載函數是有相同名稱的函數，但是其參數列不相同。不可以只從回傳型態區別多載函數。

◆ 遞迴函數是呼叫自己的函數。以遞迴的方式實作演算法有時會產生非常優雅而簡潔的程式碼，但是與其他實作相同演算法的方法相比較，遞迴的方法通常會增加執行的時間。

習題

8.1 撰寫一個函數 validate_input()，它接受兩個整數引數，這兩個引數表示要輸入的整數的上限和下限。它應該接受第三個引數，該引數是描述輸入的字串，在輸入的提示下使用該字串。函數應該提示在前兩個引數指定的範圍內輸入值，並包含標識要輸入的值型態的字串。函數應該檢查輸入並繼續提示輸入，直到使用者輸入的值有效。在程式中使用 validate_input() 函數，該函數獲取使用者的出生日期，並以以下範例的形式輸出：

```
November 21, 2012
```

這個程式應實作獨立的函數，month()、year() 和 day()，管理相對應數值的輸入。別忘了閏年─不允許出現 2017 年 2 月 29 日。

8.2 撰寫一個函數，該函數將讀取字串或字元陣列作為輸入並將其反轉。說明你選擇參數型態的合理性？撰寫一個 main() 函數來測試你的函數，該函數提示輸入字串、反轉字串並輸出反轉字串。

8.3 撰寫一個接受 2 到 4 個命令行引數的程式。如果呼叫時引數少於兩個或多於四個，則輸出一條訊息告訴使用者應該做什麼，然後退出。若引數的數量是正確的，則將它們輸出到單獨的行中。

8.4 產生函數 plus()，這函數將兩值相加，並回傳其和。提供多載的版本以處理 int、double 和 string 型態，並用下面的呼叫測試之：

```
const int n {plus(3, 4)};
const double d {plus(3.2, 4.2)};
const string s {plus("he", "llo")};
const string s1 {"aaa"};
const string s2 {"bbb"};
const string s3 {plus(s1, s2)};
```

你可說明為何下面的呼叫無法工作嗎？

```
const auto d {plus(3, 4.2)};
```

8.5 定義一個函數來檢查給定的數字是否是質數。你的原始檢查不一定要有效；你能想到的任何演算法都可以。如果你忘了，質數是嚴格大於1的自然數，除1和它自身外沒有正因子。撰寫另一個函數，該函數產生一個 vector<>，其中所有自然數都小於或等於第一個數字，並且從另一個數字開始。預設情況下，它應該從1開始。建立第三個函數，該函數給出一個 vector<>（數字）輸出另一個 vector<>（包含它在輸入中找到的所有質數）。使用這三個函數建立一個程式，該程式印出小於或等於使用者選擇的數字的所有質數（例如，每列印出15個質數）。註：原則上，不需要任何 vector 來印出這些質數；這些額外的函數是為了練習而加的。

8.6 實作一個向使用者查詢許多成績的程式。成績是介於0到100之間的整數（包括0和100）。使用者可以透過輸入負數在任何時候停止。一旦收集到所有的成績，程式將輸出以下統計資訊：最高的五個成績、最低的五個成績、平均成績、中位數成績以及成績的標準差和變異數。你需要撰寫一個單獨的函數來計算這些統計資料。另外，必須撰寫程式碼來只印出5個值一次。為了練習，使用陣列來儲存任意五個極端值，而不是 vector。

提示： 作為事前處理，應該先對使用者輸入的分數進行排序，這將使撰寫計算統計資訊的函數變得更加容易。可以使用 Ex8_18 的快速排序演算法來處理成績。

注意： 若使用者輸入的分數少於5分甚至為零，請確保做一些明智的事情。任何事情都可以，只要它不當機。也許可以練習 std::optional<> 來處理輸入，比如空的成績序列？

附註： 中位數是出現在排序列表的中間位置的值。如果有偶數個成績，顯然沒有一個中間值，那麼中值被定義為兩個中間值的平均值。計算 n 個成績 xi 的平均值（μ）和標準差（σ）的公式如下：

$$\mu = \frac{1}{n}\sum_{i=0}^{n-1}x_i \qquad \sigma = \sqrt{\frac{1}{n}\sum_{i=0}^{n-1}(x_i - \mu)^2}$$

變異數定義為 σ 平方。標準函式庫的 cmath 標頭定義 std::sqrt() 來計算平方根。

8.7 費波那契函數在電腦科學和數學的講師中很受歡迎，因為它引入了遞迴。這個函數必須從著名的費波那契數列中計算第 n 個數字，費波那契數列是以意大利數學家李奧納多命名的，也被稱為費波那契數列。這個正整數序列的特徵是前兩個數之後的每一個數都是前兩個數的和。$n \geq 1$ 的序列被定義如下：

1, 1, 2, 3, 5, 8, 13, 21, 34, 55, 89, 144, 233, 377, 610, 987, 1597, 2584, 4181⋯

為了方便起見，電腦科學家通常將一個額外的零費波那契數定義為 0。寫一個函數遞迴計算第 n 個費波那契數。用一個簡單的程式進行測試，該程式提示使用者應該計算多少個數字，然後在不同的行上逐個印出來。

額外說明：雖然 Fibonacci 函數的簡單遞迴版本非常優雅—程式碼幾乎與常見的數學定義完全相同—但它的速度出了名的慢。若讓電腦計算，比如說，100 個費波那契數，會發現當 n 變大時，它會變得越來越慢。你可以用迴圈代替遞迴來重寫這個函數嗎？你現在能正確計算出多少個數？

提示：在迴圈的每次迭代中，自然希望計算下一個數字。要做到這一點，你只需要前面兩個數字。因此，不需要追蹤整個序列，例如，一個 vector<>。

8.8 如果用更數學的符號來表示，在 Ex8_01 和 Ex8_17 中撰寫的 power() 函數實際上都計算了 n 個 >0 的 power（x,n），如下所示：

```
power(x,n) = x * power(x,n-1)
           = x * (x * power(x,n-2))
           = ...
           = x * (x * (x * ... (x * x)...)))
```

顯然，這種方法需要 n-1 次乘法，但還有一種更有效的方法。假設 n 是偶數：

```
power(x,n) = power(x,n/2) * power(x,n/2)
```

由於這個乘法的兩個運算元是相同的，所以只需要計算這個值一次。也就是說，只是把 (x,n) 的乘方的計算減少到 (x,n/2) 的乘方，很明顯，這最多需要一半的乘法。而且，因為現在可以遞迴應用這個公式，需要的乘法甚至比它少得多—準確地說，只需要 $\log_2(n)$ 階的數。這意味著對於 n 的 1000 階，只需要 10 次乘法。可以應用這個想法來建立一個更有效的 power() 遞迴版本嗎？可以從 Ex8_17.cpp 中的程式開始。

附註：這個原理在遞迴演算法中很常見。在每次遞迴呼叫中，都將問題縮減為問題大小的一半。如果你回想一下，會發現我們在快速排序演算法中也應用了同樣的原理。因為這個解決策略很常見，它也有一個名稱；它被稱為 "分而治之"，以著名的凱撒大帝的一句話命名。

8.9 修改習題 8.8 的方法，使其計算呼叫 power(1.5,1000) 執行乘法的次數。為此，使用一個輔助函數 mult() 替換每個乘法，該函數接受兩個參數，印出一條到目前為止執行了多少次乘法的訊息，然後簡單地回傳兩個參數的乘積。至少使用一個靜態變數。

函數樣版

在上一章關於多載的部分中，你可能已經注意到一些多載的函數由完全相同的程式碼組成。唯一的區別是出現在參數列表中的型態。一遍又一遍地撰寫相同的程式碼是不必要的輸入成本。在這種情況下，可以將程式碼作為**函數樣版**撰寫一次。例如，標準函式庫大量使用了這個特性，以確保它的函數可以與任何型態（包括自定義型態）最佳地執行，當然它不能預先知道這些型態。本章介紹了定義自己的函數樣版的基礎知識，這些樣版可用於你想要的任何型態。

在本章中，你可以學到以下各項：

- ◆ 如何定義產生一系列相關函數的參數化函數樣版
- ◆ 函數樣版的參數主要是型態
- ◆ 樣版參數主要由編譯器推導，以及在必要時如何明確地指定它們
- ◆ 如果樣版提供的泛型函數定義不適合某些型態，如何特殊化和多載函數樣版
- ◆ 為什麼回傳型態推斷與樣版結合起來非常強大
- ◆ 關鍵字 decltype 的作用

函數樣版

函數樣版（*function template*）本身不是函數的定義；它是函數的藍圖或製作方法。函數樣版是參數函數定義，其中一個或多個參數值建立一個特定的函數實例。編譯器在必要時使用函數樣版產生函數定義。如果沒有必要，那麼樣版不會產生任何程式碼。從樣版產生的函數定義是樣版的**實例**（*instance*）或實例化。函數樣版的參數通常是資料型態，其中可以為型態 int 的參數值產生實

例，也可以為型態 string 的參數值產生實例。但是參數不一定是型態。它們可以是其他東西，例如維度。我們來看一個具體的例子。

在上一章中，我們定義了 larger() 的各種多載，通常用於不同的參數型態。它是樣版的一個很好的範例。圖 9-1 顯示了這個函數的樣版。

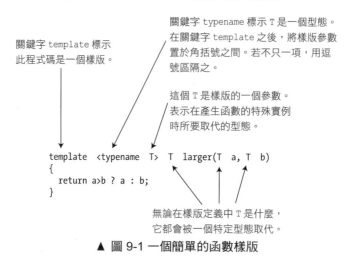

關鍵字 typename 標示 T 是一個型態。在關鍵字 template 之後，將樣版參數置於角括號之間。若不只一項，用逗號區隔之。

關鍵字 template 標示此程式碼是一個樣版。

這個 T 是樣版的一個參數。表示在產生函數的特殊實例時所要取代的型態。

```
template <typename T> T larger(T a, T b)
{
  return a>b ? a : b;
}
```

無論在樣版定義中 T 是什麼，它都會被一個特定型態取代。

▲ 圖 9-1 一個簡單的函數樣版

函數樣版用關鍵字 template 起頭，標示它是一個樣版，之後是一對角括號，包含一串樣版參數（*template parameter*）。在此範例中，我們只有一個參數 T。通常都是將 T 用作參數名稱，可能是因為大部分的參數都有型態，且 T 是型態（type）的第一個字母。事實上，對此參數你可使用自己喜歡的名字：諸如 my_type 或 Comparable 都是有效的。若有多個參數的話，推薦你使用描述性的名稱。

關鍵字 typename 標示 T 是一種型態。因此，T 被稱為*樣版型態參數*（*template type parameter*）。還可以在這裡使用關鍵字 class，但是我們更喜歡 typename，因為型態參數也可以是基本型態，而不僅僅是類別型態。

其餘的定義就像是一般函數的定義，不同的是參數（此例是 T）會散置其間。編譯器會用特定的型態，取代樣版定義中的所有 T，而產生新版的函數。在實例化期間指定給型態參數 T 的型態稱為*樣版型態引數*（*template type argument*）。

可以用與普通函數定義相同的方式，將樣版寫到原始檔案中；還可以為函數樣版指定原型。例如：

```
template<typename T> T larger(T a, T b); // Prototype for function template
```

在產生樣版實例的任何敘述之前，原型或樣版的定義都必須出現在原始檔案中。

建立函數樣版的實例

編譯器從使用 larger() 函數的任何敘述建立樣版的實例。例如：

```
std::cout << "Larger of 1.5 and 2.5 is " << larger(1.5, 2.5) << std::endl;
```

你可看見，我們以一般的方式使用函數。尤其是我們不用指定樣版引數 T 之值—編譯器從函數呼叫的引數推論出 T 值。此敘述中 larger() 的引數型態是 double，所以此呼叫會使編譯器搜尋具有 double 參數的 larger() 版本。若沒有找到，則編譯器從樣版產生這種版本的 larger()，將 double 取代樣版定義中的 T。

所產生的樣版函數接受 double 型態的引數，並回傳 double 值。有時這稱為樣版的實例或實例化。將 double 取代 T 之後，樣版實例實際上是：

```
double larger(double a, double b)
{
  return a > b ? a : b;
}
```

編譯器確保每個樣版實例只產生一次。如果後續函數呼叫需要相同的實例，則呼叫現有的實例。你的程式只包含每個實例定義的一個副本，即使在不同的原始檔案中產生了相同的實例。記住這些原則，我們以程式實際測試函數樣版。

```
// Ex9_01.cpp
// Using a function template
#include <iostream>
#include <string>

template<typename T> T larger(T a, T b); // Function template prototype

int main()
{
  std::cout << "Larger of 1.5 and 2.5 is " << larger(1.5, 2.5) << std::endl;
  std::cout << "Larger of 3.5 and 4.5 is " << larger(3.5, 4.5) << std::endl;
```

```
    int big_int {17011983}, small_int {10};
    std::cout << "Larger of " << big_int << " and " << small_int << " is "
            << larger(big_int, small_int) << std::endl;

    std::string a_string {"A"}, z_string {"Z"};
    std::cout << "Larger of \"" << a_string << "\" and \"" << z_string << "\" is "
            << '"' << larger(a_string, z_string) << '"' << std::endl;
}

// Template for functions to return the larger of two values
template <typename T>
T larger(T a, T b)
{
    return a > b ? a : b;
}
```

產生輸出如下：

```
Larger of 1.5 and 2.5 is 2.5
Larger of 3.5 and 4.5 is 4.5
Larger of 17011983 and 10 is 17011983
Larger of "A" and "Z" is "Z"
```

編譯器建立一個 larger() 的定義，該定義接受 main() 中第一個敘述的 double 型態引數。下一個敘述將呼叫相同的實例。第三個敘述需要一個接受 int 型態參數的 larger() 版本，因此建立了一個新的樣版實例。最後一個敘述導致建立另一個樣版實例，該實例具有型態 std::string 的參數，並回傳型態 std::string 的值。

樣版型態參數

樣版型態參數的名稱可以在樣版的函數簽名、回傳型態和主體的任何地方使用。它是一個型態的占位符，因此可以放在任何你通常放置具體型態的上下文中。即假設 T 為樣版參數名稱；然後可以使用 T 來架構衍生型態，如 T&、const T&、T* 和 T[][3]。或者可以使用 T 作為類樣版的參數，例如在 std::vector<T> 中。

例如，larger() 函數樣版，目前實例化的函數接受它們以值為引數：

```
template <typename T>
T larger(T a, T b)
{
```

```
    return a > b ? a : b;
}
```

如 Ex9_01 所述，這個樣版還可以用 std::string 等類別型態實例化。在上一章中，了解到以值傳遞物件會產生這些物件不必要的副本，可能的話，應該避免這種情況。當然，這種方法的標準機制是透過參考來傳遞引數。因此，我們最好重新定義我們的樣版如下：

```
template <typename T>
const T& larger(const T& a, const T& b)
{
    return a > b ? a : b;
}
```

▌ **附註**　標準函式庫的 algorithm 標頭定義了一個完全類似的 std::max() 函數樣版。它透過 const 的參考接受兩個引數，並回傳引用兩個函數引數中最大的 const 之參考。同一個標頭還定義了 std::min() 樣版，它當然實例化了確定兩個值中最小值的函數。

雖然我們對 larger() 樣版的最新定義是更好的，但在本章的其餘部分中，我們將主要使用以值傳遞參數的版本。這使得解釋函數樣版的一些額外方面變得更加容易。

▌明確地指定樣版參數

如果在 Ex9_01.cpp 中將以下敘述加到 main() 中，會無法編譯：

```
  std::cout << "Larger of " << small_int << " and 19.6 is "
            << larger(small_int, 19.6) << std::endl;
```

larger() 的引數型態不同，而樣版中 larger() 的參數型態相同。編譯器無法建立具有不同參數型態的樣版實例。顯然，一個引數可以轉換為另一個引數的型態，但是必須明確地撰寫程式碼；編譯器不會這麼做。你可以定義樣版，使 larger() 的參數可以是不同的型態，但是這增加了複雜性，我們會在本章的後面討論：對於回傳型態，你使用這兩種型態中的哪一種？現在讓我們關注如何在呼叫函數時明確地指定樣版參數的引數。這允許你控制使用哪個版本的函數。編譯器不再推斷要替換 T 的型態；它接受你指定的內容。

透過樣版的明確實例化，可以使用 larger() 來解決使用不同引數型態的問題：

```
std::cout << "Larger of " << small_int << " and 19.6 is "
          << larger<double>(small_int, 19.6) << std::endl;      // Outputs 19.6
```

將函數樣版的明確型態引數，放在函數名稱後面的角括號中。這將產生一個型態為 double 的實例。當使用明確樣版引數時，編譯器完全相信你知道自己在做什麼。它將為第一個引數插入一個隱含的型態轉換，以輸入 double。它將提供隱含的轉換，即使這可能不是你想要的。例如：

```
std::cout << "Larger of " << small_int << " and 19.6 is "
          << larger<int>(small_int, 19.6) << std::endl;         // Outputs 19
```

你告訴編譯器使用一個樣版實例，T 的型態為 int。這需要一個隱含的轉換的第二個引數為 int，這個轉換的結果是值 19，在這情況下這可能不是你真正想要的。幸運的話，編譯器會警告你這種危險的轉換，但不是所有編譯器都會這樣做。

樣版特殊化

假設我們擴大 Ex9_01.cpp，用指標引數呼叫 larger()：

```
std::cout << "Larger of " << big_int << " and " << small_int << " is "
          << *larger(&big_int, &small_int) << std::endl;   // Output may be 10!
```

此敘述的結果是，編譯器會產生具有樣版參數為 int* 型態的函數版本。此版本的原型是：

```
int* larger(int*, int*);
```

這個回傳值是一個位址，因此我們必須解參考之才能輸出其值。然而，結果很可能是 10，這是不正確的。這是因為比較的是作為引數傳遞的位址，而不是這些位址上的值。編譯器可以自由地重新排列區域變數的記憶體位置，因此實際的結果可能在不同的編譯器之間會有所不同，但是考慮到 small_int 變數排在第二位，它的位址更大當然這是可想像的。這說明了使用樣版建立隱藏錯誤是多麼容易。在使用指標型態作為樣版引數時需要特別小心。

■ **附註**　如果編譯器上一個程式碼片段的輸出不是 10，可以嘗試重新排列宣告 big_int 和 small_int 的順序。兩個整數值的比較當然不應該依賴於它們的宣告順序？

我們可定義特殊化（*specialization*）的樣版以處理特殊的情況。針對特殊的參數值（當具有多個參數時，就是一組值），特殊化的樣版定義不同於標準樣版的行為。特殊化樣版的定義必須置於原始宣告或定義的敘述之後。若你先放置特殊化樣版，則你的程式不會編譯成功。

特殊化樣版的定義從 template 開始，但是此時會省略參數。特殊化的參數值應立即出現在樣版函數名稱後的角括號中。針對 int* 值之函數 larger() 的特殊化的是：

```
template <>
int* larger<int*>(int* a, int* b)
{
  return *a > *b ? a : b;
}
```

函數主體唯一的改變是解參考引數 a 和 b，如此才可以比較值而不是比較位址。我們在 Ex9_01 中使用它，特殊化需要放在樣版的原型之後和 main() 之前。

函數樣版和多載

可以透過定義具有相同名稱的其他函數來多載函數樣版。因此，你可以為特定的情況定義 "覆蓋（override）"，編譯器將始終優先使用它，而不是樣版實例。一如既往，每個多載的函數都必須有唯一的簽名。

我們再考慮前一個情況，我們需要多載 larger() 函數以接受指標引數。除了上面使用樣版特殊化之外，我們可明確地宣告多載的函數。若我們採用此方法，則我們可用下面的多載函數原型做到這一點：

```
int* larger(int* a, int* b);            // Function overloading the larger template
```

在特殊化定義的地方，你應該使用以下的定義：

```
int* larger(int* a, int* b)
{
  return *a > *b ? a : b;
}
```

亦有可能用另一個樣版多載一個已經存在的樣版。例如，可以在 Ex9_01.cpp 中定義一個樣版來多載 larger() 的樣版，以找出陣列中的最大元素值：

```
template <typename T>
T larger(const T data[], size_t count)
{
  T result {data[0]};
  for (size_t i {1}; i < count; ++i)
    if (data[i] > result) result = data[i];

  return result;
}
```

參數列表將此樣版產生的函數，與原始樣版的實例區分開來。你可以為向量定義另一個樣版多載：

```
template <typename T>
T larger(const std::vector<T>& data)
{
  T result {data[0]};
  for (auto& value : data)
    if (value > result) result = value;

    return result;
}
```

■ **附註**　最新的兩個 larger<>() 多載只有在輸入資料中，至少有一個元素時才能正常執行。如果用空陣列或 vector<> 來呼叫它們，那麼不好的事情一定會發生－你知道為什麼嗎？作為一選項的習題，是否可以想出一種方法來重新建構這些函數，以便它們也可以處理空輸入？再一次強調，這是一個選項（*optional*）的習題。

甚至可以用另一個專門為指標型態的樣版多載原始樣版：

```
template<typename T>
T* larger(T* a, T* b)
{
  return *a > *b ? a : b;
}
```

請注意，這**不是**原始樣版的特殊化，而是第二個不同的樣版，它將僅為指標型態實例化。你不需要知道具體的原因和運作原理。只要知道，若編譯器遇到呼叫一個 larger（x,y），其中 x 和 y 是指向相同型態值的指標，那麼它將實例化第二個函數樣版的實例；否則，它仍將使用來自前一個樣版的適當實例。

我們可以擴展 Ex9_01.cpp 來說明這一點。將前面的樣版加到原始檔案的結尾，並在開始時加入這些原型：

```
template <typename T> T larger(const T data[], size_t count);
template <typename T> T larger(const std::vector<T>& data);
template <typename T> T* larger(T*, T*);
```

還需要一個用於 vector 標頭的 #include 指令。main() 中的程式碼可以更改為：

```
int big_int {17011983}, small_int {10};
std::cout << "Larger of " << big_int << " and " << small_int << " is "
          << larger(big_int, small_int) << std::endl;

std::cout << "Larger of " << big_int << " and " << small_int << " is "
          << *larger(&big_int, &small_int) << std::endl;

const char text[] {"A nod is as good as a wink to a blind horse."};
std::cout << "Largest character in \"" << text << "\" is '"
          << larger(text, std::size(text)) << "'" << std::endl;

std::vector<std::string> words {"The", "higher", "the", "fewer"};
std::cout << "The largest word in words is \"" << larger(words)
          << '"' << std::endl;

std::vector<double> data {-1.4, 7.3, -100.0, 54.1, 16.3};
std::cout << "The largest value in data is " << larger(data) << std::endl;
```

完整的範例在下載的程式碼 Ex9_02.cpp 中。這將產生所有三個多載樣版的實例。如果編譯並執行它，輸出結果如下：

```
Larger of 17011983 and 10 is 17011983
Larger of 17011983 and 10 is 17011983
Largest character in "A nod is as good as a wink to a blind horse." is 'w'
The largest word in words is "the"
The largest value in data is 54.1
```

具多個參數的樣版

我們使用的函數樣版只有一個參數，但也可以有多個參數。回想一下，我們在編譯以下內容時遇到了一些困難：

```
std::cout << "Larger of " << small_int << " and 9.6 is "
          << larger(small_int, 9.6) << std::endl;
```

編譯器無法推斷樣版型態引數，因為這兩個函數引數的型態不同：int 和
double。我們前面透過明確指定型態來解決這個問題。但是你可能想知道，為
什麼我們不能簡單地建立一個允許函數引數不同的 larger() 樣版呢？它可以是
這樣的：

```
template <typename T1, typename T2>
??? larger(T1 a, T2 b)
{
  return a > b ? a : b;
}
```

為每個函數引數允許不同的型態是很容易的，並且通常是保持樣版盡可能通用
的好主意。但是，在這種情況下，在指定回傳型態時會遇到麻煩。也就是說，
在前面的偽程式碼中，我們應該用什麼來代替三個問號呢？T1 嗎？T2 嗎？一
般來說，這兩種方法都不正確，因為它們都可能導致不希望的轉換。

第一種可能的解決方案是介入一個額外的樣版型態參數，以提供一種控制回傳
型態的方法。例如：

```
template <typename TReturn, typename TArg1, typename TArg2>
TReturn larger(TArg1 a, TArg2 b)
{
  return a > b ? a : b;
}
```

編譯器無法從回傳值推論出型態 TReturn。樣版引數推斷僅在函數的引數列表中
傳遞的引數的基礎上執行。因此，你必須自己指定 TReturn 樣版參數。但是，編
譯器可以推斷引數的型態，所以你可以只指定回傳型態。通常，如果指定的樣版
引數少於樣版參數的數量，編譯器將推斷出其他參數。因此，以下三行相等：

```
std::cout << "Larger of 1.5 and 2 is " << larger<size_t>(1.5, 2) << std::endl;
std::cout << "Larger of 1.5 and 2 is " << larger<size_t, double>(1.5, 2) << std::endl;
std::cout << "Larger of 1.5 and 2 is " << larger<size_t, double, int>(1.5, 2) << std::endl;
```

顯然，樣版定義中的參數序列在這裡非常重要。如果將回傳型態作為第二個參
數，則必須在呼叫中同時指定這兩個參數。如果你只指定一個參數，它將被解
釋為引數型態，而回傳型態沒有定義。因為我們將回傳型態指定為 size_t，所
以在這三種情況下，這些函數呼叫的結果都是 2。編譯器建立一個函數，該函數
接受 double 和 int 型態的參數，然後將其結果轉換為 size_t 型態的值。

雖然我們已經說明了如何定義多個參數，以及這對於樣版參數推斷意味著什麼，但你可能已經注意到，我們仍然沒有找到一個令人滿意的解決方案，使我們可以撰寫以下程式碼：

```
std::cout << "Larger of " << small_int << " and 9.6 is "
          << larger(small_int, 9.6) << std::endl;
```

我們將在下一節中徹底解決這個問題。

樣版的回傳型態推斷

在上一章中，你了解了函數的自動回傳型態推斷。對於一般的函數，回傳型態推斷的使用有些限制。雖然它可以為你節省一些輸入，但它也會帶來程式碼不太容易閱讀的風險。畢竟，讀者需要做出與編譯器相同的推論。

在函數樣版中，回傳型態推斷是上帝的恩賜。帶有一個或多個型態參數的樣版函數的回傳型態，可能取決於用於實例化樣版的型態。我們已經透過下面的例子看到了這一點：

```
template <typename T1, typename T2>
??? larger(T1 a, T2 b)
{
  return a > b ? a : b;
}
```

要指定在這裡回傳的型態並不容易。但是有一種簡單的方法，可以讓編譯器在實例化樣版後為你推斷它：

```
template <typename T1, typename T2>
auto larger(T1 a, T2 b)
{
  return a > b ? a : b;
}
```

有了這個定義，下面的敘述可以很好地編譯，不需要明確地指定任何型態參數：

```
int small_int {10};
std::cout << "Larger of " << small_int << " and 9.6 is "
          << larger(small_int, 9.6) << std::endl;    // deduced return type: double
```

```
std::string a_string {"A"};
std::cout << "Larger of \"" << a_string << "\" and \"Z\" is \""
          << larger(a_string, "Z") << '"' << std::endl; // deduced return type:
std::string
```

在 Ex9_01 中對 larger() 的原始定義只有一個型態參數，這兩個實例化都是不明確的，因此無法編譯。Ex9_03.cpp 中有一個使用兩個參數版本的程式。

decltype() 和尾隨的回傳型態

函數回傳型態推斷是最近才引入的一確切地說，是在 C++14 中引入的。以前，當函數樣版的回傳型態是依賴於，一個或多個樣版型態參數的運算式的回傳型態時，樣版撰寫者不得不求助於其他方法。在我們的範例，larger() 樣版中，這個運算式是 a > b ? a : b。因此，如果沒有回傳型態推斷，如何從運算式衍生型態，如何在函數樣版規範中使用它？

decltype 關鍵字提供了解決方案，至少是部分解決方案。decltype(expression) 產生計算 expression 的結果的型態。你可以使用它重寫 larger() 樣版如下：

```
template <typename T1, typename T2>
decltype(a > b ? a : b) larger(T1 a, T2 b)        // Won't compile yet!
{
  return a > b ? a : b;
}
```

現在，回傳型態被指定為函數主體中運算式產生的值的型態。這個樣版定義表達了你想要的，但是它不能編譯。編譯器從左到右處理樣版。因此，在處理回傳型態規範時，編譯器不知道 a 和 b 的型態。為了克服這一點，引入了尾隨的回傳型態（*trailing return type*）語法，允許回傳型態規範出現在參數列表之後，如下所示：

```
template <typename T1, typename T2>
auto larger(T1 a, T2 b) -> decltype(a > b ? a : b)
{
  return a > b ? a : b;
}
```

正如你所看到的，將 auto 關鍵字放在函數名稱之前，並不總是告訴編譯器需要推斷回傳型態。相反地，它還可能表明回傳型態規範，將出現在函數標頭的結尾。你可以在參數列表後面的箭頭 -> 後面寫入這個尾隨的回傳型態。

在樣版內容中，decltype() 指定器不僅在後面的回傳型態中有用，在後面的回傳型態中，它的使用已經被回傳型態推斷所取代。假設你需要一個樣版函數來產生兩個相同大小的 vector 中相應元素的乘積的和。然後可以像這樣定義樣版（使用 <algorithm> 中定義的 std::min() 樣版）：

```cpp
template<typename T1, typename T2>
auto vector_product(const std::vector<T1>& data1, const std::vector<T2>& data2)
{
  // safeguard against vectors of different sizes
  const auto count = std::min(data1.size(), data2.size());

  decltype(data1[0]*data2[0]) sum {};
  for (size_t i {}; i < count; ++i)
    sum += data1[i] * data2[i];

  return sum;
}
```

如果沒有 decltype()，將很難為 sum 變數指定合適的型態，特別是如果還想支援空 vector 的話。請注意，decltype() 實際上從來不計算它所應用的運算式。運算式只是一個假設，編譯器使用它在編譯時獲取型態。因此，在前面的樣版中使用空 vector 是安全的。

可以使用 Ex9_04.cpp 中撰寫的測試程式對這個函數進行旋轉。

decltype(auto) 和 decltype() 與 auto

在上一節中，我們遇到了以下尾隨的回傳型態語法的範例：

```cpp
template <typename T1, typename T2>
auto larger(T1 a, T2 b) -> decltype(a > b ? a : b)
{
  return a > b ? a : b;
}
```

部分原因是，像這樣在後面的 decltype() 中重複函數主體的運算式相當繁瑣，C++14 引入了 decltype（auto）語法：

```cpp
template <typename T1, typename T2>
decltype(auto) larger(T1 a, T2 b)
{
  return a > b ? a : b;
}
```

使用此語法，編譯器將再次從函數主體中的回傳敘述推斷型態。因此，前面的宣告完全等同於前面尾隨回傳型態的宣告。

但是，使用尾隨的 decltype() 或 decltype（auto）回傳型態推斷，並不等同於使用 auto 回傳型態推斷。本質上的區別在於，與 auto 不同，decltype() 和 decltype（auto）會推導出引用型態，並保留 const 指定器。你可能還記得，在前一章中，auto 總是演繹為一個值型態。這意味著當從樣版函數回傳時，自動回傳型態推斷有時會引入不需要的值副本。確切的區別有點太超前了，本書不會更廣泛的討論。

樣版參數的預設值

可以為函數樣版參數指定預設值。例如，可以在前面介紹的樣版的原型中，指定 double 作為預設回傳型態，如下所示：

```
template <typename TReturn=double, typename TArg1, typename TArg2>
TReturn larger(const TArg1&, const TArg2&);
```

如果不指定任何樣版參數值，回傳型態將是 double。注意，我們只使用這個範例為樣版參數注入預設值，並不是因為像這樣定義 larger() 是一個好主意。原因是這個預設值 double 並不總是你想要的。例如，下面敘述產生的 larger() 函數接受 int 型態的參數，並以 double 型態回傳結果：

```
std::cout << larger(123, 543) << std::endl;
```

但是，透過這個範例，我們想要表達的重點是，你可以在樣版參數列表的開頭，為樣版參數指定預設值。回想一下，對於函數參數，只能在列表的結尾定義預設值。在為樣版參數指定預設值時，可以獲得更大的彈性。

在我們的第一個範例中，TReturn 是列表中的第一個。但是你也可以在列表的中間或結尾為參數指定預設值。下面是另一個 larger() 樣版來說明後者：

```
template <typename TArg, typename TReturn=TArg>
TReturn larger(const TArg&, const TArg&);
```

在本例中，我們使用 TArg 作為 TReturn 樣版參數的預設值。只有在其他參數的預設值中使用樣版參數名稱（在範例中是 TArg）時，才有可能在參數列表的前面顯示該名稱。這個例子主要是為了說明什麼是可能的，而不是一個好主意。

如果 TReturn 的預設值不適合你，並且你必須明確地指定另一種型態，那麼你還必須指定所有其他參數。儘管如此，通常的做法是在列表的結尾，為樣版參數指定預設值。標準函式庫廣泛使用這種方法，通常也用於非型態樣版參數。接下來討論非型態樣版參數。

▌非型態的樣版參數

至目前為止，我們處理的所有樣版參數都是資料型態。函數樣版亦可有非型態（*nontype*）的參數，它需要非型態的引數。

當定義樣版時，我們在參數串列引入非型態的樣版參數，以及其他的型態參數。稍後我們就會看到範例。非型態樣版參數的型態可以是下列的任一種：

- ◆ 整數型態，如 int、long 等等
- ◆ 列舉型態
- ◆ 指向物件型態的指標或物件型態的參考
- ◆ 指向函數的指標或函數的參考
- ◆ 指向類別成員的指標

我們尚未看過最後兩項。在第 18 章我們會介紹前者；後者是一個更高階的特性，我們不會在本書中討論。非型態樣版參數在所有這些型態中的應用，也超出了本書的範圍。我們只考慮幾個帶有整數型態參數的基本例子。

編譯器需要能夠在編譯時計算引數與對應的非型態參數。例如，對於整數型態參數，這主要意味著它們是整數字面值，或是整數編譯期常數。

假設我們需要一個函數檢查值的範圍，我們定義一個樣版來處理各種型態：

```
template <typename T, int lower, int upper>
bool is_in_range(const T& value)
{
  return (value <= upper) && (value >= lower);
}
```

這個樣版有一個型態參數 T 和兩個非型態參數，lower、upper 都是 int 型態。編譯器無法從函數的使用推斷出所有的樣版參數。下面的函數呼叫是不可編譯的：

```
double value {100.0};
std::cout << is_in_range(value);          // Won't compile - incorrect usage
```

這是因為未指定參數 upper 和 lower。要使用此樣版，我們必須指定樣版參數值。因此正確的使用方法是：

```
std::cout << is_in_range<double, 0, 500>(value);     // OK - checks 0 to 500
```

最好將非型態樣版參數放在樣版型態參數之前，如下所示：

```
template <int lower, int upper, typename T>
bool is_in_range(const T& value)
{
  return (value <= upper) && (value >= lower);
}
```

如果這樣定義樣版，編譯器可以推斷型態引數：

```
std::cout << is_in_range<0, 500>(value);             // OK - checks 0 to 500
```

對於此範例的上下限值，利用函數參數也許比使用樣版參數更好。畢竟，函數參數可以彈性地傳入程式執行期間計算所得，而在這裡必須在編譯時提供限制。

具有固定大小陣列引數的函數之樣版

在上一章關於透過引用傳遞陣列的章節中，我們定義了以下函數：

```
double average10(const double (&array)[10]) // Only arrays of length 10 can be passed!
{
  double sum {};                         // Accumulate total in here
  for (size_t i {}; i < 10; ++i)
    sum += array[i];                     // Sum array elements
  return sum / 10;                       // Return average
}
```

顯然，如果能夠建立一個適用於任何陣列大小的函數，而不僅僅適用於恰好有 10 個值的陣列，那就太好了。具有非型態樣版引數的樣版允許你這樣做，如下所示。為了更好的測量，我們將進一步推廣它，使它也適用於任何數值型態的陣列，所以不僅僅適用於 double 陣列：

```
template <typename T, size_t N>
T average(const T (&array)[N])
{
  T sum {};                              // Accumulate total in here
```

```
    for (size_t i {}; i < N; ++i)
        sum += array[i];                    // Sum array elements
    return sum / N;                         // Return average
}
```

樣版引數推論甚至強大到，可以從傳遞給此類樣版的引數型態，推斷出非型態樣版引數 N。我們可以用一個小測試程式來確認：

```cpp
// Ex9_05.cpp
// Defining templates for functions that accept fixed-size arrays
#include <iostream>

template <typename T, size_t N>
T average(const T (&array)[N]);

int main()
{
    double doubles[2] { 1.0, 2.0 };
    std::cout << average(doubles) << std::endl;

    double moreDoubles[] { 1.0, 2.0, 3.0, 4.0 };
    std::cout << average(moreDoubles) << std::endl;

    // double* pointer = doubles;
    // std::cout << average(pointer) << std::endl;    /* will not compile */

    std::cout << average( { 1.0, 2.0, 3.0, 4.0 } ) << std::endl;

    int ints[] = { 1, 2, 3, 4 };
    std::cout << average(ints) << std::endl;
}
```

範例輸出為：

```
1.5
2.5
2.5
2
```

main() 中有 5 個對 average() 的呼叫，其中一個被註解掉了。第一個是最基本的情況，它證明編譯器可以正確地推斷出，樣版實例中需要用 double 替換 T，用 2 替換 N。第二個例子顯示，如果你沒有在型態中明確指定陣列的維度，那麼這個方法也可以執行。編譯器仍然知道 moreDoubles 的大小是 4。第三個呼叫被註解掉，因為它無法編譯。即使陣列和指標基本上相同，編譯器也無法從指標推導出陣列的大小。第四個呼叫表明，可以透過直接將大括號內的串列作為參數傳遞來呼叫 average()。對於第四個呼叫，編譯器不需要建立另一個樣版實例。它將為第二個呼叫再用產生的呼叫。第 5 個也是最後一個呼叫說明，如果 T 被推斷為 int，那麼結果也是 int 型態—因此是整數除法的結果。

雖然，至少在理論上，如果將這些樣版與許多不同大小的陣列一起使用，可能會導致相當多的程式碼，但是基於這些樣版定義函數多載，仍然是比較常見的。例如，標準函式庫經常使用這種技術。

▌摘要

在本章中，我們學習了如何為函數定義自己的參數化樣版，以及如何實例化它們來建立函數。這允許你為任意數量的相關型態建立正確且有效率的函數。你應該從這一章學到的重要內容如下：

◆ 函數樣版是編譯器用來產生多載函數的參數化方法。
◆ 函數樣版中的參數可以是型態參數或非型態參數。編譯器為對每一個函數呼叫建立函數樣版參數的實例。
◆ 函數樣版可以與其他函數或函數樣版成為多載。
◆ auto 和 decltype(auto) 都可以用來讓編譯器推斷函數的回傳型態。這在樣版內文中特別有用，因為它們的回傳型態可能依賴於一個或多個樣版型態引數的值。

▌習題

9.1 在 C++17 中，標準函式庫 algorithm 標頭可得到方便的 std::clamp() 函數樣版。運算式 clamp（a, b, c）用於將值 a 嵌入給定的閉合區間 [b, c]。也就是說，如果 a 小於 b，運算式的結果就是 b；如果 a 大於 c，結果就是 c；否則，如果 a 位於區間 [b, c] 內，clamp() 僅回傳 a。撰寫自己的 my_clamp() 函數樣版，並用一個小測試程式進行測試。

9.2 將 Ex9_01 的 main() 函數的最後幾行更改如下：

```
const auto a_string = "A", z_string = "Z";
std::cout << "Larger of " << a_string << " and " << z_string
          << " is " << larger(a_string, z_string) << std::endl;
```

如果現在執行這個程式，很可能會得到如下輸出（若不是，嘗試重新排列 a_string 和 z_string 宣告的順序）：

```
Larger of 1.5 and 2.5 is 2.5
Larger of 3.5 and 4.5 is 4.5
Larger of 17011983 and 10 is 17011983
Larger of A and Z is A
```

"A" 比 "Z" 大嗎？能確切地解釋一下出了什麼問題嗎？能將它修好嗎？

提示：要比較兩個字元陣列，可能可以先將它們轉換為另一個字串表示形式。

9.3 撰寫一個函數樣版 plus()，它接受兩個可能不同型態的參數，並回傳一個等於兩個參數之和的值。接下來，確保也可以使用 plus() 來加入兩個給定指標指向的值。

額外說明：現在可以使用 plus() 連接兩個字串字面值嗎？

警告：這可能不像你想的那麼容易。

9.4 撰寫自己的 std::size() 函數族 my_size()，它不僅適用於固定大小的陣列，還適用於 std::vector<> 和 std::array<> 物件。不允許使用 sizeof() 運算子。

9.5 你能想到一種方法來驗證，編譯器對於給定的引數型態，只產生一個函數樣版實例嗎？對 Ex9_01.cpp 中 larger() 函數執行此操作。

9.6 在前一章中，我們學習了一種適用於指向 string 指標的快速排序演算法。將 Ex8_18.cpp 的實作一般化，使其適用於任何型態的 vector（即 < 運算子存在的任何型態）。撰寫一個 main() 函數，使用它對一些具有不同元素型態的 vector 進行排序，並輸出未排序和未排序的元素列表。還應該透過建立一個函數樣版來實作這一點，該樣版將具有任意元素型態的 vector 串流到 std::cout。

10

程式檔案和前置處理指令

本章更多的是關於管理程式碼而不是撰寫程式碼。我們將探討一些多個檔案和標頭檔如何互動的主體，以及如何管理和控制程式檔案的內容。本章對如何定義資料型態有一定的指導意義，我們會在下一章中學到。

在本章中，你可以學到以下各項：

- ◆ 標頭檔和程式檔案之間如何互動
- ◆ 何謂轉譯單元
- ◆ 何謂連結，有何重要性
- ◆ 何謂名稱空間，如何產生和使用
- ◆ 何謂前置處理，如何使用前置處理指令管理程式碼
- ◆ 除錯的基本觀念，以及從前置處理和標準函式庫中可得到什麼除錯輔助
- ◆ 如何使用關鍵字 static_assert

理解轉譯單元

標頭檔主要包含可執行程式碼原始檔使用的宣告。標頭檔可以包含帶有可執行程式碼的定義，而且原始檔通常也會宣告新功能，這些新功能不會出現於標頭中。但在大多數情況下，基本概念是標頭檔包含函數宣告和型態定義，原始檔使用這些宣告和型態定義來建立額外的函數定義。標頭檔的內容可以透過使用 #include 前置處理指令在原始檔使用。

到目前為止，你只使用了預先存在的標頭檔，這些標頭檔提供了使用標準函式庫功能所需的資訊。程式範例很簡短，因此它們並不保證使用包含你自己定義的單獨標頭檔。在下一章中，學習如何定義自己的資料型態時，標頭檔的需求將變得更加明顯。典型的實用 C++ 程式調用許多標頭檔，它包含在許多原始檔中。

每個原始檔以及其中包含的*所有*標頭檔的內容都稱為**轉譯單元**（*translation unit*）。這個術語有點抽象，因為它不一定是一般意義上的檔案，儘管它將與大多數 C++ 實作一起使用。編譯器獨立地處理程式中的每個轉譯單元，以產生一個目的檔（object file）。目的檔包含機器碼和對實體參考的資訊，例如在轉譯單元（外部實體）中沒有定義的函數。完整程式的一組目的檔由**連結器**（*linker*）處理，它在目的檔之間建立所有必要的連結，以產生可執行程式模組。如果一個目的檔包含對在任何其他目的檔中，都沒有找到的外部實體的參考，則不會產生可執行模組，並且會有來自連結器的一個或多個錯誤訊息。編譯和連結轉譯單元的組合過程稱為**轉譯**（*translation*）。

單一定義規則

單一定義規則（*one definition rule*，ODR）是 C++ 的重要概念。它並不是真的單單一個規則；它更像是一組規則—可能在程式中定義的每種型態的實體都有一個規則。我們對這些規則的闡述不會很詳盡，也不會使用需要 100% 準確的正式術語。我們的主要目的是讓你熟悉 ODR 背後的概念。這會幫助你更好地理解，如何在多個檔案中組織程式的程式碼，並解釋和解決違反 ODR 時可能遇到的編譯器和連結器錯誤。

在給定的轉譯單元中，任何變數、函數、類別型態、列舉型態或樣版都不能定義超過一次。例如，一個變數或函數可以有多個**宣告**（*declaration*），但是決不能有多個**定義**（*definition*）來確定它是什麼並建立它。如果同一轉譯單元中有多個定義，程式碼將無法編譯。

▌ 附註 宣告將名稱載入範疇（scope）。定義不僅介紹了名稱，而且定義了它是什麼。換句話説，所有定義都是宣告，但不是所有宣告都是定義。

已經看到可以在不同的區塊中定義具有相同名稱的變數，但這並不違反單一定義規則；變數可能有相同的名稱，但它們是不同的。

大多數函數和變數必須在整個程式中定義一次，而且只能定義一次。不允許有兩個定義，即使它們是相同的，並且出現在不同的轉譯單元中。這個規則的例外是 inline 函數和變數（後者在 C++17 之後才存在）。對於 inline 函數和變數，定義必須在使用它們的每個轉譯單元中出現一次。但是，對於給定的 inline 函數或變數，所有這些定義必須是相同的。由於這個原因，應該在標頭檔中定義 inline 函數和變數，無論何時需要，都應該將它們包含在原始檔中。

如果定義了類別或列舉型態，通常希望在多個轉譯單元中使用它。因此程式中的幾個轉譯單元都可以包含型態的定義，前提是所有這些定義都相同。實際上，可以透過將型態定義放置在標頭檔中，並使用 #include 指令，將標頭檔加到需要型態定義的任何原始檔。但是在單個轉譯單元中，對給定型態的重複定義仍然是非法的，因此需要注意如何定義標頭檔的內容。必須確保轉譯單元中不會出現重複的型態定義。我們會在本章後面看到如何實作這一點。

█ 附註 在下一章中，我們將揭示類別定義如何宣告該類別的各種成員函數和變數。對於類別型態本身，在使用它的每個轉譯單元中都需要一個定義。然而，它的成員遵循類似於一般函數和變數的 ODR 規則。換句話說，非 inline 類別成員在整個程式中必須只有一個定義。這就是為什麼與類別型態定義不同，類別成員定義主要出現在原始檔中，而不是標頭檔中。

單一定義規則不同地應用於函數樣版（或類別成員函數樣版，在第 16 章會介紹）。因為編譯器需要知道如何實例化樣版，在你實例化樣版的轉譯單元，使用一組以前沒有見過的樣版引數，它需要包含該樣版的定義。在某種程度上，編譯器透過給定的引數組合，僅實例化每個樣版一次，來保持類似於 ODR 的行為。

程式檔案和連結

在一個轉譯單元中定義的實體，通常需要從另一個轉譯單元中的程式碼存取。函數是這種情況的明顯例子，但是你也可以有其他的變數—在全域範疇內定義的變數，這些變數在多個轉譯單元之間共享，例如，非基本型態的定義。因為編譯器一次處理一個轉譯單元，所以這樣的參考不能被編譯器解析。只有當程式中轉譯單元的所有目的檔都可用時，連結器才能做到這一點。

轉譯單元中的名稱，在編譯 / 連結過程中處理的方式，由名稱的屬性決定，這可稱為**連結性**（*linkage*）。連結性表示由名稱表示的實體在程式碼中的位置。

程式中使用的每個名稱都有或沒有連結。當你可用名稱存取程式中超出名稱宣告範疇的內容時，名稱就具有了連結。如果不是這樣，它就沒有連結。如果名稱具有連結，則可以具有內部連結性（*internal linkage*）或外部連結性（*external linkage*）。因此，轉譯單元中的每個名稱都有內部連結性、外部連結或沒有連結性。

確定名稱的連結

應用於名稱的連結不受其宣告是否出現在標頭檔或原始檔中所影響。轉譯單元中每個名稱的連結，是在任何標頭檔的內容插入到 .cpp 檔案（轉譯單元的基本檔案）之後確定的。這種連結的可能性有以下含義：

內部連結性：名稱表示的實體可以從同一轉譯單元中的任何位置存取。例如，在全域範疇內定義的、指定為 const 的非 inline 變數的名稱，預設情況下具有內部連結。

外部連結性：除了定義名稱的轉譯單元之外，還可以從其他轉譯單元存取具有外部連結的名稱。換句話說，名稱所表示的實體可以在整個程式中共享和存取。到目前為止，我們撰寫的所有函數都有外部連結，在全域範疇內定義的非 const 和 inline 變數也是如此。

無連結性：當名稱沒有連結時，只能從應用於名稱的範疇內存取它參考的實體。在區塊中定義的所有名稱（即區域名稱）都沒有連結。

外部函數

在由幾個檔案組成的程式中，連結器在一個原始檔中的函數呼叫，和另一個原始檔中的函數定義之間建立（或解析）連結。當編譯器編譯對函數的呼叫時，它只需要函數原型中包含的資訊來建立呼叫。這個原型包含在函數的每個宣告中。編譯器不介意函數的定義，是否出現在同一個檔案或其他地方。這是因為函數名稱預設具有外部連結。如果在呼叫函數的轉譯單元中沒有定義函數，編譯器將該呼叫標記為外部呼叫，並將其留給連結器進行排序。

現在是用第一個例子來說明這一點的時候了。我們用 Ex8_17.cpp，並將其 power() 函數的定義移動到另一個轉譯單元：

```
// Ex10_01.cpp
// Calling external functions
#include <iostream>
#include <iomanip>

double power(double x, int n);    // Declaration of an external power() function

int main()
{
  for (int i {-3}; i <= 3; ++i)    // Calculate powers of 8 from -3 to +3
    std::cout << std::setw(10) << power(8.0, i);

  std::cout << std::endl;
}
```

含有多個檔案的範例，這些檔案都將位於檔案下載的獨立檔案夾中，因此本範例的檔案將位於 Ex10_01 檔案夾中。

Ex10_01 轉譯單元由 Ex10_01 中的程式碼組成。與包含 iostream 和 iomanip 標頭的所有宣告相結合。請注意，間接地，這些標頭 #include 更多的標準函式庫標頭。這樣，許多程式碼可能會被加入轉譯單元，即使只有一個標頭的 #include。

雖然 main() 呼叫 power()，但是 Ex10_01 轉譯單元中沒有這個函數的定義。這是 OK 的。編譯器需要執行 power() 的呼叫是它的原型。然後編譯器簡單地記錄對 Ex10_01 轉譯單元的目的檔中外部定義的 power() 函數的呼叫，使連結器的工作就是將呼叫與其定義掛鉤或連結起來。如果連結器在程式的其他轉譯單元中找不到合適的定義，它將把這標記為編譯失敗。

為了使 Ex10_01 程式正確地編譯，需要第二個轉譯單元，其定義為 power()：

```
// Power.cpp
// The power function called from Ex10_01.cpp is defined in a different translation unit

double power(double x, int n)
{
  if (n == 0)       return 1.0;
  else if (n > 0)  return x * power(x, n - 1);
  else /* n < 0 */ return 1.0 / power(x, -n);
}
```

透過連結 Ex10_01 和 Power 轉譯單元的目的檔，可以得到一個完全相等的 Ex8_17 的程式。

注意，為了使用 Ex10_01.cpp 中的 power() 函數，仍然必須在原始檔的開頭為編譯器提供一個原型。如果必須對每個外部定義的函數都明確地執行此操作，那麼就不太實際。這就是為什麼函數原型通常收集在標頭檔中，然後可以方便地將這些標頭檔 #include 到轉譯單元中。在本章後面，將解釋如何建立自己的標頭檔。

外部變數

假設在 Ex10_01.cpp 中，你想使用外部定義的變數 power_range 取代常數 -3 和 3，如下所示：

```
for (int i {-power_range}; i <= power_range; ++i)     // Calculate powers of 8
  std::cout << std::setw(10) << power(8.0, i);
```

第一步是建立一個額外的原始檔 Range.cpp，包含變數的定義：

```
// Range.cpp

int power_range{ 3 };            // A global variable with external linkage
```

與函數一樣，非 const 變數預設具有外部連結。所以其他轉譯單元存取這個變數沒有問題。有趣的問題是：如何在 Ex10_02 轉譯單元中宣告一個變數，而不讓它成為第二個定義？第一個合理的嘗試是：

```
// Ex10_02.cpp
// Using an externally defined variable
#include <iostream>
#include <iomanip>

double power(double x, int n);  // Declaration of an external power() function
int power_range;                // Not an unreasonable first attempt, right?

int main()
{
  for (int i {-power_range}; i <= power_range; ++i)    // Calculate powers of 8
    std::cout << std::setw(10) << power(8.0, i);

  std::cout << std::endl;
}
```

編譯器不會對 power_range 宣告有任何問題。但連結器將發出錯誤。我們建議你嘗試一下，並熟悉這個錯誤訊息。原則上（連結器錯誤訊息並不會都很清楚），應該能夠推斷出我們為 power_range 提供了兩個不同的定義：一個在

Range.cpp 中，另一個在 Ex10_02.cpp 中。這違反了單一定義規則。

潛在的問題是，我們在 Ex10_02.cpp 中宣告 power_range 變數，並不只是任何舊的變數宣告；這是一個變數定義：

```
int power_range;
```

若忽略初始化變數，你將記住變數通常包含垃圾。在第 3 章快結束時，我們還討論了全域變數。正如我們說過的，全域變數會被 0 初始化，即使你從它們的定義中省略了初始化的括號。換句話說，在 Ex10_02.cpp 中宣告的全域變數 power_range 相當於下面的定義：

```
int power_range {};
```

ODR 不允許同一個變數有兩個定義。因此，需要告訴編譯器全域變數 power_range 的定義，將位於目前轉譯單元 Ex10_02 的外部。如果想存取定義在目前轉譯單元之外的變數，那麼必須使用 extern 關鍵字宣告變數：

```
extern int power_range;            // Declaration of an externally defined variable
```

該敘述宣告 power_range 是在其他地方定義的名稱。型態必須與定義中出現的型態完全對應。不能在 extern 宣告中指定初始值，因為它是名稱的宣告，而不是變數的定義。將變數宣告為 extern，意味著它是在另一個轉譯單元中定義的。這將導致編譯器標記外部定義變數的使用。它是在名稱和它所參考的變數之間建立連結的連結器。

> **附註**　還允許在函數宣告前加入 extern。例如，在 Ex10_02.cpp 中，你可以使用明確的 extern 宣告 power() 函數，以提醒注意函數的定義，將屬於不同的轉譯單元：
>
> ```
> extern double power(double x, int n);
> ```
>
> 雖然對於一致性和程式碼清晰性來説，加入 extern 可能更好，但是這裡加入 extern 是一選項的。

帶有外部連結的 const 變數

鑑於其性質，你當然希望將 Ex10_02 裡 Range.cpp 的 power_range 變數定義為一個全域常數，而不是一個可修改的全域變數：

```
// Range.cpp
const int power_range {3};
```

但是，const 變數預設具有內部連結，這使得它在其他轉譯單元中不可用。你可以在定義中使用 extern 關鍵字來覆蓋它：

```
// Range.cpp
extern const int power_range {3}; // Definition of a global constant with external linkage
```

extern 關鍵字告訴編譯器該名稱應該具有外部連結，即使它是 const。當你想要存取另一個原始檔中的 power_range 時，必須將其宣告為 const 和 external：

```
extern const int power_range; // Declaration of an external global constant
```

你可以在 Ex10_02A 中找到一個功能完整的範例。在出現此宣告的任何區塊中，名稱 power_range 參考另一個檔案定義的常數。宣告可以出現在需要存取 power_range 的任何轉譯單元中。你可以將宣告放在轉譯單元的全域範疇內，以便它可以在原始檔的整個程式碼中使用，也可以放在一個區塊中，在這種情況下，宣告只能在區域範疇內使用。

全域變數對於希望共享的常數值非常有用，因為它們可以在任何轉譯單元中存取。透過在需要存取它們的所有程式檔案之間共享常數值，可以確保在整個程式中對常數使用相同的值。然而，儘管到目前為止，我們已經展示了在原始檔中定義的常數，但是它們最好放在標頭檔中。在本章後面，你將看到這方面的一個例子。

內部名稱

如果有一種方法可以指定名稱應該有外部連結，當然也必須有一個方法可以指定名稱應該有內部連結，對吧？有，但不是你想的那樣。

首先，讓我們說明什麼時候以及為什麼需要這種可能性。也許你注意到，在每次遞迴呼叫 Ex10_01 的 power() 函數時，函數都會檢查參數 n 是正的或是負的。這有點浪費，因為 n 的符號永遠不變。一種方法是重寫 power()，方法如下：

```
// Power.cpp

double compute(double x, unsigned n)
{
```

```
    return n == 0? 1.0 : x * compute(x, n - 1);
}

double power(double x, int n)
{
    return n >= 0 ? compute(x, static_cast<unsigned>(n))
                  : 1.0 / compute(x, static_cast<unsigned>(-n));
}
```

函數本身不再是遞迴的。相反地，它呼叫遞迴輔助函數 compute()，該函數定義為僅對正（unsigned）參數 n 有效。使用這個輔助器，可以很容易地重寫 power()，從而檢查給定的 n 是否只有一次為正。

在這種情況下，原則上 compute() 本身就是一個有用的函數—最好重新命名為第二個 power() 多載函數，即一個特定於 unsigned 指數的函數。但是，出於參數的考慮，假設我們希望 compute() 只是一個區域輔助函數，它只能由 power() 呼叫。你會發現這種需要經常發生；需要一個函數來使你的區域程式碼更清晰，或者在一個特定的轉譯單元中重複使用，但是該函數太特殊，不能將其導出到程式的其他部分以供重複使用。

我們的 compute() 函數目前也有外部連結，就像 power() 一樣，因此可以從任何轉譯單元中呼叫。更糟的是，單一定義規則意味著，沒有其他轉譯單元可以定義具有相同簽名的 compute() 函數。如果所有的區域輔助函數都具有外部連結，那麼它們也都需要唯一的名稱，這很快就會使在大型程式中避免名稱衝突變得更加困難。

我們需要的是一種方法來告訴編譯器，像 compute() 這樣的函數應該具有內部連結，而不是外部連結。明顯的嘗試是加入一個 intern 指定器。如果不是因為 C++ 中沒有這樣的關鍵字這個小細節，這可能是可行的。在過去為內部連結標記名稱（函數名稱或變數名稱）的方法是加入 static 關鍵字。以下有一個例子：

```
static double compute(double x, unsigned n)     // compute() now has internal linkage
{
    return n == 0 ? 1.0 : x * compute(x, n - 1);
}
```

雖然這種表示法仍然有效—可在 Ex10_03 中自己嘗試一下—但不再推薦使用 static 關鍵字。這種語法尚未被棄用或從 C++ 標準中刪除（或者對於那些了解其歷史的人來說，將不再棄用）的唯一原因是，仍然會在舊程式碼中發現很多這種語法。然而，現在推薦的使用內部連結定義名稱的方法，是透過無名字的名稱空間，我們會在本章的後面解釋。

▌ **注意** 不要再使用 static 來標記應該具有內部連結的名稱；使用無名字的名稱空間代替。

前置處理你的程式碼

前置處理是編譯器在原始檔編譯成機器指令之前執行的過程。前置處理根據前**置處理指令**（*preprocessing directives*）準備和修改編譯階段的原始碼。所有前置處理指令都以符號 # 開頭，因此它們很容易與 C++ 語言敘述區分開來。表 10-1 顯示了整個集合。

↻ 表 10-1 前置處理指令

指令	描述
#include	支援標頭檔的載入
#if	啟動條件編譯
#else	#if 的 else
#elif	等同於 #else #if
#endif	#if 的結尾
#define	定義識別字
#undef	刪除以前使用 #define 定義的識別字
#ifdef（或 #if defined）	如果定義了識別字，則執行某些操作
#ifndef（或 #if !defined）	如果未定義識別字，則執行某些操作
#line	重新定義目前行號。還可以選擇更改檔案名稱
#error	產生編譯期的錯誤訊息
#pragma	提供與機器相關的特性以保持全部 C++ 的相容性

前置處理階段分析、執行，然後從原始檔中刪除所有前置處理指令。這將產生轉譯單元，該單元由純 C++ 敘述組成，然後編譯。最後，連結器必須處理產生的目的檔，以及作為程式一部分的任何其他目的檔，以產生可執行模組。

你可能想知道為什麼要使用 #line 指令來更改行號。很少需要這樣做，但是一個例子是將其他語言映射到 C 或 C++ 的程式。一個原始語言敘述可以產生多個

C++ 敘述，透過使用 #line 指令，你可以確保 C++ 編譯器錯誤訊息標識原始程式碼中的行號，而不是產生的 C++。這使得更容易識別原始程式碼中的敘述，即錯誤的來源。

這些指令中有幾個主要適用於 C 語言，與目前 C++ 不太相關。C++ 的語言功能提供了更有效和更安全的方法，來實作與某些前置處理指令相同的結果。我們將主要關註 C++ 中重要的前置處理指令。你已經熟悉 #include 指令。還有其他一些指令可以在指定程式上提供相當大的靈活性。請記住，前置處理發生在程式編譯之前。前置處理修改構成程式的敘述，並且前置處理指令不再存在於編譯的原始檔中。

定義前置處理器的巨集

#define 指令指定了一個所謂的巨集（*macro*）。巨集是一種重寫規則，它指示前置處理器，在將文字取代應用於原始碼之前，將其提交給編譯器。#define 前置處理指令最簡單的形式如下：

```
#define IDENTIFIER sequence of characters
```

這 個 巨 集 有 效 地 將 IDENTIFIER 定 義 為 sequence of characters 別 名。IDENTIFIER 必須符合 C++ 中識別字的通常定義，即任何字母和數字序列，其中第一個是字母，下劃線字元被視為字母。巨集識別字不一定要全部大寫，儘管這肯定是一個被廣泛接受的慣例。sequence of characters 可以是任何字元序列，包括空序列或包含空格的序列。

#define 的一個用途是定義一個識別字，該識別字在前置處理期間，將在原始碼中由取代字串取代。下面是如何定義 PI 為表示數值的字元序列的別名：

```
#define PI 3.14159265
```

看起來像個變數，但這和變數無關。PI 是一個符號或標記（*token*），它在編譯程式碼之前，由前置處理器交換指定的字元序列。3.14159265 在意義上，它不是一個數值，並沒有進行驗證的數值；它只是一串字元。在前置處理過程中，字串 PI 將被其定義（字元序列 3.14159265）取代，只要前置處理運算認為取代有意義。如果你寫 3,!4!5 作為取代字元序列，取代仍然會發生。

#define 指令通常用於在 C 語言中定義符號常數，但在 C++ 中不這樣做。最好定義一個常數變數，如下所示：

```
inline const double pi {3.14159265358979323846};
```

pi 是特定型態的常數值。編譯器確保 pi 的值與其型態一致。可將此定義放在標頭檔中，以便包含在任何需要該值的原始檔中，或者使用外部連結定義它：

```
extern const double pi {3.14159265358979323846};
```

現在，只在需要的地方加入 extern 宣告，就可以從任何轉譯單元存取 pi。

■ **附註** 目前為止，C++ 標準函式庫沒有定義任何數學常數，甚至沒有一個像基本的 π。大多數編譯器函式庫會提供標準的定義 π，因此它可能是值得先檢查你的文件。否則，最簡單的可攜性解決方案是，為它定義一個簡單的巨集，或者為每個浮點型態定義一個常數[1]。但是在這樣做的時候，於逗號後面使用足夠的數字是很重要的。從來沒有定義 π 一例如，只有 3.1415 一使用這樣的近似值會導致特別不準確的結果。本節前面定義的巨集有足夠的數字，可以在大多數平台上用於 float、double 或 long double 計算。

■ **注意** 使用 #define 指令定義用一識別字。在 C++ 程式碼中指定值有三個主要缺點：不支援型態檢查、沒有涉及範疇、識別字名稱不能綁定在名稱空間。在 C++ 中，應該使用 const 變數。

下面有另一個例子：

```
#define BLACK WHITE
```

檔案中出現的任何 BLACK 將被取代為 WHITE。只有當識別字是標記時才會取代它。如果它構成識別字的一部分，或者出現在字串字面值或註解中，則不會取代它。對於取代識別字的字元序列沒有限制。它可以有識別字但沒有預先定義取代的字串（取代字串是空的）。如果沒有為識別字指定取代字串，則程式碼中出現的識別字將被空字串取代；換句話說，識別字會被刪除。以下有一個例子：

---

1 C++ 語言純粹主義者經常堅持你不應該使用巨集，因為這些更容易讓人想起 C。從 C++14 起，在 C++ 定義標準變數 π 的推薦方式是使用變數樣版（*variable template*）。不過，這是一個更高階的特性，我們在本書中沒有介紹。

```
#define VALUE
```

遵循該指令的所有 VALUE 都將被刪除。該指令還將 VALUE 定義為識別字，它的存在可以透過其他指令進行測試。

注意，前置處理器完全不知道 C 或 C++。它將盲目地執行你要求它做的任何取代，即使結果不再是有效的 C 或 C++ 程式碼。甚至可以使用它來取代 C++ 關鍵字，如下（我們將由你來決定是否應該……）：

```
#define true false
#define break
```

C++ 中 #define 指令的主要用途是管理標頭檔，你將在本章後面看到這一點。

定義類似函數的巨集

到目前為止，你看到的 #define 指令與 C++ 中的變數定義很相似。還可以定義類似函數的內文取代巨集。以下有一個例子：

```
#define MAX(A, B) A >= B ? A : B
```

雖然這個看起來很像，但它肯定不是一個函數。沒有參數型態，也沒有回傳值。巨集不是被呼叫的物件，它的右側也不一定要在執行期執行的敘述。我們的範例巨集只是指示前置處理器用 #define 指令的下半部分中，出現的字元序列取代原始碼中出現的 MAX(*anything1*, *anything2*)。在這個取代過程中，在 A >= B ? A : B 中出現的所有 A，當然被 *anything1* 所代替，所有出現 B 的地方都被 anything2 所代替。前置處理器不會嘗試解釋 *anything1* 和 *anything2* 字元序列；它所做的就是盲目地內文取代。例如，假設你的程式碼包含以下敘述：

```
std::cout << MAX(expensive_computation(), 0) << std::endl;
```

然後前置處理器將其延伸為以下原始碼，然後再將其交給編譯器：

```
std::cout << expensive_computation() >= 0 ? expensive_computation() : 0 << std::endl;
```

下面的範例指出了兩個問題：

◆ 產生的程式碼將無法編譯。如果將三元運算子與串流運算子 << 一起使用，則運算子優先規則告訴我們，三元運算子運算式應該位於括號之間。因此，MAX() 巨集的定義如下：

```
#define MAX(A, B) (A >= B ? A : B)
```

更好的方法是在所有出現 A 和 B 的地方加上括號，以避免出現類似的運算子優先順序問題：

```
#define MAX(A, B) ((A) >= (B) ? (A) : (B))
```

◆ 函數的呼叫次數最多為兩次。如果像 A 這樣的巨集參數，在取代中出現不止一次，那麼前置處理器將不止一次地盲目複製巨集參數。這種不受歡迎的巨集行為很難避免。

這只是巨集定義的兩個常見陷阱。因此，我們建議你永遠不要建立類似函數的巨集，除非你有充分的理由這樣做。雖然一些情況確實需要這樣的巨集，但 C++ 提供的替代方案大多要好得多。巨集在 C 程式設計師中很流行，因為它們允許建立適用於任何參數型態的類似函數的構造。當然，你已經知道 C++ 提供了一個更好的解決方案：函數樣版。在第 9 章之後，定義一個 C++ 函數樣版來取代 C 風格的 Max() 巨集應該很容易。這個樣版本質上避免了我們前面列出的巨集定義的缺點。

▌ **注意**　不要使用前置處理器的巨集來定義 min()、max() 或 abs() 之類的操作。相反地，你應該始終使用一般 C++ 函數或函數樣版。在定義適用於任何參數型態的函數藍圖時，函數樣版要比前置處理器的巨集好得多。事實上，標準函式庫的 cmath 已經提供了精確的函數樣版，包括 std::min()、std::max() 和 std::abs()，所以通常不需要你自己定義它們。

前置處理器運算子

為了完整起見，表 10-2 列出了兩個運算子，它們可以應用於類似函數的內文取代巨集之參數。

❶ 表 10-2 前置處理器運算子

#	所謂的字串化運算子。將參數轉換為包含其值的字串字面值（透過在其周圍加上雙引號，並加入必要的字元轉義序列）。
##	連接運算。將兩個識別字的值連接（連結在一起，類似於 + 運算子對兩個 std::string 的值所做的功能）。

下面的程式說明了如何使用這些運算子：

```
// Ex10_04.cpp
// Working with preprocessor operators
```

```
#include <iostream>

#define DEFINE_PRINT_FUNCTION(NAME, COUNT, VALUE) \
  void NAME##COUNT() { std::cout << #VALUE << std::endl; }

DEFINE_PRINT_FUNCTION(fun, 123, Test 1 "2" 3)

int main()
{
  fun123();
}
```

在使用這兩種前置處理器運算子之前，Ex10_04.cpp 顯示了另外一件事：實際上不允許巨集定義跨多行。預設情況下，前置處理器只是用它在識別字右邊同一行中找到的所有字元，取代巨集識別字的任何出現（可能帶有許多參數）。然而，將整個定義放在一行上並不總是可行的。因此，前置處理器允許你加入換行字元，只要換行字元的前面緊接一個倒斜線字元。所有這樣轉義的換行字元都將從取代中丟棄。也就是說，前置處理器首先將整個巨集定義連接回一行（即使在巨集定義之外，它也是這樣做）。

▌ **附註** 在 Ex10_04.cpp 中，我們在巨集定義的右邊加入了換行字元，這可能是最自然的做法。但是，由於前置處理器總是將所有分割的行拼接在一起，而不解釋字元，因此這種換行字元實際上可以出現在任何你想要的地方。並不是說推薦這樣，但這意味著甚至可以在極端情況下撰寫以下內容：

```
#define DEFINE_PRINT_FUNCT\
ION(NAME, COUNT, VALUE) vo\
id NAME##COUNT() { std::co\
ut << #VALUE << std::endl; }
```

注意，如果這樣拼接識別字，不管出於什麼原因，請注意不要在下一行的開頭加入白色空白字元，因為前置處理器將這些字元重新組合在一起時，它們不會被丟棄。

關於換行已經講得夠多了；讓我們回到主題：前置處理器運算子。Ex10_04 中的巨集定義同時使用 ## 和 #：

```
#define DEFINE_PRINT_FUNCTION(NAME, COUNT, VALUE) \
  void NAME##COUNT() { std::cout << #VALUE << std::endl; }
```

有了這個定義，Ex10_04.cpp 中的 DEFINE_PRINT_FUNCTION（fun, 123, Test 1 "2"

3）行延伸為：

```
void fun123() { std::cout << "Test 1 \"2\" 3" << std::endl; }
```

沒有 ## 運算子，你可以在 NAMECOUNT 或 NAME COUNT 之間進行選擇。在前者中，前置處理器不會識別 NAME 或 COUNT，而在我們的範例中，後者將延伸為 fun 123，這不是一個有效的函數名稱（C++ 識別字不能包含空格）。而且，很明顯，如果沒有 # 運算子，很難將給定的字元序列轉換為有效的 C++ 字串字面值。

因為前置處理器先運行，所以當 C++ 編譯器看到原始碼時，fun123() 函數定義就會出現。這就是為什麼可以在程式的 main() 函數中呼叫 fun123()，它會產生以下結果：

```
Test 1 "2" 3
```

未定義巨集

可能希望由 #define 指令產生的識別字只存在於程式檔案的一部分。可以使用 #undef 指令使識別字的定義無效。可用這個指令否定之前定義的 VALUE 巨集：

```
#undef VALUE
```

VALUE 不再按照此指令定義，因此不能取代 VALUE。下面的程式碼片段說明了這一點：

```
#define PI 3.14159265358979323846264338327950288
// All occurrences of PI in code from this point will be replaced
// by 3.14159265358979323846264338327950288
// ...
#undef PI
// PI is no longer defined from here on so no substitutions occur.
// Any references to PI will be left in the code.
```

在 #define 和 #undef 指令之間，前置處理用 3.14159265358979323846264338327 9502884 取代程式碼中適當的 PI。在其他地方，PI 的值保持不變。#undef 指令也適用於類似函數的巨集。以下有一個例子：

```
#undef MAX
```

載入標頭檔

標頭檔是一個外部檔案，其內容使用 #include 前置處理指令載入於原始檔中。標頭檔主要包含型態定義、樣版定義、函數原型和常數。你已經完全熟悉這樣的敘述：

```
#include <iostream>
```

iostream 標準函式庫標頭的內容取代了 #include 指令。這將是支援標準串流的輸入和輸出所需的定義。任何標準函式庫標頭名稱都可以出現在角括號之間。如果包含了不需要的標頭檔，那麼主要的效果就是延長了編譯時間，並且可執行檔可能會佔用不必要的記憶體。閱讀這個程式的人可能也會感到困惑。

可以將自己的標頭檔包含到一個原始檔中，使用稍微不同的語法，將標頭檔名稱以雙引號括起來。以下有一個例子：

```
#include "myheader.h"
```

將名為 myheader.h 的檔案的內容載入到程式中。任何檔案的內容都可用這種方式載入到程式中。只需在引號之間指定檔案的檔案名稱，如範例中所示。對於大多數編譯器，檔案名稱可以使用大小寫字元。理論上，可以為標頭檔設定任意名稱和副檔名；不必使用副檔名 .h。然而，這是大多數 C++ 程式設計師都遵循的慣例，我們建議你也遵循它。

▌ 附註 一些函式庫對 C++ 標頭檔使用 .hpp 副檔名，並保留對包含純 C 函數或同時相容 C 和 C++ 的函數的標頭檔，使用 .h 副檔名。混合使用 C 和 C++ 程式碼是一個高階的主題，我們在本書中不會涉及。

用於尋找標頭檔的過程取決於，你是否在雙引號之間指定檔案名稱，還是在角括號之間指定檔案名稱。精確的操作與實作相關，並且應該在編譯器文件中加以描述。通常，當檔案名稱位於角括號之間時，編譯器只搜尋包含檔案標準函式庫標頭的預設目錄。這說明若將你的標頭檔名稱放在角括號中，就不會找到你定義的標頭檔。若標頭名稱在雙引號之間，編譯器將搜尋目前目錄（通常是包含正在編譯的原始檔的目錄）和包含標準標頭的目錄。如果標頭檔位於其他目錄中，則可能需要將標頭檔的完整路徑，或包含原始檔目錄的相對路徑放在雙引號之間。

防止標頭檔內容重複

載入到原始檔中的標頭檔，你可以包含在自己的 #include 指令，這個過程可以深入到許多層次。這個特性在大型程式和標準函式庫標頭中廣泛使用。對於包含許多標頭檔的複雜程式，標頭檔很可能不止一次地包含在原始檔中。在某些情況下，這甚至是不可避免的。但是，單一定義規則禁止同一定義在同一轉譯單元中出現多次。因此我們需要防止這種情況發生的方法。

▌ 附註 有時某個標頭已載入到 A.h 的標頭檔，甚至可能直接或間接地再一次載入 A.h 標頭檔。若沒有一種機制來防止相同的標頭檔被載入到某一標頭，這將載入一個無窮的 #include 遞迴，從而導致編譯器發生錯誤。

在定義識別字時不必指定值：

```
#define MY_IDENTIFIER
```

這會建立 MY_IDENTIFIER，因此它從此處開始存在，並表示一個空字元序列。可用 #if defined 指令來測試給定的識別字是否已定義和載入於程式碼。

```
#if defined MY_IDENTIFIER
  // The code here will be placed in the source file if MY_IDENTIFIER has been defined.
  // Otherwise it will be omitted.
#endif
```

若識別字 MY_IDENTIFIER 之前已經定義，那麼在 #if defined 之後的所有行，直到 #endif 指令，都將保存在檔案中；如果沒有定義，則省略。由 #if defined 的指令控制的文字，以 #endif 指令標記做為結尾。若你願意，可以使用縮寫形式 #ifdef：

```
#ifdef MY_IDENTIFIER
  // The code here will be placed in the source file if MY_IDENTIFIER has been defined.
  // Otherwise it will be omitted.
#endif
```

可用 #if !defined 或其相等的 #ifndef，來測試沒有定義的識別字：

```
#if !defined MY_IDENTIFIER
  // The code down to #endif will be placed in the source file
  // if MY_IDENTIFIER has NOT been defined. Otherwise, the code will be omitted.
#endif
```

在這裡，如果識別字以前沒有定義過，那麼將在編譯的檔案中，載入從

#if !defined 到 #endif 之間的每一行。這種模式是用來確保標頭檔的內容，不會在轉譯單元中複製的機制：

```
// Header file myheader.h
#ifndef MYHEADER_H
#define MYHEADER_H
  // The entire code for myheader.h is placed here.
  // This code will be placed in the source file,
  // but only if MYHEADER_H has NOT been defined previously.
#endif
```

在標頭檔 myheader.h，若還沒有定義 MYHEADER_H。在這個過程中，它將定義 MYHEADER_H。原始檔或原始檔載入的其他標頭檔，對 myheader.h 的任何後續 #include 指令，都不會載入到程式碼，因為 MYHEADER_H 將在前面定義。

當然，你應該為每個標頭選擇一個唯一的識別字，而不是 MYHEADER_H。使用了不同的命名慣例，儘管大多數名稱都是以標頭檔本身的命名為基礎的。在本書中，我們將使用 HEADERNAME_H 形式的識別字。

前面的 #ifndef - #define - #endif 模式常見到有自己的名稱；這種特殊的前置處理指令組合稱為 #include 警衛（#include *guard*）。所有標頭檔都應該用 #include 保全包圍，以消除違反單一定義規則的可能性。

▌ **提示** 大多數編譯器都提供一個 #pragma 指令，來實作與我們描述模式相同的效果。對於幾乎所有的編譯器，在標頭檔的開頭放置一行包含 #pragma 的程式碼就可以防止內容的重複。雖然幾乎所有編譯器都支援 #pragma，但它不是標準的 C++，所以在本書中我們將繼續使用 #include 警衛。

你的第一個標頭檔

對於第一個標頭檔，我們再次從 Ex10_01 開始，這次將 power 函數的原型宣告放入它自己的標頭檔中。Power.cpp 和以前一樣。唯一不同的是 power() 函數原型變成主要轉譯單元的方式：

```
// Ex10_05.cpp
// Creating and including your own header file
#include <iostream>
#include <iomanip>
#include "Power.h"                  // Contains the prototype for the power() function
```

```
int main()
{
  for (int i {-3}; i <= 3; ++i)   // Calculate powers of 8 from -3 to +3
  std::cout << std::setw(10) << power(8.0, i);

 std::cout << std::endl;
}
```

這個原始檔與 Ex10_01.cpp 完全相同。除了這次 power() 的宣告是透過包含這個 Power.h 標頭檔來載入的：

```
// Power.h
#ifndef POWER_H
#define POWER_H

// Function to calculate x to the power n
double power(double x, int n);

#endif
```

通常，你不會為每個單獨的函數建立標頭檔。Power.h 標頭可以是一個更大的 Math.h 標頭的開始，該標頭可以將任意數量有用的、可重複使用的數學函數聚集在一起。

▌ **提示**　標準函式庫已經提供了帶有數學函數的標頭檔。它被稱為 cmath，此標頭檔定義了超過 75 種不同的函數和函數樣版，用於通用（以及一些不太常見的）數學函數，其中一個函數是 std::pow()。

▌名稱空間

我們在第 1 章中介紹了**名稱空間**（*namespaces*），但是它比我們當時解釋的更多。對於大型程式，為所有具有外部連結的實體，選擇唯一名稱可能會變得很困難。當一個應用程式是由幾個並行工作的程式設計師開發的，並且／或者當它包含來自各種第三方 C++ 函式庫的標頭檔和原始碼時，使用名稱空間來防止名稱衝突就變得很重要。名稱衝突很可能發生在使用者定義型態或類別的環境中，你將在下幾章中遇到這些內容。

名稱空間是一個區塊，它附加一個額外的名稱—名稱空間的名稱—到在其中宣告或定義的每個實體名稱。每個實體的全名是名稱空間名稱後面跟著範疇運算子 ::，後面跟著基本實體名稱。不同的名稱空間可以包含具有相同名稱的實體，但是這些實體是不同的，因為它們由不同的名稱空間的名稱加以限定。

對於包含公共目的的每個程式碼集合，通常在單個程式中使用單獨的名稱空間。每個名稱空間將表示一些函數的邏輯分組，以及任何相關的全域變數和宣告。名稱空間還將用於包含發布單元，例如函式庫。

你已經知道標準函式庫名稱是在 std 名稱空間中宣告的。你還知道，可以參考名稱空間中的任何名稱，而不需要使用名稱空間的名稱來限定它。

```
using namespace std;
```

然而，這有可能首先違背使用名稱空間的目的，並且由於在 std 名稱空間中，意外使用名稱，而增加錯誤的可能性。因此，使用限定名或在參考另一個名稱空間中的名稱，加入 using 的名稱宣告通常會更好。

▌**提示**　特別是在標頭檔中，using 指令和 using 宣告都被認為是 "未完成的"，因為它們強制希望使用標頭檔的型態和功能的人，#include 這些 using 指令和宣告。然而，在原始檔內部的意見不一。就我個人而言，using 應該只偶爾使用，用於更長的或巢狀的名稱空間，並且盡可能在區域使用。因此，不應該將它用於三個字母的 std 名稱空間。但是就像我們説的，對於這個主題的看法是有分歧的，就像大多數程式風格的問題一樣。因此，最好確認團隊或公司內部的慣例。

全域名稱空間

到目前為止，你撰寫的所有程式都使用了在**全域名稱空間**中定義的名稱。如果沒有定義名稱空間，則預設應用全域名稱空間。全域名稱空間中的所有名稱都與你宣告的一樣，沒有附加名稱空間名稱。在具有多個原始檔的程式中，所有具有連結的名稱都位於全域名稱空間中。

要明確地存取全域名稱空間中定義的名稱，可以使用範疇運算子而不使用左運算元，例如 ::power(2.0, 3)。但是，只有在具有相同名稱的更區域的宣告隱藏了全域名稱時，才需要這樣做。

使用小型程式，可以在全域名稱空間中定義自己的名字，而不會遇到任何問題。對於較大的應用程式，名稱衝突的可能性會增加，因此應該使用名稱空間，將程式碼劃分為幾個邏輯群組。這樣，從命名的角度來看，每個程式碼段都是自我包含的，並且避免了名稱衝突。

定義名稱空間

可用以下敘述定義名稱空間：

```
namespace myRegion
{
  // Code you want to have in the namespace,
  // including function definitions and declarations,
  // global variables, enum types, templates, etc.
}
```

注意，名稱空間定義中的右括號後面不需要分號。這裡的名稱空間名稱是 myRegion。大括號將名稱空間 myRegion 的範疇括起來，名稱空間範疇內宣告的每個名稱都附加了名稱 myRegion。

▌**注意**　不能在名稱空間中包含 main() 函數。運行時環境期望 main() 在全域名稱空間中定義。

可以透過加入具有相同名稱的第二個名稱空間區塊，來延伸名稱空間範疇。例如，程式檔案可能包含以下內容：

```
namespace calc
{
  // This defines namespace calc
  // The initial code in the namespace goes here
}
namespace sort
{
  // Code in a new namespace, sort
}
namespace calc
{
  /* This extends the calc namespace
     Code in here can refer to names in the previous
     calc namespace block without qualification */
}
```

有兩個區塊定義為名稱空間 calc，由名稱空間 sort 分隔。第二個 calc 區塊被視為第一個區塊的延伸，因此在每個 calc 區塊中宣告的函數，都屬於相同的名稱空間。第二個區塊稱為**延伸名稱空間**（*extension namespace*）定義，因為它延伸了原始名稱空間定義。在一個轉譯單元中可以有多個延伸名稱空間定義。

不會選擇以這種方式組織原始檔，使其包含多個名稱空間區塊，但無論如何，它都可能發生。若將幾個標頭檔包含到一個原始檔中，那麼可能會遇到剛才描述的那種情況。這情況的範例是，當你包含幾個標準函式庫標頭檔（每個標頭檔都貢獻給名稱空間 std），中間穿插著你自己的標頭檔：

```
#include <iostream>        // In namespace std
#include "mystuff.h"       // In namespace calc
#include <string>          // In namespace std - extension namespace
#include "morestuff.h"     // In namespace calc - extension namespace
```

注意，不需要限定對同一名稱空間中名稱的參考。例如，在名稱空間 calc 中定義的名稱可以在 calc 中參考，而不需要用名稱空間名稱限定它們。

讓我們看一個範例，它說明了宣告和使用名稱空間的機制。現在可以建立自己的標頭檔，應該從現在開始在多個檔案中很好地組織程式碼。因此，程式將由兩個檔案組成：一個標頭檔和一個原始檔。標頭檔使用名稱 constants 在名稱空間中，定義了一些常見的數學常數：

```
// Constants.h
// Using a namespace
#ifndef CONSTANTS_H
#define CONSTANTS_H

namespace constants
{
  inline const double pi { 3.14159265358979323846 }; // the famous pi constant
  inline const double e { 2.71828182845904523536 }; // base of the natural logarithm
  inline const double sqrt_2 { 1.41421356237309504880 }; // square root of 2
}

#endif
```

#include 保護確保這些定義不會在同一個轉譯單元中出現超過一次。不過，這並不妨礙它們被包含在兩個或兩個以上不同的轉譯單元中。因此，這三個常數也被定義為 inline 變數。這允許它們的定義出現在多個轉譯單元中，而不會違反 **ODR**。如果編譯器還不支援 inline 變數（C++17 載入了這種語言特性），則

必須將變數定義移動到原始檔中。標頭可能看起來如下：

```cpp
// Constants.h
// Declares three constants that are defined externally
#ifndef CONSTANTS_H
#define CONSTANTS_H

namespace constants
{
  extern const double pi;        // the famous pi constant
  extern const double e;         // base of the natural logarithm
  extern const double sqrt_2;    // square root of 2
}

#endif
```

可在線上下載的 Ex10_06A 目錄中找到對應的原始檔。它和原來的 Constants.h 相似，只是沒有 #include 保護，而且所有出現的 inline 關鍵字都被 extern 取代了。

無論哪種方式，主原始檔都可以使用以下常數：

```cpp
// Ex10_06.cpp
// Using a namespace
#include <iostream>
#include "Constants.h"

int main()
{
  std::cout << "pi has the value " << constants::pi << std::endl;
  std::cout << "This should be 2: " << constants::sqrt_2 * constants::sqrt_2 << std::endl;
}
```

這個例子產生了以下輸出：

```
pi has the value 3.14159
This should be 2: 2
```

使用 using 宣告

為了形式化我們在前面的範例中所做的工作，我們將提醒你對名稱空間中的單個名稱使用宣告：

```cpp
using namespace_name::identifier;
```

using 是一個關鍵字，namespace_name 是名稱空間的名稱，識別字是要使用非限定的名稱。這個宣告從名稱空間載入了一個名稱，它可以表示任何具有名稱的東西。例如，可以使用一個 using 宣告載入在名稱空間中定義的一組多載函數。

雖然我們在範例中使用宣告和指令將它們放置在全域範疇內，但是也可以將它們放置在名稱空間、函數甚至敘述區塊中。在每種情況下，宣告或指令都應用到包含它的區塊的結尾。

▌ **附註** 當使用非限定名稱時，編譯器首先試著在目前範疇中找到定義，然後在使用該定義之前找到它。如果沒有找到定義，編譯器將在立即封閉的範疇內尋找。這種情況一直持續到達到全域範疇為止。如果在全域範疇內沒有找到名稱的定義（可以是 extern 宣告），編譯器會得出結論，認為沒有定義名稱。

函數和名稱空間

對於存在於名稱空間中的函數，函數原型出現在名稱空間中就足夠了。你可以使用函數的限定名在其他地方定義函數；換句話說，函數定義不必包含在名稱空間區塊中（可以，但不必）。讓我們來看一個例子。假設撰寫了兩個函數 max() 和 min()，它們回傳值向量的最大值和最小值。可以將函數的宣告放在一個名稱空間中，如下所示：

```
// compare.h
// For Ex10_07.cpp
#ifndef COMPARE_H
#define COMPARE_H
#include <vector>

namespace compare
{
  double max(const std::vector<double>& data);
  double min(const std::vector<double>& data);
}
#endif
```

這段程式碼將出現在標頭檔 compare.h 中，它可以包含在任何使用函數的原始檔中。函數的定義現在可以出現在 .cpp 檔案中。只要每個函數的名稱都用名稱空間名字限定，就可以撰寫定義，而不需要將它們封裝在名稱空間區塊中。檔案內容如下：

```cpp
// compare.cpp
// For Ex10_07.cpp
#include "compare.h"
#include <limits>                      // For std::numeric_limits<>::infinity()

// Function to find the maximum
double compare::max(const std::vector<double>& data)
{
  double result { -std::numeric_limits<double>::infinity() };
  for (const auto value : data)
    if (value > result) result = value;
  return result;
}

// Function to find the minimum
double compare::min(const std::vector<double>& data)
{
  double result { std::numeric_limits<double>::infinity() };
  for (const auto value : data)
    if (value < result) result = value;
  return result;
}
```

需要載入 compare.h 標頭檔，以便標識 compare 名稱空間。這告訴編譯器推斷 min() 和 max() 函數是在名稱空間中宣告的。接下來，有一個用於限制的 #include 指令。這個標準函式庫標頭提供了，查詢數值資料型態的屬性和特殊值的工具。在這個特殊的例子中，我們使用它來取得基本 double 型態在無窮大情況下通常具有的特殊值。正無窮（+∞）是一個特殊的 double 值大於任何其他 double 值，負無窮（-∞）是一個小於任何其他 double 值的 double 值。在 C++ 中取得這些特殊值的標準語法是 std::numeric_limits<double>::infinity()。它們很容易讓我們寫出 min() 和 max() 函數，它們對空向量也有意義。

注意，vector 有一個 #include 指令，它也包含在 compare.h 中。vector 標頭的內容在這個檔案中只出現一次，因為所有標準函式庫標頭都有前置處理指令來防止重複。為檔案使用的每個標頭都使用 #include 指令有時是好主意，即使標頭可能包含你使用的另一個標頭。這使得檔案獨立於標頭檔的潛在更改。

也可將函數定義的程式碼直接放在 compare 名稱空間中。在這種情況下，

compare.cpp 的內容如下：

```cpp
#include <vector>
#include <limits>                          // For std::numeric_limits<>::infinity()

namespace compare
{
  double max(const std::vector<double>& data)
  {
    // Code for max() as above...
  }

  double min(const std::vector<double>& data)
  {
    // Code for min() as above...
  }
}
```

若以這種方式撰寫函數定義，則不需要將 compare.h 包含到這個檔案中。這是因為定義在名稱空間中。然而以這種方式做這件事很不傳統。通常應該在具有相同基礎名稱 MyFunctionality.h 的原始檔中，包含一個 MyFunctionality.cpp，並使用名稱空間使用 :: 明確地限定所有函數。

無論如何定義 min() 和 max() 函數，使用它們都是一樣的。為了確認它有多簡單，讓我們用剛剛定義的函數來嘗試一下。使用前面討論的內容建立 compare.h 標頭檔。建立第一個沒有在名稱空間區塊中定義的 compare.cpp 版本。你現在需要的是一個 .cpp 檔案，其中包含 main() 的定義，以嘗試函數：

```cpp
// Ex10_07.cpp
// Using functions in a namespace
#include <iostream>
#include <vector>
#include "compare.h"

using compare::max;          // Using declaration for max
int main()
{
  using compare::min;          // Using declaration for min

  std::vector<double> data {1.5, 4.6, 3.1, 1.1, 3.8, 2.1};
  std::cout << "Minimum double is " << min(data) << std::endl;
  std::cout << "Maximum double is " << max(data) << std::endl;
}
```

如果編譯這兩個 .cpp 檔案並將它們連結起來，那麼執行程式將產生以下輸出：

```
Minimum double is 1.1
Maximum double is 4.6
```

compare.h 中的兩個函數都有一個 using 宣告。因此，你可以使用這些名稱，而不必加入名稱空間名稱。為了說明這是可能的，我們在全域範疇中加入了 compare::max() 的宣告，在函數範疇中加入了 compare::min() 的宣告。結果是，max() 可以在整個原始檔中無條件地使用，但是 min() 只能在 main() 函數中使用。當然，如果原始檔有多個函數，這種區別就更有意義了。

在本例中，你同樣可以使用 using 指令來表示 compare 名稱空間：

using namespace compare;

名稱空間只包含 max() 和 min() 函數，所以這樣做同樣好，而且少了一行程式碼。你可以在全域範疇或函數範疇內，再次插入 using namespace 指令。無論哪種方式，語意都是你所期望的。

如果沒有函數名稱的 using 宣告（或者 compare 名稱空間的 using 指令），你必須這樣限定函數：

```
std::cout << "Minimum double is " << compare::min(data) << std::endl;
std::cout << "Maximum double is " << compare::max(data) << std::endl;
```

無名字的名稱空間

你不一定要為名稱空間設定名字，但這不表示它沒有名字。你可用下面的敘述宣告一個無名字的名稱空間：

```
namespace
{
  // Code in the namespace, functions, etc.
}
```

這將建立一個名稱空間，該名稱空間具有由編譯器產生的唯一內部名稱。每個轉譯單元中只有一個"無名字"名稱空間，因此沒有名稱的附加名稱空間宣告，將是第一個名稱空間的延伸。然而，不同轉譯單元中的無名字名稱空間，總是不同的無名字名稱空間。

注意，無名字的名稱空間不在全域名稱空間中。這一事實，再加上一個無名字的名稱空間對於轉譯單元是唯一的，將產生重要的後果。這意味著函數、變數和無名字的名稱空間中，宣告的任何其他內容，都是定義它們的轉譯單元的區域內容。不能從其他轉譯單元存取它們。因此，編譯器將內部連結設定給無名字的名稱空間宣告的所有名字，這並不奇怪。

換句話說，在無名字的名稱空間中放置函數定義的效果，與在全域名稱空間中將函數宣告為 static 的效果相同。將函數和變數宣告為全域範疇內的 static 變數，可以確保它們不能在轉譯單元之外被存取。然而，如前所述，實際上並不贊同這種做法。無名字的名稱空間是在必要時限制可存取性的更好方法。

▌提示　在無名字名稱空間中宣告的所有名稱都具有內部連結（甚至使用 extern 定義的名稱）。如果一個函數不能從特定的轉譯單元外部存取，那麼應該始終在一個無名字的名稱空間中定義它。不再建議為此目的使用 static。

巢狀名稱空間

在另一個名稱空間中定義一個名稱空間。如果我們看一個特定的範例，就很容易了解這種處理機制。例如，假設巢狀名稱空間的敘述如下：

```cpp
//outin.h
#ifndef OUTIN_H
#define OUTIN_H
#include <vector>

namespace outer
{
  double max(const std::vector<double>& data)
  {
    // body code...
  }

  double min(const std::vector<double>& data)
  {
    // body code...
  }

  namespace inner
  {
    void normalize(std::vector<double>& data)
    {
```

```
    // ...
    double minValue{ min(data) };        // Calls min() in outer namespace
    // ...
    }
  }
}
#endif // OUTIN_H
```

normalize() 函數可以從名稱空間 inner 中，呼叫名稱空間 outer 中的 min() 函數，而不需要限定名稱。這是因為名稱空間 inner 中的 normalize() 宣告也在名稱空間 outer 中。

要從全域名稱空間呼叫 min()，可以用通常的方法限定函數名稱：

```
double result{ outer::min(data) };
```

可以為函數名稱使用 using 宣告，或者為名稱空間指定 using 指令。要從全域名稱空間呼叫 normalize()，必須用兩個名稱空間的名稱限定函數名稱：

```
outer::inner::normalize(data);
```

如果將函數原型包含在名稱空間中，並單獨提供定義，也會出現同樣的情況。可以只在名稱空間 inner 中撰寫 normalize() 的原型，並將 normalize() 的定義放在 outin.cpp 檔案中：

```
// outin.cpp
#include "outin.h"
void outer::inner::normalize(std::vector<double>& data)
{
  // ...
  double minValue{ min(data) };          // Calls min() in outer
  // ...
}
```

為了成功編譯，編譯器需要知道名稱空間。因此，我們之前使用 #include 為函數定義的 outin.h 需要包含名稱空間宣告。

要在巢狀的 inner 名稱空間中宣告或定義某些內容，必須始終將巢狀 inner 名稱空間的區塊，放在 outer 名稱空間的區塊內。以下有一個例子：

```
namespace outer
{
  namespace inner
  {
```

```
    double average(const std::vector<double>& data) { /* body code... */ }
  }
}
```

如果在沒有 namespace outer 區塊的情況下定義了 average() 函數，那麼將在 outer 旁（不是巢狀）定義一個名為 inner 的新名稱空間：

```
namespace inner
{
  double average(const std::vector<double>& data) { /* body code... */ }
}
```

換句話說，average() 函數必須限定為 inner::average（data），而不是 outer::inner:: average（data）。

因為以這種方式在巢狀名稱空間中定義會變得非常麻煩—特別是層級的數量增長到例如三個或更多時。最新的 C++17 語言版本為此載入了一種新的、更方便的語法。在 C++17 中，可以這樣寫之前的例子：

```
namespace outer::inner
{
  double average(const std::vector<double>& data) { /* body code... */ }
}
```

名稱空間別名

在有多個開發小組的大型程式中，可能需要使用長名稱空間名稱或巢狀更深的名稱空間，以確保不會發生意外的名稱衝突（儘管我們可能建議盡可能避免這種衝突）。太長的名稱使用起來可能過於繁瑣；必須將 Group5_Process3_Subsection2 或 Group5::Process3::Subsection2 之類的名稱附加到每個函數呼叫中很不方便。要克服這個問題，可以在區域範疇中為名稱空間名稱定義別名。用於為名稱空間名稱定義別名的敘述的一般形式為：

```
namespace alias_name = original_namespace_name;
```

然後可用 alias_name 代替 original_namespace_name 來存取名稱空間中的名稱。例如，要為前一段中的名稱空間定義別名，可以這樣寫：

```
namespace G5P3S2 = Group5::Process3::Subsection2;
```

現在可用下面的敘述在原始名稱空間內呼叫函數：

```
int maxValue {G5P3S2::max(data)};
```

邏輯前置處理指令

邏輯 #if 的原理與 C++ 中的 if 敘述基本相同。這允許在檔案中有條件地包含程式碼和 / 或進一步的前置處理指令，具體取決於是否定義了前置處理識別字或基於具有特定值的識別字。當希望為一個應用程式維護一組程式碼時，這尤其有用，這些程式碼可以被編譯並連結到不同的硬體或作業系統環境中運行。你可以定義前置處理識別字，該識別字指定要編譯程式碼的環境，並相應地選擇 code 或 #include 指令。

邏輯 #if 指令

在管理標頭檔內容的程式碼中，邏輯 #if 指令可以測試前面是否定義了符號。假設在程式檔案中放入以下程式碼：

```cpp
// Code that sets up the array data[]...

#ifdef CALC_AVERAGE
  double average {};
  for (size_t i {}; i < std::size(data); ++i)
    average += data[i];
  average /= std::size(data);
  std::cout << "Average of data array is " << average << std::endl;
#endif

// rest of the program...
```

如果前面的前置處理指令定義了識別字 CALC_AVERAGE，那麼 #if 和 #endif 指令之間的程式碼將作為程式的一部分編譯。若沒有定義 CALC_AVERAGE，則不包含程式碼。以前使用過類似的技術來建立 #include 保護標頭檔的內容不受原始檔中包含的多個內容的影響。

不過，也可用 #if 指令來測試常數運算式是否為 true。讓我們進一步探討。

測試特定值的指令

#if 指令的撰寫形式為：

```cpp
#if constant_expression
```

constant_expression 必須是一個不包含強制轉換的整數常數運算式。所有運算

都是使用 long 或 unsigned long 型態處理的值執行的，不過也肯定支援布林運算子（||、&&、和！）。若 constant_expression 的值計算為非 0，那麼在要編譯的程式碼中包含從 #if 到 #endif 的行。最常見的應用程式是使用簡單的比較來檢查特定的識別字。例如，可能有以下敘述：

```
#if ADDR == 64
  // Code taking advantage of 64-bit addressing...
#endif
```

只有當識別字 ADDR 在前面的 #define 指令中定義為 64 時，#if 指令和 #endif 之間的敘述才包含在這裡的程式中。

▌ 提示　沒有跨平台巨集識別字來檢測目前目標平台是否使用 64 位元尋址。但是，大多數編譯器都提供了一些特定於平台的巨集，只要它針對 64 位元平台，就會定義這些巨集。例如，在 Visual C++、GCC 和 Clang 編譯器上工作的具體測試應該為：

```
#if _WIN64 || __x86_64__ || __ppc64__
  // Code taking advantage of 64-bit addressing...
#endif
```

有關這些和其他預定義巨集識別字，請參閱編譯器文件。

多重的程式碼選擇

#else 指令的工作方式與 C++ else 敘述相同，因為如果 #if 條件失敗，它將標識檔案中包含的一系列行。這提供了兩個區塊的選擇，其中一個將被合併到最終的原始碼中。以下有一個例子：

```
#if ADDR == 64
  std::cout << "64-bit addressing version." << std::endl;
  // Code taking advantage of 64-bit addressing...
#else
  std::cout << "Standard 32-bit addressing version." << std::endl;
  // Code for older 32-bit processors...
#endif
```

這些敘述序列中的一個或另一個將包含在檔案中，這取決於是否將 ADDR 定義為 64。

有一種特殊形式的 #if 用於多項選擇。這是 #elif 指令，它的一般形式如下：

```
#elif constant_expression
```

下面是一個可以如何使用這個的例子：

```
#if LANGUAGE == ENGLISH
  #define Greeting "Good Morning."
#elif LANGUAGE == GERMAN
  #define Greeting "Guten Tag."
#elif LANGUAGE == FRENCH
  #define Greeting "Bonjour."
#else
  #define Greeting "Ola."
#endif
  std::cout << Greeting << std::endl;
```

使用這個指令序列，output 敘述將顯示許多不同的問候語中的一個，這取決於在前面的 #define 指令中為 LANGUAGE 設定的值。

▌**注意**　任何出現在條件指令 #if 和 #elif 之後的未定義識別字都將被數字 0 取代。這意味著，如果前面的例子中沒有定義 LANGUAGE，那麼它仍然可以與未定義或明確定義為零的 ENGLISH 進行比較。

另一個可能的用途是包含不同的程式碼，這取決於表示版本號的識別字：

```
#if VERSION == 3
  // Code for version 3 here...
#elif VERSION == 2
  // Code for version 2 here...
#else
  // Code for original version 1 here...
#endif
```

這允許你維護一個單獨的原始檔，該檔案根據在 #define 指令中如何設置 VERSION 來編譯產生程式的不同版本。

▌**提示**　編譯器可能允許你透過向編譯器傳遞命令行參數來指定前置處理識別字的值（若使用圖形化 IDE，那麼應該在某個地方有一個對應的屬性對話框）。這樣就可以編譯相同程式的不同版本或配置，而無需更改任何程式碼。

標準前置處理巨集

有幾個預定義的標準前置處理巨集，其中最有用的在表 10-3 中列出。

⊍ 表 10-3 預先定義的前置處理巨集

巨集名稱	描述
__LINE__	將原始檔的目前一行以十進位整數顯示其行號。
__FILE__	將原始檔的名稱當成字元字串文字。
__DATE__	原始檔被前置處理為 Mmm dd yyyy 格式字串文字的日期。在這裡，Mmm 是用字元表示的月份（一月、二月等）；dd 是以一對字元 1 到 31 的形式出現的日子，其中個位數的日子前面有一個空格；yyyy 是四位數的年份（比如 2014 年）。
__TIME__	將原始檔編譯為 hh:mm:ss 形式的字串文字的時間，該字串包含以冒號分隔的數字（小時、分鐘和秒）。
__cplusplus	與編譯器支援的 C++ 標準的最高版本相對應的許多 long 型態。這個數字的形式是 yyyymm，其中 yyyy 和 mm 表示批准該標準版本的年份和月份。在撰寫本文時，非現代 C++ 的可能值為 199711，C++11 的可能值為 201103，C++14 的可能值為 201402，C++17 的可能值為 201703。編譯器也可以使用中間數來表示對標準早期案例的支援。

注意，表 10-3 中的每個巨集名稱都以兩個下劃線開始，大多數以兩個下劃線結束。__LINE__、__FILE__ 巨集延伸為參考與原始檔相關的資訊。可用 #line 指令修改目前的行號，後續的行號將在此基礎上遞增。例如，要從 1000 開始編號，可以加入以下指令：

```
#line 1000
```

可用 #line 指令來更改由 __FILE__ 巨集回傳的字串。它通常產生完全限定的檔案名稱，但是可以將其更改為喜歡的任何名稱。以下有一個例子：

```
#line 1000 "The program file"
```

該指令將下一行的行號更改為 1000，並將由 __FILE__ 巨集回傳的字串更改為"程式檔案"。這不會改變檔案名稱，只會改變巨集回傳的字串。若只是想改變檔案名稱，並不改變行號，則可在 #line 指令中使用巨集 __LINE__：

```
#line __LINE__ "The program file"
```

這取決於實作在這個指令之後究竟發生了什麼。有兩種可能的結果：行號保持不變，或全部遞減一個（這取決於由 __LINE__ 回傳的值是否考慮到 #line 指令所依賴的行）。

可以使用日期和時間巨集來記錄程式最後編譯的時間，敘述如下：

```
std::cout << "Program last compiled at " << __TIME__ << " on "<< __DATE__ << std::endl;
```

當含有此敘述的程式編譯完成後，此敘述的顯示值是固定的，直到你再次編譯之。之後執行程式時，程式都會輸出程式編譯的的時間和日期。

測試可用的標頭檔

標準函式庫的每個版本都提供了大量定義新特性的新標頭檔。這些新特性和功能允許你撰寫以前需要花費大量精力的程式碼，或者性能較差或不夠健壯的程式碼。一方面，通常都希望使用 C++ 所提供的最好的和最新的。在另一方面，你的程式碼有時需要使用多個編譯器來編譯和正確運行一同一編譯器的多個版本或者針對不同目標平台的不同編譯器。這有時需要一種方法，以便你在編譯時，測試目前編譯器支援哪些特性來啟用或禁用程式碼的不同版本。

C++17 最近載入的巨集 _has_include() 可用於檢查任何標頭檔的可用性。以下有一個例子：

```
#if __has_include(<SomeStandardLibaryHeader>)
  #include <SomeStandardLibaryHeader>

  // ... Definitions that use functionality of some Standard Library header ...

#elif __has_include("SomeHeader.h")
 #include "SomeHeader.h"

  // ... Alternative definitions that use functionality of SomeHeader.h ...

#else
  #error("Need at least SomeStandardLibaryHeader or SomeHeader.h")
#endif
```

我們相信你可以從這個範例就看出它是如何運作的。

■ 提示　巨集本身仍然非常新。可以使用 #ifdef 指令檢查它是否支援，就像在 #ifdef_has_include 中一樣。

除錯方法

大部分程式在第一次完成時都會含有錯誤，或臭蟲（*bug*）。產生 bug 的方式有很多。大多數簡單的拼寫錯誤都會被編譯器捕捉到，所以很快就會發現這些錯誤。邏輯錯誤或未能考慮輸入資料中的所有可能變化將需要更長的時間才能找到。除錯是消除這些錯誤的過程。除錯佔開發程式所需總時間的很大一部分。程式越大、越複雜，它可能包含的臭蟲就越多，使其正常運行所需的時間和精力就越多。非常大的程式—例如作業系統，或者複雜的應用程式，如文字處理系統，甚至你目前正在使用的 C++ 程式開發系統—可能非常複雜，以致於系統永遠不會完全沒有臭蟲。透過定期對作業系統和電腦上的一些應用程式進行補丁和更新，你會已經對此有了一些經驗。在此程式碼中，大多數臭蟲都相對較小，不會極大地限制產品的可用性。商業產品中最嚴重的臭蟲往往是安全問題。

撰寫程式的方法會顯著影響測試和除錯的難度。由緊湊的函數組成的結構良好的程式（每個函數都有明確的用途）比沒有這些屬性的程式更容易測試。如果程式具有精心選擇的變數和函數名稱以及記錄其元件函數的操作和用途的註解，那麼尋找臭蟲也會更容易。很好地使用縮排和敘述排列還可以使測試和故障尋找變得更簡單。

廣泛地討論除錯超出了本書的範疇。因為我們的重心時 C++ 語言和函式庫、獨立於任何特定的 C++ 開發系統，並且很有可能會使用特定於你所擁有的開發系統的工具來除錯你的程式。因此我們會解釋大多數除錯系統所共有的一些基本概念，還會介紹標準函式庫中相當基本的除錯輔助工具。

整合性除錯器

許多 C++ 編譯器附帶一個程式開發環境，其中內建了大量除錯工具。這些潛在的功能強大的工具可以極大地縮短程式運行所需的時間，如果你擁有這樣的開發環境，熟悉如何使用它進行除錯將會帶來很大的好處。常用工具包括：

◆ 追蹤程式流程（*program flow*）：這允許你透過逐步執行原始碼中的一條敘述來執行程式。當你按下指定的鍵時，它將繼續執行下一個敘述。為了實作這一點，程式可能必須以通常稱為**除錯模式**的方式編譯。除錯環境的其他規定通常允許你在每次暫停時顯示所有相關變數的資訊。

- ◆ 設定斷點（*breakpoints*）：單步執行一個大型程式的敘述可能很單調。甚至不可能在合理的時間內完成整個程式。反覆執行 10,000 次的迴圈是不現實的。斷點標識程式中執行暫停的特定敘述，以便檢查程式狀態。當你按下指定的鍵時，將繼續執行到下一個斷點。

- ◆ 設定立即監看（*watch*）：一個監看標識了一個特定的變數，你希望在執行過程中追蹤該變數的值。你設置的監看所標識的變數值將在每個暫停點顯示。如果逐條執行程式敘述，可以看到值更改的確切位置，有時值意外地沒有更改。

- ◆ 檢查程式元件：當執行暫停時，通常可以檢查各種程式元件。例如，在斷點處，你可以檢查函數的細節，比如它的回傳型態和參數，或者與指標相關的資訊，比如它的位置、它包含的位址以及該位址的資料。有時可以存取運算式的值並修改變數。修改變數常常允許繞過問題區域，從而允許使用正確的資料執行後續程式碼。

利用前置處理器除錯

儘管許多 C++ 開發系統提供了強大的除錯工具，但是加入自己的追蹤程式碼仍然很有用。可用條件前置處理指令來包含程式碼區塊，以在測試期間提供幫助，並在測試完成時省略程式碼。你可以控制為除錯目的而顯示的資料的格式，還可以根據程式中的條件或關係安排輸出的不同。

我們會說明如何使用前置處理指令，來幫助除錯一個有點做作的程式。這個例子還讓你有機會回顧一些現在應該熟悉的技術。就在這個範例中，會在一個名稱空間中宣告三個函數。首先，將名稱空間宣告放在標頭檔中：

```
// functions.h
#ifndef FUNCTIONS_H
#define FUNCTIONS_H
namespace fun
{
  // Function prototypes
  int sum(int, int);              // Sum arguments
  int product(int, int);          // Product of arguments
  int difference(int, int);       // Difference between arguments
}
#endif
```

在 #include 保護之間封裝標頭檔的內容可以防止內容不止一次被包含到轉譯單元中。原型是在名稱空間 fun 中定義的，因此函數名稱必須使用 fun 進行限定，函數定義必須出現在相同的名稱空間中。

可以將函數定義放在 functions.cpp 檔案中：

```cpp
// functions.cpp

//#define TESTFUNCTION          // Uncomment to get trace output

#ifdef TESTFUNCTION
#include <iostream>             // Only required for trace output...
#endif

#include "functions.h"

// Definition of the function sum
int fun::sum(int x, int y)
{
  #ifdef TESTFUNCTION
  std::cout << "Function sum called." << std::endl;
  #endif

  return x+y;
}

/* The definitions of the functions product() and difference() are analogous... */
```

只需要 iostream 標頭，因為使用輸出串流敘述在每個函數中提供追蹤資訊。只有在檔案中定義了識別字 TESTFUNCTION 時，才會包含 iostream，並編譯輸出敘述。TESTFUNCTION 目前還沒有定義，因為指令被註解掉了。

main() 函數位於一個單獨的 .cpp 檔案中：

```cpp
// Ex10_08.cpp
// Debugging using preprocessing directives
#include <iostream>
#include <cstdlib>              // For random number generator
#include <ctime>               // For time function
#include "functions.h"

#define TESTRANDOM

// Function to generate a random integer 0 to count-1
size_t random(size_t count)
```

```cpp
{
  return static_cast<size_t>(std::rand() / (RAND_MAX / count + 1));
}

int main()
{
  const int a{10}, b{5};                 // Some arbitrary values
  int result{};                          // Storage for results

  const size_t num_functions {3};
  std::srand(static_cast<unsigned>(std::time(nullptr)));  // Seed random generator

  // Select function at random
  for (size_t i{}; i < 5; i++)
  {
    size_t select = random(num_functions); // Generate random number (0 to num_functions-1)
#ifdef TESTRANDOM
    std::cout << "Random number = " << select << ' ';
    if (select >= num_functions)
    {
      std::cout << "Invalid random number generated!" << std::endl;
      return 1;
    }
#endif
    switch (select)
    {
      case 0: result = fun::sum(a, b); break;
      case 1: result = fun::product(a, b); break;
      case 2: result = fun::difference(a, b); break;
    }
    std::cout << "result = " << result << std::endl;
  }
}
```

下面是範例的輸出：

```
Random number = 2 result = 5
Random number = 2 result = 5
Random number = 1 result = 50
Random number = 0 result = 15
Random number = 1 result = 50
```

一般來說，你應該得到一些不同的東西。如果還希望為名稱空間中的函數獲得追蹤輸出，則必須取消 functions.cpp 開頭的 #define 指令的註解。

functions.h 的 #include 指令加入了 sum()、product() 和 difference() 的原型。函數是在名稱空間 fun 中定義的。在 main() 中使用隨機數和 switch 敘述呼叫這些函數。這個數字由 random() 產生。在 random() 中呼叫的標準函式庫函數 rand() 從 cstdlib 產生一系列 int 型態的偽隨機數，範疇從 0 到 RAND_MAX，其中 RAND_MAX 是 cstdlib 中定義為整數的符號。因此，rand() 回傳的值的範疇需要縮放到你需要的值的範圍。但是，需要注意使用什麼運算式來執行此操作。例如，運算式 rand()% count 可以，但是已知它產生的數字是非隨機的。在 Ex10_08 中使用的運算式已經被證明執行得更好，前提是 count 與 RAND_MAX 相比足夠小。

注意 stdlib 中的 rand() 函數不會產生對需要真正隨機數（如密碼學）的應用程式滿意的隨機數。但是對於最簡單的應用程式，這是可以接受的，而對於任何使用更嚴謹的隨機數，我們建議你研究標準函式庫的 random 提供的功能。然而，這個廣泛且相對複雜的隨機數產生函式庫的詳細資訊超出了本書的範疇，因此在這裡不再深入。

必須透過將 unsigned 整數種子值傳遞給 srand() 來初值化 rand() 在第一次呼叫 rand() 之前產生的序列。每個不同的種子值通常會導致來自後續 rand() 呼叫的不同整數序列。在 ctime 標頭檔中宣告的 time() 函數以整數的形式回傳 1970 年 1 月 1 日以來的秒數，因此使用這個參數作為 srand() 的參數可以確保每次程式執行時得到不同的隨機序列。

在 Ex10_08.cpp 中定義識別字 TESTRANDOM 將打開 main() 中的診斷輸出。定義了 TESTRANDOM 之後，main() 中輸出診斷資訊的程式碼將包含在編譯的原始碼中。如果刪除 #define 指令，追蹤程式碼將不包括在內。追蹤程式碼將進行檢查，以確保為 switch 敘述使用了一個有效的編號。因為不期望產生無效的隨機值，所以不應該得到這個輸出。

提示 很容易產生無效值並驗證診斷程式碼是否工作。為此，random() 函數必須產生一個非 0、1 或 2 的數字。如果在 return 敘述產生的值中加入 1，大約 33% 的情況下會得到一個非法值。

如果在函數中定義 TESTFUNCTION 識別字。會從每個函數中獲得追蹤輸出。這是控制追蹤敘述是否編譯到程式中的一種方便的方法。可以透過查看其中一個可以呼叫的函數 product() 來了解它是如何運作的：

```
int fun::product(int x, int y)
{
#ifdef TESTFUNCTION
  std::cout << "Function product called." << std::endl;
#endif

  return x * y;
}
```

輸出敘述只是在每次呼叫函數時顯示一條訊息，但是只有在定義了 TESTFUNCTION 之後才會編譯輸出敘述。用於前置處理符號（如 TESTFUNCTION）的 #define 指令位於原始檔的區域，因此需要定義 TESTFUNCTION 的每個原始檔都需要有自己的 #define 指令。一種管理方法是將控制追蹤和其他除錯輸出的所有指令放入單獨的標頭檔中。然後可以將其包含到所有 .cpp 檔案中。透過這種方式，可以對這個標頭檔進行調整來更改除錯輸出的型態。

只有在測試程式時才包含診斷程式碼。一旦認為這個程式是有效的，你就會很聰明地忽略它。因此，需要清楚這類程式碼不能替代錯誤檢測和恢復程式碼，這些程式碼可以處理在你的完全測試程式中出現的不幸情況。

■ **提示** 只有當程式碼在除錯模式下編譯時，某些編譯器會定義一個特定的巨集。例如，對於 Visual C++，此巨集是 _DEBUG。有時，使用這樣的巨集識別字來控制除錯敘述的包含是很有趣的。

---

assert() 巨集的使用

assert() 前置處理器巨集在標準函式庫標頭 cassert 中定義。這使你能夠在程式中測試邏輯運算式。如果運算式的結果為 false，則包含一行形式 assert（expression）的程式碼將導致程式結束，並帶有診斷訊息。我們可以用這個簡單的例子來說明：

```
// Ex10_09.cpp
// Demonstrating assertions
#include <iostream>
```

```
#include <cassert>
int main()
{
  int y {5};

  for (int x {}; x < 20; ++x)
  {
    std::cout << "x = " << x << " y = " << y << std::endl;
    assert(x < y);
  }
}
```

當 x 的值達到 5 時，你應該在輸出中看到一條診斷訊息。當 x < y 的值為 false 時，透過呼叫 std::abort() 巨集來終止程式。函數的作用是立即終止程式。從輸出中可以看到，當 x 達到值 5 時發生了這種情況。巨集顯示標準錯誤串流 cerr 上的輸出，這都是顯示在螢幕上。此訊息包含失敗的條件、檔案名稱和失敗發生處行號。這對於多檔案程式尤其有用，可以精準地指出錯誤之處。

診斷器通常用於程式中的關鍵條件，如果不滿足某些條件，災難肯定會隨之而來。你希望確保若出現此類錯誤，程式不會繼續執行。可以使用任何邏輯運算式作為 assert() 巨集的參數，因此具有很大的靈活性。

這是非常簡單而有效的，當出現錯誤時，它提供了足夠的資訊來確定程式的終止位置。

▐ **提示**　某些除錯器，特別是那些集成到圖形 IDE 中的除錯器，允許你在每次觸發診斷時暫停，就在應用程式終止之前。這大大增加了除錯期間診斷的價值。

關閉 assert() 巨集

當你重新編譯程式時，可以在程式檔案的開頭定義 NDEBUG 來關閉前置處理器診斷機制：

```
#define NDEBUG
```

這將導致忽略轉譯單元中的所有診斷。如果在 Ex10_09.cpp 的開頭加入這個 #define，會得到從 0 到 19 的所有 x 值的輸出，並且沒有診斷訊息。注意，這個指令只有放在 cassert 的 #include 敘述之前時才有效。

▋ **提示** 大多數編譯器還允許你一次性為所有原始檔和標頭檔全域定義 NDEBUG 等巨集（例如，透過傳遞命令行參數或在 IDE 的設置中填寫某些欄位）。通常，NDEBUG 被定義為完全最佳化所謂的 "release" 配置，而不是用於除錯期間使用的配置。有關更多細節，請參考編譯器的文件。

▋ **注意** assert() 用於檢測程式錯誤，而不是在執行時處理錯誤。邏輯運算式的計算不應該產生副作用，也不應該基於程式設計師無法控制的東西（比如打開檔案是否成功）。你的程式應該包含處理所有可能偶爾發生的錯誤條件的程式碼。

靜態診斷

與 assert() 巨集不同，靜態診斷是 C++ 語言本身的一部分。也就是說，它們不是標準的函式庫加入，而是內建到語言中。assert() 巨集用於在運行時動態檢查條件，而靜態診斷用於在編譯時靜態檢查條件。

靜態診斷是下列任何一種形式的宣告：

```
static_assert(constant_expression);
static_assert(constant_expression, error_message);
```

static_assert 是一個關鍵字，constant_expression 必須在編譯時產生一個可以轉換為 bool 型態的結果，error_message 是一個可選的字串文字。如果 constant_expression 的計算結果為 false，那麼程式的編譯應該失敗。如果提供了 error_message，編譯器將中止編譯並輸出包含 error_message 的診斷訊息。如果沒有指定 error_message，編譯器將為你產生一個（通常基於 constant_expression）。當 constant_expression 為真時，靜態診斷什麼也不做。

▋ **附註** 可以在靜態診斷中省略 error_message 字串文字，是在 C++17 中新出現的。

編譯器需要能夠在編譯期間計算 constant_expression。這限制了可以使用的運算式的範疇。典型的 static_assert() 運算式由常數、常數初值化的 const 變數、巨集、sizeof() 運算子、樣版參數等組成。例如，靜態診斷不能檢查

std::string 的 size()，或使用函數參數或任何其他非 const 變數的值─此類運算式只能在執行時計算。

例如，假設你的程式不支援 32 位編譯，因為它需要處理超過 2GB 的記憶體。可以在原始檔的任何位置放置以下靜態診斷：

```
static_assert(sizeof(int*) > 4, "32-bit compilation is not supported.");
```

如你所知，sizeof 運算子的計算值為用於表示型態或變數的位元組數。對於 32 位元程式，任何指標都佔用 32 位元，即 4 個位元組。注意，我們選擇了 int*，但是任何指標型態都可以。顯然，編譯器在編譯時知道 int* 指標的大小。因此，加入這個靜態診斷將確保你不能意外地編譯為 32 位元程式。

█ **附註**　隨著 C++ 標準的每一個新版本，特別是 C++14，編譯器應該能夠在編譯時計算的運算式和函數的範疇都在增加。你可以定義所有型態的函數、變數，甚至 lambda 運算式（C++17），它應該能夠透過在宣告中加入 constexpr 關鍵字來靜態地求值。當然，這些仍然受到某些限制；並不是所有的事情在編譯時都是可能的。constexpr 的使用超出了本書的範疇，因此不在這裡討論。

靜態診斷的一個常見用途是在樣版定義中驗證樣版參數的特徵。若定義了一個函數樣版來計算 T 型態元素的平均值。這是一個算術運算，因此希望確保樣版不能用於非數值型態的集合。靜態診斷可以做到這一點：

```
// average.h
#ifndef AVERAGE_H
#define AVERAGE_H

#include <type_traits>
#include <vector>
#include <cassert>

template<typename T>
T average(const std::vector<T>& values)
{
  static_assert(std::is_arithmetic_v<T>,
                "Type parameter for average() must be arithmetic.");
  assert(!values.empty());    // Not possible using static_assert()!

  T sum {};
  for (auto& value : values)
```

```
    sum += value;
  return sum / values.size();
}
#endif
```

函數樣版內的靜態診斷，在每次編譯器使用給定的參數列表實例化樣版時都將被求值—同樣總是在編譯時。那時，編譯器知道設定給型態樣版參數（如 T）的型態的屬性，以及設定給任何非型態樣版參數的值。與型態屬性相關的靜態診斷通常使用 type_traits 標準函式庫標頭中定義的樣版。這種所謂的型態特徵（*type trait*）的一個例子是 is_math <T>。這個型態特徵有一個 value 成員，可用 is_math <T>::value 的形式存取它，如果 T 是算術型態，則為 true，否則為 false。算術型態是任何浮點或整數型態。因為 C++17，所以還可以撰寫 is_arithmetic_v<T>，而不是 is_arithmetic <T>::value。

▌**附註**　type_traits 標頭包含大量型態測試樣版，包括 is_integral_v<T>、is_signed_v<T>、is_unsigned_v<T>、is_floating_point_v<T> 和 is_enum_v<T>。type_traits 標頭中還有許多其他有用的樣版，值得進一步研究，特別是在第 16 章中學習了類別樣版之後。

但是，不能靜態地診斷給定的 values 向量必須是非空的。畢竟，這個函數樣版的同一個實例可能被多次呼叫，每次呼叫的向量大小不同。通常，編譯器無法知道這個向量是否為空—唯一知道這一點的方法是在程式執行期間檢查大小。換句話說，診斷這個條件是 assert() 巨集的工作。

可以使用以下程式查看靜態診斷的運行情況：

```cpp
// Ex10_10.cpp
// Using a static assertion
#include <vector>
#include <iostream>
#include <string>
#include "average.h"

int main()
{
  std::vector<double> vectorData {1.5, 2.5, 3.5, 4.5};
  std::cout << "The average of vectorData is " << average(vectorData) << std::endl;

// Uncomment the next lines for compiler errors...
```

```
//  std::vector<std::string> words {"this", "that", "them", "those"};
//  std::cout << "The average of words values is " << average(words) << std::endl;

  std::vector<float> emptyVector;
  average(emptyVector);                    // Will trigger a runtime assertion!
}
```

如果你想知道，即使我們沒有加入 static_assert() 敘述，average() 樣版仍然無法實例化 std::string 等非算術型態。畢竟，不能用 string 的大小除以它。根據編譯器的不同，會得到的錯誤訊息可能相當神秘。要了解差異，請從 average() 樣版中刪除靜態診斷，取消對測試程式的兩行註解，然後重新編譯。因此，加入這樣的靜態診斷有時並不是為了使編譯失敗，而是為了提供更有用的診斷訊息。

摘要

本章討論程式檔案之間、之內、以及跨越的運作能力。C++ 程式一般由許多檔案組成，而且程式越大，你需要注意的檔案越多。因此若你要發展真實世界的 C++ 程式，你就要充分了解名稱空間、前置處理器和除錯技術。

本章涵蓋的重點是：

* 轉譯單元中的每個實體必須只有一個定義。如果在整個程式中允許多個定義，那麼它們必須完全相同。

* 名稱可以有內部連結性，這意味著名稱可以在整個轉譯單元中存取；外部連結性，即名稱可以從任何轉譯單元存取；或者它可以沒有連結性，這意味著名稱只能在定義它的區塊中存取。

* 你使用標頭檔來包含原始檔所需的定義和宣告。標頭檔可以包含樣版和型態定義、列舉、常數、函數宣告、inline 函數和變數定義以及命名名稱空間。標頭檔名稱使用副檔名 .h。

* 原始檔通常包含在相應標頭中宣告的所有非 inline 函數和變數的定義。C++ 原始檔通常有副檔名 .cpp。

* 可以使用 #include 指令將標頭檔的內容插入到 .cpp 檔案中。

* .cpp 檔案是編譯器處理產生目的檔的轉譯單元的基礎。

◆ 一個名稱空間定義一個範疇；在此範疇內宣告的所有名稱都附加了名稱空間名稱。未明確置於名稱空間範疇的所有名稱宣告都位於全域名稱空間中。

◆ 一個名稱空間可以由多個具有相同名稱的獨立名稱空間宣告組成。

◆ 在不同名稱空間中宣告的相同名稱是不同的。

◆ 要在名稱空間外部參考宣告在名稱空間內的識別字，你需要指定名稱空間的名字和識別字，之間要放置範疇運算子 ::。

◆ 在名稱空間內宣告的名稱可以不受名稱空間內的限定而使用。

◆ 前置處理階段執行指令，在編譯之前轉換轉譯單元中的原始碼。當所有指令都被處理完後，轉譯單元將只包含 C++ 程式碼，不再保留前置處理指令。

◆ 可用條件的前置處理指令來確定標頭檔的內容不會重複載入一個轉譯單元中。

◆ 可用條件的前置處理指令來控制程式中是否包含追蹤或其他診斷除錯程式。

◆ assert() 巨集使你能夠在執行期間測試邏輯條件，如果邏輯條件為 false，則發出訊息並終止程式。

◆ 可以使用 static_assert 檢查樣版實例中的樣版參數的型態參數，以確保型態參數與樣版定義一致。

習題

10.1 撰寫一個程式，呼叫兩個函數 print_this（std::string_view）和 print_that（std::string_view），其中每個函數都呼叫第三個函數 print（std::string_view）來印出傳遞給它的字串。在單獨的原始檔中定義每個函數和 main()，並建立三個標頭檔來包含 print_this()、print_that() 和 print() 的原型。

10.2 修改習題 10.1 的程式，使 print() 使用一個全域整數變數來計算它被呼叫的次數。在呼叫 print_this() 和 print_that() 之後，在 main() 中輸出這個變數的值。

10.3 在習題 10.1 中的 print.h 標頭檔中，刪除 print() 的現有原型，並建立兩個名稱空間 print1 和 print2，每個名稱空間都包含一個 print（string_view）函數。在 print.cpp 檔案中實作這兩個函數，以便它們印出名稱空間名稱和字串。更改 print_this() 以便呼叫 print1 名稱空間中定義的 print()，並更改 print_that() 以呼叫 print2 名稱空間中的版本。運行程式，並驗證呼叫了正確的函數。

10.4 修改前面習題中的 main() 函數，使其前置處理符號 DO_THIS 已經定義時，只呼叫 print_this()，不是此情況則應呼叫 print_that()。

11

自訂資料型態

在本章中，我們將研究 C++ 程式設計師的工具箱中最基本的工具：類別。我們也會介紹物件導向程式設計所隱含的一些觀念，並說明這些觀念如何實際應用。

在本章中，你可以學到以下各項：

- ◆ 物件導向程式設計中的基本原理
- ◆ 如何將新的資料型態定義為類別，以及如何使用類別的物件
- ◆ 類別建構函數為何，以及如何撰寫
- ◆ 何謂預設建構函數，以及如何撰寫自己的預設建構函數
- ◆ 何謂預設複製建構函數
- ◆ private 和 public 成員之間的差異
- ◆ 何謂 this 指標，如何及何時使用
- ◆ 類別中的 const 函數為何，以及如何使用
- ◆ 何謂夥伴函數，以及夥伴類別的特權是什麼
- ◆ 何謂類別解構函數，以及何時應實作一個
- ◆ 何謂巢狀類別，以及如何使用

類別和物件導向程式設計

可以透過定義一個類別（*class*）來定義一個新的資料型態，但是在我們討論類別的語言、語法和程式設計技術之前，我們將解釋現有的知識如何與物件導向程式設計的概念相關聯。*物件導向程式設計*（*object-oriented programming*，通常簡稱為 *OOP*）的本質是以你要解決的問題領域中的物件來撰寫程式。所以發展的過程中，有一部分是設計一組適合問題的型態。若你撰寫一個程式追蹤你的

銀行帳戶，你可能需要的型態是 Account 和 Transaction。對於分析棒球成績的程式，也許你需要的型態是 Player 和 Team。

到目前為止，你看到的幾乎所有內容都是*程序性的程式設計*（*procedural programming*），其中涉及到根據基本資料型態的解決方式。基本型態的變數無法適當的模擬真實世界的物件（或甚至是想像的物件）。例如無法只用 int 或 double 值，或是其他的基本資料型態來確實的模擬棒球隊員。我們需要數個不同的值或是不同的型態變數來有意義的表示棒球隊員。

類別提供了一個解決方法。類別型態可以是其他型態（基本型態或其他類別型態）變數的組合。類別還可以將函數作為其定義的一個整體部分。你可以定義一個名為 Box 的類別型態，它包含三個 double 型態的變數，用於儲存表示 Box 的長度、寬度和高度。然後可以定義 Box 型態的變數，就像定義基本型態的變數一樣。類似地，可以像定義基本型態一樣定義 Box 元素陣列。這些變數或陣列元素中的每一個都將被稱為同一個 Box 類別的**物件**或**實體**。你可以在程式中建立和操作任意多的 Box 物件，並且每個 Box 物件都包含自己的長度、寬度和高度維度。

這對於使實際物件程式設計成為可能大有幫助。顯然，你可以將類別的概念應用於表示棒球運動員或銀行帳戶或其他任何東西。你可以使用類別來建模你想要的任何型態的物件，並圍繞它們撰寫程式。這就是物件導向程式設計的全部內容？

並不完全。到目前為止，我們已經定義了一個類別，這是一個很大的進步，但還不止於此。除了使用者定義型態的概念之外，物件導向程式設計還包含一些額外的重要概念（著名的**封裝和資料隱藏、繼承和多態性**）。我們將給你一個粗略的、直觀的概念，這些額外的 OOP 概念現在意味著什麼。這將為你在本章和接下來的三章中將涉及到的詳細程式設計提供一個參考框架。

封裝

一般而言，給定型態的物件的定義，需要特定數量的不同屬性之組合──這些屬性使物件成為現在的樣子。物件包含一組精確的資料值，這些資料值可以根據你的需要詳細描述物件。對於一個盒子，它可以是長度、寬度和高度的三維空間。對於一艘航空母艦來說，可能要多得多。物件還可以包含一組對這些資料進行操作的函數──例如，使用或更改屬性的函數，或者提供物件的進一步特點（如盒子的體積）。類別中的函數定義了一組操作，這些操作可以應用於類別型態的物件，換句話說，你可以用它做什麼。給定類別的每個物件都包含相同的組合，具體地說，一組資料值作為類別的**資料成員**（*member variables*），表示物件；一組操作作為類別的**成員函數**（*member functions*）。物件中資料值和函數的這種打包稱為**封裝**（*encapsulation*）。[1]

圖 11-1 以表示銀行貸款帳戶的物件為例說明了這一點。每個 LoanAccount 物件都有由同組資料成員定義的屬性；在這種情況下，一個持有餘額（balance），另一個持有利率（interest rate）。每個物件還包含一組成員函數，用於定義物件上的操作。圖 11-1 所示的物件有三個成員函數：一個用於計算利息（calcInterest()）並將其加到餘額中，另一個用於管理信用卡（credit()）和借記卡（debit()）的會計項目。屬性和操作都封裝在 LoanAccount 型態的每個物件中。當然，這種組成 LoanAccount 物件的選擇是任意的。你可以根據自己的目的對其進行完全不同的定義，但是無論你如何定義 LoanAccount 型態，你指定的所有屬性和操作都封裝在該型態的每個物件中。

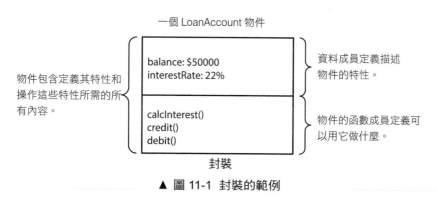

▲ 圖 11-1 封裝的範例

---

1 在物件導向程式設計的上下文中，你將發現術語封裝實際上可能涉及兩個相關但不同的概念。一些作者像我們一樣定義封裝，即將資料與操作該資料的函數捆綁在一起，而另一些作者將其定義為一種限制直接存取物件成員的語言機制。後者是我們在下一小節中提到的資料隱藏。關於哪個定義是正確的，已經討論得夠多了，所以我們就不深入討論了──儘管很明顯這是我們的定義。在閱讀其他文本或與同行討論時，請記住封裝通常用作資料隱藏的同義詞。

注意，我們前面說過，定義物件的資料值需要 "滿足你的需求"，而不是 "滿足一般的定義物件"。如果你正在撰寫一個聯絡簿應用程式，你可以簡單地定義一個人，也許僅僅透過名字、地址和電話號碼。一個人作為一個公司雇員或一個醫療病人，可能被更多的屬性定義，需要更多的操作。你只需決定在打算使用物件的上下文中需要什麼。

資料隱藏

當然，銀行不希望從物件之外任意修改此貸款帳戶的餘額（或是利率），允許這個將會成混亂。理論上，LoanAccount 物件的資料成員可以避免外面直接的干擾，而且只能以控制的方式修改之。使物件的資料值不可作一般存取的功能稱為資料隱藏（*data hiding*）。

圖 11-2 說明資料隱藏應用在 LoanAccount 物件。在 LoanAccount 物件中，物件的成員函數可提供一種機制，確定資料成員的修改遵循一種特定的政策，而且值域是合理的。例如，利率不可為負，而且一般而言餘額反映的事實是欠銀行的金額。

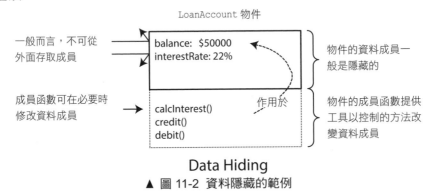

▲ 圖 11-2 資料隱藏的範例

資料隱藏是重要的，因為若你要維護物件的完整性，則此點是必須的。假設一個物件代表一隻鴨子，則它不應有 4 條腿，而且使此資料不可存取的方法──就是 "隱藏" 資料。當然，所含的資料值可以合理的改變，但是你仍然常常要控制其範圍；畢竟，鴨子的重量通常不會超過 300 磅。隱藏屬於物件的資料可以避免直接存取之，但是你可以透過物件的成員函數提供存取的方法。這可以是以控制的方式修改資料值，或是只是取得其值。這種函數可以檢查改變的值是否合理，以及是否落在先前定義的範圍內。

你可將資料成員想成是代表物件的狀態（*state*），而且處理資料成員的成員函數代表物件與外面世界的介面（*interface*）。因此類別的使用是指使用宣告為介面的函數。使用類別介面的程式只知道介面所指定的函數名稱、參數型態和回傳型態。這些函數的內部機制不會影響程式產生和使用類別物件。這意思是在設計階段找到與類別之間的介面很重要，之後若改變核心內容的實作方式都不需要修改使用此類別的程式。

例如，隨著程式的發展，可能需要更改構成物件狀態的資料成員。例如，可能不希望在每個 LoanAccount 物件中儲存利率，而是希望修改它，以便每個 LoanAccount 物件都參考一個新類別 AccountType 的物件，並將利率存在其中。圖 11-3 說明了重新設計的 LoanAccount 物件。

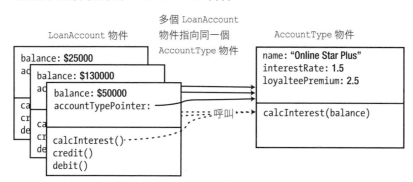

▲ 圖 11-3 重新處理物件的內部狀態表示方式，同時保留它們的介面

LoanAccount 物件現在不再自己儲存利率，而是指向 AccountType，該型態儲存計算帳戶利息所需的所有資料成員。因此，LoanAccount 的 calcInterest() 成員函數呼叫關聯的 AccountType 來進行實際計算。因此，後者所需的就是帳戶的目前餘額。這種更物件導向的設計允許你輕鬆地一次性修改指向同一 AccountType 的所有 LoanAccount 的利率，或者在不重新建立帳戶的情況下更改帳戶的型態。

我們想透過這個例子說明的重點是，儘管 LoanAccount 的內部表示（interestRate 成員）和工作方式（calcInterest() 成員）都發生了巨大的變化，但它與外部世界的介面仍然保持不變。因此，就程式的其餘部分而言，似乎什麼也沒有改變。如果類別定義之外的程式碼，直接存取 LoanAccount 之舊的、現在已刪除的 interestRate 資料成員，那麼對 LoanAccount 的表示形式和邏輯進行這樣的全面檢查將會困難得多。然後我們還必須使用 LoanAccount 物件重新撰寫所有程式碼。由於資料隱藏，外部程式碼只能透過定義良好的介面函數存取資料成員。我們要做的就是重新定義這些成員函數；我們不需要擔心程式的其餘部分。

此外，請注意，由於外部程式碼只能透過 calcInterest() 介面函數取得年利率，所以我們不需要引入額外的 "忠誠度溢價" 並在利率計算期間使用它。如果外部程式碼直接讀取舊的 interestRate 資料成員來計算它們自己的利率，那麼這幾乎是不可能的。

隱藏物件中的資料並不是強制性的，但是通常是不錯的方法。在某種程度上，直接存取定義物件的值，破壞了物件導向設計的整個思想。物件導向設計應該是根據**物件**進行撰寫，而不是根據組成物件的位元進行撰寫。雖然這聽起來很抽象，但我們已經看到了至少兩個非常好的、具體的理由來一致地隱藏物件的資料，並且只透過其介面中的函數存取或操作它：

◆ 資料隱藏有助於維護物件的完整性。它允許你確保物件的內部狀態（所有資料成員的組合）始終有效。

◆ 資料隱藏與經過深思熟慮的介面相結合，允許你重新使用物件的內部表示（即其*狀態*）和成員函數的實作（即其*行為*），而不必重新使用程式的其他部分。在物件導向的語言中，我們說資料隱藏減少了類別和使用它的程式碼之間的耦合。當然，如果正在開發一個供外部使用者使用的程式庫，那麼介面穩定性就更加重要了。

僅透過介面函數存取資料成員的第三個動機是，它允許你將這些函數注入一些額外的程式碼。這樣的程式碼可以將一個項目加到日誌文件中。標記存取或改變可以確保資料由多個同時呼叫者安全地存取（在本書的最後，我們將簡要討論 C++ 的平行功能）或通知其他物件，一些國家已經被修改（例如，這些其他物件可以更新你的應用程式的使用者介面，對影響更新 LoanAccount 的餘額）等等。如果允許外部程式碼直接存取資料成員，這一切都是不可能的。

不允許直接存取資料變數的第四個也是最後一個動機是，這會使除錯變得複雜。大多數開發環境都支援斷點（breakpoint）的概念。斷點是在除錯運行程式碼時由使用者指定的點，此時執行將暫停，允許你檢查物件的狀態。雖然有些環境具有更高階的功能，可以在特定資料成員發生更改時放置斷點，但是在函數呼叫或函數內部的特定程式碼行上放置斷點要容易得多。

在本節中,我們建立了一個額外的 AccountType 類別,以方便處理不同型態的帳戶。這絕不是將這些實際概念建模為類別和物件的唯一方法。在下一節中,我們將介紹一個強大的替代方法,稱為繼承(*inheritance*)。應該使用哪種設計將取決於具體應用程式的確切需求。

繼承

繼承(*inheritance*)是用另一種型態定義出型態的能力。例如,假設你定義了一個 BankAccount 型態,其中包含處理銀行帳戶廣泛問題的成員。繼承允許你將 LoanAccount 型態建立為專門的 BankAccount 型式。你可以將 LoanAccount 定義為與銀行帳戶類似的帳戶,但是它本身具有一些額外的資料和函數。LoanAccount 型態繼承(*inherits*)BankAccount 的所有成員,這稱為它的**基礎類別**(*base class*)。在這種情況下,你可以說 LoanAccount 衍生(*derived*)自 BankAccount。

每個 LoanAccount 物件會含有 BankAccount 的所有成員,但是它可以選擇性的定義自己的新成員,或是重新定義(*redefining*)繼承它的函數,使其更有意義。最後一項功能是非常有用的,當我們再深入探討此主題時,你就會看到。

此刻,我們擴大範例,產生新型態 CheckingAccount,加入不同於 BankAccount 的特性。這種情況如圖 11-4 所示。

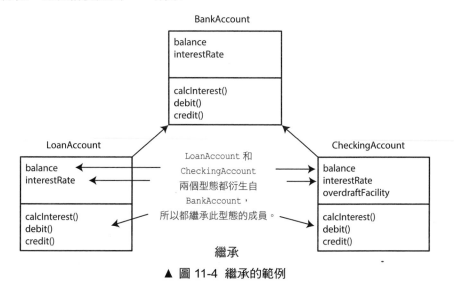

▲ 圖 11-4 繼承的範例

型態 LoanAccount 和 CheckingAccount 的宣告方式是為了使其衍生自型態 BankAccount，它們繼承 BankAccount 的資料成員和成員函數，但是可以自由定義它們型態的新特性。

在此範例中，CheckingAccount 新增一項資料成員 overdraftFacility，這是它特有的。而且這兩個型態都重新定義繼承自基礎類別成員函數 calcInterest()，這是合理的，因為支票帳戶計算和處理利息的方式也許和貸款帳戶不一樣。

同名異式

同名異式或多型（*Polymorphism*）的意思是可以在不同時候採用不同的形式。在 C++ 中，同名異式一定涉及物件之成員函數的呼叫，使用指標或參考值皆可。這種函數呼叫在不同時候會有不同的結果──具有多重個性的函數呼叫。這機制只能用在物件是衍生自一個共用的型態，如現在的 BankAccount 型態。同名異式的意義是：屬於因繼承而產生關係之類別 "家庭" 的物件可以利用基礎類別的指標和參考值來傳遞或運作。

在上述範例中，LoanAccount 和 CheckingAccount 的物件都可以利用 BankAccount 的指標和參考值來傳遞。因此指標或參考值可用來呼叫其參考物件所繼承的成員函數。這觀念和隱含的意義從一個範例就可以較容易了解。

假設我們的型態 LoanAccount 和 CheckingAccount 的定義如上，其基礎類別是 BankAccount。而且分別定義這些型態的物件 debt 和 cash，如圖 11-5 所示。兩種型態都是衍生自 BankAccount，一個型態為 "BankAccount 指標" 的變數，如 pAcc，可用來儲存這兩個物件中任一個的位址。

同名異式的優點是 pAcc->calcInterest() 所呼叫的函數會視 pAcc 所指的物件而定。若它指向 LoanAccount 物件，則會呼叫該物件的 calcInterest() 函數，並把利息記入借方的金額中。若它指向 CheckingAccount 物件，則會有不同的結果，因為會呼叫該物件的 calcInterest() 函數並將利息加入該帳戶中。透過指標呼叫特殊的函數，在程式編譯時並未決定，而是在程式執行時決定。因此相同的函數呼叫會作不同的事情，全視指標所指的物件種類而定。圖 11-5 的說明中只有兩個不同的型態，但是一般而言無論你的應用需要多少種不同型態，都可以使用同名異式。你需要一些 C++ 語言的祕訣才能完成此處描述的功能，而且這就是本章其餘的章節以及後面三章所要探討的。

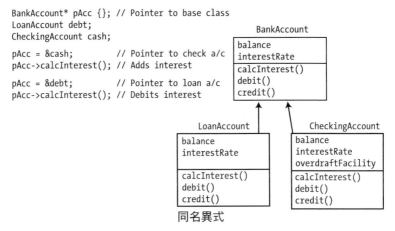

```
BankAccount* pAcc {}; // Pointer to base class
LoanAccount debt;
CheckingAccount cash;

pAcc = &cash;        // Pointer to check a/c
pAcc->calcInterest(); // Adds interest

pAcc = &debt;        // Pointer to loan a/c
pAcc->calcInterest(); // Debits interest
```

▲ 圖 11-5 同名異式的範例

專有名詞

此處是討論 C++ 類別時會用到的一些名詞摘要，這含有一些我們已經看過的一些名詞：

◆ 類別（class）是使用者自訂的資料型態。

◆ 宣告在類別中的變數和函數稱為類別的成員（member）。變數稱為資料成員（data member），而函數稱為成員函數（member function）。類別的成員函數有時稱為方法（method），但是本書中不會使用此名詞。

◆ 類別型態的變數儲存物件。物件有時稱為類別的實體（instance）。定義類別的實體稱為實例（instantiation）。

◆ 物件導向程式設計（Object-oriented programming）是根據將資料型態自訂為類別的觀念所發展的程式設計風格。這包含封裝（encapsulation）、資料隱藏（data hiding）、類別繼承（inheritance）和同名異式（polymorphism）。

當我們進入物件導向程式設計的細節時，也許會感到有些複雜，此時回到基本觀念常常有助於使事情講得更清楚、說得更明白，所以利用上述的列表，牢記物件真正的意思。物件導向程式設計是用問題領域特有的物件來撰寫程式。C++ 類別的所有功能可使程式包羅萬象且有彈性。我們要認真的學習類別，先從如何定義類別開始。

定義一類別

類別（*class*）是使用者自訂的型態。使用關鍵字 class 的定義型態。類別定義的基本結構如下：

```
class ClassName
{
  // Code that defines the members of the class...
};
```

這個類別型態的名稱是 ClassName。對於使用者定義的類別，通常使用大寫名來區分類別型態和變數名稱。我們將在範例中使用這種慣例。類別的成員都是在大括號之間指定的。現在我們將在類別定義中包含所有成員函數的定義，但是在本章的後面，我們將看到它們也可以在類別定義之外定義。請注意，類別定義的右大括號後面必須有分號。

類別的所有成員預設都是私有的（private），所以不可從類別之外存取之。對於組成介面的成員函數來說，顯然是不可接受的。可以使用 public 關鍵字加上冒號，以便從類別外部存取所有後續成員。在 private 關鍵字之後指定的成員不能從類別外部存取。public 和 private 是類別成員的**存取指定器**（*access specifier*）。還有另一個存取指定器 protected，稍後會看到。下面是帶有存取指定器的類別：

```
class ClassName
{
private:
  // Code that specifies members that are not accessible from outside the class...

public:
  // Code that specifies members that are accessible from outside the class...
};
```

public 和 private 位於類別外部可存取或不可存取的成員序列之前。public 和 private 的指定適用於後面的所有成員，直到有一個不同的指定。可以省略這裡的第一個 private 指定，並取得 private 的預設狀態。類別的 private 部分中的成員只能從屬於同一類別的成員函數中存取。需要由非類別成員函數存取的資料成員或成員函數必須指定為 public。成員函數可以參考同一類別的任何其他成員，無論存取指定是什麼，只要使用它的名稱即可。為了更清楚地說明，讓我們從定義一個類別來表示一個盒子的例子說明：

```
class Box
{
private:
  double length {1.0};
  double width {1.0};
  double height {1.0};

public:
  // Function to calculate the volume of a box
  double volume()
  {
    return length * width * height;
  }
};
```

length、width 和 height 是 Box 類別的資料成員，它們的型態都是 double。它們也是私有的，因此不能從類別外部存取。只有 public volume() 成員函數可以參考這些私有成員。通常，你可以在類別定義中重複任意一個存取指定器，次數不限。這使你能夠將資料成員和成員函數放在類別定義中的分開群組中，每個群組都有自己的存取指定器。如果按照資料成員和成員函數的存取指定器分別對它們進行分組，則更容易看到類別定義的內部結構。

每個資料成員都初始化為 1.0，因為 Box 的零維度沒有多大意義。你不必以這種方式初始化資料成員——還有其他方法可以設定它們的值，你將在下一節中看到。但是，如果它們的值沒有被某種機制設定，它們將包含垃圾值。

每個 Box 物件都有自己的一組資料成員。這是顯而易見的；如果它們沒有自己的資料成員，那麼所有物件都是相同的。你可以建立一個型態為 Box 的變數，如下所示：

```
Box myBox;                              // A Box object with all dimensions 1
```

myBox 變數參考具有預設資料成員值的 Box 物件。你可以呼叫物件的 volume() 成員來計算體積：

```
std::cout << "Volume of myBox is " << myBox.volume() << std::endl; // Volume is 1.0
```

當然，體積是 1，因為三維的初始值是 1.0。Box 類別的資料成員是私有的，這意味著我們無法設定這些成員。可以將資料成員指定為 public，在這種情況下，可以從類別外部明確地設定它們，如下所示：

```
myBox.length = 1.5;
myBox.width = 2.0;
myBox.height = 4.0;
std::cout << "Volume of myBox is " << myBox.volume() << std::endl; // Volume is 12.0
```

我們之前說過，將資料成員公有化是不好的做法。要在建立物件時設定私有資料成員的值，必須向類別中加入一種特殊型態的公有成員函數，稱為**建構函數**。類別型態的物件只能使用建構函數建立。

▌ **附註** C++ 還包括定義**結構**以定義型態的能力。結構和類別幾乎是完全等價的。以與類別相同的方式定義結構，只使用 struct 關鍵字而不是 class 關鍵字。兩者之間的主要區別在於，與類別的成員不同，結構的成員在預設情況下是公有的。但是，如果你總是像我們建議的那樣明確地宣告存取指定器，那麼這種差異就沒有意義了。在 C++ 程式中，結構仍然經常被用來定義表示結合幾種不同型態的變數——例如，印出頁面的頁邊距大小和尺寸。這樣的結構通常沒有很多成員函數；它們主要用於聚合一些可公開存取的資料成員。我們不會單獨討論結構，因為除了預設存取指定器和 struct 關鍵字的使用之外，還可以像類別一樣定義和使用結構。

▌建構函數

類別建構函數（*class constructor*）是類別中一種特殊的函數，此函數與一般成員函數有一些重要的不同點。當定義類別的新實體時就會呼叫建構函數，它是在物件產生時初值化新物件的好時機，並可確定資料成員只含有有效值。類別建構函數具有與類別相同的名稱。例如，Box() 是 Box 的類別建構函數。建構函數並不回傳值，因此沒有回傳型態。為建構函數設定回傳型態是錯誤的。

預設建構函數

我們在上一節中建立了一個 Box 物件並計算了它的體積。怎麼會這樣呢？沒有定義建構函數。不存在沒有建構函數的類別。如果不為類別定義建構函數，編譯器將提供預設的**預設建構函數**（*default default constructor*）。這兩個 "預設" 並不是寫錯。我們很快就會回到這個主題。由於這個預設的預設建構函數，Box 類別的定義如下：

```
class Box
{
private:
  double length {1};
  double width {1};
  double height {1};

public:
  // The default constructor that was supplied by the compiler...
  Box()
  {
    // Empty body so it does nothing...
  }
  // Function to calculate the volume of a box
  double volume()
  {
    return length * width * height;
  }
};
```

預設建構函數（*default constructor*）是可以在沒有參數的情況下呼叫的建構函數。如果你沒有為類別定義任何建構函數（因此沒有預設建構函數或其他建構函數），編譯器將為你產生預設建構函數。這就是為什麼它被稱為預設預設建構函數；它是預設產生的預設建構函數。編譯器產生的預設建構函數沒有參數，其唯一目的是允許建立物件。它什麼也不做，所以資料成員將有它們的預設值。如果沒有為指標（int*、const Box*…）或基本型態（double、int、bool…）的資料成員指定初始值，那麼它將包含一個任意的垃圾值。請注意，一旦定義了任何建構函數，即使是帶有參數的非預設建構函數，也不再提供預設的建構函數。在某些情況下，除了定義具有參數的建構函數外，還需要一個沒有參數的建構函數。在這種情況下，你必須確保類別中有一個無參數建構函數的定義。

定義類別建構函數

讓我們延展前一個例子中的 Box 類別來包含一個建構函數，然後檢查它是否能夠運作：

```
// Ex11_01.cpp
// Defining a class constructor
#include <iostream>
```

```cpp
// Class to represent a box
class Box
{
private:
  double length {1.0};
  double width {1.0};
  double height {1.0};

public:
  // Constructor
  Box(double lengthValue, double widthValue, double heightValue)
  {
    std::cout << "Box constructor called." << std::endl;
    length = lengthValue;
    width = widthValue;
    height = heightValue;
  }
  // Function to calculate the volume of a box
  double volume()
  {
    return length * width * height;
  }
};

int main()
{
  Box firstBox {80.0, 50.0, 40.0};              // Create a box
  double firstBoxVolume {firstBox.volume()};  // Calculate the box volume
  std::cout << "Volume of Box object is " << firstBoxVolume << std::endl;

  // Box secondBox;                            // Causes a compiler error message
}
```

產生的輸出如下：

```
Box constructor called.
Volume of Box object is 160000
```

Box 類別的建構函數有三個 double 型態的參數，它們對應於物件的長度、寬度和高度成員的初始值。不允許有回傳型態，建構函數的名稱必須與類別名稱 Box 相同。建構函數主體中的第一條敘述輸出一條訊息，以顯示何時呼叫它。你不會在程式中這樣做，但是當你測試程式並了解什麼時候發生了什麼時，這樣做是很有幫助的。我們會經常使用它來追蹤程式中發生的情況。建構函數主體中的其餘程式碼，將參數分配給對應的資料成員。你可以包括檢查，以尋找有效的、非負的參數,即盒子的維度。在實際應用程式中,你可能想要這樣做;但是在這裡,只需要學習建構函數是如何運作的即可,所以我們將暫時簡化。

firstBox 物件是這樣建立的:

```
Box firstBox {80.0, 50.0, 40.0};
```

資料成員的初值(length、width 和 height)出現在帶括號的初值中,並作為參數傳遞給建構函數。因為串列中有三個值,所以編譯器尋找一個包含三個參數的 Box 建構函數。當呼叫建構函數時,它將顯示作為第一行輸出的訊息,這樣你就知道加到類別中的建構函數已經被呼叫。

前面說過,一旦定義了建構函數,編譯器就不會再提供預設建構函數,至少在預設情況下不會。這代表將不再編譯此敘述:

```
Box secondBox;          // Causes a compiler error message
```

這個物件將具有預設的維度。如果希望允許這樣定義 Box 物件,則必須為沒有參數的建構函數加入定義。我們會在下一節中這樣做。

使用 default 關鍵字

只要新增一個建構函數(任何建構函數),編譯器就不再定義預設的預設建構函數。如果仍希望物件是預設可建構的,則需要確保該類別具有預設建構函數。當然,你的第一個選擇是自己定義一個,用於 Ex11_01.cpp 的 Box 類別。例如,你所要做的就是在類別的公有部分加入以下建構函數定義:

```
Box() {}                // Default constructor
```

因為 Box 的資料成員在初始化期間已經被設定了一個有效值 1.0,所以在預設建構函數的主體中沒有什麼要做的。

還可以使用 default 關鍵字,而不是用空函數體定義預設建構函數。此關鍵字可用於指示編譯器產生預設的預設建構函數,即使存在其他使用者定義的建構函數。對於 Box,如下圖所示:

```
Box() = default;        // Default constructor
```

都需要等號和分號。你可以在線上取得 Ex11_01A.cpp,此程式是 Ex11_01 帶有預設建構函數的修改版。

雖然明確的空主體定義和預設建構函數宣告幾乎是相等的,但在現代 C++ 程式碼中首選使用 default 關鍵字：

▌ **提示**　如果在預設建構函數的主體（或我們將在後面遇到的初值串列）中什麼也不做，首選 = default; 而不是 {}。這不僅使它更明顯地關注預設的預設建構函數，而且還有一些超出本討論範圍之外的微妙的技術原因，使編譯器產生的版本成為更好的選擇。

在類別之外定義函數和建構函數

前面說過，成員函數的定義可以放在類別定義之外。對於類別建構函數也是如此。如果願意，這些都可以在一個檔案中完成，但是更常見的做法是將類別定義放在標頭檔中，將成員函數和建構函數的定義放在對應的原始檔中。我們可以像這樣在標頭檔中定義 Box 類別：

```cpp
// Box.h
#ifndef BOX_H
#define BOX_H

class Box
{
private:
  double length {1.0};
  double width {1.0};
  double height {1.0};
public:
  // Constructors
  Box(double lengthValue, double widthValue, double heightValue);
  Box() = default;

  double volume();         // Function to calculate the volume of a box
};

#endif
```

接著，volume() 成員和建構函數的定義放入 .cpp 檔中。檔案中的每個成員函數和建構函數的名稱必須用類別名稱加以限定，以便編譯器知道它們屬於哪個類別：

```cpp
// Box.cpp
#include "Box.h"
```

```
#include <iostream>

// Constructor definition
Box::Box(double lengthValue, double widthValue, double heightValue)
{
  std::cout << "Box constructor called." << std::endl;
  length = lengthValue;
  width = widthValue;
  height = heightValue;
}

// Function to calculate the volume of a box
double Box::volume()
{
  return length * width * height;
}
```

如果 Box.h 沒有包含在 Box.cpp 中。編譯器不會知道 Box 是一個類別，因此程式碼不會編譯。注意，在類別中使用 default 關鍵字定義預設建構函數，它在原始檔中不能有定義。

將類別的定義與其成員的定義分開，可以使程式碼更容易管理。對於一個包含大量成員函數和建構函數的大型類別，如果所有函數定義都出現在該類別中，將非常麻煩。更重要的是，任何建立 Box 型態物件的原始檔，只需要包含標頭檔 Box.h。使用該類別的程式設計師不需要存取成員函數的原始碼定義，只需要存取標頭檔中的類別定義。只要類別定義保持不變，就可以自由地更改成員函數的實作，而不影響使用該類別的程式的操作。

前面的例子是這樣的，Box 類別被分成 .h 和 .cpp：

```
// Ex11_01B.cpp
// Defining functions and constructors outside the class definition
#include <iostream>
#include "Box.h"

int main()
{
  Box firstBox{80.0, 50.0, 40.0};                   // Create a box
  double firstBoxVolume{firstBox.volume()};    // Calculate the box volume
  std::cout << "Volume of the first Box object is " << firstBoxVolume << std::endl;

  Box secondBox;                          // Uses compiler-generated default constructor
  double secondBoxVolume{secondBox.volume()}; // Calculate the box volume
```

```
    std::cout << "Volume of the second Box object is " << secondBoxVolume << std::endl;
}
```

這與前面範例中的 main() 版本相同。唯一的區別是 Box.h 標頭檔的 #include 指令，它包含 Box 類別的定義。

▌附註 在類別外部定義成員函數實際上與將定義放在類別內部並不完全相同。一個細微的區別是，類別定義的函數定義是隱式的 inline（不過，這並不一定意味著它們將被實作為內嵌函數——正如我們在第 8 章中討論的，編譯器決定這一點）。

預設建構函數的參數值

當我們討論 "一般" 函數時，我們看到如何在函數原型中指定參數的預設值（*default value*）。我們亦可設定類別成員函數的預設值，包括建構函數。若我們將成員函數的定義放在類別定義中，則可將參數的預設值放在函數標頭中。若在類別定義中只包含函數的宣告，則預設參數值應放在宣告中，而不是函數定義中。我們可以將前面例子中的類別定義修改為：

```
class Box
{
private:
  double length, width, height;

public:
  // Constructors
  Box(double lv = 1.0, double wv = 1.0, double hv = 1.0);
  Box() = default;

  double volume();      // Function to calculate the volume of a box
};
```

若我們對上一個範例作此修改，會如何呢？我們當然會從編譯器得到一個錯誤訊息！編譯器顯示的錯誤訊息會告訴我們定義了多個預設建構函數。造成混淆的原因是，具有三個參數的建構函數允許省略所有三個參數，這與呼叫無參數建構函數沒有什麼區別。所有參數都有預設值的建構函數，仍然算作預設建構函數。最明顯的解決方法是刪除預設建構函數，該建構函數在此實體中不接受任何參數。如果這樣做，那麼一切都會編譯並順利執行。

建構函數中使用初值串列

至目前為止，我們都在類別建構函數的主體中，使用明確的設定敘述來初始物件的成員。但是有一個不同的技術可用，就是**成員初始化串列**（*member initializer list*）。我們用 Box 類別的另一個版本的建構函數說明之：

```
// Constructor definition using a member initializer list
Box::Box(double lv, double wv, double hv) : length {lv}, width {wv}, height {hv}
{
  std::cout << "Box constructor called." << std::endl;
}
```

資料成員的值在建構函數標頭的初始化串列中設定為初值。例如，length 是用 lv 初始化的。初始化串列與參數串列之間用冒號（:）分隔，每個初值與下一個初值之間用逗號（,）分隔。如果在前面的範例中替換這個版本的建構函數，你將看到它也能正常執行。

這不僅僅是一個不同的符號。當使用建構函數主體中的設定敘述初始資料成員時，首先建立資料成員（如果是類別的實體，則使用建構函數呼叫），然後將設定作為單獨的操作執行。當使用初始化串列時，初始值用於初始建立的資料成員。這可能是一個更有效的過程，特別是當資料成員是一個類別實體時。這種在建構函數中初始化參數的技術之所以重要，還有一個原因。這是為某些型態的資料成員設定值的唯一方法。

有一點需要注意。資料成員初始化的順序是由它們在類別定義中宣告的順序決定的──所以可能不像你期望的那樣，由它們在成員初值化串列中出現的順序決定的。當然，只有當資料成員使用計算順序重要的運算式初始化時，這一點才重要。可能的例子是，透過使用另一個資料成員的值，或呼叫依賴於已初始化的其他資料成員的成員函數，來初始資料成員。在程式碼中依賴這個順序可能是危險的。即使今天一切正常，明年可能會有人更改宣告順序，並無意中破壞類別建構函數之一的正確性！

■ 提示 寧可在建構函數的成員初值化串列中初始所有資料成員，通常更有效率。為了避免混淆，理想情況下，將資料成員按照類別定義中宣告的順序放在初值化串列中。只有在需要更複雜的邏輯或者初始資料成員的順序很重要時，才應該在建構函數主體中初始資料成員。

使用 explicit 關鍵字

只有單一參數的類別建構函數有一點不安全之處，因為編譯器可用這種建構函數，將參數型態暗中轉換為類別型態。在某些情況下，這會產生意想不到的結果。我們考慮一個特殊的情況。假設我們定義一個正立方體的盒子類別，使其三邊都是等長：

```
// Cube.h
#ifndef CUBE_H
#define CUBE_H
class Cube
{
private:
  double side;

public:
  Cube(double aSide);                      // Constructor
  double volume();                         // Calculate volume of a cube
  bool hasLargerVolumeThan(Cube aCube);    // Compare volume of a cube with another
};
#endif
```

我們可以在 Cube.cpp 定義建構函數如下：

```
Cube::Cube(double aSide) : side{aSide}
{
  std::cout << "Cube constructor called." << std::endl;
}
```

計算正立方體體積的函數定義為：

```
double Cube::volume() { return side * side * side; }
```

如果一個 Cube 的體積大是這兩個較大者，則表示該 Cube 的物件大於另一個。hasLargerVolumeThan() 成員可以這樣定義：

```
bool Cube::hasLargerVolumeThan(Cube aCube) { return volume() > aCube.volume(); }
```

建構函數只需要一個 double 型態的引數。很顯然的，編譯器會用建構函數將 double 值轉成 Cube 物件，但是什麼樣的情況下才會發生？此類別還定義了函數 volume()，以及比較目前物件和以引數傳入之 Cube 物件的函數，若目前物件有較大的體積，則此函數回傳 true。你可以下面的方式使用之：

```
// Ex11_02.cpp
// Problems of implicit object conversions
```

```
#include <iostream>
#include "Cube.h"

int main()
{
  Cube box1 {7.0};
  Cube box2 {3.0};
  if (box1.hasLargerVolumeThan(box2))
    std::cout << "box1 is larger than box2." << std::endl;
  else
    std::cout << "Volume of box1 is less than or equal to that of box2." << std::endl;
  std::cout << "volume of box1 is " << box1.volume() << std::endl;
  if (box1.hasLargerVolumeThan(50.0))
    std::cout << "Volume of box1 is greater than 50"<< std::endl;
  else
    std::cout << "Volume of box1 is less than or equal to 50"<< std::endl;
}
```

輸出如下：

```
Cube constructor called.
Cube constructor called.
box1 is larger than box2.
volume of box1 is 343
Cube constructor called.
Volume of box1 is less than or equal to 50
```

輸出顯示 box1 的體積肯定不小於 50，但是輸出的最後一行表示相反的情況。此程式碼假定 hasLargerVolumeThan() 將目前物件的體積與 50.0 進行比較。實際上，此函數比較兩個 Cube 物件。編譯器知道 hasLargerVolumeThan() 函數的引數字應為 Cube 物件，因為有一個可用的建構函數將引數 50.0 轉成 Cube 物件，所以編譯不會失敗。編譯器產生的程式碼會等於：

```
if (box1.hasLargerVolumeThan(Cube{50.0}))
  std::cout << "Volume of box1 is greater than 50"<< std::endl;
else
  std::cout << "Volume of box1 is less than or equal to 50"<< std::endl;
```

這函數不會將物件 box1 和 50.0 作比較，而是和 125000.0 作比較，這是 Cube（50.0）的體積！這結果和我們預期大不相同。幸好你可避免這種夢魘，只要將建構函數宣告為 explicit：

```
class Cube
{
```

```
public:
  double side;

  explicit Cube(double aSide);        // Constructor
  double volume();                     // Calculate volume of a cube
  bool hasLargerVolumeThan(Cube aCube); // Compare volume of a cube with another
};
```

根據 Cube 的定義，Ex11_02.cpp 將無法編譯。編譯器絕不會用一個 explicit 的建構函數作暗中的轉換。它只可明確的用在程式碼中產生物件。根據定義，隱含的轉換是從一個型態轉換至另一個型態，所以你只需將 explicit 關鍵字用在具有一個引數的建構函數上。hasLargerVolumeThan() 成員只接受一個 Cube 物件作為參數，因此使用 double 型態的參數呼叫它不會編譯。

▌ 提示　隱含的轉換可能導致程式碼混亂；大多數情況下，如果使用明確轉換，程式碼編譯的原因和功能會變得更加明顯。因此預設情況下，應該將所有單一參數建構函數宣告為 explicit（注意，這包括具有多個參數的建構函數，其中除第一個參數外，至少所有參數都具有預設值）；只有在真正需要隱含式型態轉換時才省略 explicit。

委託建構函數

一個類別可以有幾個建構函數，它們提供建立物件的不同方法。一個建構函數的程式碼可以在初始化串列中，呼叫相同類別的另一個建構函數。這可以避免在多個建構函數中重複相同的程式碼。下面是一個使用 Box 類別的範例：

```
class Box
{
private:
  double length {1.0};
  double width {1.0};
  double height {1.0};

public:
  // Constructors
  Box(double lv, double wv, double hv);
  explicit Box(double side);        // Constructor for a cube
  Box() = default;                  // No-arg constructor
```

```
  double volume();                     // Function to calculate the volume of a box
};
```

注意，我們已經恢復了資料成員的初始值，並刪除了建構函數參數的預設值。這是因為編譯器無法區分呼叫帶有單個參數的建構函數和呼叫帶有三個參數的建構函數（省略最後兩個參數）。這消除了建立沒有參數的物件的功能，編譯器也不會提供預設值，因此我們向類別新增了無參數建構函數的定義。

第一個建構函數的實作如下：

```
Box::Box(double lv, double wv, double hv) : length {lv}, width {wv}, height {hv}
{
  std::cout << "Box constructor 1 called." << std::endl;
}
```

第二個建構函數建立了一個所有邊都相等的 Box 物件，我們可以這樣實作它：

```
Box::Box(double side) : Box{side, side, side}
{
  std::cout << "Box constructor 2 called." << std::endl;
}
```

這個建構函數在初值串列中呼叫了前一個建構函數。side 參數用作前一個建構函數的參數列表中的所有三個值。這稱為**委託建構函數**（*delegating constructor*），因為它將建構工作委託給另一個建構函數。委託建構函數有助於縮短和簡化建構函數程式碼，並使類別定義更容易理解。下面是一個練習範例：

```
// Ex11_03.cpp
// Using a delegating constructor
#include <iostream>
#include "Box.h"

int main()
{
  Box box1 {2.0, 3.0, 4.0};            // An arbitrary box
  Box box2 {5.0};                      // A box that is a cube
  std::cout << "box1 volume = " << box1.volume() << std::endl;
  std::cout << "box2 volume = " << box2.volume() << std::endl;
}
```

完整的程式碼請透過下載取得。輸出如下：

```
Box constructor 1 called.
Box constructor 1 called.
Box constructor 2 called.
box1 volume = 24
box2 volume = 125
```

從輸出中可以看到，建立第一個物件只呼叫建構函數 1。建立第二個物件呼叫建構函數 1 和建構函數 2。這還表明，建構函數的初始化串列的執行發生在建構函數主體中的程式碼之前。這些體積正如你所期望的那樣。

你應該只在建構函數的初始化串列中，呼叫相同類別建構函數。在委託建構函數的主體中，呼叫相同類別的建構函數是不一樣的。此外，不能在委託建構函數的初始化串列中初始資料成員。如果這樣做，程式碼將無法編譯。可以在委託建構函數的主體中為資料成員設定值，但是在這種情況下，你應該考慮是否應該將建構函數真正實作為委託建構函數。

複製建構函數

假設將以下敘述加到 Ex11_03.cpp 中的 main()：

```
Box box3 {box2};
std::cout << "box3 volume = " << box3.volume() << std::endl;    // Volume = 125
```

輸出顯示 box3 確實具有 box2 的維度，但是沒有使用 Box 型態的參數定義建構函數，那麼 box3 是如何建立的呢？答案是編譯器提供了一個預設的**複製建構函數**（*copy constructor*），它是一個透過複製現有物件來建立物件的建構函數。預設的複製建構函數將物件（即參數）的資料成員的值複製到新物件。

對於 Box 物件，預設行為沒有問題，但是當一個或多個資料成員是指標時，它可能會導致問題。僅僅複製指標並不會複製它所指向的物件，這意味著當複製建構函數建立物件時，它與原始物件是相互鏈接的。這兩個物件都包含指向同一物件的成員。一個簡單的例子是如果一個物件包含一個指向字串的指標。一個複製的物件將有一個成員指向同一個字串，因此，如果一個物件的字串被更改，那麼另一個物件的字串也會被更改。這通常不是你想要的。在本例中，你必須定義一個複製建構函數。我們將在第 17 章中回到是否、何時以及為什麼定義複製建構函數的問題。現在，我們只關注如何做。

實作複製建構函數

複製建構函數必須接受相同型態的參數，並以適當的方式建立副本。這就產生了一個你必須克服迫在眉睫的問題；如果你像這樣定義 Box 類別的複製建構函數，你可以清楚地看到它：

```
Box::Box(Box box) : length {box.length}, width {box.width}, height {box.height} // Wrong!!
{}
```

新物件的每個資料成員都用物件（即參數）的值初始化。在這個實體中，複製建構函數的主體中不需要任何程式碼。這看起來沒問題，但是考慮一下呼叫建構函數時會發生什麼。參數是**以值傳遞**（*by value*）的，但是因為參數是 Box 物件，所以編譯器會為 Box 類別呼叫複製建構函數來複製參數。當然，複製建構函數這個呼叫的參數是以值傳遞的，因此需要對複製建構函數進行另一個呼叫，以此類推。簡而言之，你已經建立了這樣一種情況：對複製建構函數的遞迴呼叫數量不限。編譯器不允許編譯此程式碼。

為了避免這個問題，複製建構函數的參數必須是一個**參考**。更具體地說，它應該是一個參考到 const 參數。對於 Box 類別，它看起來是這樣：

```
Box::Box(const Box& box) : length {box.length}, width {box.width}, height {box.height}
{}
```

既然參數不再以值傳遞，就避免了對複製建構函數的遞迴呼叫。編譯器使用傳遞給它的物件初始化參數 box。參數應該是參考到 const，因為複製建構函數只負責建立副本；不應修改原文。參考到 const 參數允許複製 const 和非 const 物件。如果參數是參考到非 const 的，建構函數不會接受 const 物件作為參數，因此不允許複製 const 物件。從這裡可以得出結論，複製建構函數的參數型態始終是對同一型態的 const 物件的參考。換句話說，複製建構函數的形式對於任何類別都是相同的：

```
Type::Type(const Type& object)
{
  // Code to duplicate the object...
}
```

複製建構函數也可以有初始化串列，甚至可以委託給其他非複製建構函數。這裡有一個例子：

```
Box::Box(const Box& box) : Box{box.length, box.width, box.height}
{}
```

類別的私有成員

禁止所有外部存取類別的 private 資料成員的值是相當極端的。保護它們不受未經授權的修改是一個好主意，但是若不知道特定 Box 物件的尺寸，就沒有辦法找到它。當然不需要那麼隱密，對吧？

它不需要，你也不需要使用 public 關鍵字來公有化資料成員。可以透過新增成員函數來回傳私有資料成員的值，從而提供對這些變數值的存取。要從類別外部存取 Box 物件的維度，只需要在類別定義中加入以下三個成員函數：

```cpp
class Box
{
private:
  double length {1.0};
  double width {1.0};
  double height {1.0};

public:
  // Constructors
  Box() = default;
  Box(double length, double width, double height);

  double volume();                         // Function to calculate the volume of a box

  // Functions to provide access to the values of member variables
  double getLength() { return length; }
  double getWidth()  { return width; }
  double getHeight() { return height; }
};
```

資料成員的值是完全可存取的，但是不能從類別外部更改它們，因此類別的完整性在沒有保密性的情況下得到了保護。這類成員函數通常在類別中有自己的定義，因為它們很短，這使得它們在預設情況下是 inline。因此，存取資料成員的值所涉及的成本是最小的。搜尋資料成員值的函數通常稱為擷取器（*accessor*）函數。

使用這些擷取器函數很簡單：

```cpp
Box myBox {3.0, 4.0, 5.0};
std::cout << "myBox dimensions are " << myBox.getLength()
          << " by " << myBox.getWidth()
          << " by " << myBox.getHeight() << std::endl;
```

你可以對任何類別使用這種方法。你只需為希望對外開放的每個資料成員撰寫一個擷取器函數。

在某些情況下，你**確實**希望允許從類別外部更改資料成員。如果你提供一個成員函數來執行此操作，而不是直接公有化資料成員，那麼你就有機會對該值執行完整性檢查。例如，你也可以加入一些函數來改變 Box 物件的尺寸：

```
class Box
{
private:
  double length {1.0};
  double width {1.0};
  double height {1.0};

public:
  // Constructors
  Box() = default;
  Box(double length, double width, double height);

  double volume();            // Function to calculate the volume of a box

  // Functions to provide access to the values of member variables
  double getLength() { return length; }
  double getWidth()  { return width; }
  double getHeight() { return height; }

  // Functions to set member variable values
  void setLength(double lv) { if (lv > 0) length = lv; }
  void setWidth(double wv)  { if (wv > 0) width = wv; }
  void setHeight(double hv) { if (hv > 0) height = hv; }
};
```

每個 set 函數中的 if 敘述確保只接受正的新值。如果為零或負數的資料成員提供了一個新值，那麼它將被忽略。允許修改資料成員的成員函數通常稱為修正器（*mutator*）成員函數。使用這些簡單的變數同樣簡單：

```
myBox.setLength(-20.0);     // ignored!
myBox.setWidth(40.0);
myBox.setHeight(10.0);
std::cout << "myBox dimensions are now " << myBox.getLength()  // 3 (unchanged)
          << " by " << myBox.getWidth()                       // by 40
          << " by " << myBox.getHeight() << std::endl;        // by 10
```

你可以在 Ex11_04 找到完整的測試程式。

█ **附註**　按照流行的慣例，存取名為 myMember 資料成員的成員函數主要被稱為 getMyMember()，而更新資料成員為 setMyMember() 的函數。因此，這些成員函數通常分別被簡單地稱為 *getter* 和 *setter*。這種命名慣例的一個常見例外是，bool 型態成員的擷取器通常被命名為 isMyMember()。也就是說，Boolean 資料成員 valid 的 getter 通常被稱為 isValid()，而不是 getValid()。這並不意味著我們現在稱它們為 *isser*；這些布林擷取器仍然稱為 *getter*。

█ ## this 指標

Box 類別中的 volume() 函數是根據未限定的類別成員名稱實作的。每個 Box 型態的物件都包含這些成員，因此函數必須有一種方法來參考呼叫它的特定物件的成員。換句話說，當 volume() 中的程式碼存取 length 成員時，必須有一種方法讓 length 參考呼叫函數的物件的成員，而不是其他物件。

當類別成員函數執行時，它自動包含一個名為 this 的隱藏指標，該指標包含呼叫該函數的物件的位址。例如，假設你這樣寫：

```
std::cout << myBox.volume() << std::endl;
```

volume() 函數中的 this 指標包含 myBox 的位址。當你為另一個 Box 物件呼叫該函數時，它將包含該物件的位址。這意味著，當在執行期間於 volume() 函數中存取資料成員 length 時，它實際上參考的是 this->length，它是對正在使用的物件成員完全指定的參考。編譯器負責將這個指標名稱加到函數的成員名稱中。換句話說，編譯器實作的函數如下：

```
double Box::volume()
{
  return this->length * this->width * this->height;
}
```

如果需要，可以使用指標明確地撰寫函數，但沒有必要這樣做。不過在某些情況下確實需要明確地使用它，比如需要回傳目前物件的位址。

█ **附註**　在本章後面，會了解類別的靜態成員函數。這些不包含 this 指標。

從函數回傳 this 指標

如果成員函數的回傳型態是指向類別型態的指標，則可以回傳 this。然後使用一個成員函數回傳的指標來呼叫另一個成員函數。讓我們考慮一個例子，看看這在什麼地方有用。

假設你從 Ex11_04 改變 Box 類別的修正器函數，在設定 Box 的長度、寬度和高度之後，回傳 this 指標的副本：

```cpp
class Box
{
private:
  double length {1.0};
  double width {1.0};
  double height {1.0};
public:
  // ... rest of the class definition as before in Ex11_04

  // Mutator functions
  Box* setLength(double lv);
  Box* setWidth(double wv);
  Box* setHeight(double hv);
};
```

你可以實作這些在 Box.cpp，如下所示：

```cpp
Box* Box::setLength(double lv)
{
  if (lv > 0) length = lv;
  return this;
}
Box* Box::setWidth(double wv)
{
  if (wv > 0) width = wv;
  return this;
}
Box* Box::setHeight(double hv)
{
  if (hv > 0) height = hv;
  return this;
}
```

現在你可以在一條敘述中修改一個 Box 物件的所有維度：

```cpp
Box myBox{3.0, 4.0, 5.0};                          // Create a box
myBox.setLength(-20.0)->setWidth(40.0)->setHeight(10.0); // Set all dimensions of myBox
```

因為修正器成員函數回傳 this 指標，所以可以使用一個函數回傳的值來呼叫下一個函數。因此，setLength() 回傳的指標用於呼叫 setWidth()，它回傳一個可以用來呼叫 setHeight() 的指標。那不是很好嗎？

你也可以回傳參考，而不是指標。例如，setLength() 函數將被定義為：

```
Box& Box::setLength(double lv)
{
  if (lv > 0) length = lv;
  return *this;
}
```

如果對 setWidth() 和 setHeight() 執行相同的操作，就會得到 Ex11_05 的 Box 類別。Ex11_05.cpp 中的範例程式顯示，回傳 *this 的參考，允許你將成員函數呼叫鏈接在一起，如下所示：

```
myBox.setLength(-20.0).setWidth(40.0).setHeight(10.0); // Set all dimensions of myBox
```

這種模式稱為**方法鏈接**（*method chaining*）。如果目標是方便使用方法鏈接的敘述，通常是使用參考來完成。在下一章討論運算子多載時，你將遇到幾個這種模式的傳統範例。

const 物件和 const 成員函數

const 變數是其值不能改變的變數。你也可以定義類別型態的 const 變數。然後這些變數被稱為 *const 物件*。構成 const 物件狀態的資料成員都不能更改。換句話說，const 物件的任何資料成員本身就是一個 const 變數，因此是不可變的。

假設我們的 Box 類別的 length、width 和 height 資料成員是 public。那麼下面的程式碼仍然無法編譯：

```
const Box myBox {3.0, 4.0, 5.0};
std::cout << "The length of myBox is " << myBox.length << std::endl;     // ok
myBox.length = 2.0; // Error! Assignment to a member variable of a const object...
myBox.width *= 3.0; // Error! Assignment to a member variable of a const object...
```

允許從 const 物件 myBox 中讀取資料成員，但是任何將值賦予一個資料成員、或以其他方式修改這樣的資料成員，都會導致編譯器錯誤。

在第 8 章，你將回想起這個原則延展為指向 const 和參考 const 變數：

```
Box myBox {3.0, 4.0, 5.0};          // A non-const, mutable Box

const Box* boxPointer = &myBox;   // A pointer-to-const-Box variable
boxPointer->length = 2;           // Error!
boxPointer->width *= 3;           // Error!
```

在前面的程式碼片段中，myBox 物件本身是一個非 const 的可變 Box 物件。不過，如果將其位址儲存在指向 const Box 的變數中，則不能再使用該指標修改 myBox 的狀態。如果你使用參考到 const 來替換指標，也會出現同樣的情況。

你還會記得，當物件透過參考、或使用指標傳遞給函數、或從函數回傳時，這一點非常重要。讓 printBox() 函數具有以下簽名：

```
void printBox(const Box& box);
```

然後 printBox() 不能修改作為參數傳遞的 Box 物件的狀態，即使原始的 Box 物件是非 const 的。

在本節其餘部分的範例中，我們將主要使用 const 物件。但是請記住，當透過指向 const 或參考到 const 存取物件時，應用的限制與直接存取 const 物件時相同。

const 成員函數

要查看 const 物件的成員函數的行為，讓我們回到 Ex11_04 的 Box 類別。在這個版本的類別中，Box 物件的資料成員被適當地隱藏，只能透過公有 getter 和 setter 成員函數來操作。假設現在你更改了 Ex11_04 的 main() 函數中的程式碼，使 myBox 成為 const：

```
const Box myBox {3.0, 4.0, 5.0};
std::cout << "myBox dimensions are " << myBox.getLength()
          << " by " << myBox.getWidth()
          << " by " << myBox.getHeight() << std::endl;

myBox.setLength(-20.0);
myBox.setWidth(40.0);
myBox.setHeight(10.0);
```

現在範例會不再編譯！當然，編譯器拒絕編譯前面程式碼片段中的最後三行正是你想要的。畢竟，你不應該能夠更改 const 物件的狀態。前面已經說過，編譯器阻止對資料成員的直接設定值——假設你有存取權限——那麼為什麼它應該允許在成員函數中進行間接設定值呢？如果允許呼叫這些 setter，Box 物件就不是一個不可變常數了，對吧？

不幸的是，不能對 const 物件呼叫 getter 函數，原因很簡單，它們可能會更改物件。在我們的範例中，這意味著編譯器不僅拒絕編譯最後三行，而且拒絕編譯前面的敘述。類似地，在 const myBox 上呼叫 volume() 成員函數的任何嘗試都會導致編譯錯誤：

```
std::cout << "myBox's volume is " << myBox.volume() << std::endl; // will not compile!
```

即使你知道 volume() 不會更改物件，編譯器也不會。當編譯這個 volume() 運算式時，它唯一可用的就是 Box.h 標頭檔中的函數原型。而且，即使編譯器從類別定義內部知道函數的定義——就像前面的三個 getter 一樣——編譯器也不會嘗試推斷函數是否修改了物件的狀態。編譯器在此設定中使用的所有內容都是函數的簽名。

因此，根據我們目前對 Box 類別的定義，const Box 物件相當無用。你不能呼叫它的任何成員函數，甚至不能呼叫那些顯然不修改任何狀態的函數！要解決這個問題，你必須改進 Box 類別的定義。你需要一種方法來告訴編譯器允許在 const 物件上呼叫哪些成員函數。解決方法就是所謂的 *const 成員函數*（*const member function*）。

首先，你需要在類別定義中將所有不修改物件的函數指定為 const：

```cpp
class Box
{
  // Rest of the class as before...

  double volume() const;              // Function to calculate the volume of a box

  // Functions to provide access to the values of member variables
  double getLength() const { return length; }
  double getWidth() const  { return width; }
  double getHeight() const { return height; }

  // Functions to set member variable values
  void setLength(double lv) { if (lv > 0) length = lv;}
  void setWidth(double wv)  { if (wv > 0) width = wv; }
  void setHeight(double hv) { if (hv > 0) height = hv; }
};
```

接下來，你必須相應地更改 Box.cpp 中的函數定義：

```
double Box::volume() const
{
  return length * width * height;
}
```

透過這些更改，我們期望為 const myBox 物件工作的所有呼叫都將有效地執行。
對它呼叫 setter 仍然是不可能的。可以下載 Ex11_06 取得完整的範例。

■ **提示**　對於 const 物件，只能呼叫 const 成員函數。因此，應該指定所有不能更
改物件的成員函數，並將其呼叫為 const。

const 正確性

對於 const 物件，只能呼叫 const 成員函數。其思想是 const 物件必須是完全
不可變的，因此編譯器只允許你呼叫不修改它們的成員函數，而且永遠不會修
改它們。當然，只有當 const 成員函數不能有效地修改物件的狀態時，這才有
意義。假設你被允許寫以下內容：

```
void setLength(double lv) const  { if (lv > 0) length = lv; }   // Will not compile!
void setWidth(double wv) const  { if (wv > 0) width = wv; }
void setHeight(double hv) const { if (hv > 0) height = hv; }
```

這三個函數清楚地修改了 Box 的狀態。如果它們被允許像這樣宣告 const，你又
能在 const Box 物件上呼叫這些 setter 函數。這意味著你將再次能夠修改假定
不變的物件的值。這就違背了 const 物件的目的。幸運的是，編譯器強制你永
遠不能（無意中）從 const 成員函數中修改 const 物件。任何嘗試從 const 成
員函數中修改物件資料成員都會導致編譯器錯誤。

將成員函數指定為 const 可以有效地使 this 指標成為該函數的 const。例如，
在我們之前的三個修正器函數中，this 指標的型態將是 const Box*，它是指向
const Box 的指標。而且不能透過指向 const 指標為資料成員設定值。類似地，
這意味著不能從 const 成員函數中，呼叫任何非 const 成員函數（因為不能在
指向 const 的指標或參考到 const 上呼叫非 const 成員函數）。因此，不允許從
const volume() 成員函數中呼叫 setLength()：

```
double Box::volume() const
{
```

```
    setLength(32);          // Not const (may modify the object): will not compile!
    return length * width * height;
}
```

另一方面，可以呼叫 const 成員函數：

```
double Box::volume() const
{
    return getLength() * getWidth() * getHeight();
}
```

由於這三個 getter 函數也是 const 函數，所以從 volume() 函數中呼叫它們是沒有問題的。編譯器知道它們也不會修改物件。

這些編譯器強制限制的組合稱為 const 正確性（*const correctness*）──它防止 const 物件發生改變。我們將在下一小節的尾端來看它的最後觀點。

const 的多載

宣告成員函數是否為 const 是函數簽名的一部分。這意味著可以使用 const 版本多載非 const 成員函數。這是很有用的，通常用於回傳指標或參考由物件封裝的內部資料。假設我們為 Box 的資料成員建立了如下形式的函數，而不是傳統的 getter 和 setter：

```
class Box
{
private:
    double _length{1.0};
    double _width{1.0};
    double _height{1.0};

public:
    // Rest of the class definition...

    double& length() { return _length; };  // Return references to dimension variable
    double& width()  { return _width; };
    double& height() { return _height; };
}
```

注意，我們在資料成員的名稱中加了下劃線，以避免它們與成員函數的名稱發生衝突。這些成員函數現在可以使用如下：

```
Box box;
```

```
box.length() = 2;            // References can be used to the right of an assignment
std::cout << box.length() << std::endl; // Prints 2
```

在某種程度上，這些函數試圖混合 getter 和 setter。到目前為止，這是一個失敗的嘗試，因為你現在不能再存取 const Box 的尺寸：

```
const Box constBox;
// constBox.length() = 2;                   // Does not compile: good!
// std::cout << constBox.length() << std::endl;  // Does not compile either: bad!
```

可以透過使用特定於 const 物件的版本，來多載成員函數以解決這個問題。一般來說，這些額外的多載會有以下形式：

```
const double& length()  const { return _length; }; // Return references to const variables
const double& width()   const { return _width; };
const double& height()  const { return _height; };
```

因為 double 是一種基本型態，但是在這些多載中，通常會以值回傳它們，而不是以參考：

```
double length() const { return _length; }; // Return copies of dimension variables
double width()  const { return _width; };
double height() const { return _height; };
```

無論哪種方式，這都允許在 const 物件上呼叫多載的 length()、width() 和 height() 函數。使用函數兩個多載中的哪一個，取決於 const 物件的哪一個成員被呼叫。你可以透過在兩個多載中加入輸出敘述來確認這一點。可以在 Ex11_07 下找到一個小程式，它就是這樣做的。

注意，雖然有時確實會這樣做，但在這種特殊情況下，我們並不真正建議使用這種形式的函數，來替換前面顯示更傳統的 getter 和 setter。原因之一是下列形式的敘述是非傳統的，因此更難讀寫：

```
box.length() = 2;               // Less clear than 'box.setLength(2);'
```

此外，更重要的是，透過加入 public 成員函數，回傳參考 private 資料成員，基本上放棄了本章前面提到的資料隱藏大部分優點。不能再對分配給資料成員的值執行完整性檢查（例如檢查是否所有的 Box 的維度都為正）、更改物件的內部表示等等。換句話說，這幾乎和將變數 pubic 化一樣糟糕！

當然，在其他情況下，建議對 const 進行多載。稍後會遇到幾個範例，例如在下一章中多載陣列擷取運算子。

▎**附註**　為了保持 const 的正確性，下面的 Box 的 **getter** 變數不會編譯：

```
// Attempt to return non-const references to member variables from const functions
 double& length() const { return _length; }; // This must not be allowed to compile!
 double& width() const { return _width; };
 double& height() const { return _height; };
```

因為這些是 const 成員函數，它們的隱含式指標型態為 const 指標指向 Box (const Box*)，這使得 Box 資料成員名稱，在這些成員函數的定義範圍內參考到 const。因此，從 const 成員函數中，你永遠不能回傳指向物件狀態的非 const 部分的參考或指標。這是一件好事。否則，這些成員將提供一個後門來修改 const 物件——換句話說，這個物件應該是不可變的 (immutable)。

轉型成非 const

有一些情況非常少發生，就是函數處理 const 物件時，不管是引數傳入或是 this 指向的物件，需要將它轉型成非 const。運算子 const_cast<>() 可使你做到此點。運算子 const_cast<>() 主要有以下兩種形式：

```
const_cast<Type*>(expression)
const_cast<Type&>(expression)
```

第一種形式，運算式的型態必須是 const Type* 或 Type*；第二個，它可以是 const Type*、const Type&、Type 或 Type&。

▎**注意**　幾乎不歡迎使用 const_cast，因為它可以用來誤用物件。你應該永遠不要使用這個運算子去破壞一個物件的 const。若一個物件是 const，通常意味著不需要修改它。做一些意想不到的改變是解決錯誤的完美方法。唯一應該使用 const_cast 的情況是，你確定物件的 const 不會違反結果，若因為別人忘了加入 const 函數宣告，即使你是對的，函數也不會修改物件。另一個例子會在第 16 章中學到。

使用關鍵字 mutable

通常，不能修改 const 物件的資料成員。有時，你希望允許對特定的類別成員進行修改，即使是 const 物件也是如此。可以透過指定可變成員來實作這一點。例如，在 Ex11_08 中，我們再次從 Ex11_06 開始，並向 Box.h 中的 Box 宣告加入一個額外的可變資料成員，如下所示：

```cpp
class Box
{
private:
  double length{1.0};
  double width{1.0};
  double height{1.0};
  mutable unsigned count{};      // Counts the amount of time printVolume() is called

public:
  // Constructors
  Box() = default;
  Box(double length, double width, double height);

  double volume() const;         // Function to calculate the volume of a box
  void printVolume() const;      // Function to print out the volume of a box

  // Getters and setters like before...
};
```

mutable 關鍵字表示可以更改 count 成員，即使物件是 const。因此，在 Box.cpp 中，我們可以在新建立的 printVolume() 成員函數內的除錯 / 日誌程式碼中修改 count 成員，即使它宣告為 const：

```cpp
void Box::printVolume() const
{
  // Count how many times printVolume() is called using a mutable member in a const function
  std::cout << "The volume of this box is " << volume() << std::endl;
  std::cout << "printVolume() has been called " << ++count << " time(s)" << std::endl;
}
```

如果 count 沒有明確宣告為 mutable，編譯器不允許你從 const printVolume() 函數中修改它。任何成員函數，包括 const 和非 const，都可以對指定為 mutable 的資料成員進行更改。

注意，只有在極少數情況下才需要可變資料成員。通常若需要從 const 函數中修改物件，那麼它可能不應該是 const。mutable 資料成員的典型用法包括除錯或日誌記錄、高速存取和同步的執行緒成員。後兩種方法更深入，我們不會在這裡討論。

▋ 夥伴

在正常情況下，你會將類別的資料成員宣告為私有，藉以隱藏它們，也許你也會有類別的私有成員函數。雖然如此，但是有時需要將某些特定的函數視為此類別的 "榮譽成員"，並允許它們存取類別物件的非公有成員，彷彿它們是此類別的成員一般。這種函數稱為此類別的**夥伴**（*friend*）。夥伴可以存取類別物件的所有成員，與其存取類別無關。

▋ **注意**　夥伴宣告可能會破壞物件導向程式設計的特性之一：資料隱藏。因此，它們只應在絕對必要時使用，而這並不經常出現。在下一章學習運算子多載時，將遇到一種需要它的情況。然而，大多數類別根本不需要任何夥伴。雖然這聽起來有些悲傷和孤單，但下面關於 C++ 程式語言的幽默定義會永遠提醒你為什麼。在 C++ 中，應該非常明智地選擇它的夥伴："C++：夥伴可以存取你的私有部分。"

有兩種我們需要考慮的情況。可以將個別的函數指定為一個類別的夥伴，或是將整個類別指定為另一個類別的夥伴。對於後者，夥伴類別的所有成員函數都具有相同的存取特權，與此類別的一般成員一樣。我們先來看將個別的函數指定為夥伴的情況。

類別的夥伴函數

要使一個函數成為類別的夥伴函數，你必須在類別定義中用關鍵字 friend 宣告此函數。類別決定它的夥伴，沒有辦法使函數從類別定義之外稱為它的夥伴。類別的夥伴函數可以是全域函數，或是另一個類別的成員。但是類別的成員函數不可以是此類別的夥伴函數，所以擷取指定器不能用於類別的夥伴上。

我現在應該說實際上對夥伴函數的需求並不大。但當函數需要擷取兩個不同種類之物件的內部資料時，夥伴函數是有用的，因為使此函數變成這兩個類別的夥伴才有可能。此處我會使用夥伴函數，但是這個簡單的範例不一定可以表達出需要夥伴函數的情況，只是提供一個說明夥伴函數操作的簡單方法。假設我們要實作 Box 類別的夥伴函數，用來計算 Box 物件的表面積：

```
class Box
{
```

```
private:
  double length;
  double width;
  double height;

public:
  // Constructor
  Box(double lv = 1.0, double wv = 1.0, double hv = 1.0);

  double volume() const;                    // Function to calculate the volume of a box

  friend double surfaceArea(const Box& aBox); // Friend function for the surface area
};
```

Box.cpp 會包含建構函數和 volume() 成員的定義。這個原始檔之前已經見過很多次了。下面是使用夥伴函數的程式碼：

```
// Ex11_09.cpp
// Using a friend function of a class
#include <iostream>
#include <memory>
#include "Box.h"

int main()
{
  Box box1 {2.2, 1.1, 0.5}; // An arbitrary box
  Box box2; // A default box
  auto box3 = std::make_unique<Box>(15.0, 20.0, 8.0); // Dynamically allocated Box

  std::cout << "Volume of box1 = " << box1.volume() << std::endl;
  std::cout << "Surface area of box1 = " << surfaceArea(box1) << std::endl;

  std::cout << "Volume of box2 = "<< box2.volume() << std::endl;
  std::cout << "Surface area of box2 = " << surfaceArea(box2) << std::endl;

  std::cout << "Volume of box3 = " << box3->volume() << std::endl;
  std::cout << "Surface area of box3 = " << surfaceArea(*pBox3) << std::endl;
}

// friend function to calculate the surface area of a Box object
double surfaceArea(const Box& aBox)
{
  return 2.0*(aBox.length*aBox.width + aBox.length*aBox.height +aBox.height*aBox.width);
}
```

現在我們得到的輸出是：

```
Box constructor called.
Box constructor called.
Box constructor called.
Volume of box1 = 1.21
Surface area of box1 = 8.14
Volume of box2 = 1
Surface area of box2 = 6
Volume of box3 = 2400
Surface area of box3 = 1160
```

透過在前面帶有 friend 關鍵字的 Box 類別定義中撰寫函數原型，可以將 surfaceArea() 函數宣告為 Box 類別的 friend 函數。該函數不會更改作為引數傳遞的 Box 物件，因此使用 const 參考參數指定是明智的。在類別定義中放置 friend 宣告時保持一致也是一個好主意。我們選擇將這個宣告放在類別的所有公有成員的後面。這樣做的理由是，函數是類別介面的一部分，因為它可以存取所有類別成員。

surfaceArea() 是一個全域函數，它的定義遵循 main() 的定義。可以將它放在 Box.cpp 中，因為它與 Box 類別有關，但是將它放在主檔案中有助於表達它是全域函數。

注意，透過使用作為參數傳遞給函數的 Box 物件，可以在 surfaceArea() 的定義中存取物件的資料成員。夥伴函數不是類別成員，因此資料成員不能僅透過它們的名稱參考。它們必須透過物件名稱進行限定，方法與存取類別的公有成員的一般函數中的方法相同。夥伴函數與一般函數相同，只是它可以不受限制地存取類別的所有成員。

main() 函數透過一個指定它的維度來建立一個 Box 物件，另一個沒有指定維度的物件（因此用預設值），最後一個是動態配置的 Box 物件。後者顯示，你可以像使用 std::string 物件那樣，建立一個指向在閒置記憶體中配置 Box 物件的智慧指標。從輸出中可以看到，所有這三個物件都按照預期執行。

儘管這個範例說明了如何撰寫夥伴函數，但它並不實際。可以使用擷取器成員函數來回傳資料成員的值。那麼 surfaceArea() 就不需要是夥伴函數了。也許最好的選擇是將 surfaceArea() 作為類別的公有成員函數，以便計算 Box 的表面積成為類別介面的一部分。夥伴函數應該是最後的手段。

夥伴類別

你亦可將整個類別宣告為另一個類別的夥伴。夥伴類別的所有成員函數都可無限制的存取宣告具有夥伴之類別的所有成員。

例如，假設我們定義了類別 Carton，而且允許 Carton 類別的成員函數可存取 Box 類別的成員。這作法是將宣告 Carton 為夥伴的敘述置於 Box 的類別定義之中：

```
class Box
{
  // Public members of the class...

  friend class Carton;

  // Private members of the class...
};
```

夥伴關係不是相互的關係。雖然現在類別 Carton 中的所有的函數可以存取 Box 類別的所有成員，但是 Box 類別無法存取 Carton 類別的私有成員。類別之間的夥伴關係也沒有遞移性：若類別 A 是類別 B 的夥伴，而類別 B 是類別 C 的夥伴，則不會產生類別 A 是類別 C 的夥伴。

夥伴類別的典型用法是一個類別的函數與另一個類別的函數糾纏很深。基本上鏈結串列（就像上一章討論的串列）包含兩個類別型態：維護物件串列（通常稱為節點）的 List 類別，和定義節點內容的 Node 類別。List 類別需要設定每個 Node 物件的指標使其指向下一個物件，而將 Node 物件串在一起。使 List 類別成為定義節點類別的夥伴，可使 List 類別的成員都可直接存取 Node 類別的成員。稍後，我們會討論巢狀類別，它是夥伴的類別的替代方法。

類別物件的陣列

可以像建立任何其他型態的元素陣列一樣建立類別型態的物件陣列。每個陣列元素都必須由建構函數來建立，對於沒有指定初始值的每個元素，編譯器會安排呼叫無參數建構函數。你可以透過範例看到這一點。Box.h 中的 Box 類別定義如下：

```cpp
// Box.h
#ifndef BOX_H
#define BOX_H
#include <iostream>

class Box
{
private:
  double length {1.0};
  double width {1.0};
  double height {1.0};
public:
  /* Constructors */
  Box(double lv, double wv, double hv);
  Box(double side);              // Constructor for a cube
  Box();                         // Default constructor
  Box(const Box& box);           // Copy constructor

  double volume() const;         // Function to calculate the volume of a box
};
#endif
```

Box.cpp 的內容如下：

```cpp
#include <iostream>
#include "Box.h"

Box::Box(double lv, double wv, double hv)          // Constructor definition
  : length {lv}, width {wv}, height {hv}
{
  std::cout << "Box constructor 1 called." << std::endl;
}

Box::Box(double side) : Box {side, side, side}   // Constructor for a cube
{
  std::cout << "Box constructor 2 called." << std::endl;
}

Box::Box()                                        // Default constructor
{
  std::cout << "Default Box constructor called." << std::endl;
}

Box::Box(const Box& box)                          // Copy constructor
  : length {box.length}, width {box.width}, height {box.height}
{
 std::cout << "Box copy constructor called." << std::endl;
```

```
}

// Function to calculate the volume of a box
double Box::volume() const { return length * width * height; }
```

最後，定義程式 main() 函數的 Ex11_10.cpp 將包含以下內容：

```
// Ex11_10.cpp
// Creating an array of objects
#include <iostream>
#include "Box.h
int main()
{
  const Box box1 {2.0, 3.0, 4.0};                          // An arbitrary box
  Box box2 {5.0};                                          // A box that is a cube
  std::cout << "box1 volume = " << box1.volume() << std::endl;
  std::cout << "box2 volume = " << box2.volume() << std::endl;
  Box box3 {box2};
  std::cout << "box3 volume = " << box3.volume() << std::endl; // Volume = 125

  std::cout << std::endl;

  Box boxes[6] {box1, box2, box3, Box {2.0}};
}
```

輸出如下：

```
Box constructor 1 called.
Box constructor 1 called.
Box constructor 2 called.
box1 volume = 24
box2 volume = 125
Box copy constructor called.
box3 volume = 125

Box copy constructor called.
Box copy constructor called.
Box copy constructor called.
Box constructor 1 called.
Box constructor 2 called.
Default Box constructor called.
Default Box constructor called.
```

有趣的是最後七行，這是建立 Box 物件陣列的結果。前三個陣列元素的初始值是現有物件，因此編譯器呼叫複製建構函數來複製 box1、box2 和 box3。第四個元素是在大括號的陣列初始化器中，由建構函數 2 建立的物件初始，建構函數 2

在其初始化串列中呼叫建構函數 1。最後兩個陣列元素沒有指定初始值，因此編譯器呼叫預設建構函數來建立它們。

類別物件的大小

使用 sizeof 運算子可以取得類別物件的大小，方法與前面處理基本資料型態的方法相同。你可以將運算子應用於特定物件或類別型態。類別物件的大小通常是類別的資料成員大小的和，儘管它可能會比這個大。這不是什麼應該困擾你的事情，可是了解原因是不錯的。

在大多數電腦上，出於性能原因，2 位元組的變數必須放在 2 的倍數的位址上，4 位元組的變數必須放在 4 的倍數的位址上，依此類推。這叫做**邊界對齊**（*boundary alignment*）。其結果是，有時編譯器必須在一個值和下一個值的記憶體之間留出缺口。在這種機器上，若有三個占用 2 位元組的變數，然後是一個需要 4 位元組的變數，那麼可能會留下 2 位元組的空白，以便將第四個變數放在正確的邊界上。在這種情況下，這四個變數所需的總空間大於個別大小的和。

類別的靜態成員

可以將類別的成員宣告為 static。**類別靜態資料成員**（*static member variables*）用於提供類別範圍內的資料儲存，這些資料獨立於類別型態的任何特定物件，但可由任何物件存取。它們作為一個整體記錄類別的屬性，而不是單個物件的屬性。可以使用靜態資料成員來儲存特定於類別的常數，或者可以儲存關於類別物件的一般資訊，例如存在多少個物件。

靜態成員函數（*static member function*）獨立於任何單獨的類別物件，但在必要時可以由任何類別物件呼叫。如果它是公有成員，也可以從類別外部呼叫它。靜態成員函數的一個常見用法是，對靜態資料成員進行操作，而不管是否定義了該類別的任何物件。

▌ **提示** 如果成員函數不存取任何非靜態資料成員，那麼它可能是宣告為靜態成員函數的一個很好的候選物件。

類別的靜態資料成員

類別的靜態資料成員作為一個整體與類別關聯，而不是與類別的任何特定物件關聯。當將類別的資料成員宣告為 `static` 時，靜態資料成員只定義一次，即使沒有建立類別物件，靜態資料成員也將存在。每個靜態資料成員在類別的任何物件中都是可存取的，並且在任意多個物件之間共享。物件取得一般資料成員的獨立副本，但是每個靜態資料成員只有一個實體存在，不管定義了多少類別物件。

靜態資料成員的一個用途是計算一個類別有多少個物件。可以透過在類別定義中加入以下敘述向 `Box` 類別加入靜態資料成員：

```
static inline size_t objectCount {};        // Count of objects in existence
```

圖 11-6 說明了該成員如何存在於任何物件之外，但對所有物件都可用。

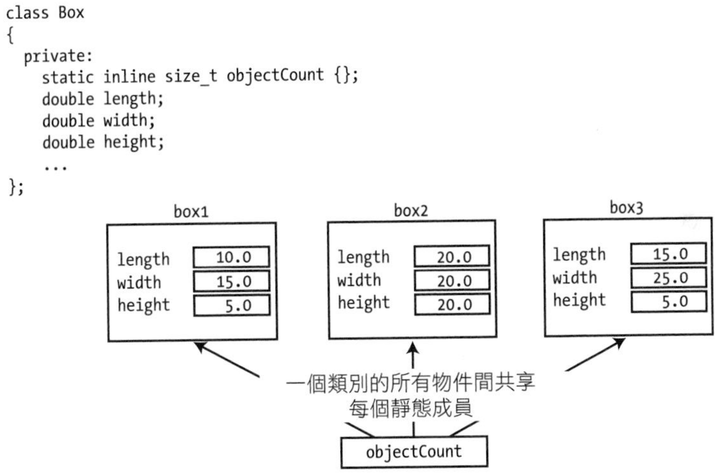
class Box
{
private:
static inline size_t objectCount {};
double length;
double width;
double height;
...
};
box1
length 10.0
width 15.0
height 5.0
box2
length 20.0
width 20.0
height 20.0
box3
length 15.0
width 25.0
height 5.0
一個類別的所有物件間共享
每個靜態成員
objectCount

▲ 圖 11-6 靜態類別成員在物件之間共享

`static objectCount` 成員是 `private`，因此不能從 `Box` 類別外部存取 `objectCount`。當然，`static` 成員可以是 `public`，也可以是 `protected`。

更進一步，`objectCount` 變數被指定為 `inline`，以允許其變數定義被載入，包含在多個編譯單元中，而不違反單一定義規則（one definition rule, ODR）。這類似於在前一章中解釋的名稱空間或全域範疇變數。

■ **附註** 自 C++17 以來才支援內嵌變數。在 C++ 17 之前，唯一的選擇是宣告 objectCount，如下所示（當然，這種語法今天仍然有效）：

```
class Box
{
private:
  static size_t objectCount;
  ...
};
```

然而，這樣做會產生一些問題。如何初始不是 inline 的靜態資料成員？你不想在建構函數中初始它，因為你只想初始它一次，而不是每次呼叫建構函數。無論如何，即使沒有物件存在（因此沒有呼叫建構函數），它也存在。若沒有 inline 變數，也不能在標頭檔中初始變數，因為這會導致違反 ODR。答案是用這樣的敘述初始化類別外部的每個非 inline 的 static 成員：

```
size_t Box::objectCount {};       // Initialize static member of Box class to 0
```

這定義（*define*）了 objectCount；此行在類別定義中只宣告（*declare*）它是一個非 inline 的 static 成員，此成員要在其他地方定義的類別。注意，static 關鍵字不能被包含於類別外的定義中。不過，你必須使用類別名稱 Box 限定成員名稱，以便編譯器理解你參考的是類別的靜態成員。否則，你只需要建立一個與類別無關的全域變數。因為這樣的敘述定義了類別靜態成員，所以它在程式中不能出現超過一次；否則你又會破壞 ODR。因此，放置它的邏輯位置應該是 Box.cpp。即使靜態成員 objectCount 變數被指定為 private，仍可以用這種方式初始它。

---

inline 變數顯然要方便得多，因為可以在標頭檔中初始化它們，而無需在原始檔中單獨定義它們。

讓我們將 static inline objectCount 資料成員和物件計算功能加到 Ex11_10。在類別定義中需要兩個額外的敘述：一個用於定義新的靜態資料成員，另一個用於宣告將搜尋其值的函數。

```
class Box
{
private:
  double length {1.0};
  double width {1.0};
  double height {1.0};
```

```
  static inline size_t objectCount {};  // Count of objects in existence

public:
  // Constructors
  Box(double lv, double wv, double hv);
  Box(double side);                      // Constructor for a cube
  Box();                                 // Default constructor
  Box(const Box& box);                   // Copy constructor

  double volume() const;                 // Function to calculate the volume of a box

  size_t getObjectCount() const { return objectCount; }
};
```

函數 getObjectCount() 被宣告為 const，因為它不修改類別的任何資料成員，
你可能想要為 const 或非 const 物件呼叫它。

Box.cpp 中的建構函數需要遞增 objectCount（除非這建構函數委託給另一個
Box 的建構函數；否則，計數會遞增兩次）：

```
#include <iostream>
#include "Box.h"

// Constructor definition
Box::Box(double lv, double wv, double hv) : length {lv}, width {wv}, height {hv}
{
  ++objectCount;
  std::cout << "Box constructor 1 called." << std::endl;
}

Box::Box(double side) : Box {side, side, side}  // Constructor for a cube
{
  std::cout << "Box constructor 2 called." << std::endl;
}

Box::Box()                                      // Default constructor
{
  ++objectCount;
  std::cout << "Default Box constructor called." << std::endl;
}

Box::Box(const Box& box)                        // Copy constructor
  : length {box.length}, width {box.width}, height {box.height}
{
  ++objectCount;
```

```
  std::cout << "Box copy constructor called." << std::endl;
}

// Function to calculate the volume of a box
double Box::volume() const
{
  return length * width * height;
}
```

這些建構函數定義現在於建立物件時更新計數。可以將 main() 的版本從 Ex11_10 修改為輸出物件計數：

```
// Ex11_11.cpp
// Using a static member variable
#include <iostream>
#include "Box.h"

int main()
{
  const Box box1 {2.0, 3.0, 4.0};                    // An arbitrary box
  Box box2 {5.0};                                    // A box that is a cube
  std::cout << "box1 volume = " << box1.volume() << std::endl;
  std::cout << "box2 volume = " << box2.volume() << std::endl;
  Box box3 {box2};
  std::cout << "box3 volume = " << box3.volume() << std::endl; // Volume = 125

  std::cout << std::endl;

  Box boxes[6] {box1, box2, box3, Box {2.0}};

  std::cout << "\nThere are now " << box1.getObjectCount() << " Box objects." << std::endl;
}
```

這個程式會產生與之前相同的輸出，只是這次它將被終止如下：

```
...
There are now 9 Box objects.
```

這段程式碼顯示，實際上只存在靜態成員 objectCount 的一個副本，所有建構函數都在更新它。函數的作用是：為 box1 物件呼叫 getObjectCount() 函數，但是你可以使用任何物件（包括任何數組元素）來取得相同的結果。你只是在計算建立的物件的數量。輸出的計數對應於這裡建立的物件的數量。通常還無法知道物件何時被銷毀，因此計數並不一定反映任何時刻物件數量。在本章稍後會了解如何解釋被銷毀的物件。

注意，透過在類別定義中加入 objectCount，Box 物件的大小會保持不變。這是因為靜態資料成員不屬於任何物件，它們屬於這個類別。此外，由於靜態資料成員不是類別物件的一部分，所以 const 成員函數可以修改非 const 靜態資料成員，而不會違反函數的 const 性質。

存取靜態資料成員

假設粗心大意將 objectCount 宣告為一個公有類別成員。你不再需要 getObjectCount() 函數來存取它。要輸出 main() 中的物件數量，只需這樣寫：

```
std::cout << "Object count is " << box1.objectCount << std::endl;
```

還有，即使沒有建立物件，也存在靜態資料成員。這意味著應該能夠在建立第一個 Box 物件之前取得計數，但是如何參考資料成員呢？答案是使用類別名稱 Box 以及範疇運算子：

```
std::cout << "Object count is " << Box::objectCount << std::endl;
```

透過修改前面的例子來測試。會看到它按照描述的方式執行。始終可以使用類別名稱存取類別的公有靜態成員，是否存在物件並不重要。實際上，建議始終使用後一種語法來存取靜態成員，因為這可以在讀取與靜態成員有關的程式碼時立即搞清楚這一點。

靜態常數

靜態資料成員通常用於定義常數。這是有意義的。將常數定義為非 staitc 資料成員是沒有意義的，因為這樣就可以為每個物件產生該常數的精確副本。如果將常數定義為靜態成員，則該常數只有一個實體在所有物件之間共享。

在 C++17 之前，當你可以或不能在類別定義中直接初始常數靜態資料成員時，所遵循的規則有些複雜（取決於變數的型態）。一些靜態常數可以在類別中定義，而另一些則需要在對應的原始檔中定義。然而，在 C++17 中導入 inline 變數使工作變得相當容易：

▌提示　通常還定義了所有 static 和 const 資料成員為 inline。這允許你可以不管它們的型態是什麼，在類別定義中直接初始它們。

若出於某種原因，你最好在原始檔中定義它們（使用我們前面展示的語法），但是必須省略 inline 關鍵字。

某些例子用這個圓柱形盒子的類別定義說明，這是盒子世界中最新的範例：

```cpp
class CylindricalBox
{
public:
  static inline const float maxRadius { 35.0f };
  static inline const float maxHeight { 60.0f };
  static inline const std::string defaultMaterial { "paperboard" };

  CylindricalBox(double radius, double height, std::string_view material = defaultMaterial);

  float volume() const;

private:
  // The value of PI used by CylindricalBox's volume() function
  static inline const float PI { 3.141592f };

  float radius;
  float height;
  std::string material;
};
```

這個類別定義了四個 inline 的靜態常數：maxRadius、maxHeight、defaultMaterial 和 PI。請注意，與一般資料成員不同，公有化常數沒有壞處。實際上，定義包含函數參數的邊界值（如 maxRadius 和 maxHeight）或建議的預設值（defaultMaterial）的公有常數是很常見的。

使用這些，類別外的程式碼可以用預設材質，建立一個狹窄的、非常高的圓柱形盒子如下：

```cpp
CylindricalBox bigBox{ 1.23f, CylindricalBox::maxHeight, CylindricalBox::defaultMaterial };
```

在 CylindricalBox 類別的成員函數主體內部，不需要用類別名稱限定類別的靜態常數成員：

```cpp
float CylindricalBox::volume() const
{
  return PI * radius * radius * height;
}
```

這個函數定義使用 PI 而不需要在前面加上 CylindricalBox::。你會在 Ex11_12 發現一個小測試程式，它執行這個 CylindricalBox 類別。

▌附註 三個關鍵字 static、inline 和 const 可以按照你喜歡的任何順序出現。對於 CylindricalBox 的定義，我們使用相同的序列 static inline const 四次（保持一致性是一個好主意），但是所有其他五種排列也都是有效的。不過，這三個關鍵字都必須出現在變數的型態名稱之前。

類別型態的靜態資料成員

靜態資料成員不是類別物件的一部分，因此它可以與類別具有相同的型態。例如，Box 類別可以包含 Box 型態的靜態資料成員。這乍一看可能有點奇怪，但它是有用的。我們將使用 Box 類別來說明如何使用。假設需要一個標準的 "參考" 盒子用於某些目的。例如，你可能希望以各種方式將 Box 物件與標準 Box 關聯起來。你可以在類別外部定義一個標準的 Box 物件，但是如果要在類別的成員函數中使用它，那麼它會建立一個外部依賴關系，最好不要使用它。假設我們只需要內部使用，可以這樣宣告這個常數：

```
class Box
{
private:
  const static Box refBox;          // Standard reference box

  // Rest of the class as before...
};
```

refBox 是 const，因為它是一個不應該更改的標準 Box 物件。但是，你仍然必須在類別之外定義和初始它。可以在 Box.cpp 中放入一個敘述來定義 refBox：

```
const Box Box::refBox {10.0, 10.0, 10.0};
```

這將呼叫 Box 類別建構函數來建立 refBox。因為類別的靜態資料成員是在建立任何物件之前建立的，所以至少有一個 Box 物件始終存在。任何靜態或非靜態成員函數都可以存取 refBox。它不能從類別外部存取，因為它是一個 private 成員。類別常數是這樣一種情況，如果資料成員在類別之外是一個有用的角色，那麼可能希望將其設為 public。只要宣告為 const，就不能修改它。

▌**附註** 你不能使用 constexpr 關鍵字，在 Box 類別本身的定義中宣告 Box 靜態常數，原因很簡單，因為此時編譯器還沒有看到 Box 的完整定義。此外，即使在其他類別宣告中，static constexpr Box 成員也不能執行，至少在將 Box 的建構函數宣告為 constexpr 之前不能執行。進一步討論這個問題超出了本書的範圍。

靜態成員函數

靜態成員函數獨立於任何類別物件。即使沒有建立類別物件，也可以呼叫 public 靜態成員函數。在類別中宣告靜態函數很容易。你只需像使用 objectCount 一樣使用 static 關鍵字。在前面的範例中，你可以將 getObjectCount() 函數宣告為靜態函數。使用類別名稱作為範疇運算子呼叫靜態成員函數。下面是如何呼叫靜態 getObjectCount() 函數：

```
std::cout << "Object count is " << Box::getObjectCount() << std::endl;
```

若已經建立了類別物件，可以透過類別物件呼叫靜態成員函數，方法與呼叫任何其他成員函數相同。下面有一個例子：

```
std::cout << "Object count is " << box1.getObjectCount() << std::endl;
```

雖然後者當然是有效的語法，但不推薦使用。原因是它不必要地混淆了它涉及靜態成員函數的事實。

靜態成員函數不能存取呼叫它的物件。靜態成員函數要存取類別的物件，需要將其作為參數傳遞給函數。從靜態函數中參考類別物件的成員，必須使用限定名（與一般全域函數存取 public 資料成員一樣）。

不過，靜態成員函數在存取特權方面是類別的正式成員。如果將相同類別的物件作為參數傳遞給靜態成員函數，則它可以存取物件的 private 成員和 public 成員。這樣做沒有意義，但是為了說明這一點，可以在 Box 類別中包含一個靜態函數的定義，如下所示：

```
static double edgeLength(const Box& aBox)
{
  return 4.0 * (aBox.length + aBox.width + aBox.height);
}
```

即使將 Box 物件作為參數傳遞，也可以存取 private 資料成員。當然，用一般的成員函數來做會更有意義。

▎ **注意** 靜態成員函數不能是 const。因為靜態成員函數不與任何類別物件相關，所以它沒有 this 指標，所以不適用 const。

解構函數

如果將 delete 運算子應用於它或在建立類別物件區塊的結尾，物件將被銷毀，就像基本型態的變數一樣。當物件被銷毀時，將執行類別中稱為**解構函數**（*destructor*）的特殊成員，來處理可能需要的任何清理。一個類別只能有一個解構函數。如果不定義解構函數，編譯器將提供一個不做任何操作的解構函數的預設版本。預設建構函數的定義如下：

```
~ClassName() {}
```

類別的解構函數的名稱總是以波浪符 ~ 置放於類別名稱的前面。解構函數不能有參數或回傳型態。Box 類別中的預設解構函數如下：

```
~Box() {}
```

若定義放在類別的外部，解構函數的名稱就會加上類別名稱於前面：

```
Box::~Box() {}
```

若解構函數的主體是空的，最好還是使用 default 關鍵字：

```
Box::~Box() = default;      // Have the compiler generate a default destructor
```

類別的解構函數總是在物件被銷毀時自動呼叫。需要明確呼叫解構函數的情況非常少見，因此可以忽略這種可能性。在沒有必要時呼叫解構函數可能會導致問題。

只需要在物件被銷毀時，執行定義的類解構函數。處理實體資源（如檔案或網路連接）的類別就是一個例子，若記憶體是由使用 new 的建構函數分配的，那麼解構函數就是釋放記憶體的地方。在第 17 章中，將會討論那些專門指定來管理給定資源的類別中，應該保留一小部分定義解構函數。儘管如此，Ex11_11 中的 Box 類別肯定也會從解構函數實作中受益，也就是說它會將 objectCount 遞減 1：

```
class Box
{
```

```
private:
  double length {1.0};
  double width {1.0};
  double height {1.0};
  static inline size_t objectCount {}; // Count of objects in existence

public:
  // Constructors
  Box(double lv, double wv, double hv);
  Box(double side);                    // Constructor for a cube
  Box();                               // Default constructor
  Box(const Box& box);                 // Copy constructor
  double volume() const;               // Function to calculate the volume of a box

  static size_t getObjectCount() { return objectCount; }

  ~Box();                              // Destructor
};
```

解構函數已加入，用來遞減 objectCount，現在 getObjectCount() 是一個靜態成員函數。可以將 Box 解構函數的實作從 Ex11_11 加到 Box.cpp 文件中，如下所示。當它被呼叫時，它會輸出一條訊息，這樣就可以看到這是什麼時候發生的：

```
Box::~Box()                          // Destructor
{
  std::cout << "Box destructor called." << std::endl;
  --objectCount;
}
```

下面的程式碼將檢查解構函數的操作：

```
// Ex11_13.cpp
// Implementing a destructor
#include <iostream>
#include <memory>
#include "Box.h"

int main()
{
  std::cout << "There are now " << Box::getObjectCount() << " Box objects." << std::endl;
  const Box box1 {2.0, 3.0, 4.0};      // An arbitrary box
  Box box2 {5.0};                      // A box that is a cube

  std::cout << "There are now " << Box::getObjectCount() << " Box objects." << std::endl;

  for (double d {} ; d < 3.0 ; ++d)
```

```
{
  Box box {d, d + 1.0, d + 2.0};
  std::cout << "Box volume is " << box.volume() << std::endl;
}

std::cout << "There are now " << Box::getObjectCount() << " Box objects." << std::endl;

auto pBox = std::make_unique<Box>(1.5, 2.5, 3.5);
std::cout << "Box volume is " << pBox->volume() << std::endl;
std::cout << "There are now" << pBox->getObjectCount() << "Box objects." << std::endl;
}
```

此範例的輸出如下：

```
There are now 0 Box objects.
Box constructor 1 called.
Box constructor 1 called.
Box constructor 2 called.
There are now 2 Box objects.
Box constructor 1 called.
Box volume is 0
Box destructor called.
Box constructor 1 called.
Box volume is 6
Box destructor called.
Box constructor 1 called.
Box volume is 24
Box destructor called.
There are now 2 Box objects.
Box constructor 1 called.
Box volume is 13.125
There are now 3 Box objects.
Box destructor called.
Box destructor called.
Box destructor called.
```

這個例子說明了何時呼叫建構函數和解構函數，以及在執行過程中在不同的點
上存在多少物件。第一行輸出顯示開始時沒有 Box 物件。objectCount 顯然不
存在任何物件，因為我們使用靜態 getObjectCount() 成員搜尋它的值。box1 和
box2 按照你在前面的範例中看到的方式建立，輸出顯示確實存在兩個物件。for
迴圈在每次反覆中建立一個新物件，輸出表明在目前反覆結束時，在輸出其體
積之後銷毀新物件。迴圈結束後，只存在原來的兩個物件。最後一個物件是透
過呼叫 make_unique<Box>() 函數樣版建立的，該函數樣版在 memory 標頭中定
義。這會呼叫具有三個參數的 Box 建構函數，在閒置空間中建立物件。為了說

明這一點，使用智慧指標 pBox 呼叫 getObjectCount()。你可以看到 main() 結束時發生的三個解構函數呼叫的輸出，這三個解構函數呼叫銷毀了其餘三個 Box 物件。

現在，你知道編譯器將向每個類別加入一個預設建構函數、一個預設複製建構函數和一個解構函數（如果不定義它們）。編譯器還可以向類別中加入其他成員，會在第 12 章和第 17 章中討論它們。

使用指標作為類別成員

現實生活中的程式通常由大量協同物件組成，這些物件使用指標、智慧指標和參考鏈接在一起。所有這些物件網絡都需要被建立、連接在一起，並最終再次被銷毀。對於後者，確保所有物件都被即時刪除，智慧指標非常有用：

◆ std::unique_ptr<> 確保你永遠不會意外忘記，從閒置空間配置刪除的物件。

◆ std::shared_ptr<> 是非常寶貴的，如果多個物件指向並使用相同的物件（間歇地或甚至同時地），並且不清楚它們何時全部使用它。換句話說，並不清楚哪個物件應該負責刪除共享物件，因為周圍可能總是有其他物件仍然需要它。

▌提示　在現代 C++ 中，通常不再需要 delete 關鍵字。動態配置的物件應該由智慧指標管理。這原則稱為資源獲得即初始化──RAII（Resource Acquisition Is Initialization）。記憶體是一種資源，要取得它，應該初始化一個智慧指標。我們將在第 15 章回到 RAII 原則，在那裡我們會有更令人信服的理由使用它。

請注意，盡可能使用 std::make_unique<>() 和 std::make_shared<>()，而不是 new 和 new[] 運算子。

詳細介紹建立和管理由許多類別和物件組成的大型程式，所需要的物件導向程式設計原則和技術，會使我們在這方面走得太遠。在本節中，我們會瀏覽第一個稍微大一些的範例，並在此過程中指出需要考慮的一些基本因素──例如在選擇不同的指標型態或 const 正確性對類別設計的影響。具體來說，我們會用一

個資料成員（指標）定義一個類別，並使用該類別的實體建立一個物件鏈結串
列（*linked list*）。

卡車範例

我們會定義一個類別，它表示任意數量的 Box 物件的集合。Box 類別定義的標頭
檔內容如下：

```cpp
// Box.h
#ifndef BOX_H
#define BOX_H
#include <iostream>
#include <iomanip>

class Box
{
private:
  double length {1.0};
  double width {1.0};
  double height {1.0};
public:
  // Constructors
  Box(double lv, double wv, double hv) : length {lv}, width {wv}, height {hv} {};

  Box() = default;                     // Default constructor

  double volume() const                // Volume of a box
  {
    return length * width * height;
  }

  int compare(const Box& box) const
  {
    if (volume() < box.volume()) return -1;
    if (volume() == box.volume()) return 0;
    return +1;
  }

  void listBox() const
  {
    std::cout << " Box(" << std::setw(2) << length << ','
                         << std::setw(2) << width << ','
                         << std::setw(2) << height << ')';
  }
};
#endif
```

我們省略了擷取器成員函數，因為這裡不需要它們，但是加了一個 listBox() 成員來輸出 Box 物件。在此範例中，Box 物件表示要交付的產品，Box 物件的集合表示卡車裝載的盒子，因此我們將呼叫類別 Truckload。Box 物件的集合是一個鏈結串列。鏈結串列可以是長的鏈結串列，也可以是短的鏈結串列，可以在鏈結串列的任何位置加入物件。該類別允許從單個 Box 物件或 Box 物件的向量建立 Truckload 物件。它會提供加入和刪除一個 Box 物件，以及列出 Truckload 中的所有 Box 物件。

Box 物件沒有將其與另一個 Box 物件鏈接的內建功能。更改 Box 類別的定義以包含此功能，這與一個盒子的概念是不一致的，一堆盒子不是這樣。將 Box 物件收集到串列中的方法是定義另一種型態的物件，我們將其稱為 Package。Package 物件將有兩個成員：一個指向 Box 物件的指標，和一個指向另一個 Package 物件的指標。後者允許我們建立一個 Package 物件鏈。

圖 11-7 說明了每個 Package 物件如何指向一個 Box 物件——SharedBox 會是 std::shared_ptr<Box> 的型態別名——並由指標連接的 Package 物件鏈中形成一個鏈。這個 Package 物件鏈形成一個資料結構，稱為鏈結串列（*linked list*）。串列可以無限長。只要可以存取第一個 Package 物件，就可以透過它包含的 pNext 指標存取下一個 Package，這允許你透過它包含的 pNext 指標存取下一個 Package，依此類推，透過串列中的所有物件。每個 Package 物件都可以透過其 pBox 成員提供對 Box 物件的存取。這種安排優於擁有 Box 型態成員的 Package 類別，後者需要為每個 Package 物件建立一個新的 Box 物件。Package 類別只是將 Box 物件綁在一個鏈結串列中，並且每個 Box 物件和 Package 物件是獨立存在的。

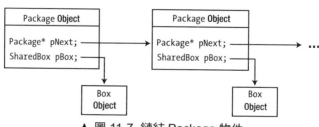

▲ 圖 11-7 鏈結 Package 物件

Truckload 物件將建立和管理一個 Package 物件串列。一個 Truckload 物件表示一個 Truckload 盒子的實體。卡車中可以載有任意數量的盒子,每個盒子都會在一個包裹中。Package 物件為 Truckload 物件提供了一種機制,來存取指向它所包含 Box 物件的指標。圖 11-8 說明了這些物件之間的關係。

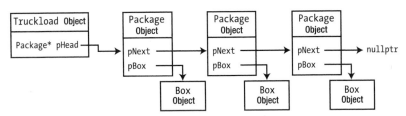

▲ 圖 11-8 管理由三個 Package 物件組成的鏈結串列的 Truckload 物件

圖 11-8 顯示了一個管理 Package 物件串列的 Truckload 物件。每個 Package 物件都包含一個 Box 物件,和一個指向下一個 Package 物件的指標。Truckload 物件只需要追蹤串列中的第一個 Package 物件;pHead 成員包含它的位址。透過追蹤 pNext 指標鏈接,可以找到串列中的任何物件。在這個基本實作中,只能從頭反覆串列。更複雜的實作可以為每個 Package 物件提供指向串列中前一個物件的指標,這將允許向後和向前追蹤串列。我們把這些想法寫進程式碼。

▌ **附註** 不需要為鏈結串列建立自己的類別。已經在 list 和 forward_list 標準函式庫標頭中的定義有非常靈活的版本。此外,我們會在第 19 章中討論到,在大多數情況下,最好使用 std::vector<>。不過,為鏈結串列定義自己的類別非常有教育意義。

定義 Package 類別

根據前面的討論,Package 類別可以在 Package.h 中定義如下:

```cpp
// Package.h
#ifndef PACKAGE_H
#define PACKAGE_H
#include <memory>
#include "Box.h"

using SharedBox = std::shared_ptr<Box>;

class Package
{
```

```
private:
  SharedBox pBox;          // Pointer to the Box object contained in this Package
  Package* pNext;          // Pointer to the next Package in the list

public:
  Package(SharedBox pb) : pBox{pb}, pNext{nullptr} {} // Constructor
  ~Package() { delete pNext; }                        // Destructor

  // Retrieve the Box pointer
  SharedBox getBox() const { return pBox; }

  // Retrieve or update the pointer to the next Package
  Package* getNext() { return pNext; }
  void setNext(Package* pPackage) { pNext = pPackage; }
};
#endif
```

為了使其餘程式碼更簡潔，我們首先將型態別名 SharedBox 定義為 std::shared_ptr<Box> 的縮寫。Package 類別的 SharedBox 成員將儲存 Box 物件的位址。每個 Package 物件只參考一個 Box 物件。

透過為所有 Box 物件使用 shared_ptr<> 指標，至少在理論上，我們確保可以與程式的其他部分共享這些相同的 Box，而不必擔心它們的生命週期──也就是說，不必擔心哪個類別應該刪除 Box 物件，以及何時刪除它們。因此，假設可以在卡車裝載、卡車的目的地清單、客戶的線上物流追蹤系統等之間共享相同的 Box 物件。若這些 Box 只由 Truckload 類別參考，shared_ptr<> 不是最合適的智慧指標，而 std::unique_ptr<> 更合適。但是這種情況下，我們的 Truckload 類別將成為完全圍繞這些 Box 所建構大程式的一部分，這就證明了使用 std::shared_ptr<> 是正確的。

Package 的 pNext 資料成員指向串列中下一個 Package 物件。串列中最後一個 Package 物件的 pNext 成員將包含 nullptr。建構函數允許建立包含 Box 參數位址的 Package 物件。pNext 成員預設為 nullptr，但是可以透過呼叫 setNext() 成員將其設為指向 Package 物件。setNext() 函數的作用是：更新 pNext 指向串列的下一個 Package。要將一個新的 Package 物件加到串列結尾，需要將它的位址傳遞給串列中最後一個 Package 物件的 setNext() 函數。

Package 本身不打算與程式的其他部分共享。它們的唯一目的是在一卡車的鏈結串列中形成一個鏈。因此，shared_ptr<> 與 pNext 資料成員不太相配。通常應該考慮為這個成員使用 unique_ptr<> 指標。原因是，在本質上，每個 Package 總是正好由一個物件精所指向，不是由串列中的前一個 Package 所指向，就是由 Truckload 本身指向串列串列的前端。如果 Truckload 被銷毀，那麼它的所有 Package 也應該被銷毀。但是依照本章的精神，特別是前一節的精神，我們決定在這裡使用原始指標，從而抓住這個機會向你展示一些非預設解構函數的範例。

如果一個 Package 物件被刪除，它的解構函數也會刪除串列中的下一個 Package。這將依次刪除下一個，依此類推。因此，要刪除它的 Package 鏈結串列，Truckload 所要做的就是刪除串列中的第一個 Package 物件，也就是串列的前端；串列中的其餘 Package 將被 Package 的解構函數一個接一個地刪除。

■ **附註**　對於串列中的最後一個 Package，pNext 會是 nullptr。不過，在應用 delete 之前，不需要在解構函數中測試 nullptr。也就是說，不需要這樣寫解構函數：

```
~Package() { if (pNext) delete pNext; }
```

在生產程式碼中，你經常會遇到這種過於謹慎的測試。但是它們是完全多餘的。delete 運算子被定義為在傳遞 nullptr 時什麼也不做。同樣值得注意的是，在這個解構函數中，在刪除之後將 pNext 設為 nullptr 幾乎沒有什麼價值。我們在前面已經告訴過你，一般來說，在刪除指標指向的值之後，將指標重置為 null 是一種很好的實踐。這樣做是為了避免任何進一步的使用或二次刪除。但是，由於一旦解構函數執行完畢，pNext 成員就不能再被存取了──對應的 Package 物件也就不復存在了。在這裡做這件事沒有什麼意義。

定義 Truckload 類別

Truckload 物件將封裝 Package 物件串列。類別必須提供建立新串列、擴展串列並從中刪除串列，以及搜尋 Box 物件的方法。作為資料成員指向串列中第一個 Package 物件的指標，將允許你透過使用 Package 類別中的 getNext() 函數追蹤 pNext 指標鏈，來存取串列中的任何 Package 物件。getNext() 函數將被反覆呼叫，一次一個 Package 物件串列，因此 Truckload 物件需要追蹤最近搜尋到的物件。儲存最後一個 Package 物件的位址也很有用，因為這樣可以很容易地在串列尾端加入一個新物件。圖 11-9 說明了這一點。

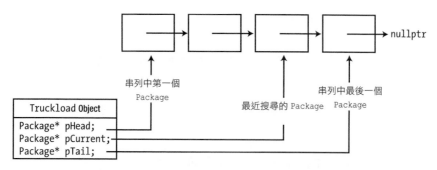

▲ 圖 11-9 管理串列所需的 Truckload 物件中的資訊

考慮一下如何從 Truckload 物件搜尋 Box 物件。這不可避免地涉及追蹤串列，因此起始點是串列中的第一個物件。可以在 Truckload 類別中定義一個 getFirstBox() 成員函數，來搜尋指向第一個 Box 物件的指標，並記錄 pCurrent 中包含它的 Package 物件的位址。然後實作一個 getNextBox() 成員函數，該函數將從串列中的下一個 Package 物件搜尋指向 Box 物件的指標，之後更新 pCurrent 以反映該指標。另一個基本功能是在串列中加入 Box，並從串列中刪除 Box 的功能，因此需要成員函數來實作這些；addBox() 和 removeBox() 是它們的合適名稱。一個成員函數用來列出串列中的所有 Box 物件也是很方便的。

下面是基於這些想法對 Truckload 類別的定義：

```
class Truckload
{
private:
  Package* pHead {};                  // First in the list
  Package* pTail {};                  // Last in the list
  Package* pCurrent {};               // Last retrieved from the list

public:
  Truckload() = default;              // Default constructor - empty truckload

  Truckload(SharedBox pBox)           // Constructor - one Box
  { pHead = pTail = new Package{pBox}; }

  Truckload(const std::vector<SharedBox>& boxes); // Constructor - vector of Boxes

  Truckload(const Truckload& src);    // Copy constructor

  ~Truckload() { delete pHead; }      // Destructor: clean up the list
```

```
SharedBox getFirstBox();        // Get the first Box
SharedBox getNextBox();         // Get the next Box
void addBox(SharedBox pBox);    // Add a new Box
bool removeBox(SharedBox pBox); // Remove a Box from the Truckload
void listBoxes() const;         // Output the Boxes
};
```

資料成員是 private，因為它們不需要在類別之外存取。getFirstBox() 和 getNextBox() 成員提供了搜尋 Box 物件的機制。每一個都需要修改 pCurrent 指標，所以它們不能是 const。addBox() 和 removeBox() 函數也會更改串列，因此它們也不能是 const。

有 4 個建構函數。預設建構函數定義一個包含空串列的物件。還可以從一個指向 Box 物件的指標建立一個物件、從一個指標向量建立一個物件，或者作為另一個 Truckload 的副本建立一個物件。類別的解構函數確保它封裝的鏈結串列被正確清除。如前所述，刪除第一個 Package 也將觸發串列中所有其他要刪除的 Package。

接受指向 Box 物件的指標向量的建構函數、複製建構函數和類別的其他成員函數需要外部定義，我們將把外部定義放在 Truckload.cpp 中，這樣它們就不會是 inline。你可以將它們定義為 inline，並在 Truckload.h 中包含這些定義。

反覆卡車裝載的盒子

在查看鏈結串列是如何建構之前，先看看追蹤鏈結串列的成員函數。我們從輸出 Truckload 物件內容的 const 成員函數 listBoxes() 開始，它可以這樣實作：

```
void Truckload::listBoxes() const
{
  const size_t boxesPerLine = 5;
  size_t count {};
  Package* currentPackage{pHead};
  while (currentPackage)
  {
    currentPackage->getBox()->listBox();
    if (! (++count % boxesPerLine)) std::cout << std::endl;
    currentPackage = currentPackage->getNext();
  }
  if (count % boxesPerLine) std::cout << std::endl;
}
```

迴圈追蹤鏈結串列中的 Package 物件，從 pHead 開始，直到 nullptr。對於每個 Package，它透過在對應的 SharedBox 上呼叫 listBox() 來輸出它包含的 Box 物件。Box 物件在一行中輸出 5 個。當函數的最後一行包含小於 5 個 Box 物件的輸出時，函數的最後一條敘述輸出一個換行。

也可以把 while 迴圈寫成相等的 for 迴圈：

```cpp
void Truckload::listBoxes() const
{
  const size_t boxesPerLine = 5;
  size_t count {};
  for (Package* package{pHead}; package; package = package->getNext())
  {
    package->getBox()->listBox();
    if (! (++count % boxesPerLine)) std::cout << std::endl;
  }
  if (count % boxesPerLine) std::cout << std::endl;
}
```

這兩個迴圈是完全相等的，所以可用任何一種模式來追蹤鏈結串列。可以說，for 迴圈比較好，因為有一個更清晰的區分 package 指標的初始化和遞增程式碼（在主體之前、for(...) 敘述大括號之間的群組敘述）和列表式的核心邏輯演算法（迴圈的主體，不會再被追蹤串列的程式碼打亂）。

為了允許 Truckload 類別之外的程式碼，用類似的方式追蹤儲存在 Truckload 中的 SharedBox，此類別提供了 getFirstBox() 和 getNextBox() 成員函數。在討論它們的實作之前，最好先了解一下這些函數的用途。使用外部程式碼追蹤 Truckload 中 Box 的模式，類似於 listBoxes() 成員函數的模式（也可以使用相同效果的 while 迴圈）：

```cpp
Truckload truckload{ ... };
...
for (SharedBox box{truckload.getFirstBox()}; box; box = truckload.getNextBox())
{
  ...
}
```

getFirstBox() 和 getNextBox() 函數使用 Truckload 的 pCurrent 資料成員進行操作，該資料成員是一個指標，它必須始終指向這兩個之一函數最後回傳 Box 的 Package。這樣的斷言被稱為類別不變量（*class invariant*）——類別的資料成員的一個屬性，必須始終保持。因此，在回傳之前，所有成員函數都應該確保所有類別不變量保持不變。相反地，它們可以相信不變量在執行之初是成立的。Truckload 類別的其他不變量包括 pHead 指向串列中的第一個 Package，pTail 指向最後一個 Package（參閱圖 11-9）。考慮到這些不變量，實作 getFirstBox() 和 getNextBox() 實際上並不難：

```
SharedBox Truckload::getFirstBox()
{
  // Return pHead's box (or nullptr if the list is empty)
  pCurrent = pHead;
  return pCurrent? pCurrent->getBox() : nullptr;
}


SharedBox Truckload::getNextBox()
{
  if (!pCurrent)                           // If there's no current...
  return getFirstBox();                    // ...return the 1st Box

  pCurrent = pCurrent->getNext();          // Move to the next package

  return pCurrent? pCurrent->getBox() : nullptr; // Return its box (or nullptr...).
}
```

getFirstBox() 函數很簡單，只有兩條敘述。我們知道串列中第一個 Package 物件的位址存在 pHead 中。為這個 Package 物件呼叫 getBox() 函數可以獲得它的 Box 物件的位址，這是 getFirstBox() 所需的結果。只有當串列為空時，pHead 才為 nullptr。對於一個空的 Truckload，getFirstBox() 也應該回傳一個空的 SharedBox。在回傳之前，getFirstBox() 還將第一個 Package 物件的位址存在 pCurrent 中。這樣做是因為類別不變量宣告 pCurrent，必須始終參考搜尋到其 Box 的最後一個 Package。

如果 getNextBox() 在開始時，pCurrent 指標是 nullptr，那麼透過呼叫 getFirstBox() 獲取並回傳串列中的第一個（若有的話）。否則，getNextBox() 函數將存取 Package 物件，該物件透過呼叫 pCurrent->getNext() 函數，存取最後回傳 Box 的 Package 物件後面的 Package 物件。如果這個 Package* 是 nullptr，則已經到達串列的尾端，並回傳 nullptr。否則，將回傳目前 Package 的 Box。當然，getNextBox() 也正確地更新了 pCurrent 以尊重它的類別不變量。

加入和刪除 Box

我們將從其餘成員中最簡單的成員開始：基於 vector<> 的建構函數定義。這將建立一個 Package 物件串列，從智慧指標的向量到 Box 物件：

```
Truckload::Truckload(const std::vector<SharedBox>& boxes)
{
  for (const auto& pBox : boxes)
  {
    addBox(pBox);
  }
}
```

參數是一個參考，以避免複製參數。vector 元素的型態是 SharedBox，它是 std::shared_ptr<Box> 的別名。迴圈反覆向量元素，將每個向量元素傳遞給 Truckload 類別的 addBox() 成員，它將在每次呼叫時建立並加入一個 Package 物件。

複製建構函數簡單地反覆 Truckload 中的所有 Package，並為每個 Package 呼叫 addBox() 將其加到新建構的 Truckload 中：

```
Truckload::Truckload(const Truckload& src)
{
  for (Package* package{src.pHead}; package; package = package->getNext())
  {
    addBox(package->getBox());
  }
}
```

這兩個建構函數都很簡單，因為所有繁重的工作都委託給 addBox()。該成員的定義如下：

```
void Truckload::addBox(SharedBox pBox)
{
  auto pPackage = new Package{pBox};    // Create a new Package

  if (pTail)                            // Check list is not empty
    pTail->setNext(pPackage);           // Append the new object to the tail
  else                                  // List is empty
    pHead = pPackage;                   // so new object is the head

  pTail = pPackage;                     // Either way: the latest object is the (new) tail
}
```

該函數從閒置空間中的 pBox 指標建立一個新的 Package 物件,並將其位址存在區域指標 pPackage 中。對於空串列,pHead 和 pTail 都為 null。如果 pTail 是非 null,那麼串列就不是空的,新物件透過 pTail 指向的最後一個 Package 的 pNext 成員所存的位址,加到串列的尾端。若串列為空,則新 Package 是串列的前端。在這兩種情況下,新的 Package 物件是位於串列的尾端,因此 pTail 將進行更新以反映這一點。

在所有 Truckload 成員函數中,最複雜的是 removeBox()。該函數還必須追蹤串列,尋找要刪除的 Box。因此,該函數的初步大綱如下:

```
bool Truckload::removeBox(SharedBox boxToRemove)
{
  Package* current{pHead};
  while (current)
  {
    if (current->getBox() == boxToRemove) // We found the Box!
    {
      // remove the *current Package from the linked list...

      return true;                        // Return true: we found and removed the box
    }
    current = current->getNext();    // move along to the next Package
  }

  return false;                           // boxToRemove was not found: return false
}
```

已經從上一節了解了這種模式。一旦目前指向要刪除的 Package,剩下的唯一挑戰就是,如何正確地從鏈結串列中刪除這個 Package。圖 11-10 說明了需要做什麼:

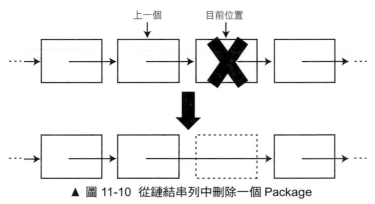

▲ 圖 11-10 從鏈結串列中刪除一個 Package

該圖清楚地說明，為了刪除鏈結串列中間的某個 Package，我們需要更新串列中前一個 Package 的 pNext 指標。在圖 11-10 中，這是 previous 所指向的 Package。對於函數的初始輪廓，這還不可能。current 指標已經過了需要更新的 Package，無法倒退。

標準的解決方法是在追蹤鏈結串列時，記錄 previous 和 current 指標，previous 始終指向 current 所指向的 Package 之前的 Package。前一個指標有時稱為尾隨指標（*trailing pointer*），因為它總是落後 current 指標一個 Package。完整的函數定義如下：

```cpp
bool Truckload::removeBox(SharedBox boxToRemove)
{
  Package* previous {nullptr};  // no previous yet
  Package* current {pHead};     // initialize current to the head of the list
  while (current)
  {
    if (current->getBox() == boxToRemove)    // We found the Box!
    {
      if (previous)                          // If there is a previous Package...
      {
        previous->setNext(current->getNext()); // ...make it point to the next Package
      }
      else
      {                                  // If there is no previous, we are removing the
        pHead = current->getNext(); // first Package in the list, so update pHead
      }

      current->setNext(nullptr);    // Disconnect the current Package from the list
      delete current;               // and delete it

      return true;                  // Return true: we found and removed the box
    }
                                    // Move both pointers along (mind the order!)
    previous = current;             // - first current becomes the new previous
    current = current->getNext();   // - then move current along to the next Package
  }

  return false;                     // Return false: boxToRemove was not found
}
```

一旦了解了尾隨指標技術，將其組合在一起就不再那麼困難了。與往常一樣，你必須提供一個特殊的情況來刪除串列的前端，但這並不太難。還有一件事要

注意，取出的 Package 必須被刪除。不過在此之前，先將它的 pNext 指標設為
null 是很重要的。否則，Package 的解構函數將開始刪除跟隨在已刪除 Package
的整個 Package 串列，從 pNext 開始。

把所有合在一起

應該將類別定義放在 Truckload.h 中，並在 Truckload.cpp 中收集所有函數定
義。有了這些，可用以下程式碼撰寫 Truckload 類別：

```cpp
// Ex11_14.cpp
// Using a linked list
#include <cstdlib>                 // For random number generation
#include <ctime>                   // For the std::time() function
#include "Truckload.h"

// Function to generate a random integer between 1 and count
inline unsigned random(size_t count)
{
  return 1 + static_cast<unsigned>(std::rand() / (RAND_MAX / count + 1));
}
// Function to generate a Box with random dimensions
inline SharedBox randomBox()
{
  const size_t dimLimit {99};    // Upper limit on Box dimensions
  return std::make_shared<Box>(random(dimLimit), random(dimLimit), random(dimLimit));
}

int main()
{
  // Initialize the random number generator
  std::srand(static_cast<unsigned>(std::time(nullptr)));

  Truckload load1;     // Create an empty list

  // Add 12 random Box objects to the list
  const size_t boxCount {12};
  for (size_t i {} ; i < boxCount ; ++i)
    load1.addBox(randomBox());

  std::cout << "The first list:\n";
  load1.listBoxes();

  // Copy the truckload
  Truckload copy{load1};
```

```
std::cout << "The copied truckload:\n";
copy.listBoxes();

// Find the largest Box in the list
SharedBox largestBox{load1.getFirstBox()};

SharedBox nextBox{load1.getNextBox()};
while (nextBox)
{
  if (nextBox->compare(*largestBox) > 0)
    largestBox = nextBox;
  nextBox = load1.getNextBox();
}

std::cout << "\nThe largest box in the first list is ";
largestBox->listBox();
std::cout << std::endl;
load1.removeBox(largestBox);
std::cout << "\nAfter deleting the largest box, the list contains:\n";
load1.listBoxes();

const size_t nBoxes {20};            // Number of vector elements
std::vector<SharedBox> boxes;        // Array of Box objects

for (size_t i {} ; i < nBoxes ; ++i)
  boxes.push_back(randomBox());

Truckload load2{boxes};
std::cout << "\nThe second list:\n";
load2.listBoxes();

auto smallestBox = load2.getFirstBox();
for (auto nextBox = load2.getNextBox(); nextBox; nextBox = load2.getNextBox())
  if (nextBox->compare(*smallestBox) < 0)
    smallestBox = nextBox;

std::cout << "\nThe smallest box in the second list is ";
smallestBox->listBox();
std::cout << std::endl;
}
```

下面是這個程式的範例輸出：

```
The first list:
 Box(69,78,42) Box(42,85,57) Box(91,16,41) Box(20,91,78) Box(89,66,17)
 Box(19,72,90) Box(82,68,98) Box(88,11,79) Box(21,93,75) Box(49,65,93)
 Box(92,90,39) Box(99,21, 3)
The copied truckload:
 Box(69,78,42) Box(42,85,57) Box(91,16,41) Box(20,91,78) Box(89,66,17)
 Box(19,72,90) Box(82,68,98) Box(88,11,79) Box(21,93,75) Box(49,65,93)
 Box(92,90,39) Box(99,21, 3)

The largest box in the first list is: Box(82,68,98)


After deleting the largest box, the list contains:
 Box(69,78,42) Box(42,85,57) Box(91,16,41) Box(20,91,78) Box(89,66,17)
 Box(19,72,90) Box(88,11,79) Box(21,93,75) Box(49,65,93) Box(92,90,39)
 Box(99,21, 3)

The second list:
 Box( 6,66,81) Box(98, 2, 7) Box(67,67,72) Box(68,69,64) Box(50,89,69)
 Box( 8,87,92) Box(57,99,64) Box(74,31, 2) Box(56,37,52) Box( 9,50,35)
 Box(46,74, 9) Box(13,18,78) Box(20,27,88) Box(17,74,37) Box(21,21, 5)
 Box(70,85,64) Box(57,32,13) Box(38,62,15) Box(79,86,59) Box(88, 6,91)

The smallest box in the second list is Box(21,21, 5)
```

main() 函數首先建立一個空的 Truckload 物件,在 for 迴圈中加入 Box 物件,並複製這個 Truckload 物件。然後它找到串列中最大的 Box 物件並刪除它。輸出表明所有這些操作都正常工作。為了說明它的工作原理,main() 從指向 Box 物件的指標向量建立了一個 Truckload 物件。然後它找到最小的 Box 物件並輸出它。顯然,列出 Truckload 物件內容的功能也運行得很好。注意,SharedBox 型態別名可以在 main() 中使用,因為它是在 Package.h 中定義的,因此在這個原始文件中可用。

巢狀類別

有時,限制類別的可存取性是需要的。Package 類別被設計為專門用於 TruckLoad 類別中。確保 Package 物件只能由 TruckLoad 類別的成員函數建立是有意義的。你需要的是一種機制,其中 Package 物件對 Truckload 類別成員是私有的,而其他地方不可用。可以透過使用**巢狀類別**(*nested class*)來做到這點。

巢狀類別是在一個類別定義中有另一類別的定義。巢狀類別的名稱在封閉類別的範圍內，並且受封閉類別中的成員存取指定的約束。我們可以將 Package 類別的定義放在 TruckLoad 類別的定義中，如下所示：

```cpp
#include "Box.h"
#include <memory>
#include <vector>

using SharedBox = std::shared_ptr<Box>;

class Truckload
{
private:
  class Package
  {
  public:
    SharedBox pBox;  // Pointer to the Box object contained in this Package
    Package* pNext;  // Pointer to the next Package in the list

    Package(SharedBox pb) : pBox{pb}, pNext{nullptr} {} // Constructor
    ~Package() { delete pNext; }                        // Destructor
  };

  Package* pHead {};     // First in the list
  Package* pTail {};     // Last in the list
  Package* pCurrent {};  // Last retrieved from the list

public:
  // Exact same public member functions as before...
};
```

Package 型態現在是區域的，屬於 TruckLoad 類別定義的範圍。由於 Package 類別的定義位於 TruckLoad 類別的私有部分，所以不能在 TruckLoad 類別之外建立或使用 Package 物件。由於 Package 類別對 TruckLoad 類別完全是私有的，所以將它的所有成員公開也沒有什麼壞處。因此，它們可以被 TruckLoad 物件的成員函數直接存取。不再需要原始 Package 類別的 getBox() 和 getNext() 成員。所有的 Package 成員都可以從 Truckload 物件直接存取，但是在類別之外是不可存取的。

需要更改 TruckLoad 類別的成員函數的定義，以便直接存取 Package 類別別的資料成員。這是微不足道的。只需用直接存取對應資料成員的程式碼替換 Truckload.cpp 中出現的所有 getBox()、getNext() 和 setNext()。產生的 Truckload 類別定義將 Package 作為巢狀類別使用 Ex11_14.cpp。下載部分提供了一個範例 Ex11_15。

▌附註 將 Package 類別巢狀在 TruckLoad 類別中只需要在 TruckLoad 類別中定義 Package 型態。型態為 TruckLoad 的物件不會受到任何影響──它們會擁有與以前相同的成員。

巢狀類別的成員函數可以直接參考封閉類別的靜態成員，以及在封閉類別中定義的任何其他型態或列舉元。封閉類別的其他成員可以透過一般方式從巢狀類別存取：透過類別物件或指標或對類別物件的參考。外部類別成員時，巢狀類別的成員函數具有與外部類別成員函數相同的存取權限。也就是說，巢狀類別的成員函數被允許存取外部類別的物件的私有成員。

具有 public 存取指定器的巢狀類別

可以將 Package 類別定義放在 TruckLoad 類別的 public 部分。這意味著 Package 類別定義是公有介面的一部分，因此可在外部建立 Package 物件。因為 Package 類別名稱在 TruckLoad 類別的範圍內，所以不能單獨使用它。而必須用 Package 巢狀的類別的名稱限定 Package 類別名稱。下面有一個例子：

```
TruckLoad::Package aPackage(aBox);        // Define a Package object
```

將範例中的 Package 型態設為 public，會先破壞將其設為巢狀類別的基本原理。在其他情況下，公有巢狀類別也是有意義的。我們將在下一小節中看到一個這樣的例子。

更好的追蹤卡車負載的機制：迭代器

getFirstBox() 和 getNextBox() 成員允許追蹤存在 Truckload 中的所有 Box。在類別中加入類似的成員並非前所未聞──在實際程式碼中至少遇到過兩次類似的情況──但是這種模式有一些嚴重的缺點。也許你已經想到一個了？

假設你發現 Ex11_14 的 main() 函數太長、太擁擠（沒錯），並且決定在可重用函數中分離它的一些功能。一個好的第一個候選項目是一個輔助函數，用於搜尋 Truckload 中最大的 Box。一種很直觀的寫法如下：

```
SharedBox findLargestBox(const Truckload& truckload)
{
  SharedBox largestBox{ truckload.getFirstBox() };

  SharedBox nextBox{ truckload.getNextBox() };
  while (nextBox)
  {
    if (nextBox->compare(*largestBox) > 0)
      largestBox = nextBox;
    nextBox = truckload.getNextBox();
  }

  return largestBox;
}
```

不幸的是，這個函數不能編譯。問題的根本原因是 getFirstBox() 和 getNextBox() 都必須更新 truckload 中的 pCurrent 成員。意味著它們都必須是非 const 成員函數，這又意味著這兩個函數都不能在 truckload 上呼叫，這是一個參考到 const 的參數。不過，這裡使用參考到 const 參數是正常的做法。沒有人會或應該期望搜尋最大的 Box 需要修改 Truckload。然而，按照目前的情況，不可能追蹤 const Truckload 的內容，這使得 const Truckload 物件幾乎毫無用處。不過，適當的 const truckload& 參考非常有用。原則上，它們應該允許你將一個 Truckload 傳遞給你，希望追蹤其中包含的 Box 的程式碼，但是同時不應該允許你呼叫 AddBox() 或 RemoveBox()。

▌ **附註** 可以嘗試透過設定 Truckload 類別的 pCurrent 資料成員為 mutable 來解決這個問題。這允許你將 getFirstBox() 和 getNextBox() 都轉換為 const 成員。雖然作為一種額外的練習，這對你來說可能很有趣，但是通常這種解決方法仍然存在一些缺陷。首先，在同一個集合上使用巢狀迴圈會遇到問題。其次，儘管並行性（concurrency）超出了本文的討論範圍，但是你可能會認為使用 mutable 方法也永遠不會允許多個執行緒並行追蹤。在這兩種情況下，每個追蹤都需要一個 pCurrent 指標，而不是每個 Truckload 物件需要一個 pCurrent 指標。

這個問題的正確解決方法是所謂的**迭代器模式**（*iterator pattern*）。原理很簡單。不是將 pCurrent 指標存在 Truckload 物件本身中，而是將它移動到另一個專

門設計和建立的物件中，以幫助追蹤 Truckload。這樣的物件就稱為**迭代器**
（*iterator*）。

▊ **附註**　在本書的後面，會了解標準函式庫的容器和演算法廣泛使用了迭代器。雖
然標準函式庫迭代器的介面，與我們將要為 Truckload 定義的 Iterator 類別稍有
不同，但是基本原理是相同的：迭代器允許外部程式碼追蹤容器的內容，而不需要
知道資料結構的內部結構。

來看看它是什麼樣子。從 Ex11_15 的 Truckload 類別開始 —— 這個版本的
Package 已經是一個巢狀類別了——並介入第二個巢狀類別 Iterator：

```cpp
#include "Box.h"
#include <memory>
#include <vector>

using SharedBox = std::shared_ptr<Box>;

class Truckload
{
private:
  class Package
  {
  public:
    SharedBox pBox;          // Pointer to the Box object contained in this Package
    Package* pNext;          // Pointer to the next Package in the list

    Package(SharedBox pb) : pBox{pb}, pNext{nullptr} {}  // Constructor
    ~Package() { delete pNext; }                         // Destructor
  };

  Package* pHead {};         // First in the list
  Package* pTail {};         // Last in the list

public:
  class Iterator
  {
  private:
    Package* pHead;          // The head of the linked list (needed for getFirstBox())
    Package* pCurrent;       // The package whose Box was last retrieved

    friend class Truckload; // Only a Truckload can create an Iterator
    explicit Iterator(Package* head) : pHead{head}, pCurrent{nullptr} {}
```

```
public:
  SharedBox getFirstBox();      // Get the first Box
  SharedBox getNextBox();       // Get the next Box
};

Iterator getIterator() const { return Iterator{pHead}; }

// Exact same public member functions as before,
// only without getFirstBox() and getNextBox()...
};
```

pCurrent、getFirstBox() 和 getNextBox() 成員已經從 Truckload 轉移到它的巢狀 Iterator 類別中。這兩個函數的實作方式與以前相同，只是現在它們不再更新 Truckload 本身的 pCurrent 資料成員。相反地，它們使用一個 Iterator 物件的 pCurrent 成員來操作，這個 Iterator 物件是專門為 getIterator() 追蹤這個 Truckload 而建立的。由於單個 Truckload 可以同時存在多個 Iterator，每個都有自己的 pCurrent 指標，因此可以對同一個 Truckload 進行巢狀追蹤和同時追蹤。

此外，更重要的是，建立迭代器並不會修改 Truckload，因此 getIterator() 可以是一個 const 成員函數。這允許我們正確地實作 findLargestBox() 函數，從早期的參考到 const 的 Truckload 參數：

```
SharedBox findLargestBox(const Truckload& truckload)
{
  auto iterator = truckload.getIterator(); // type of iterator is Truckload::Iterator
  SharedBox largestBox{ iterator.getFirstBox() };

  SharedBox nextBox{ iterator.getNextBox() };
  while (nextBox)
  {
    if (nextBox->compare(*largestBox) > 0)
      largestBox = nextBox;
    nextBox = iterator.getNextBox();
  }

  return largestBox;
}
```

我們將把這個範例留給你作為習題（參閱習題 11.6）。不過，在結束本章之前，我們先仔細研究一下 Truckload 及其巢狀類別定義中的存取權限。Iterator 是

Truckload 的一個巢狀類別，因此它具有與 Truckload 成員函數相同的存取特權。這是幸運的，因為否則它不能使用巢狀的 Package 類別，這個類別被宣告為只在 Truckload 類別中私有使用。Iterator 本身必須是一個 public 巢狀類別；否則，類別外部的程式碼將無法使用它。注意，我們確實決定將 Iterator 類別的主建構函數設為私有，因為外部程式碼不能（它從來沒有存取過任何 Package 物件），也不應該以這種方式建立 Iterator。只有 getIterator() 函數將使用這個建構函數建立 Iterator。但是，要讓它存取這個私有建構函數，我們需要一個 friend 宣告。即使你可以從巢狀類別中存取外部類別的私有成員，但是在另一個方向上，情況就不一樣了。也就是說，當存取內部類別的成員時，外部類別沒有特權。它被視為任何其他外部程式碼。因此，如果沒有 friend 宣告，getIterator() 函數將不被允許存取巢狀 Iterator 類別的私有建構函數。

▌ **附註** 儘管外部程式碼不能使用我們的 private 建構函數建立一個新的 Iterator，但是仍然可以建立一個新的 Iterator 物件作為現有的副本。編譯器產生的預設複製建構函數仍然是公有的。

▌摘要

在本章中，我們討論了定義和使用類別型態所涉及的基本概念。儘管已經涉獵了很多領域，但這僅僅是個開始。要實作適用於類別物件的操作，還有很多工作要做，其中也有一些微妙之處。在後面的章節中，我們會在這裡學到的基礎上繼續學習，並將看到更多關於如何延展類別的功能。此外，還將探索在實踐中使用類別的更複雜的方法。本章的重點如下：

- 類別（ *class* ）提供了定義自己的資料型態的方法。類別可以表示特定問題所需的任何型態的物件。
- 類別可以包含資料成員（ *member variable* ）和成員函數（ *member function* ）。類別的成員函數可以自由存取同類別的資料成員。
- 類別的物件是使用稱為**建構函數**（ *constructor* ）的成員函數建立和初始化

的。當遇到物件宣告時，將自動呼叫建構函數。可以多載建構函數，以
提供初始化物件的不同方法。

◆ 複製建構函數（copy constructor）是使用相同類別的現有物件來初始一
物件的建構函數。如果不定義類別，編譯器將為該類別產生預設的複製
建構函數。

◆ 類別的成員可以指定為 public，在這種情況下，它們可以從程式中的任
何函數自由存取。或者，可以將它們指定為私有的，在這種情況下，只
能由類別的成員函數、夥伴函數或巢狀類別的成員存取它們。

◆ 類別的資料成員可以是靜態的（static）。一個類別的每個靜態資料成員
只存在一個實體，不管建立了多少個物件。

◆ 雖然類別的 static 資料成員可以在物件的成員函數中存取，但它們不是
物件的一部分，也不影響物件的大小。

◆ 每個非靜態成員函數都包含 this 指標，它指向呼叫該函數的當前物件。

◆ 即使沒有建立類別的物件，也可以呼叫靜態成員函數。類別的靜態成員
函數不包含這個指標。

◆ 除非將資料成員宣告為 mutable，否則 const 成員函數不能修改類別物件
的資料成員。

◆ 使用參考到類別物件作為函數呼叫的參數，可以避免將複雜物件傳遞給
函數時的大量成本。

◆ 解構函數（destructor）是一個成員函數，當類別物件被銷毀時，它會
被呼叫。若不定義類別解構函數，編譯器將提供預設解構函數。

◆ 巢狀類別是在另一個類別定義中定義一類別。

習題

11.1 建立一個名為 Integer 的類別，該類別有一個 int 型態的私有資料成員。
定義成員函數來獲取和設定資料成員並輸出其值。撰寫一個測試程式來建立和
操作至少三個整數物件，並驗證不能直接為資料成員賦值。透過獲取、設定和
輸出每個物件的資料成員的值，來運行所有的類別成員函數。確保至少建立一
個 const Integer 物件，並驗證哪些操作可以應用於該物件，哪些操作不能應用
於該物件。

11.2 修改前一題中的 Integer 類別，以便可以建立一個沒有參數的 Integer 物件。然後應該將成員值初始化為 0。你能想到兩種方法嗎？另外，實作一個複製建構函數，它在呼叫時印出一條訊息。

接下來，加入一個成員函數，它將當前物件與作為參數傳遞的整數物件進行比較。如果當前物件小於參數，函數應該返回 -1。如果物件相等，函數返回 0。如果當前物件大於參數，函數返回 +1。嘗試整數類別的兩個版本，一個版本中 compare() 函數參數以值傳遞，另一個版本中以參考傳遞。當函數被呼叫時，從建構函數中可以看到什麼輸出？確保你了解為什麼會這樣。不能將兩個函數都作為多載函數出現在類別中。為什麼不呢？

11.3 為 Integer 類別實作成員函數 add()、subtract() 和 multiply()，該類別將用 Integer 型態的參數表示的值對當前物件進行加、減、乘的運算。使用 main() 的一個版本說明這些函數在類別中的操作，該版本建立幾個封裝整數值的整數物件，然後使用這些物件計算 $4 \times 5^3 + 6 \times 5^2 + 7 \times 5 + 8$ 的值。實作這些函數，以便可以在一條敘述中執行計算和輸出結果。

11.4 更改習題 11.2 的解決方法，實作 compare() 函數使其作為 Integer 類別的夥伴。之後，問問自己，這個函數是否真的需要成為一個夥伴。

11.5 在習題 11.2 中建立的 Integer 類別中實作一個 static 函數 printCount()，該類別輸出存在的整數數量。修改 main() 函數，使它測試這個數字在需要時正確地上下浮動。

11.6 完成本章結尾開始的巢狀 Truckload::Iterator 類別。從 Ex11_15 開始，將 Iterator 類別加入到前面列出的定義中，並實作其成員函數。如前所述，使用 Iterator 類別來實作 findLargestBox() 函數（也許可以在不看解法的情況下實作它），並重新撰寫 Ex11_15 的 main() 函數來使用它。對類似的 findSmallestBox() 函數執行相同的操作。

11.7 在習題 11.6 的解法中修改 Package 類別，使它包含指向串列中先前物件的附加指標。這使得它成為一個所謂的雙向鏈結串列——我們之前使用的資料結構稱為單向鏈結串列。修改 Package、Truckload 和 Iterator 類別來使用它，包括提供以相反的順序反覆串列中的 Box 物件的能力，以及以相反的順序列出 Truckload 物件中的物件。設計一個 main() 程式來說明新功能。

11.8 仔細分析 Ex11_14 的 main() 函數（因此也分析 Ex11_15 的 main() 函數以及前面兩個習題的解），可以發現以下缺點：為了刪除最大的 Box，我們對鏈結串列執行了兩次線性追蹤。我們先尋找最大的 Box，然後在 removeBox() 中尋找要取消鏈接的 Package。設計一個基於習題 11.7 的 Iterator類別的解決方法來避免第二次搜尋。

提示：解決方法取決於具有以下簽名的成員函數：

```
bool removeBox(Iterator iterator);
```

12

運算子多載

本章將研究如何在自己的類別中新增功能，使其行為可以更像 C++ 的基本類別。我們已經看過類別如何擁有運作在物件資料成員上的成員函數——可將此想成是成員函數"運作在其應用的物件上"——但是可以做得更多。利用運算子多載，可以利用 C++ 的基本運算子，以完整定義的方式運作在類別物件上。

在本章中，你可以學到以下各項：

- 何謂運算子多載
- 你可對自己的資料型態實作哪些 C++ 運算子？
- 如何實作多載運算子的成員函數？
- 如何以及何時將運算子實作為一般函數？
- 如何實作一個類別的比較、數學運算子？
- 如何多載 << 運算子，使自訂型態的物件能夠串流，例如 std::cout
- 如何多載一元運算子，包括遞增運算子和遞減運算子
- 如果你的類別表示值的集合，如何多載註標運算子（通常稱為方括號運算子 []）
- 如何將型態轉換定義為運算子函數
- 什麼是複製設定值，以及如何實作自己的設定運算子

實作自訂類別的運算子

我們的 Box 類別主要的設計是，要適用於計算盒子體積的應用上。對於這種應用，比較盒子的體積大小是很基本的功能。在 Ex11_14 中，有這樣的程式碼：

```
if (nextBox->compare(*largestBox) > 0)
  largestBox = nextBox;
```

若可以撰寫下面的程式碼，豈不是很好？

```
if (*nextBox > *largestBox)
    largestBox = nextBox;
```

使用大於運算子比原來的運算子更清晰、更容易理解。可能還希望使用 Box1 + Box2 等運算式加入兩個 Box 物件的體積，或者將 Box 乘以 10*box1，以獲得一個新的 Box 物件，此物件能夠容納 10 個 box1。我們會解釋如何透過實作多載類別型態物件的基本運算子的函數，來實作所有這些函數。

運算子多載

運算子多載（*operator overloading*）使你可以將標準運算子（如 +、-、*、< 等等）用在自訂資料型態的物件上。事實上，我們已經對標準函式庫型態的物件，使用了幾個這樣的多載運算子，但可能沒有意識到這些運算子是作為多載函數實作的。例如，使用 < 和 == 等運算子比較 std::string 物件，使用 + 連接 string，並使用多載的 << 運算子將它們發送到 std::cout 輸出串流。這強調了運算子多載的好處。如果應用得當，它會產生非常自然、優雅的程式碼——儘憑直覺想要撰寫的那種程式碼，並且無需片刻思考。

要為自訂型態的物件定義運算子，只需撰寫一個實作所需行為的函數。在大多數情況下，運算子函數定義與到目前為止撰寫的任何其他函數定義都是相同的。主要區別在於函數名稱。多載給定運算子的函數的名稱，由 operator 關鍵字後跟要多載的運算子組成。理解運算子多載工作原理的最佳方法是逐步完成一個範例。在下一節中，我們先解釋如何為 Box 類別實作小於運算子 <。

多載運算子的實作

要多載類別的運算子，我們只需要撰寫運算子函數。將二元運算子實作為類別的成員且具有一個參數，稍後就會解釋之，而且我們要將下面多載 < 運算子的函數原型新增至 Box 類別的定義中：

```
class Box
{
private:
  // Members as before...

public:
```

```
bool operator<(const Box& aBox) const;          // Overloaded 'less-than' operator

// The rest of the Box class as before...
};
```

因為此處我們是實作一個比較運算子，所以回傳型態是 bool。我們呼叫運算子函數 operator<() 作為 < 運算子比較兩個 Box 物件的結果。參數是 < 運算子的右運算元，而左運算元會對應於 this 指標。因為函數不能改變任何一個運算元，所以我們將參數和函數指定為 const。為了了解此運算情況，我們利用下面的 if 敘述：

```
if (box1 < box2)
  std::cout << "box1 is less than box2" << std::endl;
```

if 運算式呼叫運算子函數。運算式相當於函數呼叫 box1.operator<（box2）。如果你願意，可以在 if 敘述中這樣寫：

```
if (box1.operator<(box2))
  std::cout << "box1 is less than box2" << std::endl;
```

這說明了多載的二元運算子，實際上在大多數情況下只是一個具有兩個特殊屬性的函數：它有一個特殊的名稱，可以透過在它的兩個運算元之間撰寫運算子來呼叫該函數。

了解運算式 box1 < box2 中的運算元是如何映射到函數呼叫的，這使得實作多載運算子變得很容易。圖 12-1 顯示了這個定義。

▲ 圖 12-1 多載小於運算子

參考函數的參數避免了不必要的參數複製。return 運算式呼叫 volume() 成員來計算由 this 指向的物件的體積，並使用基本的 < 運算子將其與 aBox 的體積

進行比較。因此，如果 this 所指向的物件的體積小於作為參數傳遞的物件的體積，則回傳 true，否則回傳 false。

■ **附註**　我們使用圖 12-1 中的這個指標只是為了說明與第一個運算元的關聯。這裡沒有必要明確地使用它。

讓我們在一個例子中看看這是否可行。下面是 Box.h 的樣子：

```
// Box.h
#ifndef BOX_H
#define BOX_H
#include <iostream>

class Box
{
private:
  double length {1.0};
  double width {1.0};
  double height {1.0};

public:
  // Constructors
  Box(double lv, double wv, double hv) : length{lv}, width{wv}, height{hv} {}

  Box() = default;                 // No-arg constructor

  double volume() const        // Function to calculate the volume
  { return length * width * height;}

  // Accessors
  double getLength() const { return length; }
  double getWidth() const { return width; }
  double getHeight() const { return height; }

  bool operator<(const Box& aBox) const     // Less-than operator
  { return volume() < aBox.volume(); }
};
#endif
```

所有成員函數都在類別中定義，因此不需要 Box.cpp。在類別定義中定義普通的運算子函數可能是一個好主意。確保它們為 inline，這會最大化效率。不過，仍然可以在單獨的 Box.cpp 中實作此函數。在這種情況下，函數定義必須如圖 12-1 所示。也就是說，Box:: 限定詞必須緊跟在 operator 關鍵字之前。

下面有一個小程式來練習小於運算子的 Box：

```cpp
// Ex12_01.cpp
// Implementing a less-than operator
#include <iostream>
#include <vector>
#include "Box.h"

int main()
{
  std::vector<Box> boxes {Box {2.0, 2.0, 3.0}, Box {1.0, 3.0, 2.0},
                          Box {1.0, 2.0, 1.0}, Box {2.0, 3.0, 3.0}};
  Box smallBox {boxes[0]};
  for (const auto& box : boxes)
  {
    if (box < smallBox) smallBox = box;
  }

  std::cout << "The smallest box has dimensions: "
    << smallBox.getLength() << 'x'
    << smallBox.getWidth() << 'x'
    << smallBox.getHeight() << std::endl;
}
```

產生輸出如下：

```
The smallest box has dimensions: 1x2x1
```

函數的作用是：首先建立一個由四個 Box 物件初始化的向量。你可以任意假設第一個陣列元素是最小的，並使用它初始化 smallBox，當然這將涉及到複製建構函數。基於範圍的 for 迴圈將 boxes 的每個元素與 smallBox 進行比較，較小的元素存在設定敘述中的 smallBox 中。當迴圈結束時，smallBox 包含體積最小的 Box 物件。若想追蹤 operator<() 函數的呼叫，請加一個輸出敘述。

注意 smallBox = box; 敘述說明設定運算子處理 Box 物件。這是因為編譯器在類別中提供了一個預設版本的 operator=()，它將右運算元成員的值複製到左運算元成員，就像複製建構函數一樣。這並不令人滿意，在本章後面會看到如何定義自己版本的設定運算子。

非成員運算子函數

在上一節中，我們了解運算子多載可以定義為成員函數。大多數運算子也可以

實作為一般的非成員函數。例如，因為 volume() 函數是 Box 類別的一個 public
成員，所以也可以輕鬆地將 operator<() 作為一般函數實作。其定義如下：

```
inline bool operator<(const Box& box1, const Box& box2)
{
  return box1.volume() < box2.volume();
}
```

operator<() 函數被宣告為 inline，因為希望能編譯它。以這種方式定義運算
子後，前面的範例會以同樣的方式運作。你不能將這個版本的運算子函數宣告
為 const，const 只適用於作為類別成員的函數。因為是 inline，所以可以將定
義放在 Box.h 中。這確保它對任何使用 Box 類別的原始檔都可用。

即使運算子函數需要存取類別的私有成員，也可以透過將其宣告為類別的夥伴
來將其實作為一般函數。不過，通常情況下，如果函數必須存取類別的私有成
員，最好在可能的情況下將其定義為類別成員。

▌ 提示　在與其運算物件的類別相同的名稱空間中定義非成員運算子。因為 Box 類
別是全域名稱空間的一部分，所以前面的 operator<() 也應該是。

實作完整的運算子

實作類別的運算子（如 <）時會產生一些期待。你可撰寫運算式像 box1
< box2，但是 box1 < 25.0，或 10.0 < box2 會如何呢？我們的運算子函數
operator<() 無法處理這些情況。當你開始實作某一類別的多載運算子時，需要
考慮此運算子使用的環境範圍。

▌ 注意　在第 8 章中，我們建議將 explicit 關鍵字加到大多數單參數建構函數中，
還記得嗎？我們解釋過，若沒有這個關鍵字，編譯器將使用這樣的建構函數進行隱
式轉換，這可能會導致令人驚訝的結果，從而產生錯誤。例如，假設再次為 Box 定
義了一個非明確單參數建構函數，如下所示：

```
  Box(double side) : Box{side, side, side} {} // Constructor for cube-shaped Boxes
```

然後像 box1 < 25.0 或 10.0 < box2 這樣的運算式就已經編譯好了，因為編譯器將
把隱含式轉換從 double 注入到 Box 中（也就是說，若定義了 operator<() 作為
非成員函數，那麼它們將被編譯，但是我們將在本章的後面討論這個區別）。而

如果 box1 < 25.0，那麼同樣不是將 box1 的體積與 25.0 進行比較，而是與尺寸為 25×25×25 或 15,625 的立方體盒子的體積進行比較。顯然，這個 Box 建構函數確實需要 explicit，就像我們之前總結的那樣。因為你不能依賴於這裡的隱含式轉換來促進 Box 物件和數字之間的比較，所以你必須進行一些額外的動作來支援這樣的運算式。

透過加入 operator<() 的多載，你可以輕鬆地支援比較 Box 物件的這些可能性。我們先為 < 加入一個函數，其中第一個運算元是 Box 物件，第二個運算元型態為 double。我們將它定義為一個內嵌函數，在這個實體中定義在類別之外，只是為了說明它是如何完成的。需要將以下成員規範加到 Box 類別定義的公有部分：

```
bool operator<(double value) const;       // Compare Box volume < double value
```

左運算元的 Box 物件將透過隱含式指標 this 在函數中存取，右運算元是 value。實作這一點與實作第一個運算子函數一樣簡單。在函數主體中只有一個敘述：

```
// Compare the volume of a Box object with a constant
inline bool Box::operator<(double value) const
{
  return volume() < value;
}
```

這個定義可以遵循 Box.h 中的類別定義。內嵌函數不應該在 .cpp 中定義，因為內嵌函數的定義必須出現在使用它的每個原始檔中。如果將內嵌成員的定義放在單獨的原始檔中，它將位於單獨的翻譯單元中，會得到鏈接器錯誤。

處理像 10.0 < box2 這樣的運算式並不難。這只是不同。成員（*member*）運算子函數總是將這個指標作為左運算元提供。在本例中，左運算元型態為 double，因此不能將運算子實作為成員函數。這就留給你兩個選擇：將其實作為普通的運算子函數或夥伴（friend）函數。因為不需要存取類別私有成員，可以將它實作為一個普通的運算子函數：

```
// Function comparing a constant with volume of a Box object
inline bool operator<(double value, const Box& aBox)
{
  return value < aBox.volume();
}
```

這是一個 inline，可以把它放在 Box.h 中。現在有三個多載版本的 < 運算子 for Box 物件來支援所有三種小於比較的可能性。讓我們看看它是如何運作的。我們假設你已經按照描述修改了 Box.h。

下面此程式，Box 物件使用新的比較運算子函數：

```cpp
// Ex12_02.cpp
// Using the overloaded 'less-than' operators for Box objects
#include <iostream>
#include <vector>
#include "Box.h"

// Display box dimensions
void show(const Box& box)
{
  std::cout << "Box " << box.getLength()
            << 'x' << box.getWidth()
            << 'x' << box.getHeight() << std::endl;
}

int main()
{
  std::vector<Box> boxes {Box {2.0, 2.0, 3.0}, Box {1.0, 3.0, 2.0},
                          Box {1.0, 2.0, 1.0}, Box {2.0, 3.0, 3.0}};
  const double minVolume{6.0};
  std::cout << "Objects with volumes less than " << minVolume << " are:\n";
  for (const auto& box : boxes)
    if (box < minVolume) show(box);

  std::cout << "Objects with volumes greater than " << minVolume << " are:\n";
  for (const auto& box : boxes)
    if (minVolume < box) show(box);
}
```

應該會得到此輸出：

```
Objects with volumes less than 6 are:
Box 1x2x1
Objects with volumes greater than 6 are:
Box 2x2x3
Box 2x3x3
```

在 main() 之前定義的 show() 函數輸出作為參數傳遞的 Box 物件的詳細資訊。這只是 main() 中使用的一個輔助函數。輸出顯示多載運算子正在運作。同樣，如果你想查看何時呼叫它們，請在每個定義中放入輸出敘述。當然，你不需要單獨的函數來比較 Box 物件和整數。當發生這種情況時，編譯器將在呼叫現有函數之前，插入一個隱含式強制轉換為 double 型態。

實作類別中的所有比較運算子

我們已經為 Box 類別實作了 <，但是還有 ==、<=、>、>= 和 !=。我們可以繼續定義類別中的其他運算子。但是還有另一種選擇：可以從標準函式庫獲得一些幫助。utility 標頭在 rel_ops 名稱空間中定義樣版，該樣版根據 T 的小於和相等運算子（< 和 ==）為任何型態的 T 定義運算子 <=、>、>= 和 !=。因此要做的就是定義 < 和 ==，編譯器將使用 utility 標頭中的樣版在需要時產生其他比較運算子。

為了驗證，假設 Box 的唯一定義特徵是它的體積。然後定義一個對應的 Box 物件相等性的測試就夠簡單了：

```
bool operator==(const Box& aBox) const { return volume() == aBox.volume(); }
```

若把 operator==() 的這個定義加到 Ex12_02 中的 Box 類別中，可用以下程式使用它來嘗試 rel_ops 名稱空間中的一些樣版：

```
// Ex12_03.cpp
// Using the templates for overloaded comparison operators for Box objects
#include <iostream>
#include <string_view>
#include <vector>
#include <utility> // For the std::rel_ops utility function templates
#include "Box.h"

using namespace std::rel_ops;

void show(const Box& box1, std::string_view relationship, const Box& box2)
{
  std::cout << "Box " << box1.getLength() << 'x' << box1.getWidth() << 'x' << box1.getHeight()
            << relationship
            << "Box " << box2.getLength() << 'x' << box2.getWidth() << 'x' << box2.getHeight()
            << std::endl;
}

int main()
{
  const std::vector<Box> boxes {Box {2.0, 2.0, 3.0}, Box {1.0, 3.0, 2.0},
```

```
                              Box {1.0, 2.0, 1.0}, Box {2.0, 3.0, 3.0}};
  const Box theBox {3.0, 1.0, 3.0};

  for (const auto& box : boxes)
    if (theBox > box) show(theBox, " is greater than ", box);

  std::cout << std::endl;

  for (const auto& box : boxes)
    if (theBox != box) show(theBox, " is not equal to ", box);

  std::cout << std::endl;
  for (size_t i {}; i < boxes.size() - 1; ++i)
    for (size_t j {i+1}; j < boxes.size(); ++j)
      if (boxes[i] <= boxes[j])
        show(boxes[i], " less than or equal to ", boxes[j]);
}
```

此程式的輸出如下：

```
Box 3x1x3 is greater than Box 1x3x2
Box 3x1x3 is greater than Box 1x2x1

Box 3x1x3 is not equal to Box 2x2x3
Box 3x1x3 is not equal to Box 1x3x2
Box 3x1x3 is not equal to Box 1x2x1
Box 3x1x3 is not equal to Box 2x3x3

Box 2x2x3 less than or equal to Box 2x3x3
Box 1x3x2 less than or equal to Box 2x3x3
Box 1x2x1 less than or equal to Box 2x3x3
```

有一個不同版本的 show() 輔助函數。它現在輸出一個關於兩個 Box 物件的敘述。我們可以看到 main() 對 Box 物件使用了 >、!=、>= 和 <= 運算子。所有這些都是從 utility 標頭中定義的樣版建立的。輸出結果說明這三個運算子正在運作。

注意 main() 前面的 using 敘述。這是必要的，因為比較函數的樣版是在 std::rel_ops 名稱空間中定義的，該名稱空間由關係運算子命名。如果沒有這個 using 敘述，編譯器將無法將它推斷的運算子函數名稱（例如 operator>()）與樣版的名稱對應。using 敘述從它出現在原始檔結尾的位置開始生效。還可以將 using 敘述放在 main() 的主體中，在這種情況下，它的影響將僅限於 main()。

就目前而言，明確定義所有運算子的替代方法有一個缺點：它取決於 Box 類別的使用者是否了解 utility 標頭、它的各種輔助樣版以及如何使用它們。若加入 Box.h 就好多了，可以簡單地直接使用 >、!=、<= 和 >= 運算子，而不需要額外的 #include 和 using 敘述。最明顯的解決方案是將 utility 標頭的 #include 指令和 std::rel_ops 名稱空間的 using 敘述都放入 Box.h 標頭檔本身。

▌**附註** 在標頭檔中加入 using 敘述通常被認為是不好的習慣。這樣做的結果是，在包含這個標頭檔的每個原始檔中，都可以不加限定地使用名稱。一般來說，這可能會產生不良影響。請記住，通常將這些名稱放在名稱空間中是有充分理由的：以避免名稱與其他函數發生衝突。不過，加入 using namespace std::rel_ops 敘述似乎是這個準則的一個足夠安全的例外。這個名稱空間只包含四個比較運算子的樣版，沒有其他內容，如果這些運算子中的任何一個已經為某種型態定義，編譯器會呼叫現有函數，而不是從 std::rel_ops 樣版建立一個新實體。

▌可多載的運算子

大多數運算子都可以多載。雖然不能讓每個運算子都多載，但這些限制並不是特別奇刻。值得注意的是，不能多載的運算子包括條件運算子（?:）和 sizeof。不過，幾乎所有其他運算子都是公平的，這給了你相當大的空間。表 12-1 列出了所有可以多載的運算子。

❶ 表 12-1 可多載的運算子

運算子	符號	能否非成員
二元數學運算子	+　　-　　*　　/　　%	是
一元數學運算子	+　　-	是
位元運算子	~　　&　　|　　^　　<<　　>>	是
邏輯運算子	!　　&&　　||	是
設定運算子	=	否
複合設定運算子	+=　　-=　　*=　　/=　　%=　　&=　　|=　　^= <<=　　>>=	是
遞增 / 遞減運算子	++　　--	是

運算子	符號	能否非成員
比較運算子	`==  !=  <  >  <=  >=`	是
註標運算子	`[  ]`	否
函數呼叫運算子	`(  )`	否
轉型 `T` 運算子	`T`	否
取址和解參考運算子	`&  *  ->  ->*`	是
逗號運算子	`,`	是
耦合和解耦運算子	`new  new[]  delete  delete[]`	只能是
使用者自訂文字運算子	`""_`	只能是

大多數運算子可以作為類別成員函數多載，也可以作為類別外部的非成員函數多載。在表 12-1 的第三列中，這些運算子用 "是" 標記。有些函數只能作為成員函數實作（標記為 "否"），而其他函數只能作為非成員函數實作（標記為 "只能是"）。

在本章中，我們會討論何時以及如何多載幾乎所有的這些運算子，除了表中最下面的四個之外。取址和解參考運算子主要用於實作類似指標的型態，比如前面遇到的 `std::unique_ptr<>` 和 `std::shared_ptr<>` 智慧指標樣版。部分原因是標準函式庫已經為這些型態提供了出色的支援，所以不必經常自己多載這些運算子。我們不討論另外三種型態的運算子多載，其使用的頻率更低。

限制及主要指引

雖然運算子多載靈活且功能強大，但也有一些限制。在某種程度上，語言特性的名稱已經暴露了這一點：運算子*多載*（*overloading*）。也就是說，只能多載現有（*overload existing*）的運算子。這意味著：

- 不能建立新的運算子，比如 `?`、`===` 或 `<>`。
- 不能更改運算元的數量、現有運算子的結合性或優先權，也不能更改對運算子的運算元求值的順序[1]。

1　後者在 C++17 中是新的。在 C++17 之前，編譯器可以自由選擇計算多載運算子函數的運算元的順序。從 C++17 開始，它們必須遵循與內建對應式相同的規則。

◆ 作為規則，**不能覆蓋或稱覆寫**（*override*）內建運算子，而多載運算子的
簽名將至少涉及一個類別型態。我們將在下一章中更詳細地討論覆蓋這
個術語，但在本例中，它意味著你不能修改現有運算子操作基本型態或
陣列型態的方式。換句話說，例如，不能讓整數加法執行乘法。雖然似
乎很有趣，但我們相信你會同意這是一個公平的限制。

儘管有這些限制，但當涉及到運算子多載時，你有相當大的自由度。這並不是
因為你**可以**多載一個運算子，它**必然**會跟隨你。當你有疑問的時候，一定要記
住以下幾點：

▌**提示**　運算子多載的主要目的是，增加撰寫的易用性和使用類別的程式碼的可
讀性，並減少出現缺陷的可能性。多載運算子使程式碼更緊湊的事實應該放在第二
位。緊湊但令人費解甚至誤導的程式碼對任何人都沒有好處。重要的是確保程式碼
易於撰寫和理解。結論是，應該避免多載運算子，因為它們的行為與內建運算子的
預期不同。

顯然地，讓你的標準運算子版本與它的正常用法合理地保持一致是一個好主
意，或者至少在其含義和運算上是直觀的。為執行等同於乘法的類別產生多載
+ 運算子是不明智的。但它可能比這更微妙。如果願意，請重新考慮我們前面為
Box 物件定義的等號比較運算子：

```
bool Box::operator==(const Box& aBox) const { return volume() == aBox.volume(); }
```

雖然這在當時似乎是合理的，但這種非一般的定義很容易導致混淆。例如，假
設我們建立這兩個 Box 物件：

```
Box oneBox { 1, 2, 3 };
Box otherBox { 1, 1, 6 };
```

那麼你認為這兩個盒子 "相等" 嗎？答案很可能是沒有。畢竟，它們有不同的
維度。如果訂購尺寸為 $1 \times 2 \times 3$ 的盒子，收到尺寸為 $1 \times 1 \times 6$ 的盒子，你會不
高興的。不過，在定義 operator==() 時，運算式 oneBox == otherBox 的值將為
true。這很容易導致誤解和錯誤。

大多數程式設計師期望 Box 的等式運算子是這樣定義的：

```
bool Box::operator==(const Box& aBox) const
```

```
{
  return width  == aBox.width
    && length   == aBox.length
    && height   == aBox.height;
}
```

這種相等的新定義有一個小缺點。然後你就不能再使用 <= 和 >= 的 std::rel_
ops 運算子樣版，因為如果這些運算子仍然比較體積，就會更自然。你必須自
己明確地定義這些運算子函數。使用哪個定義將取決於程式以及你希望如何
使用 Box。但是在這種情況下，我們認為最好還是堅持使用第二種更直觀的
operator==() 定義。原因是，它可能會帶來較少的驚喜。當程式設計師看到 ==
時，他們認為是等於，並不會想有相同的體積。如果需要，可以導入成員函數
hasSameVolumeAs() 來檢查相同的體積。是的，hasSameVolumeAs() 包含比 == 更
多的輸入，但它確實確保程式碼保持可讀性和可預測性——這一點要重要得多。
基於這些思想的 Ex12_03 的修改版本是 Ex12_03A。

本章剩下的大部分內容都是教你關於運算子多載的類似慣例。只有當有充分的
理由時，才應該不使用這些慣例。

▌注意　我們對運算子的主要原則的一個具體結果是，永遠不要多載邏輯運算子 &&
或 ||。若想為類別的物件使用邏輯運算子，通常先多載 & 和 |。

原因是多載的 && 和 || 的行為永遠不會像它們的內建對手那樣。回顧第 4 章，如果
內建 && 運算子的左運算元計算為 false，那麼它的右運算元不會被運算。類似地，
對於內建的 || 運算子，如果左側運算元的值為 true，則不會計算右側運算元。使
用多載運算子永遠無法得到這種所謂的**短路運算**（*short-circuit evaluation*）[2]。我們
很快就會看到，多載運算子本質上相當於一般函數。這意味著多載運算子的所有運
算元都是具體運算的。與任何其他函數一樣，所有參數總是在進入函數主體之前進
行計算。對於多載 && 和 || 運算子，這意味著將始終計算左運算元和右運算元。因
為任何 && 和 || 運算子的使用者總是期望熟悉的短路運算，因此多載它們很容易導
致一些細微的 bug。相反地，當多載 & 和 | 時，要清楚不要期望短路運算。

---

[2] 在 C++17 之前，甚至不能保證多載的 && 或 || 運算子的左運算元會像對內建運算子那樣
　　在右運算元之前得到計算。也就是說，編譯器可以在開始計算左運算元之前計算右運算
　　元。這將導致另一個潛在的微小 bug 的來源。這也是為什麼在 C++17 多載逗號運算子
　　（,）之前，一般不鼓勵的原因。

運算子函數的慣用語法

本章的其餘部分將介紹關於何時使用與如何使用運算子多載常見模式和最佳實踐。對於運算子函數只有一些真正的限制。但靈活性越大,責任越大。我們將告訴你何時以及如何多載各種運算子,以及 C++ 程式設計師通常遵循的各種慣例。若遵循這些慣例,你的類別及其運算子的行為會是可預測的,使它們易於使用,從而降低 bug 的風險。

所有可以多載的二元運算子其運算子函數的格式都與前一節看過的格式相同。當多載運算子 Op 時,其左運算元是多載 Op 的類別物件。定義多載的成員函數其格式為:

```
Return_Type operator Op(Type right_operand);
```

原則上,可以完全自由地選擇 Return_Type 或為任意數量的參數型態建立多載。是否將成員函數宣告為 const 也完全取決於你自己。除了參數的數量,該語言幾乎沒有對運算子函數的簽名或回傳型態施加任何約束。不過,對於大多數運算子,都有一些公認的慣例,應該盡可能尊重這些慣例。這些慣例幾乎總是由預設內建運算子的行為方式驅動的。對於比較運算子,例如 <、>= 和 !=,Return_Type 通常是 bool(儘管可用 int)。由於這些運算子通常不修改它們的運算元,所以它們通常被定義為 const 成員,這些成員透過值或 const 參考接受它們的參數,但從不透過非 const 參考。但是,除了慣例和常識之外,沒有什麼可以阻止你從 operator<() 回傳一個字串,或者建立一個 != 運算子,該運算子在使用時使 Box 的體積加倍,甚至可以造成覆蓋半個地球的颱風。在本章的其餘部分中,會了解更多關於各種慣例的資訊。

也可以使用以下形式將大多數二元運算子實作為非成員函數:

```
Return_Type operator Op(Class_Type left_operand, Type right_operand);
```

Class_Type 是要多載運算子的類別。Type 可以是任何型態,包括 Class_Type。從表 12-1 中可以看出,唯一不允許這樣做的二元運算子是設定運算子 operator=()。

如果二元運算子的左運算元是類別型態的,而型態不是定義運算子函數的類別,則該函數必須實作為這種形式的全域運算子函數:

```
Return_Type operator Op(Type left_operand, Class_Type right_operand);
```

在本章的後面，我們會提供一些選擇運算子函數的成員和非成員形式的進一步指引。

在運算子函數的參數數量上沒有靈活性——無論是作為類別成員還是作為全域函數。必須使用為特定運算子指定的參數數量。定義為成員函數的一元運算子通常不需要參數。後置遞增和後置遞減運算子是例外。Op 作為 Class_Type 類別的成員，一元運算子函數的一般形式如下：

```
Class_Type& operator Op();
```

定義為全域函數的一元運算子只有一個參數，即運算元。一元運算子 Op 的全域運算子函數原型如下：

```
Class_Type& operator Op(Class_Type& obj);
```

我們不會詳細討論多載每個運算子的例子，因為它們中的大多數與你所見過的運算子類似。但是，我們會解釋在多載運算子時，具有特定特性的運算子的詳細資訊。我們將從到目前為止最常見的 << 運算子多載家族開始，因為它在後面的範例中很快就會被證明是有用的。

多載輸出串流的 << 運算子

目前為止，我們一直在為 std::cout 輸出的 Box 定義特定的函數。例如，在本章中，我們定義了幾個名為 show() 的函數，然後在如下敘述中使用：

```
show(box);
```

或這個：

```
show(theBox, " is greater than ", box);
```

現在我們知道如何多載運算子。但是，可以透過多載輸出串流的 << 運算子使 Box 物件的輸出敘述更自然。這樣我們可以簡單地這樣寫：

```
std::cout << box;
```

以及這個：

```
std::cout << theBox << " is greater than " << box;
```

但是，如何多載這個 << 運算子？在這之前，我們先來複習一下第二種敘述。首先，我們加入括號來搞清楚 << 運算子的關聯性：

```
((std::cout << theBox) << " is greater than ") << box;
```

首先執行最內層的 <<。所以，等於下面的：

```
auto& something = (std::cout << theBox);
(something << " is greater than ") << box;
```

唯一可能的方式是，如果某個東西（最內部運算式的結果）再次參考了串流。為了進一步說明，我們還可以對 operator<<() 使用函數呼叫表示法，如下所示：

```
auto& stream1 = operator<<(std::cout, theBox);
(stream1 << " is greater than ") << box;
```

使用幾個類似的重寫步驟，我們可以很容易地寫出編譯器運算整個敘述的每一步：

```
auto& stream0 = std::cout;
auto& stream1 = operator<<(stream0, theBox);
auto& stream2 = operator<<(stream1, " is greater than ");
auto& stream3 = operator<<(stream2, box);
```

雖然很冗長，但它清楚地表明了我們想要表達的觀點。operator<<() 的這種特殊多載接受兩個參數：對串流物件的參考（左運算元）和要輸出的實際值（右運算元）。然後，它回傳對一個串流的新參考，該流可以傳遞給鏈中 operator<<() 的下一個呼叫。這是我們在第 11 章中所說的**方法鏈結**（*method chaining*）的一個例子。

一旦理解了這一點，解析多載這個運算子的函數定義，對於 Box 物件應該很簡單：

```
std::ostream& operator<<(std::ostream& stream, const Box& box)
{
  stream << "Box(" << std::setw(2) << box.getLength() << ','
    << std::setw(2) << box.getWidth() << ','
    << std::setw(2) << box.getHeight() << ')';

  return stream;
}
```

第一個參數將左運算元標識為 ostream 物件，第二個參數將右運算元指定為 Box 物件。標準輸出串流 cout 的型態是 std::ostream，在本書後面遇到的其他輸出串流也是如此。我們可以不將運算子函數加到 std::ostream 的定義中，所以我們必須將它定義為一般函數。因為 Box 物件的維度是公有的，所以我們不必使用夥伴宣告。回傳的值是、而且始終應該是對運算子的左運算元參考的相同串流物件的參考。

要測試這個運算子，可以將其定義加到 Ex12_03A 的 Box.h 標頭中。然後，在 Ex12_03A 的 main() 函數中，可以使用 << 運算子相等的運算式替換 show（theBox, " is greater than ", box）等運算式：

```
std::cout << theBox << " is greater than " << box << std::endl;
```

可以在 Ex12_04 中找到產生的程式。

▌**附註**　標準函式庫的串流類別的 << 和 >> 運算子，其多載運算子並不總是必須與其內建的對應項相等的事實，是一主要例子──回想一下，內建的 << 和 >> 運算子執行整數的逐位移位。另一個很好的例子是使用 + 和 += 運算子連接字串的慣例，我們已經在 std::string 物件中多次使用了這個慣例。目前為止，可能還沒有對這些運算式的運作方式和原因進行過多的思考，這正好證明，若使用得當，多載運算子可以產出非常自然的程式碼。

▌多載數學運算子

我們來看如何多載 Box 類別的加法運算子，這是有趣的個案，因為加法是二元運算，包括產生並回傳新物件。新物件是其兩個運算元 Box 的和（我們可以定義它代表任何的意義）。

我們希望這和的運算代表什麼？有許多可能性，但是因為盒子的主要功能是裝東西，且其容積是我們感興趣的重點，所以我們也許可以合理的期待兩個盒子之和是可容納等量東西的一個盒子。

根據此想法，我們定義兩個 Box 物件的和是一個 Box 物件，其體積足以容納這兩個原始盒子上下堆疊放置。這將與此類別用於包裝的觀念一致，因為將一些 Box 物件加在一起會產生可以容納它們的 Box 物件。

我們可以簡單的方式完成此功能，如圖 12-2 所示。新物件的 length 成員是取物件中 length 成員較大者，而 width 以類似的方法取得。height 成員是兩個運算元的 height 成員之和，所以結果的 Box 物件可以包含其他兩個 Box 物件。我們要修改建構函數，使 Box 物件的 length 成員永遠都大於等於成員 width。

圖 12-2 說明了兩個 Box 物件相加產生的 Box 物件。因為這個加法的結果是一個新的 Box 物件，所以實作加法的函數必須回傳一個 Box 物件。如果多載 + 運算子的函數是成員函數，那麼函數在 Box 類定義中的宣告可以如下：

```
Box operator+(const Box& aBox) const;        // Adding two Box objects
```

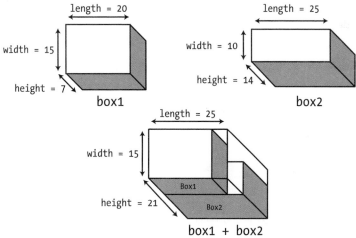

▲ 圖 12-2 由兩個 Box 物件相加產生的物件

aBox 參數是 const，因為函數不會修改參數，這是右運算元。它是一個 const 參考，以避免不必要地複製右運算元。函數本身被指定為 const，因為它不改變左運算元。Box.h 中成員函數的定義如下：

```
// Operator function to add two Box objects
inline Box Box::operator+(const Box& aBox) const
{
  // New object has larger length and width, and sum of heights
  return Box{ std::max(length, aBox.length),
              std::max(width, aBox.width),
              height + aBox.height };
}
```

與數學運算子的傳統方法一樣，建立一個本地 Box 物件，並將其副本回傳給呼叫程式。由於這是一個新物件，所以決不能透過參考回傳它。box 的尺寸使用 std::max() 計算，它只回傳兩個給定參數的最大值。它是由 algorithm 標頭中的函數樣版實體化的。此樣版適用於支援 operator<() 的任何參數型態。類似的 std::min() 函數樣版也存在，用於計算兩個運算式的最小值。

我們可以在一個例子中看到加法運算子是如何運作的。為了簡單起見，再次從 Ex12_03 的 Box 類別開始：

```cpp
// Box.h
#ifndef BOX_H
#define BOX_H
#include <iostream>
#include <iomanip>
#include <algorithm>        // For the min() and max() function templates

class Box
{
private:
  double length {1.0};
  double width {1.0};
  double height {1.0};

public:
  // Constructors
  Box(double lv, double wv, double hv)
            : length {std::max(lv,wv)}, width {std::min(lv,wv)}, height {hv} {}

  Box() = default;          // No-arg constructor

  double volume() const     // Function to calculate the volume
  {
    return length*width*height;
  }

  // Accessors
  double getLength() const { return length; }
  double getWidth() const  { return width; }
  double getHeight() const { return height; }

  bool operator<(const Box& aBox) const;  // Less-than operator
  bool operator<(double value) const;      // Compare Box volume < double value

  Box operator+(const Box& aBox) const;  // Function to add two Box objects
```

```
};

// Definitions of all operators (member and non-member functions) like before.
// Also include the << operator from Ex12_04,
// and of course the definition of the new operator+() member function...
```

第一個重要的區別是第一個建構函數，它使用 std::min() 和 std::max() 來確保
Box 的長度大於寬度。第二個是加入 operator+() 的宣告。本節前面的這個成員
函數的 inline 定義也在 Box.h 中，以及 Box 類別的宣告。

下面是測試程式碼：

```cpp
// Ex12_05.cpp
// Using the addition operator for Box objects
#include <iostream>
#include <vector>
#include <cstdlib>      // For basic random number generation
#include <ctime>        // For time function
#include "Box.h"

// Function to generate integral random box dimensions from 1 to max_size
inline double random(double max_size)
{
  return 1 + static_cast<int>(std::rand() / (RAND_MAX / max_size + 1));
}

int main()
{
  const double limit {99.0};      // Upper limit on Box dimensions
  // Initialize the random number generator
  std::srand(static_cast<unsigned>(std::time(nullptr)));

  const size_t boxCount {20};     // Number of Box object to be created
  std::vector<Box> boxes;         // Vector of Box objects

  // Create 20 Box objects
  for (size_t i {}; i < boxCount; ++i)
    boxes.push_back(Box {random(dimLimit), random(dimLimit), random(dimLimit)});

  size_t first {};                // Index of first Box object of pair
  size_t second {1};              // Index of second Box object of pair
  double minVolume {(boxes[first] + boxes[second]).volume()};

  for (size_t i {}; i < boxCount - 1; ++i)
  {
    for (size_t j {i + 1}; j < boxCount; j++)
```

```
    {
      if (boxes[i] + boxes[j] < minVolume)
      {
        first = i;
        second = j;
        minVolume = (boxes[i] + boxes[j]).volume();
      }
    }
  }

  std::cout << "The two boxes that sum to the smallest volume are: "
            << boxes[first] << " and " << boxes[second];
  std::cout << "\nThe volume of the first box is " << boxes[first].volume();
  std::cout << "\nThe volume of the second box is " << boxes[second].volume();
  std::cout << "\nThe sum of these boxes is " << (boxes[first] + boxes[second]);
  std::cout << "\nThe volume of the sum is " << minVolume << std::endl;
}
```

我們得到下面的輸出：

```
The two boxes that sum to the smallest volume are: Box(17,14,11) and Box(63,15,13)
The volume of the first box is 2618
The volume of the second box is 12285
The sum of these boxes is Box(63,15,24)
The volume of the sum is 22680
```

每次運行程式時，應該得到不同的結果。為了強調我們之前說過的內容，當你不關心隨機數序列時，可以用 rand() 函數，但是當需要更好的東西時，可以使用 random 標準函式庫標頭提供的偽亂數產生工具。

main() 函數產生一個由 20 個 Box 物件組成的向量，這些物件具有從 1.0 到 99.0 的任意維度。然後，巢狀 for 迴圈測試所有可能的 Box 物件對，以找到組合到最小容量的一對。內部迴圈中的 if 敘述使用 operator+() 成員產生一個 Box 物件，該物件是目前一對物件的和。然後使用 operator<() 成員將這個結果 Box 物件與 minVolume 的值進行比較。輸出顯示所有工作都應該在它上面進行。我們建議檢查運算子函數和 Box 建構函數，看看它們何時被呼叫，以及呼叫的頻率。

可以在更複雜的運算式中使用多載加法運算子來對 Box 物件求和。例如，可以這樣寫：

```
Box box4 {box1 + box2 + box3};
```

它兩次呼叫 operator+() 成員來建立一個 Box 物件，該物件是這三個函數的和，並將其傳遞給 Box 類別的複製建構函數來建立 box4。結果是一個 Box 物件 box4，它可以包含其他三個 Box 物件，它們彼此堆疊在一起。

用另一個運算子實作一個運算子

一件事會導致另一件事。若為類別實作加法運算子，就不可避免地會產生 += 運算子也能執行的期望。若要同時實作這兩種方法，值得注意的是，可以用 += 非常經濟地實作 +。

首先，我們為 Box 類別定義 +=。因為涉及到設定，慣例是運算子函數回傳一個參考：

```cpp
// Overloaded += operator
inline Box& Box::operator+=(const Box& aBox)
{
  // New object has larger length and width, and sum of heights
  length = std::max(length, aBox.length);
  width = std::max(width, aBox.width);
  height += aBox.height;
  return *this;
}
```

這很簡單，只需根據 Box 物件加法的定義加到右邊的運算元，從而修改左邊的運算元，即 *this。現在可以使用 operator+=() 實作 operator+()，所以 operator+() 的定義簡化為：

```cpp
// Function to add two Box objects
inline Box Box::operator+(const Box& aBox) const
{
  Box copy{*this};
  copy += aBox;
  return copy;
}
```

函數主體的第一行呼叫複製建構函數，來建立要在加法中使用的左運算元之副本。呼叫 operator+=() 函數，將右運算元物件 aBox 加到新的 Box 物件中，然後回傳此物件。

若覺得這樣做很好，也可以把這個函數主體壓縮成一行：

```cpp
return Box{*this} += aBox;
```

從複合設定運算子回傳 this 參考的慣例動機是，它支援這樣的敘述，即在更大的運算式中使用設定運算式結果的敘述。為了方便實作這一點，按照慣例大多數運算子修改其左運算元，回傳 this 參考，若以非成員函數實作，則回傳對第一個參數的參考（若實作為非成員函數）。我們已經看到了對 << 串流運算子的運作，當討論遞增和遞減運算子的多載時，會再次遇到這種情況。

Ex12_06 包含一個 Box.h 標頭檔，它從 Ex12_05 開始，但是按照本節描述的方式實作了加法運算子。使用這個新的 Box 定義，可以輕鬆地修改 Ex12_05 的 main() 函數，並試試看新的 += 運算子。例如，在 Ex12_06.cpp 這樣做：

```cpp
int main()
{
  // Generate boxCount random Box objects as before in Ex12_05...

  Box sum{0, 0, 0};              // Start from an empty Box
  for (const auto& box : boxes) // And then add all randomly generated Box objects
    sum += box;

  std::cout << "The sum of " << boxCount << " random Boxes is " << sum << std::endl;
}
```

▌提示　使用 *op=()* 實作 *op()* 運算子，而不是相反。原則上，用運算子 +() 實作運算子 +=() 同樣容易：

```cpp
inline Box& Box::operator+=(const Box& aBox)
{
  *this = *this + aBox;    // Creates a temporary Box object
  return *this;
}
```

在本章後面會解釋為什麼這個函數主體中的設定是有效的。注意，如果以這種方式實作 operator+=()，就會在設定的右側建立一個新的臨時物件。也就是說，設定敘述本質上相當於：

```cpp
Box newBox = *this + aBox;
  *this = newBox;
```

這可能不會提供最佳性能。operator+=() 應該簡單地修改左運算元 (this)，而不是首先建立一個新物件。若幸運的話，特別是在這種簡單的情況下，編譯器將在內嵌之後對這個臨時物件進行最佳化。但為什麼要承擔這個風險？

▌成員函數 VS 非成員函數

Ex12_05 和 Ex12_06 都將 operator+() 定義為 Box 類別的成員函數。但是，你可以像實作非成員函數一樣輕鬆地實作這個加法運算。下面是這樣一個函數的原型：

```
Box operator+(const Box& aBox, const Box& bBox);
```

因為 Box 物件的維度可以透過公有成員函數存取，所以不需要夥伴宣告。但是即使資料成員的值是不可存取的，你仍然可以將運算子定義為夥伴函數，這就引出了一個問題，這些選項中哪一個是最好的？成員函數？非成員函數？還是夥伴函數？

在所有選項中，夥伴函數通常被認為是最不可取的。雖然並不總是存在可行的替代方法，但夥伴宣告會破壞資料隱蔽，因此應該盡可能避免。

然而，在成員函數和非夥伴的非成員函數之間的選擇並不是那麼明確。運算子函數是類別函數的基礎，因此我們更傾向於將它們實作為類別成員。這使得操作對於型態是不可或缺的，而這正是封裝的核心。因此，你的預設選項可能是將運算子多載定義為成員函數。但在至少兩種情況下，你應該將它們實作為非成員函數。

首先，在某些情況下，別無選擇，只能將它們實作為非成員函數，即使這意味著必須求助於夥伴函數。這包括二元運算子的多載，其中第一個參數要麼是基本型態，要麼是與目前正在撰寫的類別不同的型態。我們已經看到這兩類別的例子：

```
bool operator<(double value, const Box& box); // double cannot have member functions
ostream& operator<<(ostream& stream, const Box& box); // you cannot add ostream members
```

▌**附註**　一旦某個運算子的某個多載需要是非成員函數，你可能決定將該運算子的所有其他多載也轉換為非成員函數，以保持一致性。例如，對於 Box 類別的 operator<()，你可以考慮這樣做。即使只有下面串列的第一個多載確實需要非成員，也可以將一個或兩個運算子多載轉換為非成員函數，這樣就可以在標頭檔中將這些宣告很好地組合在一起：

```
bool operator<(double, const Box&);        // Must be non-member function
bool operator<(const Box&, double);        // Symmetrical case often done for consistency
bool operator<(const Box&, const Box&);    // Box-Box case sometimes as well for consistency
```

有時可能更喜歡非成員函數，而不是成員函數的第二個原因是，當需要對二元運算子的左運算元進行隱含式轉換時。在接下來的小節中會討論這個情況。

運算子函數和隱式轉換

正如本章和前幾章前面提到的，允許從 double 到 Box 的隱式（implicit）轉換不是好主意。因為這樣的轉換會導致不好的結果，所以 Box 對應的單參數建構函數應該是顯式（explicit）的。但並非所有的單參數建構函數都是這樣。例如，前面在第 11 章的習題中使用的 Integer 類別提供了一個很好的例子。從本質上看，這個類別是這樣的：

```
class Integer
{
private:
  int n;
public:
  Integer(int m = 0) : n{m} {}
  int getValue() const { return n; }
  void setValue(int m) { n = m; }
};
```

對於這個類別，允許隱式轉換沒有害處。主要原因是 Integer 物件比 boxes 更接近 ints，而不是 doubles。我們已經知道其他無害、且方便的隱式轉換的例子，包括從字串文字或 T 值到 std::optional<T> 物件。

對於允許隱式轉換的類別，通常會更改將運算子多載為成員函數的一般準則。考慮 Integer 類別。希望對整數物件使用諸如 operator+() 之類的二元數學運算子。也希望它們能用於 Integer + int 和 int + Integer 形式的加法。顯然，仍可以定義三個運算子函數，像我們為 Box 的 + 運算子所做的那樣──兩個成員函數和一個非成員函數。但還有一個更簡單的選擇。需要做的就是定義一個單一的非成員運算子函數如下：

```
Integer operator+(const Integer& one, const Integer& other)
{
  return one.getValue() + other.getValue();
}
```

將這個函數與我們簡單的 Integer 類別定義放在一個 Integer.h 中。為 -、*、/ 和 % 加入類似的函數。因為 int 值隱式轉換為 Integer 物件,所以這五個運算子函數就足以使下面的測試程式運作。如果不依賴於隱式轉換,需要至少 15 個函數定義來涵蓋所有的可能性。

```cpp
// Ex12_07.cpp
// Implicit conversions reduce the number of operator functions
#include <iostream>
#include "Integer.h"

int main()
{
  const Integer i{1};
  const Integer j{2};
  const auto result = (i * 2 + 4 / j - 1) % j;
  std::cout << result.getValue() << std::endl;
}
```

需要使用非成員函數來允許對任意一個運算元進行隱式轉換的原因是編譯器從不對成員函數的左運算元執行轉換。也就是說,如果將 operator/() 定義為成員函數,那麼像 4 / j 這樣的運算式將不再編譯。

▌ **提示**　運算子多載通常應實作為成員函數。只有在不能使用成員函數或第一個運算元,需要隱式轉換時才使用非成員函數。

▌ **注意**　來自 std::rel_ops 名稱空間的運算子樣版不允許隱式轉換。這意味著,如果你想要在不同型態的運算元之間進行比較,就必須自己定義所有六個比較運算子。不過,透過一些仔細的複製和貼上,這應該不會有那麼多工作。

▌ 多載一元運算子

到目前為止,我們只看到了多載二元運算子的例子。還有一些一元運算子。為了便於說明,假設 Box 的一個常見操作是 "旋轉" 它們,即它們的寬度和長度是交換的。如果這個操作確實經常使用,你可能會想為它導入一個運算子。因為旋轉只涉及一個盒子──不需要額外的運算元──所以必須選擇一個

可用的一元運算子。可行的候選是 +、-、~、!、&、和 *。從這些方面來看，
operator~() 似乎是一個不錯的選擇。就像二元運算子一樣，一元運算子既可以
定義為成員函數，也可以定義為一般函數。再次從 Ex12_04 的 Box 類別開始，
前一種可能性是這樣的：

```
class Box
{
private:
  double length {1.0};
  double width {1.0};
  double height {1.0};

public:
  // Constructors
  Box(double lv, double wv, double hv) : length{lv}, width{wv}, height{hv} {}

  // Remainder of the Box class as before...

  Box operator~() const
  {
    return Box{width, length, height}; // width and length are swapped
  }
};
#endif
```

按照慣例，operator~() 回傳一個新物件，就像我們看到的不修改左運算元的二
元數學運算子一樣。將 Box "旋轉" 運算子定義為非成員函數也應該很容易：

```
Box operator~(const Box& box)
{
  return Box{ box.getWidth(), box.getLength(), box.getHeight() };
}
```

使用這些運算子多載中的任何一個，我們可以撰寫程式碼如下：

```
Box someBox{ 1, 2, 3 };
std::cout << ~someBox << std::endl;
```

可以在 Ex12_08 中找到這個例子。如果運行這個程式，會得到這樣的結果：

```
Box( 2, 1, 3)
```

▌ 附註　可以説，這個運算子多載違反了本章前面的關鍵準則。雖然它顯然會導
致非常緊湊的程式碼，但並不一定會產生自然的、可讀的程式碼。如果不查看類

別定義，恐怕你的任何同事都不會猜到 ~someBox 運算式在做什麼。因此，除非符號 ~someBox 在包裹和盒子中很常見，否則最好在這裡定義一個一般函數，比如 rotate() 或 GetRotatedBox()。

多載遞增和遞減運算子

++ 和 -- 運算子是實作函數多載的另一個新問題，因為它們位於運算元的前面或後面的行為都不一樣。所以對每個運算子都需要兩個函數：一個針對前置形式，另一個則處理後置形式。這運算子函數的後置形式與前置形式的區分是根據是否有無 int 型態的參數，前置形式無此參數。對於任意類別 MyClass 多載 ++ 的函數宣告是：

```
class MyClass
{
public:
  MyClass& operator++();          // Overloaded prefix increment operator

  const MyClass operator++(int); // Overloaded postfix increment operator

// Rest of MyClass class definition...
};
```

前置形式的回傳型態通常需要是對目前物件 *this 的參考，在對其應用遞增運算之後。下面是前置 Box 類別形式的實作：

```
inline Box& Box::operator++()
{
  ++length;
  ++width;
  ++height;
  return *this;
}
```

這只是將每個維度增加 1，然後回傳目前物件。

對於運算子的後置形式，應在修改前建立原始物件的副本。然後，在物件上執行遞增運算之後回傳原物件的副本。下面是如何實作 Box 類別：

```
inline const Box Box::operator++(int)
{
```

```
  auto copy{*this};    // Create a copy of the current object
  ++(*this);           // Increment the current object using the prefix operator...
  return copy;         // Return the unincremented copy
}
```

事實上，可以使用前面的主體，實作前置對應的任何後置遞增運算子。雖然是可選的，但後置運算子的回傳值有時被宣告為 const，以防止 theObject++++ 之類的運算式編譯。這樣的運算式不優雅、令人困惑，並且與運算子的正常行為不一致。如果沒有將回傳型態宣告為 const，則可以使用這種方法。

Ex12_09 範例包含一個小測試程式，請自行下載，它將前置和後置遞增和遞減運算子加到 Ex12_04 的 Box 類別中，然後在 main() 函數中對它們進行一個小的測試：

```
int main()
{
  Box theBox {3.0, 1.0, 3.0};

  std::cout << "Our test Box is " << theBox << std::endl;

  std::cout << "Postfix increment evaluates to the original object: "
            << theBox++ << std::endl;
  std::cout << "After postfix increment: " << theBox << std::endl;

  std::cout << "Prefix decrement evaluates to the decremented object: "
            << --theBox << std::endl;
  std::cout << "After prefix decrement: " << theBox << std::endl;
}
```

程式的輸出如下：

```
Our test Box is Box( 3, 1, 3)
Postfix increment evaluates to the original object: Box( 3, 1, 3)
After postfix increment: Box( 4, 2, 4)
Prefix decrement evaluates to the decremented object: Box( 3, 1, 3)
After prefix decrement: Box( 3, 1, 3)
```

▌ **附註**　遞增或遞減運算子的後置形式回傳的值，在遞增或遞減之前應始終是原始物件的副本。前置形式回傳的值應該是目前物件的參考（因此是遞增或遞減的）。原因是，這正是對應的內建運算子對基本型態的行為方式。

多載註標運算子

註標 [] 提供某些種類類別非常有趣的可能性。很清楚的，這運算子的主要目的是，在可視為陣列的一些物件中選擇──但是事實上，物件可包含在任意的收納器中。你可多載註標運算子存取稀疏陣列（許多元素都是空的），或是結合的陣列，或甚至是鏈結串列的元素。這些資料可以是存在檔案中，而且可用註標運算子隱藏檔案輸入和輸出運作的複雜性。

第 11 章 Ex11_15 中的 Truckload 類別是一個可以支援註標運算子的類別的例子。Truckload 物件包含一組有序的物件，因此註標運算子可以提供透過索引值存取這些物件的方法。索引為 0 將回傳串列中的第一個物件，索引為 1 將回傳第二個物件，依此類推。註標運算子的內部工作將負責反覆串列以找到所需的物件。

Truckload 類別的 operator[]() 函數需要接受一個索引值作為參數，該參數是串列中的一個位置，並回傳指向該位置的 Box 物件的指標。TruckLoad 類別中成員函數的宣告如下：

```
class Truckload
{
private:
// Members as before...

public:
  SharedBox operator[](size_t index) const;        // Overloaded subscript operator
// Rest of the class as before...
};
```

你應該實作以下的函數：

```
SharedBox Truckload::operator[](size_t index) const
{
  size_t count {};                 // Package count
  for (Package* package{pHead}; package; package = package->pNext)
  {
    if (index == count++)          // Up to index yet?
      return package->pBox;        // If so return the pointer to Box
  }
  return nullptr;
}
```

for 迴圈反覆串列，每次反覆增加計數。當 count 的值與 index 相同時，迴圈在 index 處到達包物件，因此，回傳指向該包物件中的 Box 物件的智慧指標。如果反覆整個串列時計數沒有達到索引的值，那麼索引必定超出範圍，因此回傳 nullptr。讓我們透過另一個例子來看看這在實踐中是如何實作的。

這個例子將使用任何包含 operator<<() 的 Box 類別，這使得將 boxes 輸出到 std::cout 更加容易。我們還可以刪除 Truckload 的 listBoxes() 成員，並為輸出 Truckload 物件到串流的 << 運算子新增一個多載，類似於 Box 類別的多載。如果使用為習題 11.6 建立的 Truckload 類別，它包含巢狀的 Iterator 類別，可以實作這個運算子函數，而不需要夥伴宣告。其定義如下：

```cpp
std::ostream& operator<<(std::ostream& stream, const Truckload& load)
{
  size_t count {};
  auto iterator = load.getIterator();
  for (auto box = iterator.getFirstBox(); box; box = iterator.getNextBox())
  {
    std::cout << *box;
    if (!(++count % 5)) std::cout << std::endl;
  }
  if (count % 5) std::cout << std::endl;
  return stream;
}
```

可以使用它來替換舊的 Truckload 類別的 listBoxes() 成員函數。程式碼類似於 listBoxes()，只是現在只使用公有函數，而不是直接處理串列中的 Package。該函數使用 Box 類別的 operator<<() 函數。現在輸出一個 Truckload 物件將非常簡單——只需使用 << 將其寫入 cout。

如果將陣列註標運算子和串流輸出運算子都加到 Truckload 類別中，可以使用以下程式來練習這些新運算子：

```cpp
// Ex12_10.cpp
// Using the subscript operator
#include <iostream>
#include <memory>
#include <cstdlib>                 // For random number generator
#include <ctime>                   // For time function
#include "Truckload.h"

// Function to generate integral random box dimensions from 1 to max_size
```

```cpp
inline double random(double max_size)
{
  return 1 + static_cast<int>(std::rand() / (RAND_MAX / max_size + 1));
}

int main()
{
  const double dimLimit {99.0};        // Upper limit on Box dimensions
  // Initialize the random number generator
  std::srand(static_cast<unsigned>(std::time(nullptr)));
  Truckload load;
  const size_t boxCount {20};          // Number of Box object to be created

  // Create boxCount Box objects
  for (size_t i {}; i < boxCount; ++i)
    load.addBox(std::make_shared<Box>(random(limit), random(limit), random(limit)));

  std::cout << "The boxes in the Truckload are:\n";
  std::cout << load;

  // Find the largest Box in the Truckload
  double maxVolume {};
  size_t maxIndex {};
  size_t i {};
  while (load[i])
  {
    if (load[i]->volume() > maxVolume)
    {
      maxIndex = i;
      maxVolume = load[i]->volume();
    }
    ++i;
  }

  std::cout << "\nThe largest box is: ";
  std::cout << *load[maxIndex] << std::endl;

  load.removeBox(load[maxIndex]);
  std::cout << "\nAfter deleting the largest box, the Truckload contains:\n";
  std::cout << load;
}
```

當我們執行這個範例，將會產生輸出如下：

```
The boxes in the Truckload are:
  Box(26,68,23) Box(89,60,94) Box(46,82,27) Box(22, 2,29) Box(98,23,90)
  Box(25,81,55) Box(52,64,28) Box(98,33,40) Box(83,14,80) Box(91,78,94)
  Box(28,54,50) Box(57,79,18) Box(91,89,99) Box(26,39,57) Box(26,42,35)
  Box(15,29,74) Box(10,17,21) Box(91,86,68) Box(94, 5,30) Box(87,10,94)

The largest box is:    Box(91,89,99)

After deleting the largest box, the Truckload contains:
  Box(26,68,23) Box(89,60,94) Box(46,82,27) Box(22, 2,29) Box(98,23,90)
  Box(25,81,55) Box(52,64,28) Box(98,33,40) Box(83,14,80) Box(91,78,94)
  Box(28,54,50) Box(57,79,18) Box(26,39,57) Box(26,42,35) Box(15,29,74)
  Box(10,17,21) Box(91,86,68) Box(94, 5,30) Box(87,10,94)
```

main() 函數現在使用註標運算子從 Truckload 物件訪問指向 Box 物件的指標。你可以從輸出中看到註標運算子發揮作用，並且尋找和刪除最大 Box 物件的結果是正確的。標準輸出串流中的 Truckload 和 Box 物件之輸出，現在與基本型態的輸出運作相同。

■ **注意**　對於 Truckload 物件，註標運算子隱藏了一個特別低效的進程。因為很容易忘記，每次使用註標運算子都需要從頭反覆串列的至少一部分，所以在將該運算子加到程式碼之前，應該三思。特別是當 Truckload 物件包含大量指向 Box 物件的指標時，經常使用這個運算子會對性能造成災難性的影響。正因為如此，標準函式庫的作者決定不提供他們的鏈結串列類別樣版 std::list<> 和 std::forward_list<>，任何註標運算子。多載註標運算子最好保留給那些可以由有效的元素搜尋機制支援的情況。

要解決 Truckload 陣列註標運算子的這個性能問題，應該省略它，或者用 std::vector<SharedBox> 替換 Truckload::Package 的鏈結串列。我們最初使用鏈結串列的唯一原因是為了教學。實際上，可能永遠不應該使用鏈結串列。std::vector<> 幾乎是更好的選擇。我們會推遲實作這個版本的 Truckload，直到第 19 章的習題，因為還沒有真正看到如何從 vector 中刪除元素。

修改多載註標運算子的結果

在某些情況下，可能希望多載註標運算子並使用它回傳的物件，例如，在設定的左側或在其上呼叫函數。使用當前在 Truckload 類別中實作的 operator[]()，程式可以編譯，但是如果你撰寫以下敘述之一，程式就不能正常執行：

```
load[0] = load[1];
load[2].reset();
```

這會編譯並執行，但不會影響串列中的項。你想要的是串列中的第一個指標被第二個指標替換，第三個指標被重置為 null，但這不會發生。問題是 operator[]() 的回傳值。函數回傳一個智慧指標物件的暫時副本，該物件指向串列中與原始指標相同的 Box 物件，但是是不同的指標。每次使用設定左側的 load[0] 時，都會得到串列中第一個指標的不同副本。這兩個敘述都在運算，但只是在更改串列中指標的副本，這些副本不會存在很長時間。

這就是為什麼註標運算子，通常回傳對資料結構中實際值的參考，而不是這些值的副本。然而，為 Truckload 類別這樣做帶來了一個重大的挑戰。你不能再從 Truckload 類別中的 operator[]() 回傳 nullptr，因為不能回傳對 nullptr 的參考。顯然，在這種情況下，也絕不能回傳對本地物件的參考。你需要設計另一種方法來處理無效索引。最簡單的解決方案是回傳一個 SharedBox 物件，該物件不指向任何東西，並且永久存在全域記憶體的某個位置。

透過在類別的 private 部分加入以下宣告，可以將 SharedBox 物件定義為 Truckload 類別的靜態成員：

```
static SharedBox nullBox;          // Pointer to nullptr
```

正如在第 11 章中看到的，在類別外部初始化靜態類別成員。下面是 Truckload. cpp 中的敘述：

```
SharedBox Truckload::nullBox {};    // Initialize static class member
```

現在我們可以將註標運算子的定義改為：

```
SharedBox& Truckload::operator[](size_t index)
{
  size_t count {};                  // Package count
  for (Package* package{pHead}; package; package = package->pNext)
  {
    if (index == count++)           // Up to index yet?
      return package->pBox;         // If so return the pointer to Box
  }
  return nullBox;
}
```

它現在回傳對指標的參考，成員函數不再是 const。這裡是 Ex12_10 的副檔名，
用於嘗試設定左側的註標運算子。我們簡單地將 main() 從 Ex12_10 延展為：

```cpp
// Ex12_11.cpp
// Using the subscript operator on the left of an assignment
#include <iostream>
#include <memory>
#include <cstdlib>                          // For random number generator
#include <ctime>                            // For time function
#include "Truckload.h"

// Function to generate integral random box dimensions from 1 to max_size
inline double random(double max_size)
{
  return 1 + static_cast<int>(std::rand() / (RAND_MAX / max_size + 1));
}

int main()
{
  // All the code from main() in Ex12_10 here...

  load[0] = load[1];                        // Copy 2nd element to 1st
  std::cout << "\nAfter copying the 2nd element to the 1st, the list contains:\n";
  std::cout << load;

  load[1] = std::make_shared<Box>(*load[2] + *load[3]);
  std::cout << "\nAfter making the 2nd element a pointer to the 3rd plus 4th,"
                                              " the list contains:\n";
  std::cout << load;
}
```

輸出的第一部分與前面的例子相似，之後輸出如下：

```
After copying the 2nd element to the 1st, the list contains:
 Box(65,31, 6) Box(65,31, 6) Box(75, 4, 4) Box(40,18,48) Box(32,67,21)
 Box(78,48,72) Box(22,71,41) Box(36,37,91) Box(19, 9,71) Box(98,78,30)
 Box(85,54,53) Box(98,13,66) Box(50,57,39) Box(56,80,88) Box(17,60,23)
 Box(85,42,41) Box(51,31,61) Box(41, 9, 8) Box(75,79,43)

After making the 2nd element a pointer to the sum of 3rd and 4th, the list contains:
 Box(65,31, 6) Box(75,18,52) Box(75, 4, 4) Box(40,18,48) Box(32,67,21)
 Box(78,48,72) Box(22,71,41) Box(36,37,91) Box(19, 9,71) Box(98,78,30)
 Box(85,54,53) Box(98,13,66) Box(50,57,39) Box(56,80,88) Box(17,60,23)
 Box(85,42,41) Box(51,31,61) Box(41, 9, 8) Box(75,79,43)
```

新輸出的第一個區塊顯示前兩個元素指向同一個 Box 物件，因此分配工作與預期一致。第二個區塊的結果是，為 Truckload 物件中的第二個元素分配一個新值。新值是一個指向 Box 物件的指標，該物件由第三和第四個 Box 物件之和產生。輸出顯示第二個元素指向一個新物件，該物件是後面兩個元素的和。為了弄清楚發生了什麼，這個敘述相當於：

```
load.operator[](1).operator=(
  std::make_shared<Box>(load.operator[](2)->operator+(*load.operator[](3))));
```

這就清楚多了，不是嗎？

▌注意　本節中用於處理註標運算子的無效索引（回傳對特殊 "null 物件" 的參考）的方法有一個關鍵缺陷。也許你已經猜到這是什麼了？提示：如果提供了無效索引，operator[]() 函數將回傳對 nullBox 的非 *const* 參考。完全正確。這個參考是非 const 的事實，意味著沒有什麼可以阻止呼叫者修改 nullBox。通常，允許使用者修改透過運算子訪問的物件正是我們要做的。但是對於特殊的 nullBox 物件，這暴露了一個嚴重的風險。它允許粗心的呼叫者為 nullBox 指標分配一個非空值，這實際上會破壞註標運算子。下面的例子說明了是如何出錯的：

```
Truckload load(std::make_shared<Box>(1, 2, 3)); // Create a load containing a single box
...
load[10] = std::make_shared<Box>(6, 6, 6);  // Oops: assigning a value to nullBox...
...
auto secondBox = load[100];                      // Access non-existing Box...
if (secondBox)                                   // Reference to nullBox no longer null!
{
  std::cout << secondBox->volume() << std::endl; // Prints 216 (volume of our "nullBox")
}
```

如本例所示，對不存在的第 11 個元素的一次意外設定，會導致意外和不希望發生的行為。Truckload 現在看起來有一個索引為 100 的維度為 {6, 6, 6} 的 Box（注意，這甚至會同時中斷所有 Truckload 物件的註標運算子。因為 nullBox 是 Truckload 的靜態成員，所以它在該類別的所有物件之間共享）。

由於這個危險的漏洞，你不應該使用我們在實際程式中使用的技術。在第 15 章中，我們會討論處理無效函數參數的更合適的機制：例外。例外允許從函數回傳，而無需建立回傳值。

函數物件

函數物件是多載函數呼叫運算子的類別的物件，也就是 ()。函數物件也稱為函數器（*functor*）。類別中的運算子函數看起來像打錯，也就是 operator()()。函數物件可以作為參數傳遞給函數，因此它提供了另一種傳遞函數的方法。標準函式庫非常廣泛地使用函數物件，特別是在 functional 標頭中。我們將透過一個例子說明函數物件是如何運作的。

假設我們定義 Volume 類別如下：

```
class Volume
{
public:
  double operator()(double x, double y, double z) { return x*y*z; }
};
```

我們可以使用 Volume 物件來計算體積：

```
Volume volume;                        // Create a functor
double room { volume(16, 12, 8.5) };  // Room volume in cubic feet
```

volume 物件表示一個函數，這個函數可以使用它的函數呼叫運算子來呼叫。支援的 room 初始器中的值是，呼叫 volume 物件的 operator()() 的結果，因此運算式相當於 volume.operator()(16, 12, 8.5)。可以在一個類別中定義不止一個多載 operator()() 函數：

```
class Volume
{
public:
  double operator()(double x, double y, double z) { return x*y*z; }

  double operator()(const Box& box) { return box.volume(); }
};
```

現在 Volume 物件可以回傳 Box 物件的體積：

```
Box box{1.0, 2.0, 3.0};
std::cout << "The volume of the box is " << volume(box) << std::endl;
```

當然，這個例子不足以讓你相信函數物件的有用性。不過，在第 18 章中，我們將向你展示為什麼將可呼叫函數表示為物件確實是一個強大的概念。在後面的章節中，你將廣泛地結合使用函數器，例如，標準函式庫演算法。

▌ **附註**　與大多數運算子不同，函數呼叫運算子必須作為成員函數多載。它們不能定義為一般函數。函數呼叫運算子也是唯一一個可以擁有任意多個參數並具有預設參數的運算子。

多載型態轉換

可以將運算子函數定義為類別成員，以便從類別型態轉換為另一種型態。要轉換的型態可以是基本型態或類別型態。運算子函數是任意類別 MyClass 物件的轉換，其形式如下：

```
class MyClass
{
public:
  operator Type() const;                    // Conversion from MyClass to Type
// Rest of MyClass class definition...
};
```

Type 是轉換的目標型態。注意，沒有指定回傳型態，因為目標型態總是隱式地包含在函數名稱中，所以這裡函數必須回傳一個 Type 物件。

例如，你可能想要定義從型態 Box 到型態 double 的轉換。由於應用程式的原因，可以確定此轉換的結果將是 Box 物件的體積。你可以這樣定義：

```
class Box
{
public:
  operator double() const { return volume(); }

// Rest of Box class definition...
};
```

如果這樣寫，就會呼叫運算子函數：

```
Box box {1.0, 2.0, 3.0};
double boxVolume = box;              // Calls conversion operator
```

這將導致編譯器插入一個隱式轉換。可以用這個敘述明確地呼叫運算子函數：

```
double total { 10.0 + static_cast<double>(box) };
```

透過在類別中指定 explicit 轉換運算子函數，可以防止隱式呼叫。在 Box 類別中，你可以，也應該這樣寫：

```
explicit operator double() const { return volume(); }
```

現在編譯器不會將此成員用於隱式轉換為 double 型態。

■ **附註** 不像多數運算子，轉型運算子必須作為成員函數多載。它們不能定義為一般函數。

轉換中潛在的歧義

當為類別實作轉換運算子時，可能會產生歧義，從而導致編譯器錯誤。你已經看到建構函數也可以有效地實作轉換——透過在 Type2 類別中包含一個建構函數，並宣告如下：

```
Type2(const Type1& theObject);                // Constructor converting Type1 to Type2
```

這可能與 Type1 類別中的轉換運算子衝突：

```
operator Type2();                             // Conversion from type Type1 to Type2
```

當需要隱式轉換時，編譯器將無法決定使用哪個建構函數或轉換運算子函數。若要消除歧義，請將其中一個或兩個成員宣告為 explicit。

▌多載設定運算子

我們已經遇到過幾個實體，其中一個非基本型態的物件似乎被另一個使用設定運算子覆寫，如下所示：

```
Box oneBox{1, 2, 3};
Box otherBox{4, 5, 6};
...
oneBox = otherBox;
...
std::cout << oneBox.volume() << std::endl;  // Outputs 120 (= 4 x 5 x 6)
```

但這到底是怎麼回事呢？如何支援自己的類別？

我們知道編譯器（有時）提供預設建構函數、複製建構函數和解構函數。不過，這並不是編譯器提供的全部功能。與預設複製建構函數類似，編譯器也產生預設的複製設定運算子。對於 Box，該運算子的原型如下：

```
class Box
{
public:
  ...
  Box& operator=(const Box& right_hand_side);
  ...
};
```

與預設複製建構函數類似，預設複製設定運算子只是逐個複製類別的所有資料
成員（按照它們在類別定義中宣告的順序）。可以透過提供一個使用者定義的設
定運算子來覆蓋這個預設行為，我們會在接下來討論。

實作複製設定運算子

預設設定運算子將設定右側物件的成員複製到左側相同型態物件的成員。對
於 Box，這種預設行為沒有問題。但並非所有類別都是這樣。考慮一個簡單的
Message 類別，不管出於什麼原因，它都將訊息的文字存在一個 std::string
中，這個字串是在閒置空間中分配的。然後，我們已經知道如何實作明確地回
收記憶體的解構函數。這樣一個類別的定義可能是這樣的：

```
class Message
{
public:
  explicit Message(std::string_view message = "") : pText{new std::string(message)} {}
  ~Message() { delete pText; }
  std::string_view getText() const { return *pText; }
private:
  std::string* pText;
};
```

呼叫它的（預設）設定運算子時，撰寫如下：

```
Message message;
Message beware {"Careful"};
message = beware;              // Call the assignment operator
```

這個程式碼段會編譯並運行。但是現在考慮 Message 類別的預設設定運算子
在最後一條敘述中究竟做了什麼。它將 pText 成員從 beware Message 複製到
message 物件。不過，這個成員只是一個原始指標變數，因此在設定之後，我們
有兩個不同的 Message 物件，它們的 pText 指標指向相同的記憶體位置。一旦
兩個 Message 都超出範疇，兩個物件的解構函數將在同一位置應用 delete。不

可能知道第二次刪除（即 message 解構函數中的刪除）的結果是什麼。一般來說，未來會發生什麼還不確定。不過，一個可能的結果是程式當機。

因此，顯然預設的設定運算子不會用於 Message 之類的類別，即本身管理動態配置記憶體的類別。因此，我們別無選擇，只能重新定義 Message 的設定運算子。

■ **附註** 設定運算子不能定義為一般函數。它是唯一一個必須作為類別成員函數多載的二元運算子。

設定運算子應該回傳一個參考，因此在 Message 類別中它應該是這樣的：

```
Message& operator=(const Message& message);     // Assignment operator
```

參數應該是參考 const，回傳型態應該是參考非 const。由於設定運算子的程式碼只會將數據從右運算元的成員傳輸到左運算元的成員，你可能想知道為什麼它必須回傳參考——或者實際上，為什麼它需要回傳任何東西。考慮如何在實踐中應用設定運算子。正常情況下，可以這樣寫：

```
message1 = message2 = message3;
```

這是同一型態的三個物件，因此該敘述將 message1 和 message2 複製為 message3。因為設定運算子是右關聯的，所以它相當於：

```
message1 = (message2 = message3);
```

執行最右邊設定的結果顯然是最左邊設定的右運算元，所以你肯定需要回傳一些東西。用 operator=() 表示，該敘述相當於：

```
message1.operator=(message2.operator=(message3));
```

我們以前已經見過好幾次了。這叫做方法鏈接。無論你從 operator=() 回傳什麼，最終都可能作為另一個 operator=() 呼叫的參數。operator=() 的參數是對物件的參考，因此運算子函數必須回傳左運算元，也就是它所指向的物件。此外，為了避免對回傳的物件進行不必要的複製，回傳型態必須是參考。

複製右運算元的一個選項是簡單地利用 std::string 的設定運算子，如下所示：

```
Message& operator=(const Message& message)
{
  *pText = *message.pText;                        // Copy the std::string object
```

```
  return *this;                               // Return the left operand
}
```

雖然這可能是更推薦的方法,但是這種變體並沒有告訴你多載設定運算子的任何風險。它只是依賴於標準函式庫的實作者知道如何實作一個正確的設定運算子——他們很可能已經做到了。因此,為了方便討論,假設決定呼叫 std::string 的複製建構函數。那麼這將是一個合理的首次嘗試這樣的設定運算子:

```
Message& operator=(const Message& message)
{
  delete pText;                               // Delete the previous text
  pText = new std::string(*message.pText);    // Duplicate the object
  return *this;                               // Return the left operand
}
```

this 指標包含左參數的地址,因此回傳 *this 物件。這個函數看起來不錯,而且大多數時候似乎都能正常執行,但是它有一個嚴重的問題。假設有人這樣寫:

```
message1 = message1;
```

有人明確寫下這段話的可能性非常低,但自我分配可能是間接發生的。該敘述的結果是,首先對 message1 的 pText 指標應用 delete,然後取消對該指標的參考,試圖複製它。記住,在 operator=() 函數中,message 和 * 都指向同一個物件:message1。換句話說,就好像在執行這個:

```
delete message1.pText;
message1.pText = new std::string(*message1.pText);  // Reference reclaimed memory!
return message1;
```

因為現在正在解參考的 pText 成員指向回收的閒置空間記憶體,所以這不太可能導致致命錯誤。順便說一下,交換 operator=() 函數體中的第一行也沒有幫助。假設你這麼做了,然後設定運算子首先將 pText 指向的字串複製到自身,接著立即刪除這個新建立的複製。讓我們把它內嵌起來,讓這個變化更清楚:

```
message1.pText = new std::string(*message1.pText);  // Memory leak!
delete message1.pText;
return message1;                             // Returning message with deleted pText!
```

當然,你永遠不會再寫這個,但這實際上是在設定運算子交換前兩行之後會發生的事情。不僅這種變形漏洞記憶體——delete 從未應用於原始 pText。你還會得到一個 Message 物件，該物件的 pText 指向已經回收的記憶體。因此，你的程式幾乎肯定會在稍後的某個時刻當機。

正確的解決方案是檢查相同的左、右運算元：

```cpp
Message& operator=(const Message& message)
{
  if (this != &message)
  {
    delete pText;                            // Delete the previous text
    pText = new std::string(*message.pText); // Duplicate the object
  }
  return *this;                              // Return the left operand
}
```

現在，如果 this 包含了參數物件的地址，函數什麼也不做，只回傳相同的物件。因此：

■ **提示**　每個使用者定義的複製設定運算子都應該從檢查自設定開始。當不小心分配物件本身時，忘記這樣做可能會導致致命的錯誤。

如果將其放入 Message 類別定義中，下面的程式碼將顯示它的工作狀態：

```cpp
// Ex12_12.cpp
// Defining a copy assignment operator
#include "Message.h"

int main()
{
  Message beware {"Careful"};
  Message warning;

  warning = beware;              // Call assignment operator

  std::cout << "After assignment beware is: " << beware.getText() << std::endl;
  std::cout << "After assignment warning is: " << warning.getText() << std::endl;
}
```

輸出會說明一切正常，程式不會當掉。

■ **附註**　在第 16 章中，將遇到一個使用者定義的複製設定運算子更實際的例子，在這個例子中，你將處理一個更大的類似於向量的類別的例子，該類管理一個動態

分配的記憶體陣列。基於這個範例，我們還將介紹實作正確、安全的設定運算子的標準技術：所謂的複製和交換習慣用法。本質上，這個 C++ 程式設計模式要求，總是根據複製建構函數和 swap() 函數重新建構複製設定運算子。

複製設定與複製建構

在與複製建構函數不同的情況下呼叫複製設定運算子。下面的程式碼片段說明了這一點：

```
Message beware {"Careful"};
Message warning;
warning = beware;                // Call assignment operator
Message otherWarning{warning};   // Calls the copy constructor
```

在第三行，將一個新值設定給先前建構的物件。這意味著使用了設定運算子。然而，在最後一行，你將建構一個全新的物件作為另一個物件的副本。因此，這是使用複製建構函數完成的。如果不使用統一的初始化語法，差別並不總是那麼明顯。最後一行重寫如下也是合法的：

```
Message otherWarning = warning;   // Still calls the copy constructor
```

程式設計師有時錯誤地認為，這種形式等同於對隱式預設建構的 Message 物件的複製設定。但事實並非如此。即使這個敘述包含等號，編譯器仍然會使用複製建構函數，而不是設定。設定運算子只在分配給已在前面建構的現有物件時有作用。

當然，請注意，Message 類別的預設複製建構函數，將導致與預設複製設定運算子相同的問題。也就是說，應用這個預設的複製建構函數會得到第二個物件，該物件具有相同的 pText 指標。任何與預設設定運算子有問題的類別也會與複製建構函數有問題，反之亦然。如果需要實作其中一個，還需要實作另一個。Ex12_12A 包含 Ex12_12 的延展版本，其中添加了正確的複製建構函數。

在第 17 章中，我們將更詳細地討論何時以及如何覆蓋預設產生的成員。現在只要記住這條準則：

■ **提示**　如果類別管理指向閒置空間記憶體的指標的成員，則永遠不能按原樣使用複製建構函數和設定運算子。如果它的成員是原始指標，則必須始終定義解構函數。

設定不同型態

你不僅限於多載設定運算子來複製相同型態的物件。可以為一個類別擁有多個多載版本的設定運算子。附加版本可以具有與類別型態不同的參數型態，因此它們是有效的轉換。事實上，甚至已經看到物件被分配了不同型態的值：

```
std::string s{"Happiness is an inside job."};
...
s = "Don't assign anyone else that much power over your life."; // Assign const char[] value
```

在本章關於運算子多載的討論結束後，我們確信你可以自己解決如何實作這樣的設定運算子。只要記住，按照慣例，任何設定運算子都應該回傳對 *this 的參考。

▌摘要

在本章中，你已經學習了如何新增函數使自訂資料型態的物件可以利用 C++ 的基本運算子。在特定的類別中，你要完成使命決定權在你。你需要決定每個類別提供的性質和功能範圍。不要忘記你是在定義資料型態——條列分明的資料項——而且你的類別需要反映其本質和特性。你也要確定多載運算子的實作不能與其標準形式的運算子衝突。

本章看到的重點包括：

- 你可以多載類別中的任意數量的運算子，以提供特定於類別的行為。這樣做只是為了使程式碼更容易讀寫。

- 多載運算子應該盡可能地模仿其內建的對應運算子。這個規則的常見例外是用於標準函式庫串流的 << 和 >> 運算子，以及用於連接字串的 + 運算子。

- 運算子函數可以定義為類別的成員，也可以定義為全域運算子函數。只要可能，就應該使用成員函數。只有在沒有其他方法或者第一個運算元需要隱式轉換時，才應該使用全域運算子函數。

- 對於定義為類別成員函數的一元運算子，運算元是類別物件。對於定義為全域運算子函數的一元運算子，運算元是函數參數。

- 對於宣告為類別成員的二元運算子函數，左運算元是類別物件，右運算

元是函數參數。對於全域運算子函數定義的二元運算子，第一個參數指
定左運算元，第二個參數指定右運算元。

◆ 實作多載 += 運算子的函數可用來完成 + 函數。對於所有 op= 運算子這都
成立。

◆ 要多載遞增或遞減運算子，需要兩個函數，它們提供運算子的前置和後
置形式。實作後置運算子的函數有一個 int 型態的額外參數，該參數只
用於將函數與前置版本區分開來。

◆ 要支援自訂型態轉換，你可以選擇轉換運算子或轉換建構函數和設定運
算子的組合。

習題

12.1 在 Ex12_05 的 Box 類別中定義一個運算子函數，該函數允許 Box 物件後乘
一個無號整數 n，以產生一個高度為原始物件 n 倍的新物件。說明運算子函數的
運作原理。

12.2 定義一個運算子函數，該函數允許一個 Box 物件被一個無號整數 n 預乘，
以產生與習題 12.1 中的運算子相同的結果。說明該運算子的運作原理。

12.3 再看一下習題 12.2 的答案。如果它與我們的模型解決方案類似，那麼它包
含兩個二元數學運算子：一個用於加兩個 Box，另一個用於多載運算子，用於將
Box 與數字相乘。還記得我們說過，在運算子多載的世界中，一件事會導致另一
件事嗎？雖然減去 Box 並不能很好地運作，但如果要用一個整數乘以運算子，
你肯定也希望運算子除以 1 吧？此外，每個二元數學運算子 *op()* 建立對應的複
合指定運算子 *op=()* 的期望。確保使用規範模式實作所有請求的運算子。

12.4 建立必要的運算子，允許在 if 敘述中使用 Box 物件，例如：

```
if (my_box) ...
if (!my_other_box) ...
```

若一個盒子的體積不為 0，那麼它就等於 true。如果它的體積為 0，則盒子的值
應為 false。建立一個小測試程式，顯示你的運算子按要求執行。

12.5 實作一個表示有理數的 Rational 類別。有理數可以表示為兩個整數的商或
分數 n / d，一個整數分子 n 和一個非零的正整數分母 d。不過，不要擔心強制要

求分母非零。這不是練習的重點。一定要建立一個允許有理數串流到 std::cout 的運算子。除此之外，還可以自由選擇加多少運算子和哪些運算子，可以建立運算子來支援兩個有理數以及有理數和整數的乘法、加法、減法、除法和比較。可以建立運算子來對有理數進行負數、遞增或遞減。那麼如何轉換為 float 或 double 呢？可以為有理函數定義大量的運算子。我們的模型解決方案中的 Rational 類別支援超過 20 種不同的運算子，其中許多運算子為多種型態多載。也許為你的 Rational 類別提出了更合理的運算子？不要忘記建立一個程式來測試運算子的實際執行情況。

12.6 再看一下 Ex12_11 中的 Truckload 類別。是不是少了一個運算子？該類別有兩個原始指標 pHead 和 pTail。預設的設定運算子將如何處理這兩個原始指標？顯然，它不會做你想做的事情，因此 Truckload 類別迫切需要一個自定義設定運算子。將設定運算子加到 Truckload 類別中，並修改 main() 函數，以使用新撰寫的設定運算子。

13

繼承

在本章中,我們要進入物件導向程式設計的核心——繼承(*inheritance*)。繼承是重複使用並擴展現有類別定義以產生新類別的方法。繼承也是同名異式的基礎。我們將在下一章討論同名異式,所以你會學到的是繼承的一個完整部分。我們將使用正在發生的事情的程式碼來梳理繼承中的一些微妙之處。

在本章中,你可以學到以下各項:

- ◆ 繼承如何呼應物件導向程式設計的觀念
- ◆ 何謂基礎類別和衍生類別,其關係為何
- ◆ 用現有的類別定義新的類別
- ◆ 利用關鍵字 protected 定義類別成員的存取表示法
- ◆ 衍生類別的建構函數如何運作,且呼叫這些建構函數時會有何結果
- ◆ 使用衍生類別時,其解構函數會產生什麼結果
- ◆ 在類別定義中使用 using 宣告
- ◆ 多重繼承以及其如何運作
- ◆ 在類別的階層架構中,類別型態之間的轉換

類別和物件導向程式設計

回想一下我們學過的內容,並想想看這些如何導入本章要研讀的觀念。在第 11 章中,我們介紹了類別的觀念。類別是一種可以定義符合自己應用需求的資料型態。當你利用物件導向程式設計來解決問題時,第一步驟是建立與程式相關的資料型態定義,然後你必須將這些型態寫成類別定義的程式碼。最後,將問題的解決方法以物件(你已經定義之類別的實體)的方式寫成程式,並使用直接處理這些物件的運作。

任何型態的資料項都可用類別表現──從完全抽象（如複數的數學概念）至絕對實體的事物，如樹或卡車。類別定義需應用一組資料項描述其特性，這會是一組常用的性質。類別除了是資料型態之外，也是真實世界物件的定義（或至少是可以用於解決特定問題的近似定義）。

在許多真實世界的問題中，其包含的資料項型態是相關的。例如，狗是動物的特殊種類，具有動物的所有特性外，還有一些狗的其他性質。因此 Animal 和 Dog 的類別定義在某一方面是相關的。當狗是動物的一種特殊型態時，可以說任何 Dog 也是 Animal。有一個不一樣的觀念就是汽車和引擎，你不能說 Automobile 是（*is*）一具 Engine，只能說 Automobile 有（*has*）一具 Engine。在本章中，我們會看到 *is* 和 *has* 這兩種不同的基本關係在 C++ 中如何完成。

階層架構

在前一章中，我們已經用到 Box 類別來描述矩形的盒子──Box 物件的定義由三維的大小組成。我們可將此基本定義應用在真實世界的許多不同種類的矩形盒子上──紙箱、木箱、糖果盒和食品盒等等。這些物件都有三個互相垂直的大小，因此就像是我們一般的 Box 物件。此外，它們每一個還有其他的特性──例如，它們裝的內容物，或是製作的材質。事實上，你可將它們描述為特殊種類的 Box 物件。

例如，我們可描述 Carton 類別，其性質與 Box 物件相同──就是三維──加上組成材質的額外性質。然後我們可以利用 Carton 定義來描述成為 FoodCarton 的類別，作更深入的特殊化──這是特殊的 Carton，用來裝食物的盒子。它具有 Carton 物件的所有性質，而且有額外的成員來描述其內容物。圖 13-1 說明了這些類別之間的相關性。

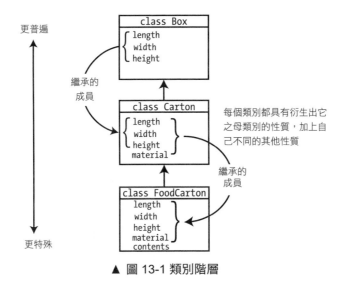

▲ 圖 13-1 類別階層

Carton 類別是 Box 類別的延伸——可以說 Carton 類別衍生自（*derived from*）Box 類別的規格。同樣的，FoodCarton 類別衍生自 Carton 類別。通常會用圖表表示這種關係，在圖表中用箭頭指向階層架構中更一般性的類別——我們已在上圖中用到此習慣用法。統一塑模語言（Unified Modeling Language, UML）也是使用這種表示法，UML 實際上是視覺化物件導向程式設計的標準方法。圖 13-1 是一個簡化的 UML 類別圖，以及一些附加的註解說明。

遵循此程序，我們發展出互相關聯之類別階層架構。在階層架構中，一個類別加入一些額外的性質後衍生出另一個類別——換言之更特殊化。在圖 13-1 中，每個類別具有 Box 類別的全部性質（其根據的類別），而且這可準確的說明 C++ 類別繼承的機制。我們可以獨立地分別定義 Box、Carton 和 FoodCarton 類別，但是將它們定義為相關的類別，會得到意想不到的好處。我們來實際看看如何運作。

類別中的繼承

我們要先說明用於類別關係上的專有名詞。已知類別 A，假設我們產生新的、特殊化的類別 B。類別 A 成為**基礎類別**（*base class*），而類別 B 成為**衍生類別**（*derived class*）。你可以認為 A 是 "父母"，而 B 是 "小孩"。衍生類別會自動包含基礎類別的所有資料成員以及函數成員（還有一些我們將討論的限制）。衍生類別稱為繼承（*inherit*）基礎類別的資料成員和成員函數。

若類別 B 是**直接**（*directly*）以類別 A 定義的衍生類別，則稱類別 A 是 B 的**直接基礎類別**（*direct base class*）。我們亦稱 B 衍生自（*derived from*）A，在上述的範例中，類別 Carton 是類別 FoodCarton 的直接基礎類別。因為 Carton 本身的定義來自類別 Box，所以稱類別 Box 是類別 FoodCarton 的**間接基礎類別**（*indirect base class*）。FoodCarton 類別的物件會繼承 Carton 的成員——包含 Carton 類別繼承自 Box 類別的成員。圖 13-2 說明了衍生類別如何從基礎類別繼承成員。

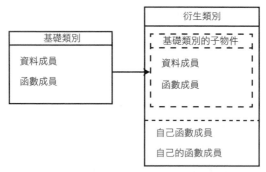

▲ 圖 13-2 從基礎類別繼承的衍生類別成員

你會看到衍生類別具有基礎類別完整的資料成員和成員函數，加上自己的資料成員和成員函數。因此，每個衍生類別的物件包含完整的基礎類別的子物件，加上其他的成員。

繼承與聚集

類別繼承的程序不單是講一個類別的成員置於另一個類別的方法。有一個可說明整個概念的重要方法是：衍生類別的物件應可代表合理的基礎類別物件。要解釋我的意思，可以用 "*is a*" 測試，就是任何衍生類別物件都是（*is a*）基礎類別物件。換言之，衍生類別應該可以描述基礎類別所代表之物件的部分合集。例如，類別 Dog 衍生自類別 Animal。這是有意義的，因為一隻狗是**一種動物**——或是 Dog 物件可以合理的表示特殊種類的 Animal 物件。從另一方面來看，Table 類別不能衍生自 Dog 類別：雖然 Table 物件和 Dog 物件通常都有四條腿，但是實際上一點都無法將 Table 物件想成是 Dog。

這個 *is a* 測試是很好的初步檢測，但是並不完全可靠。例如，我們定義類別 Bird，表現大部分鳥兒可以飛翔的事實。而鴕鳥（ostrich）是一種鳥，但是從 Bird 類別衍生出 Ostrich 類別是無意義的，因為鴕鳥不能飛！若你的類別透過 *is a* 的測試，則應再檢查下面的問題：我可舉出基礎類別的任何事物（或需求）是不能應用於衍生類別嗎？若有，則這種衍生可能就不安全。因此從 Animal 衍生出 Dog 是合理的，但是從 Bird 衍生出 Ostrich 則不合理。

若你的類別無法透過 *is a* 的測試，則你幾乎可以確定不能使用類別衍生。在此情況，你可用 *has a*（具有）測試。若類別物件包含另一個類別的實體，則它可透過 *has a* 的測試。這情況的實作方式是，將第二個類別的物件包含在第一個類別的資料成員中。例如，前面提到的類別 Automobile 和 Engine。Automobile 物件會有一個 Engine 作為它的資料成員，它很可能有其他主要的組件作為型態的資料成員，如 Transmission 和 Differential。這種型態的相依性稱為聚集（*aggregation*）。

如果父物件中包含的子物件不能獨立於父物件存在，則它們的關係稱為合成（*composition*）而不是聚集。一個例子就是 House 和 Room 之間的關係，如果 Room 沒有 House 就不能存在。若刪除一個 House，它的所有 Room 通常也會被刪除。聚集的一個例子是 Class－Student 之間的關係。Student 通常不會因為它們的 Class 被取消而不存在。

當然，適當的實作要視應用而定，而且這些規則是一種指南而不是真理。有時類別衍生只是用於收集一組功能，使衍生類別可以封裝特定集合的函數。即使如此，衍生類別一般都是代表一組在某方面相關的函數。

衍生類別

下面是第 12 章的 Box 類別的簡化版本：

```cpp
// Box.h - defines Box class
#ifndef BOX_H
#define BOX_H
#include <iostream>          // For standard streams
#include <iomanip>           // For stream manipulators

class Box
{
private:
```

```
  double length {1.0};
  double width {1.0};
  double height {1.0};

public:
  // Constructors
  Box(double lv, double wv, double hv) : length {lv}, width {wv}, height {hv} {}
  Box() = default;                        // No-arg constructor
  double volume() const { return length*width*height; }
  // Accessors
  double getLength() const { return length; }
  double getWidth() const  { return width; }
  double getHeight() const { return height; }
};

// Stream output for Box objects
inline std::ostream& operator<<(std::ostream& stream, const Box& box)
{
  stream << " Box(" << std::setw(2) << box.getLength() << ','
                    << std::setw(2) << box.getWidth() << ','
                    << std::setw(2) << box.getHeight() << ')';
  return stream;
}
#endif
```

我們可以基於 Box 類別定義一個 Carton 類別。Carton 物件和我們之前的描述
很像——類似於 Box 物件，但是具有其他資料成員表示物件的組成材質。我們將
Carton 定義為衍生的類別，利用 Box 類別作為基礎的類別：

```
// Carton.h - defines the Carton class with the Box class as base
#ifndef CARTON_H
#define CARTON_H
#include <string>
#include <string_view>
#include "Box.h"

class Carton : public Box
{
private:
  std::string material;

public:
  explicit Carton(std::string_view mat = "Cardboard") : material{mat} {} // Constructor
};
#endif
```

我們必須用 #include 將 Box 的類別定義引入此檔案中，因為它是 Carton 的基礎類別。Carton 類別定義的第一行表明 Carton 是從 Box 衍生出來的。基礎類別名稱後面跟著冒號，冒號將基礎類別名稱與衍生類別名稱（這裡是 Carton）隔開。關鍵字 public 是基礎類別的存取指定器（access specifier），而且它指出在 Carton 類別中可以如何存取 Box 成員。稍後我們會再深入討論之。

在其他方面，Carton 類別定義看起來和其他一樣。它包含由建構函數初始的新成員 material。建構函數為描述 Carton 物件的材質之字串定義了一個預設值，因此這也是 Carton 類別的無參數建構函數。Carton 物件包含基礎類別 Box 的所有成員變數，以及附加的資料成員 material。因為它們繼承了 Box 物件的所有性質，所以 Carton 物件也是 Box 物件。在 Carton 類別一個明顯的不足，它沒有定義一個允許設定繼承成員值的建構函數，但是我們稍後會回到這個問題上。我們在一個有效的範例中看看這如何運作：

```cpp
// Ex13_01.cpp
// Defining and using a derived class
#include <iostream>
#include "Box.h"            // For the Box class
#include "Carton.h"         // For the Carton class

int main()
{
  // Create a Box object and two Carton objects
  Box box {40.0, 30.0, 20.0};
  Carton carton;
  Carton chocolateCarton {"Solid bleached paperboard"};
  // Check them out - sizes first of all
  std::cout << "box occupies " << sizeof box << " bytes" << std::endl;
  std::cout << "carton occupies " << sizeof carton << " bytes" << std::endl;
  std::cout << "candyCarton occupies " << sizeof chocolateCarton << " bytes" << std::endl;

  // Now volumes...
  std::cout << "box volume is " << box.volume() << std::endl;
  std::cout << "carton volume is " << carton.volume() << std::endl;
  std::cout << "chocolateCarton volume is " << chocolateCarton.volume() << std::endl;

  std::cout << "chocolateCarton length is " << chocolateCarton.getLength() << std::endl;

  // Uncomment any of the following for an error...
  // box.length = 10.0;
  // chocolateCarton.length = 10.0;
}
```

我們得到下面的輸出：

```
box occupies 24 bytes
carton occupies 56 bytes
chocolateCarton occupies 56 bytes
box volume is 24000
carton volume is 1
chocolateCarton volume is 1
chocolateCarton length is 1
```

我們在 main() 中宣告一個 Box 物件和兩個 Carton 物件，然後輸出每個物件佔用的位元組數。這輸出證明了我們的預期——Carton 物件大於 Box 物件。Box 物件有三個 double 型態的資料成員，幾乎在每台機器上都佔用 8 個位元組，所以全部是 24 個位元組。這兩個 Carton 物件的大小相同：56 個位元組。每個 Carton 物件多佔用的記憶體是因為資料成員 material，因此包含描述材質的 string 物件的大小。Carton 物件體積的輸出表示 volume() 函數確實是在 Carton 類別繼承的，且維度的預設值是 1.0。下一個敘述說明存取器函數也是繼承的，可以被衍生類別物件呼叫。

移除後兩個敘述中的任何一個，都會導致編譯器發出錯誤訊息。Carton 類別繼承的資料成員在基礎類別中是 private，在衍生類別 Carton 中，仍然是 private，因此不能從類別外部存取它們。然而，還有更多。試著將這個函數作為一個 public 成員加到 Carton 類別定義中：

```
double carton_volume() const { return length*width*height; }
```

這會無法編譯。原因是，雖然 Box 的資料成員是繼承的，但它們是作為 Box 類別的 private 成員繼承的。private 存取指定器確定成員對類別是完全私有的。它們不僅不能從 Box 類別外部存取，而且也不能從繼承它們的類別內部存取。

對衍生類別物件的繼承成員的存取，不僅由基礎類別中的存取規範決定，而且由基礎類別中的存取指定器，和衍生類別中的基礎類別的存取指定器決定。我們接下來會更深入地討論。

▋ protected 的類別成員

基礎類別的 private 成員只有基礎類別的成員函數可以存取，但是這不一定很便利。無疑的會有很多情況，我們需要在衍生類別中存取基礎類別的成員，但是需要保護之使其免於外界的干擾。對於類別成員除了 public 和 private 存取指定器之外，你亦可將類別成員宣告為 protected。在類別中，關鍵字 protected 和關鍵字 private 具有相同的效果。宣告為 protected 的類別成員，只有類別的成員函數、friend 類別和類別的 friend 函數可以存取之。protected 類別成員不可從類別之外存取，所以其行為就像是 private 類別成員。基礎類別的成員若宣告為 protected，則衍生類別的函數成員可以自由地存取之，但是無法存取基礎類別的 private 成員。

我們重新定義 Box 類別的資料成員為 protected：

```
class Box
{
protected:
  double length {1.0};
  double width {1.0};
  double height {1.0};

public:
  // Rest of the class as before...
};
```

注意 Box 的資料成員實際上是 private，因為一般的全域函數不可存取之，但是現在可在衍生類別的成員函數中存取之。如果現在嘗試編譯沒有註解的 carton_volume() 成員和指定為 protected 的 Box 類別成員的 Carton，會發現它可以編譯成功。

> **提示** 　資料成員通常應該是 private。前面的例子只是說明了什麼是可能的。一般來說，protected 資料成員引入了與 public 資料成員類似的問題，只是程度較低。我們會在下一節中更詳細地探討這個問題。

繼承的類別成員的存取層次

在 Carton 類別定義中，我們使用以下語法將 Box 基礎類別指定為 public：class Carton : public Box。一般而言，基礎類別存取指定器有三種可能：public、protected 或 private。如果在類別定義中省略基礎類別存取指定器，預設值是 private（在 struct 定義中，預設值是 public）。例如，若透過在 Ex13_01 中 Carton 類別定義的頂部撰寫 class Carton : Box 來完全省略指定器，那麼就假定 Box 為 private。我們已經知道，類別成員的存取指定器也有三種風格。同樣地，這三種選擇是：public、protected 或 private。基礎類別存取指定器影響衍生類別中繼承成員的存取狀態。共有九種可能的組合。我們會在接下來討論所有可能的組合，儘管其中一些組合的用處只有在下一章學習同名異式（polymorphism）時才會變得更清楚。

首先是衍生類別中繼承基礎類別的 private 成員。不管基礎類別的存取指定器為何（public、protected 或 private），基礎類別的 private 成員對基礎類別而言永遠都是 private。這樣會產生兩種結果。第一，繼承的 private 成員也是衍生類別的 private 成員（所以在衍生類別之外是不可存取的）。第二，衍生類別的成員函數不能存取這些成員（因為對於基礎類別而言它們是 private）。

現在來看如何繼承基礎類別的 public 和 protected 成員。在這些情況中，衍生類別的成員函數都可存取這些衍生的成員，我們來看成員如何繼承：

1. 當基礎類別的繼承是為 public 時，繼承成員的存取狀態是不變的。因此，繼承的 public 成員是 public，繼承的 protected 成員是 protected。
2. 當基礎類別的繼承是 protected 時，則繼承的 public 成員在衍生類別中變成是 protected。繼承的 protected 成員在衍生類別中仍維持原來的存取層次。
3. 當基礎類別的繼承是 private 時，繼承的 public 和 protected 成員變成衍生類別的 private 成員──所以衍生類別的成員函數可存取之。

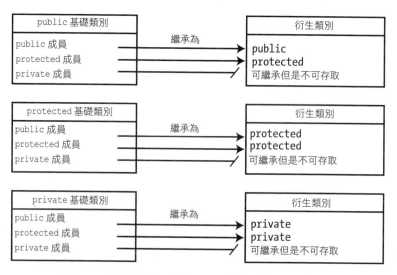

▲ 圖 13-3 基礎類別指定器對繼承成員的可存取性的影響

圖13-3總結了這一點。能夠更改衍生類別中繼承成員的存取層次可以提供一定程度的靈活性,但請記住,只能使存取層次更加嚴格,不能放鬆基礎類別中指定的存取層次。

存取指定器與類別階層

圖13-4說明了繼承成員的可存取性如何,只受基礎類別中成員的存取指定器的影響。在衍生類別中,public和protected的基礎類別成員都是可存取的,而private的基礎類別成員永遠不可存取。在衍生類別之外,只能存取public的基礎類別成員,而且只有在基礎類別宣告為public時才可以存取。

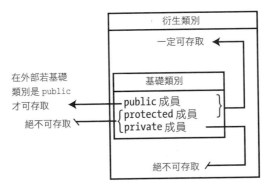

▲ 圖 13-4 存取指定器對基礎類別成員的影響

如果基礎類別存取指定器是public,則繼承成員的存取狀態保持不變。透過使用protected和private基礎類別存取指定器,可以做兩件事:

◆ 可以避免從衍生類別之外,存取public的基礎類別成員——這兩個指定器都一樣。若基礎類別具有public成員函數,則這是嚴重的步驟——因為基礎類別的類別介面,將會從衍生類別的公有視線中刪除。

◆ 若另一類別以衍生類別作為基礎類別,則會影響繼承的成員。

圖13-5顯示了基礎類別的public成員和protected成員,如何作為另一個衍生類別的protected成員傳遞。私有繼承基礎類別的成員,在任何進一步衍生類別中都不可存取。在大多數情況下,public基礎類別存取指定器,最適合基礎類別資料成員宣告為private或protected。在這種情況下,基礎類別子物件的內部是衍生類別物件的內部,因此不是衍生類別物件的public介面的一部分。

實際上，因為衍生類別物件是（*is a*）基礎類別物件，所以希望基礎類別介面在衍生類別中繼承，這意味著基礎類別必須指定為 public。

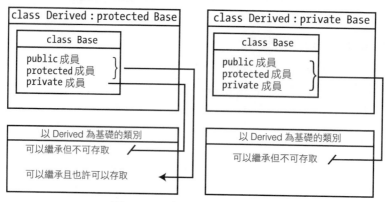

▲ 圖 13-5 影響繼承成員的存取規範

建構函數通常沒有很好的繼承理由，但是我們會在本章後面看到如何在衍生類別中繼承建構函數。

在類別階層中選擇存取指定器

在定義類別階層架構時，需要考慮兩個方面：每個類別的成員的存取指定器和每個衍生類別中的基礎類別存取指定器。類別的 public 成員定義類別的外部介面，這通常不應該包含任何資料成員。事實上：

▌提示 規範是，類別的資料成員應該都是 private。若類別外部的程式碼需要存取資料成員，則應該加入 public 或 protected 的 getter 和 / 或 setter 函數。（這條指南通常不適用於結構。struct 主體基本上不封裝任何成員函數，它們通常只有 public 資料成員。）

這個被廣泛接受的指南是由第 11 章解釋的資料隱藏原則所驅動的。若你還記得，至少有四個很好的理由，只能透過一組定義好的介面函數存取或修改資料成員。簡單地說，就是以下四項：

◆ 資料隱藏允許你維持物件狀態的完整性。

- ◆ 它減少了與外部程式碼的耦合和相依性，從而促進了類別內部表示或介面函數的具體實作中的改善。

- ◆ 它允許你為每次存取和／或修改資料成員，注入額外的程式碼。除了有效性和完整性檢查之外，這可能還包括日誌記錄和除錯程式碼，或者修改通知機制。

- ◆ 它有助於除錯，因為大多數開發環境都支援，將所謂的除錯斷點放在函數呼叫上。將斷點放在 getter 和 setter 上，可以更容易地追蹤哪些程式碼讀取或寫入資料成員，以及何時寫入。

因此，大多數程式設計師都遵守這一規則，以避免在任何時候使用 public 資料成員。但經常被忘記的是，protected 資料成員與 public 變數有許多相同的缺點：

- ◆ 沒有什麼可以阻止衍生類別使物件的狀態無效，這可能會使基礎類別中的程式碼所依賴的所謂的類別不變量（*class invariants*）（應該一直保持物件狀態的屬性）無效。

- ◆ 一旦衍生類別直接操作基礎類別的資料成員，如果不更改所有衍生類別，就不可能更改其內部實作。

- ◆ 如果衍生類別可以繞過基礎類別中，加到 public 的 getter 和 setter 函數的任何額外程式碼，那麼這些程式碼將無效。

- ◆ 如果衍生類別可以直接存取資料成員，那麼在修改資料成員時中斷除錯視窗，至少會變得更加困難，而在讀取資料成員時，中斷除錯視窗則是不可能的。

因此，除非有充分的理由，否則請將資料成員設為 private。

▌附註 為了維持程式碼範例盡量簡短，我們會在本書中不時使用 protected 資料成員。不過，這種取巧的方法在專業的程式碼中並不適合。

不屬於類別的 public 介面的成員函數，也不應該從類別外部直接存取，這意味著它們應該是 private 或 protected。為特定函數選擇哪種存取規範，取決於是否允許從衍生類別中進行存取。若有需要，請使用 protected。否則，則使用 private。

改變繼承成員的存取表示

你可能想要免除特定基礎類別成員受 protected 或 private 基礎類別存取指定器的影響。舉例來說，假設我們從 Ex13_01 中的 Box 類別衍生出了 Carton 類別，但是 Box 是一個 private 基礎類別。從 Box 繼承的所有成員在 Carton 中都會是 private，但是我們希望 volume() 函數在衍生類別中維持 public，就像在基礎類別中一樣。我們可用 using 宣告（using **declaration**）讓基礎類別中為 public 的特定繼承成員回到 public 狀態。

這本質上與名稱空間所用的 using 宣告相同。透過像這樣定義 Carton 類別，可以強制 volume() 函數在衍生類別中維持 public：

```
class Carton : private Box
{
private:
  std::string material;

public:
  using Box::volume;                                          // Inherit as public
  explicit Carton(std::string_view mat = "Cardboard") : material {mat} {} // Constructor
};
```

這類別定義了一個範疇——而且在類別定義中使用 using 宣告，引入一個名稱至此類別範疇中。此處的 using 宣告只會針對基礎類別的成員函數 volume()，覆寫其 private 基礎類別的存取指定器。在 Carton 類別中，這函數會以 public 繼承，而不是 private。請下載 Ex13_01A 程式，它說明了這一點。

這裡有幾點需要注意。第一，當我們對基礎類別的成員使用 using 宣告時，必須在成員名稱前標示基礎類別的名稱，因為類別名稱可標示此成員名稱的語意。第二，請注意，這裡不用提供參數列和回傳型態——只要標示成員函數的名稱即可。意味著多載函數總是以包裝的形式出現。第三，using 宣告還可以處理衍生類別中的繼承資料成員。

我們可以使用 using 宣告覆寫基礎類別的原始 public 或 protected 基礎類別存取指定器。例如，如果在 Box 基礎類別中將 volume() 函數設為 protected，使用與在 Carton 的 public 部分中使用相同的 using 宣告，則可以使它在衍生的 Carton 類別中成為 public。但不能應用 using 宣告來鬆綁基礎類別的 private 成員的規範，因為不能在衍生類別中存取 private 成員。

衍生類別的建構函數

如果把輸出敘述放入 Carton 類別和 Box 類別的建構函數中並重新執行範例，將看到建立 Carton 物件時會發生什麼。你需要定義預設的 Box 和 Carton 類別建構函數來包含輸出敘述。建立每個 Carton 物件總是先呼叫預設的無參數 Box 建構函數，然後再呼叫 Carton 類別建構函數。

衍生類別物件總是以相同的方式建立，即使存在多個層次的衍生。首先呼叫最基礎類別的建構函數，然後呼叫衍生自該類別的建構函數，然後呼叫衍生自該類別的建構函數，直到呼叫最後衍生類別的建構函數為止。仔細想想，這是有道理的。衍生類別物件內部有一個完整的基礎類別物件，這需要在衍生類別物件的其餘部分之前建立。如果基礎類別衍生自另一個類別，則應用相同的方法。

儘管在 Ex13_01 中預設的基礎類別建構函數是自動呼叫的，但情況並非如此。可以在衍生類別建構函數的初始化串列中，呼叫特定的基礎類別建構函數。這將使你能夠使用非預設的建構函數初始基礎類別資料成員。它還允許你根據提供給衍生類別建構函數的資料，選擇特定的基礎類別建構函數。讓我們看另一個例子。

下面是新的 Box 類別：

```cpp
class Box
{
protected:
  double length {1.0};
  double width {1.0};
  double height {1.0};

public:
  // Constructors
  Box(double lv, double wv, double hv) : length{lv}, width{wv}, height{hv}
  { std::cout << "Box(double, double, double) called.\n"; }

  explicit Box(double side) : Box{side, side, side}
  { std::cout << "Box(double) called.\n"; }

  Box() { std::cout << "Box() called.\n"; } // No-arg constructor

  double volume() const { return length * width * height; }
```

```
  // Accessors
  double getLength() const { return length; }
  double getWidth() const  { return width; }
  double getHeight() const { return height; }
};
```

現在有三個 Box 建構函數，它們都在被呼叫時輸出一則訊息。operator<<() 在 Ex13_01 中定義。

類別 Carton 看起來像這樣：

```
class Carton : public Box
{
private:
  std::string material {"Cardboard"};

public:
  Carton(double lv, double wv, double hv, std::string_view mat)
    : Box{lv, wv, hv}, material{mat}
  { std::cout << "Carton(double,double,double,string_view) called.\n"; }

  explicit Carton(std::string_view mat) : material{mat}
  { std::cout << "Carton(string_view) called.\n"; }

  Carton(double side, std::string_view mat) : Box{side}, material{mat}
  { std::cout << "Carton(double,string_view) called.\n"; }

  Carton() { std::cout << "Carton() called.\n"; }
};
```

此類別有四個建構函數，包括一個無參數建構函數。必須在這裡定義這個函數，因為若你定義了任何建構函數，編譯器將不會提供預設的無參數建構函數。與以往一樣，我們將單一參數建構函數宣告為 explicit，以避免不必要的隱式轉換。

下面是程式碼：

```
// Ex13_02.cpp
// Calling base class constructors in a derived class constructor
#include <iostream>
#include "Carton.h"          // For the Carton class

int main()
{
```

```
// Create four Carton objects
Carton carton1;                        std::cout << std::endl;
Carton carton2 {"Thin cardboard"}; std::cout << std::endl;
Carton carton3 {4.0, 5.0, 6.0, "Plastic"}; std::cout << std::endl;
Carton carton4 {2.0, "paper"};        std::cout << std::endl;

std::cout << "carton1 volume is " << carton1.volume() << std::endl;
std::cout << "carton2 volume is " << carton2.volume() << std::endl;
std::cout << "carton3 volume is " << carton3.volume() << std::endl;
std::cout << "carton4 volume is " << carton4.volume() << std::endl;
}
```

輸出如下：

```
Box() called.
Carton() called.

Box() called.
Carton(string) called.

Box(double, double, double) called.
Carton(double,double,double,string) called.

Box(double, double, double) called.
Box(double) called.
Carton(double,string) called.

carton1 volume is 1
carton2 volume is 1
carton3 volume is 120
carton4 volume is 8
```

輸出說明了 main() 中建立的四個 Carton 物件分別呼叫了哪些建構函數：

- 建立第一個 Carton 物件 carton1 會先呼叫 Box 類別的無參數建構函數，然後呼叫 Carton 類別的無參數建構函數。
- 建立 carton2 呼叫無參數 Box 建構函數，後面有一個帶 string_view 參數的 Carton 建構函數。
- 建立 carton3 物件呼叫包含三個參數的 Box 建構函數，然後呼叫包含四個參數的 Carton 建構函數。
- 建立 carton4 會呼叫兩個 Box 建構函數，因為只有 double 型態的參數的 Box 建構函數，會呼叫初始化串列中有三個參數的 Box 建構函數。

這都是一致的，建構函數的呼叫順序是從最底層到最後衍生的。

> ▌**附註**　呼叫基礎類別建構函數的表示法，與初始化建構函數中的資料成員所用的表示法相同。這與你在這裡所做的完全一致，因為本質上你是在使用，傳遞給 Carton 建構函數的引數，來初始 Carton 物件的 Box 子物件。

雖然基礎類別中，非 private 的繼承資料成員可以在衍生類別*被存取*（*accessed*），但不能在衍生類別建構函數的*初始化串列*中初始化它們。例如，試著用以下程式碼替換 Ex13_02 中的第一個 Carton 類別建構函數：

```
// Constructor that won't compile!
Carton::Carton(double lv, double wv, double hv, std::string_view mat)
  : length{lv}, width{wv}, height{hv}, material{mat}
  { std::cout << "Carton(double,double,double,string_view) called.\n"; }
```

你可能會想，因為 length、width 和 height 是 protected 基礎類別成員，它們是公開繼承的，所以 Carton 類別建構函數應該能夠存取它們。但是，編譯器會抱怨 length、width 和 height 不是 Carton 類別的成員。即使將 Box 類別的資料成員設為 public，也會出現這種情況。如果想明確初始繼承的資料成員，可以在衍生類別建構函數的*主體*（*body*）進行。下面的建構函數定義將編譯執行：

```
// Constructor that will compile!
Carton::Carton(double lv, double wv, double hv, std::string_view mat) : material{mat}
{
  length = lv;
  width = wv;
  height = hv;
  std::cout << "Carton(double,double,double,string_view) called.\n";
}
```

當 Carton 建構函數的主體開始執行時，物件的基本部分已經建立好。在本範例中，Carton 物件的基本部分是，透過對 Box 類別無參數建構函數的隱式呼叫建立的。隨後，你可以毫無問題地參考非 private 基礎類別成員的名稱。不過，如果可能，最好還是將建構函數參數轉送給基礎類別建構函數，並讓基礎類別處理初始繼承成員的問題。

衍生類別中的複製建構函數

我們已經知道，當建立一個物件並用相同類別型態的另一個物件初始化時，將呼叫複製建構函數。如果你還沒有定義自己的版本，編譯器會提供一個預設的複製建構函數，透過逐個複製原始物件來建立新物件。現在讓我們檢查衍生類別中的複製建構函數。為此，我們在 Ex13_02 中加入類別定義。首先，透過在類別定義的 public 部分加入以下程式碼，我們將複製建構函數加到基礎類別 Box 中：

```
// Copy constructor
Box(const Box& box) : length{box.length}, width{box.width}, height{box.height}
{ std::cout << "Box copy constructor" << std::endl; }
```

> ▌ **附註**　我們在第 11 章中看到，複製建構函數的參數必須是參考。

這會透過複製原始值初始資料成員，並產生一些輸出，以便追蹤何時呼叫複製建構函數。

下面是複製建構函數的 Carton 類別的第一次嘗試：

```
// Copy constructor
Carton(const Carton& carton) : material {carton.material}
{ std::cout << "Carton copy constructor" << std::endl; }
```

讓我們來看看這是否能成功（實際上是失敗的）：

```
// Ex13_03
// Using a derived class copy constructor
#include <iostream>
#include "Carton.h"              // For the Carton class

int main()
{
  // Declare and initialize a Carton object
  Carton carton(20.0, 30.0, 40.0, "Glassine board");
  std::cout << std::endl;

  Carton cartonCopy(carton);        // 使用複製建構函數
  std::cout << std::endl;

  std::cout << "Volume of carton is " << carton.volume() << std::endl
            << "Volume of cartonCopy is " << cartonCopy.volume() << std::endl;
}
```

這會產生輸出如下：

```
Box(double, double, double) called.
Carton(double,double,double,string_view) called.
```

```
Box() called.
Carton copy constructor

Volume of carton is 24000
Volume of cartonCopy is 1
```

一切都不像它應該的那樣。很明顯 cartonCopy 的體積和 carton 不一樣，但是輸出也說明了原因。要複製 carton 物件，可以呼叫 Carton 類別的複製建構函數。Carton 複製建構函數應該複製 carton 的 Box 子物件，為此它應該呼叫 Box 複製建構函數。然而，輸出清楚地說明了正在呼叫預設（*default*）的 Box 建構函數。

若不告訴 Carton 複製建構函數呼叫 Box 複製建構函數，則 Carton 複製建構函數不會呼叫它。編譯器知道它必須為物件 carton 建立一個 Box 子物件，但是若不指定如何建立，編譯器就不會猜測你的想法──它只會建立一個預設的基礎物件。

█ **注意**　當我們為衍生類別定義建構函數時，負責確保衍生類別物件的成員已正確初始化。這包括所有直接繼承的資料成員，以及特定於衍生類別的資料成員。此外，這適用於任何建構函數，包括複製建構函數。

最明顯的修改方法是，在 Carton 複製建構函數的初始化串列中，呼叫 Box 複製建構函數。只需將複製建構函數定義改為：

```
Carton(const Carton& carton) : Box{carton}, material{carton.material}
{ std::cout << "Carton copy constructor" << std::endl; }
```

使用 carton 物件作為參數呼叫 Box 複製建構函數。carton 物件是 Carton 型態，但它也是一個完美的 Box 物件。Box 類別複製建構函數的參數是對 Box 物件的參考，因此編譯器將 carton 作為 Box& 型態傳遞，這將導致只將 carton 的基本部分傳遞給 Box 複製建構函數。如果重新編譯並執行該範例，輸出如下：

```
Box(double, double, double) called.
Carton(double,double,double,string_view) called.
Box copy constructor
Carton copy constructor
Volume of carton is 24000
Volume of cartonCopy is 24000
```

輸出說明以正確的順序呼叫建構函數。具體來說，呼叫 Box 複製建構函數是為了在 Carton 複製建構函數之前，建立 carton 的 Box 子物件。透過檢查，我們可以看到現在 carton 和 cartonCopy 物件的體積是相同的。

衍生類別的預設建構函數

你知道，如果為一個類別定義一個或多個建構函數，編譯器將不會提供預設的無參數建構函數。你還知道，可以使用 default 關鍵字告訴編譯器，在任何事件中插入預設建構函數。你可以在 Ex13_02 的 Carton 類別定義中用下面的敘述替換無參數建構函數的定義：

```
Carton() = default;
```

現在編譯器將提供一個定義，即使你已經定義了其他建構函數。編譯器為衍生類別提供的定義，呼叫基礎類別建構函數，所以它看起來像這樣：

```
Carton() : Box{} {};
```

這意味著如果編譯器在衍生類別中提供無參數建構函數，則基礎類別中必須存在非私有的無參數建構函數。如果沒有，程式碼將無法編譯。可以透過從 Ex13_02 中的 Box 類別中刪除無參數建構函數、或將其設置為私有來簡單說明這一點。使用為 Carton 類別指定的編譯器提供預設建構函數，所以程式碼將不再編譯。每個衍生類別建構函數都呼叫基礎類別建構函數。如果衍生類別建構函數在其初始化串列中，沒有明確呼叫基礎建構函數，則將呼叫無參數建構函數。

繼承建構函數

基礎類別建構函數通常不會在衍生類別中繼承。這是因為衍生類別通常具有需要初始化的附加資料成員，而基礎類別建構函數對此一無所知。但是，透過在衍生類別中放置 using 宣告，可以直接從基礎類別繼承建構函數。下面是一個版本的 Carton 類別，從 Ex13_02 繼承 Box 類別的建構函數：

```
class Carton : public Box
{
using Box::Box;                 // 繼承 Box 類別的建構函數

private:
```

```
   std::string material {"Cardboard"};

public:
  Carton(double lv, double wv, double hv, std::string_view mat)
    : Box{lv, wv, hv}, material{mat}
    { std::cout << "Carton(double,double,double,string_view) called.\n"; }
};
```

如果 Box 類別定義與 Ex13_02 相同，則 Carton 類別將繼承兩個建構函數：Box (double, double, double) 和 Box(double)。衍生類別中的建構函數將如下所示：

```
Carton(double lv, double, wv, double hv) : Box {lv, wv, hv} {}
explicit Carton(double side) : Box{side} {}
```

每個繼承的建構函數都具有與基礎建構函數相同的參數列表，並在其初始化串列中呼叫基礎建構函數。每個建構函數的主體都是空的。可以向繼承自其直接基礎的衍生類別，加入更多的建構函數，如 Carton 類別範例所示。

與一般成員函數不同，（非私有）建構函數是，使用對應在基礎類別建構函數相同的存取指定器繼承的。因此，儘管 using Box::Box 宣告是 Carton 類別隱式 private 的一部分，但是從 Box 繼承的建構函數都是 public。如果 Box 類別有 protected 建構函數，這些建構函數也會是以 protected 建構函數在 Carton 中繼承。

請注意，Box 的一個建構函數在繼承的建構函數列表中明顯缺失：預設建構函數。也就是說，using 宣告沒有辦法以下列形式的預設建構函數加以繼承：

```
Carton() : Box{} {}
```

預設建構函數從不繼承。而且因為 Carton 明確定義了一個建構函數（順便說一下，在這裡不計算繼承的建構函數），編譯器也沒有產生一個預設的預設建構函數。從技術上講，複製建構函數也不是繼承的，但是你不會注意到這一點，因為編譯器基本上都會產生一個預設的複製建構函數。可以透過修改 Ex13_02 來嘗試在 main() 中建立以下物件：

```
// Carton cart;                      // Does not compile: default constructor is not inherited!
  Carton cube{4.0};                                    // Calls inherited constructor
  Carton cartcopy { cube };                            // Calls default copy constructor
  Carton carton {1.0, 2.0, 3.0};                       // Calls inherited constructor
  Carton candyCarton (50.0, 30.0, 20.0, "Thin cardboard"); // Calls Carton class constructor
```

請自行下載 Ex13_04 程式。Box 建構函數中的輸出敘述,將顯示它們確實被呼叫
來建立前三個物件。若你希望 Carton 有一個預設建構函數,可以指示編譯器使
用 default 關鍵字產生一個建構函數。

繼承的解構函數

終結衍生類別物件涉及衍生類別解構函數和基礎類別解構函數。可以透過在 Box
和 Carton 類別定義中新增帶有輸出敘述的解構函數來展示這一點。可以修改
Ex13_03 版本中的類別定義。將解構函數定義加到 Box 類別:

```
// Destructor
~Box() { std::cout << "Box destructor" << std::endl; }
```

Carton 類別如下:

```
// Destructor
~Carton()
{
  std::cout << "Carton destructor. Material = " << material << std::endl;
}
```

若類別配置了閒置空間記憶體,並將位址存在原始指標中,那麼定義類別解構
函數,對於避免記憶體漏洞是必不可少的。Carton 解構函數輸出材質,因此你
可以透過為每個物件分配不同的材質,來判斷哪個 Carton 物件正在被終結。讓
我們看看這些類別在實際中的表現:

```
// Ex13_05.cpp
// Destructors in a class hierarchy
#include <iostream>
#include "Carton.h"                   // For the Carton class

int main()
{
  Carton carton;
  Carton candyCarton{50.0, 30.0, 20.0, "Thin cardboard"};

  std::cout << "carton volume is " << carton.volume() << std::endl;
  std::cout << "candyCarton volume is " << candyCarton.volume() << std::endl;
}
```

輸出如下：

```
Box() called.
Carton() called.
Box(double, double, double) called.
Carton(double,double,double,string_view) called.
carton volume is 1
candyCarton volume is 30000
Carton destructor. Material = Thin cardboard
Box destructor
Carton destructor. Material = Cardboard
Box destructor
```

這個練習的目的是了解解構函數的行為。解構函數呼叫的輸出，說明物件如何被終結的兩個面向。首先，可以看到特定物件呼叫解構函數的順序，其次，可以看到物件被終結的順序。輸出紀錄的解構函數呼叫對應以下操作：

解構函數輸出	被終結的物件
Carton destructor. Material = Thin cardboard.	candyCarton 物件
Box destructor.	candyCarton 的 Box 子物件
Carton destructor. Material = Cardboard.	carton 物件
Box destructor.	carton 的 Box 子物件

這表明，構成衍生類別物件的物件按建立它們的相反順序銷毀。carton 物件先建立後銷毀，最後建立 candyCarton 物件，則是第一個被終結。選擇此順序是為了確保你的物件永遠不會處於非法狀態。物件只能在定義之後使用──這意味著任何給定的物件，只能包含指向（或參考）已經建立的物件的指標（或參考）。透過在指定物件可能指向（或參考）的任何物件之前終結該物件，可以確保解構函數的執行，不會導致任何無效指標或參考。

解構函數的呼叫順序

衍生類別物件的解構函數呼叫順序，與物件的建構函數呼叫順序相反。首先呼叫衍生類別解構函數，然後呼叫基礎類別解構函數，就像範例中所示。圖 13-6 說明了三層類別階層架構的情況。

對於具有多個衍生類別階層的物件，解構函數呼叫的順序貫穿類別的階層架構，從最後衍生的類別解構函數開始，到最基礎類別的解構函數結束。

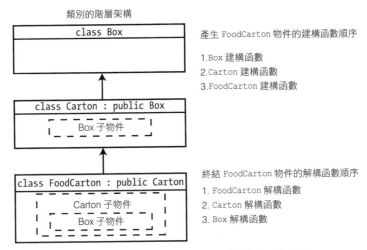

▲ 圖 13-6 衍生類別物件解構函數的呼叫之順序

重複的資料成員名稱

基礎類別和衍生類別都可能有同名的資料成員。若真的很不幸,你甚至可能在基礎類別和間接類別中有重複的名稱。不應該故意在自己的類別中建立這樣的安排。然而,環境或疏忽可能使事情變成這樣。若基礎類別和衍生類別中的資料成員具有相同的名稱,則會發生什麼事?

重複名稱並不妨礙繼承,你可以區分名稱相同的基礎類別成員和衍生類別之成員。假設有一個類別 Base,定義如下:

```
class Base
{
public:
  Base(int number = 10) : value{number} {}        // 建構函數

protected:
  int value;
};
```

它只包含一個資料成員 value 和一個建構函數。從 Base 衍生一個類別,如下:

```
class Derived : public Base
{
public:
```

```
  Derived(int number = 20) : value{number} {}   // Constructor
  int total() const;                            // Total value of member variables

protected:
  int value;
};
```

衍生類別有一個名為 value 的資料成員，它還將繼承基礎類別的 value 成員。
你可以看到它已經開始看起來令人困惑，我們將透過撰寫 total() 函數的定義
來說明，如何使用衍生類別中的 name 值來區分這兩個成員。在衍生類別成員函
數中，value 本身參考在該範圍內宣告的成員，即衍生類別成員。基礎類別成員
是在不同的範圍內宣告的，要從衍生的類別成員函數存取它，必須利用基礎類
別名稱加上成員名稱。因此，可以將 total() 函數寫成：

```
int Derived::total() const
{
  return value + Base::value;
}
```

運算式 Base::value 參考基礎類別成員，value 本身參考衍生類別中宣告的成
員。

重複的成員函數名稱

當基礎類別和衍生類別成員函數共享相同的名稱時，則會發生什麼事？與此相
關的情況有兩種。第一種情況是函數名稱相同，但參數列表不同。雖然函數簽
名不同，但這**不是**函數多載的情況。這是因為多載函數必須在相同的範圍內定
義，每個類別（基礎類別或衍生類別）都定義一個單獨的範圍。事實上，範疇
是解決問題的關鍵。衍生類別成員函數將隱藏具有相同名稱的繼承成員函數。
因此，當基礎成員函數和衍生成員函數具有相同的名稱時，如果要存取基礎類
別成員函數，必須限定基礎類別名稱的成員函數，引入衍生類別的範疇，並使
用 using 宣告。然後，可以為衍生類別物件呼叫任意一個函數，如圖 13-7 所
示。

```
class Base
{
public:
  void doThat(int arg);
  ...
};
```

在預設上，衍生類別的 doThat() 函數，將會遮蔽繼承而來的相同名稱之函數。usiag 的宣告將引入基礎類別函數名稱於衍生類別的範疇中，所以這兩個函數在衍生類別是有效的。在衍生類別中，編譯器能加以區分，因為它們的簽名是不一樣的。

```
class Derived: public Base
{
public:
  void doThat(double arg);
  using Base::doThat;
  ...
};
```

```
Derived object;
object.doThat(2);    // 呼叫基礎類別的函數
object.doThat(2.5);  // 呼叫衍生類別的函數
```

▲ 圖 13-7 繼承與成員函數同名的函數

第二種可能性是兩個函數具有相同的函數簽名。仍然可以透過使用類別名稱作為基礎類別函數的指定器，來區分繼承函數和衍生類別函數：

```
Derived object;            // Object declaration
object.Base::doThat(3);    // Call base version of the function
```

而後一種情況，我們現在還不能更深入討論。這一主題與同名異式密切相關，下一章將對此進行更深入的探討。

多重繼承

至目前為止，你的衍生類別都是從單一（single）的直接基礎類別衍生出來的。然而，你並不局限於此結構。衍生類別可以擁有應用程式所需的任意多個直接基礎類別。這被稱為**多重繼承**（multiple inheritance），而不是使用單一基礎類別的**單一繼承**（single inheritance）。這為繼承中潛在的複雜性開創了廣闊的新維度，這也許就是為什麼多重繼承比單一繼承使用得少得多的原因。由於其複雜性，最好明智地使用它。我們會解釋多重繼承背後的基本觀念。

多重基礎類別

多重繼承涉及兩個或多個基礎類別，用於衍生一個新類別，因此事情馬上變得更加複雜。衍生類別是其基礎類別特殊化的概念，在本例中導致了這樣的概念：衍生類別定義了一個物件，該物件同時是兩個或多個不同且獨立的類別型態的特殊化。實際上，很少以這種方式使用多重繼承。更常見的是，使用多個基礎類別將基礎類別的特性加到一起，形成一個包含基礎類別功能的複合物件，有時稱為 "*mixin* 程式設計"。這通常是為了方便實作，而不是反映物件之間的任何特定關係。以繪圖程式為例，複雜的介面會包裝在一組類別中，每個類別定義一個自我獨立的介面，提供一些特殊的功能──諸如繪出二維圖形。然後，你可以使用這些類別中的幾個作為新類別的基礎，這些新類別恰好提供了你應用所需的一組功能。

為了探究多重繼承的一些含義，我們將從一個包含 Box 和 Carton 類別的階層架構開始。假設你需要一個類別，該類別表示包含乾貨的包裝，例如一盒玉米片。可以透過使用單一繼承，從 Carton 類別衍生一個新類別，並加入一個資料成員表示內容來實作，但是也可以使用圖 13-8 中所示的階層架構來實作這一點。

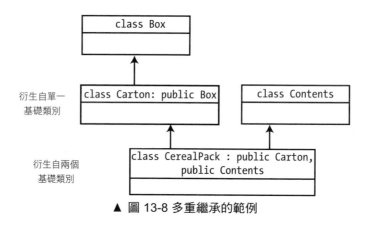

▲ 圖 13-8 多重繼承的範例

CerealPack 類別的定義看起來像：

```
class CerealPack : public Carton, public Contents
{
  // Details of the class...
};
```

每個基礎類別都在類別標頭中的冒號後面指定，基礎類別之間用逗號分隔。每個基礎類別都有自己的存取指定器，如果省略了存取指定器，則假定 private，與單一繼承相同。CerealPack 類別將繼承這兩個基礎類別的所有成員，因此這將包括間接基礎類別 Box 的成員。與單一繼承一樣，每個繼承成員的存取級別由兩個因素決定：基礎類別中成員的存取指定器和基礎類別存取指定器。一個 CerealPack 物件包含兩個子物件，一個 Contents 子物件和一個 Carton 子物件，後者有一個 Box 型態的子物件。

繼承成員的模糊性

多重繼承會產生問題。我們將結合一個例子來說明可能遇到的複雜情況。Box 類別與 Ex13_05 中的類別相同，但是我們將從這個例子擴展一下 Carton 類別：

```cpp
class Carton : public Box
{
protected:
  std::string material {"Cardboard"};
  double thickness {0.125};          // Material thickness inches
  double density {0.2};              // Material density in pounds/cubic inch

 public:
  // Constructors
  Carton(double lv, double wv, double hv, std::string_view mat)
    : Box{lv, wv, hv}, material{mat}
  {
    std::cout << "Carton(double,double,double,string_view) called.\n";
  }

  explicit Carton(std::string_view mat)
    : material{mat}
  { std::cout << "Carton(string_view) called.\n"; }

  Carton(double side, std::string_view mat)
    : Box{side}, material{mat}
  {
    std::cout << "Carton(double,string_view) called.\n";
  }

  Carton()
  {
    std::cout << "Carton() called.\n";
  }
  Carton(double lv, double wv, double hv, std::string_view mat, double dense, double thick)
    : Carton{lv, wv, hv, mat}
  {
    density = dense;
    thickness = thick;
    std::cout << "Carton(double,double,double,string_view,double,double) called.\n";
```

```
  }

  // Copy constructor
  Carton(const Carton& carton) : Box{carton}, material{carton.material}
  {
    std::cout << "Carton copy constructor" << std::endl;
  }

  // Destructor
  ~Carton()
  {
    std::cout << "Carton destructor. Material = " << material << std::endl;
  }

  // "Get carton weight" function
  double getWeight() const
  {
    return 2.0*(length*width + width*height + height*length)*thickness*density;
  }
};
```

我們加入了兩個資料成員，記錄了製作 Carton 的材質的厚度和密度，一個新的建構函數，允許設置所有資料成員，以及一個新的成員函數 getWeight()，它計算空 Carton 物件的重量。新的建構函數在其初始化串列中，呼叫另一個 Carton 類別建構函數，因此它是一個委託建構函數，正如在第 11 章中看到的那樣。委託建構函數不能在列表中有進一步的初始器，因此必須在建構函數主體中設置 density 和 thickness 的值。

Contents 類別描述可以裝在紙箱中的乾貨的數量，如玉米片。類別有三個資料成員：name、volume 和 density（單位為磅 / 立方英吋）。實際上，你可能會包括一組可能的玉米片型態，以及它們的密度，這樣就可以在建構函數中驗證資料，但是為了使事情簡化，我們將忽略這些細微的差別。下面是類別定義以及在標頭檔 Contents.h 中需要的前置處理指令：

```
// Contents.h - Dry contents
#ifndef CONTENTS_H
#define CONTENTS_H
#include <string>
#include <string_view>
#include <iostream>

class Contents
```

```
{
protected:
  std::string name {"cereal"};      // Contents type
  double volume {};                 // Cubic inches
  double density {0.03};            // Pounds per cubic inch

public:
  Contents(std::string_view name, double dens, double vol)
    : name {name}, density {dens}, volume {vol}
  { std::cout << "Contents(string_view,double,double) called.\n"; }

  Contents(std::string_view name) : name {name}
  { std::cout << "Contents(string_view) called.\n"; }

  Contents() { std::cout << "Contents() called.\n"; }

  // Destructor
  ~Contents()
  {
    std::cout << "Contents destructor" << std::endl;
  }

  // "Get contents weight" function
  double getWeight() const
  {
    return volume * density;
  }
};
#endif
```

除了建構函數和解構函數外，該類別還有一個 public 成員函數 getWeight()，
用於計算內容的重量。注意，name 成員是如何在成員初始化串列中，使用具有
相同名稱的參數值初始的。這只是為了說明這是可能的，而不是推薦的方法。
我們將用 Carton 和 Contents 類別，定義 CerealPack 類別為 public 基礎類別：

```
// Cerealpack.h - Class defining a carton of cereal
#ifndef CEREALPACK_H
#define CEREALPACK_H
#include <iostream>
#include "Carton.h"
#include "Contents.h"

class CerealPack : public Carton, public Contents
{
public:
```

```
CerealPack(double length, double width, double height, std::string_view cerealType)
  : Carton {length, width, height, "cardboard"}, Contents {cerealType}
{
  std::cout << "CerealPack constructor" << std::endl;
  Contents::volume = 0.9 * Carton::volume();              // Set contents volume
}

// Destructor
~CerealPack()
{
  std::cout << "CerealPack destructor" << std::endl;
}
};
#endif
```

該類別繼承自 Carton 和 Contents 類別。建構函數只需要外部尺寸和玉米片
型態。Carton 物件的材質是在初始化串列中的 Carton 建構函數設置的。一個
CerealPack 物件將包含兩個與兩個基礎類別對應的子物件。每個子物件都是
透過 CerealPack 建構函數的初始化串列中的建構函數呼叫初始化的。注意，
Contents 類別的 volume 資料成員預設為 0，因此，在 CerealPack 建構函數的
主體中，值是根據紙箱的大小計算的。這裡必須限定從 Contents 類別繼承的
volume 資料成員的參考，因為它與從 Carton 和 Box 繼承的函數名稱相同。你能
夠從這裡的輸出敘述和其他類別中，追蹤建構函數和解構函數呼叫的順序。

我們嘗試建立一個 CerealPack 物件，並用下面的簡單程式計算它的體積和重
量：

```
// Ex13_06 - doesn't compile!
// Using multiple inheritance
#include <iostream>
#include "CerealPack.h"              // For the CerealPack class
int main()
{
  CerealPack cornflakes {8.0, 3.0, 10.0, "Cornflakes"};

  std::cout << "cornflakes volume is " << cornflakes.volume() << std::endl
            << "cornflakes weight is " << cornflakes.getWeight() << std::endl;
}
```

不幸的是，有一個問題。程式無法編譯。困難在於，我們愚蠢地在基礎類別
中使用了一些非唯一的函數名稱。名稱 volume 作為函數從 Box 繼承，作為資

料成員從 Contents 繼承，getWeight() 函數從 Carton 和在 CerealPack 類別的 Contents 繼承。存在不止一個的歧義問題。

在撰寫用於繼承的類別時，應該避免在第一個實體中複製成員名稱。這個問題的理想解決方案是重寫類別。如果無法重寫類別（例如，如果基礎類別來自某種函式庫），則必須限定 main() 中的函數名稱。可以修改 main() 中的輸出敘述，使程式碼正常執行：

```
std::cout << "cornflakes volume is " << cornflakes.Carton::volume() << std::endl
          << "cornflakes weight is " << cornflakes.Contents::getWeight() << std::endl;
```

透過修改，程式能夠正常編譯執行，會產生以下輸出：

```
Box(double, double, double) called.
Carton(double,double,double,string_view) called.
Contents(string_view) called.
CerealPack constructor
cornflakes volume is 240
cornflakes weight is 6.48
CerealPack destructor
Contents destructor
Carton destructor. Material = cardboard
Box destructor
```

可以從輸出中看到，這種玉米片將給你一個堅實又有活力的一天開始——一袋超過六磅重。還可以看到建構函數和解構函數呼叫序列，遵循與單一繼承中相同的模式：建構函數從最基礎的階層架構，運行到最後衍生的階層架構，解構函數則以相反的順序運行。CerealPack 物件有來自其繼承的兩個子物件，這些子物件的所有建構函數都涉及到 CerealPack 物件的建立。

順便說一下，另一種使 Ex13_06 編譯的方法是，在基礎類別的參考中加入強制轉換（為了避免建立新物件，我們強制轉換為參考，而不是類別型態本身）：

```
std::cout << "cornflakes volume is " << static_cast<Carton&>(cornflakes).volume()
          << std::endl
          << "cornflakes weight is " << static_cast<Contents&>(cornflakes).getWeight()
          << std::endl;
```

在下載的程式碼中有一個可執行版本，名為 Ex13_06A。

我們還沒說完，還有另一種方法可以確保編譯完成。顯然，CerealPack 類別使用者總是必須消除 volume() 和 getWeight() 成員的歧義，這很不方便。幸運的是，通常可以防止這種情況發生。假設我們堅持在瘋狂的情況下，應該始終使用紙箱的 volume() 成員計算玉米片包的體積，並使用內容的 getWeight() 成員計算其重量。然後可以在類別的定義中這樣規定這個屬性（參見 Ex13_06B）：

```
class CerealPack : public Carton, public Contents
{
public:
  // Constructor and destructor as before...

  using Carton::volume;
  using Contents::getWeight;
};
```

在本章的前面，看過使用 using 關鍵字從基礎類別繼承建構函數的類似用法。在本例中，使用它在多個繼承的成員函式中，挑選繼承哪一個基礎類別。現在，CerealPack 的使用者——或者更稱為吃早餐的人——可以簡單地這樣寫：

```
std::cout << "cornflakes volume is " << cornflakes.volume() << std::endl
          << "cornflakes weight is " << cornflakes.getWeight() << std::endl;
```

顯然，當有一個明確答案，關於應該使用多個繼承成員的哪一個時，最後一個選項是首選的。如果消除類別定義中已經存在的繼承歧義，它會為類別的使用者省去與編譯器錯誤作對的麻煩，否則編譯器錯誤肯定會隨之而來。

反覆繼承

前面的範例展示了當重複基礎類別的成員名稱時，可能會出現歧義。當衍生物件包含基礎類別之一的子物件多個版本時，在多個繼承中還可能出現另一種歧義。你不能將一個類別作為直接基礎類別使用超過一次，但是可能會重複使用一個間接（*indirect*）基礎類別。假設 Ex13_06 中的 Box 和 Contents 類別本身衍生自一個 Common 類別。圖 13-9 顯示了建立的類別階層架構。

CerealPack 類別繼承了 Contents 和 Carton 類別的所有成員。Carton 類別繼承 Box 類別的所有成員，而 Box 和 Contents 類別都繼承 Common 類別的成員。因此，如圖 13-9 所示，Common 類別在 CerealPack 類別中被複製。這對 CerealPack 型態的物件的影響是，每個 CerealPack 物件將有兩個 Common 型態的子物件。這種重複繼承產生的複雜性和模糊性，通常被稱為**菱形問題**（*diamond problem*），以圖 13-9 的形狀命名。

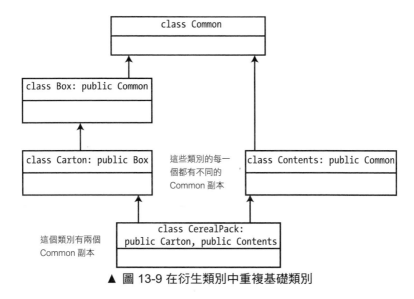

▲ 圖 13-9 在衍生類別中重複基礎類別

可以想像，你實際上希望**允許**複製 Common 類別。在本例中，必須限定對 Common 類別成員的每個參考，以便編譯器能夠知道你在任何特定實體中參考的是哪個繼承的成員。在本例中，可以使用 Carton 和 Contents 類別名稱作為指定器來實作這一點，因為每個類別都包含一個唯一的 Common 型態的子物件。要在建立 CerealPack 物件時呼叫 Common 類別建構函式，還需要指定器來指定初始的兩個基本物件中的哪一個。更典型的情況是，希望防止基礎類別的重複，所以讓我們看看如何做到這一點。

虛擬基礎類別

要避免重複的基礎類別，必須向編譯器標識基礎類別只在衍生類別中出現一次。為此，可以使用 virtual 關鍵字將該類別指定為一個虛擬基礎類別（*virtual base class*）。Contents 類別的定義如下：

```
class Contents : public virtual Common
{
  ...
};
```

Box 類別還將定義一個虛擬基礎類別：

```
class Box : public virtual Common
{
```

```
   ...
};
```

現在，任何使用 Contents 和 Box 類別作為直接或間接基礎類別的類別，都將像往常一樣繼承基礎類別的其他成員，但只繼承 Common 類別的一個實體。因為在 CerealPack 類別中沒有 Common 成員的重複，所以在衍生類別中參考成員名稱時不需要限定成員名稱。

相關類別型態之間的轉換

每個衍生類別物件內部都有一個基礎類別物件等待取出。從衍生類別型態到基礎類別型態的轉換是合法且自動的。以下是 Carton 物件的定義：

```
Carton carton{40, 50, 60, "fiberboard"};
```

我們已經看到了將此物件轉換為 Box 型態的基礎類別物件的兩種方法。第一個是透過複製建構函數：

```
Box box{carton};
```

我們可將此物件轉換為 Box 型態的基礎類別物件，並儲存結果的敘述為：

```
Box box;
box = carton;
```

兩者都將 carton 物件轉換為 Box 型態的新物件，並將其副本存在 box 中。使用的指定運算子是 Box 類別的預設指定運算子。只使用 carton 的 Box 物件部分，Box 物件沒有空間容納特定於 Carton 的資料成員。這種效果稱為**物件切割**（*object slicing*），也就是說，將特定於 Carton 的部分切割並丟棄。

■ **注意**　物件切割通常需要注意，因為它可能發生在當你不想要衍生類別物件將其衍生成員切掉時。在下一章中，我們會學習允許使用基礎類別指標或參考物件，同時保留衍生類別的成員，甚至行為的機制。

只要沒有歧義，向上轉換類別階層架構（即向基礎類別）是合法和自動的。當兩個基礎類別都具有相同型態的子物件時，可能會產生歧義。例如，若使用包含兩個 Common 子物件的 CerealPack 類別的定義（如在前一節中看到的），並且初始了一個 CerealPack 物件，cornflakes，那麼下面的內容會模糊不清：

```
Common common{cornflakes};
```

編譯器將無法確定 cornflakes 應該轉換為 Carton 的 Common 子物件，還是 Contents 的 Common 子物件。這裡的解決方案是將 cornflakes 轉換成 Carton& 或是 Contents&。下面有一個例子：

```
Common common{static_cast<Carton&>(cornflakes)};
```

無法為類別階層向下架構的物件（即更特殊化的類別）獲得自動轉換。Box 物件不包含任何可能從 Box 衍生的類別型態的資訊，因此轉換沒有合理的解釋。在下一章中，我們會看到指標和參考是不同的。基礎類別型態的指標或參考可以儲存衍生類別物件的位址，在這種情況下，可以將其轉換為衍生類別型態的位址。

摘要

在本章中，你已經學到如何根據一個或多個現有的類別來定義新類別，以及類別繼承如何組成衍生類別。繼承是物件導向程式設計的基本特性，並使同名異式變得可行。在下一章我們會研究同名異式。本章的重點是：

◆ 一個類別可衍生自一個或多個基礎類別，此時這些衍生類別會繼承其基礎類別的所有成員。

◆ 單一繼承是從單一基礎類別衍生出新類別。多重繼承是從兩個或多個基礎類別衍生出的新類別。

◆ 衍生類別之繼承成員的存取由兩個因素控制：成員在基礎類別中的存取指定器，和在衍生類別宣告中基礎類別的存取指定器。

◆ 衍生類別的建構函數要負責初始類別的所有成員，包括繼承的成員。

◆ 產生衍生類別的物件會包含所有直接和間接基礎類別的建構函數，在呼叫衍生類別的建構函數之前，會先依順序呼叫這些建構函數（從最底層至最直接的基礎類別）。

◆ 衍生類別的建構函數可在其初始化串列中，明確的呼叫其直接基礎類別的所有建構函數。若沒有明確地呼叫其中一個，就會呼叫基礎類別的預設建構函數。例如，衍生類別中的複製建構函數，應該呼叫所有直接基礎類別的複製建構函數。

- 宣告在衍生類別中的成員名稱，若與繼承的名稱相同時，則衍生類別的成員會隱藏繼承的成員。要存取隱藏的成員，需利用範疇運算子和其類別名稱來修飾其成員名稱。

- 不僅型態別名可以使用 using，繼承的建構函數也可以使用（使用相同的存取基礎類別中的規範），修改其他繼承的成員之存取規範，或繼承功能，否則由衍生類別的函數隱藏具有相同名稱但不同的簽名。

- 當衍生自兩個或多個直接基礎類別的衍生類別，含有兩個或多個同一類別的繼承子物件時，將重複的類別宣告為虛擬的基礎類別可以避免此重複性。

習題

13.1 定義稱為 Animal 的基礎類別，內含兩個私有的資料成員：一個稱為 name，型態為 string，儲存 animal 的名稱（如 "Fido"）；以及一個整數成員稱為 weight 記錄此 animal 的重量，以磅為單位。還要包含一個公有函數 who()，其功能是顯示此 Animal 物件的名稱和重量。利用 Animal 為 public 基礎類別衍生兩個類別 Lion 和 Aardvark。然後撰寫 mian() 函數產生 Lion 和 Aardvark 物件（如，"Leo"，400 磅；"Algernon"，50 磅）。利用呼叫衍生類別物件的 who()，藉以證明 who() 成員在兩個衍生類別中是繼承的成員。

13.2 將 Animal 類別中 who() 函數的存取指定器改成 protected，但是其餘保持不變。現在修改衍生類別使原來版本的 main()，在不作修改的情況下仍可運作。

13.3 在前一題習題的解決方法中，講基礎類別的 who() 成員改回 public，並實作 who() 函數為每個衍生類別的成員，使其輸出訊息標示類別的名稱。現在修改函數 main()，對於每個衍生類別物件，分別呼叫基礎類別版本以及衍生類別版本的 who()。

13.4 定義含有資料成員 age、name 和 gender 的 Person 類別。從 Person 衍生稱為 Employee 的類別，新增資料成員 number 儲存員工號碼，再從 Employee 衍生類別 Executive。每個衍生類別應定義顯示有關類別的資訊（名字和型態即可──如 "Fred Smith is an Employee"）。撰寫函數 main() 產生含有 5 個管理者的陣列，以及 5 個一般員工的陣列並顯示他們的資訊。此外，對於管理者，呼叫繼承自 Employee 類別的成員函數顯示其資訊。

同名異式

同名異式（polymorphism）或稱多型是物件導向程式設計很有威力的特性，在大部分的 C++ 程式中都會用到它。同名異式需要和衍生類別一起使用，所以本章主要的重點都放在與上一章介紹的繼承觀念上。

在本章中，你可以學到以下各項：

- ◆ 何謂同名異式，以及如何在類別中取得同名異式的功能
- ◆ 何謂虛擬函數
- ◆ 何謂覆蓋函數，此與多載函數有何不同
- ◆ 在虛擬函數中如何使用預設參數值
- ◆ 何時以及為什麼需要虛擬解構函數
- ◆ 如何轉換階層架構中的類別型態
- ◆ 何謂純虛擬函數
- ◆ 何謂抽象類別

何謂同名異式

同名異式是許多物件導向程式語言提供的一種功能。在 C++ 中，同名異式涉及到使用指標或對物件的參考來呼叫成員函數。同名異式只對共享基礎類別的類別進行操作。同名異式到底會產生什麼結果？利用更多的盒子（box）範例就可大概了解其運作方式，但是首先我們需要了解指向基礎類別的指標之角色。

基礎類別指標的使用

在上一章你學到的一件事情是，衍生類別的物件代表基礎類別物件的部分集合──換言之，每個衍生類別的物件也是基礎類別物件。所以你始終可用 "指

向基礎類別的指標" 來儲存衍生類別物件的位址──事實上，你甚至可用 "指向任何直接或間接基礎類別的指標" 來儲存衍生類別物件的位址。圖 14-1 中，Carton 類別藉著單一繼承，衍生自 Box 基礎類別，而 CerealPack 類別則用多重繼承衍生自基礎類別 Carton 和 Contents。此圖說明如何在這個類別架構中，使用指向基礎類別的指標來儲存衍生物件的位址。

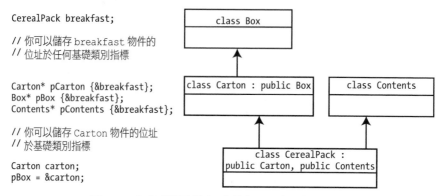

```
CerealPack breakfast;

// 你可以儲存 breakfast 物件的
// 位址於任何基礎類別指標

Carton* pCarton {&breakfast};
Box* pBox {&breakfast};
Contents* pContents {&breakfast};

// 你可以儲存 Carton 物件的位址
// 於基礎類別指標

Carton carton;
pBox = &carton;
```

▲ 圖 14-1 在基礎類別指標中儲存衍生類別物件的位址

反之則不成立。例如，你不能用指向型態 Carton* 的指標來儲存型態 Box 的物件的位址。這是合乎邏輯的，因為指標型態包含了它可以指向的物件的型態。衍生類別物件是其基礎類別的特殊化──它是基礎類別物件──因此，使用指向基礎類別的指標來儲存其位址很合理。但是，基礎類別物件絕對不是衍生類別物件，因此，指向衍生類別型態的指標不能指向它。衍生類別的物件都會包含其每個基礎類別的完整子物件，但是每個基礎類別只能表示衍生類別物件的一部分。

我們來看一個特殊的範例。假設我們要從前一章描述的 Box 類別衍生兩個類別，分別代表兩個不同種類的盒子，Carton 和 ToughPack。進一步假設這些衍生型態的體積之計算方法不同。Carton 做的盒子，考慮到材料的厚度，可以稍微減小體積。而 ToughPack 做的盒子，可能必須將可用的體積減少相當多，以便保護內容物。Carton 類別定義的形式為：

```
class Carton : public Box
{
  // Details of the class...
```

```
public:
  double volume() const;
};
```

稱為 ToughPack 的新類別會有類似的定義：

```
class ToughPack : public Box
{
  // Details of the class...

public:
  double volume() const;
};
```

已知這些類別的定義（後面有函數定義），我們可宣告並初始指標為：

```
Carton carton {10.0, 10.0, 5.0};
Box* pBox {&carton};
```

指標 pBox，型態是 "指向 Box 的指標"，初始為 carton 的位址。這是可以的，因為 Carton 衍生自 Box，因此含有 Box 型態的子物件。我們可用相同的指標來儲存 ToughPack 物件的位址，因為 ToughPack 類別也衍生自 Box：

```
ToughPack hardcase {12.0, 8.0, 4.0};
pBox = &hardcase;
```

在任何時候，指標 pBox 可含有所有以 Box 為基礎類別之類別物件的位址。Box* 這種指標的型態稱為靜態型態（*static type*）。因為 pBox 是一個指向基礎類別的指標，它還含有動態型態（*dynamic type*），這會根據它指向的物件型態而變。當 pBox 指向 Carton 物件時，其動態型態是 "指向 Carton 的指標"。當 pBox 指向 ToughPack 物件時，其動態型態是 "指向 ToughPack 的指標"。當 pBox 指向 Box 物件時，其動態型態和靜態型態相同。從此同名異式（**polymorphism**）就要展現其魔力了。我們很快就會看到你可利用指標 pBox 呼叫定義在基礎類別和每個衍生類別的函數。此函數是根據 pBox 的動態型態於執行期來做選擇。如下面的敘述：

```
double vol {};
vol = pBox->volume();          // Store volume of the object pointed to
```

若 pBox 含有 Carton 物件的位址，則我們可用此敘述呼叫 Carton 物件的函數 volume()。若 pBox 指向 ToughPack 物件，則它會呼叫 ToughPack 的 volume() 函數。對於其他衍生自 Box 的類別，若產生之，則都可正確的運作。敘述

pBox->volume() 會視 pBox 所指的內容為何，而產生不同的行為。更重要的是，適於 pBox 所指之物件的行為會在執行期自動選擇（彷彿此指標有內建的 switch 敘述，會檢查其型態，並根據此型態選擇要呼叫的函數）。

這是極有威力的機制。有很多情況是你無法事先決定要處理之物件的型態——在設計時期或編譯時期無法決定型態，而是在執行時期才能決定——利用同名異式就可輕易地處理之。這通常用於互動式的應用，輸入型態完全由使用者決定。例如，繪圖應用程式可以畫出不同的形狀——圓形、直線、曲線等等——每個形狀型態都可定義一個衍生類別，而且這些類別都有一個共同的基礎類別，稱 Shape。此程式會將使用者所產生的任意物件的位址，存在於基礎類別指標 pShape，其型態是 "指向 Shape 的指標"，然後用敘述 pShape->draw() 畫出適當的形狀。這敘述會呼叫對應於其所指之特殊形狀的函數 draw()，所以一個運算式就可畫出所有的形狀。要以此方式運作，其基本條件是被呼叫的函數是基礎類別的成員。我們繼續更深入探討繼承的函數如何運作。

呼叫繼承的函數

在進入同名異式的特性之前，我們需要更仔細研究繼承之成員函數的行為，以及它們與衍生類別的成員函數之間的關係。為此目的，我們要修正 Box 類別，導入計算 Box 物件體積的函數，以及另一個顯示體積的函數。在檔案 Box.h 和 Box.cpp 中，新版本的類別是：

```cpp
// Box.h
#ifndef BOX_H
#define BOX_H
#include <iostream>

class Box
{
protected:
  double length {1.0};
  double width {1.0};
  double height {1.0};

public:
  Box() = default;
  Box(double lv, double wv, double hv) : length {lv}, width {wv}, height {hv} {}
```

```
  // Function to show the volume of an object
  void showVolume() const
  { std::cout << "Box usable volume is " << volume() << std::endl; }

  // Function to calculate the volume of a Box object
  double volume() const { return length * width * height; }
};
#endif
```

在此形式的類別中，我們可呼叫該物件的函數 showVolume() 來顯示 Box 物件的可用體積。資料成員被設為 protected，因此所有衍生類別的成員函數都可存取之。

我們還以 Box 為基礎類別定義了 ToughPack 類別。ToughPack 物件要利用包裝的材質保護其內容物，所以其容量只有基礎類別 Box 物件的 85%。因此我們在衍生類別中需要不同的 volume() 函數計算體積：

```
// ToughPack.h
#ifndef TOUGHPACK_H
#define TOUGHPACK_H

#include "Box.h"

class ToughPack : public Box
{
public:
  // Constructor
  ToughPack(double lv, double wv, double hv) : Box {lv, wv, hv} {}

  // Function to calculate volume of a ToughPack allowing 15% for packing
  double volume() const { return 0.85 * length * width * height; }
};
#endif
```

在衍生類別中也許有其他的成員，但是現在我們會維持它簡單的內容，將重點放在繼承的函數如何運作。衍生類別的建構函數只是在其初始化串列中，呼叫基礎類別的建構函數設定資料成員值，在衍生類別建構函數的主體中不需要任何敘述。我們用新版的 volume() 函數取代基礎類別的函數版本。此處的想法是當我們呼叫 ToughPack 類別的 showVolume() 函數時，可使此繼承的函數呼叫衍生類別版本的 volume()。我們來看看它如何運作：

```cpp
// Ex14_01.cpp
// Behavior of inherited functions in a derived class
#include "Box.h"                      // For the Box class
#include "ToughPack.h"                // For the ToughPack class

int main()
{
  Box box {20.0, 30.0, 40.0};        // Define a box
  ToughPack hardcase {20.0, 30.0, 40.0};  // Declare tough box - same size

  box.showVolume();                  // Display volume of base box
  hardcase.showVolume();             // Display volume of derived box
}
```

我執行程式時，得到的是令人相當失望的輸出：

```
Box usable volume is 24000
Box usable volume is 24000
```

衍生類別的物件應當是會有較小的容量，所以我們的程式很顯然的不是如我們的預期。我們來看看哪裡出錯了。第二個是衍生類別 ToughPack 物件的 showVolume() 呼叫，但是很明顯的這不是如此。ToughPack 物件的體積應是具有相同大小之 Box 物件的 85%。

問題是在此程式中，當函數 showVolume() 呼叫 volume() 時，編譯器將其設定為定義在基礎類別中的 volume() 版本。無論你如何呼叫 showVolume()，它決不會呼叫 ToughPack 版本的 volume() 函數。當在程式執行前，以此固定方式呼叫函數稱為函數呼叫的靜態解析（*static resolution*），或是靜態繫結（*static binding*）。通常也使用先期繫結（*early binding*）這個名詞。在此範例中，於編譯程式時，特殊的 volume() 會和 showVolume() 的呼叫繫結在一起。每次呼叫 showVolume() 時，都會使用繫結的基礎類別函數 volume()。

■ **附註**　若我們作適當的設定，在衍生類別 ToughPack 會發生相同的解析。也就是在 ToughPack 類別中加入函數 showVolume()（這會呼叫 volume()），volume() 的呼叫會靜態地解析為衍生類別的函數。

若我們直接呼叫 ToughPack 物件的 volume() 函數會如何？作更進一步的練習，我們加入敘述直接呼叫 ToughPack 物件的 volume() 函數，而且透過指向基礎類

別的指標呼叫之：

```
std::cout << "hardcase volume is " << hardcase.volume() << std::endl;
Box *pBox {&hardcase};
std::cout << "hardcase volume through pBox is " << pBox->volume() << std::endl;
```

將這些敘述置於 main() 的 return 敘述之前，執行程式後得到的輸出是：

```
Box usable volume is 24000
Box usable volume is 24000
hardcase volume is 20400
hardcase volume through pBox is 24000
```

這是很有助益的。我們可以看到衍生類別物件 hardcase 對 volume() 的呼叫是呼叫衍生類別的函數 volume()，這就是我們想要的。但是透過基礎類別的指標 pBox 會解析為基礎類別版本的 volume()，即使 pBox 的內容是 hardcase 的位址。換言之，兩種呼叫都是靜態的解析，編譯器將這些呼叫實作為：

```
std::cout << "hardcase volume is " << hardcase.ToughPack::volume() << std::endl;
Box *pBox {&hardcase};
std::cout << "hardcase volume through pBox is " << pBox->Box::volume() << std::endl;
```

透過指標靜態呼叫函數主要是根據指標的型態來決定，而不是根據其所指的物件。指標 pBox 的型態 "指向 Box 的指標"，所以使用 pBox 的所有靜態呼叫都只會呼叫 Box 的函數成員。

▌ 附註 透過基礎類別的指標，以靜態解析的函數呼叫，會呼叫基礎類別的函數。

在此範例中，我們實際上希望知道於程式執行時，在任何實體中會使用哪一個 volume() 函數。所以若我們用衍生類別的物件呼叫 showVolume()，我們希望它會決定呼叫衍生類別的 volume() 函數，而不是基礎類別的版本。同樣的，若透過基礎類別的指標呼叫函數 volume()，我們則希望選擇它所指之物件的適當函數。這種操作稱為動態繫結（*dynamic binding*）或是晚期繫結（*late binding*）。

程式未達到我們的目的是，因為我們必須告訴編譯器 Box 和衍生自 Box 之類別的 volume() 函數是特殊的，而且我們希望對它的呼叫是動態地解析，因此我們需要指定 volume() 是虛擬函數（*virtual function*）。

虛擬函數

當你在基礎類別中將函數宣告為虛擬（virtual）時，你是在告訴編譯器對於衍生自此基礎類別的所有類別，此函數皆作動態繫結。在基礎類別中虛擬函數的宣告要利用關鍵字 virtual，如圖 14-2。描述類別為**同名異式**代表它是一個衍生類別，至少包含一個虛擬函數。

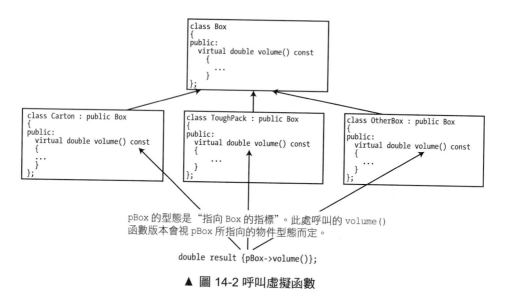

```
class Box
{
public:
  virtual double volume() const
    {
      ...
    }
};
```

```
class Carton : public Box
{
public:
  virtual double volume() const
    {
     ...
    }
};
```

```
class ToughPack : public Box
{
public:
  virtual double volume() const
    {
     ...
    }
};
```

```
class OtherBox : public Box
{
public:
  virtual double volume() const
    {
     ...
    }
};
```

pBox 的型態是 "指向 Box 的指標"。此處呼叫的 volume() 函數版本會視 pBox 所指向的物件型態而定。

```
double result {pBox->volume()};
```

▲ 圖 14-2 呼叫虛擬函數

在基礎類別中宣告為 virtual 的函數，於此基礎類別衍生出來的所有類別中（不管直接或是間接）也都是虛擬函數。要具有同名異式的功能，每個衍生類別要實作該虛擬函數的自有版本（雖然這不是必須，我們稍後會討論之）。利用基礎類別物件的指標變數和參考變數就可呼叫虛擬函數，上圖說明如何動態解析透過指標呼叫虛擬函數。指向基礎類別的指標是用來儲存衍生類別型態之物件的位址。它可指向圖中三個衍生類別的物件，或是基礎類別的物件。呼叫哪一個 volume() 函數視函數呼叫時指標所指之物件型態而定。

注意，使用物件對虛擬函數的呼叫是靜態解析的。只能透過指標或參考動態解析對虛擬函數的呼叫。將衍生類別型態的物件存在基礎型態的變數中，會導致衍生類別物件被切割，因此它沒有衍生類別特性。說到這裡，讓我們來看看虛擬函數。要使前面的範例正常運作，需要對 Box 類別進行非常小的修改。我們只需要將 virtual 關鍵字加到 volume() 函數的定義中：

```
class Box
{
  // Rest of the class as before...

public:
  // Function to calculate the volume of a Box object
  virtual double volume() const { return length * width * height; }
};
```

▌注意 若成員函數定義在類別定義之外，則不能在函數定義中加入 virtual 關鍵字，這樣做是錯誤的。只能將 virtual 加到類別定義中的宣告或定義中。

為了使這個範例變得較有趣一些，在稱為 Carton 的新類別中，我們以稍微不一樣的方式實作函數 volume()：

```
// Carton.h
#ifndef CARTON_H
#define CARTON_H
#include <string>
#include <string_view>
#include "Box.h"

class Carton : public Box
{
private:
  std::string material;

public:
  // Constructor explicitly calling the base constructor
  Carton(double lv, double wv, double hv, std::string_view str="cardboard")
        : Box{lv,wv,hv}, material{str}
  {}

  // Function to calculate the volume of a Carton object
  double volume() const
  {
    const double vol {(length - 0.5)*(width - 0.5)*(height - 0.5)};
    return vol > 0.0? vol : 0.0;
  }
};
#endif
```

Carton 的 volume() 函數假設材質的厚度是 0.25，所以每邊都減去 0.5 表示紙盒的內部邊長。因此，若 Carton 物件產生時任一邊少於 0.5，則此紙盒的體積會當作 0。

我們也會使用 ToughPack 類別，就如 Ex14_01 的定義。下面是包含 main() 的檔案程式碼：

```cpp
// Ex14_02.cpp
// Using virtual functions
#include <iostream>
#include "Box.h"                              // For the Box class
#include "ToughPack.h"                        // For the ToughPack class
#include "Carton.h"                           // For the Carton class

int main()
{
  Box box {20.0, 30.0, 40.0};
  ToughPack hardcase {20.0, 30.0, 40.0};      // A derived box - same size
  Carton carton {20.0, 30.0, 40.0, "plastic"};  // A different derived box

  box.showVolume();                           // Volume of Box
  hardcase.showVolume();                      // Volume of ToughPack
  carton.showVolume();                        // Volume of Carton

  // Now using a base pointer...
  Box* pBox {&box};                           // Points to type Box
  std::cout << "\nbox volume through pBox is " << pBox->volume() << std::endl;
  pBox->showVolume();

  pBox = &hardcase;                           // Points to type ToughPack
  std::cout << "hardcase volume through pBox is " << pBox->volume() << std::endl;
  pBox->showVolume();

  pBox = &carton;                             // Points to type Carton
  std::cout << "carton volume through pBox is " << pBox->volume() << std::endl;
  pBox->showVolume();
}
```

當你執行時，輸出結果應如下所示：

```
Box usable volume is 24000
Box usable volume is 20400
Box usable volume is 22722.4

box volume through pBox is 24000
Box usable volume is 24000
hardcase volume through pBox is 20400
Box usable volume is 20400
carton volume through pBox is 22722.4
Box usable volume is 22722.4
```

注意，我們沒有將 virtual 關鍵字加到 Carton 或 ToughPack 類別的 volume() 函數中。應用於基礎類別中的函數 volume() 的 virtual 關鍵字，足以確定衍生類別中函數的所有定義也是虛擬的。還可以選擇為衍生類別函數使用 virtual 關鍵字，如圖 14-2 所示。是否這樣做是個人喜好的問題，我們在本章後面會回來看這個選擇。

這個程式現在顯然在做我們預期的。對 box 物件的 showVolume() 的呼叫呼叫 volume() 的基礎類別版本，因為 box 是 Box 型態。對 showVolume() 的下一個呼叫是針對 ToughPack 物件 hardcase。它呼叫從 Box 類別繼承的 showVolume() 函數，但是 showVolume() 中對 volume() 的呼叫被解析為 ToughPack 類別中定義的版本，因為 volume() 是一個虛擬函數。因此，可以得到適合 ToughPack 物件的體積計算。Carton 物件的 showVolume() 的第三個呼叫呼叫了 volume() 的 Carton 類別版本，因此也會得到正確的結果。

接著我們用指標 pBox 直接呼叫函數 volume()，而且也會間接地透過函數 showVolume() 呼叫函數 volume()。這指標首先含有 Box 物件的位址，然後依序是兩個衍生類別物件的位址。每個物件的結果輸出，證明每種情況都自動的選擇適當版本的 volume() 函數，所以我們清楚地解說了同名異式的運作。

虛擬函數操作的要求

要使函數 "虛擬地" 運作，在衍生類別中，這函數的宣告和定義必須與基礎類別中的函數名稱和參數串列完全相同。而且，若你已將基礎類別函數宣告為 const，則衍生類別函數也必須宣告為 const。一般而言，在衍生類別中的回傳型態必須與在基礎類別中相同，但是有一個例外是在基礎類別中的回傳型態是類別型態的指標或參考。在這種情況，衍生類別版本的虛擬函數也許會回傳更特殊化的指標或參考。我們不會再深入討論，但是若你在其他地方遇到，用於這些回傳型態關係的技術名詞是共變性（*covariance*）。

若在衍生類別中函數的名稱和函數的參數串列，與在基礎類別宣告的虛擬函數相同，則回傳型態也必須與虛擬函數相同。若不相同，則衍生類別將無法編譯。另一限制是虛擬函數不可為樣版函數。

在標準的物件導向程式設計，衍生類別的函數重新定義基礎類別的虛擬函數，此稱為覆蓋（*override*）這函數。一函數與基礎類別的虛擬函數同名且相同簽名時才會覆蓋。若簽名不同，則在衍生類別的函數是一新的函數，它將隱藏在基礎類別中函數。後者在前面章節當我們討論重複的成員函數名稱時已看過。

想當然爾，若你要在衍生類別中，使用不同於基礎類別的虛擬函數參數，或是使用不同的 const 指定器，則虛擬函數的機制是不能運作的。在衍生類別的函數將重新定義一新的和不同的函數。在衍生類別中的函數會以編譯期建立和安排的靜態繫結方式運作。

你可以作此測試，刪除 Carton 類別中 volume() 宣告的 const 關鍵字，再執行 Ex14_02。這動作的意思是 Carton 中的函數 volume() 不再對應於宣告在 Box 中的函數，所以衍生類別的 volume() 函數不是虛擬的，因此會以靜態的方式解析，所以透過基礎類別的指標，或甚至是間接透過函數 showVolume() 呼叫 Carton 物件的函數，都是基礎類別的版本。

▌ **附註**　static 成員函數不能為 virtual。顧名思義，靜態函數的呼叫是靜態解析的。即使在同名異式物件上呼叫 static 成員函數，也會使用物件的靜態型態解析成員函數。這為我們提供了另一個呼叫 static 成員函數的理由，方法是在它們前面加上類別名稱而不是物件名稱。也就是說，使用 MyClass::myStaticFunction()，而不是 myObject.myStaticFunction()。這清楚地表明不要期望同名異式。

使用 override

衍生類別中的虛擬函數的規範很容易出錯。如果定義 Volume()──注意大寫的 V──在一個衍生自 Box 的類別中，它不是虛擬的，因為基礎類別中的虛擬函數是 volume()。這意味著對 Volume() 的呼叫將被靜態解析，類別中的虛擬函數 volume() 將從基礎類別繼承。

程式碼仍可以編譯和執行，但不能正確執行。同樣地，如果在衍生類別中定義了 volume() 函數，但是忘記指定 const，那麼這個函數將多載而不是覆蓋基礎類別函數。這類錯誤很難發現。你可以為衍生類別中的每個虛擬函數宣告使用 override 修飾詞來防止此類錯誤，如下所示：

```
class Carton : public Box
{
  // Details of the class as in Ex14_02...
```

```
public:
  double volume() const override
  {
    // Function body as before...
  }
};
```

與 virtual 規範一樣，override 規範只出現在類別定義中。它不能應用於成員
函數的外部定義。override 規範使編譯器驗證基礎類別宣告了一個類別成員，
該成員是虛擬的，並且具有相同的簽名。若沒有，編譯器在這裡將定義標記為
一個錯誤。

▌ **提示**　永遠將 override 規範加到虛擬函數覆蓋的宣告中。首先，這確保你在撰
寫函數簽名時沒有犯任何錯誤。其次，也許更重要的是，如果需要更改基礎類別函
數的簽名，它可以防止你和你的團隊忘記更改任何現有函數。

若將 override 關鍵字加到每個覆蓋基礎類別虛擬函數的函數宣告中，有些人
會爭辯說，任何人都清楚這是一個虛擬函數，因此沒有必要在衍生類別中應
用 virtual 關鍵字。儘管如此，其他樣式指引堅持始終加入 virtual，因為它
使它更明顯地涉及到一個虛擬函數。這沒有正確的答案。在本書中，我們將把
virtual 關鍵字的使用限制在基礎類別函數中，並將 override 規範應用於衍生
類別中的所有虛擬函數覆蓋。但是，如果你認為 virtual 關鍵字對函數覆蓋有
幫助，那麼也可以隨意包含它。

使用 final

有時，你可能希望防止在衍生類別中覆蓋成員函數。這可能是因為你希望限制
衍生類別修改類別介面的行為。你可以透過設定函數為 final 來實作這一點。
你可以透過像這樣指定來防止類別中的定義覆蓋了 Carton 類別中的 volume()
函數：

```
class Carton : public Box
{
  // Details of the class as in Ex14_02...

public:
  double volume() const override final
  {
```

```
    // Function body as before...
  }
};
```

試圖在以 Carton 為基礎的類別中覆蓋 volume() 會導致編譯器錯誤。這確保只
有 Carton 版本可以用於衍生類別物件。你放置 override 和 final 關鍵字的順序
並不重要，因此 override final 和 final override 都是正確的，但是它們都必
須位於 const 或函數簽名的任何其他部分之後。

■ **附註**　原則上，即使沒有覆蓋任何基礎類別成員，也可以宣告 virtual 和 final
函數。但這是自相矛盾的。你可以新增 virtual 來允許函數覆蓋，並加入 final 來
防止它們。注意，將 override 和 final 組合在一起並不矛盾。這只是宣告你不允
許對要覆蓋的函數進行任何進一步的覆蓋。

還可以將整個類別指定為 final，如下所示：

```
class Carton final : public Box
{
  // Details of the class as in Ex14_02...

public:
  double volume() const override
  {
    // Function body as before...
  }
};
```

現在編譯器將不允許將 Carton 用作基礎類別。不可能從 Carton 類別進一步衍
生。但是，在最後一個類別中引入新的虛擬函數是沒有意義的，即不覆蓋基礎
類別函數的虛擬函數。

■ **附註**　final 和 override 不是關鍵字，因為讓它們成為關鍵字會破壞在引入它
們之前撰寫的程式碼。這意味著你可以在程式碼中使用 final 和 override 作為變
數甚至類別名稱。但這並不代表你應該這麼做；它只會製造混亂。

虛擬函數和類別階層

若你希望透過基礎類別的指標以虛擬的方式處理函數，則你必須在基礎類別中

將函數宣告為虛擬。在基礎類別中，你可視需要宣告任意個虛擬函數，但是不是所有的虛擬函數都需要宣告在具有數層之類別階層架構的最底層。這說明在圖 14-3 中。

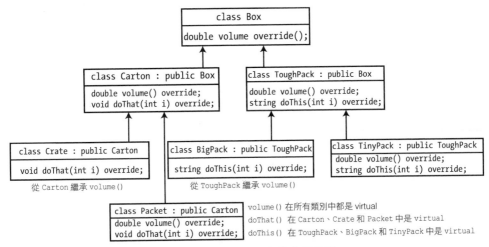

▲ 圖 14-3 階層架構中的虛擬函數

當你在某一個類別中將函數宣告為 virtual 時，此函數在所有直接或間接衍生自此類別的類別都是虛擬的。例如上圖中，所有衍生自 Box 的類別都繼承了函數 volume() 的虛擬本質。藉著 Box* 型態的指標 pBox，你可呼叫這些類別的 volume() 函數，因為這個指標會含有此階層架構中任意類別的物件。

Crate 類別沒有宣告虛擬函數 volume()，所以 Crate 物件會呼叫繼承自 Carton 的函數。它會繼承為虛擬函數，因此可以同名異式的方式呼叫。

型態 Carton* 的指標 pCarton 亦可用來呼叫函數 volume()，但是只有 Carton 類別的物件和以 Carton 為基礎類別的兩個類別物件：Crate 和 Packet 才可使用。

Carton 類別和其他衍生的類別都含有虛擬的函數 doThat()。利用 Carton* 型態的指標亦可以同名異式的方式呼叫此函數。注意不可用 Box* 型態的指標呼叫這些類別的 doThat()，因為 Box 類別不包含函數 doThat()。

同樣的，利用 ToughPack* 型態的指標可呼叫 ToughPack、BigPack 和 TinyPack 物件的虛擬函數 doThis()。當然相同的指標亦可用來呼叫這些類別物件的 volume() 函數。

存取指定器和虛擬函數

在衍生類別中，虛擬函數宣告的存取規範可以不同於基礎類別的規範。當你透過指標呼叫虛擬函數時，基礎類別的存取規範可決定在衍生類別中是否可存取這些函數。若虛擬函數在基礎類別中是 public，則可透過基礎類別的指標（或參考）呼叫所有衍生類別的此虛擬函數，不管它在衍生類別中的存取規範為何。我們可以透過修改前面的範例來說明這一點。修改 Ex14_02 中的 ToughPack 類別，使 volume() 函數變成 protected，並在其宣告中新增 override 關鍵字，以確保它確實覆蓋了基礎類別中的虛擬函數：

```cpp
class ToughPack : public Box
{
public:
  // Constructor
  ToughPack(double lv, double wv, double hv) : Box {lv, wv, hv} {}

protected:
  // Function to calculate volume of a ToughPack allowing 15% for packing
  double volume() const override { return 0.85 * length * width * height; }
};
```

我們必須稍微修改函數 main()：

```cpp
// Ex14_03.cpp
// Access specifiers and virtual functions
#include <iostream>
#include "Box.h"                          // For the Box class
#include "ToughPack.h"                    // For the ToughPack class
#include "Carton.h"                       // For the Carton class

int main()
{
  Box box {20.0, 30.0, 40.0};
  ToughPack hardcase {20.0, 30.0, 40.0};          // A derived box - same size
  Carton carton {20.0, 30.0, 40.0, "plastic"};    // A different derived box

  box.showVolume();                        // Volume of Box
  hardcase.showVolume();                   // Volume of ToughPack
  carton.showVolume();                     // Volume of Carton

// Uncomment the following statement for an error
// std::cout << "hardcase volume is " << hardcase.volume() << std::endl;

  // Now using a base pointer...
```

```
Box* pBox {&box};                                // Points to type Box
std::cout << "\nbox volume through pBox is " << pBox->volume() << std::endl;
pBox->showVolume();

pBox = &hardcase;                                // Points to type ToughPack
std::cout << "hardcase volume through pBox is " << pBox->volume() << std::endl;
pBox->showVolume();

pBox = &carton;                                  // Points to type Carton
std::cout << "carton volume through pBox is " << pBox->volume() << std::endl;
pBox->showVolume();
}
```

在 ToughPack 類別中，雖然 volume() 宣告為 protected 函數，我們仍可透過繼承自 Box 類別的函數 showVolume() 來呼叫 hardcase 物件的此函數。我們可以直接透過基礎類別的指標 pBox 來呼叫函數 volume()。但是若你移除使用 hardcase 物件直接呼叫函數 volume() 敘述的註解，則程式碼無法編譯。

這裡的關鍵是呼叫是以動態或是靜態解析。當你使用一個類別物件時，會以靜態的方式決定呼叫（也就是說由編譯器決定），因為函數 volume() 在類別 ToughPack 中是保護的，則利用 hardcase 物件的呼叫無法編譯。其他所有的呼叫則在程式執行時決定——它們是同名異式的呼叫。在此範例中，所有的衍生類別都會繼承基礎類別之虛擬函數的存取指定。這將與衍生類別中的明確指定無關：明確的指定只會影響靜態解析的呼叫。

因此，存取指定器決定是否可以基於物件的靜態型態呼叫函數。其結果是，將函數覆蓋的存取指定器更改為，比基礎類別函數的存取指定器更受限制的存取指定器，是有些無效。透過使用指向基礎類別的指標，可以很容易地繞過這種存取限制。這在 Ex14_03 中的函數 showVolume() 顯示。

▌**提示**　函數的存取指定器決定是否可以呼叫該函數。但是，在決定是否可以覆蓋它時，它沒有任何作用。其結果是，你可以覆蓋給定基礎類別的 private virtual 函數。實際上，通常建議將虛擬函數宣告為私有函數。

在某種程度上，私有虛擬函數提供了兩個世界中最好的一個。另一方面，函數是私有的，這意味著它不能從類別外部呼叫。另一方面，該函數是虛擬的，允許衍生類別覆蓋和自行定義其行為。換句話說，即使你促進了同名異式，你仍然可以完美地控制在何時何地，呼叫這樣一個 private virtual 成員函數。這個函數可以是在更複雜演算法中的一個步驟，這個步驟只有在演算法的所有先前步驟都正確執行之後才能執行。或者，它也可以是一個必須在獲取特定資源之後才呼叫的函數，例如在執行必要的同步執行緒之後。

這背後的基本思想與資料隱蔽相同。限制對成員的存取越多，就越容易確保它們沒有被錯誤地使用。一些經典的物件導向程式設計模式──最顯著的是所謂的*樣版方法模式*（*template method pattern*）──最好使用私有虛擬函數來實作。這些模式對我們來說太進階了，在這裡我們要更詳細地討論。只要理解存取指定器和覆蓋是兩個正交的概念，並且始終記住宣告你的私有虛擬函數是一個可行的選擇。

虛擬函數中的預設參數值

因為預設值是在編譯時期處理，所以虛擬函數的參數使用預設值時會有意想不到的結果。若虛擬函數在基礎類別的宣告中具有預設參數值，而且你透過基礎類別的指標呼叫此函數，則你一定都會取得此函數的基礎類別版本的預設參數值。在衍生類別版本中的預設參數值都不會有效果。我們修改前一個範例，在 volume() 函數中引入預設參數值，就可說明這點。修改 Box 類別中函數 volume() 的定義：

```cpp
virtual double volume(int i=5) const
{
  std::cout << "Box parameter = " << i << std::endl;
  return length * width * height;
}
```

修改 Carton 類別如下：

```cpp
double volume(int i = 50) const override
{
  std::cout << "Carton parameter = " << i << std::endl;
  double vol {(length - 0.5)*(width - 0.5)*(height - 0.5)};
  return vol > 0.0 ? vol : 0.0;
}
```

最後在 ToughPack 類別中，可以定義 volume()，並再次將其變成 public：

```cpp
public:
  double volume(int i = 500) const override
```

```
  {
    std::cout << "ToughPack parameter = " << i << std::endl;
    return 0.85 * length * width * height;
  }
```

這參數沒有一點功能，只是用來說明預設值如何設定。

在類別定義中做了這些改變之後，我們可在修正的 main() 函數中試試預設參數值，在 main() 中，我們只要移除直接呼叫 hardcase 物件的 volume() 成員的敘述註解。完整的程式可下載 Ex14_04。你可得到的輸出是：

```
Box parameter = 5
Box usable volume is 24000
ToughPack parameter = 5
Box usable volume is 20400
Carton parameter = 5
Box usable volume is 22722.4
ToughPack parameter = 500
hardcase volume is 20400
Box parameter = 5

box volume through pBox is 24000
Box parameter = 5
Box usable volume is 24000
ToughPack parameter = 5
hardcase volume through pBox is 20400
ToughPack parameter = 5
Box usable volume is 20400
Carton parameter = 5
carton volume through pBox is 22722.4
Carton parameter = 5
Box usable volume is 22722.4
```

幾乎每個 volume() 函數呼叫都是輸出基礎類別函數的預設值，只有一個例外。例外是用 hardcase 物件呼叫 volume()。這會用靜態的方式解析，所以會使用類別的預設參數值。所有其他呼叫都是動態解析的，因此應用基礎類別中指定的預設參數值，即使執行的函數是在預設類別中。

使用參考呼叫虛擬函數

你也可透過參考呼叫虛擬函數，而且參考於參數是應用同名異式很有威力的工具，特別是在呼叫使用參考傳遞的函數時。你可將基礎類別物件或任何衍生類別物件，傳遞給具有參考基礎類別的參數之函數。在函數中，你可用參考參數

來呼叫虛擬函數。當函數執行時，會自動選擇傳入物件的適當虛擬函數。我們
修改 Ex14_02 來呼叫一個函數使其呼叫具有參數型態 "Box 參考型態" 的函數，
用此說明這運作：

```cpp
// Ex14_05.cpp
// Using a reference parameter to call virtual function
#include <iostream>
#include "Box.h"                          // For the Box class
#include "ToughPack.h"                    // For the ToughPack class
#include "Carton.h"                       // For the Carton class

// Global function to display the volume of a box
void showVolume(const Box& rBox)
{
  std::cout << "Box usable volume is " << rBox.volume() << std::endl;
}

int main()
{
  Box box {20.0, 30.0, 40.0};                        // A base box
  ToughPack hardcase {20.0, 30.0, 40.0};             // A derived box - same size
  Carton carton {20.0, 30.0, 40.0, "plastic"};       // A different derived box

  showVolume(box);                        // Display volume of base box
  showVolume(hardcase);                   // Display volume of derived box
  showVolume(carton);                     // Display volume of derived box
}
```

此程式的輸出應為：

```
Box usable volume is 24000
Box usable volume is 20400
Box usable volume is 22722.4
```

類別定義同 Ex14_02。有一個新的全域函數使用它的參考參數呼叫 volume() 來
呼叫物件的 volume() 成員。main() 定義與 Ex14_02 中相同的物件，但是使用每
個物件呼叫全域 showVolume() 函數來輸出它們的體積。從輸出中可以看到在每
個情況中都使用正確的 volume() 函數，從而確認透過參考參數使用同名異式是
可行的。

每次呼叫 showVolume() 函數時，都會使用作為參數傳遞的物件初始化參考參
數。因為參數是對基礎類別的參考，所以編譯器會安排動態繫結到 virtual
volume() 函數。

同名異式集合

當處理所謂的同名異式或異質物件集合時,同名異式變得特別有趣——這兩個都是基礎類別指標集合的名稱,其中包含具有不同動態型態的物件。集合的例子包括普通的 C 風格的陣列,也包括更現代和更強大的 std::array<> 和 std::vector<> 樣版,它們來自標準函式庫。

我們使用 Ex14_03 中的 Box、Carton 和 ToughPack 類別,以及修改後的 main() 函數來說明這個概念:

```cpp
// Ex14_06.cpp
// Polymorphic vectors of smart pointers
#include <iostream>
#include <memory>                // For smart pointers
#include <vector>                // For vector
#include "Box.h"                 // For the Box class
#include "ToughPack.h"           // For the ToughPack class
#include "Carton.h"              // For the Carton class

int main()
{
  // Careful: this first attempt at a mixed collection is a bad idea (object slicing!)
  std::vector<Box> boxes;
  boxes.push_back(Box{20.0, 30.0, 40.0});
  boxes.push_back(ToughPack{20.0, 30.0, 40.0});
  boxes.push_back(Carton{20.0, 30.0, 40.0, "plastic"});

  for (const auto& p : boxes)
    p.showVolume();

  std::cout << std::endl;

  // Next, we create a proper polymorphic vector<>:
  std::vector<std::unique_ptr<Box>> polymorphicBoxes;
  polymorphicBoxes.push_back(std::make_unique<Box>(20.0, 30.0, 40.0));
  polymorphicBoxes.push_back(std::make_unique<ToughPack>(20.0, 30.0, 40.0));
  polymorphicBoxes.push_back(std::make_unique<Carton>(20.0, 30.0, 40.0, "plastic"));

  for (const auto& p : polymorphicBoxes)
    p->showVolume();
}
```

此範例的輸出如下:

```
Box usable volume is 24000
Box usable volume is 24000
Box usable volume is 24000

Box usable volume is 24000
Box usable volume is 20400
Box usable volume is 22722.4
```

程式的第一部分說明如何不建立同名異式集合。如果你按照值在基礎類別物件的 vector<> 中配置衍生類別的物件，則始終會發生物件切割。也就是說，只保留與基礎類別對應的子物件。向量一般沒有空間儲存完整的物件。物件的動態型態也轉換為基礎類別的動態型態。如果想要同名異式，就必須始終使用指標或參考。

在程式的第二部分中，對於我們正確的同名異式向量，我們可以使用一個普通 Box* 指標的 vector<>——也就是一個型態為 std::vector<box*> 的向量——並在其中儲存指向動態配置的 Box、ToughPack 和 Carton 物件的指標。這樣做的缺點是，我們必須記住在程式結束時也要刪除這些 Box 物件。

我們已經知道標準函式庫提供了所謂的智慧指標來幫助解決這個問題。智慧指標允許我們安全地使用指標，而不必一直擔心刪除物件。

因此，在 polymorphicBoxes 向量中，我們儲存 std::unique_ptr<Box> 型態的元素，它們是指向 Box 物件的智慧指標。這些元素可以儲存 Box 物件的位址，或者 Box 衍生的任何類別的位址，因此與你到目前為止看到的原始指標是完全並行的。幸運的是，正如輸出所示，同名異式仍然存在，並且使用智慧指標也很好。當你在閒置空間中建立物件時，智慧指標仍然會提供同名異式行為，同時也消除了任何潛在的記憶體洩漏。

■ 提示　要取得物件的記憶體安全同名異式集合，可以將標準智慧指標（如 std::unique_ptr<> 和 shared_ptr<>）存在標準容器（如 std::vector<> 和 array<>）中。

透過指標終結物件

在處理衍生類別物件時，使用指向基礎類別的指標是很常見的，因為這就是如何利用虛擬函數的方法。如果使用指標或智慧指標指向在閒置空間中建立的物件，則在終結衍生類別物件時可能會出現問題。如果在顯示訊息的各種 Box 類別中新增解構函數，就會發現問題。從 Ex14_06 開始，向 Box 基礎類別新增一個解構函數，當它被呼叫時，這個解構函數只顯示一則訊息：

```cpp
class Box
{
protected:
  double length {1.0};
  double width {1.0};
  double height {1.0};

public:
  Box() = default;
  Box(double lv, double wv, double hv) : length {lv}, width {wv}, height {hv} {}

  ~Box() { std::cout << "Box destructor called" << std::endl; }

  // Remainder of the Box class as before...
};
```

對於 ToughPack 和 Carton 類別也要這樣做。也就是說，新增以下形式的解構函數：

```cpp
  ~ToughPack() { std::cout << "ToughPack destructor called" << std::endl; }
```

以及

```cpp
  ~Carton() { std::cout << "Carton destructor called" << std::endl; }
```

需要將 <iostream> 標頭包含到還沒有包含它的檔案中。不需要更改 main() 函數。完整的程式可以下載 Ex14_07。它產生的輸出以以下十幾行結束（在此之前看到的輸出對應於被推入並切入第一個 vector<> 的各種 Box 元素，但這並不是我們想要剖析的部分）：

```
...
Box usable volume is 24000
Box usable volume is 24000
Box usable volume is 24000

Box usable volume is 24000
Box usable volume is 20400
Box usable volume is 22722.4
Box destructor called
Box destructor called
```

```
Box destructor called
Box destructor called
Box destructor called
Box destructor called
```

很明顯失敗了。對所有六個物件都呼叫相同的基礎類別解構函數，即使其中四個是衍生類別的物件。甚至對於存在同名異式向量中的物件也會發生這種情況。自然，這種行為的原因是解構函數是靜態解析的，而不是動態解析的，就像其他函數一樣。為了確保衍生類別呼叫了正確的解構函數，我們需要對解構函數進行動態繫結。我們需要的是虛擬解構函數。

■ **注意**　你可能認為，對於類別的物件（如 ToughPack 或 Carton）呼叫錯誤的解構函數沒什麼大不了的，因為它們的解構函數基本上是空的。這些衍生類別的解構函數並不執行任何關鍵的清理任務，所以如果不呼叫它們又有什麼危害呢？事實上，C++ 標準特別指出，對衍生類別物件的基礎類別指標應用 delete 會導致未定義的行為，除非基礎類別具有虛擬解構函數。因此，儘管呼叫錯誤的解構函數似乎是無害的，甚至在程式執行期間，原則上任何事情都可能發生。如果幸運的話，它是良性的，沒有什麼不好的事情發生。但它也可能導致記憶體的漏洞（可能只有基礎類別子物件的記憶體被釋放），甚至導致程式當機。

虛擬解構函數

衍生類別於 free store 所配置的物件，要確保正確的呼叫解構函數，我們需要使用虛擬類別解構函數（*virtual class destructor*）。要實作虛擬類別解構函數，我們只要在類別的解構函數宣告中加入關鍵字 virtual。這告知編譯器透過指標和參考參數呼叫的解構函數應為動態繫結，所以在執行期選擇解構函數。雖然所有的解構函數有不同的名稱，但是這仍是有效的，解構函數是此功能的特殊個案。

透過在 Ex14_07 類別的解構函數宣告中加入 virtual 關鍵字，就像：

```
class Box
{
protected:
  double length {1.0};
  double width {1.0};
  double height {1.0};
```

```
public:
  Box() = default;
  Box(double lv, double wv, double hv) : length {lv}, width {wv}, height {hv} {}

  virtual ~Box() { std::cout << "Box destructor called" << std::endl; }

  // Remainder of the Box class as before...
};
```

由於宣告為虛擬基礎類別解構函數，因此所有衍生類別的解構函數都自動會成為虛擬函數。

如果不是為了說明而加入的輸出訊息，函數主體是一個空的 {} 區塊。不過，我們建議使用 default 關鍵字宣告解構函數，而不是使用這樣的空區塊。這使得使用預設實作更加明顯。而我們的 Box 類別，可以這樣寫：

```
virtual ~Box() = default;
```

關鍵字 default 可以用於編譯器通常為你產生的所有成員。這包括解構函數，還包括前面看到的建構函數和指定運算子。注意編譯器產生的解構函數從來不是虛擬的，除非明確地宣告它們。

> **▌提示**　當需要使用同名異式時（甚至可能使用時），你的類別必須有一個虛擬解構函數，以確保正確地終結物件。這意味著，只要一個類別至少有一個虛擬成員函數，那麼它的解構函數也應該是虛擬的（唯一不需要遵循這些原則的情況是，非虛擬解構函數是 protected 還是 private，但這些都是非常特殊的情況。）

類別物件指標的轉換

若程式含有指向衍生類別的指標，你可容易地將指標轉換為指向基礎類別的指標，而且可轉換為直接或間接的基礎類別。例如，先宣告指向 Carton 物件的指標：

```
auto pCarton{ std::make_unique<Carton>(30, 40, 10) };
```

我們可以隱含的方式將此指標轉換為指向 Carton 之直接基礎類別的指標（Box 是 Carton 的直接基礎類別）：

```
Box* pBox {pCarton.get()};
```

這結果是 "指向 Box 的指標" 會初始為指向新的 Carton 物件。從範例 Ex14_05

和 Ex14_06 中可以看出，這同樣適用於參考和智慧指標。例如，可以從 pCarton 中得到對 Box 的參考如下：

```
Box& box {*pCarton};
```

■ **附註** 作為一個規則，在本節中討論的關於指標的所有內容也適用於參考。不過，我們不會明確地重複這一點，也不會一直給出類似的例子作為參考。

讓我們看看如何將指標轉換為衍生類別型態的指標，再轉換為指向間接基礎類別的指標。假設用 Carton 定義了一個 CerealPack 類別作為 public 基礎類別。Box 是 Carton 的直接基礎類別，所以它是 CerealPack 的間接基礎類別。因此，可以這樣寫：

```
CerealPack* pCerealPack{ new CerealPack{ 30, 40, 10, "carton" } };
Box* pBox {pCerealPack};
```

這敘述將 pCerealPack 中的位址從 "指向 CerealPack 的指標" 型態轉換為 "指向 Box 的指標" 型態。若你需要明確地規範轉換，則你可用 static_cast<>() 運算子：

```
Box* pBox {static_cast<Box*>(pCerealPack)};
```

編譯器通常可以促進這種轉型，因為它可決定出 Box 是 CerealPack 的基礎類別。不合法的轉型情況是，若 Box 類別是不可存取，或是若 Box 類別是虛擬的基礎類別時。

將衍生類別指標轉換為基礎類別指標型態的結果是，指向目的型態之子物件的指標。當考慮轉換指標的類別型態時，很容易搞不清楚。不要忘了指向類別型態的指標只可指向該型態的物件，或是衍生類別型態的物件，但是反方向是不可行的。明確地說，指向 pCarton 的指標可以含有 Carton 型態物件的位址（這是 CerealPack 物件的子物件），或是 CerealPack 型態的物件。它無法含有 Box 型態物件的位址，這是因為 CerealPack 物件是特殊種類的 Carton，但是 Box 物件不是。圖 14-4 說明了指向 Box、Carton 和 CerealPack 物件的指標之間的可行性。

不管你如何思考我們目前所看到的觀念，有時也可能作反向的轉型。將指標往階層結構的下方轉型，即從基礎類別至衍生類別，這是不一樣的，因為轉型是否可行，全視基礎指標所指的內容而定。若將基礎類別的指標（如 pBox）

靜態轉型為衍生類別指標（如 pCarton）是合法的，則基礎類別指標必須指向 Carton 物件的 Box 子物件。若不是這種情況，則轉型的結果是未知的。

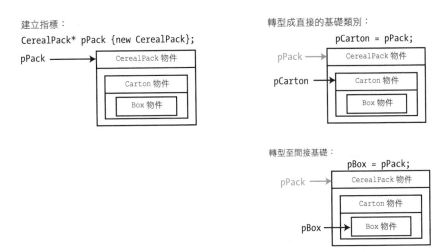

▲ 圖 14-4 在類別階層架構，將指標往上轉型

圖 14-5 顯示含有 Carton 物件之指標 pBox 的靜態強制轉換。轉型為 Carton* 型態是可行的，因為此物件是 Carton 型態。另一方面，轉型至 CerealPack* 型態的結果是未定義的，因為沒有這型態的物件存在。

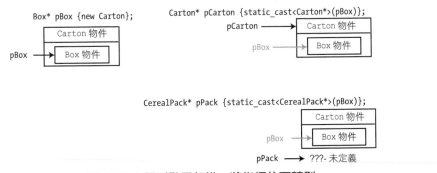

▲ 圖 14-5 在類別階層架構，將指標往下轉型

若你不確定轉型是否正確，則你不應利用靜態轉型。將指標往階層結構的下方轉型是否成功，端視指標是否含有目的型態的物件位址而定。靜態轉型不會做此檢查，所以若你在不知道指標所指內容的情況下嘗試轉型，就必須冒著未定義結果的風險。因此，當你希望往階層結構的下方轉型時，就需要採用不同的方法：可在執行期檢查轉型的方法。

動態轉型

動態轉型（*dynamic cast*）是在執行期完成的轉型。要規範動態轉型，你要利用 dynamic_cast<>() 運算子。你只可對同名異式之類別型態的指標或參考應用此運算子──也就是說，至少含有一個虛擬函數的類別型態。這原因是只有指向同名異式之類別型態的指標，才會含有 dynamic_cast<>() 運算子檢查轉型之有效性所需的資訊。這運算子特別是針對階層架構中類別型態的指標或是參考之間的轉換。

動態轉型指標

有兩種我們可以區分的基本動態轉型。第一種是往階層結構的下方轉型，從指向直接或間接基礎型態的指標，轉換為指向衍生型態的指標。這稱為向下轉型（*downcast*）。第二種可能是階層結構之間的轉換，這稱為交叉轉型（*crosscast*）。這兩種轉型的範例如圖 14-6 所示：

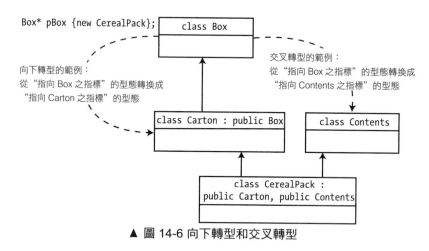

▲ 圖 14-6 向下轉型和交叉轉型

對於包含 CerealPack 物件位址的 Box* 型態為 pBox 的指標，可以撰寫如圖 14-6 所示的向下轉型，如下所示：

```
Carton* pCarton {dynamic_cast<Carton*>(pBox)};
```

你可以看到 dynamic_cast<>() 運算子與 static_cast<>() 運算子的寫法是相同的。在 dynamic_cast 後的角括號之間是目的型態，而你想轉型成新型態的運算子則置於括號之間。要使轉型合法，類別 Box 和 Carton 必須含有虛擬函數的宣告或繼承的成員。要使轉型可運作，pBox 必須指向 Carton 或 CerealPack 物件，因為只有這些型態的物件才會含有 Carton 子物件。若轉型不成功，指標 pCarton 會設為 nullptr。

圖 14-6 中所示的交叉轉型敘述是：

```
Contents* pContents {dynamic_cast<Contents*>(pBox)};
```

如同前一種情況，Contents 和 Box 類別必須是同名異式轉型才會合法。轉型只有在 pBox 含有 CerealPack 型態物件的位址才會成功，因為這是唯一含有 Contents 物件而且可用 Box* 型態的指標型態。同樣的，若轉型失敗會將 nullptr 存在 pContents。

利用 dynamic_cast<>() 在類別階層架構中往下轉型也許會失敗，但是對照於靜態轉型，這結果會是一個空指標而不是 "未定義"。這提供你一種使用的方法，若有一個 Box 指標指向某種物件，而你希望呼叫 Carton 類別的非虛擬函數成員。基礎類別的指標只允許你呼叫衍生類別的虛擬函數，但是 dynamic_cast<>() 運算子可使你呼叫非虛擬函數。假設 surface() 是 Carton 類別的非虛擬函數成員，你可用下面的敘述呼叫之：

```
dynamic_cast<Carton*>(pBox)->surface();
```

這顯然是不安全的，你仍需要確定 pBox 是指向 Carton 物件，或是指向以 Carton 類別為基礎的類別物件。若它不是，則 dynamic_cast<>() 運算子會回傳空指標，而且呼叫失敗。要修正此問題，你可用 dynamic_cast<>() 運算子來判斷你的意圖是否有效。例如：

```
Carton* pCarton {dynamic_cast<Carton*>(pBox)}
if (pCarton)
  pCarton->surface();
```

只有在轉型的結果不為空時，才會呼叫 surface() 函數成員。注意你不能用 dynamic_cast<>() 移除 const。若你要轉型的指標型態是 const，則目的指標型態也必須是 const。若你要將 const 指標型態轉型成非 const 指標，你必須先用 const_cast<>() 運算子轉型成同型態的非 const 指標。但是，很少推薦使用 const_cast<>()。多數情況下，你只有一個 const 指標或參考可以使用，這是有原因的，這代表使用 const_cast<> 迴避 const 常常會導致未預期或前後矛盾的狀態。

▊ **注意**　常見的錯誤是過於頻繁地使用動態強制轉型，特別是在同名異式更合適的情況下。如果在任何時候發現以下形式的程式碼，那麼可能需要重新考慮類別的設計：

```
Base* base = ...;                                // Start from a pointer-to-Base

auto derived1 = dynamic_cast<Derived1*>(base); // Try to dynamic_cast Base* to
auto derived2 = dynamic_cast<Derived2*>(base); // any number of derived types...
...
auto derivedN = dynamic_cast<DerivedN*>(base);
if (derived1)                                    // A chain of if-else statements...
  derived1->DoThis();
else if (derived2)
  derived2->do_this();
...
else if (derivedN)
  derivedN->doThat();
```

通常，應該用基於同名異式的解決方案替換這些程式碼。在我們的假設範例中，你應該在 Base 類別中建立一個 doThisOrThat() 函數，並在保證實作不同的衍生類別中覆蓋它。這整個程式碼區塊接著會折疊成這樣：

```
Base* base = ...;

base->doThisOrThat();
```

這不僅要短得多，如果在某個點上還有另一個 DerivedX 是衍生自 Base 的，它甚至可以繼續運作。這正是同名異式的威力。你的程式碼現在或將來不需要知道所有可能的衍生類別。它只需要知道基礎類別的介面。任何試圖使用動態強制轉型來模擬這種機制的嘗試都註定失敗。

雖然我們前面的範例是虛構的，但不幸的是，我們確實經常在實際的程式碼中看到這樣的模式。所以，我們建議你對此非常謹慎。

雖然不太常見，我們有時會遇到 dynamic_cast 誤用的一個相關特徵是 this 指標的動態轉型。例如，這種不明智的程式碼可能像這樣：

```
void Base::DoSomething()
{
  if (dynamic_cast<Derived*>(this))              // NEVER DO THIS!
  {
    /* do something else instead... */
    return;
```

```
   }
   ...
}
```

這裡的正確解決方案是使 DoSomething() 函數變為虛擬函數,並在衍生函數中覆蓋它。向下轉換 this 指標不是一個好點子,所以請不要這樣做。基礎類別的程式碼沒有參考衍生類別的業務。這種模式的任何變體都應該替換為同名異式的應用程式。提示:通常,利用同名異式可能涉及到將一個函數拆為多個函數,然後可以覆蓋其中的一些函數。若你有興趣,這又與所謂的樣版方法設計模式 *(template method design pattern)* 有關。可以在網路上或其他書籍中找到關於此模式和其他標準模式的更多資訊。

轉換參考

你也可將 dynamic_cast<>() 運算子應用在函數的參考參數,往類別階層架構的下方轉型產生另一種參考。在下面的範例,函數 doThat() 的參數是基礎類別(Box)物件的參考。在函數的主體中,我們可將參數轉型為衍生型態的參考:

```
double doThat(Box& rBox)
{
  ...
  Carton& rCarton {dynamic_cast<Carton&>(rBox)};
  ...
}
```

這敘述將 "Box 的參考" 轉型為 "Carton 的參考"。一般而言,以引數傳入的物件也許不是 Carton 物件,若是如此則轉型就會失敗。沒有所謂的空參考,所以不成功的參考轉型,會以不同的方式產生失敗。執行函數停止,並拋出 std:bad_cast 型態的例外(這個例外類別在標準函式庫的 typeinfo 標頭檔中定義)。我們還沒有遇到例外,但是會在下一章中了解它的含義。

因此,對參考盲應用動態強制轉換顯然是有風險的,但是有一個簡單的替代方法。只需將參考轉換為指標並將轉換應用於指標。然後你可以再次檢查結果指標為 nullptr:

```
double doThat(Box& rBox)
{
  ...
  Carton* pCarton {dynamic_cast<Carton*>(&rBox)};
```

```
  if (pCarton)
  {
    ...
  }
    ...
}
```

呼叫基礎類別中的虛擬函數

我們已經看到透過衍生類別物件的指標或參考，可以容易地呼叫衍生類別版本的虛擬函數——作動態式的呼叫。但是當我們在同樣的情況下，實際上是想用衍生類別的物件呼叫基礎類別的函數時，我們該如何呢？

如果在衍生類別中覆蓋虛擬基礎類別函數，則經常會發現後者是前者的一個微小變化。一個方法是本章一直在使用的 ToughPack 類別的 volume() 函數：

```
// Function to calculate volume of a ToughPack allowing 15% for packing
double volume() const override { return 0.85 * length * width * height; }
```

顯然，這個回傳敘述的 length * width * height 部分，正是用於計算基礎類別 Box 中的 volume() 的公式。在本例中，必須重新輸入的程式碼數量是有限的，但情況並非總是如此。因此，若你可簡單地呼叫這個函數的基礎類別版本，就會好得多。

在我們的例子中，第一個似是而非的嘗試可能是：

```
double volume() const override { return 0.85 * volume(); } // infinite recursion!
```

但是，如果你撰寫這個函數，那麼 volume()override 只是簡單地呼叫它自己，然後它會再次呼叫它自己，接著又會再次呼叫自己，這會導致我們在第 8 章中所說的無窮迴圈，從而導致程式當掉。解決方案是明確地指示編譯器呼叫函數的基礎類別版本（可以在 Ex14_07A 中找到一個 ToughPack.h，進行了此修改）：

```
double volume() const override { return 0.85 * Box::volume(); }
```

像這樣在函數覆蓋中呼叫基礎類別版本是很常見的。不過，在一些罕見的情況下，你可能還想在其他地方做類似的事情。Box 類別提供了一個機會來查看為什麼需要這樣的呼叫。它可以用來計算一個 Carton 或 ToughPack 物件的體積損失，實作此目的的一種方法是，計算 volume() 函數的基礎類別版本與衍生類別版本回傳的體積之間的差異。透過用類別名稱修飾基礎類別的虛擬函數，可以強制靜態地呼叫它。假設你有一個這樣定義的指標 pBox：

```
Carton carton {40.0, 30.0, 20.0};
Box* pBox {&carton};
```

現在我們可以計算 Carton 物件的體積損失：

```
double difference {pBox->Box::volume() - pBox->volume()};
```

運算式 pBox->Box::volume() 呼叫 volume() 函數的基礎類別版本。類別名稱和範疇運算子規範特定的 volume() 函數，因此這將是編譯時解析的靜態呼叫。

不能使用類別名稱修飾詞透過基礎類別指標，強制在呼叫中選擇特定的衍生類別函數。運算式 pBox->Carton::volume() 不會編譯，因為 Carton::volume() 不是 Box 類別的成員。透過指標對函數的呼叫，可以是對指標的類別型態的成員函數的靜態呼叫，也可以是對虛擬函數的動態呼叫。

透過衍生類別的物件呼叫虛擬函數的基礎類別版本可以同樣完成。可以用這個敘述來計算 carton 物體的體積損失：

```
double difference {carton.Box::volume() - carton.volume()};
```

從建構函數或解構函數呼叫虛擬函數

Ex14_08 說明了從建構函數和解構函數內部呼叫虛擬函數時發生的情況。和往常一樣，我們從一個 Box 類別開始，在它的相關成員中包含必要的呼叫敘述：

```
// Box.h
#ifndef BOX_H
#define BOX_H
#include <iostream>

class Box
{
private:
  double length {1.0};
  double width {1.0};
  double height {1.0};

public:
  Box(double lv, double wv, double hv)
    : length {lv}, width {wv}, height {hv}
  {
    std::cout << "Box constructor called for a Box of volume " << volume() << std::endl;
  }
```

```
  virtual ~Box()
  {
    std::cout << "Box destructor called for a Box of volume " << volume() << std::endl;
  }

  // Function to calculate volume of a Box
  virtual double volume() const { return length * width * height; }

  void showVolume() const
  {
    std::cout << "The volume from inside Box::showVolume() is "
              << volume() << std::endl;
  }
};
#endif
```

我們也需要一個覆蓋 Box::volume() 的衍生類別：

```
// ToughPack.h
#ifndef TOUGH_PACK_H
#define TOUGH_PACK_H
#include "Box.h"

class ToughPack : public Box
{
public:
  ToughPack(double lv, double wv, double hv)
    : Box{lv, wv, hv}
  {
  std::cout << "ToughPack constructor called for a Box of volume "
            << volume() << std::endl;
  }
  virtual ~ToughPack()
  {
    std::cout << "ToughPack destructor called for a Box of volume "
              << volume() << std::endl;
  }

  // Function to calculate volume of a ToughPack allowing 15% for packing
  double volume() const override { return 0.85 * Box::volume(); }
};
#endif
```

實際的程式很簡單。它所做的就是建立一個衍生類別 ToughPack 的實作，然後顯示它的體積：

```
// Ex14_08.cpp
```

```
// Calling virtual functions from constructors and destructors
#include "Box.h"
#include "ToughPack.h"

int main()
{
  ToughPack toughPack{1.0, 2.0, 3.0};
  toughPack.showVolume(); // Should show a volume equal to 85% of 1x2x3, or 5.1
}
```

產生的輸出如下：

```
Box constructor called for a Box of volume 6
ToughPack constructor called for a Box of volume 5.1
The volume from inside Box::showVolume() is 5.1
ToughPack destructor called for a Box of volume 5.1
Box destructor called for a Box of volume 6
```

首先讓我們看到這個輸出的中間，它是 toughPack.showVolume() 函數呼叫。ToughPack 覆蓋 volume()，所以如果你在一個 ToughPack 物件上呼叫 volume()，那麼你期望使用 ToughPack 的版本，即使這個呼叫來自於一個基礎類別函數，比如 Box::showVolume()。輸出清楚地表明這也是所發生的。Box::showVolume() 按預期印出 0.85 * 1 * 2 * 3 或 5.1 的體積。

現在，讓我們看看如果不是從常規基礎類別成員函數（如 showVolume()）而是從基礎類別建構函數呼叫 volume() 會發生什麼。輸出中的第一行顯示了 volume()，然後回傳 6。因此，它顯然是 Box 的原始函數被呼叫，而不是 ToughPack 的覆蓋版本，這是為什麼呢？回想起上一章，當建構一個物件時，首先建構它的所有子物件，包括它的所有基礎類別的子物件。在初始這樣一個子物件（例如，我們的 ToughPack 的 Box 子物件）時，衍生類別的物件最多會被部分初始化。通常，在子物件尚未完全初始的物件上呼叫成員函數是非常危險的。這就是為什麼建構函數內部的所有函數呼叫，包括虛擬成員的呼叫，總是靜態解析的原因。

相反地，當解構一個物件時，其所有子物件的解構順序與建構它們的順序相反。因此，在呼叫基礎類別子物件的解構函數時，衍生類別已經部分解構。所以，呼叫這個衍生物件的成員也是一個壞主意。因此，解構函數中的所有函數呼叫都是靜態解析的。

▋ **注意** 從建構函數或解構函數內部發出的虛擬函數呼叫總是靜態解析的。如果在初始過程中很少需要同名異式呼叫，那麼應該從 init() 成員函數（通常是 virtual 本身）中呼叫，然後在物件建構完成後呼叫 init() 成員函數。這稱為初始期間的動態繫結（*dynamic binding during initialization*）。

▋ 同名異式的代價

天下沒有白吃的午餐，同名異式也是如此。同名異式在兩方面要付出代價：它需要更多的記憶體，而且虛擬函數的呼叫會導致額外的負擔。這些代價的發生是因為虛擬函數呼叫實際上的實作方式。

假設類別 A 和 B 含有相同的資料成員，但是 A 含有虛擬函數，而 B 的函數是非虛擬的。在這情況下，型態 A 的物件比 B 型態的物件需要更多的記憶體。

▋ **附註** 你可使用這兩個類別物件產生簡單的程式，並用 sizeof 來瞭解這記憶體的差異。而且具有虛擬函數的程式其 .exe 檔案，會大於具有相同功能但不具虛擬函數的程式。

增加記憶體的需求時，因為當我們產生同名異式之類別物件時（如上述的 A），則會在物件中產生特殊的指標，這指標會用來呼叫物件的所有虛擬函數。這特殊指標指向一個為此類別建立之函數指標的表格，此表格通常稱為 *vtable*，此類別的每一個虛擬函數在表格中都有一筆資料。如圖 14-7 所示。

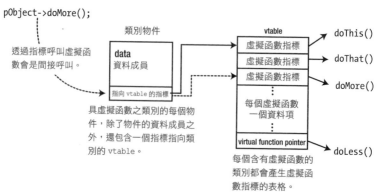

▲ 圖 14-7 同名異式函數呼叫是如何運作的

當透過指向基礎類別物件的指標呼叫函數時,會產生下面的事件:

1. 使用指標所指之物件的 vtable 指標,來找出類別 vtable 的開始處。
2. 在類別的 vtable 中找出被呼叫之函數的紀錄項,通常是利用位移(offset)。
3. 透過 vtable 中的函數指標間接呼叫此函數。間接呼叫比非虛擬函數的直接呼叫較慢,所以虛擬函數的每次呼叫在執行時間上會需要一些額外的負擔。

但是這額外的負擔是很便宜的,而且你不需要太擔心此點。每個物件需要一些額外的位元組,以及較慢的函數呼叫,對同名異式提供的威力和彈性而言是很低的代價。這說明是解釋為何具虛擬函數的物件其大小,大於不具虛擬函數的同等物件。

▌ **附註**　只有在必須管理數百萬個對應型態的物件時,才應該討論虛擬函數表格指標的代價是否值得。假設你有一個 Point3D 類別,它表示三維空間中的一個點。若程式操作了數百萬個這樣的點──例如,Microsoft Kinect 每秒最多產生 900 萬個點──那麼在 Point3D 中避免使用虛擬函數可以節省大量的記憶體。

▌決定動態型態

假設你有一個對同名異式類別的物件的參考,正如你所回憶的,同名異式類別是一個至少有一個虛擬函數的類別。然後,你可以使用 typeid() 運算子確定此物件的動態型態。這個標準運算子回傳對 std::type_info 物件的參考,該物件封裝了運算元的實際型態。與 sizeof 運算子類似,typeid() 運算子的運算元可以是運算式,也可以是型態。具體來說,typeid() 運算子的語意大致如下:

◆ 如果它的運算元是型態,typeid() 計算為對表示該型態的 type_info 物件的參考。

◆ 如果它的運算元是對同名異式型態參考求值的任何運算式,則對該運算式求值,運算元回傳此求值結果參考的值的**動態型態**。

◆ 如果它的運算元是任何其他運算式,則**不計算運算式**,結果是運算式的**靜態型態**。

我們之所以介紹這個更高階的運算子,是因為 typeid() 是一個有用的學習或除錯輔助工具。它使你能夠簡單地檢查各種運算式的型態，或者觀察物件的靜態型態和動態型態之間的差異。

我們建立一個程式來查看這個運算子的運作情況。我們將再次使用 Ex14_06 的 Box 和 Carton 類別。目前為止，我們已經知道任何基礎類別都應該有一個虛擬解構函數，所以很自然地，我們這次給了 Box 類別一個預設的虛擬解構函數。但是這個小變化在這個例子中並沒有那麼重要。我們將使用 Box 類別用同名異式類別來說明 typeid() 的行為。

▌ **附註**　要使用 typeid() 運算子，首先必須包含來自標準函式庫的 typeinfo 標頭。這使得可以使用 std::type_info 類別，這是運算子回傳的物件的型態。注意，在型態的名稱中有一個底線，但在標頭中沒有。

```cpp
// Ex14_09.cpp
// Using the typeid() operator
#include <iostream>
#include <typeinfo>                    // For the std::type_info class
#include "Box.h"
#include "Carton.h"

// Define trivial non-polymorphic base and derived classes:
class NonPolyBase {};
class NonPolyDerived : public NonPolyBase {};

Box& GetSomeBox();          // Function returning a reference to a polymorphic type
NonPolyBase& GetSomeNonPoly(); // Function returning a reference to a non-polymorphic type

int main()
{
  // Part 1: typeid() on types and == operator
  std::cout << "Type double has name " << typeid(double).name() << std::endl;
  std::cout << "1 is " << (typeid(1) == typeid(int)? "an int" : "no int") << std::endl;

  // Part 2: typeid() on polymorphic references
  Carton carton{ 1, 2, 3, "paperboard" };
  Box& boxReference = carton;

  std::cout << "Type of carton is "      << typeid(carton).name()      << std::endl;
  std::cout << "Type of boxReference is " << typeid(boxReference).name() << std::endl;
  std::cout << "These are " << (typeid(carton) == typeid(boxReference)? "" : "not ")
            << "equal" << std::endl;
```

```cpp
  // Part 3: typeid() on polymorphic pointers
  Box* boxPointer = &carton;
  std::cout << "Type of &carton is "    << typeid(&carton).name()    << std::endl;
  std::cout << "Type of boxPointer is " << typeid(boxPointer).name() << std::endl;
  std::cout << "Type of *boxPointer is " << typeid(*boxPointer).name() << std::endl;

  // Part 4: typeid() with non-polymorphic classes
  NonPolyDerived derived;
  NonPolyBase& baseRef = derived;

  std::cout << "Type of baseRef is " << typeid(baseRef).name() << std::endl;

  // Part 5: typeid() on expressions
  const auto& type_info1 = typeid(GetSomeBox());      // function call evaluated
  const auto& type_info2 = typeid(GetSomeNonPoly());  // function call not evaluated
  std::cout << "Type of GetSomeBox() is " << type_info1.name() << std::endl;
  std::cout << "Type of GetSomeNonPoly() is " << type_info2.name() << std::endl;
}

Box& GetSomeBox()
{
  std::cout << "GetSomeBox() called..." << std::endl;
  static Carton carton{ 2, 3, 5, "duplex" };
  return carton;
}
NonPolyBase& GetSomeNonPoly()
{
  std::cout << "GetSomeNonPoly() called..." << std::endl;
  static NonPolyDerived derived;
  return derived;
}
```

此程式可能的輸出如下：

```
Type double has name double
1 is an int
Type of carton is class Carton
Type of boxReference is class Carton
These are equal
Type of &carton is class Carton *
Type of boxPointer is class Box *
Type of *boxPointer is class Carton
Type of baseRef is class NonPolyBase
GetSomeBox() called...
Type of GetSomeBox() is class Carton
Type of GetSomeNonPoly() is class NonPolyBase
```

若結果看起來不一樣，不要驚慌。type_info 的 name() 成員函數回傳的名稱，並不總是那麼容易讀懂。對於某些編譯器，回傳的型態名稱是所謂的 "名稱修飾（mangled names）"，即編譯器內部使用的名稱。如果是這樣，你的結果可能看起來更像這樣：

```
Type double has name d
1 is an int
Type of carton is 6Carton
Type of boxReference is 6Carton
These are equal
Type of &carton is P6Carton
Type of boxPointer is P3Box
Type of *boxPointer is 6Carton
Type of baseRef is 11NonPolyBase
GetSomeBox() called...
Type of GetSomeBox() is 6Carton
Type of GetSomeNonPoly() is 11NonPolyBase
```

可以參考編譯器的文件，了解如何解釋這些名稱，甚至了解如何將它們轉換為人類可讀的格式。通常，這些名稱本身已經包含了足夠的資訊，可以讓你了解本文的討論。

Ex14_09 測試程式由五個部分組成，每個部分都說明了使用 typeid() 運算子的特定方面。我們會依次討論它們。

在第一部分中，我們對寫死的型態名稱應用 typeid()。就其本身而言，這並不那麼有趣，至少在你將結果 type_info 與將 typeid() 應用於實際值或運算式的結果進行比較之前是這樣的，如 main() 的第二條敘述所示。注意，編譯器不執行任何型態名稱的隱式轉換。也就是說，typeid（1）== int 是不合法的 C++。必須明確地應用 typeid() 運算子，如 typeid（1）== typeid（int）中所示。

程式的第二部分說明了 typeid() 確實可以用來確定同名異式型態物件的動態型態——本節的主要主題。即使 boxReference 變數的靜態型態是 Box&，程式的輸出也應該反映 typeid() 正確地確定了物件的動態型態：Carton。

程式的第三部分向你展示了 typeid() 處理指標的方式與處理參考的方式不同。即使 boxPointer 指向一個 Carton 物件，typeid（boxPointer）的結果也不代表 Carton*；相反地，它只是反映了 boxPointer 的靜態型態：Box*。要

確定指標指向的物件的動態型態，因此必須首先取消對指標的參考。typeid
（*boxPointer）的結果表明這確實有效

程式的第四部分說明了無法確定非同名異式型態物件的動態型態。為了測試這
一點，我們快速定義了兩個簡單的類別，NonPolyBase 和 NonPolyDerived，它們
都是非同名異式的。即使 baseRef 是對動態型態非 PolyDerived 物件的參考，
typeid（baseRef）的計算結果仍然是運算式的靜態型態，即非 PolyBase。如果
將非 PolyBase 轉換為一個同名異式類別，例如新增一個預設的虛擬解構函數，
如下所示：

```
class NonPolyBase { public: virtual ~NonPolyBase() = default; };
```

如果再次執行程式，輸出應該顯示 typeid（baseRef）現在解析為
NonPolyDerived 型態的 type_info 值。

▌**附註**　要確定物件的動態型態，typeid() 運算子需要所謂的執行期型態資訊
（RTTI），通常透過物件的 vtable 存取這些資訊[1]。因為只有同名異式型態的物件
包含 vtable 參考，所以 typeid() 只能為同名異式型態的物件確定動態型態（順便
說一下，這也是 dynamic_cast<> 只適用於同名異式型態的原因）。

在第五部分，也是最後一部分，了解到作為運算元傳遞給 typeid() 的運算
式在只有當它具有同名異式型態時才計算。從程式的輸出中，你應該能夠瞭
解 GetSomeBox() 被呼叫，但是 GetSomeNonPoly() 沒有被呼叫。在某種程度
上，這是合乎邏輯的。在前一種情況下，typeid() 需要確定動態型態，因為
GetSomeBox() 計算為對同名異式型態的參考。如果不執行函數，編譯器就無法
確定其結果的動態型態。另一方面，GetSomeNonPoly() 函數計算對非同名異式
型態的參考。在本例中，typeid() 運算子需要的所有型態都是靜態型態，編譯
器只需查看函數的回傳型態就可以在編譯時知道靜態型態。

---

[1]　有些編譯器預設情況下不啟用執行期型態規範，因此若這起不了作用，請在編譯器選項中
　　　將其打開。

▌ **注意**　因為 typeid() 的這種行為可能有些不可預測——有時計算它的運算元，有時不是 [2]——所以我們建議你不要在 typeid() 的運算元中包含函數呼叫。如果只將此運算子應用於變數名稱或型態，則可以避免任何令人不快的意外。

純虛擬函數

你也許要正視一種情況：一個基礎類別具有一些衍生類別，而每個衍生類別都重新定義一個虛擬函數，以適合自己的需求，但是基礎類別本身卻沒有提供有意義的定義。例如，你定義基礎類別 Shape，從此類別可以衍生出定義特殊形狀的類別，如 Circle、Ellipse、Rectangle、Hexagon 等等。Shape 類別包含虛擬函數 area()，你可用它呼叫衍生類別物件來計算特定形狀的面積。但是，Shape 類別不可能提供 area() 函數的有意義的實作，如，area() 函數同時滿足圓形和矩形。此稱為 **純虛擬函數**（*pure virtual function*）。

純虛擬函數的主要目的是使衍生類別版本的函數以同名異式的方式呼叫。若要宣告純虛擬函數，而不是 "一般的" 虛擬函數，你要用相同的語法，但是要在類別中的虛擬函數宣告加入 = 0。

若不是很清楚，我們可看到在定義 Shape 類別時如何宣告純虛擬函數：

```
// Generic base class for shapes
class Shape
{
protected:
  Point position;            // Position of a shape

  Shape(const Point& shapePosition) : position {shapePosition} {}

public:
  virtual ~Shape() = default; // Remember: always use virtual destructors for base classes!

  virtual double area() const = 0; // Pure virtual function to compute a shape's area
  virtual void scale(double factor) = 0; // Pure virtual function to scale a shape
```

2　對於一些流行的編譯器，你甚至可能注意到 **typeid()** 兩次計算它的運算元。在我們的例子中，這意味著 **GetSomeBox()** 行呼叫…可能在輸出出現兩次。這是一個錯誤，但這仍然是不將 **typeid()** 應用於函數呼叫的原因。

```
// Regular virtual function to move a shape
virtual void move(const Point& newPosition) { position = newPosition; };
};
```

Shape 類別含有 Point 型態（這是另一種類別型態）的資料成員，用來儲存形狀的位置。它在基礎類別中，因為每個形狀都必須有一個位置，而且建構函數都必須將它初始化。area() 和 scale() 函數是虛擬的，因為我們用了關鍵字 virtual，而且是純的，因為 "= 0"（在參數串列之後）表示函數在此類別中未定義。

含有純虛擬函數的類別稱為**抽象類別**（*abstract class*）。在此範例中，Shape 類別含有兩個純虛擬函數——area() 和 scale()——所以絕對是抽象類別。我們更仔細地來看其意義。

抽象類別

雖然 Shape 具有成員函數和建構函數，但此類別不是物件的完整描述，因為 area() 和 scale() 函數並未定義。因此我們不可以產生 Shape 類別的實體，它的存在純粹是為了定義衍生類別。因為你不能產生抽象類別的物件，不能將它用於函數的參數型態，Shape 型態的參數將無法編譯。同樣地，不能以值從函數回傳 Shape。但是，指向抽象類別的指標或參考可以用作參數或回傳型態，因此在這些設定中，Shape* 和 Shape& 之類的型態是可以的。為了取得衍生類別物件的同名異式行為，必須做到這一點。

這有一個問題："若不能產生抽象類別的實體，則為何抽象類別要具有建構函數？" 這答案為抽象類別的建構函數是要來初始其資料成員。因此，抽象類別的建構函數可從衍生類別建構函數的初始化串列中呼叫之。若你要從其他地方呼叫抽象類別的建構函數，則編譯器會產生錯誤訊息。

因為抽象類別的建構函數不能以一般的方式使用，將它宣告為類別的保護成員是不錯的方法。如 Shape 類別中的作法。注意抽象類別的建構函數不能呼叫純虛擬函數，呼叫純虛擬函數的結果是未知。

衍生自 Shape 的所有類別若不是抽象類別就必須定義 area() 和 scale() 函數。更明確地說，若抽象基礎類別的任意純虛擬函數未定義在衍生類別中，則純虛擬函數會依原來的樣子繼承，衍生類別因而也是抽象類別。

我們定義一個稱為 Circle 的新類別來說明此點，Circle 類別是 Shape 類別的衍生類別：

```
// A macro defining the mathematical constant π
#define PI 3.1415926535897932384626433832795028884

// Class defining a circle
class Circle : public Shape
{
protected:
  double radius;          // Radius of a circle

public:
  Circle(const Point& center, double circleRadius) : Shape{center}, radius{circleRadius} {}

  double area() const override { return radius * radius * PI; }

  void scale(double factor) override { radius *= factor; }
};
```

此類別定義了函數 area() 和 scale()，所以不是抽象類別。若有任一個函數未定義，則 Circle 類別還是抽象的。此類別含有建構函數，在建構函數中會呼叫基礎類別的建構函數初始基礎類別的子物件。

抽象類別當然可以包含非 - 純和非 - 虛擬函數。前者的例子是 Shape 中的 move()函數。它還可以包含任意數量的純虛擬函數。

我們來看一個使用抽象類別的有效範例。我們將定義 Box 類別的新版本，並將volume() 函數宣告為一個純虛擬函數。作為同名異式基礎類別，它當然也需要一個虛擬解構函數：

```
class Box
{
protected:
  double length {1.0};
  double width {1.0};
  double height {1.0};

  Box(double lv, double wv, double hv) : length {lv}, width {wv}, height {hv} {}

public:
  virtual ~Box() = default;            // Virtual destructor
  virtual double volume() const = 0;   // Function to calculate the volume
};
```

因為 Box 現在是一個抽象類別，所以不能再建立這種類別的物件，即使我們沒
有讓建構函數變為 protected，這也是不可能的。由於這些建構函數僅用於衍生
類別，因此宣告它們為 protected 是有意義的。本範例的 Carton 和 ToughPack
類別與 Ex14_06 中的類別相同。它們都定義了 volume() 函數，所以它們不是抽
象的，我們可以利用這些類別的物件來證明虛擬的 volume() 函數仍如以前的運
作：

```cpp
// Ex14_10.cpp
// Using an abstract class
#include <iostream>
#include "Box.h"                              // For the Box class
#include "ToughPack.h"                        // For the ToughPack class
#include "Carton.h"                           // For the Carton class

int main()
{
  ToughPack hardcase {20.0, 30.0, 40.0};              // A derived box - same size
  Carton carton {20.0, 30.0, 40.0, "plastic"};  // A different derived box

  Box* pBox {&hardcase};                              // Base pointer - derived address
  std::cout << "hardcase volume is " << pBox->volume() << std::endl;

  pBox = &carton;                                     // New derived address
  std::cout << "carton volume is " << pBox->volume() << std::endl;
}
```

產生輸出如下：

```
hardcase volume is 20400
carton volume is 22722.4
```

在 Box 類別中 volume() 的純粹虛擬宣告可保證 Carton 和 ToughPack 類別中的
函數也是虛擬的。因此我們可透過指向基礎類別的指標呼叫這些函數，而且這
呼叫會用動態的方式解析。Carton 和 ToughPack 物件的輸出顯示一切正常。
Carton 類別建構函數和 ToughPack 類別建構函數仍呼叫 Box 類別建構函數，此
建構函數現在在它們的初始化串列中為 protected。

■ 附註 現在不能再像在 Ex14_09 中那樣實作類別的 volume() 成員了：

```cpp
double volume() const override { return 0.85 * Box::volume(); }
```

Box::volume() 現在是一個純虛擬函數，不能使用靜態繫結呼叫純虛擬函數（它
沒有函數主體）。由於不再提供基本實作，會再次在這裡寫出 length * width *
height。

抽象類別當做介面

有時抽象類別的出現只是因為函數在類別中沒有有意義的定義，而只有在衍生類別中具有有意義的闡釋。但是，抽象類別有另一種使用方式。只包含純虛擬函數的抽象類別可以用來定義，物件導向專有名詞中通常稱為**介面**（*interface*）的東西。它通常會代表一組支援特定功能之相關函數的宣告——例如，透過數據機通訊的一組函數。雖然其他程式語言（如 Java 和 C#）對此有特定的類類別語言結構，但在 C++ 中，可以使用純虛擬函數組成的抽象類別定義介面。我們討論過衍生自這種抽象基礎類別的類別，必須定義每個虛擬函數的實作，但是每個虛擬函數的實作方式會視衍生類別的需求而定。抽象類別固定介面，但是實作（衍生類別）是彈性的。

由於上一節中的抽象 Shape 和 Box 類別有資料成員，所以它們並不是真正的介面類別。介面的範例是 Vessel 類別，定義在 Vessel.h 中。它所做的就是指定任何 Vessel 都有一個體積，這個體積可以從它的（純粹虛擬的）volume() 成員函數中獲得：

```
// Vessel.h Abstract class defining a vessel
#ifndef VESSEL_H
#define VESSEL_H

class Vessel {
public:
  virtual ~Vessel() = default;                // As always: a virtual destructor!
  virtual double volume() const = 0;
};
#endif
```

可以有任意數量的類別實作 Vessel 介面。所有這些都將以自己的方式實作介面的 volume() 函數。我們的第一個 Vessel 類別，是我們可靠的 Box 類別：

```
class Box : public Vessel
{
protected:
  double length {1.0};
  double width {1.0};
  double height {1.0};

public:
  Box() = default;
  Box(double lv, double wv, double hv) : length {lv}, width {wv}, height {hv} {}
```

```
  double volume() const override { return length * width * height; }
};
```

這也使得從 Box 衍生的任何類別都是有效的容器。例如，可以使用來自 Ex14_09 的 Carton 和 ToughPack 類別（儘管應該再次從它的 ToughPack 覆蓋中呼叫 Box::volume()，因為現在這個基礎類別函數不再是純虛擬函數）。

我們新增另一個衍生自 Vessel 的類別，此類別定義罐頭容器。下面是類別定義，可以放在 Can.h：

```
// Can.h Class defining a cylindrical can of a given height and diameter
#ifndef CAN_H
#define CAN_H
#include "Vessel.h"

// A macro defining the mathematical constant π
#define PI 3.14159265358979323846264338327950288

class Can : public Vessel
{
protected:
  double diameter {1.0};
  double height {1.0};

public:
  Can(double d, double h) : diameter {d}, height {h} {}

  double volume() const override { return PI * diameter * diameter * height / 4.0; }
};
#endif
```

這類別定義代表一般圓柱罐頭的 Can 物件，如牛肉罐頭。此類別使用與前面討論的相同的 PI 巨集。注意，最好在單獨的標頭檔中定義這樣的常數，比如 math_constants.h。這會允許我們在多個標頭檔和原始檔中重複使用這些常數。

可以在 Ex14_11.cpp 中找到完整的程式：

```
// Ex14_11.cpp
// Using an interface class and indirect base classes
#include <iostream>
#include <vector>          // For the vector container
#include "Box.h"           // For the Box class
#include "ToughPack.h"     // For the ToughPack class
#include "Carton.h"        // For the Carton class
#include "Can.h"           // for the Can class
```

```
int main()
{
  Box box {40, 30, 20};
  Can can {10, 3};
  Carton carton {40, 30, 20, "Plastic"};
  ToughPack hardcase {40, 30, 20};

  std::vector<Vessel*> vessels {&box, &can, &carton, &hardcase};

  for (const auto* vessel : vessels)
    std::cout << "Volume is " << vessel->volume() << std::endl;
}
```

會產生輸出如下：

```
Volume is 24000
Volume is 235.619
Volume is 22722.4
Volume is 20400
```

這一次，我們使用一個指向 Vessel 物件的原始指標向量來執行虛擬函數。輸出顯示 volume() 函數的所有同名異式呼叫都按預期執行。

在此範例中，我們有三層的類別階層架構，如圖 14-8 所示：

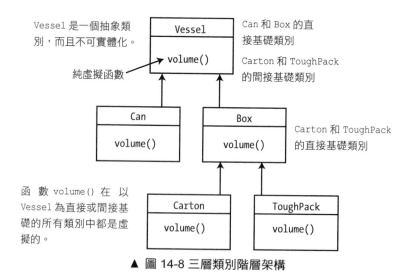

▲ 圖 14-8 三層類別階層架構

若衍生類別沒有定義在基礎類別中宣告為純虛擬函數的函數，則此函數會繼承為純虛擬函數，而且這會使衍生類別成為抽象類別。你可移除 Can 或 Box 類別中的 const 宣告來證明此結果。這會使此函數不同於基礎類別中的純虛擬函數，所以此衍生類別會繼承基礎類別的版本，而程式就無法編譯。

▌摘要

本章涵蓋了繼承的基本概念。你應該記在心中的基本原理有：

- 同名異式包括透過指標或參考呼叫函數，而且以動態的方式解析呼叫──也就是說，在程式執行時決定。

- 在基礎類別中的函數可以宣告為 virtual。這強迫函數在此基礎類別的所有衍生類別中也是虛擬的。當你透過指標或參考呼叫虛擬函數時，函數呼叫會動態地解析：函數呼叫所屬的物件型態會決定使用哪一個特定的函數。

- 應該將打算用作基礎類別的類別之解構函數宣告為 virtual（通常可以與 = default 組合使用）。這確保為動態建立的衍生類別物件正確選擇解構函數。對於大多數基礎類別，這樣做就足夠了，但是在其他地方這樣做也沒有害處。

- 應該對衍生類別的每個成員函數使用 override 限飾詞，該衍生類別覆蓋虛擬基礎類別成員。這會導致編譯器驗證基礎類別和衍生類別中的函數簽名是否相同，並且永遠保持不變。

- final 表示詞可以用於單獨的虛擬函數覆蓋，以表示它可能不會被進一步覆蓋。若將整個類別指定為 final，則不能再為其定義衍生類別。

- 虛擬函數的預設參數值會以靜態的方式設定，所以若虛擬函數的基礎版本有預設值，則動態解析的函數呼叫會忽略衍生類別中指定的預設值。

- dynamic_cast<> 運算子通常用於從指向 polymorphic 基礎類別的指標轉換為指向衍生類別的指標。如果指標不指向給定衍生類別型態的物件，dynamic_cast<> 的結果為 nullptr。此型態檢查在執行時動態執行。

- 純虛擬函數時沒有定義的函數。基礎類別中的虛擬函數可在函數宣告末放置 = 0 來規範它是純粹的虛擬函數。

- 具有一個或多個純虛擬函數的類別稱為**抽象類別**，這類別無法產生物件。在任一個衍生類別中，所有繼承的純虛擬函數都需定義。若無定義，它也會變成抽象類別，而不能產生任何物件。

習題

14.1 定義基礎類別 Animal，此類別含有兩個私有資料成員：string 成員儲存動物名稱（如 "Fido"），以及一個整數成員 weight 含有 Animal 的重量，以磅為單位。同時引入一個 public 成員函數 who()，這函數回傳 string 物件，內含 Animal 物件的名稱和重量；以及一個純虛擬函數稱為 sound()，在衍生類別中此函數應回傳 string 代表這種動物發出的聲音。至少衍生出是哪個類別——Sheep、Dog 和 Cow——以 Animal 類別為 **public** 基礎類別，並在每個類別中實作適當的 sound() 函數。

定義類別 Zoo，它可以將任何數量的 Animal 不同型態的物件位址儲存於 vector<> 容器。撰寫 main() 函數產生任意順序的某一數目的衍生自 Animal 類別的物件，並將指向這些物件的指標存在 Zoo 物件中。儘量維持簡單，以 std::shared_ptr<> 指標來轉換和儲存 Animal 到 Zoo（到第 17 章，我們將教你有關移動語意，它允許你使用 unique_ptr<> 智慧指標於此處）。物件的數量應該從鍵盤輸入。定義 Zoo 類別的成員函數，用以輸出關於 Zoo 中每隻動物的資訊，包括它發出的聲音。

14.2 接續習題 14.1。由於 Cow 對自己的體重非常敏感，因此該類別的 who() 函數的結果必須不再包含動物的體重。另一方面，Sheep 是一種古怪的動物。它們傾向於在名稱前面加上 "Woolly"，也就是說，對於 name 為 "Pete" 的 Sheep，who() 應該回傳包含 "Woolly Pete" 的字串。除此之外，它還應該反映 Sheep 的真實重量，即它的總重量（存在 Animal 基礎物件中）減去羊毛的總重量（Sheep 自己知道）。假設新羊毛的預設重量是其總重量的 10%。

14.3 你能想出一種方法來實作習題 14.2 的要求，而不覆蓋 Sheep 類別中的 who() 嗎？（提示：也許 Animal::who() 可以呼叫同名異式函數來取得 Animal 的名稱和重量。）

14.4 將習題 14.2 或 14.3 中建立的 Zoo 類別新增一個函數 herd()，它回傳一個 vector<sheep*>，其中包含指向 Zoo 中所有 Sheep 的指標。Sheep 仍然是 Zoo 的一部分。為除去羊毛的 Sheep 定義一個 shear() 函數。此函數在正確調整 Sheep 物件的重量之後回傳羊毛的重量。調整習題 14.2 的程式，收集所有使用 herd() 的 Sheep，收集它們所有的羊毛，然後再次在 Zoo 中輸出訊息。

提示：要從給定的 shared_ptr<Animal> 中萃取 Animal* 指標，可以呼叫 std::shared_ptr<> 樣版的 get() 函數。

額外說明：在本章中，我們了解了可以用來 herd()Sheep 的兩種不同的語言機制，也就是說，有兩種技術可以將 Sheep* 與其他 Animal* 指標區分開來。兩個都試一下（去掉一個註解）。

14.5 你可能想知道為什麼習題 14.4 中的 herd() 函數要求你從使用 Animal shared_ptr<> 切換到使用原始 Sheep* pointer。它不是應該被 shared_ptr<sheep> 代替嗎？主要問題是不能簡單地將 shared_ptr<Animal> 轉換為 shared_ptr<Sheep>。就編譯器而言，這些型態是不相關的。但是你是對的，使用 shared_ptr<Sheep> 可能更好。真正需要知道的是，要在 shared_ptr<Animal> 和 shared_ptr<Sheep> 之間進行強制轉換，不能使用內建的 dynamic_cast<> 和 static_cast<> 運算子，而是使用 std::dynamic_pointer_cast<> 和 std::static_pointer_cast<> 標準函式庫函數，這些函數在 <memory> 標頭檔中定義。例如，讓 shared_animal 成為 shared_ptr<animal>。然後 dynamic_pointer_cast<Sheep>（shared_animal）產生 shared_ptr<Sheep>。如果 shared_animal 指向 Sheep，產生的智慧指標將指向 Sheep。若沒有，它將包含 nullptr。調整習題 14.4 的答案，以便在任何地方正確地使用智慧指標。

14.6 從前面介紹抽象類別時使用的 Shape 和 Circle 類別開始。再建立一個 Shape 衍生類別，Rectangle，它有寬度和高度。引入一個額外的函數 perimeter() 來計算形狀的周長。定義一個 main() 程式，此程式首先用許多 Shape 填充一個同名異式 vector<>（可以使用寫死的 Shape 列表；沒有必要隨機產生它們）。接下來，應該印出它們的面積和周長的總和，以 1.5 倍的比例縮放所有 Shape，然後再次印出這些相同的總和。當然，還沒有忘記在本書的前半部分中所學到的內容，所以不應該將所有程式碼都放在 main() 中。定義適當數量的輔助函數。

提示：一個圓的半徑 r，圓周計算使用公式 $2\pi r$。

執行期錯誤和異常處理

異常用於在程式中發出錯誤或沒預期條件的訊號。雖然存在其他錯誤處理機制，但是異常通常會導致更簡單、更乾淨的程式碼，你不太可能錯過錯誤。特別是結合 *RAII* 原則（"resource acquisition is initialization" 的縮寫），我們將說明異常是現代 C++ 中一些最有效的程式設計模式的基礎。

在本章中，你可以學到以下各項：

- ◆ 什麼是異常，何時應該使用異常
- ◆ 如何使用異常來表示錯誤條件
- ◆ 如何處理程式碼中的異常
- ◆ 如果忽略處理異常會發生什麼
- ◆ RAII 代表什麼，以及這個如何促進撰寫異常安全的程式碼
- ◆ 何時使用 noexcept 修飾詞
- ◆ 為什麼在解構函數中使用異常時要格外小心
- ◆ 在標準函式庫中定義了哪些型態的異常

處理錯誤

錯誤處理是成功的程式設計中基本的元素。你需要使你的程式具備處理可能錯誤和不正常事件的能力，而且這比撰寫函數功能的程式碼需要更多的心力。每次程式存取檔案、資料庫、網址，印表機等等，可能有些事會無預警的發生，如 USB 沒有插入、網址連線斷了，硬體產生錯誤等等。即使沒有外部資源，你的程式碼好像還有錯誤，以及最重要的演算法在模糊或不預期的輸入時無法運作。錯誤處理程式碼的品質會決定你的程式有多穩健，而且通常是製作友善性使用者程式的主要因素。對於如何以簡單的方法訂正程式碼的錯誤，以及擴展程式而言，這也有一定程度的影響。

不是所有的錯誤都一樣，而且錯誤的本質會決定在程式中處理此錯誤的最好方式。在許多情況中，你會希望在錯誤發生處直接處理之。例如，從鍵盤讀入輸入：按錯鍵盤會導致錯誤的輸入，但是實際上這不是嚴重的問題。通常很容易就可偵測出錯誤的輸入，而且最適當的處理方式只是丟棄輸入並提示使用者再次輸入資料。此情況的錯誤處理程式碼會整合在處理全部輸入程序的程式碼中。通常，如果注意到錯誤的函數無法從中復原，則應該使用異常。利用異常告知錯誤的主要優點是錯誤處理程式碼可以完全與引起錯誤的程式碼分開。

關鍵是選擇了恰當的名稱異常（*exception*）。異常應僅用於表示你不希望在正常事件過程中發生，且需要特別注意的異常情況。你絕對不應該在程式的名義執行期間使用異常——例如，從函數回傳結果。此外，如果某個錯誤經常發生，並且在大多數情況下可以忽略，則可以考慮回傳某種錯誤程式碼，而不是引發異常，但只有在你希望程式經常忽略錯誤條件的情況下才這樣做。如果錯誤需要程式的進一步注意，或者在錯誤發生後程式不應該繼續運行，則建議使用異常處理機制。

▌何謂異常

任何異常（*exception*）是任何型態的暫存物件，這是用來告知錯誤。異常可以是基本型態的物件，如 int 或 const char*，但通常是你為了某個目的特別定義的類別物件。異常物件的功能是從錯誤發生處攜帶資訊至錯誤的程式碼中，而且這最好是用類別物件完成。

當你在程式中識別出錯誤時，你可 "**丟出**（*throwing*）" 一個異常通知錯誤的發生。可能丟出異常的程式碼必須包裹在特殊區塊中，這特殊區塊以大括號包住稱為 try 區塊（try block）。若丟出異常的敘述不在 try 區塊中，則你的程式會結束，我們稍後再討論之。

try 區塊之後會有一個或數個 catch 區塊（catch block）。每個 catch 區塊包含處理特定異常種類的程式碼，因此 catch 區塊有時稱為**處理器**（*handler*）。那你在錯誤發生時丟出異常，則處理此錯誤的所有程式碼都在 catch 區塊中，完全與無錯誤時執行的程式碼分開。

如圖 15-1 所示，try 區塊是位於大括號之間的一般區塊，但前置關鍵字 try。每次執行 try 區塊時，它也許會丟出數種異常中的一種，因此 try 區塊之後也許是數個不同的 catch 區塊，每個的功能是處理不同型態的異常。在 catch 區塊的大括號之前是關鍵字 catch，之後是處理器要解決的異常型態，標示在括號中的單一參數。

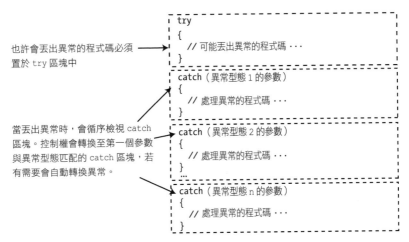

▲ 圖 15-1 try 區塊和它的 catch 區塊

當丟出的異常型態匹配時，才會執行 catch 區塊。若 try 區塊沒有丟出異常，則不會執行任何對應的 catch 區塊。try 區塊總是以大括號後面的第一個敘述開始執行。

丟出異常

到了丟出異常的時間，當我們丟出異常時會如何呢？雖然你應該要使用異常的類別物件，但是我們開始先用基本型態，因為在我們研究會發生什麼時，這可保持程式碼非常簡單。你要利用 *throw* 運算式（*throw expression*）丟出異常，這是利用關鍵字 throw 撰寫的運算式。下面的範例說明如何丟出異常：

```cpp
try
{
  // Code that may throw exceptions must be in a try block...

  if (test > 5)
    throw "test is greater than 5";        // Throws an exception of type const char*
```

```
  // This code only executes if the exception is not thrown...
}
catch (const char* message)
{
  // Code to handle the exception...
  // ...which executes if an exception of type 'char*' or 'const char*' is thrown
  std::cout << message << std::endl;
}
```

若 test 值大於 5，則 throw 敘述丟出一個異常。在這範例中，此異常是 "test is greater than 5"。控制權馬上從 try 區塊移轉至第一個處理異常型態是 const char* 的處理器。此處我們只有一個處理器，剛好可攔截型態是 const char* 的異常，所以會執行 catch 敘述中的區塊，並顯示此異常。

■ **附註** 在比對異常型態和 catch 參數型態時，編譯器實際上會忽略關鍵字 const。稍後我們會更仔細探討此點。

我們要在一個有效的範例中嘗試異常，在此範例中，我們丟出型態 int 和 const char* 的異常。我們引入一些輸入敘述幫助我們了解控制流程：

```
// Ex15_01.cpp
// Throwing and catching exceptions
#include <iostream>

int main()
{
  for (size_t i {}; i < 7; ++i)
  {
    try
    {
      if (i < 3)
        throw i;

      std::cout << "i not thrown - value is " << i << std::endl;

      if (i > 5)
        throw "Here is another!";

      std::cout << "End of the try block." << std::endl;
    }
    catch (size_t i)                        // Catch exceptions of type size_t
    {
```

```
      std::cout << "i caught - value is " << i << std::endl;
    }
    catch (const char* message)                  // Catch exceptions of type char*
    {
      std::cout << "message caught - value is \"" << message << '"' << std::endl;
    }
    std::cout << "End of the for loop body (after the catch blocks)"
              << " - i is " << i << std::endl;
  }
}
```

此範例的輸出是：

```
i caught - value is 0
End of the for loop body (after the catch blocks) - i is 0
i caught - value is 1
End of the for loop body (after the catch blocks) - i is 1
i caught - value is 2
End of the for loop body (after the catch blocks) - i is 2
i not thrown - value is 3
End of the try block.
End of the for loop body (after the catch blocks) - i is 3
i not thrown - value is 4
End of the try block.
End of the for loop body (after the catch blocks) - i is 4
i not thrown - value is 5
End of the try block.
End of the for loop body (after the catch blocks) - i is 5
i not thrown - value is 6
message caught - value is "Here is another!"
End of the for loop body (after the catch blocks) - i is 6
```

在 for 迴圈中，若 i（迴圈計數器）小於 3，則 try 區塊丟出 size_t 型態的異常，若 i 大於 5，則異常型態是 const char*。丟出異常會立即從 try 區塊移轉出控制權，所以在 try 區塊尾端的輸出敘述，只有在沒有丟出異常時才會執行，從輸出你可看到這種情況。當 i 值為 3、4 或 5 時，我們才可從最後的敘述中得到輸出。對於其他的 i 值，都會丟出一個異常，因此不會執行這些輸出行。

catch 區塊緊跟在 try 區塊後。try 區塊的所有異常處理器必須緊跟在 try 區塊之後。若你在 try 區塊和第一個 catch 區塊之間，或是 try 區塊的連續兩個 catch 區塊之間放置任何程式碼，則程式是無法編譯的。此 catch 區塊處理

size_t 型態的異常，而且從輸出可以看到當執行第一個 throw 敘述時，就會執行之，在此情況不會執行下一個 catch 區塊。在處理器執行後，控制權直接傳給迴圈尾端的最後一個敘述。

第二個處理器處理 char* 型態的異常。當我們丟出異常 "Here is another!" 時，控制權從 throw 敘述直接傳給此處理器，略過前一個 catch 區塊。若無異常丟出，則沒有一個 catch 區塊會執行。你可將此 catch 區塊置於前一個處理器之前，程式的運作結果不變。在此範例中，處理器的順序沒有關係，但是並非都是如此。在本章中，你會看到處理器的順序是重要的範例。

不管是否執行處理器都會執行此程式碼。正如你看到的，丟出異常不會結束程式——除非你希望它如此。若你可在處理器中修復引起異常的問題，則你的程式就可繼續執行。

異常處理程序

看過範例後，對於丟出異常，你應該很清楚事件的處理器。雖然在背景會發生一些事情，但若你思考控制權如何從 try 區塊會移轉至 catch 區塊，則你可猜出一些程序。下圖說明 throw/catch 的事件順序處理概念。

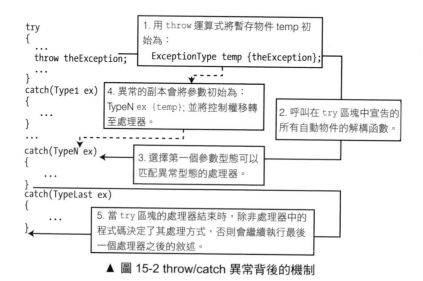

▲ 圖 15-2 throw/catch 異常背後的機制

try 區塊當然是一個敘述區塊，而你已經知道一個敘述區塊會定義一個範疇。丟出異常時會立即離開 try 區塊，在那時候，會結束宣告在 try 區塊中的所有自動物件（至丟出異常處）。當處理器的程式碼執行時，這些物件都不會存在，這是最重要的——其含義是你不能丟出指向 try 區塊之區域物件的異常物件指標，這也是在丟出程序複製異常物件的理由。

■ 注意　異常物件必須是可以複製的型態，具有 private、protected，以及複製建構函數的類別物件不能用於異常。

因為 throw 運算式是用來初值化暫存的物件——而且會產生一份異常的副本——所以你可丟出 try 區塊的區域物件。當選擇出處理物件時，丟出物件的副本就可用來初始 catch 區塊的參數。

catch 區塊也是敘述區塊，所以當 catch 區塊執行完成時，其所有的區域自動物件（包括參數）都會被終結。除非用了 return 敘述從 catch 區塊轉移出控制權，否則會繼續執行對應此 try 區塊最後一個 catch 區塊後的敘述。一旦選擇了異常的處理器之後，就會將控制權傳給它，而視此丟出的異常為已經處理過。使 catch 區塊為空而且不做事情是可以成立的。

引起異常的程式碼

在此討論開始時，我說過 try 區塊包住也許會丟出異常的程式碼。但是這不意味丟出異常的程式碼一定位於區塊的大括號之間，只需在邏輯上置於 try 區塊中。這意思是若從 try 區塊中呼叫一個函數，則 try 區塊的 catch 區塊會攔截該函數丟出的所有異常。圖 15-3 顯示了一個例子。在 try 區塊中顯示了兩個函數呼叫：fun1() 和 fun2()。任何一個函數產生型態 ExceptionType 的異常都會被 try 區塊之後的 catch 區塊攔截。從函數中丟出異常，若此函數未攔截此異常，則此異常會傳給上一層的呼叫函數。若此層的函數也未攔截此異常，則會再傳給上一層的呼叫函數——圖 15-3 展示在 fun1() 函數中呼叫 fun3() 函數，並在 fun3() 函數中丟出異常。由於 fun1() 函數沒有 try 區塊，所以 fun3() 函數丟出的異常將傳送給呼叫 fun1() 的函數。若異常到達再也沒有進一步的 catch 處理器，且仍未被攔截，基本上程式將會結束。

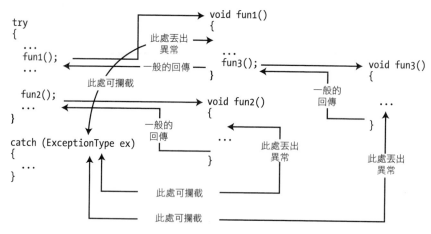

▲ 圖 15-3 在 try 區塊中呼叫函數引起異常

當然若從程式的不同處呼叫相同的函數，則函數主體可能丟出的異常可在不同時候，由不同的 catch 區塊處理。你可從圖 15-4 看到此情況的範例：

```
try
{
    ...
    fun1();
}
catch (ExceptionType ex)
{
    ...
}
try
{
    fun1();
}
catch (ExceptionType ex)
{
    ...
}
```

當執行此呼叫時，函數 fun1() 的程式碼在邏輯上是位於頂端的 try 區塊中

當執行此呼叫時，函數 fun1() 的程式碼在邏輯上是位於底部的 try 區塊中

```
void fun1()
{
    ...
}
```

▲ 圖 15-4 在不同的 try 區塊中呼叫相同的函數

當執行第一個 try 區塊中的函數時，則 fun1() 丟出的異常型態 ExceptionType 可由該 try 區塊的 catch 區塊處理。當執行第二個 try 區塊中的函數時，則該 try 區塊的 catch 處理器，可處理任何丟出 ExceptionType 的異常型態。從此你應可了解，你可選擇最容易處理程式結構和運作之異常方式。極端的情況是你可攔截 main() 中任意處產生的所有異常，此時你可將 main() 中的程式碼都置於 try 區塊中，並附加一個合適的 catch 區塊。

巢狀 try 區塊

你可在 try 區塊中巢狀 try 區塊。每個 try 區塊都有自己的一組 catch 區塊處理其 try 區塊可能丟出的異常，而且 try 區塊的 catch 區塊，只會處理其對應 try 區塊中丟出的異常。此運作方式像圖 15-5：

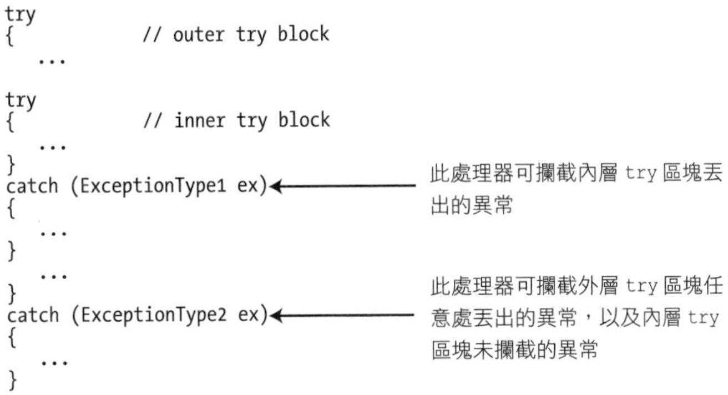

```
try
{                    // outer try block
   ...

try
{                    // inner try block
   ...
}
catch (ExceptionType1 ex)◄──────  此處理器可攔截內層 try 區塊丟
{                                  出的異常
   ...
}
   ...
}
catch (ExceptionType2 ex)◄──────  此處理器可攔截外層 try 區塊任
{                                  意丟出的異常，以及內層 try
   ...                             區塊未攔截的異常
}
```

▲ 圖 15-5 巢狀 try 區塊

圖 15-5 說明每個 try 區塊的一個處理器，但是一般而言也許會有數個。當內層的 try 區塊的程式碼丟出異常時，其處理器由優先權處理之，檢查每個處理器是否符合異常型態，而且若無可以匹配的處理器時，外層的 try 區塊就有機會攔截此異常。以巢狀 try 區塊方式至適合你應用的深度。

當外層 try 區塊的程式碼丟出異常時，該區塊的 catch 區塊處理器會處理之，甚至若產生異常的敘述是位於內層的 try 區塊之前也是一樣。內層 try 區塊的 catch 處理器決不會參與處理外層 try 區塊程式碼所丟出的異常。兩個 try 區塊中的程式碼都可以呼叫函數，在這種情況下，函數主體中的程式碼邏輯上位於呼叫它的 try 區塊中。函數主體中的程式碼也是在它自己的 try 區塊中，在此情況，這個 try 區塊是巢狀於呼叫此函數的 try 區塊中。

在文字上看起來似乎很複雜，但實際上是很簡單的。我們可在一個簡單的範例中丟出異常並看看它如何結束。此階段的重點是說明而不是實際的應用，所以丟出的異常型態是 int 和 long。此程式同時說明了巢狀 try 區塊，以及在函數中丟出異常，程式碼如下：

```cpp
// Ex15_02.cpp
// Throwing exceptions in nested try blocks
#include <iostream>
```

```cpp
void throwIt(int i)
{
  throw i;                            // Throws the parameter value
}

int main()
{
  for (int i {}; i <= 5; ++i)
  {
    try
    {
      std::cout << "outer try:\n";
      if (i == 0)
        throw i;                      // Throw int exception

      if (i == 1)
        throwIt(i);                   // Call the function that throws int

      try
      {                               // Nested try block
        std::cout << "inner try:\n";
        if (i == 2)
          throw static_cast<long>(i); // Throw long exception
        if (i == 3)
          throwIt(i);                 // Call the function that throws int
      }                               // End nested try block
      catch (int n)
      {
        std::cout << "Catch int for inner try. " << "Exception " << n << std::endl;
      }

      std::cout << "outer try:\n";
      if (i == 4)
        throw i;                      // Throw int
      throwIt(i);                     // Call the function that throws int
    }
    catch (int n)
    {
      std::cout << "Catch int for outer try. " << "Exception " << n << std::endl;
    }
    catch (long n)
    {
      std::cout << "Catch long for outer try. " << "Exception " << n << std::endl;
    }
  }
}
```

這產生的輸出是：

```
outer try:
Catch int for outer try. Exception 0
outer try:
Catch int for outer try. Exception 1
outer try:
inner try:
Catch long for outer try. Exception 2
outer try:
inner try:
Catch int for inner try. Exception 3
outer try:
Catch int for outer try. Exception 3
outer try:
inner try:
outer try:
Catch int for outer try. Exception 4
outer try:
inner try:
outer try:
Catch int for outer try. Exception 5
```

如何運作

函數 throwIt() 丟出其參數值。若你要在 try 區塊之外呼叫此函數，它會立即引起程式結束（稍後會解釋）。在 for 迴圈中丟出所有的異常。在迴圈中，我們在連續的 if 敘述中測試迴圈變數 i，決定何時丟出一個異常，而且丟出哪一種異常。在每次迭代中至少會丟出一個異常。進入每個 try 區塊會記錄在輸出中，因為每個異常都有唯一的值，我們可以容易地看出在何處丟出和攔截每個異常。

當迴圈變數 i 為 0 時，從外層 try 區塊丟出的第一個異常。從輸出你可看到在外層 try 區塊處理 int 型態的 catch 區塊會攔截此異常，此處與內層 try 區塊的 catch 區塊無關，因為它只攔截內層 try 區塊丟出的異常。

當 i 為 1 時，呼叫 throwIt() 會在外層 try 區塊丟出下一個異常。外層 try 區塊處理 int 異常的 catch 區塊會攔截此異常。但是接下來的兩個異常則從內層的 try 區塊丟出。第一個異常是 long 型態。在內層 try 區塊中沒有此異常型態的 catch 區塊，所以會由外層 try 區處理之，可從輸出看到此結果。第二個異常是 int 型態，而且是從 throwIt() 函數的主體中丟出，此函數沒有 try 區塊，所以這個異常會轉至內層 try 區塊中呼叫函數處才處理之。然後內層 try 區塊之後處理 int 異常的 catch 區塊會攔截之。

當內層 try 區塊的處理器攔截一個異常後，會繼續執行外層 try 區塊的其餘程式碼。因此當 i 值為 3 時，我們從內層 try 區塊的 catch 區塊中得到輸出，加上外層 try 區塊針對處理 int 異常的輸出。後者的異常是在外層 try 區塊未因呼叫 throwIt() 函數所產生。最後，在外層的 try 區塊又丟出兩個異常。外層 try 區塊 int 異常的處理器會攔截這兩個異常。第二個異常是從函數 throwIt() 的主體中丟出，而且因為是在外層的 try 區塊呼叫此函數，所以是外層 try 區塊後的 catch 區塊處理之。

雖然這些都不是實際的異常──在實際程式中異常一定都是類別物件──但它們的確說明了丟出和攔截異常的機制，以及巢狀 try 區塊的運作方式。我們更進一步來看屬於物件的異常。

作為異常的類別物件

你可丟出任何種類的類別物件作為異常。但是，你要記住異常物件的想法是傳達資訊給處理器，告知有何問題。因此設計一個表達特殊問題的異常類別通常是適當的。這可能與應用相關，但是異常類別物件幾乎一定會含有某種訊息，以及某種可能的錯誤碼，你也可以安排異常物件以適當的形式，提供額外的資訊告知錯誤的來源。

我們可以定義一個簡單的異常類別。將它置於標頭檔 MyTroubles.h：

```cpp
// MyTroubles.h Exception class definition
#ifndef MYTROUBLES_H
#define MYTROUBLES_H
#include <string>
#include <string_view>

class Trouble
{
private:
  std::string message;
public:
  Trouble(std::string_view str = "There's a problem") : message {str} {}
  std::string_view what() const { return message; }
```

```
};
#endif
```

Trouble 類別只是定義一個表示異常的物件，此物件會儲存指出問題的訊息。在建構函數的參數串列中定義了預設訊息，所以你可用預設建構函數取得含有預設訊息的物件。成員函數 what() 回傳目前的訊息。因為我們不會在未用空間中配置記憶體，所以預設複製建構函數就可以滿足現況。要維持異常處理的邏輯是可管理的，你需要確定異常類別的成員函數不會丟出異常。稍後你會看到如何明確地避免成員函數丟出異常。

我們來研究當丟出類別物件時會如何。和前一個範例一樣，幾乎不用故意產生錯誤。只要丟出異常物件，使我們可以瞭解在各種環境下如何運作。先確定我們知道如何丟出物件。我們用非常簡單的範例來練習此異常類別，此範例在迴圈中丟出一些異常物件：

```cpp
// Ex15_03.cpp
// Throw an exception object
#include <iostream>
#include "MyTroubles.h"

void trySomething(int i);

int main()
{
  for (int i {}; i < 2; ++i)
  {
    try
    {
      trySomething(i);
    }
    catch (const Trouble& t)
    {
      // What seems to be the trouble?
      std::cout << "Exception: " << t.what() << std::endl;
    }
  }
}

void trySomething(int i)
{
  // There's always trouble when 'trying something' here...
  if (i == 0)
```

```
    throw Trouble {};
  else
    throw Trouble {"Nobody knows the trouble I've seen..."};
}
```

產生的輸出是：

```
Exception: There's a problem
Exception: Nobody knows the trouble I've seen...
```

在 for 迴圈中，我們透過 trySomething() 丟出兩個異常物件。第一個丟出的物件是 Trouble 類別的預設建構函數所產生的，包含預設的訊息字串。第二個異常物件是在 if 的 else 子句中所產生的，包含的訊息是我們傳給建構函數的引數。catch 區塊會攔截這兩個異常物件。

在 catch 區塊的參數是參考型態。注意在丟出異常物件時都會複製之，所以若在 catch 區塊中未將參數指定為參考，則會再次複製──相當不必要。當丟出異常物件時，事件處理的順序是先複製物件（產生暫存的物件），然後終結原始的物件，因為 try 區塊結束，物件會離開範疇。然後將副本傳遞給 catch 處理器──若參數是參考型態，則以參考傳遞。若你要觀察事件的發生，只要在 Trouble 類別中新增一些包含複製建構函數和解構函數的輸出敘述即可。

Catch 處理器和異常的匹配

之前提過在 try 區塊之後的處理器會依其在程式碼中的順序依序檢查，而執行第一個參數型態匹配異常型態的處理器。對於基本型態（非類別型態）的異常，則必須確實匹配 catch 區塊的參數型態。另一方面對於類別物件的異常，會應用自動轉換來作異常型態與處理器之參數型態的匹配。當匹配參數（被攔截）型態和異常（被丟出）型態時，下面是匹配的條件：

◆ 參數型態和異常型態相同，不管 const。

◆ 參數型態是異常類別型態的直接或間接基礎類別，或是異常型態的直接或間接基礎類別的參考，忽略 const。

◆ 異常和參數是指標，而且異常型態可自動轉換為參數型態，忽略 const。

此處列出的可能轉換，就是隱含你應如何安排 try 區塊之處理器的放置順序。在同一類別的階層架構中，對於異常型態若有數個處理器，則最後衍生的類別型態必須先出現，而最基礎類別型態則最後出現。若基礎型態的處理器在此基礎類別之衍生型態的處理器之前出現，則始終都會選擇基礎型態來處理衍生類別的異常。換言之，衍生型態的處理器決不會執行。

我們再新增一些異常類別至含有 Trouble 類別的標頭檔中，並利用 Trouble 類別當作這些類別的基礎類別。下面是標頭檔 MyTroubles.h 的內容：

```
// MyTroubles.h Exception classes
#ifndef MYTROUBLES_H
#define MYTROUBLES_H
#include <string>
#include <string_view>

class Trouble
{
private:
  std::string message;
public:
  Trouble(std::string_view str = "There's a problem") : message {str} {}
  virtual ~Trouble() = default; // Base classes must always have a virtual destructor!

  virtual std::string_view what() const { return message; }
};

// Derived exception class
class MoreTrouble : public Trouble
{
public:
  MoreTrouble(std::string_view str = "There's more trouble...") : Trouble {str} {}
};

// Derived exception class
class BigTrouble : public MoreTrouble
{
public:
  BigTrouble(std::string_view str = "Really big trouble...") : MoreTrouble {str} {}
};

#endif
```

注意 what() 成員和基礎類別的解構函數都宣告為 virtual。從 Trouble 衍生的類別其 what() 函數也因此是虛擬的。此處不會造成太大的差異，但是記住在基礎類別中宣告虛擬解構函數是良好的習慣。除了訊息的預設字串不同外，衍生

類別沒有對基礎類別新增任何內容，利用不同的類別名稱常常只是要區別不同
種類的問題。當某種問題發生時，你只要丟出此型態的異常，類別的內部不一
定要相異。利用不同的 catch 區塊來攔截每個類別型態，可以提供方法區別不
同的問題。此處的程式碼包括丟出 Trouble、MoreTrouble 和 BigTrouble 型態的
異常，以及攔截它們的處理器：

```cpp
// Ex15_04.cpp
// Throwing and catching objects in a hierarchy
#include <iostream>
#include "MyTroubles.h"

int main()
{
  Trouble trouble;
  MoreTrouble moreTrouble;
  BigTrouble bigTrouble;

  for (int i {}; i < 7; ++i)
  {
    try
    {
      if (i == 3)
        throw trouble;
      else if (i == 5)
        throw moreTrouble;
      else if (i == 6)
        throw bigTrouble;
    }
    catch (const BigTrouble& t)
    {
      std::cout << "BigTrouble object caught: " << t.what() << std::endl;
    }
    catch (const MoreTrouble& t)
    {
      std::cout << "MoreTrouble object caught: " << t.what() << std::endl;
    }
    catch (const Trouble& t)
    {
      std::cout << "Trouble object caught: " << t.what() << std::endl;
    }
    std::cout << "End of the for loop (after the catch blocks) - i is " << i << std::endl;
  }
}
```

產生的輸出如下：

```
End of the for loop (after the catch blocks) - i is 0
End of the for loop (after the catch blocks) - i is 1
End of the for loop (after the catch blocks) - i is 2
Trouble object caught: There's a problem
End of the for loop (after the catch blocks) - i is 3
End of the for loop (after the catch blocks) - i is 4
MoreTrouble object caught: There's more trouble...
End of the for loop (after the catch blocks) - i is 5
BigTrouble object caught: Really big trouble...
End of the for loop (after the catch blocks) - i is 6
```

如何運作

在產生每個類別型態的物件之後，for 迴圈丟出其中之一作為異常。選擇哪個物件取決於迴圈變數 i 的值。每個 catch 區塊包含不同的資訊，因此輸出顯示在丟出異常時選擇了哪個 catch 處理器。在兩個衍生型態的處理器中，繼承的 what() 函數仍是回傳訊息。注意，此處每個 catch 區塊的參數型態都是參考，如前一個範例。利用參考的原因之一是避免製作另一份異常物件的副本。在接下來的範例中，我們會看到在處理器中應該都要使用參考參數的理由。

每個處理器顯示丟出物件所包含的訊息，從輸出可以了解處理器的呼叫，是根據丟出之異常的型態。處理器的順序是重要的，因為這與異常和處理器的匹配方式，以及異常類別的型態有關。我們來做更深入的研究。

用基礎類別的處理器攔截衍生類別的異常

因為衍生類別型態的異常會自動轉換為基礎類別型態，用以匹配處理器參數，所以我們可以用單一處理器攔截前一個範例丟出的所有異常。修改前一個範例說明此點。只需從 main() 刪除（或是變成註解）前一個範例的兩個衍生類別的處理器：

```cpp
// Ex15_05.cpp
// Catching exceptions with a base class handler
#include <iostream>
#include "MyTroubles.h"

int main()
{
  Trouble trouble;
  MoreTrouble moreTrouble;
  BigTrouble bigTrouble;
```

```
for (int i {}; i < 7; ++i)
{
  try
  {
    if (i == 3)
      throw trouble;
    else if (i == 5)
      throw moreTrouble;
    else if (i == 6)
      throw bigTrouble;
  }
  catch (const Trouble& t)
  {
    std::cout << "Trouble object caught: " << t.what() << std::endl;
  }
  std::cout << "End of the for loop (after the catch blocks) - i is " << i << std::endl;
}
```

程式現在產生的輸出是：

```
End of the for loop (after the catch blocks) - i is 0
End of the for loop (after the catch blocks) - i is 1
End of the for loop (after the catch blocks) - i is 2
Trouble object caught: There's a problem
End of the for loop (after the catch blocks) - i is 3
End of the for loop (after the catch blocks) - i is 4
Trouble object caught: There's more trouble...
End of the for loop (after the catch blocks) - i is 5
Trouble object caught: Really big trouble...
End of the for loop (after the catch blocks) - i is 6
```

現在參數為 const Trouble& 的 catch 區塊攔截 try 區塊丟出的所有異常。若 catch 區塊中的參數是基礎類別的參考，則可以匹配所有衍生類別的異常。所以當每個異常都輸出 "Trouble object caught" 時，實際上都是對應至 Trouble 衍生的物件。

當異常以參考傳遞時，會保有動態型態，所以你亦可取得動態型態並用 typeid() 運算子顯示之。只要將處理器的程式碼修改為：

```
catch (const Trouble& t)
{
  std::cout << typeid(t).name() << " object caught: " << t.what() << std::endl;
}
```

typeid() 運算子會回傳 type_info 類別的物件，並呼叫 name() 成員以回傳類別名稱。程式碼作此修改後，雖然依舊使用基礎類別的參考，但從輸出可看出衍生類別的異常仍維持其動態型態。從此版本程式的輸出應為：

```
End of the for loop (after the catch blocks) - i is 0
End of the for loop (after the catch blocks) - i is 1
End of the for loop (after the catch blocks) - i is 2
class Trouble object caught: There's a problem
End of the for loop (after the catch blocks) - i is 3
End of the for loop (after the catch blocks) - i is 4
class MoreTrouble object caught: There's more trouble...
End of the for loop (after the catch blocks) - i is 5
class BigTrouble object caught: Really big trouble...
End of the for loop (after the catch blocks) - i is 6
```

▊ 附註 如果編譯器版本的 typeid() 運算子導致名稱混亂，則輸出中的異常類別的名稱可能沒有那麼美觀。這在第 14 章中討論過。為了便於說明，我們會以一種完整的、人類可讀的格式顯示結果。

現在你可將處理器的參數型態改為 Trouble，所以是以值而非參考傳遞異常：

```
catch (Trouble t)
{
  std::cout << typeid(t).name() << " object caught: " << t.what() << std::endl;
}
```

當執行此版本的程式時，得到的輸出如下：

```
End of the for loop (after the catch blocks) - i is 0
End of the for loop (after the catch blocks) - i is 1
End of the for loop (after the catch blocks) - i is 2
class Trouble object caught: There's a problem
End of the for loop (after the catch blocks) - i is 3
End of the for loop (after the catch blocks) - i is 4
class Trouble object caught: There's more trouble...
End of the for loop (after the catch blocks) - i is 5
class Trouble object caught: Really big trouble...
End of the for loop (after the catch blocks) - i is 6
```

對於衍生類別物件，仍會選擇 Trouble 處理器，但是不是保留動態型態。這是因為利用基礎類別的複製建構函數初始參數，所以與衍生類別相關的性質都不見了。在此情況中，只會保留原來衍生類別物件的基礎類別子物件，而移除此物件的所有衍生類別成員。這是**物件切割**（*object slicing*）的範例，因為基礎類別的複製建構函數不清楚衍生物件。在第 13 章已說明過物件切割是以值傳遞物件常見的錯誤來源，而且一般函數和異常處理器都會發生，因此在 catch 區塊應該都要使用參考參數：

▋ **提示**　異常的黃金規則是根據值丟出並透過參考攔截（通常是對 const 的參考）。換句話說，你不能丟出一個新的異常（而且絕對不能有指向區域物件的指標），也不能以值攔截異常物件。顯然，以值攔截會造成多餘的副本，但這還不是最糟糕的。以值攔截可能會切掉異常物件的一部分。之所以如此重要，是因為異常切割可以精確地分割出，你需要診斷發生了哪些錯誤以及原因的資訊。

▋ 重新丟出異常

當處理器攔截異常時，它可**重新丟出**（*rethrow*）此異常使外層 try 區塊的處理器可以攔截之。重新丟出目前異常的敘述只包含關鍵字 throw，不需要丟出運算式：

```
throw;    // Rethrow the exception
```

這不需要複製現有的異常物件，就會將它重新丟出。若處理器發現異常的本質需要將它傳遞給另一層次的 try 區塊時，你就需要重新丟出異常。你也希望記錄程式丟出異常之處，然後再重新丟出。或者你可能需要清理一些資源——釋放一些記憶體、關閉資料庫連接等等——然後重新丟出異常來處理呼叫函數。

注意從內層 try 區塊重新丟出異常，內層 try 區塊的其他處理器不可以攔截之。當處理器執行時，丟出的任何異常（包括目前的異常）會被包住目前處理器之 try 區塊的處理器攔截，如圖 15-6 所示。重新丟出之異常不會複製是很重要的，尤其當異常是初始基礎類別參考參數的衍生類別物件時。我們用一個範例說明之。

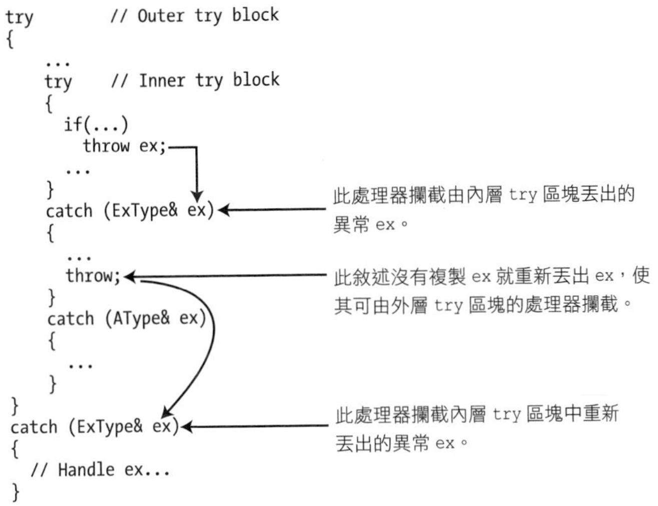

```
try          // Outer try block
{
    ...
    try      // Inner try block
    {
        if(...)
            throw ex;
        ...
    }
    catch (ExType& ex)
    {
        ...
        throw;
    }
    catch (AType& ex)
    {
        ...
    }
}
catch (ExType& ex)
{
    // Handle ex...
}
```

此處理器攔截由內層 try 區塊丟出的
異常 ex。

此敘述沒有複製 ex 就重新丟出 ex，使
其可由外層 try 區塊的處理器攔截。

此處理器攔截內層 try 區塊中重新
丟出的異常 ex。

▲ 圖 15-6 重新丟出異常

此範例丟出一些 Trouble、MoreTrouble 和 BigTrouble 異常物件，然後重新丟出
其中一些，藉以瞭解此機制的運作：

```cpp
// Ex15_06.cpp
// Rethrowing exceptions
#include <iostream>
#include "MyTroubles.h"

int main()
{
  Trouble trouble;
  MoreTrouble moreTrouble;
  BigTrouble bigTrouble;

  for (int i {}; i < 7; ++i)
  {
    try
    {
      try
      {
        if (i == 3)
          throw trouble;
        else if (i == 5)
          throw moreTrouble;
        else if (i == 6)
          throw bigTrouble;
      }
```

```
      catch (const Trouble& t)
      {
        if (typeid(t) == typeid(Trouble))
          std::cout << "Trouble object caught in inner block: " << t.what() << std::endl;
        else
          throw;                  // Rethrow current exception
      }
    }
    catch (const Trouble& t)
    {
      std::cout << typeid(t).name() << " object caught in outer block: "
                             << t.what() << std::endl;
    }
    std::cout << "End of the for loop (after the catch blocks) - i is " << i << std::endl;
  }
}
```

此範例顯示的輸出是：

```
End of the for loop (after the catch blocks) - i is 0
End of the for loop (after the catch blocks) - i is 1
End of the for loop (after the catch blocks) - i is 2
Trouble object caught in inner block: There's a problem
End of the for loop (after the catch blocks) - i is 3
End of the for loop (after the catch blocks) - i is 4
class MoreTrouble object caught in outer block: There's more trouble...
End of the for loop (after the catch blocks) - i is 5
class BigTrouble object caught in outer block: Really big trouble...
End of the for loop (after the catch blocks) - i is 6
```

for 迴圈的運作和其哪一個程式相同，但是此次我們用 try 區塊巢狀於另一個 try 區塊，並在內層 try 區塊中丟出異常。這丟出異常物件的順序與前一個範例相同。處理器會攔截全部的異常，因為其參數是基礎類別 Trouble 的參考。catch 區塊的 if 敘述檢查傳入物件的類別型態，若它是 Trouble 型態，則執行輸出敘述，對於其他的異常型態則重新丟出異常。此處的參考也是 Trouble 的參考，所以它會攔截所有的衍生類別物件。你可從輸出看到它攔截到重新丟出的物件，而且保留了它們原始的面貌。

現在你可想像在內層 try 區塊的處理器中，敘述 throw 等於下面的敘述：

```
throw t;               // 重新丟出目前的異常
```

我們最終只是要重新丟出異常，不是嗎？這答案為不是；事實上，有一個主要的不同。對程式作此修改並再次執行之。你會得到的輸出如下：

```
End of the for loop (after the catch blocks) - i is 0
End of the for loop (after the catch blocks) - i is 1
End of the for loop (after the catch blocks) - i is 2
Trouble object caught in inner block: There's a problem
End of the for loop (after the catch blocks) - i is 3
End of the for loop (after the catch blocks) - i is 4
class Trouble object caught in outer block: There's more trouble...
End of the for loop (after the catch blocks) - i is 5
class Trouble object caught in outer block: Really big trouble...
End of the for loop (after the catch blocks) - i is 6
```

以明確的異常物件敘述是丟出一新的異常,不是重新丟出原始的異常。以此方式將使用 Trouble 的複製建構函數,複製原始異常物件。再次產生物件分割的問題,切除每個物件衍生的部分,所以此時只剩下基礎類別的子物件。從輸出可以看到 typeid() 運算子,將所有的異常都視為 Trouble 型態。

▍ **提示** 　總是以值丟出,以參考攔截,然後使用 throw,重新丟出。

▍ 未處理的異常

若 try 區塊的任何 catch 區塊都沒有處理 try 區塊丟出的異常時,則(有可能是巢狀區塊,我們之前有討論過)程式會立即結束。你真的應該期望這樣的終結是相當突然的。不再呼叫靜態物件的解構函數,甚至不能保證仍然在呼叫堆疊上分配的任何物件的解構函數會被執行。換句話說,程式基本上會立即當掉(*crash*)。

▍ **附註** 　實際上,如果異常未被攔截,則呼叫標準函式庫函數 std::terminate()(在 exception 標頭檔中宣告),預設情況下呼叫 std::abort()(在 cstdlib 中宣告),然後終止程式。這個未攔截異常的事件序列如圖 15-7 所示。

透過將函數指標傳遞給 std::set_terminate(),可以在技術上覆寫 std::terminate() 的行為。然而,這很少被推薦,應該保留給特殊的情況。在結束處理函數中也不允許執行太多操作。可接受的用途包括確保某些關鍵資源得到了適當的清理,或者撰寫一個所謂的程式當掉轉儲(*crash dump*),客戶可以將其傳遞給你,以便進行進一步的診斷。但是這些主題太深入,不會在本書中進一步討論。

永遠不能做的一件事是嘗試在呼叫 std::terminate() 之後保持程式執行。根據定義，在不可復原的錯誤（*irrecoverable error*）之後呼叫 std::terminate() 任何試圖復原的行為都會導致未定義的行為。結束處理函數必須始終以兩個函數呼叫中的一個結束：std::abort() 或 std::_Exit()[1]。這兩個函數都在不執行任何進一步清理的情況下結束程式（兩者的區別在於，使用後者你可以決定行程回傳給環境的錯誤代碼）。

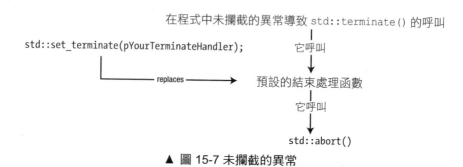

▲ 圖 15-7 未攔截的異常

在未攔截異常之後結束程式可能聽起來有些苛刻，但還有什麼其他選擇嗎？請記住，如果發生了需要進一步注意的意外和不可復原的情況，通常會丟出異常。如果後來發現沒有適當的代碼來處理這個錯誤，還有什麼其他的方法嗎？程式本質上處於某種意想不到的錯誤狀態，所以如果什麼都沒有發生，那麼通常只會導致更多的錯誤，而且可能會導致更糟的錯誤。此外，這種次要的錯誤可能更難診斷。因此，唯一明智的行動是停止執行。

攔截所有異常

你可用刪節號（…）作為 catch 情況的參數，表示此區塊會處理所有的異常：

```
try
{
  // Code that may throw exceptions...
}
catch (...)
```

1　你甚至不應該從終止處理器呼叫 **std::exit()**，因為這可能再次導致未定義的行為。若想了解不同程式結束函數之間的細微差別，請參考標準函式庫。

```
{
  // Code to handle any exception...
}
```

此 catch 區塊會處理任意型態的異常，所以像這種處理器必須都要放在 try 區塊的最後一個處理器。你當然不知道異常為何，但是至少你可避免程式因未攔截的異常而結束。注意即使你不了解它，你可重新丟出異常如前一個範例的處理。

我們可利用刪節號修改上一個範例，使其攔截內層 try 區塊的所有異常：

```cpp
// Ex15_07.cpp
// Catching any exception
#include <iostream>
#include <typeinfo> // For use of typeid()
#include "MyTroubles.h"

int main()
{
  Trouble trouble;
  MoreTrouble moreTrouble;
  BigTrouble bigTrouble;

  for (int i {}; i < 7; ++i)
  {
    try
    {
      try
      {
        if (i == 3)
          throw trouble;
        else if (i == 5)
          throw moreTrouble;
        else if (i == 6)
          throw bigTrouble;
      }
      catch (const BigTrouble& bt)
      {
        std::cout << "Oh dear, big trouble. Let's handle it here and now." << std::endl;
        // Do not rethrow...
      }

      catch (...)            // Catch any other exception
      {
        std::cout << "We caught something else! Let's rethrow it. " << std::endl;
        throw;               // Rethrow current exception
      }
```

```
  }
  catch (const Trouble& t)
  {
    std::cout << typeid(t).name() << " object caught in outer block: "
                          << t.what() << std::endl;
  }
  std::cout << "End of the for loop (after the catch blocks) - i is " << i << std::endl;
  }
}
```

產生的輸出為：

```
End of the for loop (after the catch blocks) - i is 0
End of the for loop (after the catch blocks) - i is 1
End of the for loop (after the catch blocks) - i is 2
We caught something else! Let's rethrow it.
class Trouble object caught in outer block: There's a problem
End of the for loop (after the catch blocks) - i is 3
End of the for loop (after the catch blocks) - i is 4
We caught something else! Let's rethrow it.
class MoreTrouble object caught in outer block: There's more trouble...
End of the for loop (after the catch blocks) - i is 5
Oh dear, big trouble. Let's handle that here and now.
End of the for loop (after the catch blocks) - i is 6
```

內層 try 區塊的最後一個 catch 區塊有一個刪節號作為參數規範，因此任何丟出的異常，但沒有被同一 try 區塊的任何其他 catch 區塊攔截，都將被這個 catch 區塊攔截。每次在那裡攔截異常時，都會顯示一則訊息，並重新丟出異常，以便攔截外層 try 區塊的 catch 區塊。在這裡，它的型態得到了正確的標示，並且顯示了由它的 what() 成員回傳的字串。BigTrouble 類別的異常由相應的內層 catch 區塊處理，因為它們沒有被重新丟出，所以它們不會到達外層 catch 區塊。

▌ **注意**　若程式碼會丟出不同型態的異常，我們可能會使用一個攔截一切（catch-all）的區塊來攔截它們。畢竟，這比為每種可能的異常型態列舉 catch 區塊要簡單得多。同樣地，若你正在呼叫你不太熟悉的函數，那麼快速新增一個 catch-all 區塊要比研究這些函數可能丟出的異常型態容易得多。然而只有在很少的情況下，它才是最好的方法。一個 catch-all 區塊可能會攔截需要更具體處理的異常，或者隱藏一些意外的、危險的錯誤。它們也不允許進行很多錯誤日誌記錄或診斷。不過，我們經常在程式碼中遇到這樣的樣式：

```
try
{
  DoSomething();
}
catch (...)
{
  // Oops. Something went wrong... Let's ignore it and cross our fingers...
}
```

這些註解通常不包含忽略錯誤的部分,但也可能包含。這種樣式背後的動機通常是
"任何事情都比未攔截的異常好"。事實上,這只是一個懶惰的程式設計師癥狀。在
提交穩定、容錯的程式時,沒有什麼可以替代經過深思熟慮的正確的錯誤處理程式
碼。正如我們在本章引言中所說,撰寫錯誤處理和復原程式碼需要時間。因此,儘管
catch-all 區塊可能具有誘人的快捷方式,但通常首選明確檢查呼叫的函數可能引發哪
些異常型態,並考慮是否應該新增 catch 區塊和 / 或將其留給呼叫函數來處理異常。
一旦知道了異常型態,通常就可以從物件中擷取更多有用的資訊(例如使用我們的
Trouble 類別的 what() 函數),並將其用於正確的錯誤處理和日誌記錄。還要注意
的是,特別是在開發期間,程式當掉通常比 catch-all 更可取。然後,至少你了解了潛
在的錯誤,而不是盲目地忽略它們,並可以調整程式碼以正確地防止它們或從它們中
復原。毫無疑問,我們並不是說永遠不應該使用 catch-all 區塊——它們當然有它們的
用途。例如,在某些日誌記錄或清理之後重新丟出的 catch-all 可能特別有用。我們只
是想提醒你,不要使用它們作為更有針對性的錯誤處理的簡單替代品。

沒有丟出異常的函數

原則上,任何函數都可以丟出異常,包括一般函數、成員函數、虛擬函數、
多載運算子,甚至建構函數和解構函數。所以,每次你在任何地方呼叫一個
函數時,都應該考慮可能出現的潛在異常,以及是否應該使用 try 區塊來處理
它們。當然,這並不意味著每個函數呼叫都需要被 try 區塊包住。只要不是在
main() 中運作,通常完全可以將攔截異常的責任委託給函數的呼叫者。

noexcept 指定器

透過將 noexcept 關鍵字加到函數標頭,可以指定函數永遠不會丟出異常。例

如，下面指定 doThat() 函數永遠不會丟出：

```
void doThat(int argument) noexcept;
```

若在函數的標頭中看到 noexcept，則可以確保該函數不會丟出異常。編譯器會確保它。若 noexcept 函數不知情地丟出異常，且該異常未在函數中攔截，則該異常將不會傳到呼叫函數。相反地，C++ 程式將把這個錯誤視為不可復原的錯誤，並呼叫 std::terminate()。正如本章前面所討論的，std::terminate() 總是導致程序的突然結束。

注意，這並不意味著函數本身不允許丟出異常。它只意味著沒有異常會逃脫函數。也就是說，如果在執行 noexcept 函數期間丟出異常，則必須在該函數中的某個位置攔截異常，而不是重新丟出異常。例如，下面形式的 doThat() 的實作是完全合法的：

```
void doThat(int argument) noexcept
{
  try
  {
    // Code for the function...
  }
  catch (...)
  {
    // Handles all exceptions and does not rethrow...
  }
}
```

noexcept 指定器可用於所有函數，包括成員函數、建構函數和解構函數。我們在本章後面會有具體的例子。

在後面的章節中，甚至會遇到幾種型態的函數，它們應該宣告為 noexcept。這包括 swap() 函數（第 16 章）和 move 成員（第 17 章）。

■ **附註**　在 C++17 之前，可以指定一個異常型態列表，一個函數可以透過加入 throw（type1, ..., typeN）到函數標頭。因為這樣的規範並不有效，所以現在不再支援它們。C++17 標準只保留 throw()（帶有空串列）作為 noexcept 的棄用同義詞。

異常和解構函數

從 C++11 開始，解構函數大多是隱式的 noexcept。即使沒有使用 noexcept 規範定義解構函數，編譯器通常也會隱式地新增一個。這意味著，如果執行以下類別的解構函數，異常將永遠不會離開解構函數。相反地，應該始終呼叫 std::terminate()（根據編譯器加入的隱式 noexcept 指定器）：

```
class MyClass
{
public:
  ~MyClass() { throw std::exception{}; }
};
```

原則上可以定義一個解構函數，從該解構函數丟出異常。可以透過新增一個明確的 noexcept（false）規範來實作這一點。但是，由於你通常不應該這樣做[2]，我們不會在本書中進一步討論或考慮這種可能性。

■ **提示**　永遠不要讓異常離開解構函數。所有解構函數通常都是 noexcept[3]，即使沒有明確指定也是如此，所以它們丟出的任何異常都會觸發對 std::terminate() 的呼叫。

▋異常和資源洩漏

確保攔截到所有異常，可以防止災難性的程式失敗。並且使用適當的位置和足夠細緻的 catch 區塊攔截它們，允許你正確處理所有錯誤。結果是一個程式，在任何時候顯示所需的結果，或是可以準確地告訴使用者哪裡出錯了。但這並不是結束，從外部看來功能強大的程式可能仍然包含隱藏的缺陷。例如，考慮下面的範例（使用與 Ex15_07 相同的 MyTroubles.h）：

```
// Ex15_08.cpp
// Exceptions may result in resource leaks!
#include <iostream>
#include <cmath>                        // For std::sqrt()
#include "MyTroubles.h"
```

2　若不小心，從 noexcept(false) 丟出很可能仍然觸發對 std::terminate() 的呼叫。細節超出了討論範圍。底線是：除非真的知道自己在做什麼，否則永遠不要從解構函數丟出異常。

3　具體來說，編譯器在沒有明確 noexcept(...) 規範的情況下隱式地為解構函數產生 noexcept 規範，除非其類別的子物件的型態，有一個非 noexcept 的解構函數。

```cpp
double DoComputeValue(double);          // A function to compute a single value
double* ComputeValues(size_t howMany); // A function to compute an array of values

int main()
{
  try
  {
    double* values = ComputeValues(10000);
    // unfortunately, we won't be making it this far...
    delete[] values;
  }
  catch (const Trouble&)
  {
    std::cout << "No worries: I've caught it!" << std::endl;
  }
}
double* ComputeValues(size_t howMany)
{
  double* values = new double[howMany];
  for (size_t i = 0; i < howMany; ++i)
    values[i] = DoComputeValue(i);
  return values;
}

double DoComputeValue(double value)
{
  if (value < 100)
    return std::sqrt(value);     // Return the square root of the input value
  else
    throw Trouble{"The trouble with trouble is, it starts out as fun!"};
}
```

如果執行這個程式，ComputeValues() 中的迴圈計數器一達到 100，就會丟出一個 Trouble 異常。因為異常是在 main() 中攔截的，所以程式不會當掉。它甚至向使用者保證一切都很好。若這是一個真正的程式，甚至可以通知使用者這個操作究竟出了什麼問題，並允許使用者繼續執行。但是這並不意味著已經脫離險境，你能發現這個程式還出了什麼問題嗎？

函數的作用是：在閒置空間中分配一個 double 陣列，並嘗試填充它們，然後將陣列回傳給呼叫者。呼叫者（在本例中是 main()）的責任是釋放這個記憶體。但是，由於在執行 ComputeValues() 的過程中丟出了一個異常，所以它的值陣列實際上從未回傳到 main()。因此，陣列也永遠不會被釋放。換句話說，我們剛剛洩漏了 10,000 個 double 陣列。

假設 DoComputeValue() 天生會導致偶爾出現 Trouble 異常，那麼唯一可以修復此洩漏的地方就是 ComputeValues() 函數。畢竟，main() 甚至從未接收到指向漏洞記憶體的指標，所以在這方面幾乎沒有什麼可做的。依照本章的精神，第一個明顯的解決方案是向 ComputeValues() 加入一個 try 區塊，如下所示（可以在 Ex15_08A 中找到這個解決方案）：

```
double* ComputeValues(size_t howMany)
{
  double* values = new double[howMany];
  try
  {
    for (size_t i = 0; i < howMany; ++i)
      values[i] = DoComputeValue(i);
    return values;
  }
  catch (const Trouble&)
  {
    std::cout << "I sense trouble... Freeing memory..." << std::endl;
    delete[] values;
    throw;
  }
}
```

注意，必須在 try 區塊之外定義值。否則此變數將是 try 區塊的區域變數，我們不能再從 catch 區塊中參考它。如果像這樣重新定義 ComputeValues()，則不需要對程式的其餘部分進行進一步的更改。它也會有一個類似的結果，除了這次的值陣列沒有漏洞：

```
I sense trouble... Freeing memory...
No worries: I've caught it!
```

雖然使用 try 區塊的 ComputeValues() 函數可以產生完全正確的程式，但它不是最推薦的方法。該函數的程式碼已經變得大約長兩倍，也大約複雜兩倍。下一節將介紹不受這些缺點影響的更好的解決方案。

RAII 概念

現代 C++ 的一個特點是所謂的 *RAII*（*resource acquisition is initialization*）慣用語，即 "資源獲取就是初始化"。它的前提是，每次取得資源時，都應該透過初始化物件來實作。閒置空間中的記憶體是一種資源，但是其他範例包括檔案處理（當處理這些時，其他程序常常不能存取檔案）、互斥鎖（用於執行緒同步，會在後面的章節中討論）、網路連接等等。根據 RAII，每個這樣的資源都應該由一個物件來管理，在堆疊上分配，或是作為資料成員分配。避免資源洩漏的技巧是，預設情況下，該物件的解構函數確保始終釋放資源。

我們建立一個簡單的 RAII 類別來說明它是如何運作的：

```cpp
class DoubleArrayRAII final
{
private:
  double* resource;
public:
  DoubleArrayRAII(size_t size) : resource{ new double[size] } {}
  ~DoubleArrayRAII()
  {
    std::cout << "Freeing memory..." << std::endl;
    delete[] resource;
  }

  // Delete copy constructor and assignment operator
  DoubleArrayRAII(const DoubleArrayRAII&) = delete;
  DoubleArrayRAII& operator=(const DoubleArrayRAII&) = delete;

  // Array subscript operator
  double& operator[](size_t index) noexcept { return resource[index]; }
  const double& operator[](size_t index) const noexcept { return resource[index]; }

  // Function to access the encapsulated resource
  double* get() const noexcept { return resource; }
  // Function to instruct the RAII object to hand over the resource.
  // Once called, the RAII object shall no longer release the resource
  // upon destruction anymore. Returns the resource in the process.
  double* release() noexcept
  {
    double* result = resource;
    resource = nullptr;
    return result;
  }
};
```

資源（在此範例中是保存 double 陣列的記憶體）由 RAII 物件的建構函數獲取，並由其解構函數釋放。對於這個 RAII 類別，重要的是資源（為其陣列分配的記憶體）只釋放一次。這意味著，我們不能允許複製現有的

DoubleArrayRAII。否則，我們將得到兩個指向相同資源的 DoubleArrayRAII 物件。可以透過刪除兩個複製成員來實作這一點（如第 12 章所示）。

RAII 物件通常透過新增適當的成員函數和運算子，來模擬它管理的資源。在我們的例子中，資源是一個陣列，因此我們定義了熟悉的陣列註標運算子。除此之外，通常還存在其他函數來存取資源本身（get() 函數），並且通常還負責釋放資源的 RAII 物件（release() 函數）。

在此 RAII 類別的幫助下，可以安全地重寫 ComputeValues() 函數如下：

```
double* ComputeValues(size_t howMany)
{
  DoubleArrayRAII values{howMany};
  for (size_t i = 0; i < howMany; ++i)
      values[i] = DoComputeValue(i);
  return values.release();
}
```

若在值的計算過程中出現錯誤（也就是說，若 DoComputeValue(i) 丟出異常），編譯器保證呼叫 RAII 物件的解構函數，而解構函數又保證正確釋放 double 陣列的記憶體。計算完所有值後，我們再次像以前一樣將 double 陣列交給呼叫者，並負責刪除它。注意，若在回傳之前沒有呼叫 release()，DoubleArrayRAII 物件的解構函數仍然會刪除陣列。

▌ 注意　無論是否發生異常，都會呼叫 DoubleArrayRAII 物件的解構函數。因此，如果我們在 ComputeValues() 函數的最後一行呼叫 get() 而不是 release()，我們仍然會刪除函數回傳的陣列。在 RAII 慣用語的其他應用中，其概念是釋放所獲得的資源，即使在成功的情況下也是如此。例如，在執行檔案輸入 / 輸出（I/O）時，通常希望在最後釋放檔案處理，而不管 I/O 成功與否。

產生的程式是 Ex15_08B。它的結果說明，即使我們沒有對 ComputeValues() 新增任何複雜的異常處理程式碼，記憶體仍然是閒置的：

```
Freeing memory...
No worries: I've caught it!
```

> **▌ 提示** 即使程式不能處理異常，仍然建議使用 RAII 來安全地管理資源。異常導致的漏洞可能更難發現，但是資源漏洞也可以在，具有多個回傳敘述的函數中很容易地顯示出來。若沒有 RAII，那麼很容易忘記在每個回傳敘述之前釋放所有資源，特別是，若最初沒有撰寫函數的回傳值到程式中，稍後加入一個額外的回傳敘述。

動態記憶體的標準 RAII 類別

在前一節中，我們建立了 DoubleArrayRAII 類別，來幫助說明這個慣用語是如何運作的。另外，知道如何自己實作 RAII 類別也很重要。你肯定希望在職業生涯中，多次建立一個應用來管理特定於應用的資源。

不過，當然也有一些標準函式庫型態執行與 DoubleArrayRAII 相同的任務。實際上，你永遠不會撰寫一個 RAII 類別來管理陣列。

第一個這樣的型態是 std::unique_ptr<T[]>。若包含了 <memory> 標頭，你可以這樣寫 ComputeValues()：

```
double* ComputeValues(size_t howMany)
{
  auto values = std::make_unique<double[]>(howMany); // type unique_ptr<double[]>
  for (size_t i = 0; i < howMany; ++i)
      values[i] = DoComputeValue(i);
  return values.release();
}
```

事實上，std::unique_ptr<> 更好的寫法如下所示：

```
std::unique_ptr<double[]> ComputeValues(size_t howMany)
{
  auto values = std::make_unique<double[]>(howMany);
  for (size_t i = 0; i < howMany; ++i)
      values[i] = DoComputeValue(i);
  return values;
}
```

若從 ComputeValues() 回傳 unique_ptr<> 本身，當然必須對應地稍微調整 main() 函數。若這樣做了，會注意到不再需要 delete[] 敘述。這是消除記憶體漏洞的另一個潛在來源。除非將資源傳遞給（例如）舊有函數，否則很少需要從其 RAII 物件中釋放資源。只需傳遞 RAII 物件本身。

▋ **附註** 同樣地,回傳 ComputeValues() 中的 DoubleArrayRAII 型態的物件不會編譯,因為它的複製建構函數被刪除了,也刪除了 std::unique_ptr<> 的複製建構函數,原因是一樣的。顯然地,這不是 unique_ptr<> 的運作原理。要能夠從函數回傳一個 DoubleArrayRAII,需要為該類別啟用 *move* 語意。我們會在第 17 章進一步解釋這一點。

因為我們在這裡使用的資源是一個動態陣列,你可以簡單地使用 std::vector<> 作為替代:

```cpp
std::vector<double> ComputeValues(size_t howMany)
{
  std::vector<double> values;
  for (size_t i = 0; i < howMany; ++i)
      values.push_back( DoComputeValue(i) );
  return values;
}
```

在這種情況下,vector<> 可能是最合適的選擇。畢竟,vector<> 是專門用來管理和運算動態陣列的。不論你喜歡哪一種,本節的要旨如下:

▋ **提示** 所有動態記憶體都應該由一個 RAII 物件管理。標準函式庫為此提供了智慧指標(例如 std::unique_ptr<> 和 shared_ptr<>)和動態容器(例如 std::vector<>)。而智慧指標,也應該始終使用 make_unique() 和 make_shared(),而不是 new / new[]。因此,這些準則的一個重要結果是,new、new[]、delete 和 delete[] 運算子在現代 C++ 程式中通常不再有立足點。為了安全,請始終使用 RAII 物件。

標準的異常函式庫

一些異常型態都定義在標準函式庫中,它們都衍生自標準類別 std::exception,這定義在 exception 標頭檔中,位於 std 名稱空間中。為了便於參考,標準異常類別的階層架構如圖 15-8 所示。

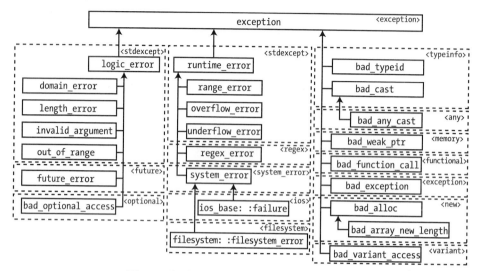

▲ 圖 15-8 標準異常類別型態及其定義的標頭檔

許多的異常型態可以分成兩群，每一群都有一個衍生自 exception 的基礎類別。這兩個基礎類別 logic_error 和 runtime_error 都在 stdexcept 標頭檔中定義。在大多數情況下，標準函式庫函數不會直接丟出 logic_error 或 runtime_exception 物件，只丟出從這些物件衍生的型態之物件。從它們衍生的異常在圖 15-8 的前兩列中列出。在異常階層架構的任何一個分支中，對型態進行分類的規則如下：

◆ 以 logic_error 為基礎的型態是在程式執行之前，因程式錯誤的邏輯所察覺的錯誤而丟出的異常（至少在理論上）。丟出 logic_error 的典型情況，包括呼叫帶有一個或多個無效參數的函數，或者呼叫狀態不滿足特定函數的需求（或先決條件）的物件上的成員函數。稍後，我們會分別使用 std::out_of_range 和 std::bad_optional_access 看到這兩種情況的具體範例。透過在函數呼叫之前，明確檢查參數或物件狀態的有效性，可以在程式中避免這些型態的錯誤。

◆ 另一群衍生自 runtime_error，是針對與資料相關且只在執行期發現到的錯誤。例如，來自 system_error 的異常通常封裝來自底層作業系統呼叫的錯誤，比如檔案輸入或輸出失敗。檔案存取與任何與硬體的互動一樣，總是會以無法預先預測的方式失敗（請考慮磁碟故障、斷開的纜線、網路故障等等）。

圖 15-8 中有很多異常型態。我們不會細講它們的起源。函式庫文件將識別函數何時丟出異常。這裡我們只提到一些異常型態，它們是由你已經熟悉的運算丟出的：

- 若將 typeid() 運算子應用於指向同名異式型態的解參考空指標，則會丟出 std::bad_typeid 異常。

- 如果不能將 expr 轉換為 T&，則 dynamic_cast<T&>(expr) 運算將丟出 std::bad_cast 異常。只有在轉換為參考型態 T& 時才會發生異常。當轉換為指標型態 T* 失敗時，dynamic_cast<T*>(expr) 為 nullptr。

- std::bad_alloc 異常可能被 new 和 new[] 運算子丟出。這發生在記憶體分配失敗時，例如由於缺少可用記憶體。就擴展而言，任何需要動態記憶體分配的運算都可能引發此異常。此類操作的著名範例包括，例如，複製或新增元素到 std::vector<> 或 std::string 物件。

- 呼叫 std::optional<> 物件的 value() 成員，若此物件不包含值，就會丟出一個 bad_optional_access 異常。但是，optional<> 的 * 和 -> 運算子從不丟出異常。在沒有值的 optional<> 上使用這些值會導致未定義的行為。實際上，這意味著你會讀取垃圾資料。

- std::out_of_range 異常型態用於存取具有無效索引的類別陣列資料結構（通常定義為位於有效範圍 [0, size-1] 之外）。std::string 的各種成員函數都會丟出這個異常，就像存取函數 at() 一樣，例如 std::vector<> 和 std::array<>。對於後者，相應的多載運算子——陣列存取運算子 [] ()——不執行索引的邊界檢查。將無效索引傳遞給這些運算子，將導致未定義的行為。

異常類別定義

所有的標準異常類別都以 exception 為基礎類別，所以你需要了解此類別有哪些成員，因為其他所有的異常類別都會繼承這些成員。exception 類別的定義位於標準函式庫標頭檔 exception 中，定義如下：

```
class exception
{
public:
  exception() noexcept;                      // Default constructor
  exception(const exception&) noexcept;      // Copy constructor
```

```
  exception& operator=(const exception&) noexcept; // Assignment operator
  virtual ~exception();                            // Destructor
  virtual const char* what() const noexcept;       // Return a message string
};
```

這是 public 類別介面規範。一個特定的實作可以有額外的非 public 成員。其他標準異常類別也是如此。成員函數宣告中出現的 noexcept 指定它們不會丟出異常，如前所述。解構函數在預設情況下是空的。注意，這裡沒有資料成員。what() 回傳的以 null 結尾的字串，在函數定義的主體中定義，並且依賴於實作。這個函數被宣告為虛擬函數，因此它在 exception 衍生的任何類別中都是虛擬函數。如果你有一個虛擬函數，它可以傳遞對應於每種異常型態的資訊，那麼你可以使用它來提供一種基本的方法記錄丟出的任何異常。

帶有基礎類別參數的 catch 區塊匹配任何衍生類別異常型態，因此可以使用 exception& 型態的參數攔截任何標準異常。當然還可以使用型態 logic_error& 或 runtime_error& 的參數來攔截衍生自這些型態的任何異常。可以為 main() 函數提供一個 try 區塊，加上一個 catch 區塊來處理 exception 型態的異常：

```cpp
int main()
{
  try
  {
    // Code for main...
  }
  catch (const std::exception& ex)
  {
    std::cerr << typeid(ex).name() << " caught in main: " << ex.what() << std::endl;
    return 1; // Return a non-zero value to indicate failure
  }
}
```

此 catch 區塊可以攔截所有以 exception 類別為基礎的異常，而且會顯示類別型態和 what() 函數回傳的訊息。因此，這簡單的機制提供你關於程式中任意處所丟出且未攔截之異常的資訊。若你的程式所利用的異常類別不是衍生自 exception，則額外以刪節號為參數的 catch 區塊就可攔截其他所有的異常，但是此時你無法得知它們是什麼。使 main() 的主體成為一個 try 區塊是一種方便的應變機制，但是仍然首選更多的區域 try 區塊，因為它們提供了一種直接的方法，來區域化丟出異常時的原始碼。

logic_error 和 runtime_error 類別，只向它們從 exception 繼承的成員加入兩個建構函數。如下面的例子：

```
class logic_error : public exception
{
public:
  explicit logic_error(const string& what_arg);
  explicit logic_error(const char* what_arg);

private:
// ... (implementation specifics)
};
```

runtime_error 的定義類似，除 system_error 外的所有子類別都有接受字串或 const char* 參數的建構函數。system_error 類別新增一個 std::error_code 型態的資料成員，此資料成員記錄錯誤代碼，建構函數提供指定錯誤代碼的功能。有關詳細資訊，可以參考函式庫文件。

標準異常的使用

沒有原因會導致你不應使用定義在標準函式庫的異常類別，但是有數個你應該使用的好理由。你可以兩個方式利用標準函式庫的異常：在自己程式中丟出標準型態的異常，而且用標準異常類別作為自己異常類別的基礎類別。

直接丟出標準異常

顯然地，若要丟出標準異常，應該只在與其目的一致的情況下丟出它們。這意味著不應該丟出 bad_cast 異常，例如，因為這些異常已經具有特定的角色。丟出 std::exception 型態的物件也不那麼有趣，因為它太泛型了。它不提供可以將描述性字串傳遞給它的建構函數。最有趣的標準異常類別是 stdexcept 標頭中定義的那些類別，它衍生自 logic_error 或 runtime_error。要使用一個熟悉的例子，你可能會在一個 Box 類別建構函數中，丟出一個標準的 out_of_range 異常，當一個無效維度作為參數提供時：

```
Box::Box(double lv, double wv, double hv) : length {lv}, width {wv}, height {hv}
{
  if (lv <= 0.0 || wv <= 0.0 || hv <= 0.0)
    throw std::out_of_range("Zero or negative Box dimension.");
}
```

如果任何參數為零或負數，建構函數主體將丟出 out_of_range 異常。當然，原始檔需要包含定義 out_of_range 類別的 stdexcept 標頭檔。out_of_range 型態是一個 logic_error，因此非常適合這種特殊用途。這裡的另一個候選者是更通用的 std::invalid_argument 異常類別。但是，如果沒有一個預先定義的異常類別適合你的需要，那麼可以自己衍生一個異常類別。

衍生自己的異常類別

喜歡從標準異常類別衍生自己類別的主要優點是，你的類別可以變成標準異常家族的一部分。因此你可以在同一個 catch 區塊中攔截標準異常和你自己的異常。例如，若你的異常類別衍生自 logic_error，則具有參數型態為 logic_error& 的 catch 區塊，將攔截你的異常，以及以此類別為基礎的標準異常。以 exception& 為參數的 catch 區塊始終都可以攔截到標準異常──只要你的類別是以 exception 為基礎類別，就可包括你自己的異常。

我們將 Trouble 異常類別衍生自 exception 類別，就可以很簡單的整合 Trouble 異常類別（以及從它衍生出來的異常類別）。我們只需要將類別定義修改成：

```cpp
class Trouble : public std::exception
{
public:
  Trouble(std::string_view errorMessage = "There's a problem");
  virtual const char* what() const noexcept override;

private:
  std::string message;
};
```

這提供基礎類別定義之虛擬成員 what() 的自己實作版本，我們的版本和以前一樣，會顯示類別物件中的訊息。因為它是基礎類別成員的重新定義，所以我們在 what() 的宣告中新增了 override。我們版本的 what() 顯示來自類別物件的訊息，與前面一樣。我們還新增了 noexcept 來表示不會從這個成員丟出異常。事實上，我們必須這樣做，因為任何覆寫 noexcept 函數的函數也必須是 noexcept。同樣值得一提的是，在 const 之後和 override 之前必須始終指定 noexcept。成員函數的定義必須包含，與類別定義中出現的函數相同的異常規範。因此，what() 函數變成了以下內容（不能重複使用虛函數或覆蓋函數）：

```cpp
const char* Trouble::what() const noexcept { return message.c_str(); }
```

▌ **附註** 我們故意沒有在 Trouble 的建構函數中新增 noexcept 指定器。這個建構函數不可避免地必須將給定的錯誤訊息複製到相應的 std::string 資料成員中。這不可避免地涉及字元陣列的分配。至少在原則上，記憶體分配總是可能出錯，並丟出 std::bad_alloc 異常。

更具體的範例是，我們再次回到 Box 類別定義。對於上一節定義的建構函數，可以從 std::range_error 衍生一個異常類別，以提供一個更具體的字串選項，該字串將由標示引發異常的問題的 what() 回傳。你可以這樣做：

```
#ifndef DIMENSION_ERROR_H
#define DIMENSION_ERROR_H
#include <stdexcept>      // For derived exception classes such as std::out_of_range
#include <string>         // For std::to_string() and the std::string type

class dimension_error : public std::out_of_range
{
private:
  double value;
public:
  explicit dimension_error(double dim)
    : std::out_of_range{"Zero or negative dimension: " + std::to_string(dim)}
    , value{dim} {}

  // Function to obtain the invalid dimension value
  double getValue() const noexcept { return value; }
};
#endif
```

建構函數提供一個參數，該參數指定引發異常的維度值。它使用一個新的 string 物件呼叫基礎類別建構函數，該物件是透過連接訊息和 dim 形成的。to_string() 函數的作用是：定義在 string 標頭檔的樣版函數；它回傳參數的 string 表示形式，參數可以是任何數值型態的值。繼承的 what() 函數將回傳建立 dimension_error 物件時傳遞給建構函數的任何字串。這個特殊的異常類別還加入了一個資料成員來儲存無效值，以及一個 public 函數來搜尋它，比如在 catch 區塊中使用它。

下面是如何在 Box 類別定義中使用這個異常類別：

```
// Box.h
#ifndef BOX_H
#define BOX_H
```

```
#include <algorithm>              // For std::min() function template
#include "Dimension_error.h"

class Box
{
private:
  double length {1.0};
  double width {1.0};
  double height {1.0};

public:
  Box(double lv, double wv, double hv) : length {lv}, width {wv}, height {hv}
  {
    if (lv <= 0.0 || wv <= 0.0 || hv <= 0.0)
      throw dimension_error{ std::min({lv, wv, hv}) };
  }

  double volume() const { return length*width*height; }
};
#endif
```

如果任何參數為零或負數，Box 建構函數將丟出一個 dimension_error 異常。
建構函數使用 algorithm 標頭中的 min() 樣版函數來確定維度參數，這是指定
的最小值──這將是最糟糕的錯誤。請注意使用初始化串列來尋找最小的三個
元素。得到的運算式 std::min（{lv, wv, hv}）肯定比 std::min（lv, std::min
（wv, hv））更優雅，你不同意嗎？

下面的範例說明了正在執行的 dimension_error 類別：

```
// Ex15_09.cpp
// Using an exception class
#include <iostream>
#include "Box.h"                   // For the Box class
#include "Dimension_error.h"       // For the dimension_error class

int main()
{
  try
  {
    Box box1 {1.0, 2.0, 3.0};
    std::cout << "box1 volume is " << box1.volume() << std::endl;
    Box box2 {1.0, -2.0, 3.0};
    std::cout << "box2 volume is " << box2.volume() << std::endl;
  }
  catch (const std::exception& ex)
  {
```

```
    std::cout << "Exception caught in main(): " << ex.what() << std::endl;
  }
}
```

此範例的輸出如下：

```
box1 volume is 6
Exception caught in main(): Zero or negative dimension: -2.000000
```

main() 的主體是一個 try 區塊，它的 catch 區塊攔截以 std::exception 為基礎的任何型態的異常。輸出顯示，當維度為負時，Box 類別建構函數丟出一個 dimension_error 異常物件。輸出還顯示，dimension_error 從 out_of_range 繼承的 what() 函數輸出 dimension_error 建構函數呼叫中形成的字串。

▌ **提示**　當丟出異常時，丟出物件，而不是基本型態。這些物件的類別應該總是直接或間接地從 std::exception 衍生。即使宣告了自己的特定於應用的異常階層架構（這通常是一個好主意），也應該使用 std::exception 或其衍生類別之一作為基礎類別。許多流行的 C++ 函式庫已經遵循相同的原則。只使用一個標準化的異常家族，就可以更容易地攔截和處理這些異常。

▌ 摘要

異常是完整 C++ 的一部分。一些運算子會丟出異常，而且我們已經看到標準函式庫用它們來通知錯誤。因此瞭解它們如何運作是重要的，即使你不打算使用自己的異常類別也是一樣。本章涵蓋的重點是：

- ◆ 異常是在程式中用來通知錯誤的物件。
- ◆ 會丟出異常的程式碼通常包含在 try 區塊中，使異常能夠在程式中檢測和處理。
- ◆ 處理 try 區塊丟出的各種型態異常的程式碼會置於 try 區塊後的 catch 區塊中。
- ◆ try 區塊以及其 catch 區塊可巢狀於另一個 try 區塊中。
- ◆ 具有基礎類別型態參數的處理函數，可以攔截衍生類別型態的異常。
- ◆ 參數為刪節號的 catch 區塊將攔截任何型態的異常。
- ◆ 若有異常是所有 catch 區塊都攔截不到的，則會呼叫函數 std::terminate()，立即放棄執行程式。

- 每個資源，包括動態配置的記憶體，都應該始終由 RAII 物件獲取和釋放。這意味著，作為一個規則，在現代 C++ 中，通常不應該再使用 new 和 delete 關鍵字。

- 標準函式庫提供了你應該使用的各種 RAII 型態；你已經知道的包括 std::unique_ptr<>、shared_ptr<> 以及 vector<>。

- 函數的 noexcept 規範表明函數不會丟出異常。如果一個 noexcept 函數丟出了一個它沒有攔截到的異常，則呼叫 std::terminate()。

- 即使解構函數沒有明確的 noexcept 指定器，編譯器也幾乎會為你產生一個。這意味著你絕不能允許異常離開解構函數；否則，會觸發 std::terminate()。

- 標準函式庫在 stdexcept 標頭中定義了一系列標準異常型態，這些型態衍生自 exception 標頭中定義的 std::exception 類別。

習題

15.1 從標準的 std::exception 類別衍生你自己的異常類別 CurveBall，用以表示任意的錯誤，並撰寫函數使其幾乎有 25% 的機會丟出異常（一個方法是產生 0 至 99 之間的亂數，若數字小於等於 25 則丟出異常）。定義函數 main() 呼叫此函數 1,000 次，並記錄及顯示丟出異常的次數。

15.2 定義另一個異常類別 TooManyExceptions，當前一題攔截到的異常數超過 10 時，從處理 CurveBall 異常的 catch 區塊中丟出此型態的異常。

15.3 還記得我們在第 12 章中遇到的 Ex12_11 難題嗎？在這個例子的 Truckload 類別中，我們遇到了一個挑戰，那就是定義一個陣列註標運算子（operator[]），它回傳一個 Box& 參考。問題是，即使提供給函數的索引超出了界限，我們也必須回傳一個 Box& 參考。我們的特別解決方案涉及 "發明" 一個特殊的空物件，但是我們已經注意到這個解決方案存在嚴重缺陷。現在你已經了解了異常，應該能夠最終徹底修復這個函數。選擇適當的標準函式庫異常型態，並使用它從 Ex12_11 正確地重新實作 Truckload::operator[]()。撰寫一個小程式來練習這個運算子的新行為。

15.4 建立一個函數 readEvenNumber()，用於從 std::cin 輸入串流中讀取一個偶數。大約 25% 的情況下，readEvenNumber() 內部會發生一些非常奇怪的事情，從而導致 CurveBall 異常。可以簡單地重用習題 15.1 中的程式碼。然而，通常情況下，函數驗證使用者輸入，如果使用者正確輸入，則回傳偶數。但是，如果輸入無效，函數將丟出以下異常之一：

- 若輸入的值不是數字，則丟出 NotANumber 異常。
- 若輸入負數，則丟出一個 NegativeNumber 異常。
- 若輸入奇數，則丟出一個 OddNumber 異常。

你應該從 std::domain_error 衍生這些新的異常型態，std::domain_error 是標題檔中定義的標準異常型態之一。它們的建構函數應該組成至少包含錯誤輸入值的字串，然後將該字串傳遞給 std::domain_error 的建構函數。

提示： 在嘗試從 std::cin 中讀取整數之後，可以使用 std::cin.fail() 檢查解析該整數是否成功。如果該成員函數回傳 true，則使用者輸入的字串不是數字。注意，一旦串流處於這種失敗狀態，就不能再使用串流，除非你呼叫 std::cin.clear()。此外，使用者輸入的非數字值仍然在串流中——當不能取得整數時，它不會被刪除。例如，可以使用 <string> 中定義的 std::getline() 函數取得它。把這些放在一起，你的程式碼可能包含如下內容：

```
if (std::cin.fail())
{
  std::cin.clear(); // Reset the failure state
  std::string line; // Read the erroneous input and discard it
  std::getline(std::cin, line);
  ...
```

readEvenNumber() 輔助函數就緒後，使用它實作 askEvenNumber()。這個函數將使用者指令印到 std::cout，然後呼叫 readEvenNumber() 來處理實際的輸入和輸入驗證。一旦數字被正確讀取，askEvenNumber() 禮貌地感謝使用者輸入該數字（訊息應該包含該數字本身）。對於 readEvenNumber() 丟出的任何 std::exception，askEvenNumber() 至少應該向 std::cerr 輸出 e.what()。任何不是 domain_error 的異常都將被重新丟出，askEvenNumber() 不知道如何處理這些異常。但是，如果異常是 domain_error，則應該重試請求偶數，除非異常是 NotANumber。若出現 NotANumber，askEvenNumber() 將停止詢問數字，而直接回傳。

最後，撰寫一個 main() 函數，它執行 askEvenNumber() 並攔截可能出現的任何 CurveBall。如果它攔截到一個，它應該輸出 "…hit it out of the park!"。

15.5 Exer15_05 目錄包含一個小程式，它呼叫虛擬資料庫系統的 C 介面（該介面實際上是 MySQL 的 C 介面簡化版本）。與 C 介面一樣，我們的資料庫介面向各種資源回傳所謂的處理函數——一旦你透過呼叫另一個介面函數使用了這些資源，就需要明確地再次釋放它們。在本例中，有兩個這樣的資源：到資料庫的連接和分配給儲存 SQL 查詢結果的記憶體。仔細閱讀 DB.h 中的介面規範，了解應該如何使用該介面。由於這是一個練習，在 Exer15_05 中，這些資源在某些條件下可能會洩漏。你能找出資源洩漏的任何條件嗎？由於這是關於異常的一章中的練習，所以這些條件當然主要涉及異常。

提示：為了理解錯誤處理是多麼微妙，你是否想知道當傳遞一個不包含數字的字串時，std::stoi() 會做什麼？檢查一個標準函式庫參考——或者撰寫一個小測試程式——來找出答案。假設你的客戶住在 10B 或 105/5 號。我們的項目將會發生什麼？如果一個俄羅斯客戶住在 k2，也就是說，房子地址的房號是由字母開頭怎麼辦？同樣，如果有些客戶的房號沒有填寫，也就是說，資料庫中存在的門牌號是空字串怎麼辦？

要修復程式中的資源洩漏，可以加入明確的資源清理敘述，加入更多的 try-catch 區塊等等。但是，對於此習題，我們希望你建立並使用兩個小的 RAII 類別：一個確保活動資料庫連接總是斷開的，另一個釋放為給定查詢結果分配的記憶體。注意，若向 RAII 類別加入強制轉換運算子，以隱式地轉換為它們封裝的處理函數型態（和／或為布林值），甚至可能不需要更改其他程式碼。

注意：使用我們在此建議的方法，主程式仍然使用 C 介面，只是現在它在立即將所有資源處理函數存在 RAII 物件中時才使用 C 介面。這當然是一個可行的選擇，我們已經在實際應用中使用過。不過，另一種方法是使用所謂的*裝飾者*（*decorator*）或包裝器（*wrapper*）設計樣式。然後開發一組 C++ 類別，封裝整個資料庫及其查詢功能。只有這些裝飾者類別才應該直接呼叫 C 介面；程式的其餘部分只是使用 C++ 裝飾者類別的成員。然後設計這些裝飾者類別的介面，使記憶體漏洞不可能發生；程式能夠存取的所有資源都應該始終由一個 RAII 物件管理。C 資源處理函數本身通常不會被程式的其餘部分存取。計算出這種替代方法遠離了本章的主題（異常），但是若必須在更大的 C++ 程式中整合 C 介面，那麼請記住這一點。

16

類別樣版

在第 9 章中，我們學到了編譯器用來建立函數的樣版；本章是關於編譯器可以用來建立類別的樣版。類別樣版是自動產生新類別型態的強大機制。C++ 標準函式庫的很大一部分完全建立在定義樣版的能力之上。函數和類別樣版在整個函式庫中被廣泛使用，以提供通用的實用程式、演算法和資料結構。

在本章中，我們在定義自己的類別將接近章節一系列的結尾。除了介紹類別樣版的基礎知識外，我們還將包括一些稍微偏離主題的部分，其中對程式設計風格有一些更高階的解釋。透過這些討論，我們打算鼓勵你對程式碼中超出功能正確性的方面進行推理。我們將提倡撰寫程式碼，不僅僅是確保計算正確的值。你的程式碼應該易於閱讀和維護等等。當然，我們會提供一些標準技術來幫助你完成這些基本的非功能性需求。

在本章中，你可以會學到以下各項：

- ◆ 何謂類別樣版以及如何定義
- ◆ 何謂類別樣版的實體，以及如何產生
- ◆ 如何在類別樣版定義的主體之外定義類別樣版之成員函數的樣版
- ◆ 型態參數和非型態參數有何差別
- ◆ 類別樣版的靜態成員如何初始化
- ◆ 何謂類別的部分特殊化，如何定義
- ◆ 類別樣版如何巢狀於另一個類別樣版中
- ◆ 為什麼投資高品質的程式碼，不只是要正確的，而且也要易於維護和堅固地抵禦失敗
- ◆ 如何使用 "const-and-back-again" 慣用語來避免重複定義成員函數
- ◆ 何謂 "複製和交換" 慣用語，以及如何使用它來撰寫異常安全的程式碼

了解類別樣版

類別樣版（class template）所依據的觀念與函數樣版相同。類別樣版是**參數化的型態**（*parameterized type*）——也就是說用一個或多個參數產生類別家族的藍圖。當你用類別樣版宣告變數時，編譯器將用此樣版產生對應於宣告知樣版引數的類別定義。每個參數的引數一般都是（但不是一定）型態。你可以此方式利用類別樣版產生任意個不同的類別。重要的是要記住，類別樣版不是類別，而是建立類別的方法，因為這就是定義類別樣版時存在許多限制的原因。

就像是一般的類別，類別樣版有一個名稱，以及一組參數。類別樣版的名稱在其名稱空間中必須是唯一的，所以你不可以在此樣版宣告的名稱空間中，同時具有另一個同名稱的類別或樣版。對每個樣版參數提供引數可從類別樣版中產生類別定義。如圖 16-1 所示。

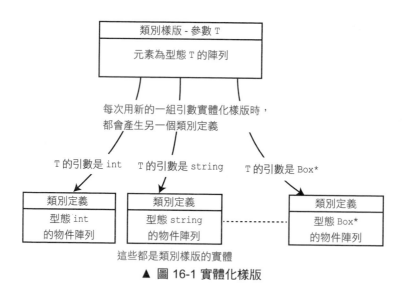

▲ 圖 16-1 實體化樣版

編譯器從樣版中產生的每個類別稱為此樣版的**實體**（*instance*）。你會看到，利用樣版型態宣告的變數會導致樣版實體的產生，但是你也可以明確宣告類別樣版的實體，無須同時宣告變數。從樣版實體化類別不會產生重複，所以某一種樣版實體一旦產生之後，所有此型態的變數宣告都會使用此實體。還可以在不定義變數的情況下建立類別樣版的實體。若樣版不用於產生類別，編譯器不會以任何方式處理原始檔中的類別樣版。

雖然類別樣版有許多應用，但是它們最常見的用法也許是定義容器類別（*container class*）。這些是可以特殊的組織方式容納特定型態之物件集合的類別。例如陣列，或是堆疊，或是鏈結串列的物件，這重點是所用的儲存方法與儲存的物件型態無關。我們已經有了實體化和使用 std::vector<> 和 std::array<> 類別樣版的經驗，這些樣版定義了依順序組織資料的容器。在本章中，我們會學習如何定義自己的類別樣版。

定義類別樣版

當你第一次看到類別樣版的定義時，它們看起來比實際複雜，這是因為定義所用的表示法以及程式碼中的參數。類別樣版的定義基本上與一般類別的定義和類似，但和大部分的事情一樣，麻煩就在細節之中。你要用關鍵字 template 定義類別樣版，並將樣版的參數置於關鍵字 template 之後的角括號中。之後，用關鍵字 class 撰寫樣版類別的定義，後面接著類別名稱和以大括號包住的定義主體。就像是一般的類別，整個定義以分號作結束。因此類別樣版的一般形式是：

```
template <template parameter list>
class ClassName
{
  // Template class definition...
};
```

在此概念性的定義中，ClassName 是樣版的名稱。撰寫樣版的主體就像是撰寫一般類別的主體，不同的是有些成員宣告和定義將以樣版參數撰寫。樣版的參數置於角括號中的逗號做區隔。要從樣版中產生類別，串列中的每個參數都須設定。

樣版參數

樣版參數串列可以包含兩種參數——型態參數（*type parameter*）和非型態參數（*nontype parameter*）——而且在此串列中的參數的數目是沒有限制的。對應於型態參數的引數是型態，如 int、或是 std::string、或是 Box*，而非型態參數的引數是已知型態的值，如 200、整數常數運算式、指向物件的指標或參考、指向函數的指標或空指標。樣版中的型態參數比非型態參數更常見，所以我們稍後再討論非型態參數。

> **▌ 附註**　類別樣版參數還有第三種可能。參數也可以是樣版，其中參數必須是類別樣版的實體。對於本書來說，對這種可能性的詳細討論有點過於進階。

圖 16-2 說明了型態參數的選項。可以使用 class 關鍵字或在參數名稱之前，使用 typename 關鍵字來撰寫型態參數（例如，圖 16-2 中的 typename T）。在這個上下文中，typename 和 class 是同義詞。預設情況下，應該使用 typename，因為類別傾向於包含類別型態，而且在大多數情況下，型態參數不必是類別型態。如果遵循這條準則，那麼就可以為那些型態參數保留 class 關鍵字，這些型態參數實際上應該只作為參數指派給類別型態。

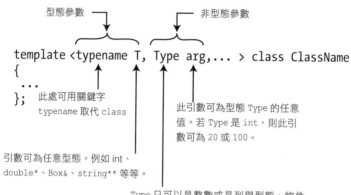

▲ 圖 16-2 類別樣版參數

T 經常代表型態參數的名稱（當樣版中有數個型態參數可以是 T1、T2 等等），但是你可以用你喜歡的任何名稱。通常建議使用更具描述性的名稱，尤其是在有多個型態參數的情況下。通常，型態參數名稱以大寫字母開頭，以區別於一般變數名稱，但這不是必需的。

簡單的類別樣版

我們舉一定義陣列的類別樣版的範例，此陣列會檢查索引值已確定其合理性。標準函式庫提供了陣列樣版的實作，但是建構有限的陣列樣版是學習樣版原理的基礎，我們已經清楚地了解陣列是如何運作的，因此可以專注於樣版的細節。

我們的陣列樣版只有單一的型態參數，所以定義大綱是：

```
template <typename T>
class Array
{
  // Definition of the template...
};
```

Array 樣版只有一個型態參數 T。你可區別那是一個型態參數，因為它的前面是關鍵字 typename。實體化此樣版時，其參數可以放置任何值——int、double*、string 等等——都可決定儲存在結果類別之物件的元素型態。由於這不必是一個類別型態，所以我們使用的關鍵字是 typename 而不是 class。

樣版主體的定義和類別的定義很像，具有宣告為 public、 protected，或 private 的資料成員和成員函數，一般也有建構函數和解構函數。你可用 T 宣告變數，或指定成員函數的參數或回傳型態，包括 T 本身或是型態 T*（指向型態 T 的指標）。而且你可用樣版名稱——此例是 Array<T>——為型態名稱，以及用於建構函數和解構函數的宣告。

我們所需的最基本類別介面是建構函數，以及複製建構函數（因為我們要動態配置陣列的空間）、複製指定運算子（因為若我們不提供編譯器會提供一個）、多載註標運算子，最後是解構函數。這樣我們就可寫出此樣版的最初定義：

```
template <typename T>
class Array
{
private:
  T* elements;                              // Array of type T
  size_t size;                              // Number of array elements

public:
  explicit Array<T>(size_t arraySize);      // Constructor
  Array<T>(const Array<T>& array);          // Copy constructor
  ~Array<T>();                              // Destructor
  T& operator[](size_t index);              // Subscript operator
  const T& operator[](size_t index) const;  // Subscript operator-const arrays
  Array<T>& operator=(const Array<T>& rhs); // Assignment operator
  size_t getSize() const { return size; }   // Accessor for size
};
```

此樣版的主體很像一般的類別定義，不同的是隨處可見 T。例如，資料成員 elements，其型態是 "指向 T 的指標"（等於 "T 的陣列"）。當實體化類別樣版產生特殊的類別定義時，會用實際型態取代 T 實體化樣版。若我們產生型態 double 的樣版實體，則 elements 的型態是 double* 或是 "double 的陣列"。當 T 是類別型態時，樣版需要對 T 型態物件執行的運算顯然會要求定義 T 型態。

第一個建構函數宣告為 explicit，以防止其用於隱式轉換。註標運算子多載為 const。非 const 版本會應用於非 const 的陣列物件，並可回傳陣列元素的非 const 參考。因為這版本可出現在設定敘述的左邊。const 版本只能用於 const 物件，且會回傳元素的 const 參考，顯然這不能出現在設定敘述的左邊。

指定運算子函數參數型態為 const Array<T>&，此型態是 Array<T> 的 *const 參考*。這是從樣版合成的類別——例如若 T 為型態 double——這是對於此特殊類別的類別名稱的 const 參考，在此例中會是 const Array<double>。一般而言，對於樣版的特殊實體類別名稱，是由樣版名稱後接角括號之間實際的型態引數所組成。樣版名稱及角括號之間的參數名稱串列稱為*樣版 ID*（*template ID*）。

在樣版定義中不需使用完整的樣版 ID。在我們的類別樣版主體中，Array 本身的意義就是 Array<T>，因而 Array& 會解釋為 Array<T>&，所以我們可以將類別樣版定義簡化為：

```
template <typename T>
class Array
{
private:
  T* elements;                              // Array of type T
  size_t size;                              // Number of array elements

public:
  explicit Array(size_t arraySize);         // Constructor
  Array(const Array& array);                // Copy constructor
  ~Array();                                 // Destructor
  T& operator[](size_t index);              // Subscript operator
  const T& operator[](size_t index) const;  // Subscript operator-const arrays
  Array& operator=(const Array& rhs);       // Assignment operator
  size_t getSize() const { return size; }   // Accessor for size
};
```

■ **注意** 若你需要在樣版主體外識別樣版，則你*必須*使用樣版 ID。當我們在稍後定義類別樣版成員函數時就會看到這個情況。

最好能夠確定陣列物件中的元素數量，因此 getSize() 成員提供了這一點。
指定運算子可以將一個陣列物件設定給另一個陣列物件——一些你無法用 C++
的一半陣列處理的事物。若你基於某些理由不要此功能，應該在宣告中使用
=delete 宣告 operator=() 函數，以防止編譯器提供預設值（如第 12 章所示）。
getSize() 成員是在類別樣版中實作的，因此預設情況下它是 inline 的，不需
要外部定義。

定義類別樣版的成員函數

你可將成員函數的定義放在類別樣版的主體中，在此情況，它們在任何樣版的
實體中都是 inline，就像是在一般的類別中一樣。但是有時你需要在樣版主體
之外定義成員，尤其當其程式碼很大時。當你這樣做時，語法會有一點不同。

理解語法的線索是，瞭解到類別樣版的成員函數的外部定義本身就是樣版。即
使成員函數不依賴於型態參數 T，這也是正確的，因此如果沒有在類別樣版中定
義 getSize()，則需要一個樣版定義。定義成員函數的函數樣版其參數串列必須
與類別樣版串列相同。

我們在本節中撰寫的所有成員函數定義，都是與類別樣版綁定在一起的樣版。
它們不是函數定義；它們是編譯器在需要產生類別樣版的某個成員函數之程式
碼時使用的樣版，因此它們需要在任何使用樣版的原始檔中都可以使用。由於
這個原因，幾乎都將類別樣版的所有成員函數的定義，放在包含類別樣版本身
的標頭檔中。

建構函數樣版

當你在類別樣版的定義之外定義建構函數時，建構函數的名稱必須用類別樣版
的名稱修飾之，類似於一般的類別成員函數。但是這不是函數定義，它是函數
定義的樣版，所以必須以此方式表達之。下面是建構函數的定義：

```
template <typename T>              // This is a template with parameter T
Array<T>::Array(size_t arraySize) : elements {new T[arraySize]}, size {arraySize}
{}
```

第一行標示這是樣版，而且也指定樣版參數為 T。此處將樣版函數的宣告分為

兩行只是為了說明的目的，若整個建構函數可以用一行表示就不必要分成兩行。在建構函數名稱的修飾中，樣版參數是必須的，因為這是函數定義和類別樣版的聯繫。注意此處**不用**關鍵字 typename——這只用在樣版參數串列，在建構函數名稱之後不需參數串列。對於一個類別樣版的實體，例如型態 double，當啟動其建構函數時，型態名稱會取代建構函數修飾詞中的 T，所以類別 Array<double> 的修飾建構函數名稱會是 Array<double>::Array()。

在建構函數中，我們必須在未用空間中配置 elements 陣列，此陣列含有型態 T 的 size 個元素。若是 T 是類別型態，則在類別 T 中必須有公有的預設建構函數。若沒有，則此建構函數的實體無法編譯。

複製建構函數必須為已產生的物件建立陣列，此陣列與其引數有相同的大小，然後將後者的資料成員複製到前者。此程式碼的定義如下：

```
template <typename T>
Array<T>::Array(const Array& array) : Array{array.size}
{
  for (size_t i {}; i < size; ++i)
    elements[i] = array.elements[i];
}
```

這前提是指定運算子可應用於型態 T。你可看到對於動態配置記憶體的類別，定義指定運算子是很重要的。若類別 T 不定義之，則會使用 T 的預設複製建構函數，對此類別產生不適當的副作用。在使用之前，我們先來了解指定運算子的相依性。

解構函數樣版

在許多情況下，從樣版產生的類別中使用預設解構函數是可以的，但這裡不是這樣。解構函數必須釋放 elements 陣列的記憶體，因此它的定義如下：

```
template <typename T>
Array<T>::~Array()
{
  delete[] elements;
}
```

我們正在釋放為陣列配置的記憶體，因此必須使用運算子的 delete[] 形式。若不能定義此樣版，將導致從該樣版產生的所有類別都有較大的記憶體漏洞。

註標運算子樣版

operator[]() 函數非常簡單，但是我們必須確保不能使用非法索引值。對於超出範圍的索引值，我們可以丟出異常：

```
template <typename T>
T& Array<T>::operator[](size_t index)
{
  if (index >= size)
    throw std::out_of_range {"Index too large: " + std::to_string(index)};

  return elements[index];
}
```

我們可以定義一個異常類別在此使用，但是借用 stdexcept 標頭中已經定義的 out_of_range 類別型態更容易。例如，若你索引 string、vector<> 或 array<> 物件，且索引值超出範圍，則會引發此問題，因此這裡的用法與此一致。若 index 的值不在 0 和 size-1 之間，則丟出 out_of_range 型態的異常。索引不能小於 0，因為它的型態是 size_t，這是一個無號整數型態，所以我們需要檢查的是 index 不是太大。傳遞給 out_of_range 建構函數的參數是一條包含錯誤索引值的訊息，以便更容易地跟蹤問題的根源。

在第一個自然實作中，註標運算子函數的 const 版本，幾乎與非 const 版本相同：

```
template <typename T>
const T& Array<T>::operator[](size_t index) const
{
  if (index >= size)
    throw std::out_of_range {"Index too large: " + std::to_string(index)};

  return elements[index];
}
```

但是，為成員函數的 const 和非 const 多載引入這樣的重複定義，被認為是不好的。它是通常稱為*程式碼重複*（*code duplication*）的特定實體。因為避免程式碼重複是確保程式碼保持可維護性的關鍵，所以在繼續使用類別樣版之前，我們將進一步思考這一點。

程式碼重複

多次撰寫相同或類似的程式碼不是一個好主意。這樣做不僅浪費時間，而且由於許多原因，這種重複的程式碼是不可取的——最明顯的原因是它破壞了程式碼庫的可維護性。需求不斷發展，獲得新的見解，並發現錯誤。因此，一般情況下，程式碼在撰寫之後需要多次調整。因此，若有重複的程式碼片段，這意味著必須調整相同程式碼的所有單獨副本。相信我們，這是一個維護噩夢！避免程式碼重複的原則，有時也稱為 *Don 't Repeat Yourself*（DRY）原則。

即使重複的程式碼只有幾行，通常也值得重新考慮。例如，考慮我們為 Array<> 樣版撰寫的重複 operator[]() 成員定義。現在，假設稍後你希望更改丟出的異常型態、或傳遞給異常的訊息。那麼你必須在兩個地方改變它。這不僅很乏味，而且很容易忘記其中任何一個副本。不幸的是，這種情況在實踐中經常發生；對重複程式碼的更改或 bug 修復，只在一些重複程式碼中進行，而其他重複程式碼仍然包含原始的、現在不正確的版本。若你的程式碼庫中只有一個地方有每個邏輯片段，那麼就不可能發生這種情況。

好消息是，你已經知道了對抗程式碼複製所需的大部分工具。函數是可重複使用的計算和演算法區塊，樣版為任意數量的型態實體化函數或類別，基礎類別封裝衍生類別的所有共同內容等等。所有這些機制的建立都是為了確保你不必重複自己的操作。

消除成員函數的 const 和非 const 多載之間，程式碼重複的傳統方法是，根據其雙 const 實作非 const 版本。雖然這在原則上聽起來很簡單，但是產生的程式碼在開始時可能會讓人望而生畏。自己做好準備。例如，對於我們的 operator[]() 成員，這個慣用語的經典實作如下：

```
template <typename T>
T& Array<T>::operator[](size_t index)
{
  return const_cast<T&>(static_cast<const Array<T>&>(*this)[index]);
}
```

我們警告過會很可怕，不是嗎？好消息是 C++17 引入了一個小的輔助函數 std::as_const()，這使得這段程式碼變得更容易理解：

```
template <typename T>
T& Array<T>::operator[](size_t index)
```

```
{
  return const_cast<T&>(std::as_const(*this)[index]);
}
```

這已經相當短了，可讀性也更好了。不過，由於這是第一次接觸到這個慣用語，所以讓我們先將這個仍然不明顯的 return 敘述，重寫為一些更小的步驟。這將幫助我們解釋到底發生了什麼：

```
template <typename T>
T& Array<T>::operator[](size_t index)
{
  Array<T>& nonConstRef = *this;                      // Start from a non-const ref
  const Array<T>& constRef = std::as_const(nonConstRef); // Convert to const ref
  const T& constResult = constRef[index];             // Obtain the const result
  return const_cast<T&>(constResult);                 // Convert to non-const result
}
```

因為這個樣版產生非 const 成員函數，所以這個指標具有指標到非 const 型態。在我們的例子中，取消對這個指標的參考會給我們一個 Array<T>& 型態的參考。我們需要做的第一件事是向這個型態新增 const。從 C++17 開始，這可以使用標準函式庫標頭中定義的 std::as_const() 函數來完成。給定一個型態為 T& 的值，這個函數樣版將計算型態為 const T& 的值（若你的實作還不包含這個 C++17 實用程式，那麼你需要使用前面所示的等效 static_castconst<T&>）。

接下來，我們只需再次呼叫相同的函數，使用相同的參數集合——在我們的範例中是一個帶有單個 size_t 參數 index 的運算子函數。唯一的區別是，這一次我們呼叫了 reference-to-const 變數上的多載函數，這意味著函數 operator[]（size_t）常數的 const 多載被呼叫。如果我們沒有首先將 const 加到 *this 型態中，只需要再次呼叫相同的函數，這會觸發無窮迴圈。

因為我們現在呼叫 const 物件上的函數，這也意味著它通常回傳一個 const 參考。如果不這樣做，就會破壞 const 正確性。然而，我們需要的是對非 const 元素的參考。因此，在最後一步中，必須在從函數回傳結果之前去掉結果的穩定性。正如你所知，刪除 const 的唯一方法是使用 const_cast<>。

套用 J. R. R. Tolkien 的話，我們建議把它稱為 const-and-back-again。首先從非 const 轉到 const（使用 std::as_const），然後再轉回非 const（使用 const_cast<>）。注意，這個慣用法是少數幾個建議使用 const_cast<> 的情況之一。

一般來說，拋棄 const 被認為是不好的做法。但是，使用反覆呼叫的慣用法來消除程式碼重複是這條規則的一個廣泛接受的例外：

▌提示 使用 const-and-back-again 來避免成員函數的 const 和非 const 多載之間的程式碼重複。一般來說，它的工作原理是使用以下模式實作成員的非 const 多載，即成員的 const 對應項為非 const 多載：

```
ReturnType Class::Function(Arguments)
{
  return const_cast<ReturnType>(std::as_const(*this).Function(Arguments));
}
```

指定運算子樣版

指定運算子的運作方式有不止一種可能性。運算元必須具有相同的 Array<T> 型態和相同的 T，但這並不妨礙 size 成員具有不同的值。你可以實作指定運算子，以便在可能的情況下，左運算元為其 elements 成員保留相同的值。也就是說，如果右運算元的元素比左運算元少，你可以從右運算元複製足夠的元素來填充左運算元的陣列部分。接著可以將多餘的元素保留為它們的原始值，或者將它們設置為預設 T 建構函數產生的值。

然而，為了保持簡單，我們會讓左邊的運算元分配一個新的 elements 陣列，即使前面的陣列已經足夠大，可以容納右邊運算元的元素副本。要實作這一點，指定運算子函數必須釋放目標物件中分配的任何記憶體，然後執行複製建構函數所做的操作。為了確保指定運算子不會使用 delete[] 刪除它自己的記憶體，它必須首先檢查物件是否不相同。下面是定義：

```
template <typename T>
Array<T>& Array<T>::operator=(const Array& rhs)
{
  if (&rhs != this)              // If lhs != rhs...
  {                              // ...do the assignment...
    delete[] elements;           // Release any free store memory

    size = rhs.size;             // Copy the members of rhs into lhs
    elements = new T[size];
    for (size_t i {}; i < size; ++i)
```

```
      elements[i] = rhs.elements[i];
  }
  return *this;                    // ... return lhs
}
```

記住，必須檢查以確保左運算元與右運算元不相同；否則，會釋放 this 指向的物件的 elements 成員的記憶體，然後嘗試在該物件不再存在時將其複製到自身。此形式中的每個指定運算子都必須從這樣的安全檢查開始。當運算元不同時，在建立右運算元的副本之前，釋放左運算元擁有的任何閒置空間記憶體。

異常安全

Array<> 類別樣版的指定運算子，在一般情況下可以很好地運作。但如果出了什麼問題呢？如果在執行過程中發生錯誤並丟出異常怎麼辦？你能在函數程式碼中找到這兩個地方嗎？在繼續閱讀之前，試著找找看。

下面的程式碼片段說明了函數主體中兩個潛在的異常來源：

```
template <typename T>
Array<T>& Array<T>::operator=(const Array& rhs)
{
  if (&rhs != this)
  {
    delete[] elements;

    size = rhs.size;
    elements = new T[size];        // may throw std::bad_alloc
    for (size_t i {}; i < size; ++i)
      elements[i] = rhs.elements[i]; // may throw any exception (depends on type T)
  }
  return *this;
}
```

第一個是運算子 new[]。在前一章中，你了解到，如果由於某種原因無法分配閒置空間記憶體，它會丟出 std::bad_alloc 異常。雖然不太可能，特別是在今天的電腦上，這肯定會發生。也許 rhs 是一個非常大的陣列，它不能在可用記憶體中容納兩次。

■ 附註　由於實際記憶體很大，而且虛擬記憶體很大，所以現在很少出現閒置儲存記憶體分配。因此，大多數程式碼中都省略了檢查或考慮 bad_alloc。不過，考慮

到在本例中我們正在實作一個類別樣版，它的唯一職責是管理一個元素陣列，因此在這裡正確處理記憶體分配失敗似乎是合適的。

異常的第二個潛在來源是 elements[i] = rhs.elements[i] 設定運算式的元素。由於 Array<T> 樣版可以與任何型態 T 一起使用，所以它可能只是為型態 T 實體化，如果指定運算子失敗，則該型態 T 的指定運算子會丟出異常。一個可能的候選者是 std::bad_alloc。正如我們自己的指定運算子所示，設定常常涉及記憶體分配。但一般來說，這可以是任何異常型態。這完全取決於型態 T 的指定運算子的定義。

■ 提示　作為一個規則，你應該假設你呼叫的任何函數或運算子，都可能引發異常，並因此考慮在發生異常時程式碼應該如何表現。此規則的唯一例外是使用 noexcept 關鍵字註解的函數，和大多數解構函數，因為它們通常是隱式的 noexcept。

一旦你確定了所有可能的異常來源，你就必須分析如果實際上丟出異常會發生什麼。在繼續閱讀之前，現在這樣做對你來說也是一個很好的練習。問問自己，若在這兩個位置發生異常，Array<> 物件究竟會發生什麼？

若範例中的 new[] 運算子分配新記憶體失敗，Array<> 物件的元素指標就變成了所謂的**懸擺指標**──指向已回收記憶體的指標。原因是在 new[] 失敗之前，delete[] 已經應用於元素。這意味著即使呼叫者擷取了 bad_alloc 異常，Array<> 物件也已不可用。更糟的是，實際上，它的解構函數幾乎肯定會導致致命的崩潰，因為它將再次對現在懸擺的元素指標應用 delete[]。

注意，像我們前面建議的那樣，在 delete[] 之後為元素分配 nullptr，在這種情況下，它只是傷口上的一個小貼片。由於沒有其他 Array<> 成員函數──例如 operator[]──檢查 nullptr，所以再次發生崩潰只是時間問題。

若一個 for 迴圈內的單獨設定執行失敗，我們只是稍微更好。假設最終抓到罪魁禍首的異常，你只剩下 Array<> 物件第一個元素已經正確分配一個新值，而其餘的仍然是預設建構。我們無法知道有多少成功了。

當呼叫修改物件狀態的成員函數時，通常希望發生以下兩種情況之一。當然，理想情況下，函數完全成功，並將物件帶入它所期望的新狀態。然而，一旦出現任何錯誤阻止了完全的成功，你真正不希望的是，讓物件處於不可預測的中途狀態。將函數的工作留到一半，通常意味著物件變得不可用。一旦出現錯誤，你寧願物件保持或回復到初始狀態。對於我們的指定運算子，這意味著如果設定未能分配和分配所有元素，那麼最終結果應該是 Array<> 物件，仍然指向與設定嘗試之前相同的元素陣列。

正如我們在第 15 章中所說，撰寫正確的程式碼可能只是工作的一半。在遇到意外錯誤時，確保它的行為可靠和健全至少同樣困難。正確的錯誤處理從謹慎的態度開始。也就是說，始終要注意錯誤的可能來源，並確保你了解這些錯誤的後果。幸運的是，一旦你定位並分析了問題區域（隨著時間的推移，會更善於發現這些區域），就會有一些標準技術使你的程式碼在出現錯誤之後能夠正常運行。讓我們看看如何在我們的例子中實作這一點。

可以用來為指定運算子，保證所需的全有或全無行為的程式設計模式，此稱為**複製和交換慣用法**（*copy-and-swap idiom*）。這個想法很簡單。如果你必須修改一個或多個物件的狀態，而修改所需的任何步驟都可能會丟出，那麼你應該遵循以下簡單的方法：

1. 建立物件的副本。
2. 修改這個副本而不是原來的物件，後者仍然保持不變。
3. 如果所有修改都成功，則用副本替換（或**互換**）原始物件。

但是，如果在複製或任何修改步驟中出現錯誤，只需放棄複製的、修改了一半的物件，並讓整個操作失敗。然後原始的物件保持原樣。

雖然這個慣用法幾乎可以應用於任何程式碼，但它通常在成員函數中使用。對於指定運算子，這個慣用語的應用通常是這樣的：

```cpp
template <typename T>
Array<T>& Array<T>::operator=(const Array& rhs)
{
  if (this != &rhs)
  {
    Array<T> copy{rhs};    // Copy...        (could go wrong and throw an exception)
    swap(copy);            // ... and swap! (noexcept)
  }
  return *this;
}
```

需要注意的主要事情是，我們已經根據複製建構函數重寫了設定。自我分配測試現在不再嚴格要求，但是加入它也沒有害處。不過，若省略了它，可以重寫複製指定運算子，使它更簡短：

```
template <typename T>
Array<T>& Array<T>::operator=(Array rhsCopy)  // Copy... (could throw an exception)
{
  swap(rhsCopy);                              // ... and swap! (noexcept)
  return *this;
}
```

當運算子的右側以值傳遞給函數時，就會發生複製建構。

在某種程度上，這實際上是複製和交換慣用語的一個退化實體。複製物件的狀態通常可能需要，在複製和交換階段之間進行任意數量的修改。當然，這些修改總是應用於副本，而不是直接應用於原始物件（在我們的例子中是 *this）。如果複製步驟本身或後續的任何附加修改步驟丟出異常，則自動回收堆疊分配的副本物件，並且原始物件（*this）保持不變。

更新副本完成後，將其資料成員與原始物件的資料成員交換。複製和交換慣用法取決於一個假設，最後一步，也就是交換，可以在沒有任何異常風險的情況下完成。也就是說，在某些成員已經交換而其他成員沒有交換的情況下，不可能發生異常。幸運的是，實作 noexcept 交換函數幾乎都很簡單。

按照慣例，交換兩個物件內容的函數稱為 swap()，並作為一個非成員函數實作，與交換物件的類別位於同一個名稱空間中。（我們知道在 Array<> 樣版中，它也是一個成員函數）。標準函式庫標頭還提供了 std::swap<>() 函數樣版，可用於交換任何可複製資料型態的值或物件。現在可以把這個樣版看作是這樣實作的[1]：

1　實際的 **swap<>()** 樣版在兩個方面不同。首先，如果可能的話，它使用 move 語意移動物件。我們會在下一章討論有關 move 語意的所有內容。其次，這只是有條件的，沒有例外。具體地說，除非它的參數可以毫無例外地移動，否則它什麼也不是。有條件的 **noexcept** 規範是我們在本書中，沒有涉及的更高階的語言特性。

```
template <typename T>
void swap(T& one, T& other) noexcept
{
  T copy(one);
  one = other;
  other = copy;
}
```

將此樣版應用於 Array<> 物件將不是特別有效。被交換物件的所有元素都會被複製幾次。此外,我們永遠不能使用它來交換 *this 並在複製指定運算子中複製——知道為什麼嗎[2]?因此,我們將為 Array<> 物件建立我們自己的、更有效的 swap() 函數。許多標準函式庫型態都存在類似的 std::swap<>() 特殊化。

因為 Array<> 的資料成員是私有的,所以一個選項是將 swap() 定義為夥伴函數。這裡,我們將採用一種稍微不同的方法,標準容器樣版(如 std::vector<>)也遵循這種方法。其思想是首先向 Array<> 新增一個額外的成員函數 swap(),如下所示:

```
template <typename T>
void Array<T>::swap(Array& other) noexcept
{
  std::swap(elements, other.elements);  // Swap two pointers (not their contents!)
  std::swap(size, other.size);          // Swap both sizes
}
```

你可以使用它來實作非成員 swap() 函式:

```
template <typename T>
void swap(Array<T>& one, Array<T>& other) noexcept
{
  one.swap(other); // Forward to public member function
}
```

可以在 Ex16_01A 中找到改進後的 Array<> 樣版的完整程式碼。

2　我們不能在複製指定運算子中,使用 std::swap() 的原因是 std::swap() 將依次使用複製指定運算子。換句話說,在此呼叫 std::swap() 會導致無窮迴圈。

▌ **提示**　根據複製建構函數和 noexcept swap() 函數實作指定運算子。複製和交換慣用法的這個基本實體，將確保為指定運算子，提供所需的全有或全無行為。雖然 swap() 可以作為成員函數加入，但是約定要使物件可交換，需要定義一個非成員 swap() 函數。遵循這個約定還可以確保 swap() 函數被標準函式庫的各種算法使用。

複製和交換慣用法可用於使任何重要的狀態修改異常安全，無論是在其他成員函數中，還是在任何程式碼中。它有許多變體，但概念是相同的。首先複製你想要更改的物件，然後對該複製執行任意數量（零或更多）的風險步驟，並且只有當它們都透過交換複製，和實際目標物件的狀態成功提交更改之後，才可以執行這些步驟。

▌實體化類別樣版

編譯器實體化一個類別樣版，作為一個物件定義的結果，該物件具有由樣版產生的型態。下面有一個例子：

```
Array<int> data {40};
```

編譯這個敘述時，會發生兩件事。建立 Array<int> 類別的定義以便標識型態，並產生建構函數定義，因為必須呼叫它來建立物件。這就是編譯器建立數據物件所需的全部內容，因此這是它從樣版中提供的唯一程式碼。

將包含在程式中的類別定義是，透過在樣版中用 int 替換 T 產生的，但是有一個細微之處。編譯器只編譯程式使用的成員函數，因此不必透過簡單地替換樣版參數，來產生整個類別。僅根據物件、資料的定義，就相當於：

```
class Array<int>
{
private:
  int* elements;                // Array of type int
  size_t size;                  // Number of array elements

public:
  explicit Array(size_t arraySize); // Constructor
  ~Array();                     // Destructor
};
```

唯一的成員函數是建構函數和解構函數。編譯器不會建立或終結物件不需要的任何東西的實體，也不會包含程式中不需要的樣版部分。這意味著類別樣版中可能存在程式碼錯誤，使用該樣版的程式仍然可以編譯、鏈結並成功運行。若錯誤位於樣版中程式不需要的部分，則編譯器不會檢測到這些錯誤，因為它們不包含在編譯的程式碼中。顯然，除了宣告使用其他成員函數的物件之外，你幾乎肯定會在程式中有其他敘述——例如，你總是需要解構函數來終結物件——所以程式中類別的最終版本，將包含超過前面代碼中顯示的內容。重點是，從樣版產生的類別中，最終產生的正是程式中實際使用的那些部分，而這些部分不一定是完整的樣版。

注意 這代表在測試自己的類別樣版時必須小心，以確保產生並測試所有成員函數。還需要考慮樣版在一系列型態中所做的工作，因此需要使用指標和參考作為樣版型態參數來測試樣版。

從定義來實體化類別樣版稱為樣版的**隱式實體化**（*implicit instantiation*），因為它是宣告物件的副產品。此術語還將其與樣版的**明確地實體化**（*explicit instantiation*）區分開來，稍後我們將討論樣版的明確地實體化，它的行為略有不同。

如前所述，數據宣告還會呼叫建構函數 Array<int>::Array()，因此編譯器使用定義建構函數的函數樣版來為類別的建構函數建立定義：

```
Array<int>::Array(size_t arraySize) : elements {new int[arraySize]}, size {arraySize}
{}
```

每次使用具有不同型態參數的類別樣版定義變數時，都會定義一個新類別，並將其包含在程式中。因為建立類別物件需要呼叫一個建構函數，所以還產生了適當的類別建構函數的定義。建立以前建立的型態的物件，並不需要任何新的樣版實體。編譯器根據需要使用任何先前建立的樣版實體。

當使用類別樣版的特定實體的成員函數時（例如，透過呼叫使用樣版定義的物件上的函數），將產生使用的每個成員函數的程式碼。若有不使用的成員函數，則不會建立它們的樣版實體。每個函數定義的建立都是隱式樣版實體化，因為它產生於函數的使用。樣版本身不是可執行程式碼的一部分。它所做的就是讓編譯器自動產生你需要的程式碼。這個過程如圖 16-3 所示。

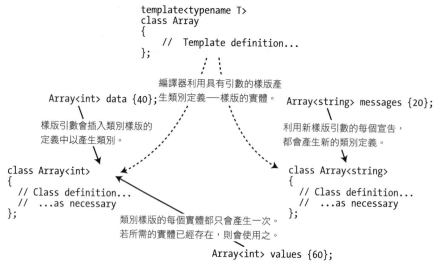

▲ 圖 16-3 類別樣版的隱式實體化

請注意，只有在需要建立特定樣版型態的物件時，才隱式實體化類別樣版。宣告指向物件型態的指標，不會導致建立樣版的實體。下面有一個例子：

```
Array<std::string>* pObject;          // A pointer to a template type
```

這將 pObject 定義為型態 Array<string> 的型態指標。該敘述沒有建立型態為 Array<string> 的物件，因此沒有建立樣版實體。與此相反的是：

```
Array<std::string*> pMessages {10};
```

這一次編譯器確實建立了類別樣版的實體。這定義了一個 Array<std::string*> 物件，因此 pMessages 的每個元素都可以儲存指向 std::string 物件的指標。還將產生定義建構函數的樣版實體。

現在是在範例中嘗試 Array 樣版的時候了。可以將類別樣版和定義樣版的成員函數的樣版放在一個標頭檔 Array.h 中：

```
// Array class template definition
#ifndef ARRAY_H
#define ARRAY_H
#include <stdexcept>          // For standard exception types
#include <string>             // For std::to_string()
#include <utility>            // For std::as_const()

// Definition of the Array<T> template...
```

```
// Definitions of the templates for member functions of Array<T>...
#endif
```

要使用類別樣版，你只需要一個程式，該程式將使用樣版宣告一些陣列並嘗試它們。該範例將建立一個 Box 物件的 Array；可以對 Box 類別使用這個定義：

```
// Box.h
#ifndef BOX_H
#define BOX_H

class Box

{
private:
  double length {1.0};
  double width {1.0};
  double height {1.0};

public:
  Box(double lv, double wv, double hv) : length {lv}, width {wv}, height {hv} {}
  Box() = default;

  double volume() const { return length * width * height; }
};
#endif
```

我們會在範例中使用一些超出範圍的索引值，來說明它是有效的：

```
// Ex16_01.cpp
// Using a class template
#include "Box.h"
#include "Array.h"
#include <iostream>
#include <iomanip>

int main()
{
  try
  {
    const size_t numValues {50};
    Array<double> values {numValues};      // Class constructor instance created

    for (unsigned i {}; i < numValues; ++i)
      values[i] = i + 1;                    // Member function instance created

    std::cout << "Sums of pairs of elements:";
    size_t lines {};
```

```
    for (size_t i {numValues - 1}; i >= 0; --i)
    {
      std::cout << (lines++ % 5 == 0 ? "\n" : "")
                << std::setw(5) << values[i] + values[i - 1];
    }
  }
  catch (const std::out_of_range& ex)
  {
    std::cerr << "\nout_of_range exception object caught! " << ex.what() << std::endl;
  }

  try
  {
    const size_t nBoxes {10};
    Array<Box> boxes {nBoxes};                    // Template instance created
    for (size_t i {} ; i <= nBoxes ; ++i)     // Member instance created in loop
      std::cout << "Box volume is " << boxes[i].volume() << std::endl;
  }
  catch (const std::out_of_range& ex)
  {
    std::cerr << "\nout_of_range exception object caught! " << ex.what() << std::endl;
  }
}
```

此程式產生輸出如下：

```
Sums of pairs of elements:
    99   97   95   93   91
    89   87   85   83   81
    79   77   75   73   71
    69   67   65   63   61
    59   57   55   53   51
    49   47   45   43   41
    39   37   35   33   31
    29   27   25   23   21
    19   17   15   13   11
     9    7    5    3
out_of_range exception object caught! Index too large: 4294967295
Box volume is 1
Box volume is 1
Box volume is 1
Box volume is 1
Box volume is 1
Box volume is 1
Box volume is 1
Box volume is 1
Box volume is 1
Box volume is 1
```

```
Box volume is 1

out_of_range exception object caught! Index too large: 10
```

main() 函數的作用是：建立一個型態為 Array<double> 的物件，該物件隱式地建立一個型態參數為 double 的類別樣版實體。陣列中元素的數量由建構函數 numValues 的參數指定。編譯器還將為建構函數定義建立樣版的實體。

接下來，在第一個 for 迴圈中使用，從 1 到 numValues 的值初始 values 物件的元素。運算式 values[i] 導致建立註標運算子函數的實體。該運算式以 values. operator[](i) 的形式隱式呼叫該實體。因為值不是 const，所以呼叫運算子函數的非 const 版本。如果使用 const-and-back-again 慣用法，則會呼叫運算子的 const 多載。

try 區塊中的第二個 for 迴圈，輸出從陣列結尾開始的連續元素對的和。這個迴圈中的程式碼，還呼叫註標運算子函數，但是因為已經建立了函數樣版的實體，所以沒有產生新的實體。顯然，運算式 values[i-1] 在 i 為 0 時索引值是非法的，因此 operator[]() 函數會丟出異常。catch 區塊擷取此訊息並將一條訊息輸出到標準錯誤流。out_of_range 異常的 what() 函數回傳一個以 null 結尾的字串，該字串對應於建立異常物件時，傳遞給建構函數的 string 物件。從輸出中可以看出，異常是由多載的註標運算子函數引發的，索引值非常大。該索引的值表明，它是透過遞減無號零值而產生的。當註標運算子函數丟出異常時，控制立即傳遞給處理程序，因此不使用非法元素參考，並且在非法索引指示的位置不儲存任何內容。當然，迴圈也立即在這一點結束。

下一個 try 區塊定義了一個可以儲存 Box 物件的物件。這一次，編譯器產生類別樣版 Array<Box> 的一個實體，它儲存了一個 Box 物件陣列，因為之前沒有為 Box 物件實體化樣版。該敘述還呼叫建構函數來建立 boxes 物件，因此將建立建構函數的函數樣版實體。當元素成員在閒置空間中建立時，Array<Box> 類別的建構函數呼叫 Box 類別的預設建構函數。elements 陣列中的所有 Box 物件的預設維度都是 1×1×1。

在 for 迴圈中輸出 boxes 中的每個 Box 物件的體積。運算式 boxes[i] 呼叫多載的註標運算子，因此編譯器再次使用樣版的實體，來產生該函數的定義。當我有值 nBoxes 時，註標運算子函數丟出一個異常，因為 nBoxes 的索引值超出了 elements 陣列的結尾。try 區塊後面的 catch 區塊擷取異常。因為 try 區塊被退出，所有區域宣告的物件都將被終結，包括 boxes 物件。

類別樣版參數推導

回憶起第 9 章中，對於函數樣版，編譯器通常會自動從傳遞給函數實體的參數的型態中，推斷出所有函數樣版參數。在 Ex9_01 中可以看到函數樣版參數的推導：

```
template<typename T> T larger(T a, T b); // Function template prototype

int main()
{
  std::cout << "Larger of 1.5 and 2.5 is " << larger(1.5, 2.5) << std::endl;
  ...
```

不必使用 larger<double>(1.5、2.5) 明確地指定樣版參數。編譯器方便地為你推斷 larger<> 函數樣版的型態參數 T，需要的是 double。

長久以來，類別樣版參數不存在型態推斷。這些參數總是必須明確地指定。當然，有時沒有其他選擇。考慮一下在 Ex16_01 中遇到的變數定義：

```
const size_t numValues {50};
 Array<double> values {numValues};        // Class constructor instance created
```

編譯器不可能從這個變數定義中，推導出樣版參數 double。它只有一個傳遞給建構函數的 size_t 參數。因此，在這種情況下，必須指定樣版參數 double，這才公平。

但是，請考慮以下變數定義，它使用 Array<> 樣版的初始化串列建構函數：

```
Array<double> values{ 1.0, 2.0, 3.0, 4.0, 5.0 };
```

顯然，智慧編譯器可以透過查看建構函數參數的型態來推斷樣版參數。從 C++17 開始，編譯器應該能夠做到這一點。換句話說，從 C++17 開始，你可以簡單地撰寫以下程式碼：

```
Array values{ 1.0, 2.0, 3.0, 4.0, 5.0 };
```

在建構自己的型態或任何數量的標準函式庫型態（如 std::pair、std::tuple、std::vector 等）的值時，類別樣版推斷將為你節省一些輸入。詳細說明精確的內建推斷規則，或者解釋如何使用所謂的使用者定義推斷指引覆寫它們，對於本文的基本介紹來說，這些都太深奧了。好消息是，大多數內建規則都執行得很好。

▌附註 故意不為流行的智慧指標型態 std::unique_ptr<> 和 shared_ptr<> 啟用類別樣版參數推斷。也就是說，不能這樣寫：

```
std::unique_ptr smartBox{ new Box{1.0, 2.0, 3.0} };     // Will not compile!
```

其動機是，通常編譯器無法推斷 Box* 型態的值，是指向單個 Box 還是指向一組 Box。你還記得，指標和陣列是緊密相關的，並且可以互換使用。因此，當使用 Box* 時，編譯器無法知道是推斷 unique_ptr<Box> 還是 unique_ptr<Box[]>。為了初始智慧指標變數，推薦的方法仍然是使用 std::make_unique<>() 和 std::make_shared<>()。下面有一個例子：

```
auto smartBox{ std::make_unique<Box>(1.0, 2.0, 3.0) };
```

▌非型態的類別樣版參數

非型態參數看起來像函數參數——型態名稱後接參數名稱。因此對於非型態參數的引數是特定型態的值。但是在類別樣版中，不能使用任意型態的非型態參數。非型態參數的目的，是用來定義有益於指定容器的值，諸如陣列的維度或是其他的大小標示，或可能是索引值的上下限。

非型態只能是整數型態，如 size_t 或 long、列舉型態、物件的指標或參考，如 string* 或 Box&、函數的指標或是參考，或是類別成員的指標。從此可推知非型態參數不可以是浮點型態或是其他類別型態，所以型態 double、Box 和 string 都是不允許的，std::string** 也不行。記住非型態參數的主要原則是，接受指定容器的大小和範圍限制。當然對應於非型態參數的引數，可以是類別型態的物件，只要參數型態是參考即可。例如，對於型態 Box& 的參數，你可用型態 Box 的任意物件作為引數。

非型態參數的寫法就像是函數參數，型態名稱後接參數名稱。例如：

```
template <typename T, size_t size>
class ClassName
```

```
{
  // Definition using T and size...
};
```

這個樣版有一型態參數 T，和一非型態參數 size。該定義以這兩個參數和樣版名稱來表示。若需要它，型態參數的型態名稱可以做為非型態參數的型態：

```
template <typename T,        // T is the name of the type parameter
          T value>           // T is also the type of this non-type parameter
class ClassName
{
  // Definition using T and value...
};
```

此樣版具有型態 T 之非型態參數 value。在參數串列中，型態 T 必須出現它的使用之前，所以此處 value 不能置於型態參數 T 之前。注意對於型態和非型態參數使用相同符號，對應於 typename 參數的可能引數隱含地限制，在非型態引數所允許的型態範圍中（換言之，T 必須是整數參數型態）。

要說明如何使用非型態參數，假設陣列的類別樣版定義如下：

```
template <typename T, T value>
class Array
{
  // Definition using T and value...
};
```

現在你可用非型態參數 value 在建構函數中，初始陣列的每個元素：

```
template <typename T, T value>
Array<T, value>::Array(size_t arraySize) : elements {new T[arraySize]}, size {arraySize}
{
  for (size_t i {} ; i < size ; ++i)
    elements[i] = value;
}
```

這不是初始陣列成員的非常聰明的方法。這對 T 合法的型態造成了嚴重的約束。因為 T 用作非型態參數的型態，所以它受非型態參數型態的約束。正如你所知，非型態參數只能是整數型態、指標或參考，所以你不能建立 Array 物件，來儲存 double 值或 Box 物件，因此這個樣版的有用性受到一定的限制。

舉個更有說服力的例子，我們向 Array 樣版加入一個非型態參數，以允許索引陣列時的靈活性：

```
template <typename T, int startIndex>
class Array
{

private:
  T* elements;                               // Array of type T
  size_t size;                               // Number of array elements

public:
  explicit Array(size_t arraySize);          // Constructor
  Array(const Array& array);                 // Copy Constructor
  ~Array();                                  // Destructor
  T& operator[](int index);                  // Subscript operator
  const T& operator[](int index) const;      // Subscript operator-const arrays
  Array& operator=(const Array& rhs);        // Assignment operator
  size_t getSize() const { return size; }    // Accessor for size
  void swap(Array& other) noexcept;
};
```

此程式碼新增一個 int 型態的非型態參數 startIndex，其思想是你可以指定要使用在給定範圍內變化的索引值。例如，如果不喜歡 C++ 中的陣列索引，從 0 開始而不是從 1 開始，那麼應該實體化 Array<> 類別，其中 startIndex 等於 1。你甚至可以建立 Array<> 物件，該物件允許索引值從 -10 到 +10。然後，指定非型態參數值為 -10 的陣列，建構函數的參數為 21，因為陣列需要 21 個元素。索引值現在可以是負數，因此，註標運算子函數的參數已經更改為 int 型態。

因為類別樣版現在有兩個參數，定義類別樣版成員函數的樣版，必須有相同的兩個參數。即使有些函數不使用非型態參數，這也是必要的。這些參數是類別樣版標示的一部分，因此要對應樣版，它們必須具有相同的參數串列。讓我們完成這個版本的 Array 類別所需的函數樣版集合。

具有非型態參數的成員函數的樣版

因為已經向類別樣版定義新增了一個非型態參數，所以需要更改所有成員函數樣版的程式碼。建構函數的樣版如下：

```
template <typename T, int startIndex>
Array<T, startIndex>::Array(size_t arraySize)
  : elements{new T[arraySize]}, size{arraySize}
{}
```

樣版 ID 現在是 Array<T, startIndex>，所以這是用來修飾建構函數名稱的。除了向樣版中新增新樣版參數外，這是與原始定義的唯一修改。

對於複製建構函數，樣版的修改是類似的：

```
template <typename T, int startIndex>
Array<T, startIndex>::Array(const Array& array)
  : Array{array.size}
{
  for (size_t i {} ; i < size ; ++i)
    elements[i] = array.elements[i];
}
```

當然，陣列的外部索引並不影響如何在內部存取陣列；它仍然是從 0 開始索引的。

解構函數只需要額外的樣版參數：

```
template <typename T, int startIndex>
Array<T, startIndex>::~Array()
{
  delete[] elements;
}
```

const 註標運算子函數的樣版定義如下：

```
template <typename T, int startIndex>
const T& Array<T, startIndex>::operator[](int index) const
{
  if (index < startIndex)
    throw std::out_of_range {"Index too small: " + std::to_string(index)};

  if (index > startIndex + static_cast<int>(size) - 1)
    throw std::out_of_range {"Index too large: " + std::to_string(index)};

  return elements[index - startIndex];
}
```

此處發生了更重大的變化。索引參數的型態為 int，允許使用負值。對索引值的有效性檢查，現在驗證它位於由非型態樣版參數確定的限制，和陣列中元素的數量之間。索引值只能從 startIndex 到 startIndex+size-1。因為 size_t 是無號整數型態，所以必須明確地將它轉換為 int；若不這樣做，運算式中的其他值將隱式轉換為 size_t，若 startIndex 為負，則會產生錯誤的結果。異常的訊息選擇和選擇異常的運算式也已更改。

最後，需要修改註標運算子，和指定運算子函數的非 const 版本的樣版，但是只需要修改樣版參數串列，和限定這些運算子名稱的樣版 ID。非 const operator[] 的 index 參數型態也必須是 int，而不是 size_t，因為這個版本的陣列的索引可以是負數。

```
template <typename T, int startIndex>
T& Array<T, startIndex>::operator[](int index)
{
  // Use the 'const-and-back-again' idiom to avoid code duplication:
  return const_cast<T&>(std::as_const(*this)[index]);
}

template <typename T, int startIndex>
Array<T, startIndex>& Array<T, startIndex>::operator=(const Array& rhs)
{
  // Exactly the same as before...
}
```

注意，如果我們沒有使用 operator[]() 的 const-and-back-again 慣用法，我們將再次不得不複製運算子多載函數的實作。

在樣版中如何使用非型態參數有一些限制。特別是，不能在樣版定義中修改參數的值。因此，不能在設定的左側使用非型態參數，也不能對其應用遞增或遞減運算子。換句話說，它被當作常數。必須始終指定類別樣版中的所有參數來建立實體，除非它們有預設值。我們會在本章後面討論類別樣版參數的預設參數值的使用。

必須記住，類別樣版中的非型態參數參數是樣版實體型態的一部分。每個樣版參數的唯一組合，都會產生另一個類別型態。如前所述，與原始樣版相比，Array<T, int> 樣版的用處非常有限。如果陣列的起始索引不同——陣列將具有不同的型態，則不能將具有特定型態的十個值的陣列分配，給具有相同型態的十個值的陣列。在本章的後面，我們將討論一個更有效的陣列樣版版本，其中 start 索引作為一個額外的建構函數參數傳遞。在類別樣版中使用非型態參數時，你應該再三考慮，以確保它們確實是必需的。通常，你可以使用另一種方法來提供更靈活的樣版和更高效的程式碼。

儘管帶有非型態參數的陣列樣版有這些缺點，但讓我們在一個工作範例中看看它的實際應用。你只需要將成員函數樣版的定義，與帶有非型態參數的陣列樣版定義，組合到一個標頭檔中。下面的範例將使用 Ex16_01 中的 Box.h 來練習這些新特性：

```cpp
// Ex16_02.cpp
// Using a class template with a non-type parameter
#include "Box.h"
#include "Array.h"
#include <iostream>
#include <iomanip>
#include <typeinfo> // For use of typeid()

int main()
{
  try
  {
    try
    {
      const size_t size {21};                            // Number of array elements
      const int start {-10};                             // Index for first element
      const int end {start + static_cast<int>(size) - 1}; // Index for last element

      Array<double, start> values {size};      // Define array of double values

      for (int i {start}; i <= end; ++i)       // Initialize the elements
        values[i] = i - start + 1;

      std::cout << "Sums of pairs of elements: ";
      size_t lines {};
      for (int i {end}; i >= start; --i)
      {
        std::cout << (lines++ % 5 == 0 ? "\n" : "")
                  << std::setw(5) << values[i] + values[i - 1];
      }
    }
    catch (const std::out_of_range& ex)
    {
      std::cerr << "\nout_of_range exception object caught! " << ex.what() << std::endl;
    }

    const int start {};
    const size_t size {11};

    Array<Box, start - 5> boxes {size}; // Create array of Box objects

    for (int i {start - 5}; i <= start + static_cast<int>(size) - 5; ++i)
      std::cout << "Box[" << i << "] volume is " << boxes[i].volume() << std::endl;
  }
  catch (const std::exception& ex)
```

```
    {
        std::cerr << typeid(ex).name() << " exception caught in main()! "
            << ex.what() << std::endl;
    }
}
```

輸出如下：

```
Sums of pairs of elements:
    41    39    37    35    33
    31    29    27    25    23
    21    19    17    15    13
    11     9     7     5     3
out_of_range exception object caught! Index too small: -11
Box[-5] volume is 1
Box[-4] volume is 1
Box[-3] volume is 1
Box[-2] volume is 1
Box[-1] volume is 1
Box[0] volume is 1
Box[1] volume is 1
Box[2] volume is 1
Box[3] volume is 1
Box[4] volume is 1
Box[5] volume is 1
class std::out_of_range exception caught in main()! Index too large: 6
```

main() 的整個主體被包含在一個 try 區塊中，這個 try 區塊擷取所有未擷取的異常，這些異常的基礎類別是 std::exception。巢狀的 try 區塊首先定義常數，這些常數指定索引值的範圍和陣列的大小。size 和 start 變數用於建立陣列樣版的實體，以儲存 double 型態的 21 個值。第二個樣版參數對應於非型態參數，並指定陣列索引值的下限。陣列的大小由建構函數參數指定。

後面的 for 迴圈將值分配給 values 物件的元素。迴圈索引 i 從下限開始（-10）運行，直到並包括上限結束（+10）。在迴圈中，陣列元素的值被設為從 1 運行到 21。

接下來，從最後一個陣列元素開始倒數，輸出連續元素對的和。lines 變數用於輸出 5 到一行的和。與前面的範例一樣，索引值的鬆散控制導致運算式 values[i-1] 引發 out_of_range 異常。巢狀 try 區塊的處理程序擷取它，並顯示你在輸出中看到的訊息。

建立用於儲存 Box 物件的陣列的敘述，位於 main() 的主體的外部 try 區塊中。

boxes 的型態是 Array<Box.start-s>，它說明了在樣版實體化中，運算式作為非型態參數的參數值，是可以接受的。這種運算式的型態必須對應參數的型態，或者至少可以透過隱式轉換轉換為適當的型態。你需要注意這樣的運算式是否包含 > 字元。下面有一個例子：

```
Array<Box, start > 5 ? start : 5> boxes{42};          // Will not compile!
```

使用條件運算子的第二個參數之運算式的目的是，提供一個至少為 5 的值，但是按照目前的情況，這個值不能編譯。運算式中的 > 與左角括號配對，並關閉參數串列。括號是使宣告有效的必要條件：

```
Array<Box, (start > 5 ? start : 5)> boxes{42};        // OK
```

對於包含箭頭運算子（->）或右移運算子（>>）的非型態參數的運算式，也可能需要括號。

下一個 for 迴圈丟出另一個異常，這一次是因為索引超過了上限。異常由 main() 主體的 catch 區塊擷取。參數是對基礎類別的參考，輸出顯示異常被標識為 std::out_of_range 型態，從而表明沒有使用參考參數進行物件切割。擷取這兩個異常的方法有很大的不同。在 main() 主體的 catch 區塊中擷取異常，意味著程式到此為止。前一個異常是在巢狀 try 區塊的 catch 區塊中擷取的，因此可以允許程式繼續執行。

程式碼可讀性

現在是討論關於程式碼品質的時候了。對於 Ex16_02，我們對 Array<> 類別樣版使用了 operator[]() 的以下實作：

```
template <typename T, int startIndex>
const T& Array<T, startIndex>::operator[](int index) const
{
  if (index < startIndex)
    throw std::out_of_range {"Index too small: " + std::to_string(index)};

  if (index > startIndex + static_cast<int>(size) - 1)
    throw std::out_of_range {"Index too large: " + std::to_string(index)};

  return elements[index - startIndex];
}
```

雖然這段程式碼在功能上沒有什麼錯誤，但是你必須至少考慮兩次，才能確信

if 敘述中的條件實際上是正確的，特別是第二個敘述中的條件。如果是這樣，你可能會發現下面的版本更容易理解：

```cpp
template <typename T, int startIndex>
const T& Array<T, startIndex>::operator[](int index) const
{
  // Subtract startIndex to obtain the actual index into the elements array
  const int actualIndex = index - startIndex;

  if (actualIndex < 0)
    throw std::out_of_range {"Index too small: " + std::to_string(index)};

  if (actualIndex >= size)
    throw std::out_of_range {"Index too large: " + std::to_string(index)};

  return elements[actualIndex];
}
```

透過首次計算實際索引，我們大大簡化了這兩種條件下的邏輯。剩下的就是將 actualIndex 與 elements 陣列的實際邊界進行比較。換句話說，剩下的就是檢查 actualIndex 是否位於半開區間 [0, size)，這是任何 C++ 程式設計師比使用 startIndex 更習慣的東西。由此可見，現在情況變得更加明顯，即這些條件是正確的。

第二個 if 條件現在使用 >=，所以我們不再需要從大小中減去 1。這也消除了對 static_cast 的需要。

這可能還不是最有說服力的例子，但我們在此想要傳達的教訓是，專業程式設計不僅僅是撰寫正確的程式碼。撰寫可讀性高的程式碼同樣重要。事實上，這樣做對於避免 bug 和保持程式碼的可維護性已經有了很大的幫助。

▌ 提示 一旦你寫了一段程式碼，無論大小，你都應該養成退一步的習慣，站在一個以後必須閱讀，和理解你程式碼的人的立場上思考。這可能是一個負責修復 bug 或做一些小改動的同事，也可能是一兩年後的你（很有可能你已經不記得寫過了）。問問你自己，我能不能重寫程式碼，使它更易於閱讀？更容易理解？我不應該透過加入更多的程式碼註解來澄清問題嗎？一開始，可能會覺得這很困難、很耗時，甚至抓不到訣竅。但是相信我們，一段時間後，這將成為第二天性，在某個時候，會發現自己從一開始，就已經在撰寫高品質的程式碼了。

對應於非型態參數的引數

對於不是參考或指標的非型態參數，必須是編譯時期的常數運算式。這意思是你不能使用，含有非 const 整數變數之運算式作為引數，這有一點不便，但是編譯器可確認此引數的有效性，所以不會造成極大的不便。例如下面的敘述會編譯失敗：

```
int start {-10};
Array<double, start> values{ 21 };    // Won't compile because start is not const
```

編譯器對於第二個無效的引數會產生訊息。這兩個敘述的正確版本是：

```
const int start {-10};
Array<double, start> values{ 21 };    // OK
```

現在的 start 宣告為 const，編譯器相信其值，兩個樣版引數目前都是合理的。若引數需要配合參數型態，則編譯器也會對引數做標準轉換。例如若有一個非型態參數宣告為型態 const size_t，則編譯器會將整數文字如 10 轉換為需要的引數型態。

非型態樣版參數與建構函數參數

除了樣版參數必須是編譯時常數之外，Array<> 的定義還有其他一些嚴重的缺點，我們在本節中一直在使用：

```
template <typename T, int startIndex>
class Array;
```

新增 startIndex 樣版參數的結果是，參數的不同值會產生不同的樣版實體。這意味著從 0 索引的 double 值陣列，與從 1 索引的 double 值陣列將是不同的型態。如果在程式中同時使用這兩個類別，則將從樣版建立兩個獨立的類別定義，每個類別定義都具有所使用的任何成員函數。這至少有兩個不受歡迎的後果。首先，你將在程式中獲得比預期多得多的已編譯程式碼（這種情況稱為程式碼膨脹）；其次，且更糟的是，將無法在運算式中混合這兩種型態的元素。下列程式碼無法編譯，例如：

```
Array<double, 0> indexedFromZero{10};
Array<double, 1> indexedFromOne{10};
indexedFromOne = indexedFromZero;
```

透過在建構函數中新增一個參數，而不是使用非型態樣版參數，為索引值的範圍提供靈活性，這樣會更好。這是它的樣子：

```
template <typename T>
class Array
{
private:
  T* elements;                                // Array of type T
  size_t size;                                // Number of array elements
  int start;                                  // Starting index value

public:
  explicit Array(size_t arraySize, int startIndex=0); // Constructor
  Array(const Array& array);                  // Copy Constructor
  ~Array();                                   // Destructor
  T& operator[](int index);                   // Subscript operator
  const T& operator[](int index) const;       // Subscript operator-const arrays
  Array& operator=(const Array& rhs);         // Assignment operator
  size_t getSize() const { return size; }     // Accessor for size
  void swap(Array& other) noexcept;
};
```

額外的成員 start 儲存第二個建構函數參數指定的陣列起始索引。startIndex 參數的預設值為 0，因此預設情況下獲得正常索引。你必須更新複製建構函數和 swap() 方法來考慮這個額外的成員。

預設的樣版參數值

在類別樣版中，你可對型態和非型態參數提供預設值。若某一類別樣版參數有預設值，則此串列中其後的所有參數都必須指定預設值。若你省略具有預設值之類別樣版參數的引數，則會使用預設值，就像是函數的預設參數值。同樣的，當你省略參數串列的某一引數，則其後的所有引數也必須都省略。

類別樣版參數的預設值與函數參數的預設值寫法相同——在參數名稱之後加入 =。在具有非型態參數的 Array 樣版中，我們可以對兩個參數提供預設值。例如：

```
template <typename T = int, int startIndex = 0>
class Array
{
  // Template definition as before...
};
```

不需要在成員函數的樣版中指定預設值。編譯器將使用參數值來實體化類別樣版。

可以省略所有樣版參數，來宣告一個 int 型態的元素陣列，此陣列的索引從 0 開始。

```
Array<> numbers {101};
```

合法的索引值從 0 至 100，由非型態樣版參數的預設值和建構函數的引數決定之。即使在此無引數的情況，我們仍需要提供角括號。這還有其他的可能性，就是省略第二個引數，或是提供全部的引數。例如：

```
Array<std::string, -100> messages {200}; // Array of 200 string objects indexed from -100
Array<Box> boxes {101};                  // Array of 101 Box objects indexed from 0
```

若一個類別樣版其所有參數都有預設值，則只會在原始檔的第一次樣版宣告中指定之（當然這可能也是此樣版的定義）。

明確地樣版實體化

至目前為止，我們都是隱含地產生類別樣版的實體，這是因為宣告樣版型態的變數。你亦可明確地實體化類別樣版和函數樣版。明確的實體化樣版的結果是編譯器會產生你指定之參數值所決定的實體。

我們在第 9 章已經看過如何明確定實體化函數樣版。要實體化類別樣版，只要使用關鍵字 template 後面跟著樣版類別名稱，和你要使用的樣版引數。你可用下面的宣告明確地產生 Array 樣版的實體：

```
template class Array<double, 1>;
```

這產生的樣版實體可以儲存型態 double 的值，並從 1 開始索引。明確地實體化類別樣版會產生類別型態定義,而且它會實體化此類別樣版的所有成員函數。無論你是否呼叫成員函數,都會發生這種情況,因此可執行檔案可能包含從未使用過的程式碼。

▌提示 可以使用明確地實體化,來快速測試新的類別樣版及其所有成員,是否為一個或多個型態實體化。它省去撰寫呼叫所有成員函數的程式碼的麻煩。

▌類別樣版特殊化

可能有許多情況是,類別樣版的定義無法滿足每一種可能的引數型態。例如,你可用多載的比較運算子比較 string 物件,但是不能對空字元結尾字串做同樣的事。若你的樣版用比較運算子比較物件,則它可以處理 string 型態,而不能處理 char* 型態。要比較型態 char* 的物件,需要使用宣告在標頭檔 cstring 中的比較函數。要處理這種問題的一個選擇是,你可定義類別樣版特殊化(*class template specialization*),它提供一個特定於樣版參數的給定參數集合的類別定義。

定義類別樣版特殊化

類別樣版特殊化是類別定義,而不是類別樣版。例如 char*,編譯器使用你為該型態定義的特殊化,而不是使用樣版從特定型態的樣版產生類別。因此,類別樣版特殊化提供了一種方法,可以預先定義類別樣版的實體,編譯器將使用這些實體來指定樣版參數的參數集合。

假設我們要產生 Array<> 樣版對於 const char* 型態的第一個特殊化版本。也許是因為你想用指向空字串("")的指標,而不是空指標來初始陣列的元素。我們將類別樣版定義如下:

```
template <>
class Array<const char*>
{
  // Definition of a class to suit type const char*...
};
```

const char* 型態的 Array 樣版的特殊化定義之前,必須有原始樣版定義或原始樣版宣告。由於所有參數都已指定，因此稱為樣版的 **完全特殊化**（*complete specialization*），這就是為什麼 template 關鍵字後面的角括號是空的。編譯器總是在類別定義可用時使用它，所以編譯器不需要考慮為 const char* 型態實體化樣版。

在類別樣版中，也許只有一兩個成員函數，需要對此特殊型態撰寫特殊化的程式碼。若由不同的函數樣版定義成員函數，而不是定義在類別樣版的主體中，則你只需提供特殊化的函數樣版。

部分樣版特殊化

我們用兩個參數特殊化樣版，但是可能只希望指定特殊化版本的型態參數，而開放非型態參數。這稱為 Array<> 樣版的部分特殊化（*partial specialization*），其定義如下：

```
template <int start>              // Because there is a parameter...
class Array<const char*, start>   // This is a partial specialization...
{
  // Definition to suit type const char*...
};
```

原始樣版的這種特殊化也是一個樣版。在關鍵字 template 之後的參數串列，表示要實體化此特殊化樣版需指定的參數——就像這個。這裡省略第一個參數，因為它現在是固定的。樣版名稱之後的角括號，標示原始樣版定義中，如何指定這些參數。此處的串列和原始未特殊化的樣版參數，必須有相同的參數數目。此特殊化的第一個參數是 const char*，另一個參數標示為樣版中的參數名稱，因此未特殊化。

除了特別考慮以 const char* 作為型態參數產生樣版實體之外，一般而言指標也是特殊的一群，其處理方式會不同於物件和參考。當你用指標型態實體化樣版時，要取得適當的比較結果，在比較之前需要先解參考變數，否則你只是在比較位址，而不是比較存在位址中的物件或是值。

對此情況，你可定義另一個部分特殊化的樣版。在此情況的一個參數不是完全固定，但是它必須符合樣版名稱之後的串列中所指定的特殊模式。例如，針對指標的 Array 樣版部分特殊化其程式碼如下：

```
template <typename T, int start>
class Array<T*, start>
```

```
{
    // Definition to suit pointer types other than const char*...
};
```

第一個參數仍是 T，但是樣版名稱之後角括號中的 T*，表示此定義要用於 T 為指標的實體上。其他兩個參數依然是變數，所以此特殊化可用於第一個引數為指標的任何實體。

從多個部分特殊化中選擇

我們產生了剛剛討論的兩個特殊的 Array 樣版——一個是為了型態 const char*，一個是為了指標型態。但是我們如何確定編譯器在做實體化時，如何選擇適於 const char* 的版本？例如考慮下面的宣告敘述：

```
Array<Box*, -5> boxes {11};
```

很顯然的，這只適合處理指標的特殊化版本，但是若如下的敘述，則兩個部分特殊化都是合適的：

```
Array<const char*, 1> messages {100};
```

在此範例中，編譯器可以決定 const char* 部分特殊化是較適當的，因為它比另一個更特殊化。const char* 的部分特殊化樣版，比一般指標的特殊化樣版更特殊，因為選擇 const char* 特殊化的狀況——恰巧是 const char*——也都可以選擇 T* 特殊化，但反之則不成立。

當每個對應給定特殊化的參數都對應另一個參數時，一個特殊化比另一個特殊化更特殊化，但反之則不成立。因此，可以考慮對樣版的一組特殊化進行排序，從最特殊化到最不特殊化。當多個樣版特殊化可能適合給定的宣告時，編譯器將從中選擇並應用最特殊化的特殊化。

在類別樣版使用 static_assert()

當類別樣版中的型態參數不合適時，可以使用 static_assert() 使編譯器輸出訊息並導致編譯失敗。預設情況下，static_assert() 有兩個參數；當第一個參數為 false 時，編譯器輸出由第二個參數指定的訊息。若省略第二個參數，編譯器會產生一條預設訊息。

為了防止濫用類別樣版，static_assert() 的第一個參數將使用 type_traits 標頭中的一個或多個樣版。它們測試型態的屬性，並以各種方式對型態進行分類。type_traits 標頭中有很多樣版，所以在下表中我們只提到幾個樣版，以便讓你了解這些可能性，並讓你在標準函式庫文件中探索其他的樣版。這些樣版都在 std 名稱空間中定義。

樣版	結果
is_default_constructible_v<T>	只有當型態 T 是預設可建構的時才為 true，代表對於類別型態，該類別有一個無參數建構函數
is_copy_constructible_v<T>	若型態 T 是可複製建構的，則為 true，代表對於類別型態，該類別具有複製建構函數
is_assignable_v<T>	若型態 T 是可設定的，則為 true，代表對於類別型態，它具有指定運算子函數
is_pointer_v<T>	若型態 T 是指標型態，則為 true，否則為 false
is_null_pointer_v<T>	只有當型態 T 的型態為 std::nullptr_t 時才為 true
is_class_v<T>	只有當型態 T 是類別型態時才為 true

很容易對這些樣版所發生的事情感到疑惑。請記住，這些樣版在編譯時是相關的。舉個例子來說明如何使用這些。修改 Ex16_01 以在運算中顯示這一點。首先，註解掉 Box.h 中產生預設建構函數的 Box 類別定義中的敘述：

```
class Box
{
private:
  double length {1.0};
  double width {1.0};
  double height {1.0};

public:
  Box(double lv, double wv, double hv) : length {lv}, width {wv}, height {hv} {}
// Box() = default;
  double volume() const { return length * width * height; }
};
```

接著，為 type_traits 標頭加入一個 #include 指令到 Array.h，並新增一條敘述後面跟著 Array 樣版主體的左大括號：

```
#include <stdexcept>        // For standard exception types
#include <string>           // For to_string()
#include <utility>          // For std::as_const()
#include <type_traits>
```

```
template <typename T>
class Array
{
  static_assert(std::is_default_constructible_v<T>, "A default constructor is required.");

// Rest of the template as before...
};
```

現在可以重新編譯這個範例，當然，它會失敗。static_assert() 的第一個參數
是 T 當前型態參數的 is_default_constructible_v<T> 值。從預設建構函數中
刪除註解可以允許編譯成功。完整的範例在下載的程式碼中，Ex16_03。

▌**附註**　若 Box 類別沒有預設建構函數，無論是否在 Array<> 樣版中新增 static_
assert()，範例都會無法編譯。畢竟，實體化的程式碼嘗試使用未定義的預設建構
函數。然而當樣版實體化編譯失敗時，C++ 編譯器會產生複雜出了名的診斷訊息。
自己嘗試一下會很有學習的意義，所以請註解掉 Box() 預設建構函數和 static_
assert()，然後重新編譯。若類別的使用者可能使用不受支援的樣版參數，那麼使
用 static_assert() 宣告來改進編譯診斷是很常見的。注意，static_assert() 宣
告也作為程式碼文件，向閱讀程式碼的人傳遞使用意圖。

▌類別樣版的夥伴

因為類別可以擁有夥伴，所以類別樣版也可以有類別樣版、函數夥伴或是其他
的樣版夥伴，若類別是樣版的夥伴，則其所有的成員函數也是此樣版每個實體
的夥伴。若函數是樣版的夥伴，則為此樣版所有實體的夥伴。

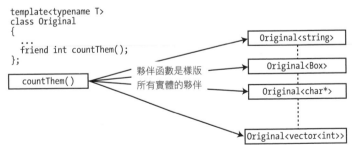

▲ 圖 16-4 類別樣版的夥伴函數

若樣版為樣版的夥伴，則會有一點不同。因為它們有參數，樣版類別的參數串列，通常包含定義夥伴樣版的所有參數。這是標示夥伴樣版實體所需要的，這夥伴樣版是原始類別樣版之特定實體的夥伴。但是程式有用到的夥伴函數樣版才會作實體化。如圖 16-5 所示，getBest() 是函數樣版。

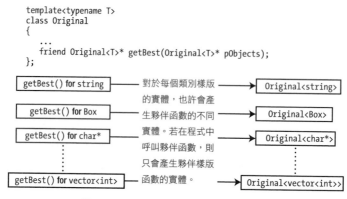

▲ 圖 16-5 為類別樣版的夥伴的函數樣版

雖然圖 16-5 的範例中，每個類別樣版實體有唯一一個夥伴樣版實體，但這不是絕對的情況。若類別樣版有一些參數不是夥伴樣版的參數，則夥伴樣版的單一實體也許可以服務數個類別樣版的實體。

注意一般的類別也許有類別樣版或是函數樣版的夥伴。在此情況，樣版的所有實體都是此類別的夥伴。

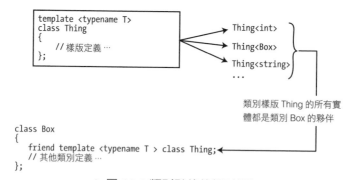

▲ 圖 16-6 類別夥伴的類別樣版

Box 類別中的宣告有 friend 宣告的樣版，這可以有效地為從 Thing 樣版產生的每個類別，產生一個 friend 宣告。若沒有 Thing 樣版的實體，那麼 Box 類別就沒有夥伴。

具巢狀類別的類別樣版

類別樣版定義可以包含巢狀類別或是巢狀類別樣版（*nested class template*）。巢狀類別樣版具有各自的參數，所以你有二維的能力產生類別。處理此情況不是本書討論的範圍，但是我們可用巢狀類別研究類別樣版的一些觀念。

我們舉一個特殊的範例。假設我們要實作一個堆疊，這是 "先進後出（last in, first out）" 的儲存機制。"推入（*push*）" 運作將一個項目儲存在堆疊的頂端，而 "彈出（*pop*）" 運作則從堆疊頂端取出資料項。我們希望堆疊可以儲存任何種類的物件，所以這是樣版的本質。

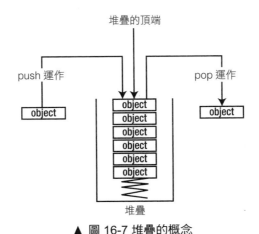

▲ 圖 16-7 堆疊的概念

Stack 樣版的樣版參數是型態參數，可標示堆疊中物件的型態，示意圖初步的樣版定義如下：

```
template <typename T>
class Stack
{
  // Detail of the Stack definition...
};
```

若我們希望堆疊可以自動長大，不可以使用固定的儲存空間，來儲存堆疊中的物件。堆疊會隨著物件的推入彈出而自動長大縮小，提供此功能的一個方法是將堆疊實作為鏈結串列。鏈結串列中的節點可以在未用空間中產生，而且堆疊只需要記住堆疊頂端的節點。如圖 16-8 的說明。

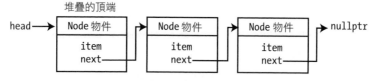

▲ 圖 16-8 鏈結串列的堆疊

當我們產生空堆疊時，指向串列開頭的指標為空指標，所以我們可利用它沒有包含任何 Node 物件的事實，來表示堆疊是空的。只有 Stack 物件才需要存取堆疊中的 Node 物件。Node 物件只是用於封裝儲存在堆疊中的物件的內部物件，因此 Stack 類別之外的任何人，都不需要知道型態 Node 的存在。

在 Stack 樣版的每個實體中需要巢狀類別，因為 Stack 樣版會定義串列中的節點，且節點必須儲存型態 T 的物件，T 是 Stack 樣版的參數型態，故將它定義為巢狀類別。我們將此加至 Stack 樣版的最初大綱中：

```
template <typename T>
class Stack
{
private:
    // Nested class
    class Node
    {
      public:
        T item {};                      // The object stored in this node
        Node* next {};                  // Pointer to next node

        Node(const T& item) : item {item} {}  // Create a node from an object
    };

  // Rest of the Stack class definition...
};
```

因為 Node 類別宣告為 private，可以宣告所有的成員為 public，所以可從 Stack 樣版的成員函數直接存取之。Node 物件以值儲存一個 T 物件。當物件推入堆疊時，會使用建構函數，此建構函數的參數是型態 T 之物件的 const 參考，此物件的副本儲存在新的 Node 物件的 item 成員中。Stack 類別樣版的剩餘部分，以支援圖 16-8 所示的 Node 物件鏈結串列如下：

```
template <typename T>
class Stack
{
  private:
    // Nested Node class definition as before...

    Node* head {};                           // Points to the top of the stack

  public:
    Stack() = default;                       // Default constructor
    Stack(const Stack& stack);               // Copy constructor
    ~Stack();                                // Destructor
    Stack& operator=(const Stack& rhs);      // Copy assignment operator

    void push(const T& item);                // Push an object onto the stack
    T pop();                                 // Pop an object off the stack
    bool isEmpty() const;                    // Empty test
    void swap(Stack& other) noexcept;
};
```

我們前面提過，Stack<> 物件只需要 "記住" 頂端節點，因此它只有一個資料
成員 head，型態為 Node*。有一個預設建構函數、一個複製建構函數、一個解
構函數和一個複製指定運算子函數。解構函數和複製成員在此非常重要，因為
節點將使用 new 動態建立，它們的位址儲存在原始指標中。push() 和 pop() 成
員，將在堆疊中來回傳輸物件，若 Stack<> 物件為空，則函數 isEmpty() 回傳
true，swap() 函數將用於實作指定運算子的複製和交換慣用法。我們將在下一
小節中討論 Stack<> 型態的所有成員函數樣版的定義。

堆疊成員的函數樣版

我們將從建構函數開始。預設建構函數在類別樣版中是預設的，因此編譯器將
在需要時為你產生一個建構函數。複製建構函數必須複製 Stack<T> 物件，可以
追蹤節點並逐個複製，如下所示：

```
template <typename T>
Stack<T>::Stack(const Stack& stack)
{
  if (stack.head)
  {
    head = new Node {*stack.head};         // Copy the top node of the original
    Node* oldNode {stack.head};            // Points to the top node of the original
    Node* newNode {head};                  // Points to the node in the new stack
```

```
  while (oldNode = oldNode->next) // If next was nullptr, the last node was copied
  {
   newNode->next = new Node{*oldNode};   // Duplicate it
   newNode = newNode->next;              // Move to the node just created
  }
 }
}
```

這將 stack 輸入參數表示的堆疊，複製到當前 Stack 物件，該物件假定為空
（head 資料成員初始化為 nullptr）。它透過複製參數物件的 head，然後追蹤
Node 物件的序列，一個一個地複製它們來實作這一點。當複製了 next 成員為空
的 Node 物件時，程序結束。

isEmpty() 函數的作用是：檢查 head 成員是指向一個實際的 Node 還是
nullptr：

```
template <typename T>
bool Stack<T>::isEmpty() const
{
  return head == nullptr;
}
```

swap() 函數實作如下：

```
template <typename T>
void Stack<T>::swap(Stack& other) noexcept
{
  std::swap(head, other.head);
}
```

接著指定運算子使用 swap() 函數實作熟悉的複製和交換（參見第 15 章）：

```
template <typename T>
Stack<T>& Stack<T>::operator=(const Stack& stack)
{
  auto copy{rhs};      // Copy...      (could go wrong and throw an exception)
  swap(copy);          // ... and swap! (noexcept)
  return *this;
}
```

push() 運作的樣版是很簡單的：

```
template <typename T>
void Stack<T>::push(const T& item)
{
  Node* node{new Node(item)};    // Create the new node
  node->next = head;             // Point to the old top node
```

```
    head = node;                          // Make the new node the top
}
```

封裝 item 的 Node 物件是透過將參考傳遞給 Node 建構函數建立的。新節點的 next 成員需要指向先前位於頂端的節點。然後,新 Node 物件成為堆疊的頂端,因此它的位址儲存在 head 中。

不過,pop() 運作稍微有點複雜。需要回答的第一個問題是,若在空堆疊上呼叫 pop(),會發生什麼?因為函數以值回傳一個 T 物件,所以不能輕易地透過回傳值發出錯誤訊息。一個明顯的解決方案是在這種情況下丟出異常。

一旦處理了這種可能的情況,就知道該函數至少要執行以下三個動作:

1. 回傳目前 head 中儲存的 T 項目。
2. 讓 head 指向鏈結串列中下一個 Node。
3. 刪除舊有 head 的 Node,已經不再需要它了。

需要花一些時間來弄清楚這些動作,應該以什麼順序執行。若你不小心,程式甚至可能會崩潰。下面是一個有效的解決方案:

```
template <typename T>
T Stack<T>::pop()
{
  if (isEmpty())                          // If it's empty
    throw std::logic_error {"Stack empty"}; // Pop is not valid so throw exception

  auto* next {head->next};                // Save pointer to the next node
  T item {head->item};                    // Save the T value to return later
  delete head;                            // Delete the current head
  head = next;                            // Make head point to the next node
  return item;                            // Return the top object
}
```

關鍵是,不能在提取仍然需要的所有資訊之前,刪除舊 head——也就是,它的 next 指標(即將成為新 head)和它的 T 項目(必須從 pop() 函數回傳的值)。一旦了解這一點,其餘部分就沒什麼問題。

在解構函數中,也面臨類似的問題(之後會說明)。它顯然需要釋放屬於目前 Stack 物件的所有動態配置的 Node 物件。從 pop() 樣版中,你知道在複製你需要的東西之前,不要刪除任何 Node:

```
template <typename T>
Stack<T>::~Stack()
```

```
{
  while (head)
  {                                // While current pointer is not null
    auto* next = head->next;   // Get the pointer to the next
    delete head;               // Delete the current head
    head = next;               // Make head point to the next node
  }
}
```

若沒有保存 head->next 中儲存的地址的臨時指標 next，就不能將 head 移動到串列中的下一個 Node。在 while 迴圈結束時，所有屬於目前 Stack 物件的 Node 物件都將被刪除，且 head 會是 nullptr。

這就是定義堆疊所需的所有樣版。若你將所有樣版整理到一個標頭檔 Stack.h 中。可以用以下程式碼試試：

```
// Ex16_04.cpp
// Using a stack defined by nested class templates
#include "Stack.h"
#include <iostream>
#include <string>
#include <array>                                // for std::size()

int main()
{
  std::string words[] {"The", "quick", "brown", "fox", "jumps"};
  Stack<std::string> wordStack;                 // A stack of strings

  for (size_t i {}; i < std::size(words); ++i)
    wordStack.push(words[i]);

  Stack<std::string> newStack{wordStack};       // Create a copy of the stack

  // Display the words in reverse order
  while(!newStack.isEmpty())
    std::cout << newStack.pop() << ' ';
  std::cout << std::endl;

  // Reverse wordStack onto newStack
  while(!wordStack.isEmpty())
    newStack.push(wordStack.pop());

  // Display the words in original order
  while (!newStack.isEmpty())
    std::cout << newStack.pop() << ' ';
```

```cpp
  std::cout << std::endl;

  std::cout << std::endl << "Enter a line of text:" << std::endl;
  std::string text;
  std::getline(std::cin, text);                // Read a line into the string object

  Stack<const char> characters;                // A stack for characters

  for (size_t i {}; i < text.length(); ++i)
    characters.push(text[i]);                  // Push the string characters onto the stack

  std::cout << std::endl;
  while (!characters.isEmpty())
    std::cout << characters.pop();             // Pop the characters off the stack

  std::cout << std::endl;
}
```

此範例的輸出為：

```
jumps fox brown quick The
The quick brown fox jumps

Enter a line of text:
Never test for errors that you don't know how to handle.

.eldnah ot woh wonk t'nod uoy taht srorre rof tset reveN
```

首先定義一個由五個物件組成的陣列，這些物件是字串，用所示的單字初始化。然後定義一個可以儲存 string 物件的空 Stack 物件。然後 for 迴圈將陣列元素推入堆疊。陣列中的第一個單字，將位於 wordStack 堆疊的底部，最後一個單字位於頂端。可以將 wordStack 的副本建立為 newStack，來運行複製建構函數。

在下一個 while 迴圈中，透過將單字從堆疊中取出，並將它們輸出到 while 迴圈中，可以將 newStack 中的單字以相反的順序顯示。迴圈繼續，直到 isEmpty() 回傳 false。使用 isEmpty() 函數成員是取得堆疊完整內容的一種安全方法。newStack 在迴圈結束時是空的，但是 wordStack 中仍然有原始的單字。

下一個 while 迴圈從 wordStack 中搜尋單字，並將它們彈出到 newStack 中。pop 和 push 操作組合在一條敘述中，其中 pop() 為 wordStack 回傳的物件是 newStack() 的 push() 參數。在這個迴圈的結尾，wordStack 是空的，而

newStack 包含單字的原始序列——第一個單字位於堆疊的頂端。然後透過將單字從 newStack 中彈出來輸出它們，因此在這個迴圈的結尾，兩個堆疊都是空的。

main() 的下一部分使用 getline() 函數將一行文字讀入 string 物件，然後建立一個堆疊來儲存字元：

```
Stack<const char> characters;          // A stack for characters
```

這將建立 Stack 樣版的一個新實體 Stack<const char>，以及該型態堆疊的建構函數的一個新實體。此時，程式包含 Stack 樣版中的兩個類別，每個類別都有一個巢狀的 Node 類別。

從 text 中剝離字元，並將它們推入 for 迴圈中的新堆疊。text 物件的 length() 函數用於確定迴圈何時結束。最後，透過將字元從堆疊中彈出來，反向輸出輸入字串。可以從輸出中看出，輸入甚至不是微小的迴文，但是你可以試著說，"Ned, I am a maiden"，或者 "Are we not drawn onward, we few, drawn onward to new era"。

更佳的堆疊

在本章中，我們已經說明了幾次，不應該僅僅因為程式碼是正確的，就對它感到滿意。我們建議你避免程式碼重複，注意丟出異常的程式碼，並努力撰寫可讀性高的程式碼。考慮到這一點，回顧一下我們在本節中撰寫的 Stack<> 類別樣版，看看是否可以改進它。更具體地說，讓我們回顧解構函數的實作。有沒有什麼讓你覺得不是最好的？

前面我們已經注意到解構函數和 pop() 之間的相似性，不是嗎？兩者都必須留出一個臨時的 next 指標，刪除 head，然後將 head 移動到下一個節點。這也是程式碼複製。可以使用解構函數樣版的替代實作來消除這種情況，該樣版利用現有的 isEmpty() 和 pop() 函數，而不是直接操作指標本身：

```
template <typename T>
Stack<T>::~Stack()
{
  while (!isEmpty()) pop();
}
```

因為這是很容易閱讀的，因此不太容易出錯，所以你一定要選擇這個新版本。如果擔心效能問題，那麼現在的優化編譯器，可能會為兩個版本產生相同的程式碼——在內嵌 isEmpty() 和 pop() 函數呼叫之後，編譯器將程式碼重新撰寫成我們在原始版本中撰寫的程式碼，這變得非常簡單。可以在 Ex16_04A 中找到這個實作。

我們理解，最初像這樣改進程式碼並不容易。而且，一開始這樣做似乎會占用你很多時間。不幸的是，我們也不能提供一組固定的規則，來規定程式碼何時好、何時壞或何時夠好了。但如果有足夠的練習，會發現這會越來越自然。從長遠來看，應用你在此學到的原則，將大大提高你的工作效率。會發現自己一直在產出優雅、可讀性高的程式碼，因此這些程式碼包含的錯誤更少，也更容易維護和除錯。

現在，我們想用電腦科學的先驅之一 Donald E. Knuth 最喜歡的一句話來結束這些關於產出高品質程式碼的題外話：

電腦程式設計是一門藝術，…，因為它需要技巧和獨創性，尤其是因為它能產生美好的東西。一個潛意識把自己看作藝術家的設計師，會喜歡他所做的，且會做得更好。

解釋清楚相關的名稱

當提到巢狀型態時，經常會遇到 C++ 程式語言中最令人討厭的特性之一。為了介紹它，我們使用這個最小的巢狀類別範例：

```cpp
template <typename T>
class Outer
{
public:
  class Nested { /* ... */ };

  Nested getNested() const;
};
```

給定此形式的類別樣版定義，任何具有類別樣版基本知識的人，自然都會嘗試為其 getNested() 成員函數定義樣版，如下所示：

```cpp
template <typename T>
Outer<T>::Nested Outer<T>::getNested() const
{
  return Nested{ /* ... */ };
}
```

不幸的是，這個函數定義在 C++ 中是無效的，且不能編譯。可以自己嘗試編譯 Ex16_05.cpp。你所看到的編譯器錯誤很可能包含依賴（*dependent*）。類別樣版成員的名稱，據說依賴於類別樣版的樣版參數。在 Outer<T>::Nested 運算式中，巢狀型態的名稱依賴於型態參數 T。當編譯器遇到一個依賴的名稱，比如我們例子中的名稱時，C++ 標準會假設它是一個靜態資料成員的名稱。因此，編譯器將把 Outer<T>::Nested 解釋為一些不存在的巢狀變數的名稱，而不是型態。要解決這個問題，必須明確地告訴編譯器，Outer<T>::Nested 是型態的名稱，方法是將 typename 關鍵字放在型態的前面：

```
template <typename T>
typename Outer<T>::Nested Outer<T>::getNested() const
{
  return Nested{ /* ... */ };
}
```

這個需求並不局限於成員函數樣版的回傳型態。例如，在下面的非成員函數樣版中，還必須加入 typename，以向編譯器表明 Outer<MyTemplateParam>::Nested 是型態的名稱（雖然 auto 會更簡單）：

```
template <typename MyTemplateParam>
void foo(/* ... */)
{
  Outer<MyTemplateParam> outer;
  typename Outer<MyTemplateParam>::Nested nested = outer.getNested();
}
```

若 Outer<> 的樣版參數是已知的型態，則不需要加入 typename，除非巢狀依賴於另一個樣版型態參數。換句話說，若要在某處使用 Outer<int>::Nested，則不需要在它前面加上 typename。然後編譯器將為具體型態 int 實體化 Outer<> 樣版，並推斷 Nested 是一種型態。

如果依賴項目名稱是當前樣版實體化的一部分，則也不需要它。也就是說，下面 getNested() 的替代定義將被編譯，即使在函數主體中的 Outer<T>::Nested 前面沒有 typename：

```
template <typename T>
typename Outer<T>::Nested Outer<T>::getNested() const
{
  Outer<T>::Nested nested{ /* ... */ };
  // ...
  return nested;
}
```

困惑嗎？完全可以理解。大多數 C++ 開發人員都很難做到這一點。若我們不需要解釋這一點，我們會更喜歡它，但事實是在某些時候，會遇到 C++ 語言的這種怪癖。根據經驗，最容易記住的是，只要允許簡單地撰寫 Nested，就不必消除依賴名稱 Outer<T>::Nested 的歧義。在我們最新的程式碼片段中，你會記得在以前，也可以在樣版函數主體中簡單地撰寫 Nested：

```
template <typename T>
typename Outer<T>::Nested Outer<T>::getNested() const
{
  Nested nested{ /* ... */ };
  // ...
  return nested;
}
```

由於編譯器清楚地知道，在這個上下文中 Nested 的所有內容，所以也不需要使用 typename 消除歧義。我們之前說過，對於回傳型態，需要使用 Outer<T>:: 修飾詞。因此根據我們的經驗，此處也需要 typename。

▊ 摘要

若理解類別樣版是如何定義和使用的，有助於理解和應用標準函式庫。定義類別樣版的能力，也是定義類別的基本語言功能很有力的加強。本章討論的基本重點包括：

- ◆ 類別樣版定義類別型態家族。
- ◆ 類別樣版的實體是由一組特定樣版引數從樣版產生類別定義。
- ◆ 類別樣版的隱含實體化產生自類別樣版型態之物件的宣告。
- ◆ 類別樣版的明確實體化定義一組特定樣版引數的類別。
- ◆ 在類別樣版中，其型態參數的引數可以是基本型態或是類別型態，或是指標或參考。
- ◆ 非型態參數可以是整數或列舉型態，或是指標或參考。
- ◆ 類別樣版的部分特殊化定義新樣版，這具有特殊用途，限制原始類別樣版的可能引數。
- ◆ 類別樣版的完全特殊化定義新樣版，這是具有特殊、完整的一組參數引數的原始類別樣版。

◆ 類別樣版的夥伴可以是函數、類別、函數樣版或是類別樣版。

◆ 一般的類別可將類別樣版，或是函數樣版宣告為夥伴。

習題

16.1 Ex16_01A 的 Array<> 樣版在許多方面類似於 std::vector<>。一個明顯的缺點是 Array<T> 的大小需要在建構時固定。讓我們對此進行補救，並新增一個 push_back() 成員函數，此函數在所有現有元素之後新增一個型態為 T 的元素（即使這些元素是預設建構的）。實際上，std::vector<> 並不是這樣運作，但是為了簡單起見，你的 push_back() 版本可以首先分配一個新的更大的陣列，其中包含 size + 1 元素，然後將所有現有的元素以及新元素複製到這個新陣列中。另外，新增一個預設建構函數來建立一個空 Array<>。撰寫一個小程式來練習新功能。

額外說明： 使 push_back() 具有全有或全無行為應該不難。也就是說，若 push_back() 期間的任何運作出錯並丟出異常，請確保沒有記憶體外洩，並且保留原始 Array<>，丟棄新元素。因此，確定異常的潛在來源，然後確保函數是強大的。一個選擇是使用在本章學到的程式語言慣用語之一。

附註： 若認為可以使用 try/catch 區塊進行更多的練習（稍微偏離主題），那麼可以嘗試使用原始的 C 風格陣列來實作 push_back() 的全有或全無。儘管並不真正推薦這種方法，但至少實作一次（只是為了看看與其他方法的區別）可能很有練習的意義。

16.2 為表示可能不同型態的值對的類別定義樣版。可以使用公有的 first 和 second 資料成員存取這些值（雖然通常我們建議不要使用公有資料成員，但是在這個習題中我們忽略這點，因為標準的 std::pair<> 樣版也使用這些公有成員）。然後可以建立並使用一對 int 和 std::string，如下所示：

```
auto my_pair = Pair<int, std::string>(122, "abc");
++my_pair.first;
std::cout << "my_pair equals (" << my_pair.first
          << ", " << my_pair.second << ')' << std::endl;
```

同樣地，定義一個預設建構函數，以及比較運算子 == 和 <。這兩個運算子都是根據樣版型態參數的相同運算子定義的。小於運算子 < 應該實作所謂的*詞典比較*（*lexicographical*）。也就是說，對單字進行排序時應該使用與排序兩個字母單

字時相同的邏輯，只不過現在單字不是由兩個字母組成，而是由兩個不同的值組成。假設有以下三雙鞋：

```
auto pair1 = Pair<int, std::string>( 0,  "def");
auto pair2 = Pair<int, std::string>(123, "abc");
auto pair3 = Pair<int, std::string>(123, "def");
```

然後運算式 pair1 < pair2 和 pair2 < pair3 的值都應該為 true。第一個是因為 0 < 123；第二個是因為 "abc" < "def"。只有當第一個值與等號比較時，才會查看 Pair 的第二個值。

建立一個小程式來確保 Pair 類別按需求運作。例如，可以使用我們在這個習題中提供的程式碼片段。

16.3 建立一個 << 運算子樣版，將習題 16.2 的 Pair 串流到一個輸出串流中。調整測試程式，並利用這個運算子。

16.4 定義一維稀疏陣列的樣版，可儲存任何型態的物件，所以只有儲存在陣列中的元素會占用記憶體。可儲存在樣版實體中的可能元素個數不應有所限制。此樣版可用來定義含有型態 double 之元素指標之稀疏陣列，此敘述是：

```
SparseArray<double> values;
```

定義樣版的註標運算子，以便像在普通陣列中一樣搜尋和設置元素值。如果一個元素在索引位置不存在，註標運算子應該在給定索引處，向稀疏陣列新增一個預設建構的物件，並回傳對這個新加入物件的參考。因為這個註標運算子修改物件，所以實際上不可能存在這個運算子的 const 多載。因此，與各種標準函式庫容器類似，也應該定義一個 at（size_t）成員函數，在 const 上多載，如果給定索引不存在值，則不新增預設建構的值，而是丟出一個適當的異常。因為提前知道某個元素，是否存在於給定的索引中仍然是很好的一件事，所以還可以新增一個 element_exists_at() 成員來檢查這一點。

表示稀疏陣列的方法有很多，其中一些比另一些更有效。但由於這不是練習的本質，我們建議你保持簡單。不要擔心效能；在後面的幾章中，會了解標準函式庫提供的更有效的資料結構和演算法，甚至包括幾乎等同於 SparseArray<> 的容器型態，即 std::map<> 和 std::unordered_map<>。現在建議你簡單地將稀疏陣列表示為索引值對的未排序 vector<>。對於單一對，可以使用前面習題中定義的 Pair<> 類別樣版（也可以使用 <utility> 標頭中類似的 std::Pair<>）。

在 main() 函數中練習此樣版，在索引範圍為 0 到 499 的稀疏陣列中，在 32 到 212 範圍內的隨機索引位置儲存 20 個 int 型態的隨機元素值，並輸出元素值以及其索引位置。

16.5 定義鏈結串列的樣版，允許鏈結串列從兩個方向追蹤，即從鏈結串列尾端向後反覆和從開始向前追蹤。應該使用在第 11 章中了解到的迭代器設計模式（參見習題 11.6 和 11.7）。為了簡單起見，不能在追蹤串列時，修改串列中儲存的元素。可以使用 push_front() 和 push_back() 新增元素，以使用類似於標準函式庫容器的成員名稱。還加入函數 clear()、empty() 和 size()，相同的標準容器參見第 5 章。應用中的樣版將散文或是詩文的單字作為 std::string 物件儲存在一個鏈結串列，然後以相反的順序、每 5 個字一行顯示之。

16.6 利用鏈結串列和稀疏陣列的樣版來產生一個程式，此程式將散文或是詩文的單字儲存在稀疏陣列中，至多只有 26 個鏈結串列，其每個串列所含的單字都有相同的起始字母。輸出單字，將每一群的起始字母顯示在新行上（記住在指定樣版引數時，兩個連續的 > 之間要留一個空格──否則 >> 會解釋為右移位運算子）。

17

移動語意

本章補充並完成了書中討論的幾個關鍵主題。例如，在第 11 章和第 12 章中，你深入了解了物件複製（即複製建構函數和指定運算子）背後的機制。從第 8 章中，你知道更喜歡透過參考傳遞而不是透過以值傳遞來避免參數的過度複製。在很長一段時間裡，你只需要知道這些。C++ 提供了複製物件的工具，如果你想避免昂貴的複製，那麼只需使用參考或指標。從 C++11 開始，有一個強大的新選項。不再只能複製物件；現在也可以移動它們。

在本章中，我們將向你展示如何使用 *move* 語意（*move semantic*）在不進行深複製（*deep copying*）的情況下有效地將資源從一個物件轉移到另一個物件。我們還將結束對特殊類別成員（*special class member*）的處理——你已經知道了它們的預設建構函數、解構函數、複製建構函數和複製設定建構函數。

在本章中，你可以學到以下各項：

- ◆ lvalue 和 rvalue 之間有什麼區別
- ◆ 還有另一種參考：rvalue 參考
- ◆ 移動一個物件意味著什麼
- ◆ 如何為你自己的型態的物件提供所謂的移動語意
- ◆ 物件何時被隱式移動，以及如何明確移動它們
- ◆ 移動語意如何使程式碼既優雅又高效率
- ◆ 關於定義自己的函數和型態，move 語意對各種最佳實踐有什麼影響
- ◆ "五法則" 和 "零法則" 的規則

Lvalue 和 Rvalue

每個運算式是一個 *lvalue*，或是一個 *rvalue*（有時寫為 *l-value* 和 *r-value*，發音也是這樣）。lvalue 為記憶體中有一個位址的某個永久值，可以在該位址中儲存正在進行的內容；rvalue 為僅臨時儲存的結果。之所以這樣稱呼 lvalue 和 rvalue，是因為 lvalue 運算式通常出現在指定運算子的左邊，而 rvalue 只能出現在右邊。若運算式不是 lvalue，它就是 rvalue[1]。由一個變數名稱組成的運算式是一個 lvalue。

▋ **附註**　儘管名稱不同，lvalues 和 rvalues 是運算式的分類，而不是值的分類。

看到下面的敘述：

```
int a {}, b {1}, c {-2};
a = b + c;
double r = std::abs(a * c);
auto p = std::pow(r, std::abs(c));
```

第一個敘述將變數 a、b 和 c 定義為 int 型態，並分別初始化為 0、1 和 -2。從那時起，名稱 a、b 和 c 都是 lvalue。

在第二個敘述中，至少在原則上，計算運算式 b + c 的結果被簡單地儲存在某個地方，然後將其複製到變數 a 中。當敘述執行完成時，保存 b + c 結果的記憶體將被丟棄。因此運算式 b + c 是一個 rvalue。

一旦涉及到函數呼叫，瞬時值的存在就變得明顯得多。例如，在第三個敘述中，首先計算 a * c，並將其作為臨時值保存在記憶體中。然後，這個臨時變數作為參數傳遞給 std::abs() 函數。這使得 a * c 是一個 rvalue。std::abs() 本身回傳的 int 值也是瞬時的。它只存在一瞬間，剛好長到可以隱式地轉換成 double。類似的理由也適用於第四個敘述中，兩個函數呼叫的回傳值——例如，std::abs() 回傳的值顯然只暫時存在，作為 std::pow() 的參數。

1　C++ 標準實際上用名稱 glvalue、prvalue 和 xvalue 定義了另外三個運算式分類。在形式上，lvalue 和 rvalue 是根據這些定義的。但是你不需要知道所有這些細節。

▌**附註** 大多數函數呼叫運算式都是 rvalues。只有回傳參考的函數呼叫才是 lvalues。後者的一個跡象是，回傳參考的函數呼叫可以出現在內建指定運算子的左側。主要的例子是典型容器的註標運算子 operator[]() 和 at() 函數。若 v 是一個向量，例如，v[1] = -5; 以及 v.at(2) = 132; 是完全有效的敘述。因此，v[1] 和 v.at(2) 顯然是 lvalue。

當有疑問時，判斷特定運算式是 lvalue 還是 rvalue 的另一個很好的準則如下，若它計算的值持續的時間夠長，你可以使用它的位址，那麼這個值就是一個 lvalue。下面有一個例子：

```
int* x = &(b + c);          // Error!
int* y = &std::abs(a * d);  // Error!
int* z = &123;              // Error!
int* w = &a;                // Ok!
int* u = &v.at(2);          // Ok! (u contains the address of the third value in v)
```

儲存運算式 b + c 和 std::abs() 的結果的記憶體在周圍敘述執行完後立即回收。如果允許它們存在，那麼指標 x 和 y 在任何人有機會看到它們之前就已經懸擺了。這表明這些運算式是 rvalues。這個例子還說明了所有的數字文字都是 rvalues。編譯器永遠不會允許你取得數字文字的位址。

對於基本型態的運算式，lvalue 和 rvalue 之間的區別很少重要。這種區別只適用於類別型態的運算式，甚至只有在傳遞給具有專門定義為接受 rvalue 運算式的結果的多載的函數、或在容器中儲存物件時才適用。因此，要真正理解這些小理論的意義，唯一的方法就是耐心等待下一節。還有一個概念需要首先介紹。

Rvalue 參考

參考是一個名稱，可以用作其他東西的別名。這些你們在第 6 章已經知道了。實際上有兩種參考：*lvalue 參考*和 *rvalue 參考*。

到目前為止，你使用的所有參考都是 lvalue 參考。通常，lvalue 參考是另一個變數的別名；它被稱為 lvalue 參考，因為它通常指的是一個持久儲存位置，你可以將資料儲存在這個位置，這樣它就可以出現在指定運算子的左側。我們說"正常"是因為 C++ 確實允許指向 const lvalue 的參考，所以 const T& 型態的變數也被綁定到臨時的 rvalue。我們在第 8 章已經建立了很多。

rvalue 參考可以是變數的別名，就像 lvalue 參考一樣，但是它與 lvalue 參考的不同之處在於，它還可以參考 rvalue 運算式的結果，儘管這個值通常是瞬時的。綁定到 rvalue 參考可以延長此類瞬時值的存活期。只要 rvalue 參考在範疇中，它的記憶體就不會被丟棄。使用型態名稱後面的**兩個** & 號指定 rvalue 參考型態。下面有一個例子：

```
int count {5};
int&& rtemp {count + 3};            // rvalue reference
std::cout << rtemp << std::endl;    // Output value of expression
int& rcount {count};                // lvalue reference
```

這段程式碼會編譯並執行，但當然這絕對**不是**使用 rvalue 參考的方法，而且永遠不應該這樣撰寫程式碼。這只是為了說明什麼是 rvalue 參考。將 rvalue 參考初始為 rvalue 運算式 count + 3 的結果的別名。下一個敘述的輸出將是 8。你不能使用 lvalue 參考來實作這一點──除非加入一個 const 修飾詞。這是有用的嗎？在這種情況下，確實不建議這樣做；但在不同的情況下，它是非常有用的。

▌移動物件

在 本 章 的 範 例 中，你 會 使 用 與 Ex16_01A 類 似 的 Array<> 類 別 樣 版。 與 std::vector<> 相似，它是類別的樣版，用於封裝和管理動態配置的記憶體。主要的區別是，Array<> 物件將儲存的元素數量在建構時是需要固定的，而 vector<> 能夠隨著新增更多的元素而增長。這個 Array<> 類別樣版的定義如下：

```
template <typename T>
class Array
{
private:
  T* elements;                            // Array of type T
  size_t size;                            // Number of array elements

public:
  explicit Array(size_t arraySize);       // Constructor
  Array(const Array& array);              // Copy constructor
  ~Array();                               // Destructor
  Array& operator=(const Array& rhs);     // Copy assignment operator
  T& operator[](size_t index);            // Subscript operator
  const T& operator[](size_t index) const; // Subscript operator-const arrays
```

```
size_t getSize() const noexcept { return size; } // Accessor for size
void swap(Array& other) noexcept; // noexcept swap function
};
```

所有成員的實作可以與 Ex16_01A 中相同。現在，我們只需要在複製建構函數中，新增一個額外的除錯輸出敘述來追蹤 Array<> 何時被複製：

```
// Copy constructor
template <typename T>
inline Array<T>::Array(const Array& array)
  : Array{array.size}
{
  std::cout << "Array of " << size << " elements copied" << std::endl;
  for (size_t i {}; i < size; ++i)
    elements[i] = array.elements[i];
}
```

因為 Ex16_01A 的 Array<> 樣版使用了複製和交換的慣用法，所以這個輸出敘述還涵蓋了透過其複製指定運算子，複製特定 Array<> 的情況。下面是這個複製和交換指定運算子樣版的可能定義。它根據複製建構和 noexcept swap() 函數重寫了複製設定：

```
// Copy assignment operator
template <typename T>
inline Array<T>& Array<T>::operator=(const Array& rhs)
{
  Array<T> copy(rhs);     // Copy ...        (could go wrong and throw an exception)
  swap(copy);             // ... and swap! (noexcept)
  return *this;           // Return lhs
}
```

使用這個 Array<> 類別樣版，我們現在撰寫第一個例子來強調複製的成本：

```
// Ex17_01.cpp - Copying objects into a vector
#include "Array.h"
#include <string>
#include <vector>

// Construct an Array<> of a given size, filled with some arbitrary string data
Array<std::string> buildStringArray(const size_t size)
{
  Array<std::string> result{ size };
  for (size_t i = 0; i < size; ++i)
    result[i] = "You should learn from your competitor, but never copy. Copy and you die.";
  return result;
}
```

```
int main()
{
  const size_t numArrays{ 10 };              // Fill 10 Arrays with 1,000 strings
  const size_t numStringsPerArray{ 1000 };

  std::vector<Array<std::string>> vectorOfArrays;
  vectorOfArrays.reserve(numArrays); // Inform the vector<> how many Arrays we'll be adding

  for (size_t i = 0; i < numArrays; ++i)
  {
    vectorOfArrays.push_back(buildStringArray(numStringsPerArray));
  }
}
```

▋ 附註 這個例子使用了一個 std::vector<> 的成員函數，我們還沒有遇到這個函數：reserve (size_t)。本質上，它告訴 vector<> 物件分配足夠的動態記憶體，來容納特定數量的元素。例如，將使用 push_back() 新增這些元素。

Ex17_01.cpp 中的程式建構了一個由 10 個 Array 組成的 vector<>，每個包含 1,000 個 string。單次運行的輸出通常如下：

```
Array of 1000 elements copied
Array of 1000 elements copied
Array of 1000 elements copied
... （總共 10 次）
```

▋ 附註 你的輸出可能顯示 Array<> 被複製了不少於 20 次。原因是，在 buildStringArray() 的每次執行過程中，編譯器可能首先建立在函數主體中，區域定義的變數結果，然後將該 Array<> 第一次複製到函數回傳的物件中。最後，將這個臨時回傳值，第二次複製到由 vector<> 分配的 Array<> 中。然而，大多數最佳化編譯器都實作了所謂的（命名的）回傳值最佳化，該最佳化消除了以前的副本。我們將在本章後面進一步討論這種最佳化。

▋ 提示 如果 Ex17_01 確實為你執行了 20 個副本，最有可能的原因是你的編譯器被設置為使用非最佳化的所謂除錯配置（Debug configuration）。若是這樣，切換到完全最佳化的版本配置，應該可以解決這個問題。有關更多資訊，請參考編譯器文件。

main() 函數的 for 迴圈呼叫 buildStringArray()10 次。每個呼叫回傳一個 Array<string> 物件，其中包含 1,000 個 string 物件。顯然，buildStringArray() 是一個 rvalue，因為它回傳的物件是瞬時的。換句話說，編譯器會在將物件傳遞給 vectorOfArrays 的 push_back() 函數之前，將該物件臨時儲存（幾乎肯定是在堆疊的某個位置）。在內部，vector<> 的 push_back() 成員使用 Array<string> 複製建構函數將這個 rvalue 複製到 vector<> 管理的動態記憶體的 Array<string> 物件中。這樣，Array<string> 中包含的所有 1,000 個 std::string 也將被複製。也就是說，對於這樣一個瞬時 Array<> 被複製到 vectorOfArrays 中的 10 次，每一次都發生以下情況：

1. Array<> 複製建構函數分配一個新的動態記憶體區塊來保存 1,000 個 std::string 物件。
2. 對於這個複製建構函數必須複製的 1,000 個 string 物件，它呼叫 std::string 複製指定運算子。這 1,000 個設定中的每一個依次分配一個額外的動態記憶體區塊，其中它從來源 string 複製所有 73 個字元（char）。

換言之，你的電腦必須執行 10 乘以 1,001 的動態記憶體分配，和相當數量的字元複製。就其本身而言，這並不是一場災難，但它確實讓人覺得，所有這些複製行為都應該是可以避免的。畢竟，一旦 push_back() 回傳，buildStringArray() 回傳的臨時 Array<> 就會被刪除，同時刪除的還有它用來包含的所有 string。代表著我們總共複製了不少於 10 個 Array、10,000 個 string 物件和 730,000 個字元，但是很快就會丟棄原來的陣列。

想像一下，若你被迫手動複製一本 1 萬句話的書——比如更厚的《哈利波特》（*Harry Potter*）系列小說之一——結果卻看到有人在讀完後馬上燒掉了原著。真是白費力氣。若沒有人再需要原始文件，為什麼不重複使用原始檔，而不是建立副本呢？總結一下"哈利波特"的比喻，為什麼不給這本書換一個嶄新的封面，然後假裝你複製了所有的內容？

換句話說，需要的是以某種方式將原始字串從瞬時 Array<> 中"移動"到由 vector<> 持有的新建立的 Array<> 物件中。需要的是一個不涉及任何過度複製的特定"移動"運算。若原始 Array<> 物件在這個過程中被拆下，那就這樣吧。無論如何，我們知道它是一個短暫的物件。在向你介紹現代的、現在極其推薦的解決方案之前，我們先討論一些設計樣式，來避免在 C++11 之前的程式碼中進行不必要的記憶體配置和複製。

傳統的解決方法

在舊程式碼中，常常使用輸出參數來輸出大物件，而不是回傳值。我們在第 8 章中介紹了輸出參數的概念。在我們的例子中，重新定義 buildStringArray() 如下：

```
void buildStringArray(Array<std::string>& out);
```

注意，現在不再需要 size 參數。在建構輸出 Array<> 時，必須已經提供了這個大小（可以從它的 getSize() 成員中獲得）。不過，這種方法有幾個問題：

◆ 如第 8 章所述，混合輸入和輸出參數會使程式碼更難理解。你想要的是讓所有函數輸出，都成為函數回傳值的一部分。在現代 C++ 中，函數參數應該主要是輸入參數。

◆ 輸出參數不僅會導致程式碼不太清楚，還會使呼叫函數和使用函數的輸出變得相當麻煩。為了說明這一點，在 Ex17_01.cpp 的 for 迴圈中，現在需要這三行而不是一行：

```
Array<std::string> string_array(numStringsPerArray);
buildStringArray(string_array);
vectorOfArrays.push_back(string_array);
```

首先需要定義輸出變數——順便說一下，這也排除了使用 auto——也不能再將函數呼叫嵌入到另一個函數的參數串列中。

◆ 正如前面三行程式碼所證明的，僅使用輸出參數重新處理函數還不能消除將 Array<> 輸入 vector<> 時所進行的複製。需要更多的改變。傳統的解決方案是首先在 vector<> 中建立所有 Array<>——例如，使用 resize() 而不是 reserve()——然後使用 buildStringArray（vectorOfArrays[i]）的呼叫來填充 string。但是要使它在這裡運作，首先必須重新撰寫 Array<> 樣版，以便在建構時不再需要大小。

但是我們不要再詳細討論這種方法了。現在主要的資訊應該很清楚了。雖然使用輸出參數可以避免額外的複製和分配，但問題是這樣做通常涉及一種相當笨拙的程式風格。我們真正需要的是清晰直觀的程式碼——理想情況下是盡可能接近 Ex17_01.cpp，但這同時避免了所有昂貴的複製。

另一種傳統的解決方法是，在閒置空間中分配所有 Array<> 物件。使用這種方法，程式碼的大綱已經非常接近你想要的。使用 C++11 智慧指標，如下所示：

```
std::unique_ptr<Array<std::string>> buildStringArray(const size_t size);
```

然而，即使我們忽略了額外的動態分配，這種方法也會帶來巨大的語法成本。對於初學者，需要一個型態為 std::vector<std::unique_ptr<Array<std::string>>> 的變數，這是一個令人印象深刻的型態名稱。此外，還必須不斷地透過 * 和 -> 運算子解對 Array<> 指標的參考。肯定有更好，更優雅的方式，對吧？

定義移動成員

值得慶幸的是，現代 C++ 提供了我們想要的功能。C++11 的 move 語意允許你以一種自然、直觀的方式撰寫，同時避免任何不必要的、昂貴的複製操作。甚至不需要修改 Ex17_01.cpp 的程式碼。相反地，擴展 Array<> 樣版，以確保編譯器知道如何立即將一個臨時 Array<> 物件，移動到另一個 Array<> 中，而不需要有效地複製它的元素。

為此，我們回到前面的範例 Ex17_01.cpp。在那裡，我們學到了以下敘述：

```
vectorOfArrays.push_back(buildStringArray(numStringsPerArray));
```

對於這樣的敘述，任何 C++11 編譯器當然都很清楚，複製 buildStringArray() 的結果是愚蠢的。畢竟，編譯器非常清楚，它是一個臨時物件，在這裡傳遞給 push_back()，並且是一個計劃在後面立即刪除的物件。因此，編譯器知道你不希望複製推入的 Array<>。顯然這不是問題所在，問題是編譯器沒有其他選擇，只能複製這個物件。畢竟，它只需要一個複製建構函數。編譯器不能神奇地將一個臨時 Array<> 物件 "移動" 到一個新的 Array<> 物件中——需要告訴它如何 "移動"。

由於建構物件副本的程式碼，是由其類別的*複製建構函數*定義的（第 11 章），所以從移動物件建構新物件的程式碼，也是由建構函數定義的。接下來我們會討論如何定義。

▌**附註**　在適當的情況下，我們將要引入的移動成員將由編譯器產生，不過顯然不是為 Array<> 樣版產生的。對於 Array<> 樣版，你需要明確地自己定義它們。我們將在本章後面解釋為什麼會這樣。

移動建構函數

這是最後一次使用 Array<> 複製建構函數的樣版：

```
// Copy constructor
template <typename T>
inline Array<T>::Array(const Array& array)
  : Array{array.size}
{
  std::cout << "Array of " << size << " elements copied" << std::endl;
  for (size_t i {}; i < size; ++i)
    elements[i] = array.elements[i];
}
```

這是函數 push_back() 在 Ex17_01 中使用的建構函數樣版的一個實體，這就是為什麼這個敘述的每次計算，都涉及 1,001 個動態記憶體配置和大量 string 複製：

```
vectorOfArrays.push_back(buildStringArray(numStringsPerArray));
```

我們的目標是撰寫完全相同的程式碼，但是讓 push_back() 使用一些不同的建構函數 —— 一個不複製 Array<> 及其 std::string 元素的建構函數。相反地，這個新的建構函數應該以某種方式，將所有這些 string 移動到新物件中，而不是實際複製它們。這樣的建構函數被恰當地稱為**移動建構函數**（*move constructor*），對於 Array<> 樣版，可以宣告如下：

```
template <typename T>
class Array
{
private:
  T* elements;                        // Array of type T
  size_t size;                        // Number of array elements

public:
  explicit Array(size_t arraySize);   // Constructor
  Array(const Array& array);          // Copy constructor
  Array(Array&& array);               // Move constructor

  // ... other members like before
}
```

移動建構函數的參數 Array&& 的型態是一個 rvalue 參考。這是有道理的。畢竟，希望這個參數與臨時的 rvalue 結果綁定 —— 這是一般的 lvalue 參考做不到的。lvalue 參考指向的 const 參數可以，但是它的 const 特性阻止了從中移出任何東西。在選擇多載函數或建構函數時，編譯器總是傾向於將 rvalue 參數綁定到 rvalue 參考參數。因此，當 Array<> 以 Array<>rvalue 作為唯一的參數建構時（例如我們的 buildStringArray() 呼叫），編譯器將呼叫移動建構函數，而不是複製建構函數。

現在剩下的就是實際實作移動建構函數。對於 Array<>，可以使用以下樣版：

```
// Move constructor
template <typename T>
Array<T>::Array(Array&& moved)
  : size{moved.size}, elements{moved.elements}
{
  std::cout << "Array of " << size << " elements moved" << std::endl;
  moved.elements = nullptr; // Otherwise destructor of moved would delete[] elements!
}
```

呼叫此建構函數時，moved 將綁定到 rvalue 的結果，換言之，rvalue 通常是要刪除的值。在任何情況下，呼叫程式碼肯定不再需要移動物件的內容。既然沒有人需要它了，那麼從移動物件中取出 elements 陣列來重用它，以重新建構新的 Array<> 物件當然沒有什麼壞處。這為你和你的電腦都省去了複製所有 T 值的麻煩。

因此，首先複製成員初始化串列中的 size 和 elements 成員。這裡的關鍵是你意識到 elements 只是型態為 T* 的指標。也就是說，它是一個包含動態配置的 T 元素陣列位址的變數。複製這樣一個指標並不等同於，複製整個陣列及其所有元素。複製一個指標的成本比複製整個 T 值陣列要便宜得多。

▌ **附註**　這就是所謂的淺複製（*shallow copy*）和深複製（*deep copy*）的區別。淺複製只是逐個複製物件的所有成員，即使這些成員是指向動態記憶體的指標。另一方面，深度複製也複製其指標成員參考的所有動態記憶體。

對於一個移動建構函數來說，僅僅執行一個成員對成員的移動物件淺複製是遠遠不夠的。在 Array<> 的情況下，你可能已經猜到了原因。讓兩個物件指向相同的動態分配記憶體，很少是一個好主意，正如在第 6 章中詳細解釋的。因此，Array<> 移動建構函數主體中下面的設定敘述也是最重要的：

```
moved.elements = nullptr;  // Otherwise destructor of moved would delete[] elements!
```

若不將 moved.elements 設為 nullptr，就會有兩個不同的物件指向相同的 elements 陣列。顯然地，這包括新建構的物件，但是瞬時 Array<> 移動物件仍然指向該陣列。這將使你正好處於我們在第 6 章，提醒你的高度不穩定的地雷區中間，包括懸擺指標和多個釋放位置。透過將移動物件的元素指標設為 null，綁定到移動的臨時物件的解構函數，會有效地執行 delete[] nullptr。危機解除。

你應該將這個移動建構函數插入 Ex17_01 的 Array<> 樣版中，然後再次運行程式（程式在 Ex17_02）。然後輸出通常如下：

```
Array of 1000 elements moved
Array of 1000 elements moved
Array of 1000 elements moved
... （總共 10 次）
```

現在只複製了 10 個指標和 10 個 size_t 值，而不是 10,000 個 string 物件和 75 萬個 char 值。隨著效能的提高，這還不算太糟糕。定義幾行額外的程式碼是非常值得的。

移動指定運算子

就像複製建構函數通常伴隨著複製指定運算子（參見第 12 章）一樣，使用者定義的移動建構函數，通常與使用者定義的*移動指定運算子*（*move assignment operator*）配對。在這一點上，為 Array<> 定義一個陣列應該很容易：

```
// Move assignment operator
template <typename T>
Array<T>& Array<T>::operator=(Array&& rhs)
{
  std::cout << "Array of " << rhs.size << " elements moved (assignment)" << std::endl;

  if (this != &rhs)               // prevent trouble with self-assignments
  {
    delete[] elements;            // delete[] all existing elements
    elements = rhs.elements;      // copy the elements pointer and the size
    size = rhs.size;

    rhs.elements = nullptr;       // make sure rhs does not delete[] elements
  }
  return *this;                   // return lhs
}
```

這裡唯一的新東西是 rvalue 參考參數 rhs，使用 && 指定。運算子的主體本身只包含你以前已經見過的元素的組合，在第 12 章的複製指定運算子中，或在 Array<> 的移動建構函數中。

若存在，當設定右側的物件是臨時 Array<> 物件時，編譯器將使用這個指定運算子，而不是複製指定運算子。發生這種情況的一個例子是下面的程式碼片段：

```
Array<std::string> strings { 123 };
strings = buildStringArray(1'000);        // Assign an rvalue
```

buildStringArray() 回傳的 Array<std::string> 物件，顯然又是一個臨時物件，因此編譯器意識到你不希望複製它，因此將選擇移動設定而不是複製指定運算子。若將這個指定運算子加到 Ex17_02 的 Array<> 樣版中，並將其與這個程式一起使用，就可以看到它的作用：

```
// Ex17_03.cpp - Defining and using a move assignment operator
#include "Array.h"
#include <string>

// Construct an Array<> of a given size, filled with some arbitrary string data
Array<std::string> buildStringArray(const size_t size);

int main()
{
  Array<std::string> strings { 123 };
  strings = buildStringArray(1'000);          // Assign an rvalue to strings

  Array<std::string> more_strings{ 2'000 };
  strings = more_strings;                      // Assign an lvalue to strings
}
```

可以使用與 Ex17_01 和 Ex17_02 中相同的 buildStringArray() 函數定義。此程式的輸出應該反映為 string 變數分配 rvalue，確實會導致對移動指定運算子的呼叫，而為相同的變數分配 lvalue more_string，則會導致對複製設定的呼叫：

```
Array of 1000 elements moved (assignment)
Array of 2000 elements copied
```

明確移動物件

Ex17_03.cpp 的 main() 函數用以下兩個敘述結束：

```
  ...
  Array<std::string> more_strings{ 2'000 };
  strings = more_strings;                          // Assign an lvalue to strings
}
```

運行 Ex17_03 顯示，這個最後的設定導致 more_strings Array<> 被複製。當然，原因是 more_strings 是一個 lvalue。變數名稱都是 lvalue。然而，在本例中，複製 more_strings 實際上是非常不幸的。罪魁禍首的設定是函數的最後一條敘述，因此顯然不需要保存 more_strings。即使 main() 函數在這之後繼續執行，這個設定仍然是參考 more_strings 的最後一個敘述。實際上，在將其內容傳遞給另一個物件或某個函數之後，more_strings 之類的已命名變數就不再需要了，這是相當常見的。如果僅僅因為給了變數一個名稱，就可以透過複製來 "傳遞" 諸如 more_strings 之類的變數，這將是非常令人遺憾的。

C++11 預見了這樣一個解決方案：只需應用 C++11 最重要的標準函式庫函數之一：std::move()，就可以將任何 lvalue 轉換為 rvalue 參考[2]。為了看到它的效果，應該先用下面的程式碼替換 Ex17_03.cpp 中 main() 的最後兩行，然後再次運行（可以在 Ex17_04 中找到這個變體）：

```
...
Array<std::string> more_strings{ 2'000 };
strings = std::move(more_strings);           // Move more_strings into strings
}
```

若你這樣做，會注意到 more_strings 確實不再被複製：

```
Array of 1000 elements moved (assignment)
Array of 2000 elements moved (assignment)
```

唯移動型態

若沒有提到 std::unique_ptr<>()，那麼沒有對 std::move() 的任何討論是完整的──毫無疑問，這種型態的變數在現代 C++ 中移動得最多。正如在第 6 章和第 12 章中所解釋的，絕不能有兩個 unique_ptr<> 智慧指標指向記憶體中的相同位址。否則，兩者都將刪除兩次（或 delete[]）相同的原始指標，這是啟動程式失敗的完美方式。

因此，幸運的是，下面程式碼片段結尾註解掉的兩行程式碼都沒有編譯：

2　從技術上講，std::move() 在 <utility> 標頭檔中定義。但是在實踐中，你很少需要明確地包含這個標頭檔來使用 std::move()。

```
std::unique_ptr<int> one = std::make_unique<int>(123);

std::unique_ptr<int> other;
// other = one;                        /* Error: copy assignment operator is deleted!
*/

//std::unique_ptr<int> yet_another{ other }; /* Error: copy constructor is deleted! */
```

但是，可以編譯的是這兩行：

```
other = std::move(one);                               // Move assignment operator is defined
std::unique_ptr<int> yet_another{ std::move(other) }; // Move constructor is defined
```

也就是說，雖然刪除了 std::unique_ptr<> 的兩個複製成員（如第 12 章所解釋的），但是仍然存在它的移動指定運算子和移動建構函數。下面是通常如何完成它的大綱：

```
namespace std
{
  template <typename T>
  class unique_ptr
  {
    ...
    // Prevent copying:
    unique_ptr(const unique_ptr&) = delete;
    unique_ptr& operator=(const unique_ptr&) = delete;

    // Allow moving:
    unique_ptr(unique_ptr&& source);
    unique_ptr& operator=(unique_ptr&& rhs);
    ...
  };
}
```

要定義一個唯移動的型態，你從刪除它的兩個複製成員開始（就像在第 12 章中教過的）。透過這樣做，還可以隱式地刪除移動成員（稍後會詳細介紹），因此為了允許移動不可複製的物件，你必須明確地定義移動成員。通常，但不是在 unique_ptr<> 的情況下，使用 = default 定義兩個移動成員，並讓編譯器為你產生它們就足夠了。

使用擴展移動物件

根據定義，lvalue 運算式計算為一個永久值，該值在 lvalue 的父敘述執行之後仍然可以定位。這就是為什麼編譯器通常喜歡複製 lvalue 運算式的值。但是，我們剛剛告訴你，如何使用 std::move() 來否決這個首選項。也就是說，即使它不是臨時的，可以強制編譯器將任何物件傳遞給移動建構函數或移動指定運算子。這就提出了一個問題，如果在一個物件被移動之後還繼續使用它，會發生什麼？下面有一個例子（可以在 Ex17_04 中試試）：

```
  ...
  Array<std::string> more_strings{ 2'000 };
  strings = std::move(more_strings);              // Move more_strings into strings

  std::cout << more_strings[101] << std::endl;   // ???
}
```

在這種情況下，我們當然已經知道會發生什麼。畢竟，已經自己撰寫了 Array<> 的移動指定運算子的程式碼。一旦移動，Array<> 物件將包含一個被設為 nullptr 的元素指標。任何對移動 Array<> 的進一步使用都將觸發一個空指標 dereference，與往常一樣，這會導致程式當掉。因此，這個例子很好地強調了這個規則背後的基本原理：

▌ **注意** 通常只有在絕對確定不再需要物件時，才應該移動該物件。除非另有規定，否則不應該繼續使用已移動的物件。預設情況下，任何對移動物件的擴展使用，都會導致未定義的行為（會導致當掉）。

此規則也適用於標準函式庫型態的物件。例如，完全類似於 Array，絕不能簡單地繼續使用移動的 std::vector<>。這樣做很可能以同樣糟糕的結局收場。你可能希望一個移動的 vector<> 等於一個空向量。雖然對於某些實作來說可能是這樣，但是通常 C++ 標準根本沒有指定移動 vector<> 應該處於什麼狀態。然而，（隱式）允許的是以下內容：

▌ **提示** 若有需要，可以透過呼叫已經 move() 的向量 clear() 成員來安全地復原它。呼叫 clear() 後，保證 vector<> 相當於一個空 vector<>，因此可以安全地再次使用。

在你確實希望再用移動標準函式庫物件的極少數情況下，應該始終檢查其移動成員的規範。例如，當一個包含 T 值的 std::optional<T> 物件被移動時，它仍然包含一個 T 值 —— 一個現在被移動的 T 值（第 8 章中討論了 std::optional<>）。智慧指標是個罕見的例外：

▌**提示**　標準函式庫明確規定，在移出原始指標之後，可以繼續使用 std::unique_ptr<> 和 std::shared_ptr<> 型態的智慧指標，而無需先呼叫 reset()。對於這兩種型態，move 運算必須始終將封裝的原始指標設置為 nullptr。

▌一些矛盾

許多人發現 move 語意一開始令人困惑，這是可以理解的。我們希望本節能在某種程度上使你免受這種命運，因為它的目的是減輕一些最常見的困惑來源。

std::move() 不移動

毫無疑問，std::move() 不會移動任何東西。這個函數所做的就是，將一個特定的 lvalue 轉換為一個 rvalue 參考。std::move() 實際上只是一種型態轉換，與內建的轉換運算子 static_cast<>() 和 dynamic_cast<>() 完全不同。事實上，幾乎可以實作你自己的版本的函數，就像這樣簡單（有點簡化）：

```
template <typename T>
T&& move(T& x) noexcept { return static_cast<T&&>(x); }
```

這並沒有改變什麼。但是，它所做的是使永久 *lvalue*，有資格與移動建構函數，或指定運算子的 *rvalue* 參考參數綁定。正是這些成員函數應該將前一個 lvalue 的成員，移動到另一個 lvalue 中。std::move() 只執行型態轉換，以使編譯器選擇正確的函數多載。

如果 rvalue 參考參數不存在函數或建構函數多載，則 rvalue 將愉快地與 lvalue 參考綁定。也就是說，你可以隨意 move()；但是，若沒有函數多載隨時準備接收結果 rvalue，這一切都是徒勞的。為了說明這一點，我們將再次從 Ex17_04.cpp 開始。執行範例的最新版本以以下敘述結束：

```
  ...
  Array<std::string> more_strings{ 2'000 };
  strings = std::move(more_strings);              // Move more_strings into strings
}
```

顯然，最後這條敘述的目的是，將 more_strings 中的 2,000 個 string 移動到 strings 中。在 Ex17_04 中，這種方法完美無缺。但是，現在看看若從其 Array<> 樣版中，刪除移動指定運算子的宣告和定義會發生什麼。然後，若再次運行 Ex17_04.cpp 的 main() 函數，不做任何修改，輸出的最後一行回傳如下：

```
...
Array of 2000 elements copied
```

仍然在 main() 的主體中呼叫 std::move() 並不重要。如果 Array<> 沒有移動指定運算子來接受 rvalue，則使用複製指定運算子。因此，請始終記住，如果傳遞值給的函數或建構函數，沒有多載 rvalue 參考參數，那麼加入 std::move() 沒有任何後果。

rvalue 參考是 lvalue

確切地說，帶有 rvalue 參考型態的已命名變數的名稱是 lvalue。來看看這是什麼意思，因為事實證明，很多人一開始都在與這種特性作掙扎。我們繼續使用相同的範例，因此再次使用 Ex17_04（確保它包含仍然定義了移動指定運算子的原始 Array<> 樣版），並將最後兩行更改為：

```
...
Array<std::string> more_strings{ 2'000 };
Array<std::string>&& rvalue_ref{ std::move(more_strings) };
strings = rvalue_ref;
}
```

雖然 rvalue_ref 變數顯然有一個 rvalue 參考型態，但是輸出將顯示複製了相應的物件：

```
Array of 1000 elements moved (assignment)
Array of 2000 elements copied
```

每個變數名稱運算式都是一個 lvalue，即使該變數的型態是一個 rvalue 參考型態。要移動指定變數的內容，必須加入 std::move()：

```
strings = std::move(rvalue_ref);
```

雖然通常不會在程式碼區塊中間建立 rvalue 參考，比如最新例子中的 rvalue_ref，但是若你定義的函數參數是 rvalue 參考，那麼類似的情況會經常發生。可以在下一節中找到一個這樣的例子。

定義重新存取的函數

在本節中,我們將研究移動語意如何影響定義新函數的最佳實踐規則,補充第 8 章前面的內容。我們會回答以下問題:移動語意如何影響以參考傳遞和以值傳遞之間的選擇?或者,要以值回傳物件而不進行複製,是否應該使用 std::move()? 你會發現兩個答案都出現了。我們先研究如何以及何時透過 rvalue 參考,將參數傳遞給一般函數,即傳遞給非移動建構函數或移動指定運算子的函數。

以 rvlaue 參考傳遞

在習題 16.1 中,任務是為 Array<> 定義一個 push_back() 成員函數樣版。若一切順利,建立了一個類似於這樣的函數:

```
template <typename T>
void Array<T>::push_back(const T& element)
{
  Array<T> newArray(size + 1);        // Allocate a larger Array<>
  for (size_t i = 0; i < size; ++i)   // Copy all existing elements...

    newArray[i] = elements[i];

  newArray[size] = element;           // Copy the new one...

  swap(newArray);                     // ... and swap!
}
```

雖然這不是實作 push_back() 的唯一方法,但它絕對是最簡潔、最優雅的選項之一。更重要的是,它在異常情況下是 100% 安全的。事實上,如果這個練習是第 16 章測驗的一部分,我們會給你們打分數:

1. 為了避免傳遞給 push_back() 的參數的多餘副本,你使用參考指向 const 參數定義了樣版,就像在第 8 章中所教的。

2. 在函數主體中,使用複製和交換慣用法,來確保 push_back() 成員的行為符合預期,即使函數主體丟出異常(例如 std::bad_alloc,或者 T 的複製設定可能丟出的任何其他異常)。關於複製和交換的詳細討論,請參閱第 16 章。

在此我們要提醒你注意的部分是，這個函數執行的明顯的複製數量。首先，將所有現有元素複製到新的、更大的 Array<> 中，然後再複製新增的元素。雖然第 16 章的測驗仍然可以原諒，但在你的第 17 章測驗中，這種不必要的複製會開始影響你的成績。因為很明顯地，你至少應該嘗試**移動**所有這些元素。

修復複製所有現有元素的迴圈看起來非常簡單。只需應用 std::move() 將 lvalue elements[i] 轉換為 rvalue，對嗎？這樣做顯然避免了所有的複製，前提是樣版參數型態 T 有一個合適的移動指定運算子：

```
for (size_t i = 0; i < size; ++i)          // Move all existing elements...
  newArray[i] = std::move(elements[i]);
```

> ■ **注意**　然而，若第 16 章教會了你什麼的話，那就是外表是具有欺騙性的。是的，像這樣新增 std::move() 就像名義上的魅力一樣，但這還不是結束。總之，這個實作有一點缺陷。我們會在本章後面解釋這個小缺陷。目前，這個初始版本可以很好地完成它的工作。

現在所有現有的元素都已被 move() 刪除，讓我們將注意力集中在新加入的元素上。省略所有不相關的部分，下面就是我們接下來要考慮的程式碼：

```
template <typename T>
void Array<T>::push_back(const T& element)
{
...
  newArray[size] = element; // Copy the new element...
...
}
```

第一反應可能只是將另一個 std::move() 移到 element 上，就像這樣：

```
template <typename T>
void Array<T>::push_back(const T& element)
{
...
  newArray[size] = std::move(element); // Move the new element... (???)
...
}
```

然而這是行不通的，而且理由很充分。element 是對 *const* T 的參考，代表函數的呼叫者希望不修改參數。因此，將其內容移動到另一個物件中是完全不可能的。這也是為什麼 std::move() 型態轉換函數永遠不會將 const T 或 const T&

型態轉換為 T&&。相反地，std::move() 將它轉換成毫無意義的 const T&&——不允許修改的對瞬時值的參考。換句話說，因為元素的型態是 const T&，所以 std::move（element）的型態是 const T&&，代表後一個運算式的設定仍然要經過複製指定運算子，儘管有 std::move()。

但是，即使用 rvalue 呼叫 push_back()，你仍然希望滿足呼叫者不再需要元素參數的情況。幸運的是，不能僅為移動建構函數和移動指定運算子，使用 rvalue 參考參數；你可以將它們用於任何你想要的函數。因此，可以很容易地加入額外的 push_back() 多載，它接受 rvalue 參數：

```
template <typename T>
void Array<T>::push_back(T&& element)
{
...
  newArray[size] = std::move(element); // Move the new element...
...
}
```

■ **注意** 當透過 rvalue 參考傳遞諸如 element 之類的參數時，不要忘記運算式 element 在函數主體中也是一個 lvalue。記住，任何已命名的變數都是 lvalue，即使變數本身具有 rvalue 參考型態。在我們的 push_back() 範例中，這意味著函數主體中的 std::move()，非常需要強制編譯器選擇 T 的移動指定運算子，而不是複製指定運算子。

以值傳遞的回傳

move 語意的引入導致了在如何定義某些函數的參數方面的重大轉變。在 C++11 之前，生活很簡單。為了避免複製，你只需透過參考傳遞物件，就像我們在第 8 章中所教的。但是，既然對移動語意的支援已經很普遍，那麼以 lvalue 參考傳遞不再都是你的最佳選擇。事實上，至少在某些特定的情況下，以值傳遞參數又回到了檯面上。為了解釋什麼時候以及為什麼，我們將在剛才的 push_back() 範例的基礎上進一步建構。

在上一小節中，我們建立了兩個單獨的 push_back() 多載，一個用於 const T&，另一個用於 T&& 參考。為了方便起見，可以在 Ex17_05A 中找到這個變體。雖然使用兩次多載，確實是一個可行的選擇，但它確實是一些冗長的程式碼重複。解決這種重複問題的一種方法是，根據 T&& 重新定義 const T& 多載，如下所示：

```
template <typename T>
void Array<T>::push_back(const T& element)
{
  push_back(T{ element }); // Create a temporary, transient copy and push that
}
```

但還有一種更好的方法，只需要一個函數定義。令人驚訝的是，這個 push_back() 定義將使用**以值傳遞**。你可能從來沒有想到用一個**以值傳遞**的定義，替換兩個**以參考傳遞**的多載，但是一旦你看到它的實際應用，肯定會欣賞這種方法的純粹優雅。若我們再次忽略不相關的程式碼，這就是你的新 push_back() 的樣子：

```
template <typename T>
void Array<T>::push_back(T element) // Pass by value (copy of lvalue, or moved rvalue!)
{
...
  newArray[size] = std::move(element); // Move the new element...
...
}
```

若你只使用支援移動語意的型態（例如標準函式庫型態），那麼這個函數可以精確地執行你想要的操作。傳遞的參數型態無關緊要：複製 lvalue 參數一次，移動 rvalue 參數。因為函數參數的值型態為 T，所以每當呼叫 push_back() 時，都會建立一個型態為 T 的新物件。其美妙之處在於，為了建構這個新的 T 物件，編譯器將根據參數的型態，使用不同的建構函數。若函數的參數是 lvalue，則使用 T 的複製建構函數建構 element 參數。但是，若它是一個 rvalue，則使用 T 的移動建構函數建構 element。

■ 注意 　對於 Array<> 這樣的泛型容器，可能仍然希望考慮 T 型態，不提供移動建構函數或指定運算子的可能性。對於這種型態，接受 T 值的變數實際上會複製任何特定的參數兩次。記住，std::move() 不會移動，除非 T 有一個移動指定運算子。若沒有，編譯器將悄悄地恢復到複製指定運算子，以計算 newArray[size] = std::move(element)。實際上，像 Array<> 這樣的容器通常仍然會同時多載 push_back()——一個用於 lvalues，一個用於 rvalues。

這裡使用以值傳遞的唯一原因是 push_back() 總是不可避免地複製特定的 lvalue。由於無論如何複製都是不可避免的，所以在建構輸入參數時，你最好已經建立了這個副本。不需要函數複製的參數當然仍然應該透過指向 const 的參考傳遞。

然而，對於本質上複製任何 lvalue 輸入的非樣版化函數，使用帶有以值傳遞參數的單個函數是一種非常緊湊的替代方法。具體的例子是帶有 setNumbers（std::vector<double>values）或 add（BigObject bigboy）等簽名的函數。傳統的反射是使用參考傳遞到 const，但是透過以值傳遞參數，實際上可以一舉兩得。若這樣定義，同一個函數可以同時處理 lvalues 和 rvalues，並且效能接近最佳。

為了說明這種方法的有效性，只需將我們在這裡列出的 push_back（T）函數，加到 Ex17_04 的 Array<> 樣版中。既然 Array<> 支援 push_back()，那麼將其建構函數的 arraySize 參數的預設值設為 0 也是有意義的：

```cpp
template <typename T>
class Array
{
public:
  explicit Array(size_t arraySize = 0); // Constructor
// ...
  void push_back(T element);            // Add a new element (either copied or moved)
// ...
};
```

所有其他成員都可以保持在 Ex17_04 中。有了它，你可以撰寫以下範例（buildStringArray() 的定義也可以取自 Ex17_04）：

```cpp
// Ex17_05B.cpp - Use of a pass-by-value parameter to pass by either lvalue or rvalue
#include "Array.h"
#include <string>

// Construct an Array<> of a given size, filled with some arbitrary string data
Array<std::string> buildStringArray(const size_t size);

int main()
{
  Array<Array<std::string>> array_of_arrays;

  Array<std::string> array{ buildStringArray(1'000) };
  array_of_arrays.push_back(array);                      // Push an lvalue
```

```
array.push_back("One more for good measure");
std::cout << std::endl;

array_of_arrays.push_back(std::move(array));                // Push an rvalue
}
```

在 main() 中，我們建立了一個由 string 組成的 Array 組成的 Array 們，名稱很合適，叫做 array_of_arrays。我們先將一個包含 1,000 個 string 的 Array<> 插入到這個容器中。這個 Array<> 元素的名稱很合適，它被明確地推為一個 lvalue，所以我們希望它被複製。這是一件好事：在程式的其餘部分中，我們仍然需要它的內容。在程式的結尾，我們第二次加入 array，但這一次我們先將它轉換為一個 rvalue，方法是對變數名稱應用 std::move()。我們這樣做是希望 Array<> 及其 string 陣列現在將被移動，而不是複製。運行 Ex17_05B 證實確實如此；array 總共只複製一次：

```
Array of 1000 elements copied
Array of 1000 elements moved (assignment)

Array of 1001 elements moved
Array of 1000 elements moved (assignment)
Array of 1001 elements moved (assignment)
```

各種移動設定發生在 push_back() 函數的主體中。在將 array 作為 lvalue 加入和再次將其作為 rvalue 加入之間，我們向它注入一個額外的 string，以便能夠區分輸出中的兩個 Array<> 元素。注意，在推入這個額外 string 的過程中，array 中 1000 個預先存在的 string 元素也沒有被複製。它們都透過 std::string 的移動指定運算子被移動到一個更大的 string Array<>。

在下面的技巧中，我們總結了關於函數參數宣告的各種規則，你在本書中已經遇到過，主要在第 8 章和這裡：

▋ **提示**　對於基本型態和指標，可以簡單地使用以值傳遞。對於複製成本較高的物件，通常應該使用 const T& 參數。這樣可以避免複製任何 lvalue 參數，並且 rvalue 參數也可以與 const T& 參數很好地綁定。但是，若函數本身複製了它的 T 參數，那麼應該以值傳遞它，即使它涉及到一個大物件。然後，當傳遞給函數時，將複製 lvalue 參數，並移動 rvalue 參數。後一個規則假定參數型態支援 move 語意——現在

所有型態都應該支援。在參數型態缺少適當的移動成員的情況下，你應該堅持使用以參考傳遞。不過，現在越來越多的型態支援移動語意——但不是所有標準函式庫型態都支援——所以以值傳遞肯定又回到了檯面上。

以值回傳

從函數回傳物件的推薦方法總是以值回傳；甚至對於更大的物件，比如 vector<>。我們將在稍後討論，編譯器一直擅長於最佳化，從函數回傳的物件的任何多餘副本。因此，對於最佳實務來說，移動語意的引入不會改變任何東西。然而，在這個領域有許多誤解，因此仍然有必要回顧一下定義函數的這個方面。

本章的許多範例程式都是圍繞以下函數建構的：

```
Array<std::string> buildStringArray(const size_t size)
{
  Array<std::string> result{ size };
  for (size_t i = 0; i < size; ++i)
    result[i] = "You should learn from your competitor, but never copy. Copy and you die.";
  return result;
}
```

這個函數以值回傳一個 Array<>。它的最後一行是一個 return 敘述，帶有 lvalue 運算式 result，這是一個自動的、堆疊分配的變數的名稱。具有效能意識的開發人員看到這一點時常常會感到擔心。編譯器不會使用 Array<> 的複製建構函數，將結果複製到要回傳的物件中嗎？不必擔心，至少在這種情況下不必擔心。回顧一下 C++17 編譯器應該如何處理以值回傳（和往常一樣，稍微簡化了）：

- 在格式 return name 的 return 敘述中，編譯器必須將 name 視為 *rvalue* 運算式，前提是 name 是區域定義的自動變數的名稱，或是函數參數的名稱。

- 在格式 return name 的 return 敘述中，編譯器可以應用所謂的命名回傳值最佳化（*named return value optimization*, NRVO），前提是名稱是區域定義的自動變數的名稱（若是參數名稱則不是）。

在我們的範例中，NRVO 要求編譯器將 result 物件，直接儲存在指定用來保存函數回傳值的記憶體中。也就是說，在應用 NRVO 之後，不再為單獨的自動變數 result 留出記憶體。

第一個項目表示，在我們的範例中使用 std::move（result）至少是多餘的。即使沒有 std::move()，編譯器也已經將 result 當作 rvalue 來處理了。第二點還暗示回傳 std::move（result）將禁止 NRVO 最佳化。NRVO 僅適用於 return result；格式的敘述；透過新增 std::move()，將迫使編譯器尋找一個移動建構函數。這樣做會帶來兩個潛在的問題──第一個問題可能非常嚴重：

- 若回傳的物件型態沒有移動建構函數，那麼新增 std::move() 會導致編譯器回傳到複製建構函數。這是正確的。新增 *move()* 可能會導致複製，而在此之前編譯器可能已經應用了 NRVO。

- 即使可以移動回傳的物件，新增 std::move() 也只會讓事情變得更糟──永遠不會更好。原因是 NRVO 通常會產生比移動建構更高效率的程式碼（移動建構通常仍然涉及一些淺複製和 / 或其他敘述；而 NRVO 沒有）。

因此，加入 std::move() 最多會使速度慢一點，最壞的情況下，它會導致編譯器複製回傳值，否則它不會複製回傳值，因此：

▌ **提示**　若 value 是一個區域變數（具有自動儲存持續時間）或函數參數，則永遠不要撰寫 return std::move（value）;，而是使用 return value; 代替。

注意，對於 return 敘述，例如 return value + 1; 或 return buildStringArray（100）；你也不必考慮加入 std::move()。在這兩種情況下，都已經回傳了一個 rvalue，所以加入 std::move() 同樣是多餘的。

這是否意味著在回傳值時不應該使用 std::move() 嗎？不是。實際使用 C++ 很少有那麼容易。大多數情況下，你想要在沒有 std::move() 的情況下以值回傳，但肯定不總是這樣：

- 若變數值在回傳值；具有靜態（*static*）或執行緒區域儲存持續時間（*thread-local storage duration*）（參見第 10 章），若需要移動，則需要加入 std::move()。不過這種情況很少見。

- ◆ 當回傳物件的資料成員時，如回傳 member_variable;，若不希望複製資料成員，則再次需要 std::move()。

- ◆ 如果 return 敘述包含除單個變數名稱之外的任何其他 lvalue 運算式，則 NRVO 不適用，編譯器在尋找建構函數時，也不會將此 lvalue 視為 rvalue。

後一種情況的常見例子是回傳條件的 return condition? var1 : var2;。雖然不明顯，但條件運算式，如 condition? var1 : var2 實際上是一個 lvalue。因為它顯然沒有變數名，所以編譯器會放棄 NRVO，也不會隱式地將它當作一個 rvalue。換句話說，它將尋找一個複製建構函數來建立回傳的物件（var1 或 var2）。為了避免這種情況，至少有三個選項。下面的回傳敘述至少會嘗試移動回傳的值：

```
return std::move(condition? var1 : var2);

return condition? std::move(var1) : std::move(var2);

if (condition)
  return var1;
else
  return var2;
```

在這三種方法中，最後一種是最推薦的。原因是它允許聰明的編譯器應用 NRVO，而前兩種形式是不允許的。

定義再訪 Move 成員

現在你已經是移動語意專家，我們可以就如何正確定義你自己的移動建構函數，和移動指定運算子給出更多的建議。我們的第一個規則尤其重要——也就是說，總是將它們宣告為 noexcept。若沒有其他方法，你的移動成員就沒有那麼有效（第 16 章解釋了 noexcept 表示詞）。

永遠加入 noexcept

重要的是，所有的移動成員都有一個 noexcept 指示器，假設它們不丟出，但是實際上移動成員很少丟出。加入 noexcept 非常重要，我們會解釋為什麼會這樣。原因是我們堅信，知道規則存在的原因會讓你更好地記住它。

讓我們繼續前面的 Ex17_05B。在本例中，為 Array<> 定義了以下 push_back()
函數：

```
template <typename T>
void Array<T>::push_back(T element)    // Pass by value (copy of lvalue, or moved rvalue!)
{
  Array<T> newArray(size + 1);         // Allocate a larger Array<>
  for (size_t i = 0; i < size; ++i)    // Move all existing elements...
    newArray[i] = std::move(elements[i]);

  newArray[size] = std::move(element);  // Move the new one...

  swap(newArray);                       // ... and swap!
}
```

看起來不錯。運行 Ex17_05B 還確認所有多餘副本都已刪除。那麼，這個定義有
什麼問題呢？在第 16 章中，我們警告你不要只看表面上的正確性。首先，我們
敦促你考慮在出現意外異常時發生的情況。知道 push_back() 有什麼問題嗎？
最好仔細考慮一下這個問題。

雖然不太可能，但 T 的移動指定運算子原則上可以丟出異常。這一點在這裡特
別相關，因為 Array<> 樣版應該適用於任何型態 T。

在某種程度上，在 for 迴圈中加入 std::move() 破壞了複製和交換慣用法的工
作。使用這種慣用法，你要修改的物件（*this 通常是在成員函數的情況下）保
持原始狀態，直到最後的 swap() 操作，這一點非常重要。若發生異常，swap()
之前的任何修改都不會被撤消。因此，如果在移動 elements 陣列中的一個物
件時發生了 push_back() 內的異常，那麼就沒有任何東西可以恢復已經移動到
newArray 中的任何早期物件。

事實證明，無論如何嘗試，若一個移動成員可能在任何時候丟出，一般來說，
都無法在不複製的情況下，安全地將現有元素移動到新陣列中。若有一種方
法可以讓你知道，特定的移動成員從不丟出任何異常，那該多好。畢竟，若
移動永遠不會丟出，那麼將現有元素安全地移動到更大的陣列中是可行的。我
們已經知道這種方法了。它在第 16 章：noexcept 表示詞中介紹到。若函數是
noexcept，我們就知道它永遠不會丟出異常。換句話說，push_back() 表達的
是：

```
template <typename T>
```

```
void Array<T>::push_back(T element) // Pass by value (copy of lvalue, or moved rvalue!)
{
  Array<T> newArray(size + 1);    // Allocate a larger Array<>
  for (size_t i = 0; i < size; ++i)  // Move all existing elements (copy if not noexcept)...
    newArray[i] = move_assign_if_noexcept(elements[i]);

  newArray[size] = move_assign_if_noexcept(element); // Move (or copy) the new one...

  swap(newArray);                 // ... and swap!
}
```

這裡，我們需要 move_assign_if_noexcept() 函數來完成一個高效率而安全的 push_back() 樣版，它應該充當 std::move()，但是只有當 T 的移動指定運算子，被指定為 noexcept 時才可以這樣做。如果沒有，move_assign_if_noexcept() 應該將其參數轉換為 lvalue 參考，從而觸發使用 T 的複製設定。

這是我們在路上遇到的一個小障礙：

█ 注意 標準函式庫 utility 標頭檔，確實提供了 std::move_if_noexcept()，但是閱讀小字說明，該函數將根據移動建構函數是否為 noexcept，有條件地呼叫移動建構函數或複製建構函數。對於有條件地呼叫移動指定運算子，標準函式庫沒有提供相應的功能。

雖然實作這樣一個 move_assign_if_noexcept() 函數當然是可能的，但不幸的是，它需要一種技術，這種技術對於初學者來說實在是太進階了；具體來說，它需要樣版超程式設計（*template metaprogramming*）。在我們開始之前，這裡有一個重要的結論：

█ 注意 如果沒有其他內容，那麼 Array<>::push_back() 函數應該教給你的是，永遠不要屈服於實作自己的容器類別的誘惑，除非這是絕對必要的（而且很少是這樣）讓它們百分之百正確是非常困難的。始終使用標準函式庫的容器（若你願意，也可以使用其他經過測試和嘗試的函式庫容器）。即使有了 move_assign_if_noexcept() 函數，Array<> 類別也很難被稱為最佳的。你需要使用相當先進的記憶體管理技術，對其進行大量的重新工作，甚至可以遠程接近完全最佳化的 std::vector<>。

下面簡要說明了如何實作 move_assign_if_noexcept() 函數，該函數是異常安全 push_back() 成員所需要的（可以在 Ex17_06 中找到結果）。它涉及到樣版超程式設計，所以它不適合膽小的人。因此，請直接跳到下一個常規小節，在那裡我們將說明在標準函式庫容器中使用型態時，加入 noexcept 來移動成員的效果。

實作 MOVE_ASSIGN_IF_NOEXCEPT

樣版超程式設計通常涉及基於樣版參數（這些參數通常是型態名稱）做出決策，以控制樣版在編譯器實體化時產生的程式碼。換句話說，它涉及撰寫在編譯時計算的程式碼，每當編譯器產生相應樣版的具體實體時。在 move_assign_if_noexcept() 的情況下，我們本質上需要撰寫的是一個一般 C++if-else 敘述，它表示函數回傳型態的邏輯如下：

"若型態 T&& 的 rvalue 可以不丟出而被設定，那麼回傳型態應該是一個 rvalue 參考，即 T&&；否則，它應該是一個 lvalue 參考（const t&r）。"

這裡是 move_assign_if_noexcept() 的樣版型態參數。無需贅述，這就是你使用 type_traits 標準函式庫標頭，提供的一些樣版超程式設計原指令（稱為 type trail）來精確表達邏輯的方式：

```
std::conditional_t<std::is_nothrow_move_assignable_v<T>, T&&, const T&>
```

對於樣版元程式設計師（metaprogrammer），這幾乎是逐字逐句地閱讀。然而，這需要很多人去適應，而我們目前沒有時間去做。因此，我們也不再詳細討論這個問題。畢竟，這裡目的只是讓你快速地初步體驗一下，樣版元程式設計（metaprogramming）可能實作的功能。

使用前面的元運算式（meta-expression），組合一個功能完整的 move_assign_if_noexcept() 函數實際上不再那麼困難：

```
template<class T>
std::conditional_t<std::is_nothrow_move_assignable_v<T>, T&&, const T&>
move_assign_if_noexcept(T& x) noexcept
{
  return std::move(x);
}
```

函數主體是平凡的；所有樣版元魔術（meta-magic）都發生在函數的回傳型態

中。根據型態 T 的屬性——更具體地說,根據是否可以在不丟出的情況下設定 T&& 值——回傳型態將是 T&& 或 const T&。注意,在後一種情況下,函數主體中的 std::move() 仍然回傳一個 rvalue 參考,這沒有關係。如果樣版實體化型態 T 的回傳型態為 const T&,那麼從函數主體回傳的 rvalue 參考,將被右轉回 lvalue 參考。

在標準函式庫容器中移動

標準函式庫的所有容器型態,都被最佳化為盡可能移動物件,就像你對 Array<> 容器樣版所做的那樣。這代表 std::vector<> 的任何實作都面臨類似於 push_back() 的挑戰。也就是說,當將現有元素移動到新分配的更大陣列中時,如何在異常存在的情況下保證內部完整性?那麼,如何保證所需的全有或全無行為——C++ 標準通常要求所有容器操作的行為?

我們可以推斷標準函式庫實作者,是如何使用 Ex17_05B 的以下變體來處理這些挑戰的:

```cpp
// Ex17_07.cpp - the effect of not adding noexcept to move members
#include "Array.h"
#include <string>
#include <vector>

// Construct an Array<> of a given size, filled with some arbitrary string data
Array<std::string> buildStringArray(const size_t size);

int main()
{
  std::vector<Array<std::string>> v;

  v.push_back(buildStringArray(1'000));

  std::cout << std::endl;

  v.push_back(buildStringArray(2'000));
}
```

我們不再將 Array<> 們加到 Array<> 中,而是將它們加到 std::vector<> 中。更具體地說,我們將型態為 Array<>&& 的兩個 rvalue 加到單個 vector<>(buildStringArray() 的實作是相同的)。那麼,一個可能的事件序列是這樣的(假設從一個 Array<> 樣版開始,其中移動成員還沒有必要的 noexcept 表示詞):

```
Array of 1000 elements moved

Array of 1000 elements copied
Array of 2000 elements moved
```

從這個輸出中，可以清楚地看到，當加入第二個元素（Array<>，包含 2000 個元素）時，std::vector<> 複製第一個元素（Array<>，包含 1000 個 string）。它的 push_back() 成員在將所有現有元素，轉移到更大的動態陣列時執行此操作，類似於我們之前在 Array::push_back() 中所做的。

▌ **附註**　標準函式庫規範沒有明確規定，當你加入更多元素時，vector<> 應該何時以及多久分配一個更大的動態陣列。因此，在 Ex17_07.cpp 中，原則上你還沒有看到包含 1000 個元素的 Array<> 被複製。如果是這樣，只需加入更多的 push_back() 敘述來加入額外的 Array<>&& 元素。由於標準函式庫確實需要一個 vector<>，將其所有元素儲存在一個連續的動態陣列中，因此最終 vector<> 不可避免地要分配一個更大的陣列，然後將其所有現有元素轉移到該陣列中。

Array<> 被**複製**而不是**移動**的原因是，編譯器認為移動是不安全的。也就是說，它不能推斷出不丟出就可以移動。當然，如果你現在向 Array<> 移動建構函數樣版中加入 noexcept，並再次運行 Ex17_07，會發現不再複製 Array<> 及其 1,000 個 string：

```
Array of 1000 elements moved

Array of 1000 elements moved
Array of 2000 elements moved
```

▌ **提示**　標準容器和函數通常只在使用 noexcept 宣告對應的移動成員時，才使用 move 語意。因此，在任何可能的情況下（幾乎總是如此），必須宣告所有的移動建構函數和移動指定運算子 noexcept。

"Move-and-Swap" 的慣用語

在進入本章最後一節之前，我們將首先回顧 Array<> 移動指定運算子的實作。當我們在本章開始定義它時，還沒有足夠的知識來以一種簡潔優雅的方式實作這個運算子。回到這個定義，我們將加入 noexcept 指定器來繼續進行，如下所示：

```cpp
// Move assignment operator
template <typename T>
Array<T>& Array<T>::operator=(Array&& rhs) noexcept
{
  std::cout << "Array of " << rhs.size << " elements moved (assignment)" << std::endl;

  if (this != &rhs)              // prevent trouble with self-assignments
  {
    delete[] elements;           // delete[] all existing elements

    elements = rhs.elements;     // copy the elements pointer and the size
    size = rhs.size;

    rhs.elements = nullptr;      // make sure rhs does not delete[] elements
  }
  return *this;                  // return lhs
}
```

若我們告訴你，你在尋找程式碼複製呢？

若仔細看，你會發現這個函數實際上包含了不止一個，而是兩個複製的描述：

- 首先，它包含與解構函數相同的邏輯來清理任何現有成員。在我們的例子中，這只是一個 delete[] 敘述，但是一般來說，這可能需要許多步驟。

- 其次，它包含與移動建構函數相同的邏輯，用於複製所有成員，並將已移動物件的元素成員設置為 nullptr。

在第 16 章中，我們告訴過你盡可能避免重複是好的做法。任何複製，即使是只有一行或幾行程式碼的複製，都只是發生錯誤的另一個機會——無論是現在還是將來。想像有一天 Array<> 加入了一個額外的成員；這樣就很容易忘記更新所有複製它們的地方。需要更新的地方越少越好。

對於複製指定運算子，我們已經熟悉解決類似問題的標準技術：複製和交換慣用法。幸運的是，也可以對移動指定運算子使用類似的樣式：

```cpp
// Move assignment operator
template <typename T>
Array<T>& Array<T>::operator=(Array&& rhs) noexcept
{
  Array<T> moved(std::move(rhs));  // move...        (noexcept)
  swap(moved);                     // ... and swap (noexcept)
  return *this;                    // return lhs
}
```

這種移動和交換的慣用法消除了重複的兩個帳戶。自動變數 moved 的解構函數刪除所有現有元素，並將複製成員和設定 nullptr 的責任，委託給移動建構函數。關鍵是不要忘記函數主體中 rhs 的明確 std::move()。記住，我們不厭煩地重複，變數名稱都是 lvalue，甚至是具有 rvalue 參考型態的變數的名稱。

注意不要在消除重複方面走得太遠。在較早的規則下，你可能會想要進一步減少程式碼的重複，並把複製的程式碼合並起來，然後把指定運算子移動到一個單一的指定運算子內，形式如下：

```
// Assignment operator
template <typename T>
Array<T>& Array<T>::operator=(Array rhs)      // Copy or move...
{
  swap(rhs);                                   // ... and swap!
  return *this;                                // Return lhs
}
```

乍一看，這看起來是一個漂亮的改進。當設定的右側是臨時物件時，這個指定運算子的 rhs 值參數，將使用移動建構函數建構並初始化。否則，將使用複製建構函數。然而，問題是它違反了另一個準則，即移動指定運算子應該始終為 noexcept。否則，你將面臨這樣的風險：只有在不存在 except 時，才會移動的容器和其他標準函式庫樣版仍然使用複製設定。

因此，以下準則總結了我們關於定義指定運算子的建議：

▌ **提示** 若你完全定義了它們（請參閱後面的內容），則始終定義單獨的複製和移動指定運算子。後者應該是 noexcept，而前者通常不是（至少複製通常會引發 bad_alloc 異常）。為了避免額外的重複，複製指定運算子應該使用傳統的複製和交換慣用法，而移動指定運算子應該使用我們在這裡介紹的類似的移動和交換慣用法。

最後，複製指定運算子應該始終使用以參考傳遞到 const，而不是以值傳遞。否則，由於所謂的模糊設定，可能會遇到編譯器錯誤。

特殊成員函數

下面有 6 個所謂的**特殊成員函數**，現在你都知道了：

- 預設建構函數（第 11 章）
- 解構函數（第 11 章）
- 複製建構函數（第 11 章）
- 複製指定運算子（第 12 章）
- 移動建構函數
- 移動指定運算子

使它們 "特殊" 的是，在適當的環境下，編譯器會友好地為你產生它們。注意編譯器可能為你提供的簡單類別是什麼很有趣。下面是只有一個資料成員的類別：

```
class Data
{
  int value {1};
};
```

假設編譯器符合當前的語言標準，實際得到的結果如下：

```
class Data
{
public:
  Data() : value{1} {}                              // Default constructor
  Data(const Data& data) : value{data.value} {}        // Copy constructor
  Data(Data&& data) noexcept : value{std::move(data.value)} {} // Move constructor

  ~Data() {}                            // Destructor (implicitly noexcept)

  Data& operator=(const Data& data)     // Copy assignment operator
  {
    value = data.value;
    return *this;
  }
  Data& operator=(Data&& data) noexcept   // Move assignment operator
  {
    value = std::move(data.value);
    return *this;
  }
```

```
private:
  int value;
};
```

我們還沒有討論由預設產生的移動成員，所以將從這裡開始。一旦介紹了這些函數，本節的其餘部分將回顧應該在什麼時候，定義這些特殊函數的自己版本。

預設 Move 成員

與兩個預設的複製成員類似（參見第 11 章和第 12 章），編譯器產生的移動成員，只是按類別定義中宣告資料成員的順序，一個一個地移動所有非靜態資料成員。如果類別有基礎類別，則首先呼叫它們的移動建構函數或移動指定運算子，同樣按宣告基礎類別的順序呼叫。最後，隱式定義的移動成員是 noexcept，只要對應的成員函數對所有基礎類別和非靜態資料成員也是 noexcept。

所以，這並不奇怪。若移動成員是由編譯器定義的，那麼它們的行為完全符合你的期望。我們仍然需要回答的主要問題如下：編譯器究竟什麼時候產生這些預設的移動成員？為什麼我們的 Array<> 類別樣版沒有這樣做呢？答案如下：

▌ **提示** 一旦宣告了四個複製或移動成員或解構函數中的任何一個，編譯器將不再產生任何丟失的移動成員。

雖然這條規則一開始看起來相當嚴格，但它實際上很有意義。考慮我們的原始 Array<> 樣版。編譯器注意到你明確地定義了解構函數、複製建構函數和複製指定運算子。當然，提供這種明確定義的唯一合理原因是，編譯器產生的預設值是錯誤的。由此，編譯器只能得出一個合理的結論：若產生預設的移動成員，那麼它們也幾乎肯定是錯誤的（注意，對於 Array<>，這種推理絕對是正確的）。當有疑問時，完全不產生預設的移動成員，顯然總是比產生不正確的要好。畢竟，沒有移動成員的物件最糟糕的情況是它會不時地被複製；與具有不正確移動成員的物件可能發生的情況相比，這是一個相形見絀的命運。

五法則

當然,無論何時定義一個移動建構函數,都應該定義它的夥伴,即移動指定運算子,反之亦然。在第 12 章中,回憶起在定義複製成員時也是如此。這些觀察被概括為所謂的五法則(rule of five)。這個最佳實踐規則涉及以下五個特殊的成員函數:複製建構函數、複製指定運算子、移動建構函數、移動設定建構函數,以及解構函數。換句話說,它適用於除預設建構函數之外的所有特殊成員函數。規則如下:

▌五法則 一旦宣告了除預設建構函數之外的五個特殊成員函數中的任何一個,通常就應該宣告所有這五個函數。

動機並非偶然,與前一小節中的動機類似。只要你需要為這五個特殊函數中的任何一個覆寫預設行為,你幾乎肯定也需要為其他四個函數覆寫預設行為。例如,如果需要刪除解構函數中的資料成員記憶體或 delete[],那麼很明顯,對應成員的淺複製將非常危險。相反的情況可能不那麼明顯,但通常也是成立的。

請注意,五法則並沒有說明實際上需要為所有 5 個特殊成員宣告提供明確定義。有時使用 = delete(例如在建立不可複製型態時——如第 12 章所示),甚至使用 = default(通常還結合一些 = delete 定義)都是完全可以的。

零法則

五法則規定了在宣告自己的特殊成員函數時應該做什麼。但是,它並沒有說明什麼時候應該這樣做。這就是零法則(rule of zero)的由來:

▌零法則 避免了必須盡可能多地實作任何特殊成員函數。

在某種程度上,零法則是數學家們所說的五法則的推論(推論是一個已經證明的命題的邏輯結果)。畢竟,後一條法則規定,立即定義任何特殊的成員函數都意味著定義其中的 5 個函數,以及已經知道的 swap() 函數。即使使用複製 - 交換和移動 - 交換慣用法,定義這五個成員也總是需要撰寫大量程式碼。大量的程式碼意味著大量的錯誤機會和大量的維護成本。

通常的動機範例是考慮在現有類別加入新資料成員之後需要做什麼。那麼需要在多少地方加入一行程式碼呢？複製建構函數的成員初值串列中還有一行嗎？還有一個在移動建構函數中？而且我們幾乎忘記了 swap() 中的額外敘述。無論計數是多少，沒有什麼能打敗零。也就是說，在理想的情況下，加入一個新的資料成員所需要做的，就是在類別定義加入對應的宣告。

幸運的是，堅持零法則並不像乍看上去那麼難。事實上，你通常需要做的就是遵循我們在前面幾章中，提倡的關於容器和資源管理的各種規則：

- ◆ 所有動態配置的物件都應該由一個智能指標管理（第 4 章）。
- ◆ 所有動態陣列應由 std::vector<> 管理（第 5 章）。
- ◆ 更一般地說，物件集合由容器物件管理，比如標準函式庫提供的容器物件（第 19 章）。
- ◆ 需要清理的任何其他資源（網路連接、檔案處理等）也由專用的 RAII 物件管理（第 16 章）。

若你只是將這些原則應用於類別的所有資料成員，那麼這些變數中就不應該再包含所謂的原始資源或裸資源。這通常意味著五個一組規則，所涉及的五種特殊成員函數，也不再需要明確的定義。

尊重零法則的一個結果是，當定義自定義 RAII 型態或自定義容器型態（這應該更少見）時，幾乎只保留定義五個成員函數的規則。然後，使用這些訂製的 RAII 和容器型態，就可以組合更高級的型態，這些型態通常不再需要明確的複製、移動或解構函數宣告。

有一個特殊的成員函數我們還沒有在前面的規則中討論。這與 "五法則"（rule of five）沒有涵蓋的內容相同：預設建構函數。通常可以透過初始化類別定義中的所有資料成員，來避免定義預設建構函數。例如，我們在本節開始時對 Data 類別這樣做：

```
class Data
{
  int value {1};
};
```

請注意，回想起第 11 章，只要你宣告了任何建構函數，即使不是特殊的成員函數，編譯器也不會再產生預設建構函數。因此，零法則絕對不排除這樣的預設建構函數：

```
class Data
{
public:
  Data() = default;
  Data(int val);

private:
  int value {1};
};
```

摘要

這一章，在很多方面總結了我們在第 10 章和第 11 章的內容。了解了什麼是 move 語意，以及它如何支援自然、優雅，且最重要的是，可能還有高效率的程式碼。我們教你如何為你自己的型態移動提供便利。move 的思想是，由於參數是臨時的，函數不一定需要複製資料成員；相反地，它可以從作為參數的物件中竊取資料。例如，若參數物件的成員是指標，則可以在不複製指標指向的內容的情況下傳輸指標，因為參數物件將被終結，因此不需要它們。

本章的重點包括：

- rvalue 是一個運算式，它通常會產生一個臨時值；lvalue 是產生更久的值。
- std::move() 可以用來將一個 lvalue（例如一個指定的變數）轉換成一個 rvalue。一旦移動了物件，通常就不應該再使用它了。
- 使用 && 來宣告 rvalue 參考型態。
- 移動建構函數和移動指定運算子有 rvalue 參考參數，因此當參數是臨時的（或任何其他 rvalue）時，將呼叫這些參數。
- 若一個函數本質上複製了它的一個輸入，那麼最好以值傳遞這個參數，即使它涉及到一個類別型態的物件。這樣做，你可以用一個函數定義同時滿足 lvalue 和 rvalue 輸入。
- 自動變數和函數參數應該以值回傳，而不需要在回傳敘述中加入 std::move()。
- 移動成員一般應是 noexcept；若沒有，則有被標準函式庫容器和其他樣版呼叫的風險。

◆ 五法則要求你一起宣告所有複製成員、移動成員和解構函數，或一個也不宣告。零法則促使你努力去定義零。實際上已經知道實作零法則的方法：使用智慧指標、容器和其他 RAII 技術管理動態記憶體和其他資源。

習題

17.1 為 Truckload 類別定義 move 運算子（最後一次遇到這個類別是在習題 15.3 中），並提供一個小測試程式來證明它是有效的。

17.2 另一個迫切需要使用移動功能升級的類別是 LinkedList<> 樣版，你為習題 16.5 定義了這個樣版。它甚至可以做更多的整理，而不僅僅是兩個特殊的移動成員。你能說說一個現代的 LinkedList<> 型態還需要什麼嗎？撰寫一個程式，說明新加入的移動功能。

17.3 既然我們已經深入研究了前面建立的程式碼，那麼在習題 15.5 中將 C 風格的 API 包裝到虛構的資料庫管理系統時建立（或應該建立）的兩個 RAII 型態呢？若你還記得，其中一個管理了一個資料庫連接，並確保該連接總是及時斷開，而另一個封裝了一個指向資料庫查詢結果的指標，每當使用者檢查完該結果時，都必須釋放該資料庫查詢的記憶體。你顯然不希望複製這些物件（為什麼不呢？）加入適當的措施來防止這種情況。

17.4 與任何 RAII 型態一樣（例如 std::unique_ptr<>），你在前面的習題中處理的這兩種型態，肯定可以從移動成員中獲益。對應地修改練習的解決方案，包括 main() 函數中的一些額外敘述，以證明你的解決方法是有效的。之前在習題 17.3 中所做的現在還需要嗎？同樣地，習題 15.5 使用了 Customer 類別。這種型態是否也需要移動成員？

18

頂層函數

在 C++ 中，分有經濟艙、商務艙和頭等艙的函數，所有這些函數都具有不同程度的舒適、空間、隱私和機上服務……不，這當然不是頭等艙（*first-class*）這個詞的意思[1]，這些只是在開玩笑。讓我們從頭開始：

在電腦科學中，若一種程式語言允許你像對待其他變數一樣地對待函數，那麼它就被稱為提供了頂層函數（*first class function*）。例如，在這種語言中，可以將函數作為值，設定給變數，就像設定整數或字串一樣。可以將函數作為參數傳遞給其他函數，或者作為另一個函數的結果，回傳給一個函數。你可能很難想像這種語言結構的適用性，但是它們非常有用和強大。

本章介紹 C++ 所提供在這一領域，從基本的頂層函數（以函數指標的形式）到透過 lambda 運算式的匿名函數和閉色（不要擔心，在這一章結束前，會弄清楚這些條件）。特別是 C++11 中，lambda 運算式的引入徹底改變了 C++。它把語言的表達能力提升到一個全新的層次。這在很大程度上是因為在整個標準函式庫中大量使用了頂層函數參數。它的泛型演算法函式庫的函數樣版（下一章的主題）是 lambda 運算式的主要使用情況。

在本章中，你可以學到以下各項：

◆ 何謂函數指標？可以用它來做什麼？

◆ 函數指標的局限性以及如何使用標準的物件導向技術和運算子多載來克服它們

◆ 什麼是 lambda 運算式？

1　這個詞的起源確實有點相似。在 1960 年代，Christopher Strachey（電腦語言先鋒，第一次正式提出左值和右值的概念）創造了這個詞，當他標記過程（函數）為次等的程式語言演算法 (ALGOL)：“他們總是必須親自出現，而且永遠不可能由一個變數或運算式代表 …”。

- ◆ 如何定義 lambda 運算式？
- ◆ lambda 閉包是什麼？為什麼它比匿名函數更強大
- ◆ 何謂擷取子句？如何使用它？
- ◆ 如何將任何頂層函數作為參數傳遞給另一個函數
- ◆ std::function<> 允許你將任何頂層函數表示為變數

指向函數的指標

你已經熟悉指向資料、變數的指標，這些變數將這些區域的位址儲存在記憶體中，其中包含其他變數、陣列或動態配置的記憶體值。然而，電腦程式不僅僅是資料。分配給電腦程式的記憶體的另一個重要部分，保存著它的可執行程式碼，由編譯的 C++ 敘述區塊組成。屬於給定函數的所有已編譯程式碼通常也會被組合在一起。

指向函數或函數指標的指標是一個變數，它可以儲存函數的位址，因此在執行期間的不同時間指向不同的函數。使用指向函數的指標，在函數包含的位址處呼叫函數。但是，一個位址並不足以呼叫一個函數。為了正常運作，指向函數的指標還必須儲存每個參數型態和回傳型態。顯然地，定義指向函數的指標所需的資訊，會限制指標可以指向的函數的範圍。它只能儲存具有給定數量的特定型態參數和給定回傳型態的函數的位址。這類似於儲存資料項位址的指標。指向 int 型態的指標只能指向包含 int 型態值的位置。

定義指向函數的指標

這是一個指標的定義，它可以儲存具有 long* 和 int 型態參數的函數的位址，並回傳一個 long 型態的值：

```
long (*pfun)(long*, int);
```

因為這些括號看起來可能有點奇怪。指標變數的名稱是 pfun。它不指向任何東西，因為它沒有初始化。理想情況下，它會初始化為 nullptr，或者使用特定函數的位址。指標名稱的小括號和星號是不可少的。若沒有它們，這個敘述會宣告一個函數，而不是定義一個指標變數，因為 * 將繫結到 long 型態：

```
long *pfun(long*, int); // Prototype for a function pfun() that returns a long* value
```

指向函數的指標定義的一般形式如下：

```
return_type (*pointer_name)(list_of_parameter_types);
```

指標只能指向與定義中指定的函數具有相同 return_type 和 list_of_ parameter_types 的函數。

在宣告指標時，應該始終初始化它。可以將指向函數的指標初始化為 nullptr 或使用函數的名稱。假設你有一個函數，它的原型如下：

```
long find_maximum(const long* array, size_t size); // Returns the maximum element
```

然後可以用這個敘述定義和初始一個指向這個函數的指標：

```
long (*pfun)(const long*, size_t) { find_maximum };
```

指標由某個函數 find_maximum() 的位址初始化，此函數最有可能搜尋給定陣列中 long 型態的最大元素。第二個參數是陣列的大小。這個函數的原型可以是：

```
long find_maximum(const long* array, size_t size);
```

使用 auto 會使定義指向這個函數的指標變得簡單得多：

```
auto pfun = find_maximum;
```

也可以使用 auto* 來強調 pfun 是一個指標：

```
auto* pfun = find_maximum;
```

這將 pfun 定義為指向具有與 find_maximum() 相同的參數列表，和回傳型態的任何函數的指標，並使用 find_maximum() 位址初始它。可以在設定中儲存具有相同參數列表，和回傳型態的任何函數的位址。若 find_minimum() 具有與 find_maximum() 相同的參數列表和回傳型態，可以讓 pfun 這樣指向它：

```
pfun = find_minimum;
```

■ **附註** 即使函數名稱已經計算為函數指標型態的值，也可以使用取址運算子和 & 明確地取得它的位址。換句話説，下列敘述與先前的敘述具有同樣的效力：

```
auto* pfun = &find_maximum;
pfun = &find_minimum;
```

有些人建議總是加入取址運算子，因為這樣做會使它跳出來，而不是建立一個指向函數的指標。

要使用 pfun 呼叫 find_minimum()，只需使用指標名稱，就像它是一個函數名稱一樣。下面有一個例子：

```
long data[] {23, 34, 22, 56, 87, 12, 57, 76};
std::cout << "Value of minimum is " << pfun(data, std::size(data));
```

這會輸出 data 陣列中的最小值。與指向變數的指標一樣，在使用函數呼叫函數之前，應該確保指向函數的指標有效地包含函數的位址。如果沒有初始化，幾乎肯定程式會發生錯誤。

為了了解這些指向函數的新奇指標，以及它們在實際中是如何執行的，讓我們在一個程式中嘗試一下：

```cpp
// Ex18_01.cpp
// Exercising pointers to functions
#include <iostream>

long sum(long a, long b);                           // Function prototype
long product(long a, long b);                        // Function prototype

int main()
{
  long(*pDo_it)(long, long) {};                      // Pointer to function

  pDo_it = product;
  std::cout << "3 * 5 = " << pDo_it(3, 5) << std::endl; // Call product thru a pointer

  pDo_it = sum;                                       // Reassign pointer to sum()
  std::cout << "3 * (4+5) + 6 = "
    << pDo_it(product(3, pDo_it(4, 5)), 6) << std::endl; // Call thru a pointer twice
}

// Function to multiply two values
long product(long a, long b) { return a * b; }

// Function to add two values
long sum(long a, long b) { return a + b; }
```

此範例產生的輸出如下：

```
3 * 5 = 15
3 * (4+5) + 6 = 33
```

這不是一個有用的程式，但它確實說明了一個指向函數的指標是如何定義、設定值和用來呼叫函數的。在常見的前言之後，定義並初始化 pDo_it 作為指向函數的指標，該函數可以指向 sum() 或 product() 函數之一。

pDo_it 初始化為 nullptr，因此在使用它之前，函數 product() 的位址儲存在 pDo_it 中。接著透過 output 敘述中的指標 pDo_it 間接呼叫 product()。指標名稱就像它是函數名稱一樣使用，後面跟著小括號中的函數參數，就像使用原始函數名稱時一樣。若指標是這樣定義和初始化的，會節省很多的複雜性：

```
auto* pDo_it = product;
```

為了說明這一點，將指標改為指向 sum()。然後，它又被用在一個非常複雜的運算式中，來做一些簡單的運算。這說明你可以使用指向函數的指標，方法與它指向的函數相同。圖 18-1 說明了發生了什麼。

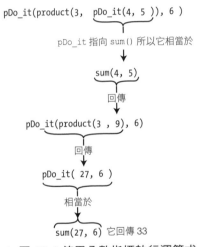

▲ 圖 18-1 使用函數指標執行運算式

用於高階函數的回呼函數

指向函數的指標是一種非常合理的型態，這意味著函數也可以有這種型態的參數。函數可以使用指向函數參數的指標來呼叫函數，當函數被呼叫時，參數指向該函數。你可以只指定一個函數名稱作為參數的參數，該參數是 "指向函數的指標" 型態。作為參數傳遞給另一個函數的函數稱為回呼函數（*callback function*）；接受另一個函數作為參數的函數是高階函數（*higher-order function*）。看到下面的例子：

```cpp
// Optimum.h - a function template to determine the optimum element in a given vector
#ifndef OPTIMUM_H
#define OPTIMUM_H
#include <vector>

template <typename T>
const T* find_optimum(const std::vector<T>& values, bool (*compare)(const T&, const T&))
{
  if (values.empty()) return nullptr;

  const T* optimum = &values[0];
  for (size_t i = 1; i < values.size(); ++i)
  {
    if (compare(values[i], *optimum))
    {
      optimum = &values[i];
    }
  }
  return optimum;
}
#endif // OPTIMUM_H
```

這個函數樣版包含了我們前面提到的 find_maximum() 和 find_minimum() 函數。傳遞給 compare 參數的函數指標決定函數回傳哪個 "最佳" 值。compare 型態強制你傳遞一個指標到一個函數，此函數接受兩個 T 值作為輸入並回傳一個布林值。這個函數將比較它接收到的兩個 T 值，並計算第一個 T 值是否比第二個更好。接著，高階 find_optimum() 透過其 compare 參數呼叫給定的比較函數，並使用它來確定其向量參數中的所有 T 值中哪個是最好的，或者是最佳的。

關鍵是，作為 find_optimum() 的呼叫者，確定一個 T 值比另一個更好或更佳意味著什麼？若它是你想要的最小元素，則傳遞一個與小於運算子 < 相當的比較函數；若它是你想要的最大元素，那麼 compare 回呼函數的行為應該類似於大於運算子 >。讓我們來看看實際情況：

```cpp
// Ex18_02.cpp
// Exercising the use of function pointers as callback functions
#include <iostream>
#include <string>
#include "Optimum.h"

// Comparison prototypes:
bool less(const int&, const int&);
```

```cpp
template <typename T> bool greater(const T&, const T&);
bool longer(const std::string&, const std::string&);

int main()
{
  std::vector<int> numbers{ 91, 18, 92, 22, 13, 43 };
  std::cout << "Minimum element: " << *find_optimum(numbers, less) << std::endl;
  std::cout << "Maximum element: " << *find_optimum(numbers, greater<int>) << std::endl;

  std::vector<std::string> names{ "Moe", "Larry", "Shemp", "Curly", "Joe", "Curly Joe" };
  std::cout << "Alphabetically last name: "
            << *find_optimum(names, greater<std::string>) << std::endl;
  std::cout << "Longest name: " << *find_optimum(names, longer) << std::endl;
}

bool less(const int& one, const int& other) { return one < other; }

template <typename T>
bool greater(const T& one, const T& other) { return one > other; }

bool longer(const std::string& one, const std::string& other)
{
  return one.length() > other.length();
}
```

此程式會印出下面的結果：

```
Minimum element: 13
Maximum element: 92
Alphabetically last name: Shemp
Longest name: Curly Joe
```

對 find_optimum() 的前兩次呼叫證明，這個函數確實可以用來查找給定向量中的最小和最大值。順便說明一下，函數指標也可以指向函數樣版的實體化，比如 greater<>()。你所要做的就是透過指定 < 和 > 之間的所有樣版參數，明確地實體化樣版。

範例的後半部分可能更有趣。你知道 std::string 的預設比較運算子按字母順序比較字串。因此，與電話簿一樣，Shemp 總是最後出現。但是有時候你更喜歡用不同的方式比較字串。將回呼參數加到排序函數或 find_optimum() 函數中有助於實作這一點。我們藉由傳遞一個指向 longer() 的指標，在 Ex18_02 中透過尋找最長的字串來說明這種函數。

這個例子說明了在與程式碼重複的無休止的戰鬥中，高階函數和回呼的巨大價值。若沒有頂層函數，就必須撰寫至少三個不同的 find_optimum() 函數，才能使 Ex18_02 運作：find_minimum()、find_maximum() 和 find_longest()。然後，這三個函數都包含相同的迴圈，以便從給定的向量中提取相應的最佳值。雖然對於初學者來說，撰寫幾次這樣的迴圈可能是一個很好的練習，但是這種方法很快就會過時，並且在專業軟體開發中肯定沒有一席之地。幸運的是，標準函式庫提供了大量與 find_optimum() 類似的通用演算法，可以重用這些演算法，並且所有這些演算法都將接受類似的回呼函數，允許你根據需要對它們進行最佳化。我們將在下一章更詳細地討論這個問題。

■ **附註**　除了用作高階函數的參數外，頂層的回呼函數還有很多用途。回呼在日常的物件導向程式設計中也被積極地使用。物件通常在其資料成員中儲存一個或多個回呼函數。呼叫這樣的回呼可以用於任何目的。它們可以在物件的某個成員函數實作的邏輯中，構成一個使用者可配置的步驟，也可以用來向其他物件發出某個事件已經發生的訊號。回呼成員的各種形式和表現，促進了各種標準的物件導向習慣用法和模式，最顯著的可能是經典觀察者模式（Observer pattern）的變體。討論物件導向的設計超出了本書的範圍；還有其他優秀的書籍專門研究這個。可以在本章結尾的習題中，找到一個回呼資料成員的基本範例。

函數指標的型態別名

我們相信你會同意，定義函數指標變數所需的語法相當可怕。輸入這種語法的次數越少越好。auto 關鍵字可以提供幫助，但是有時候，當函數指標用作函數參數或物件的資料成員時，需要明確地指定函數指標的型態。因為 "指標指向函數" 和其他型態一樣，可以使用 using 關鍵字為這些型態定義一個型態別名（參見第 3 章）。

考慮 Ex18_02 的 optimum() 函數樣版中回呼參數的定義：

```
bool (*compare)(const T&, const T&)
```

不幸的是，這個型態包含一個樣版型態參數 T，這使事情變得有點複雜。我們先簡化一下，先從這個型態樣版的具體實體化開始：

```
bool (*string_comp)(const std::string&, const std::string&)
```

透過複製整個變數定義並刪除變數名稱 string_comp，可以取得該變數的型態：

```
bool (*)(const std::string&, const std::string&)
```

這種型態相當複雜，因此很值得為其建立別名。使用基於 using 關鍵字的現代語法，為這種型態定義別名非常簡單：

```
using StringComparison = bool (*)(const std::string&, const std::string&);
```

這個類別設定宣告的右側只對應型態名稱；左邊是你選擇的名稱。有了這個型態別名，宣告一個參數（比如 string_comp）就會變得簡單得多，可讀性也更高：

```
StringComparison string_comp
```

型態別名的 using 語法一個好處是，它優雅地擴展到樣版化型態。要為 Ex18_02 的 compare 回呼參數的型態定義別名，只需以最自然的方式概括 StringComparison 定義；只需像以往一樣，在它前面加上 template 關鍵字，然後在角括號之間加上一個樣版參數列表：

```
template <typename T>
using Comparison = bool (*)(const T&, const T&);
```

這定義了一個別名樣版，它是一個產生型態別名的樣版。在 Optimum.h 中，可以使用這個樣版來簡化 find_optimum() 的簽名：

```
template <typename T>
const T* find_optimum(const std::vector<T>& values, Comparison<T> comp);
```

也可以用它來定義一個具體型態的變數：

```
Comparison<std::string> string_comp{ longer };
```

▌附註 作為參考，下面是如何使用舊的 typedef 語法定義 StringComparison（參見第 3 章）：

```
typedef bool (*StringComparison)(const std::string&, const std::string&);
```

由於別名不必要地出現在中間，此語法再次比使用 using 關鍵字的語法複雜得多。此外，使用 typedef 甚至不可能定義別名樣版。因此，我們從第 3 章得出的結論，比以往任何時候都更有力。要定義型態別名，應該使用 using。typedef 在現代 C++ 中沒有地位。

函數物件

與指向資料值的指標非常相似，指向函數的指標是 C++ 從 C 程式語言繼承而來的低階語言結構。和原始指標一樣，函數指標也有其局限性，可以使用物件導向的方法來克服。在第 6 章中，了解到智慧指標是針對固有的不安全原始指標的物件導向的答案。在本節中，我們會介紹一種類似的技術，使用物件作為一般 C 模式函數指標的更強大的替代。這些物件稱為*函數物件（function object）*或*函數器（functor）*（這兩個術語是同義詞）。就像函數指標一樣，函數物件的行為就像函數一樣；但與原始函數指標不同的是，它是一個功能完備的類別型態物件──具有自己的資料成員，甚至可能包含其他各種成員函數。我們將向你說明函數物件因此比一般 C 模式的函數指標更強大、更有表現力。

基礎函數物件

*函數物件（function object）*或*函數器（functor）*只是一個物件，它可以像函數一樣被呼叫。建構函數呼叫運算子的關鍵是多載函數呼叫運算子，這在第 12 章已經簡要介紹過。為了了解這是如何做到的，我們將定義一個封裝這個簡單函數的函數物件類別：

```
bool less(int one, int other) { return one < other; }
```

快速回顧一下在第 12 章看到的，下面是如何定義一個多載函數呼叫運算子類別：

```
// Less.h - A basic class of functor objects
#ifndef LESS_H
#define LESS_H

class Less
{
public:
  bool operator()(int a, int b) const;
};

#endif // LESS_H
```

這個基本函數類別只有一個成員：函數呼叫運算子。這裡需要記住的主要一點是，函數呼叫運算子用 operator() 表示，它的實際參數列表僅在初始的一組空括號之後指定。除此之外，就像其他運算子函數一樣。可以在相應的原始檔中以一般的方式定義它：

```cpp
// Less.cpp - definition of a basic function call operator
bool Less::operator()(int a, int b) const
{
  return a < b;
}
```

有了這個類別定義，可以建立你的第一個函數物件，然後呼叫它，就像它是一個實際的函數一樣：

```cpp
Less less;                             // Create a 'less than' functor...
const bool is_less = less(5, 6);    // ... and 'call' it
std::cout << (is_less? "5 is less than 6" : "Huh?") << std::endl;
```

被 "呼叫" 的不是物件本身，而是它的函數呼叫運算子函數。你也可以將 less（5,6）寫成 less.operator()（5,6）。

當然，建立一個函數只是在後面呼叫它，這也沒什麼用。若你使用函數器作為回呼函數，事情就會變得更有趣了。為了說明這一點，首先必須泛型化 Ex18_02 的 find_optimum() 樣版，因為它目前只接受函數指標作為回呼參數。當然，為更少的型態專門建立額外的多載，會先破壞具有回呼的高階函數的目的。也不存在包含所有函數物件類別型態的單一型態。因此，泛型化函數（如 find_optimum()）的最常見方法是宣告第二個樣版型態參數，然後將其用作比較參數的型態：

```cpp
// Optimum.h - a function template to determine the optimum element in a given vector
#include <vector>

template <typename T, typename Comparison>
const T* find_optimum(const std::vector<T>& values, Comparison compare)
{
  if (values.empty()) return nullptr;

  const T* optimum = &values[0];
  for (size_t i = 1; i < values.size(); ++i)
  {
    if (compare(values[i], *optimum))
    {
      optimum = &values[i];
    }
  }
  return optimum;
}
```

因為 Comparison 是一個樣版型態參數，現在可以使用任何型態的 compare 參數呼叫 find_optimum()。只有當 compare 參數是一個類似函數的值，可以用兩個 T& 引數呼叫時，樣版的實體化才會編譯。你知道有兩類引數可能已經符合這個點：

- 型態為 bool（*）（const T&, const T&）（或類似型態，例如 bool（*）（T, T））的函數指標。因此，若要將 find_optimum<>() 的這個新定義插入 Ex18_02 中，這個範例仍然可以像以前一樣準確地運作。
- 具有相應函數呼叫運算子的 Less 型態的函數物件。

在下一個例子中，會說明這兩個選項：

```cpp
// Ex18_03.cpp
// Exercising the use of a functor as callback functions
#include <iostream>
#include "Optimum.h"
#include "Less.h"

template <typename T>
bool greater(const T& one, const T& other) { return one > other; }

int main()
{
  Less less;        // Create a 'less than' functor

  std::vector<int> numbers{ 91, 18, 92, 22, 13, 43 };
  std::cout << "Minimum element: " << *find_optimum(numbers, less) << std::endl;
  std::cout << "Maximum element: " << *find_optimum(numbers, greater<int>) << std::endl;
}
```

標準函數物件

可以透過為標準函式庫提供頂層的函數來訂製許多樣版，類似於在範例 Ex18_02 和 Ex18_03 中對 find_optimum<>() 所做的操作。對於一般函數，可以主要使用一般函數指標，但是對於內建運算子，這不是一個選擇。不能建立指向內建運算子的指標。當然，可以很容易地快速定義一個函數（如 Ex18_02）或一個函數類別（在 Ex18_03 中的 Less）來模擬運算子的行為，但是始終為每個運算子定義函數類別會很快變得單調乏味。

標準函式庫的設計人員也沒有忽略這一點。因此，標準函式庫的 functional 標頭定義了一系列函數物件類別樣版，其中一個用於希望傳遞給其他樣版的每個內建運算子。例如，類別樣版 std::less<> 基本上類似於 Ex18_03 的 Less 樣版。在為 functional 標頭加入 #include 之後，可用下面的定義替換 Ex18_03 中較小變數的定義：

```
std::less<int> less;        // Create a 'less than' functor
```

■ **提示** 從 C++14 開始，使用 functional 標頭的函數物件型態的推薦方法實際上是省略型態參數，例如：

```
std::less<> less;                // Create a 'less than' functor
```

<functional> 定義的樣版採用更先進的樣版程式設計技術，以確保函數器沒有定義一個明確的型態參數，通常表現恰恰像那些定義了傳統方式，除了在特定情況下涉及到隱式轉換，一個函數物件型態的 std:: less<> 可能導致更高效的程式碼比一個函數型態的物件 std:: less<int>（或者使用更常見的、更有效的例子，其中一個型態是 std::less<std::string>）。然而，更詳細地解釋這一點會讓我們走太遠。相信我們，若總是忽略型態參數，那麼就可以保證編譯器，可以在任何情況下產生最佳的程式碼。此外，還可以幫你節省一些打字時間。

表 18-1 列出了完整的樣版集合。與往常一樣，所有這些型態都在 std 名稱空間中定義。

🟤 表 18-1 <functional> 標頭提供的函數物件類別樣版

比較	less<>, greater<>, less_equal<>, greater_equal<>, equal_to<>, not_equal_to<>
數學運算	plus<>, minus<>, multiplies<>, divides<>, modulus<>, negate<>
邏輯運算	logical_and<>, logical_or<>, logical_not<>
位元運算	bit_and<>, bit_or<>, bit_xor<>, bit_not<>

我們還可以使用 std::greater<> 來替換 Ex18_03 中 greater<> 函數樣版。這不是很棒嗎？

```
std::vector<int> numbers{ 91, 18, 92, 22, 13, 43 };
std::cout << "Minimum element: " << *find_optimum(numbers, std::less<>{}) << std::endl;
std::cout << "Maximum element: " << *find_optimum(numbers, std::greater<>{}) << std::endl;
```

這一次，我們建立了 std::less<> 和 greater<> 函數物件作為臨時物件，直接放在函數呼叫運算式本身中，而不是首先將它們儲存在一個命名變數中。可以在 Ex18_03A 中找到這個程式的變體。

參數化函數物件

也許你已經注意到，實際上到目前為止，我們所見過的函數物件中，沒有一個比一般函數指標更強大。如果定義一個一般函數要容易得多，那麼為什麼還要用函數呼叫運算子，來定義一個類別呢？當然，必須有比這更多的函數物件嗎？

確實有。只有當你開始加入更多的成員（變數或函數）時，函數物件才真正變得有趣。與往常一樣，在相同的 find_optimum() 範例的基礎上，假設希望搜尋的不是最小或最大的數字，而是最接近某個使用者提供值的數字。對於使用函數和指向函數的指標來實作這一點，沒有乾淨的方法。想想看，回呼函數主體如何存取使用者輸入的值？若只有一個指標，那麼就沒有乾淨的方法將這個值傳遞給函數。但是，若使用類似函數的物件，則可以透過將其儲存在物件的資料成員中，傳遞所需的任何訊息。最簡單的是，我們來告訴你怎麼做：

```cpp
// Nearer.h
// A class of function objects that compare two values based on how close they are
// to some third value that was provided to the functor at construction time.
#ifndef NEARER_H
#define NEARER_H

#include <cmath> // For std::abs()

class Nearer
{
public:
  Nearer(int value) : n(value) {}

  bool operator()(int x, int y) const { return std::abs(x - n) < std::abs(y - n); }
private:
  int n;
};

#endif // NEARER_H
```

型態 Nearer 的每個函數物件都有一個資料成員 n，它在其中儲存要比較的值。這個值透過它的建構函數傳遞進來，所以它可以很容易地成為使用者先前輸入的數字。當然，物件的函數呼叫運算子也可以存取這個數字，這在使用函數指標作為回呼時是不可能的。下面的程式說明了如何使用這個函數器類別：

```cpp
// Ex18_04.cpp
// Exercising a function object with a member variable
#include <iostream>
```

```
#include "Optimum.h"
#include "Nearer.h"

int main()
{
  std::vector<int> numbers{ 91, 18, 92, 22, 13, 43 };

  int number_to_search_for {};
  std::cout << "Please enter a number: ";
  std::cin >> number_to_search_for;

  std::cout << "The number nearest to " << number_to_search_for << " is "
            << *find_optimum(numbers, Nearer{ number_to_search_for }) << std::endl;
}
```

結果可能是這樣的：

```
Please enter a number: 50
The number nearest to 50 is 43
```

▎Lambda 運算式

Ex18_04 清楚地說明了一些事情。首先，它顯示了將函數物件作為回呼傳遞的可能性。假設函數物件可以有任意數量的成員，那麼函數物件肯定比一般函數指標功能強大。但這還不是我們從 Ex18_04 中學到的全部。實際上，Ex18_04 還清楚地揭示了一件事，那就是為函數物件定義類別需要撰寫相當多的程式碼。即使是一個簡單的回呼類別，比如只有一個資料成員的 Nearer，也需要十行程式碼。

這就是需要 *lambda* 運算式（*lambda expression*）的地方。它們提供了一種方便、緊湊的語法來快速定義回呼函數或函數。不僅語法緊湊，lambda 運算式還允許你在需要使用回呼的地方定義回呼的邏輯。這通常比在某個類別定義的函數呼叫運算子中定義這個邏輯要好得多。因此，lambda 運算式通常會產生特別有表現力但仍然可讀性很高的程式碼。

lambda 運算式與函數定義有很多共同之處。在最基本的形式中，lambda 運算式基本上提供了一種方法，來定義一個沒有名稱的函數，一個*匿名函數*。但是 lambda 運算式要強大得多。通常，lambda 運算式有效地定義了一個完整的函數物件，它可以攜帶任意數量的資料成員。它的優點是不再需要對這個物件的型態進行明確定義；此型態由編譯器自動產生。

實際上，你會發現 lambda 運算式不同於一般函數，因為它可以存取定義它的封閉範圍中的變數。例如，回想一下 Ex18_04，那裡的 lambda 運算式將能夠存取 number_to_search_for，即使用者輸入的數字。不過，在研究 lambda 運算式如何存取區域變數之前，讓我們先後退一步，解釋如何使用 lambda 運算式定義基本的未命名或匿名函數。

定義 Lambda 運算式

看到以下基本的 lambda 運算式：

```
[] (int x, int y) { return x < y; }
```

正如你所看到的，lambda 運算式的定義確實非常類似於函數的定義。主要的區別是 lambda 運算式沒有指定回傳型態或函數名稱，並且總是以中括號開頭。開始的中括號稱為 *lambda 導入器*（*lambda introducer*）。它們標記了 lambda 運算式的開頭。lambda 導入器有比這裡更多的東西（括號並不都是空的），但是稍後我們會更深入地解釋這一點。lambda 導入器後面跟著小括號之間的 *lambda 參數列表*（*lambda parameter list*）。這個列表與一般函數參數列表完全一樣（自從 C++14 以來，甚至允許使用預設參數值）。在這種情況下，有兩個 int 參數，x 和 y。

▌ **提示** 對於沒有參數的 lambda 函數，可以省略空參數列表 ()。也就是說，form[](){...} 可以進一步縮短為 []{...}。但是，不能省略空的 lambda 初始器 []。始終需要 lambda 初始化器來表示 lambda 運算式的開始。

大括號之間 lambda 運算式的主體遵循參數列表，就像一般函數一樣。這個 lambda 的主體只包含一條敘述，一條也計算回傳值的 return 敘述。通常，lambda 的主體可以包含任意數量的敘述。回傳型態預設為回傳值的型態。若沒有回傳任何內容，則回傳型態為 void。

至少要對 lambda 運算式有一基本概念，這是有教育意義。這將在往後幫助你了解更多高階的 lambda 運算式的行為。只要編譯器遇到 lambda 運算式，它就會在內部產生一個新類別，在我們範例程式中，生成的類別將類似於 EX18_03 你所定義的 LessThan 類別。稍微簡化一下，此類別可能看起來像這樣：

```
class __Lambda8C1
{
```

```
public:
  auto operator()(int x, int y) const { return x < y; }
};
```

第一個值得注意的區別是，隱式類別定義將具有一些唯一的編譯器產生的名稱。我們在這裡選擇了 _lambda8C1，但是編譯器可以使用它想要的任何名稱。沒有人知道這個名稱是什麼（至少在編譯時沒有），也沒有人保證下次編譯相同的程式時它仍然是相同的。這在一定程度上限制了這些函數物件的使用方式，但不會太多，我們將在下一小節中說明。

值得注意的另一點是，至少在預設情況下，lambda 運算式會產生回傳型態為 auto 的函數呼叫 operator()。第一次使用 auto 作為回傳型態是在第 8 章。當時，我們向你解釋了編譯器，然後嘗試從函數主體中的 return 敘述，推斷實際的回傳型態。不過也有一些限制：自動回傳型態推斷要求函數的所有回傳敘述，回傳相同型態的值。編譯器永遠不會應用任何隱式轉換──需要明確地加入任何轉換。因此，同樣的限制也適用於 lambda 運算式的主體。

確實可以選擇明確地指定 lambda 函數的回傳型態。我們可以這樣做，讓編譯器為 return 敘述產生隱式轉換，或者簡單地使程式碼更加地自動文件化。雖然這裡顯然沒有必要，但可以為前面的 lambda 提供一個回傳型態，如下所示：

```
[] (int x, int y) -> bool { return x < y; }
```

回傳型態在參數列表後面的 -> 運算子後面指定，這裡的型態是 bool。

命名 Lambda 閉包

如你所知，lambda 運算式計算為一個函數物件。這個函數物件正式地稱為 *lambda* 閉包（（*lambda closure*），儘管許多人也非正式地將其稱為 *lambda* 函數或 *lambda*。你不知道閉包的型態是什麼；只有編譯器會這樣做。將 lambda 物件儲存在變數中的唯一方法是讓編譯器為你推斷型態：

```
auto less{ [] (int x, int y) { return x < y; } };
```

auto 關鍵字告訴編譯器，從設定右邊出現的內容中，找出變數 less 應該具有的型態──在本例中是一個 lambda 運算式。假設編譯器為這個 lambda 運算式產生了一個名為 __Lambda8C1 的型態（如前面所示），那麼此敘述將有效地編譯如下：

```
__Lambda8C1 less;
```

將 Lambda 運算式傳遞給函數樣版

可以使用 less，就像 Ex18_03 的等效函數器：

```
auto less{ [] (int x, int y) { return x < y; } };
std::cout << "Minimum element: " << *find_optimum(numbers, less) << std::endl;
```

這是因為 Ex18_03 的 find_optimum() 樣版的回呼參數，是用樣版型態參數宣告的，編譯器可以用它為 lambda 閉包產生的型態，選擇任何名稱替換該參數：

```
template <typename T, typename Comparison>
const T* find_optimum(const std::vector<T>& values, Comparison compare);
```

與首先將 lambda 閉包儲存在命名變數中不同，直接使用 lambda 運算式作為回呼參數，至少與以下方法一樣常見：

```
std::cout << "Minimum element: "
          << *find_optimum(numbers, [] (int x, int y) { return x < y; }) << std::endl;
```

▎**提示**　前面的敘述還將使用 Ex18_02 的 find_optimum() 函數樣版編譯，該樣版的回呼參數仍然必須是函數指標（具體來說，find_optimum() 版本中對應的參數的型態仍然是 bool(*) (int,int)）。原因是編譯器確保不擷取任何變數的 lambda 閉包始終具有（非明確的）型態轉換運算子到等效函數指標型態。只要 lambda 閉包需要資料成員，就不能再將其轉換為函數指標。下一小節將解釋 lambda 閉包如何以及何時將變數擷取到資料成員中。

Ex18_05 是 Ex18_02 和 Ex18_03 的另一種變體，只是這次使用 lambda 運算式來定義所有回呼函數：

```cpp
// Ex18_05.cpp
// Exercising the use of stateless lambda expressions as callback functions
#include <iostream>
#include <string>
#include <string_view>
#include "Optimum.h"

int main()
{
  std::vector<int> numbers{ 91, 18, 92, 22, 13, 43 };
  std::cout << "Minimum element: "
            << *find_optimum(numbers, [](int x, int y) { return x < y; }) << std::endl;
  std::cout << "Maximum element: "
            << *find_optimum(numbers, [](int x, int y) { return x > y; }) << std::endl;
```

```
// Define anonymous comparison functions for strings:
auto alpha = [](std::string_view x, std::string_view y) { return x > y; };
auto longer = [](std::string_view x, std::string_view y) { return x.length() > y.length(); };

std::vector<std::string> names{ "Moe", "Larry", "Shemp", "Curly", "Joe", "Curly Joe" };
std::cout << "Alphabetically last name: " << *find_optimum(names, alpha) << std::endl;
std::cout << "Longest name: " << *find_optimum(names, longer) << std::endl;
}
```

結果將和以前一樣。若只需要對字串的長度排序一次，lambda 運算式比定義一個單獨的 longer() 函數更方便，而且肯定比定義一個 Longer 函數器類別有趣得多。

▌ 提示　若 <functional> 定義了一個合適的函數器型態，那麼使用該型態通常要比 lambda 運算式緊湊得多，可讀性也更高。例如，std::less<> 和 std::greater<> 可以很容易地替換 Ex18_05.cpp 中的前三個 lambda 運算式（參見 Ex18_03A）。

擷取子句

如前所述，lambda 導入器，[]，不一定是空的。它可以包含一個*擷取子句*（*capture clause*），指定如何從 lambda 主體中存取封閉範圍中的變數。在中括號之間沒有任何內容的 lambda 運算式的主體，只能處理參數和 lambda 內部區域定義的變數。沒有擷取子句的 lambda 稱為*無狀態 lambda 運算式*，因為它不能存取其封閉範圍內的任何內容。

如果單獨使用，*擷取預設*（*capture default*）子句適用於包含 lambda 定義的範圍內的所有變數。有兩個擷取預設值：= 和 &。下面我們會依次討論這兩個問題。擷取子句只能包含一個擷取預設值，不能同時包含兩個。

以值擷取

如果將 = 放在中括號之間，lambda 的主體可以以值存取封閉範圍內的所有自動變數。也就是說，雖然所有變數的值都可在 lambda 運算式中使用，但是不能修改儲存在原始變數中的值。下面是一個基於 Ex18_04 的例子：

```
// Ex18_06.cpp
// Using a default capture-by-value clause to access a local variable
```

```
// from within the body of a lambda expression.
#include <iostream>
#include "Optimum.h"

int main()
{
  std::vector<int> numbers{ 91, 18, 92, 22, 13, 43 };

  int number_to_search_for {};
  std::cout << "Please enter a number: ";
  std::cin >> number_to_search_for;

  auto nearer { [=](int x, int y) {
    return std::abs(x - number_to_search_for) < std::abs(y - number_to_search_for);
  }};
  std::cout << "The number nearest to " << number_to_search_for << " is "
            << *find_optimum(numbers, nearer) << std::endl;
}
```

= 擷取子句允許範疇中的所有變數，其中 lambda 的定義似乎是由 lambda 運算式主體中的值存取的。在 Ex18_06 中，這意味著 lambda 的主體至少在原則上可以存取 main() 的兩個區域變數 numbers 和 number_to_search_for。但是，以值擷取區域變數的效果與以值傳遞參數的效果非常不同。為了正確地理解擷取是如何運作的，研究編譯器可能為 Ex18_06 的 lambda 運算式產生的類別同樣具有指導意義：

```
class __Lambda9d5
{
public:
  __Lambda9d5(const int& arg1) : number_to_search_for(arg1) {}

  auto operator()(int x, int y) const
  {
    return std::abs(x - number_to_search_for) < std::abs(y - number_to_search_for);
  }

private:
  int number_to_search_for;
};
```

然後 lambda 運算式本身被編譯如下：

```
__Lambda9d5 nearer{ number_to_search_for };
```

一點都不奇怪，這個類別完全相當於前面在 Ex18_04 中定義的 Nearer 類別。具體來說，閉包物件對於 lambda 函數主體中，使用的周圍範疇的每個區域變數都有一個成員。我們說這些變數被擷取。至少在概念上，產生的類別的資料成員與擷取的變數具有相同的名稱。這樣，lambda 運算式的主體似乎可以存取周圍範圍的變數，而實際上它正在存取儲存在 lambda 閉包中的相應資料成員。

▌附註 lambda 運算式主體不使用的變數，如 Ex18_06 中的 numbers 向量，永遠不會被預設擷取子句擷取，如 =。

= 表示，所有的變數都被以值擷取，這就是為什麼在本例中，number_to_search_for 資料成員的值型態，型態為 int。換句話說，number_to_search_for 資料成員包含一個原始名稱相同的區域變數的**副本**。雖然這意味著原始 number_to_search_for 變數的值，在函數執行期間是可用的，但是你不可能更新它的值。即使允許對該成員進行更新，也只需要更新一個副本。為了避免任何混淆，編譯器因此甚至安排它，以便在預設情況下，你根本不能從 lambda 的主體內更新 number_to_search_for──甚至不能更新儲存在閉包資料成員中的副本。它透過將函數呼叫運算子 operator() 宣告為 const 來實作這一點。從第 11 章中回想起，你不能從物件的 const 成員函數中，修改物件的任何資料成員。

▌提示 在不太可能的情況下，你確實希望更改以值擷取的變數，可以將關鍵字 mutable 加到 lambda 運算式的定義中，就在參數列表之後。這樣做會導致編譯器從產生類別的函數呼叫運算子中省略 const 關鍵字。記住，你仍然只需要更新原始變數的**副本**。若希望更新區域變數本身，應該以參考擷取它。接下來將解釋如何以參考擷取變數。

以參考擷取

若將 & 放在中括號之間，則封閉範圍內的所有變數都可以透過參考存取，因此，可以透過 lambda 主體中的程式碼更改它們的值。例如，要計算 find_optimum() 執行的比較數量，可以使用這個 lambda 運算式：

```
unsigned count = 0;
auto counter{ [&](int x, int y) { ++count; return x < y; } };
find_optimum(numbers, counter);
```

外部範圍內的所有變數都可以透過參考獲得，因此 lambda 既可以使用它們的值，也可以修改它們的值。例如，若你將此程式碼片段插入 Ex18_06 中，那麼在呼叫 find_optimum<>() 之後 count 的值將是 5。

為了完整起見，下面的一個類別，類似你的編譯器會為此 lambda 運算式產生的：

```
class __Lambda6c5
{
public:
  __Lambda6c5(unsigned& arg1) : count(arg1) {}
  auto operator()(int x, int y) const { ++count; return x < y; }
private:
  unsigned& count;
};
```

注意，這一次擷取的變數 count 透過參考儲存在閉包的資料成員中。因此，這個 operator() 中的 ++count 遞增將被編譯，即使該成員函數是用 const 宣告的。對參考的任何修改都不會改變函數物件本身。count 參考的變數被修改。因此，在本例中不需要 mutable 關鍵字。

▌ **提示**　儘管 & 擷取子句是合法的，但是以參考擷取外部範圍中的所有變數，並不被認為是良好的作法，因為可能會意外地修改其中一個變數。同樣地，使用 = 擷取預設值也有引入昂貴副本的風險。因此，更安全的方法是明確地指定，應該如何擷取所需的每個單獨變數。接下來，我們將解釋如何做到這一點。

擷取特定的變數

可以在擷取子句中列出希望存取的封閉範圍之特定變數。對於每個變數，可以選擇是否應該以值或參考擷取它。透過在名稱前面加上 & 來參考一個特定的變數。可以把前面的敘述重寫如下：

```
auto counter{ [&count](int x, int y) { ++count; return x < y; } };
```

在這裡，count 是封閉範圍中，唯一可以從 lambda 主體中存取的變數。&count 規範透過參考使其可用。若沒有 &，外部範圍中的 count 變數可以透過值取用，並且不可更新。換句話說，Ex18_06 中的 lambda 運算式也可以寫成：

```
auto nearer { [number_to_search_for](int x, int y) {
  return std::abs(x - number_to_search_for) < std::abs(y - number_to_search_for);
}};
```

▌ **注意**　不能在要以值擷取的變數的名稱前面加上 = 前導。例如，擷取子句 [=number_to_search_for] 無效；唯一正確的語法是 [number_to_search_for]。

當在擷取子句中放入多個變數時，使用逗號分隔它們。可以自由地將以值擷取的變數，與以參考擷取的變數混合使用。還可以在擷取子句中包含一個擷取預設值，以及要擷取的特定變數名稱。例如，擷取子句 [=, &counter] 將允許以參考存取 counter，和以值存取包圍範圍內的任何其他變數。同樣地，你可以撰寫一個擷取子句，如 [&, number_to_search_for]，它將以值擷取 number_to_search_for，並以參考擷取所有其他變數。如果存在，擷取預設值（= 或 &）必須始終是擷取列表中的第一項。

▌ **注意**　若使用 = 擷取預設值，則不再允許以值擷取任何特定變數；同樣地，若使用 &，就不能再以參考擷取特定的變數。因此，像 [&, &counter] 或 [=, &counter, number_to_search_for] 這樣的擷取子句應該會觸發編譯器錯誤。

擷取 this 指標

在關於擷取變數的最後一小節中，我們將討論如何在類別的成員函數中使用 lambda 運算式。最後一次殘酷地擊敗 find_optimum<>() 範例，假設我們定義了這個類別：

```cpp
// Finder.h - A small class to illustrate the use of lambda expression in member functions
#ifndef FINDER_H
#define FINDER_H

#include <vector>
#include <optional>

class Finder
{
public:
  double getNumberToSearchFor() const;
  void setNumberToSearchFor(double n);
  std::optional<double> findNearest(const std::vector<double>& values) const;
private:
  double number_to_search_for {};
};

#endif // FINDER_H
```

在 Ex18_07 下提供了 Finder 範例的完整函數實作。getter 和 setter 成員的定義沒有什麼特別的意義，但是要定義 findNearest()，你當然希望重用前面定義的 find_optimum<>() 樣版。因此，第一次定義這個函數的嘗試可能如下：

```cpp
// Finder.cpp
#include "Finder.h"
#include "Optimum.h"

std::optional<double> Finder::findNearest(const std::vector<double>& values) const
{
  if (values.empty())
    return std::nullopt;
  else
    return *find_optimum(values, [number_to_search_for](double x, double y) {
      return std::abs(x - number_to_search_for) < std::abs(y - number_to_search_for);
    });
}
```

不幸的是，你的編譯器還不會對此感到太滿意。問題是，這次 number_to_search_for 是資料成員的名稱，而不是區域變數的名稱。資料成員不能被擷取，既不能以值也不能以參考；只有區域變數和函數參數可以。要讓 lambda 運算式存取當前物件的成員，應該將關鍵字 this 加到擷取子句中，如下所示：

```cpp
  return *find_optimum(values, [this](double x, double y) {
    return std::abs(x - number_to_search_for) < std::abs(y - number_to_search_for);
  });
```

透過擷取這個指標，可以有效地讓 lambda 運算式，來存取周圍的成員函數，其可以存取的全體成員。也就是說，即使 lambda 閉包是 Finder 之外的類別的物件，它的函數呼叫運算子，仍然可以存取 Finder 的所有 protected 和 private 成員，包括資料成員 number_to_search_for，它通常對 Finder 是私有的。當我們說全體成員時，我們是指所有的成員。因此，除了資料成員之外，lambda 運算式還可以存取所有成員函數── public、protected、private。我們的 lambda 範例的另一種寫法如下：

```cpp
  return *find_optimum(values, [this](double x, double y) {
    return std::abs(x - getNumberToSearchFor()) < std::abs(y - getNumberToSearchFor());
  });
```

▌ **提示** 與成員函數本身完全一樣，在存取成員時不需要加入 this->。編譯器會為你處理這些。

使用 this 指標，還可以擷取其他變數。可以將它與 & capture 預設值結合使用，透過參考或任何已命名變數的擷取序列來擷取區域變數。= capture 預設值已經表示這個指標被擷取（以值）。所以，這也是有效的：

```
return *find_optimum(values, [=](double x, double y) {
  return std::abs(x - getNumberToSearchFor()) < std::abs(y - getNumberToSearchFor());
});
```

▌**注意**　你不允許將 = 預設擷取與此擷取互相結合（至少在 C++17 中還沒有；據傳 C++20 將放寬這一限制）。因此，格式 [=, this] 的擷取子句將被編譯器標記為錯誤。[&, this] 是可以的，但是，因為 & 並不意味著擷取 this。

▌std::function<> 樣版

函數指標的型態與函數物件或 lambda 閉包的型態非常不同。前者是一個指標，後者是一個類別。乍一看，似乎為任何可能的回呼（即函數指標、函數物件或 lambda 結束）撰寫程式碼的唯一方法是，使用 auto 或樣版型態參數。這是我們在前面的範例中對 find_optimum<>() 樣版所做的。同樣的技術在整個標準函式庫中大量使用，我們會在下一章中看到。

使用樣版確實有成本。首先，它通常意味著在標頭檔中定義所有程式碼，這並不總是很實用。此外，還面臨樣版程式碼膨脹的風險，編譯器必須為所有不同型態的回呼產生專門的程式碼，即使出於性能原因不需要這樣做。它也有它的局限性：如果你需要一個 vector<> 的回呼函數──一個 vector<>，它可能被函數指標、函數物件和 lambda 閉包混合填充──該怎麼辦？

為了滿足這些型態，functional 標頭定義了 std::function<> 樣版。使用 std::function<> 型態的物件，可以儲存、複製、移動和呼叫任何型態的函數（比如實體）──無論是函數指標、函數物件還是 lambda 閉包。下面的例子恰恰說明了這一點：

```
// Ex18_08.cpp
// Using the std::function<> template
#include <iostream>
#include <functional>
```

```cpp
#include <cmath>                    // for std::abs()

// A global less() function
bool less(int x, int y) { return x < y; }

int main()
{
  int a{ 18 }, b{ 8 };
  std::cout << std::boolalpha;      // Print true/false rather than 1/0
  std::function<bool(int,int)> compare;

  compare = less;                   // store a function pointer into compare
  std::cout << a << " < " << b << ": " << compare(a, b) << std::endl;

  compare = std::greater<>{};       // store a function object into compare
  std::cout << a << " > " << b << ": " << compare(a, b) << std::endl;

  int n{ 10 };                      // store a lambda closure into compare
  compare = [n](int x, int y) { return std::abs(x - n) < std::abs(y - n); };
  std::cout << a << " nearer to " << n << " than " << b << ": " << compare(a, b);

  // Check whether a function<> object is tied to an actual function
  std::function<void(const int&)> empty;
  if (empty)                        // Or, equivalently: 'if (empty != nullptr)'
  {
    std::cout << "Calling a default-constructed std::function<>?" << std::endl;
    empty(a);
  }
}
```

輸出如下：

```
18 < 8: false
18 > 8: true
18 nearer to 10 than 8: false
```

在第一部分中，我們定義了一個 std::function<> 變數 compare，並按順序為它分配了三種不同的頂層函數：首先是函數指標、函數物件，最後是 lambda 閉包。在這兩者之間，總是呼叫這三個頂層函數。更準確地說，它們是透過 compare 變數的函數呼叫運算子間接呼叫的。std::function<> 本身是一個函數物件，它可以封裝任何其他型態的頂層函數。

對於可以分配給特定 std::function<> 的類別函數實體，只有一個限制。它們必須具有相對應的回傳和參數型態。這些型態需求是在 std::function<>

型態樣版的角括號中指定的。例如，在 Ex18_08 中，compare 的型態為
std::function<bool（int,int）>。這表明 compare 只接受可以用兩個 int 參數
呼叫，並回傳可轉換為 bool 值的頂層函數。

提示 std::function<bool（int,int）> 不僅可以儲存簽名精確為（int,int）
的頂層函數；它可以儲存任何可以用兩個 int 參數呼叫的函數。有一個細微的區
別。後者意味著具有（const int&, const int&）、（long, long）、甚至（double,
double）等簽名的函數也是可以接受的。同樣地，回傳型態不能完全等於
bool。它的值可以轉換成布林值就足夠了。因此，回傳 int 或甚至 double* 或
std::unique_ptr<std::string> 的函數也可以工作。可以透過在 Ex18_08.cpp 中
處理 less() 函數的簽名和回傳型態來嘗試這種方法。

---

std::function<> 型態樣版實體化的一般形式如下：

std::function<ReturnType(ParamType1, ..., ParamTypeN)>

ReturnType 是不可選的，因此要表示不回傳值的函數，應該為 ReturnType 指定
void。同樣地，對於沒有參數的函數，仍然必須包含空參數型態列表 ()。任何
ParamType 和 ReturnType 都允許使用參考型態和 const 修飾詞。總而言之，這
是指定函數型態需求的最自然的方法，你不同意嗎？

std::function<> 物件還不包含任何可呼叫的頂層函數。然後呼叫它的函數呼叫
運算子，將導致 std::bad_function_call 異常。在最後五行中，我們會說明如
何驗證 function<> 是否可呼叫。如範例所示，有兩種方法：function<> 隱式轉
換為布林值（透過非明確的強制轉換運算子），或者可以將它與 nullptr 進行比
較（儘管通常 function<> 不需要包含指標）。

std::function<> 樣版成了一個強大的替代方法，可以使用 auto 或樣版型態參
數。這些其他方法的主要優點是 std::function<> 允許你命名頂層函數變數的
型態。能夠命名這種便於使用 lambda-enabled 回呼函數，在使用者案中更大範
圍的情況中，不僅僅是高階函數樣版：std::function<>，例如，用於函數參數
和資料成員（不透過樣版）或頂層函數儲存到容器中。可能性是無限的。在後
面的習題中，會發現這種用法的基本範例。

▌摘要

本章介紹了所有形式和模式的頂層函數──從簡單的 C 模式函數指標到物件導向函數，再到全面的閉包。我們展示了 lambda 運算式提供了一種特別通用且富有表現力的語法，不僅用於定義匿名函數，還用於建立 lambda 閉包，該閉包能夠從其周圍擷取任意數量的變數。與函數物件一樣，lambda 運算式比函數指標強大得多；但是與函數物件不同的是，它們不需要你指定一個完整的類別──編譯器會為你處理這個乏味的任務。例如，當 Lambda 運算式與 C++ 標準函式庫的演算法函式庫相結合時，它們就會有自己的模式。在 C++ 標準函式庫中，許多高階樣版函數都有一個參數，你可以為其提供一個 Lambda 運算式作為參數。我們將在下一章中討論這個問題。

本章的重點是：

◆ 指向函數的指標儲存函數的位址。指向函數的指標可以儲存具有指定回傳型態、參數數量和型態的任何函數的位址。

◆ 可以使用指向函數的指標，在函數包含的位址處呼叫該函數。還可以將指向函數的指標作為函數參數傳遞。

◆ 函數物件或函數函數，其行為有如透過多載函數呼叫運算子的函數。

◆ 可以將任意數量的資料成員或函數加到函數物件中，使它們比一般函數指標更加通用。首先，函數器可以用任意數量的附加區域變數參數化。

◆ 函數物件很有威力，但需要相當多的程式碼來設置。這就是 lambda 運算式的用處；它們減少了為需要的每個函數物件定義類別的需要。

◆ lambda 運算式定義匿名函數或函數物件。Lambda 運算式通常用於將函數作為參數傳遞給另一個函數。

◆ lambda 運算式是由一對中括號組成的 lambda 導入器開始，這些中括號可以是空的。

◆ lambda 導入器可以包含一個擷取子句，該子句指定可以從 lambda 運算式的主體存取封閉範圍中的哪些變數。變數可以值或參考來擷取。

◆ 有兩個預設擷取子句：= 指定封閉範圍內的所有變數都將被值擷取，& 指定封閉範圍內的所有變數都將被參考擷取。

◆ 擷取子句可以指定要以值或參考擷取的特定變數。

◆ 以值擷取的變數將建立一個區域副本。該副本在預設情況下不可修改。在參數列表後面加入 mutable 關鍵字，允許修改以值擷取的變數之區域副本。

◆ 可以使用後面的回傳型態語法為 lambda 運算式指定回傳型態。若不指定回傳型態，編譯器將從 lambda 主體中的第一個回傳敘述推斷回傳型態。

◆ 可以使用 functional 標頭中定義的 std::function<> 樣版型態，來指定函數參數的型態，該函數參數將接受任何頂層函數作為參數，包括 lambda 運算式。實際上，它允許你為一個變數指定一個命名型態——不管是函數參數、資料成員還是自動變數——它可以包含 lambda 閉包。這是一個壯舉，否則會非常困難的，因為這種型態的名稱只有編譯器知道。

習題

18.1 定義並測試一個 lambda 運算式，該運算式回傳以特定字母開頭的 vector<string> 容器中的元素數量。

18.2 在本書中，我們已經定義了各種排序函數，但是始終按照升序對元素進行排序，並且始終根據 < 運算子的計算值進行排序。顯然，真正的泛型排序函數將從比較回呼中獲益，完全類似於在本章中使用的 find_optimum<>() 樣版。利用習題 9.6 的解決方案，並相應地推廣其 sort<>() 樣版。使用此方法以降序對整數序列排序（即從大到小）；以字母順序排列字元序列，忽略大小寫（'a' 必須排在 'B' 之前，即使 'B' < 'a'）；和一個浮點值序列，以升序排列，但忽略符號（因此 5.5 應該在 -55.2 之前，而不是 -3.14）。

18.3 在本題中，會比較兩種排序演算法的性能。給定 n 個元素的序列，理論上快速排序應該平均使用 $n \log_2 n$ 比較，泡泡排序應該使用 n^2。讓我們看看你是否可以在實作中複製這些理論結果。首先回收前面練習中的 quicksort 樣版（可能將其重命名為 quicksort()？）。然後應該從 Ex5_09 中提取泡泡排序演算法，並將其推廣到適用於任何元素型態和比較回呼。接下來定義一個整數比較函數器，它計算呼叫它的次數（它可以按照你喜歡的任何順序排序）。使用它來計算兩種演算法需要排序的比較數，例如，在 1 到 100 之間排序 500、1,000、2,000 和 4,000 個隨機整數值的序列。這些數字至少或多或少符合理論預期嗎？

18.4 建立一個泛型函數，它收集 vector<T> 中滿足給定一元回呼函數的所有元素。這個回呼函數接受一個 T 值並回傳一個布林值，該值指示元素是否應該作為函數輸出的一部分。結果元素將被收集並以另一個向量回傳。使用這個高階函數從一個整數序列中，收集所有大於使用者提供值的數字，從一個字元序列中收集所有大寫字母，從一個字串序列中收集所有迴文。迴文是一個前後讀取相同內容的字串（例如，"racecar"、"noon" 或 "kayak"）。

18.5 如前所述，回呼函數除了用作高階函數的參數外，還有許多更有趣的用途。它們在更高階的物件導向程式設計中也經常使用。雖然建立一個完整的、複雜的互相溝通的物件系統會讓我們太偏題，但是你應該從一個基本的例子開始了解它是如何運作的。先回到習題 17.1 中的 Truckload 類別。建立一個 DeliveryTruck 類別，此類別封裝一個單獨的 Truckload 物件。加入 DeliveryTruck::deliverBox()，它不僅將 removeBox() 應用於它的 Truckload，而且還會通知任何相關者給定的 Box 已經遞交。它透過呼叫回呼函數來實作這一點。實際上，要使 DeliveryTruck 能夠擁有任意數量的回呼函數，所有這些函數都將在某個 Box 被遞交時被呼叫（然後將新提供的 Box 作為參數傳遞給這些回呼函數）。例如，可以將這些回呼儲存在 std::vector<> 成員中。透過 DeliveryTruck::registerOnDelivered() 成員加入新的回呼。我們將讓你選擇適當的型態，但是我們希望支援所有已知的頂層函數（即函數指標、函數物件和 lambda 閉包）。在現實生活中，卡車運輸公司可以使用這樣的回呼來積累送貨時間的統計資料，向客戶發送電子郵件，告知他的盒子已經到了等等。在你的情況中，一個較小的測試程式就夠了。它至少應該註冊這些回呼函數：一個全域 logDelivery() 函數，它將已遞交的 Box 串流到 std::cout；一個 lambda 運算式，它計算任何 Box 被遞交的次數。

附註：在本題中要實作的是對經常使用的觀察者模式的一種變體。在這個經典的物件導向程式設計模式的術語中，DeliveryTruck 稱為**可觀察物件**，透過回呼通知的實體稱為**觀察者**。這種模式的好處是，可觀察物件不需要知道其觀察物件的具體型態，這意味著兩者都可以完全獨立地開發和編譯。

19

容器和演算法

標準函式庫提供了大量的型態和函數，而且隨著 C++ 標準的每個新版本的發布，這個數字只會增加。在本書中，我們不可能全面地介紹標準函式庫。對於這個龐大且不斷增長的函式庫的所有可能性、細節和複雜性的當代概述，我們強烈推薦 Peter Van Weert 和 Marc Gregoire 撰寫的 C++ 標準函式庫快速參考（*C++Standard Library Quick Reference*）。也有好的線上參考資料，但是這些使得快速了解標準函式庫所提供的每個特性變得更加困難。

然而，如果沒有對容器（*containers*）和演算法（*algorithms*）以及將它們綁定在一起的粘合劑：迭代器（*iterator*），進行簡單的討論，則 C++ 的介紹就不完整。用 C++ 撰寫的程式很少沒有這兩個概念。然而，即使僅就標準函式庫的這些方面而言，逐步而深入的覆寫也將佔據整本書的篇幅。Ivor Horton 撰寫的使用 C++ 標準樣版函式庫就是這樣一本書。它提供了比我們在這一章中可能提供的更廣泛和更深入的容器和演算法。作為本書的夥伴，它以你已經習慣的方式完成了這一工作，這意味著一個溫和的、非正式的教學，包含許多實際的程式碼範例。

因此，本章的目標是讓你快速、高層次地了解標準函式庫的容器和演算法必須提供什麼。我們將關注基本原則和思想，以及標準的使用慣用法，而不是列出和展示每個單獨的功能。我們的目標不是向你提供詳盡的參考資料；為此，我們建議你參考前面提到的參考著作。相反地，我們的目標是使你能夠閱讀、理解和有效瀏覽這些參考。為此，你至少需要對現有的功能有一個全域的概念，知道如何在各種選項之間進行選擇，以及在使用這些選項時存在哪些常見的陷阱。

在本章中，你可以學到以下各項：

- 標準函式庫必須提供的其他容器（除了 std::vector<> 和 std::array<>）

- 所有容器型態之間的區別是什麼，它們的優點和缺點，以及如何在它們之間進行選擇
- 如何使用迭代器追蹤任何容器的元素
- 何謂標準的函式庫演算法，以及如何有效地使用它們

容器

在第 5 章我們已經介紹了兩個最常用的容器，分別是 std::array<T, N> 和 std::vector<T>。當然，並不是所有容器都將它們的元素儲存在陣列中。還有無數的其他方法來安排你的資料，每一種方法都可以使其中一種或另一種操作更有效。陣列非常適合線性追蹤元素，但它們不一定能快速找到特定的元素。若你正在大海撈針，線性追蹤所有的內容可能不是最快的方法。若整理你的資料，使所有針自動分組在一個共同的區域，搜尋針變得容易許多。

序列容器

序列容器（*sequence container*）是按某種線性排列順序儲存其元素的容器，一個元素在另一個元素之後。元素儲存的順序完全由容器的使用者決定。std::array<> 和 std::vector<> 都是序列容器，但是標準函式庫定義了另外三種這樣的容器型態。因此，標準函式庫共提供了五個序列容器，每個序列容器由不同的資料結構支援。在本節中，我們會依次簡要地介紹它們。

陣列

std::array<T, N> 和 std::vector<T> 都由一個內建的 T 元素陣列支援，正是我們在第 5 章中使用的那種。使用容器的好處是，它們讓使用這些陣列變得更容易，而且幾乎不可能被濫用。

還記得 std::array<> 是由一個靜態大小的陣列支援的，而 std::vector<> 是由一個動態陣列支援的，該陣列在閒置空間中配置。因此，對於 array<>，總是需要在編譯時指定元素的數量，這在一定程度上限制了此容器的可能的使用情況。另一方面，當新增越來越多的元素時，vector<> 能夠動態增長其陣列。它所做的與在第 17 章中 array<> 樣版的 push_back() 函數非常相似，只是使用了更有效的技術。

不過，在第 5 章中，我們已經非常熟悉這兩個序列容器；在這一點上，要補充的就不多了。關於 std::vector<>，會在本章後面詳細討論。我們將說明如何在序列中間新增和刪除元素，而不是只在序列尾端新增和刪除元素。不過，只能在第一次引入迭代器之後才能這樣做。

串列

在所有用於代替陣列的資料結構中，最簡單的無疑是鏈結串列（linked list）。在本書中，已經至少遇到過兩次鏈結串列，一次是在第 11 章處理 Truckload 類別時，另一次是在第 16 章實作 Stack<> 樣版時。回想一下，Truckload 本質上是一個 Box 物件的容器。在內部，它將每個單獨的 Box 儲存在一個名為 Package 的巢狀類別的物件中。在一個 Box 旁邊，每個 Package 物件都包含一個指向串列中下一個 Package 的指標，從而將一長串微小的 Package 物件鏈接在一起。更多詳情請參閱第 11 章。第 16 章的 Stack<> 類別本質上是類似的，只是它使用了更通用的術語 Node 而不是 Package 作為其巢狀類別的名稱。

標準函式庫 forward_list 和 list 標頭提供了兩種容器型態，它們有類似的實作方式：

- std::forward_list<T> 將 T 值儲存在所謂的單向鏈結串列中。單向鏈結（*singly-linked*）指的是，鏈結串列中的每個節點只有一個到另一個節點的鏈接，即鏈結串列中的下一個節點。這個資料結構完全類似於你的 Truckload 和 Stack<> 型態。回顧一下，Truckload 類別可以簡單地使用 std::forward_list<std::shared_ptr<Box>>，使用普通的 std::forward_list<T> 建立 Stack<T> 樣版會容易得多。

- list<T> 將 T 值儲存在一個雙向鏈結串列（*doubly linked list*）中，其中每個節點不僅有一個指向串列中下一個節點的指標，而且還有一個指向前一個節點的指標，在習題 11.7 中，你建立了一個由類似資料結構支援的 Truckload 類別。

從理論上來說，與其他序列容器相比，鏈結串列容器的主要優點是它便於插入和刪除序列中間的元素。若在 vector<> 的中間插入一個元素──如前所述，稍後會說明如何做到這一點──vector<> 顯然必須先將所有元素移動到插入點右側的一個位置之外。此外，如果分配的陣列不夠大，無法容納更多的元素，則必須分配一個新的更大的陣列，並將所有元素移動到該陣列中。另一方面，對於鏈結串列，在中間插入一個元素幾乎不需要任何成本。所需要做的就是建立一個新節點，並重新連接一些下和 / 或上一個指標。

然而，鏈結串列的主要缺點是缺乏所謂的隨機存取（*random access*）能力。array<> 和 vector<> 都稱為隨機存取容器（*random-access container*），因為可以立即移動到具有特定索引的任何元素。這個功能是透過陣列註標運算子 operator[] 展現的，它同時是 array<> 和 vector<>（當然還有它們的 at() 函數）的 operator[]。但是，對於鏈結串列，若不先追蹤包含其他元素的整個節點鏈，就不能存取串列中的任何元素（對於 forward_list<>，始終必須從串列的第一個節點開始——也就是 head；對於 list<>，可以從任何一端開始）。若你要先線性追蹤串列的一半才能到達那裡，那麼能夠有效地插入到串列的中間並不代表什麼。

另一個缺點是鏈結串列通常表現出特別差的記憶體區域性。串列的節點往往分散在閒置記憶體中，使得電腦很難快速地逐個取得所有元素。因此，線性追蹤一鏈結串列要比線性追蹤一 array<> 或 vector<> 慢得多。

綜上所述，得出以下結論：

■ **提示** 雖然它們在使用指標和動態記憶體程式設計方面有很好的實踐價值，但是在生產程式碼中使用鏈結串列的需求非常少。vector<> 幾乎總是更好的選擇。即使有時需要插入或從中間刪除元素，vector<> 通常仍然是更有效的選擇（今天的電腦擅長移動大塊記憶體）。

在我們多年的 C++ 程式設計中，我們從來沒有在實務中使用過鏈結串列。因此，我們在此不再討論這些問題。

雙向佇列

第五個也是最後一個序列容器為 std::deque<T>。雙向佇列（*deque*）是 *double-ended queue* 一詞的縮寫，發音為 / dɛk /，正是 *deck* 這個詞的音（如在一副牌）。它是一種混合資料結構，具有以下優點：

◆ 就像 array<> 和 vector<> 一樣，deque<> 是一個隨機存取容器（random access container），這意味著它具有常數時間 operator[] 和 at() 操作。

◆ 就像 list<> 一樣，deque<> 允許在序列的前面和後面以固定時間新增元素。vector<> 只支援序列後面的固定時間加法（在前面插入至少需要將所有其他元素向右移動一個位置）。

◆ 與 vector<> 不同，deque<> 的元素在新增或刪除序列的前面或後面時，不會移動到另一個更大的陣列。代表指向儲存在容器中的元素的 T* 指標仍然有效（前提是不使用本章後面解釋的函數插入或從序列中間刪除）。

根據我們的經驗，後者優勢是在更複雜的情境中，使得 deque<> 更有用，此處的資料結構，是指向儲存於 deque<> 的資料之指標（在序列的兩端插入的情況很少發生）。對於基本使用，這占 95% 以上的情況，因此你的 go-to 序列容器應該保持 std::vector<>。

下面的例子說明了 deque<> 的基本用法：

```cpp
// Ex19_01.cpp - Working with std::deque<>
#include <iostream>
#include <deque>

int main()
{
  std::deque<int> my_deque;        // A deque<> allows efficient insertions to
  my_deque.push_back(2);           // both ends of the sequence
  my_deque.push_back(4);
  my_deque.push_front(1);

  my_deque[2] = 3;                 // A deque<> is a random-access sequence container

  std::cout << "There are " << my_deque.size() << " elements in my_deque: ";

  for (int element : my_deque)  // A deque<>, like all containers, is a range
    std::cout << element << ' ';
  std::cout << std::endl;
}
```

這段程式碼不需要進一步解釋。此範例的輸出如下：

```
There are 3 elements in my_deque: 1 2 3
```

主要的運作

所有標準容器——不僅僅是序列容器——都提供了一組類似的函數，具有類似的名稱和行為。所有容器都有 empty()、clear() 和 swap() 函數，而且幾乎所有容器都有 size() 函數（唯一的例外是 std::forward_list<>）。所有容器都可以使用 == 和 != 進行比較，而且大多數（包括所有序列容器）還可以使用 <、<=、> 和 >= 進行比較。但是，正如在本章緒論中所說，我們並不打算提供詳細和完整的參考資料。關於這一點，我們已經介紹了其他資源。在這裡要做的是簡要概述各種序列容器的關鍵區分操作。

除了固定大小的 std::array<> 之外，可以自由地新增或刪除任意數量的元素，或者從前面、後面、甚至序列中間的某個位置刪除元素。下表顯示了五個序列包含的一些最重要的操作 ——vector<>（V）、array<>（A）、list<>（L）、forward_list<>（F）和 deque<>（D）—— 可以插入、刪除或存取它們的元素。若正方形是填滿的，則相對應的容器支援該操作。

運算	V	A	L	F	D	描述
push_front() pop_front()	□	□	■	■	■	在序列的前面新增或刪除一個元素。
push_back() pop_back()	■	□	■	□	■	在序列的後面新增或刪除一個元素。
insert() erase()	■	□	■	■	■	在任意位置插入或刪除一個或多個元素。如本章後面解釋的，可以指定使用迭代器插入或刪除元素的位置（附註：forward_list<> 的對應成員被稱為 insert_after() 和 erase_after()）。
front()	■	■	■	■	■	回傳對序列中第一個元素的參考值。
back()	■	■	■	□	■	回傳對序列中最後一個元素的參考值。
operator[] at()	■	■	□	□	■	回傳特定索引處的元素參考值。
data()	■	■	□	□	□	回傳指向基本陣列開始的指標。這對於傳遞到 legacy 函數或 C 函式庫非常有用。附註：在舊的程式碼中，經常會看到等同的 &myContainer[0]。

堆疊和佇列

本節介紹三個相關的類別樣版：std::stack<>，std::queue<>，std::priority_queue<>。它們被稱為 **容器轉換器**（*container adapters*），因為它們在技術上不是容器本身。相反地，它們封裝了五個順序容器中的一個（預設情況下是 vector<>，或是 deque<>），然後使用該容器實作一組特定的、非常有限的成員函數。例如，雖然 stack<> 通常由 deque<> 支援，但這個 deque<> 嚴格保持

private。它永遠不允許從封裝的 deque<> 前面加入或刪除元素，也不允許透過索引存取它的任何元素。換句話說，容器轉換器使用了第 11 章中的資料隱藏，以非常特定的方式使用封裝的容器。對於這些特定但常見的順序資料情境，使用其中一個轉換器，比直接使用容器本身更安全、更不容易出錯。

後進先出與先進先出的語意

std::stack<T> 表示一個具有所謂後進先出（*last-in first-out, LIFO*）語意的容器——最後一個進入的 T 元素將是第一個出來的元素。可以把它比作自助餐廳裡的一堆盤子，在頂部加進新的盤子，將其他盤子向下推。使用者從頂部取一個盤子，這是堆疊上最後新增的盤子。我們已經在第 16 章的前面建立了自己的 Stack<> 樣版。

std::queue<> 類似於 stack<>，但是具有先進先出（*first-in, first out, FIFO*）語意。可以把它比作夜總會的排隊。在你之前到達的人允許在你之前進入（前提是不給警衛小費，也就是說——沒有 queue<>）。

下面的例子清楚地顯示了這兩種容器轉換器之間的區別：

```cpp
// Ex19_02.cpp - Working with stacks and queues
#include <iostream>
#include <stack>
#include <queue>

int main()
{
  std::stack<int> stack;
  for (int i {}; i < 10; ++i)
    stack.push(i);

  std::cout << "The elements coming of the top of the stack:   ";
  while (!stack.empty())
  {
    std::cout << stack.top() << ' ';
    stack.pop();                        // pop() is a void function!
  }
  std::cout << std::endl;


  std::queue<int> queue;
  for (int i {}; i < 10; ++i)
```

```
    queue.push(i);

  std::cout << "The elements coming from the front of the queue: ";
  while (!queue.empty())
  {
    std::cout << queue.front() << ' ';
    queue.pop();                          // pop() is a void function!
  }
  std::cout << std::endl;
}
```

此程式顯示了兩個轉換器的規範使用，首先是堆疊，然後是佇列。即使將相同的 10 個元素按相同的順序加到兩個元素中，輸出也確認它們將按相反的順序取出：

```
The elements coming of the top of the stack:    9 8 7 6 5 4 3 2 1 0
The elements coming from the front of the queue: 0 1 2 3 4 5 6 7 8 9
```

關於 Ex19_02 有兩件事值得注意：

◆ pop() 函數的作用：不回傳任何元素。因此通常必須先使用 top() 或 front() 存取這些元素，這取決於你使用的轉換器（順便說一下，對於不同序列容器的所有 pop_front() 和 pop_back() 成員都是一樣的）。

◆ 除了本例中使用的函數之外，std::stack<> 和 queue<> 實際上只提供了幾個其他成員函數。它們都具有一般的 size()、empty() 和 swap() 函數，但僅此而已。就像我們說的，這些轉換器的介面是專門為一種特定用途訂製的，而且是單獨使用的。

▌ **提示**　容器轉換器通常用於管理表示需要在無法同時執行所有任務的環境中執行任務的元素。如果計劃了獨立或連續的任務，那麼使用 queue<> 通常是最自然的資料結構。然後依照請求的順序執行任務。若任務表示其他已規劃或暫停任務的子任務，則通常希望所有子任務在啟動或恢復父任務之前先完成。stack<> 是最簡單的方法（注意 C++ 也是這樣執行函數的——使用呼叫堆疊）。

因此 FIFO 和 LIFO 對於大多數簡單的任務規劃應用都很有用，對更複雜的情況，可能需要基於優先權的調度。這就是 std::priority_queue<> 所提供的，這是我們接下來將簡要介紹的容器轉換器。

優先權佇列

最後一個容器轉換器是 std::priority_queue<>，由與 queue<> 相同的 queue 標頭檔定義。可以將優先權佇列（priority queue）與實際夜總會中的佇列進行比較；也就是說，某些群體的客人會比其他人先進來。優先權較高的客人——貴賓、漂亮的女士、甚至夜總會老闆的侄子——先於優先權較低的客人。另一個類比是在你當地的超市或公車站排隊，那裡的殘疾人和孕婦可以插隊。

與其他轉換器類似，元素透過 push() 加到 priority_queue<> 中，並透過 pop() 取出。要存取佇列中的下一個元素，可以使用 top()。元素退出 priority_queue<T> 的順序由比較函數子（functor）決定。預設情況下，使用 std::less<T> 函數子（參閱第 18 章）。你可以用自己的比較函數子覆寫此比較函數子。有關如何使用優先佇列的更多細節，請參閱標準函式庫手冊。

▌注意　在日常用語中，通常優先權最高的元素具有優先權。但是，在 priority_queue<> 中，佇列的前面（或者更好的是，top()）預設情況下是使用 < 比較最低的元素。若你希望優先權最高的元素先升到 top()，則可以使用 std::greater<> 覆寫預設的比較函數。

集合

在 C++ 標準函式庫中，集合（*set*）是一個容器，其中每個元素最多可以出現一次。新增與已儲存在集合中的任何元素相等的第二個元素是沒有效果的。最簡單的例子是：

```cpp
// Ex19_03.cpp - Working with sets
#include <iostream>
#include <set>                              // For the std::set<> container template

void printSet(const std::set<int>& my_set); // Print the contents of a set to std::cout

int main()
{
  std::set<int> my_set;

  // Insert elements 1 through 4 in arbitrary order:
  my_set.insert(1);
  my_set.insert(4);
```

```
  my_set.insert(3);
  my_set.insert(3);              // The elements 3 and 1 are added twice
  my_set.insert(1);
  my_set.insert(2);

  printSet(my_set);

  std::cout << "The element 1 occurs " << my_set.count(1) << " time(s)" << std::endl;

  my_set.erase(1);               // Remove the element 1 once
  printSet(my_set);

  my_set.clear();                // Remove all elements
  printSet(my_set);
}

void printSet(const std::set<int>& my_set)
{
  std::cout << "There are " << my_set.size() << " elements in my_set: ";
  for (int element : my_set)    // A set, like all containers, is a range
    std::cout << element << ' ';
  std::cout << std::endl;
}
```

執行此程式會產生以下的輸出：

```
There are 4 elements in my_set: 1 2 3 4
The element 1 occurs 1 time(s)
There are 3 elements in my_set: 2 3 4
There are 0 elements in my_set:
```

集合容器沒有 "push" 或 "pop" 成員。相反地，是透過 insert() 加入元素，然後透過 erase() 刪除它們。你可以新增任意數量的元素，並依你喜歡的任何順序加入。但是，正如 Ex19_03 說明的那樣，第二次加入相同的元素確實沒有效果。儘管在本例中向 my_set 新增了兩次值 1 和 3，但是輸出清楚地顯示，這兩個元素只在容器中儲存了一次。

你會經常使用這些集合容器來管理或收集一組不重複的元素。除此之外，它們的主要優點是，非常善於快速檢查集合是否包含特定的元素。這比一個普通的無序的 vector<> 要好得多。這並不奇怪，因為檢查一個元素是否已經存在正是它們清除所有重複項目所需要做的。要自己檢查特定元素是否包含在集合中，可以使用它的 count() 成員或 find() 成員。前者用於 Ex19_03，回傳 0 或 1；後者回傳一個迭代器。在全面介紹了迭代器之後，會進一步討論 find() 函數。

標準函式庫提供了兩個通用集合容器 std::set<> 和 unordered_set<>。本質上，這兩個集合容器提供了相同的功能。例如，可以用 std::unordered_set<> 替換 Ex19_03 中的 std::set<>，範例將（幾乎）做同樣的事。這兩個容器在實作方式上有很大的不同。儘管它們的目標是相同的，它們使用非常不同的資料結構來組織它們的資料：快速確定在何處插入新元素，或者類似地，確定特定的元素是否已經存在於容器中。

有序集合

正如 unordered_set<> 這個名稱，一個普通 set<> 組織它的元素，使它們總是有序的。這在 Ex19_03 中也很明顯。儘管以任意順序新增元素 1 到 4，但是輸出清楚地證實了容器以某種排序的順序儲存它們。在一組排序過的資料中搜尋要快得多——想像一下，若你的英語字典中的所有單字都按照任意的順序排列，要花多長時間才能找到 "*capricious*" 的定義。

> **▌附註** 對於那些知道自己的資料結構的人來說，std::set<> 通常由一些平衡樹狀結構（*balanced tree*），通常是紅黑樹（*red-black tree*）支援。除了提供對數 insert()、erase()、find() 和 count() 操作之外，通常不需要了解這些實作細節。

預設情況下，set<> 使用 < 運算子對所有元素排序。對於基本型態，這轉換為內建的 < 運算子；但是，在預設情況下，類別型態 T 的元素應該多載要儲存在 std::set 中的 < 運算子。我們說 "預設情況下"，因為除了多載 < 運算子之外，還可以透過指定 set<> 應該使用哪個函數子來覆寫 set<> 對元素排序的方式。例如，若用下面的程式碼替換 Ex19_03 中的 my_set 定義，那麼它的元素就會從高到低排序（要印出此集合，必須相對應地更新 printSet() 的簽名；同樣地，要使用 std::greater<>，可能必須先導入 functional 標頭）：

```
std::set<int, std::greater<>> my_set;
```

std::set<T> 的第二個型態參數是個選項（預設情況下它等於 std::less<T>）。可以指定任何函數子型態，其二進位函數呼叫運算子比較兩個 T 元素，若傳遞給第一個參數的元素先於傳遞給第二個參數的元素，則回傳 true。一般而言，

set<> 預設建構對應型態的函數子，但如果需要，也可以自己將一個函數子傳遞給 set<> 建構函數之一。在前一章已詳細討論了函數子，特別是 std::less<> 和 greater<>。

▋ **注意**　要確定兩個元素是否重複，set<> 不使用 == 運算子。對於預設 < 比較，若 !(x < y) && !(y < x)，則認為 x 和 y 是相等的。

無序集

unordered_set<> 自然不會對其元素進行排序——至少不會按照對你（容器的使用者）有任何特殊用途的預定義順序進行排序。相反地，它由所謂的*雜湊表*（*hash table*）或*雜湊映射*（*hash map*）支援。因此，unordered_set<> 的所有運算通常在幾乎固定的時間內運行，這使得它們可能比一般 set<> 更快。對於最常用的變數型態——包括所有基本型態、指標、字串和智慧指標——可以使用 unordered_set<> 作為 std::set<> 的替代。但是，對這種更高級的資料結構的進一步討論，或者如何為你的自定義型態指定*雜湊函數*（*hash function*），已超出了本文的簡要介紹範圍。

▋ **注意**　但是，要確定哪個應用更快（set<> 或 unordered_set<>），唯一的方法是在一些真實的、有代表性的輸入資料上測試它的效能。對幾乎所有的應用，這實際上並不重要，因為兩者都夠快。

▋ **提示**　除了 set<> 和 unordered_set<> 之外，標準函式庫還提供了 std::multiset<> 和 std::unordered_multiset<>。與容器、多重集合容器（也稱為 *bags* 或 *msets*）可能包含不止一次相同的元素（也就是說對於這些容器，count() 會回傳數字大於 1）。它們的主要特點是，多重集合（multisets）可以非常快地確定特定的元素是否儲存在容器中。

映射

映射（*map*）或*關聯陣列*（*associative array*）容器最好被認為是字典或電話簿的泛化（generalization）。給定一個特定的鍵（*key*），它可能一個單字或一個人的

名字,你希望儲存或快速搜尋某個值(*value*),它可能是一個定義或電話號碼。映射中的鍵必須是唯一的;值不是(字典允許使用同義詞,電話簿原則上允許家庭成員共享相同的電話號碼)。

與 set<T> 和 unordered_set<T> 類似,標準函式庫提供了兩個不同的映射容器,std::map<Key,Value> 和 std::unordered_map<Key,Value>。與大多數容器不同,map 容器至少需要兩個樣版型態參數,一個用於確定鍵的型態,另一個用於確定值的型態。我們用一個簡單的例子來說明這一點:

```cpp
// Ex19_04.cpp - Basic use of std::map<>
#include <map>
#include <iostream>
#include <string>

int main()
{
  std::map<std::string, unsigned long long> phone_book;
  phone_book["Donald Trump"] = 202'456'1111;
  phone_book["Melania Trump"] = 202'456'1111;
  phone_book["Francis"] = 39'06'6982;
  phone_book["Elizabeth"] = 44'020'7930'4832;

  std::cout << "The president's number is " << phone_book["Donald Trump"] << std::endl;

  for (const auto& [name, number] : phone_book)
    std::cout << name << " can be reached at " << number << std::endl;
}
```

此程式會產生輸出如下:

```
The president's number is 2024561111
Donald Trump can be reached at 2024561111
Elizabeth can be reached at 4402079304832
Francis can be reached at 39066982
Melania Trump can be reached at 2024561111
```

在 Ex19_04 中,phone_book 被定義為一個 map<>,鍵型態為 std::string,值型態為 unsigned long long(很少有負數的電話號碼)。因此,它將字串與數字唯一地關聯起來。沒有兩個鍵是一樣的。不過,此範例確實確認了這些值沒有此限制。相同的數字可以加入很多次。

map<> 和 unordered_map<> 容器再次提供了完全類似的功能。通常以與陣列(或其物件導向的相等物,即隨機存取順序容器)相同的方式使用它們,即透過其陣列註標運算子。只有使用映射，才不必（一定）透過連續整數（通常稱為索引）來尋址值；相反地，原則上可以使用任何型態的鍵。

這兩種映射型態的區別同樣在於它們的實作方式。根據你使用的映射實作，對於你可以為鍵使用的型態有一些要求。這些要求類似於 set<> 和 unordered_set<> 的值。map<> 再次透過對其元素進行排序來工作；unordered_map<> 本質上是一個教科書式的雜湊映射。前者也可以透過 Ex19_04 的輸出驗證。儘管這四個名字是按不同的順序加到映射上的，但它們皆是按字母順序出現。

映射的元素

要追蹤 phone_book 容器的元素，Ex19_04 使用了以前從未見過的語法：

```
for (const auto& [name, number] : phone_book)
    std::cout << name << " can be reached at " << number << std::endl;
```

這種語法直到 C++17 以後才有。看看如何使用更熟悉的 C++11 語法來表示這個迴圈是很有學習意義的：

```
for (const auto& element : phone_book)
    std::cout << element.first << " can be reached at " << element.second << std::endl;
```

事實上，這裡更有意義的是拼寫出元素的型態：

```
for (const std::pair<std::string, unsigned long long>& element : phone_book)
    std::cout << element.first << " can be reached at " << element.second << std::endl;
```

也就是說，std::map<K, V> 或 unordered_map<K, V> 中包含的元素具有 std::pair<K, V> 型態。在第 16 章的習題中，已經簡要地遇到 std::pair<> 型態。它是一個基本的類別樣版（在 utility 標頭中定義），其中每個物件表示一對值，可能是不同型態的值。可以先透過這兩個值的公有資料成員存取它們。然而，在 C++17 中，有一種更簡潔的方法。

看到以下 C++17 程式碼片段，例如：

```
std::pair my_pair{ false, 77.50 };
auto [my_bool, my_number] = my_pair;
```

在 C++17 之前，總是必須以一種更冗長的方式來撰寫它（回想一下，在第 16 章中，C++17 還為建構函數呼叫引入了類別樣版參數推論）：

```
std::pair<bool, double> my_pair{ false, 77.50 };
bool my_bool = my_pair.first;
```

```
double my_number = my_pair.second;
```

Ex19_04 中的迴圈很好地表明，當追蹤 map 容器的元素時，同樣的 C++17 語法也很方便（而且 auto[] 語法還可以與 const 和 & 結合使用）。

在下一小節中，我們將在更大的範例中再次使用這種語法。

計算單字

小例子已經說夠了。讓我們舉一個 std::map<> 的例子，包含更多的主體。映射的一個可能使用情況是，計算字串中唯一的單字。我們透過一個基於 Ex8_18 的範例來看看這是如何運作的。使用以下型態別名和函數原型：

```
// Type aliases
using Words = std::vector<std::string_view>;
using WordCounts = std::map<std::string, size_t>;

// Function prototypes
Words extract_words(std::string_view text, std::string_view separators = " ,.!?\"\n");
WordCounts count_words(const Words& words);
void show_word_counts(const WordCounts& wordCounts);
size_t max_word_length(const WordCounts& wordCounts);
```

函數 extract_words() 是 Ex8_18 中同名函數的一個細微變化；因此，你完全可以自己定義它。該函數從特定內文中提取所有單獨的單字。單字定義為任何字元序列與特定分隔符號不同。

這裡我們主要關心的是 count_words() 函數。你可能已經猜到，這是為了計算每個單字在輸入 vector<> 中出現的次數。要計算所有唯一的單字，函數使用 std::map<std::string, size_t>。在函數回傳的映射中，單字是鍵，與每個鍵關聯的值是 words vector<> 中對應單字出現的次數。因此，函數必須在每次遇到新單字時在 map 中插入一個新的鍵 / 值對。當同一個單字出現多次時，需要對該計數器進行遞增。這兩種運算都可以用一行程式碼實作：

```
WordCounts count_words(const Words& words)
{
  WordCounts result;
  for (auto& word : words)
    ++result[std::string(word)];
  return result;
}
```

下面這行程式碼完成了所有的工作：

```
++result[std::string(word)];
```

要理解這一點，我們需要更好地解釋映射容器的陣列索引運算子 operator[] 的原理：

- ◆ 若一個值已經與特定的鍵關聯，則運算子只回傳對該值的參考值。將 ++ 運算子應用於此參考值，然後只需將已儲存在映射中的值增加到 2 或更大。

- ◆ 但是，若還沒有與特定鍵關聯的值，則運算子先將一個新的鍵／值對插入到映射中。這個新元素的值是零初始化的（如果它涉及類別型態的物件，則預設建構）。插入新元素後，運算子將回傳對這個零初始化值的參考值。在 count_words() 中，我們立刻將結果 size_t 值增加到 1。

Ex8_18 中的 max_word_length() 函數需要稍作修改，因為我們希望它使用儲存在映射中的單字。為了簡潔起見，我們只輸出在輸出中出現超過一次的單字，所以我們最好也忽略這些：

```
size_t max_word_length(const WordCounts& wordCounts)
{
  size_t max{};
  for (const auto& [word, count] : wordCounts)
    if (count >= 2 && max < word.length()) max = word.length();
  return max;
}
```

最後，所有的單字和其次數，可以在 show_word_counts() 函數加以輸出。

```
void show_word_counts(const WordCounts& wordCounts)
{
  const size_t field_width{max_word_length(wordCounts) + 1};
  const size_t words_per_line{5};

  size_t words_in_line{};                  // Number of words in the current line
  char previous_initial{};
  for (auto& [word, count] : wordCounts)
  {
    if (count < 2) continue;               // Skip words that appear only once

    // Output newline when initial letter changes or after 5 per line
    if (previous_initial &&
        (word[0] != previous_initial || ++words_in_line == words_per_line))
    {
```

```
      words_in_line = 0;
      std::cout << std::endl;
    }
    std::cout << std::setw(field_width) << word;           // Output a word
    std::cout << " (" << std::setw(2) << count << ')';      // Output count
    previous_initial = word[0];
  }
  std::cout << std::endl;
}
```

我們使用 map<> 自動確保所有單字都按照字母順序排序，這使得我們也可以按照字母順序印出它們。特別是，show_word_counts() 將以一行中相同字母開頭的單字分組。除此之外，show_word_counts() 並沒有包含你在其他類似的輸出函數中多次看到的內容。因此，我們相信可以跳過任何進一步的解釋，看它在一個完整的例子中的作用：

```
// Ex19_05.cpp - Working with maps
#include <iostream>
#include <iomanip>
#include <map>
#include <string>
#include <string_view>
#include <vector>

// Type aliases
using Words = std::vector<std::string_view>;
using WordCounts = std::map<std::string, size_t>;

// Function prototypes
Words extract_words(std::string_view text, std::string_view separators = " ,.!?\"\n");
WordCounts count_words(const Words& words);
void show_word_counts(const WordCounts& wordCounts);
size_t max_word_length(const WordCounts& wordCounts);

int main()
{
  std::string text;                                // The string to count words in

  // Read a string from the keyboard
  std::cout << "Enter a string terminated by *:" << std::endl;
  getline(std::cin, text, '*');

  Words words = extract_words(text);
  if (words.empty())
```

```
  {
    std::cout << "No words in text." << std::endl;
    return 0;
  }

  WordCounts wordCounts = count_words(words);
  show_word_counts(wordCounts);
}

// The implementations of the extract_words(), count_words(), show_word_counts(),
// and max_word_length() function as discussed earlier.
```

若編譯並執行此程式，可能的輸出如下：

```
Enter a string terminated by *:
It was the best of times, it was the worst of times, it was the age of wisdom,
it was the age of foolishness, it was the epoch of belief, it was the epoch of
incredulity, it was the season of Light, it was the season of Darkness, it was
the spring of hope, it was the winter of despair, we had everything before us,
we had nothing before us, we were all going direct to Heaven, we were all going
direct the other way──in short, the period was so far like the present period,
that some of its noisiest authorities insisted on its being received, for good or
for evil, in the superlative degree of comparison only.*
   age ( 2)    all ( 2)
before ( 2)
direct ( 2)
 epoch ( 2)
   for ( 2)
 going ( 2)
   had ( 2)
    it ( 9)    its ( 2)
    of (12)
period ( 2)
season ( 2)
   the (14)  times ( 2)
   was (11)    we ( 4)   were ( 2)
```

迭代器

第一次遇到迭代器的概念是在第 11 章，我們使用迭代器以一種優雅的方式追蹤
Truckload 容器的所有 Box。為此，你只需向 Truckload 物件請求一個迭代器物
件，然後就可以使用這個迭代器的 getFirstBox() 和 getNextBox() 成員，在一
個簡單的迴圈中搜尋所有的 Box：

```
auto iterator{ my_truckload.getIterator() };
for (auto box { iterator.getFirstBox() }; box != nullptr; box = iterator.getNextBox())
{
  std::cout << *box << std::endl;
}
```

這個迭代器概念實際上是一個經典的、廣泛應用的物件導向設計樣式。你會在本章中發現標準函式庫也廣泛使用了這種方法。然而,在開始之前,我們先深入思考一下為什麼迭代器是如此吸引人的樣式。

迭代器設計樣式

迭代器允許你以有效、統一的方式追蹤任何相似容器的物件中包含的一組元素。這種方法有幾個優點,下面將討論。

前面的 Truckload 範例實際上是一個很好的起點。若你還記得,Truckload 物件在內部使用一個所謂的單向的鏈結串列(*singly linked list*)來儲存它的 Box。具體地說,一個 Truckload 將每個單向的 Box 儲存在叫做 Package 的巢狀類別的專用實體中。在 Box 的旁邊,每個 Package 物件都包含指向串列中下一個 Package 的指標。請參閱第 11 章了解更多細節。或更好的是,現在不要回到第 11 章!我們這裡的主要觀點是,你不需要了解 Truckload 的任何內部連接,就可以追蹤它的所有 Box。作為 Truckload 類別的使用者,你需要學習的只是它的 Iterator 類別的公有介面。

函式庫作者通常為所有容器型態定義具有類似介面的 Iterator。例如,對於標準函式庫的所有容器都是這種情況,稍後會對此進行討論。有了這種方法,就可用完全相同的方式追蹤不同的容器——無論是陣列、鏈結串列、還是更複雜的資料結構。這樣,你就根本不需要知道一個特定容器是如何在內部工作來檢查它的元素。這導致程式碼如下:

- ◆ 容易撰寫和理解。
- ◆ 沒有錯誤和具強大性。與在可能複雜的資料結構中追蹤指標相比,使用迭代器時出錯的空間要小得多。
- ◆ 非常高效率。正如本章前面已經討論過的,例如,鏈結串列資料結構的一個重要限制是,如果不先追蹤該元素之前的所有其他元素,就不能移動到具有特定索引的任意元素。例如,在 Truckload 中,只能透過從串列頂端開始執行大量的 **next** 指標來到達所需的 Box。這意味著下面這種形式的迴圈效率特別低：

```
for (size_t i {}; i < my_truckload.getNumBoxes(); ++i)
{
  std::cout << my_truckload[i] << std::endl;
}
```

◆ 在這樣的迴圈中，每次呼叫陣列註標運算子 [] 都要追蹤迭代器的鏈結串列，從第一個 Package（串列頂端）開始，一直到第 i 個 Package。也就是說，對於 for 迴圈的每次追蹤，取得對第 i 個 Box 的參考值將花費越來越長的時間。Iterator 的 getNextBox() 函數不會遇到這個問題，因為它包含指向目前 Package 的指標，可以在固定時間內從目前的 Package 移動到下一個 Package。

◆ 靈活和易於維護。可以輕鬆地更改容器的內部表示形式，而不必擔心破壞追蹤其元素的任何外部程式碼。例如，在本章之後，根據 vector<> 而不是自定義鏈結串列重新實作 Truckload 類別應該很簡單，同時仍然為類別本身和它的 Iterator 類別保留相同的公有函數。

◆ 容易除錯。可以向迭代器的成員函數加入額外的除錯敘述和斷言。典型的例子是越界檢查。大多數情況下，若定義了一些特定的巨集，函式庫作者會有條件地加入這些檢查（參閱第 10 章）。若外部程式碼直接操作內部指標或陣列，這一切都是不可能的。

▋ 附註　迭代器與我們在第 11 章中解釋的資料隱藏概念有許多相同的優點，這應該不足為奇。資料隱藏正是迭代器和其他物件導向的設計樣式所做的。它們將實作細節隱藏在易於使用的公有介面後面，不讓物件的使用者看到。

統一的迭代器的另一個明顯的優勢是，他們促進了函數樣版的建立工作任何容器的迭代器型態函數，它可以操作任何範圍的元素，而不管這些元素都包含在例如一個向量、一個串列，或者一個集合。所有迭代器有類似的介面，這些函數樣版因此不需要知道容器的內部運作了。正是這個思想，結合了頂層函數（參閱第 18 章），為我們將在本章最後部分討論的標準函式庫的演算法函式庫之高階函數提供的威力。

標準函式庫容器的迭代器

標準函式庫的所有容器類別——以及幾乎所有第三方 C++ 函式庫的容器型態——都提供了完全類似的迭代器。無論使用哪種容器，都可以以相同的方式追蹤它們儲存的元素。透過具有相同名稱的成員函數建立新的迭代器物件，以相同的方式存取迭代器當前參考值的元素，並以相同的方式前進到下一個元素。這些迭代器的公有介面，與我們前面討論的 Truckload Iterator 略有不同，但是總體概念是相同的。

建立和使用標準迭代器

為特定容器建立迭代器的最常見方法是呼叫其 begin() 成員函數。每個標準容器都提供此功能。下面有一個例子：

```cpp
std::vector<char> letters{ 'a', 'b', 'c', 'd', 'e' };
auto my_iter{ letters.begin() };
```

ContainerType 型態的容器之迭代器型態總是 ContainerType::iterator，它是具體型態，或是型態別名。因此完整的 my_iter 變數定義如下：

```cpp
std::vector<char>::iterator my_iter{ letters.begin() };
```

可以肯定地說，容器迭代器型態是一個很好的例子，C++11 的 auto 型態推斷確實讓我們的生活變得簡單了許多。

透過運算子多載的魔力（參閱第 12 章），標準函式庫容器提供的每個迭代器都模仿指標。例如，要存取我們的 my_iter 迭代器目前參考的元素，可以應用它的解參考運算子：

```cpp
std::cout << *my_iter << std::endl;        // a
```

由於 begin() 總是回傳一個迭代器，此迭代器指向容器中的第一個元素，因此該敘述將簡單地印出字母 'a'。

就像使用指標一樣，解參考的迭代器結果是在容器中儲存實際元素的參考值。在我們的例子中，*my_iter 會產生一個 char& 型態的參考值。因為這個運算式顯然是一個 lvalue 參考值，你當然也可以使用它，例如，在設定的左邊：

```cpp
*my_iter = 'x';
std::cout << letters[0] << std::endl;        // x
```

使用迭代器可以存取容器內第一個以外的元素。回想第 6 章，指標支援算術運算子 ++、--、+、-、+= 和 -=，你可以使用它們從陣列中的一個元素移動到下一個（或上一個）元素。使用 vector<> 迭代器的方法完全相同。下面有一個例子：

```
++my_iter;                                    // Move my_iter to the next element
std::cout << *my_iter << std::endl;     // b

my_iter += 2;
std::cout << *my_iter-- << std::endl;     // d
std::cout << *my_iter << std::endl; // c (my_iter was altered using the post-decrement
                                    //   operator in the previous statement)
auto copy{ my_iter };
my_iter += 2;
std::cout << *copy << std::endl;         // c
std::cout << *my_iter << std::endl;      // e
std::cout << my_iter - copy << std::endl; // 2
```

可以在 Ex19_06 中找到這段程式碼的全部內容，這一點上它應該能夠真正解釋自己，因為這些都完全類似於使用指標。甚至適用於我們範例中的最後一行，它可能比其他行不太明顯；也就是說，減去兩個 vector<> 迭代器會得到一個有號整數型態的值，該值反映了兩個迭代器之間的距離。

▌ **提示**　迭代器還提供成員存取運算子（非正式地稱為箭頭運算子）-> 來存取它們參考值的元素之資料成員或函數。也就是説，假設 string_iter 是一個迭代器，它參考一類別的 std::string 元素；然後 string_iter->length() 是（*string_iter）的縮寫。length()——就像使用指標一樣。我們將在本章後面看到更多具體的例子。

不同風格的迭代器

我們在前一小節的範例中使用的迭代器是所謂的隨機存取迭代器。在所有迭代器類別中，隨機存取迭代器提供了最豐富的運算集合。標準容器回傳的所有迭代器都支援運算子 ++、* 和 ->，以及 == 和 !=。但除此之外，還有一些不同之處。任何和所有的限制都很容易從各種容器背後的資料結構的性質來解釋：

◆ std::forward_list<> 的迭代器不支援 --、== 或 -。當然，原因是迭代器沒有回傳前一個元素的（有效的）方法。單鏈結串列中的每個節點，只有指向串列中下一個元素的指標。這樣的迭代器稱為**向前迭代器**（*forward iterators*）。其他可能只支援向前迭代器的容器有 unordered_set<>、unordered_map<> 和 unordered_multimap<>。

◆ 另一方面，std::list<> 的迭代器支援 -- 遞減運算子（遞減前和遞減後）。回傳到雙鏈結串列中的前一個節點是很簡單的。然而，同時跳轉多個元素仍然不能有效地完成。為了阻止這種使用，std::list<> 迭代器不提供 +=、-=、+ 或 - 運算子。std::set<>、map<> 和 multimap<> 容器的迭代器具有相同的限制，因為追蹤底層樹狀結構的節點，類似追蹤雙向鏈結串列的節點。這類迭代器稱為**雙向迭代器**（*bidirectional iterators*），原因很明顯。

◆ 提供 +=、-=、+ 和 - 的唯一迭代器，以及比較運算子 <、<=、> 和 >=，都是**隨機存取迭代器**（*random-access iterators*）。唯一需要提供隨機存取迭代器的容器是隨機存取序列容器（或者 std::vector<>、array<>、deque<>）。

█ **提示**　只有在查閱標準函式庫參考資料時，了解和理解這些術語才比較重要，尤其是在本章後面討論的泛型演算法函式庫部分。每個演算法樣版的參考值將指定它期望作為輸入的迭代器的型態，不是向前迭代器、雙向迭代器，就是隨機存取迭代器。

注意，這三個迭代器類別構成一個層次結構。也就是說，每個隨機存取迭代器也是一個有效的雙向迭代器，每個雙向迭代器也是一個向前迭代器。因此，對於需要（例如）向前迭代器的演算法，你也可以傳遞一個隨機存取迭代器。為了完整起見，你的標準函式庫參考值還可以在此上下文中使用術語 *input iterator* 和 *output iterator*。這些是更理論化的概念，它們參考值的迭代器比向前迭代器的需求更少。實際上，標準容器建立的每個迭代器都是有效的輸入或輸出迭代器。

█ **附註**　三個容器轉換器——std::stack<>、queue<> 和 priority_queue<>——根本不提供任何迭代器——甚至不提供向前迭代器。它們的元素只能透過 top()、front() 或 back() 函數存取（任何適用的函數）。

追蹤容器的元素

從第 6 章開始，我們就知道如何使用指標和指標演算法追蹤陣列。例如，要印出陣列中的所有元素，可以使用以下迴圈：

```
int numbers[] { 1, 2, 3, 4, 5 };
for (int* pnumber {numbers}; pnumber < numbers + std::size(numbers); ++pnumber)
{
  std::cout << *pnumber << ' ';
}
std::cout << std::endl;
```

可以用完全相同的方法追蹤一個向量的所有元素：

```
std::vector<int> numbers{ 1, 2, 3, 4, 5 };
for (auto iter {numbers.begin()}; iter < numbers.begin() + numbers.size(); ++iter)
{
  std::cout << *iter << ' ';
}
std::cout << std::endl;
```

這個迴圈的問題是它使用了兩個隨機存取迭代器所獨有的運算：< 和 +。因此，若數字型態為 std::list<int> 或 std::set <int>，那麼這個迴圈就不會編譯。因此，表示相同迴圈的更傳統的方法是：

```
for (auto iter {numbers.begin()}; iter != numbers.end(); ++iter)
{
  std::cout << *iter << ' ';
}
```

■ **提示** 在 C++ 中，通常使用 iter != numbers.end() 的運算式，而不是 iter < numbers.end()，這正是因為不需要向前和雙向迭代器透過 < 來支援比較。

這個新迴圈與我們之前使用的迴圈相同，只是這次它適用於任何標準容器。從概念上講，容器的 end() 成員回傳的迭代器指向 "最後一個元素之後的一個元素"。一旦迭代器加到等於容器的 end() 迭代器的值。也就是說，一旦迭代器的遞增超過容器的最後一個元素，就應該終止迴圈。雖然沒有定義會發生什麼，但是解對指向實際容器邊界之外的迭代器之參考值，不會有什麼好處。

下面的範例使用與此完全相同的迴圈追蹤 list<> 中包含的所有元素：

```
// Ex19_07.cpp
```

```cpp
// Iterating over the elements of a list<>
#include <iostream>
#include <list>

int main()
{
  std::cout << "Enter a sequence of positive numbers, "
            << "terminated by a negative number: ";

  std::list<unsigned> numbers;

  while (true)
  {
    signed number{-1};
    std::cin >> number;
    if (number < 0) break;
    numbers.push_back(static_cast<unsigned>(number));
  }

  std::cout << "You entered the following numbers: ";
  for (auto iter {numbers.begin()}; iter != numbers.end(); ++iter)
  {
    std::cout << *iter << ' ';
  }
  std::cout << std::endl;
}
```

可能的輸出如下：

```
Enter a sequence of positive numbers, terminated by a negative number: 4 8 15 16 23 42 -1
You entered the following numbers: 4 8 15 16 23 42
```

每個容器也都是一個範圍，範圍可以在基於範圍的 for 迴圈中使用（參閱第 5 章）。例如在 Ex19_07 的 for 迴圈，可以下列簡潔基於範圍的 for 迴圈取代之：

```cpp
for (auto number : numbers)
{
  std::cout << number << ' ';
}
```

■ 提示　要追蹤容器中的所有元素，使用基於範圍的 for 迴圈。若你明確地需要存取迭代器，以在迴圈主體中進行更高階的處理，或者只希望在容器元素的子範圍內進行追蹤，那麼應該使用更詳細和更複雜基於迭代器的迴圈。

稍後我們會看到迴圈主體需要存取迭代器的例子。

const 迭代器

到目前為止，我們使用的所有迭代器都是所謂的可變（*mutable*，或 *nonconst*）迭代器。你可以透過解參考可變迭代器參考值的元素來更改它，或者對於類別型態的元素，透過它的成員存取運算子 -> 運算子來更改它。下面有一個例子：

```cpp
// Ex19_08.cpp
// Altering elements through a mutable iterator
#include <iostream>
#include <vector>
#include "Box.h" // From Ex11_04

int main()
{
  std::vector<Box> boxes{ Box{ 1.0, 2.0, 3.0 } }; // A vector containing 1 Box

  auto iter{ boxes.begin() };
  std::cout << iter->volume() << std::endl;      // 6 == 1.0 * 2.0 * 3.0

  *iter = Box{ 2.0, 3.0, 4.0 };
  std::cout << iter->volume() << std::endl;      // 24 == 2.0 * 3.0 * 4.0

  iter->setHeight(7.0);
  std::cout << iter->volume() << std::endl;      // 42 == 2.0 * 3.0 * 7.0
}
```

這個例子並沒有什麼新鮮或令人驚訝的地方。我們想說明的一點是，除了型態為 ContainerType::iterator 的可變迭代器（請參閱前面的內容）之外，每個容器還提供型態為 ContainerType::const_iterator 的 const 迭代器（*const iterator*）。解指向 const 迭代器的參考值將導致指向 const 元素的參考值（在我們的範例中是 const Box&），它的 -> 運算子只允許你作為 const 存取資料成員或呼叫 const 成員函數。

通常有兩種方法可以取得 const 迭代器：

◆ 透過呼叫 cbegin() 或 cend()，而不是 begin() 或 end()。這些成員函數名稱中的 c 是指 const。可以在 Ex19_08 中將 begin() 更改為 cbegin() 來嘗試這種方法。

◆ 透過呼叫 const 容器上的 begin() 或 end()。若容器是 const，這些函數回傳一個 const 迭代器；只有容器本身是可變的，結果才會是可變迭代器（在第 11 章中，我們已經看到了如何透過函數多載來實作這種效果，其中相同函數的一個多載是 const，而另一個不是）。也可以透過在 Ex19_08 中的 box vector<> 的宣告前面加入關鍵字 const 來嘗試一下。

若將 Ex19_08 中的 iter 轉換為 const 迭代器，則包含敘述 *iter = Box{ 2.0, 3.0, 4.0 }; 和 iter->setHeight（7.0）將不再編譯：透過 const 迭代器修改元素是不可能的。

提示 在可能的情況下將 const 加到變數宣告中，是一個很好的做法，你也應該在適當的情況下使用 const 迭代器。這可以防止你或任何人在不希望或不期望的上下文中意外更改元素。

例如，Ex19_07 中的 for 迴圈只輸出容器中的所有元素。這當然不應該改變這些元素。因此，可以這樣撰寫迴圈：

```
for (auto iter{ numbers.cbegin() }; iter != numbers.cend(); ++iter)
{
  std::cout << *iter << std::endl;
}
```

注意 所有標準集合和映射容器型態都只提供 const 迭代器。對於這些型態，begin() 和 end() 都回傳 const 迭代器，即使在非 const 容器上呼叫時也是如此。不過，與往常一樣，這些限制很容易由這些容器的性質來解釋。例如，正如你所知道的，std::set<> 以排序的順序儲存它的所有元素。若允許使用者透過迭代器（中間追蹤）更改這些元素的值，那麼維護這個不變量顯然是不可行。

插入和刪除序列容器

在第 5 章中，我們已經介紹了 push_back() 和 pop_back() 函數，可以使用它們分別從大多數序列容器中新增元素和刪除元素。只有一個限制：這些函數只允許你操作序列的最後一個元素。在本章的前面，你還看到了 push_front() 的作用，一些序列容器提供了一個類似的函數，來將元素加到序列的前面。這些都很好，但是如果需要在序列中插入或刪除元素呢？難道這不可能嗎？

答案當然是，你可以插入序列的中間，或者刪除任何你想要的元素。現在你已經了解了迭代器，我們準備向你說明如何使用迭代器。也就是說，要指示在何處插入或刪除哪些元素，你需要提供迭代器。除了 std::array<> 之外，所有序列容器都提供各種 insert() 和 erase() 函數，這些函數接受迭代器或迭代器的範圍。

我們從一些簡單的東西開始，在一個向量的開頭新增一個元素：

```
std::vector<int> numbers{ 2, 4, 5 };
numbers.insert(numbers.begin(), 1); // Add single element to the beginning of the sequence
printVector(numbers);          // 1 2 4 5
```

作為 insert() 的第二個參數提供的元素被插入到，作為其第一個參數提供的迭代器參考值的位置之前。因此，若 printVector() 函數確實名副其實，那麼這段程式碼的輸出應該類似於 "1 2 4 5"。

你可在任何位置 insert() 新元素。例如，下面的程式碼在 numbers 序列的中間加入數字 3：

```
numbers.insert(numbers.begin() + numbers.size() / 2, 3); // Add in the middle
printVector(numbers);                                    // 1 2 3 4 5
```

此外，insert() 函數有兩個多載，允許你一次新增多個元素。一個常見的用法是將一個 vector<> 加到另一個向量：

```
std::vector<int> more_numbers{ 6, 7, 8 };
numbers.insert(numbers.end(), more_numbers.begin(), more_numbers.end());
printVector(numbers);                                    // 1 2 3 4 5 6 7 8
```

與 insert() 的所有多載一樣，第一個參數再次指示了新元素新增位置之後的位置。在本例中，我們選擇了 end() 迭代器，這意味著我們將插入目前序列 "結束後的一個元素" 之前，或者，換句話說，插入到最後一個元素之後。傳遞給函數的第二個和第三個參數的兩個迭代器，表示要插入的元素的範圍。在我們的範例中，這個範圍對應於整個 more_numbers 序列。

▌**附註** 在標準 C++ 中，元素的範圍使用半開區間表示。在第 7 章中，我們已經看到 std::string 的許多成員函數接受透過 size_t 索引指定的半開放字元間隔。容器成員，如 insert() 和 erase()（稍後將討論），使用迭代器指示的半開區間進行類似的運作。如果提供兩個迭代器 from 和 to，那麼該範圍包含區間 [from, to) 中的所有元素。也就是說，範圍包含 from 迭代器的元素，但不包含 to 迭代器的元

素。實際上，本章後面討論的標準函式庫之演算法函式庫的每個樣版函數都使用迭代器範圍。

insert() 的反義詞是 erase()。下面的敘述序列逐個刪除了前面使用 insert() 新增的相同元素：

```
numbers.erase(numbers.end() - 3, numbers.end());       // Erase last 3 elements
numbers.erase(numbers.begin() + numbers.size() / 2); // Erase the middle element
numbers.erase(numbers.begin());                        // Erase the first element
printVector(numbers);                                  // 2 4 5
```

具有兩個參數的 erase() 的多載會刪除一個元素範圍；只有一個參數的函數只刪除一個元素（記住這個區別，在本章後面的部分，它將再變得重要）。

我們在本節中使用的範例完整原始碼可以在 Ex19_09 中找到。

▌ **附註**　大多數容器提供類似的 insert() 和 erase() 函數（唯一的例外是 std::array<>）。當然，集合和映射容器不允許你指定在何處 insert() 元素（只有序列容器可以），但是它們允許你 erase() 與迭代器或迭代器範圍相對應的元素。有關詳細資訊，請參閱標準函式庫參考資料。

在追蹤期間更改容器

在前幾節中，我們向你展示了如何追蹤容器中的元素，以及如何 insert() 和 erase() 元素。接下來的邏輯問題是，若在追蹤容器時 insert() 或 erase() 元素，會發生什麼？

除非另有規定（詳細資訊請參考標準函式庫參考），否則對容器的任何修改都將使為該容器建立的所有迭代器無效。任何對失效迭代器的進一步使用，都會導致未定義的行為，當然，這將導致從不可預測的結果到崩潰的任何情況。考慮以下函數樣版：

```
template <Typename NumberContainer>
void removeEvenNumbers(NumberContainer& numbers)     /* Wrong!! */
{
  auto from{ numbers.begin() }, to{ numbers.end() };
  for (auto iter {from}; iter != to; ++iter)
  {
    if (*iter % 2 == 0)
```

```
    numbers.erase(iter);
  }
}
```

其目的是撰寫一個樣版，從各種型態的容器中刪除所有偶數 —— 可以是向 量 <int>、deque<unsigned>、list<long>、set<short> 或 unordered_set<unsigned>。

問題是這個樣版包含兩個嚴重但相當實際的錯誤，都是由迴圈主體中的 erase() 觸發的。例如，透過 erase() 修改序列之後，通常應該停止使用任何現有的迭代器。但是 removeEvenNumbers() 中的迴圈忽略了這一點。相反地，它只是同時使用 to 和 iter 迭代器，即使之後呼叫了這兩個迭代器所參考的容器上的 erase()。因此，不知道執行這段程式碼會發生什麼，但它肯定不是你所希望的。

更具體地說，當你第一次呼叫 erase() 時，to 迭代器不再指向 "最後一個元素之後的一個元素"，而是（至少在原則上）指向 "最後一個元素之後的兩個元素"。這意味著你的迴圈可能會解指向實際 end() 迭代器的參考值，從而導致災難性的後果。透過在 for 迴圈的每次追蹤之後，請求一個新的 end() 迭代器，可以很容易地解決這個問題，如下所示：

```
for (auto iter {numbers.begin()}; iter != numbers.end(); ++iter) /* Still wrong! */
{
  if (*iter % 2 == 0)
    numbers.erase(iter);
}
```

不過，這個新迴圈仍然非常錯誤，因為它在呼叫了 erase() 之後仍然繼續使用 iter 迭代器。總的來說，這也會以災難告終。例如，對於一個鏈結串列，erase() 可能會釋放 iter 參考的節點，這意味著它變得非常不可預測即將到來的 ++iter 將做什麼。對於 std::set()，一個 erase() 可能會重新洗牌整個樹，以便將其元素很好地按順序放回去。任何進一步的追蹤都將成為有風險的工作。

這是否意味著，你不能在每次從 begin() 重新啟動之前從容器中刪除多個單獨的元素？幸運的是，沒有，因為這將特別沒效率。這只是意味著你必須遵循這個樣式：

```
template <Typename NumberContainer>
void removeEvenNumbers(NumberContainer& numbers) /* Correct!! */
```

```
{
  for (auto iter {numbers.begin()}; iter != numbers.end(); )
  {
    if (*iter % 2 == 0)
    {
      iter = numbers.erase(iter);
    }
    else
    {
      ++iter;
    }
  }
}
```

大多數 erase() 和 insert() 函數回傳一個迭代器，你可以使用該迭代器繼續追蹤。然後，這個迭代器將參考值剛剛插入或刪除的元素之後的一個元素（或者等於 end()，如果後者涉及容器中的最後一個元素）。

▌ **注意** 不要偏離我們剛才提出的標準樣式。例如，由 erase() 或 insert() 回傳的迭代器本身不應該再增加，這就是為什麼我們將 for 迴圈的 ++iter 敘述移動到迴圈主體中的 else 分支中。

▌ **提示** 這種樣式相對容易出錯，對於序列容器，它甚至非常低效。在本章的後面，我們將介紹 *remove-erase* 慣用法，因此，只要有可能，你應該使用它而不是這樣的迴圈。但是，要在追蹤序列時 insert() 元素，或者要 erase() 從集合或映射容器中選擇元素，仍然需要自己明確地撰寫迴圈。

下面的範例使用我們剛剛的 removeEvenNumbers() 樣版。即使它使用向量容器，我們也可以使用前面提到的任何型態：

```cpp
// Ex19_10.cpp
// Removing all elements that satisfy a certain condition
// while iterating over a container
#include <vector>
#include <string_view>
#include <iostream>

std::vector<int> fillVector_1_to_N(size_t N); // Fill a vector with 1, 2, ..., N
void printVector(std::string_view message, const std::vector<int>& numbers);
```

```cpp
// Make sure to include the removeEvenNumbers() template from before as well...

int main()
{
  const size_t num_numbers{20};

  auto numbers{ fillVector_1_to_N(num_numbers) };

  printVector("The original set of numbers", numbers);

  removeEvenNumbers(numbers);

  printVector("The numbers that were kept", numbers);
}

std::vector<int> fillVector_1_to_N(size_t N) // Fill a vector with 1, 2, ..., N
{
  std::vector<int> numbers;
  for (int i {1}; i <= N; ++i)
    numbers.push_back(i);
  return numbers;
}
void printVector(std::string_view message, const std::vector<int>& numbers)

{
  std::cout << message << ": ";
  for (int number : numbers) std::cout << number << ' ';
  std::cout << std::endl;
}
```

程式的輸出如下：

```
The original set of numbers: 1 2 3 4 5 6 7 8 9 10 11 12 13 14 15 16 17 18 19 20
The numbers that were kept: 1 3 5 7 9 11 13 15 17 19
```

陣列的迭代器

迭代器的行為與指標非常相似，以致於任何指標都是有效的迭代器。更精確地說，任何原始指標都可以作為隨機存取迭代器。這個觀察結果將允許我們在下一節中討論的通用演算法樣版對陣列和容器進行類似的追蹤。事實上，陣列指標可以用在任何需要迭代器的上下文中。回想一下 Ex19_09 中的以下敘述：

```cpp
std::vector<int> more_numbers{ 6, 7, 8 };
numbers.insert(numbers.end(), more_numbers.begin(), more_numbers.end());
```

現在假設 more_numbers 變數被定義為一個內建陣列。然後，新增這些數字的一種方法是利用陣列指標的二元性，結合指標算術和 std::size() 函數，如第 5 章先介紹的：

```
int more_numbers[] { 6, 7, 8 };
numbers.insert(numbers.end(), more_numbers, more_numbers + std::size(more_numbers));
```

雖然完美無缺，但還有一種更好、更統一的方法。為此，使用標準函式庫 iterator 標頭檔中定義的 std::begin() 和 std::end() 函數樣版：

```
int more_numbers[] { 6, 7, 8 };
numbers.insert(numbers.end(), std::begin(more_numbers), std::end(more_numbers));
```

事實上，這些函數樣版不僅適用於陣列；它們也適用於任何容器：

```
std::vector<int> more_numbers{ 6, 7, 8 };
numbers.insert(std::end(numbers), std::begin(more_numbers), std::end(more_numbers));
```

當與容器一起使用時，由於名稱解析在 C++ 中對非成員函數的工作方式，你甚至不需要明確地指定 std:: 名稱空間：

```
std::vector<int> more_numbers{ 6, 7, 8 };
numbers.insert(end(numbers), begin(more_numbers), end(more_numbers));
```

毫無疑問，cbegin() 和 cend() 非成員函數也存在，它們為陣列或容器建立了相應的 const 迭代器：

```
std::vector<int> more_numbers{ 6, 7, 8 };
int even_more_numbers[]{ 9, 10 };
numbers.insert(end(numbers), cbegin(more_numbers), cend(more_numbers));
numbers.insert(end(numbers), std::cbegin(even_more_numbers), std::cend(even_more_numbers));
```

這種語法的緊湊性和一致性，使其成為本章其餘部分中指定範圍的首選方法（至少是因為緊湊性是在將例子放到書上時規定的）。在實踐中，許多人將繼續使用 begin() 和 end() 成員函數來處理容器，這沒有什麼問題。

演算法

標準函式庫的通用演算法結合了本書前面討論的各種概念的優點，如函數樣版（第 8 章）、頂層和高階函數（第 18 章），當然還有迭代器（本章前面）。你會發現，當與 C++11 的 lambda 運算式結合使用時，這些演算法特別強大和具表達能力（第 18 章）。

第一個範例

第 18 章中定義的一些高階函數，實際上已經接近一些標準演算法。還記得 find_optimum() 樣版嗎？它看起來是這樣的：

```
template <Typename T, typename Comparison>
const T* find_optimum(const std::vector<T>& values, Comparison compare)
{
  if (values.empty()) return nullptr;

  const T* optimum = &values[0];
  for (size_t i = 1; i < values.size(); ++i)
  {
    if (compare(values[i], *optimum))
    {
      optimum = &values[i];
    }
  }
  return optimum;
}
```

雖然這個樣版已經相當通用，但仍然有兩個不幸的限制：

- 它只適用於儲存在 vector<> 型態容器中的元素。
- 它只在你想要考慮特定集合的所有元素時才有效。若不先將所有元素複製到一個新容器中，只考慮這些元素的子集是不可能的。

可以很容易地解決這兩個缺點，透過進一步使用迭代器來概括樣版：

```
template <Typename Iterator, typename Comparison>
Iterator find_optimum(Iterator begin, Iterator end, Comparison compare)
{
  if (begin == end) return end;

  Iterator optimum = begin;
  for (Iterator iter = ++begin; iter != end; ++iter)
  {
    if (compare(*iter, *optimum))
    {
      optimum = iter;
    }
  }
  return optimum;
}
```

這個新版本沒有上述兩個問題。畢竟：

◆ 迭代器可用於追蹤所有容器和陣列型態的元素。

◆ 透過只傳遞完整的 [begin()、end()） 迭代器範圍的一部分，新樣版可以很容易地使用子範圍。

algorithms 標頭檔實際上提供了一種以這種方式實作的演算法。只有它不是 find_optimum()，而是 std::max_element()。如果有 max_element()，當然也有 min_element()，當使用相關回呼函數進行比較時，min_element() 將搜尋範圍內最小的元素，而不是最大的元素。我們透過調整前一章的一些例子來看看它們是如何運作的：

```cpp
// Ex19_11.cpp
// Your first algorithms: std::min_element() and max_element()
#include <iostream>
#include <algorithm>
#include <vector>

int main()
{
  std::vector<int> numbers{ 91, 18, 92, 22, 13, 43 };
  std::cout << "Minimum element: "
            << *std::min_element(begin(numbers), end(numbers)) << std::endl;
  std::cout << "Maximum element: "
            << *std::max_element(begin(numbers), end(numbers)) << std::endl;

  int number_to_search_for {};
  std::cout << "Please enter a number: ";
  std::cin >> number_to_search_for;

  auto nearer { [=](int x, int y) {
    return std::abs(x - number_to_search_for) < std::abs(y - number_to_search_for);
  }};

  std::cout << "The number nearest to " << number_to_search_for << " is "
            << *std::min_element(begin(numbers), end(numbers), nearer) << std::endl;
  std::cout << "The number furthest from " << number_to_search_for << " is "
            << *std::max_element(begin(numbers), end(numbers), nearer) << std::endl;
}
```

從這個例子中跳出來的第一件事是，對於 min_element() 和 max_element()，比較回呼函數（callback function）是個選項。兩者都提供了一個沒有第三個參數的多載──它們都使用小於運算子 < 來比較元素。除此之外，這些標準的演算法當然會做你所期望的：

```
Minimum element: 13
Maximum element: 92
Please enter a number: 42
The number nearest to 42 is 43
The number furthest from 42 is 92
```

▌ 提示　algorithm 標頭檔還提供了 std::minmax_element()，可以使用它同時取得特定範圍內的最小和最大元素。該演算法回傳一 pair<> 的迭代器，具有預期的語意。因此，可以將 Ex19_11 中的最後兩個敘述替換為：

```
const auto [nearest, furthest] =
  std::minmax_element(begin(numbers), end(numbers), nearer);

std::cout << "The number nearest to " << number_to_search_for << " is "
          << *nearest << std::endl;
std::cout << "The number furthest from " << number_to_search_for << " is "
          << *furthest << std::endl;
```

在本章的前面，我們參考了 pair<> 樣版和 auto[] 語法的介紹。

尋找元素

標準函式庫提供了各種演算法來搜尋元素範圍內的元素。在前面的小節中，我們已經介紹了 min_element()、max_element() 和 minmax_element()。你可能最經常使用的兩個相關演算法是 std::find() 和 find_if()。第一個是 std::find()，它用於搜尋一個範圍，其中的元素等於特定的值（它用 == 運算子對值進行比較）。第二個是 find_if()，它需要一個頂層的回呼函數作為參數。它使用這個回呼函數來確定任何特定的元素是否滿足所需的特徵。

要嘗試它們，再次回到我們的最愛：Box 類別。因為 std::find() 需要比較兩個 Box，所以需要一個帶有多載 operator==() 的 Box 的變體。例如 Ex12_09 中的 Box.h 標頭檔就可以：

```cpp
// Ex19_12.cpp - Finding boxes.
#include <iostream>
#include <vector>
#include <algorithm>
#include "Box.h"          // From Ex12_09

int main()
```

```
{
  std::vector<Box> boxes{ Box{1,2,3}, Box{5,2,3}, Box{9,2,1}, Box{3,2,1} };

  // Define a lambda functor to print the result of find() or find_if():
  auto print_result = [&boxes] (auto result)
  {
    if (result == end(boxes))
      std::cout << "No box found." << std::endl;
    else
      std::cout << "Found matching box at position "
                << (result - begin(boxes)) << std::endl;
  };

  // Find an exact box
  Box box_to_find{ 3,2,1 };
  auto result{ std::find(begin(boxes), end(boxes), box_to_find) };
  print_result(result);

  // Find a box with a volume larger than that of box_to_find
  const auto required_volume = box_to_find.volume();
  result = std::find_if(begin(boxes), end(boxes),
           [required_volume](const Box& box) {return box.volume() > required_volume; });
  print_result(result);
}
```

輸出結果如下：

```
Found matching box at position 3
Found matching box at position 1
```

find() 和 find_if() 都向找到的元素回傳一個迭代器，如果沒有找到相符搜尋條件的元素，則回傳範圍的結束迭代器。

▌ 注意 如果沒有找到元素，則回傳要搜尋的範圍的結束迭代器，而不是容器的結束迭代器。儘管在許多情況下它們是相同的（在 Ex19_12 中它們是相同的），但這並不都是正確的。

該標準提供了許多變體。下面的列表顯示了其中的一些。有關詳細資訊，請參考標準函式庫參考資料。

◆ find_if_not() 類似於 find_if()，它只搜尋特定回呼函數回傳 false（而不是 true）的第一個元素。

- find_first_of() 搜尋一個元素範圍，尋找與另一個特定範圍中的任何元素相符的第一個元素。
- adjacent_find() 搜尋相等或滿足特定謂詞的兩個連續元素。
- search() / find_end() 在另一個元素範圍中搜尋元素範圍。前者回傳第一個匹配項，而後者回傳最後一個匹配項。
- binary_search() 檢查特定元素是否出現在已排序的範圍中。透過利用輸入範圍內的元素已排序的事實，它可以比 find() 更快地找到所需的元素。元素使用 < 運算子或使用者提供的比較回呼函數進行比較。

▌ **注意**　在本章的前面，我們解釋了集合和映射容器非常擅長於尋找元素本身。因為知道資料的內部結構，所以它們能比任何通用演算法更快地找到元素。因此，這些容器提供了一個 find() 成員函數，你應該使用它，而不是通用的 std::find() 演算法。通常，只要容器提供的成員函數在功能上與演算法相當，就應該始終使用前者。有關詳細資訊，請參閱標準函式庫參考資料。

輸出多個值

find()、find_if()、find_if_not()——這三種演算法都搜尋滿足特定需求的第一個元素。但是若你想找到所有這些呢？若瀏覽一下標準函式庫提供的所有演算法，會發現沒有名為 find_all() 的演算法。幸運的是，至少有三種演算法可以取得特定範圍內滿足特定條件的所有元素：

- 可以使用 std::remove_if() 刪除不滿足條件的所有元素。我們將在下一小節中討論此演算法。
- std::partition() 重新排列範圍中的元素，使那些滿足回呼條件的元素移動到範圍的前面，而那些不滿足回呼條件的元素移動到後面。我們將把這個選項留給你稍後在練習中嘗試。
- std::copy_if() 可用於將需要的所有元素複製到第二個輸出範圍。

```cpp
// Ex19_13.cpp - Extracting all odd numbers.
#include <iostream>
#include <set>
#include <vector>
#include <algorithm>

std::set<int> fillSet_1_to_N(size_t N);   // Fill a set with 1, 2, ..., N
```

```
void printVector(const std::vector<int>& v); // Print the contents of a vector to std::cout

int main()
{
  const size_t num_numbers{20};

  const auto numbers = fillSet_1_to_N(num_numbers);

  std::vector<int> odd_numbers( numbers.size() );
  auto end_odd_numbers = std::copy_if(begin(numbers), end(numbers), begin(odd_numbers),
                         [](int n) { return n % 2 == 1; });
  odd_numbers.erase(end_odd_numbers, end(odd_numbers));

  printVector(odd_numbers);
}
```

可 以 從 Ex19_09 回 收 printVector() 函 數，fillSet_1_to_N() 與 Ex19_10 的
fillVector_1_to_N() 函數非常類似。

將注意力集中在程式中重要的三行程式碼上：那些將 numbers set<> 中的所有
奇數複製到 odd_numbers vector<> 中的程式碼。顯然，std::copy_if() 的前兩
個參數決定了可能需要複製的元素的範圍；第四個決定哪些元素被有效複製。
不過，copy_if() 的第三個參數更有趣。copy_if() 複製的第一個元素被分配到
這個位置。copy_if() 分配給的下一個位置是透過使用 ++ 遞增目標迭代器獲得
的。

因此，至關重要的是，目標範圍（Ex19_13 中的 vector<>odd_numbers）至少
要夠大，以容納 copy_if() 將複製的所有元素。因為一般情況下，你不知道將
有多少個元素，你可能會被迫分配一個大於所需的記憶體緩衝區。這也是你在
Ex19_13 中看到的：odd_numbers 是由 num_numbers 元素的動態陣列（都是零）
初始化的，這對於保存所有奇數來說絕對足夠了。當然，它會比實際需要的大
兩倍。為此，std::copy_if() 演算法回傳一個迭代器，該迭代器指向它複製的
最後一個元素之後的元素。然後，你通常使用這個迭代器從目標容器中刪除所
有多餘的元素，就像在 Ex19_13 中所做的一樣。

▌ **注意**　不要忘記呼叫 erase() 的第二個參數，它必須是容器的結束迭代器。若忘
記了第二個參數，那麼 erase() 將只刪除作為第一個參數傳遞的迭代器指向的單個
元素（換句話說，在 Ex19_13 中，最初的 0 中只有一個將從 odd_numbers 中刪除）。

許多演算法將輸出複製或移動到目標範圍類似於 std::copy_if()
（std::copy()、move()、replace_copy()、replace_copy_if()、remove_
copy()…等等）。因此，原則上所有人都可以使用相同的慣用語。也就是說，你
謹慎地分配了一個過大的目標範圍，然後使用演算法回傳的迭代器再次收縮該
範圍。

然而，這種樣式雖然有時仍然有用，但顯然很麻煩、冗長，而且很容易出錯。
幸運的是，有一個更好的方法。對於 Ex19_13，我們可以使用以下兩個敘述（參
見 Ex19_13A）：

```
std::vector<int> odd_numbers;
std::copy_if(begin(numbers), end(numbers), std::back_inserter(odd_numbers),
          [](int n) { return n % 2 == 1; });
```

使用這種技術，不需要過度分配，因此也不需要 erase() 任何多餘的元素。
相反地，可以透過 std::back_inserter() 函數建立一個非常特殊的 "偽" 迭
代器，該函數由標準函式庫的 iterator 標頭檔定義。在我們的例子中，每次
copy_if() 解參考值並為這個迭代器分配一個值時，實際上發生的是，被分配的
元素被轉發給前面傳遞給 back_inserter() 的容器物件的 push_back() 函數——
即 odd_numbers。

因此，最終的結果是相同的（所有奇數都加到 odd_numbers 中），但是這一次使
用了更少的程式碼，更重要的是，程式碼更加清晰，從而大大減少了出錯的空
間。下面是結論：

▌提示　iterator 標頭檔定義 back_inserter()、front_inserter() 和 inserter()
函數，這些函數分別建立 "偽" 迭代器物件，當一個值在解參考後分配給這些迭代
器時觸發 push_back()、push_front() 和 insert()。當演算法需要向某個容器輸
出多個值時，使用這些函數。

Remove-Erase 慣用語

通常需要從滿足特定條件的容器中刪除所有元素。在本章前面的 Ex19_10 範例
程式的 removeEvenNumbers() 函數，展示了如何使用一個相當複雜的 for 迴圈追
蹤所有元素的容器，檢查是否滿足條件一個元素，並呼叫 erase() 在容器中刪
除元素。

然而，以這種方式實作它是低效且容易出錯的。以 vector<> 為例。若從 vector<> 的中間刪除一個元素，則需要向下移動所有後續元素，以填充刪除的元素的空白。此外，當你在同一個容器上追蹤從容器中刪除元素時，需要額外注意迭代器是否得到了正確的處理，如前所述。這很容易出錯。因此：

▊ 提示　你應該使用 *remove-erase* 慣用法，而不是手動追蹤序列容器的元素。接下來將討論這個習慣用法，使用 std::remove() 或 std::remove_if() 演算法從容器中刪除滿足特定條件的元素。

---

std::remove() 和 remove_if() 演算法並沒有真正刪除容器中的元素；它們不能，因為它們只能得到由一對迭代器標識的範圍。它們沒有存取容器的權限，所以它們不能刪除元素，即使它們想刪除元素。相反地，這些演算法透過移動所有不應該被移到輸入範圍前面的元素來運作。這樣，所有要保留的元素都移動到容器的開頭，所有要刪除的元素都留在容器的結尾。類似於 copy_if() 和 friends（請參閱前一小節），remove() 和 remove_if() 然後回傳一個迭代器到要刪除的第一個元素。然後，可以使用這個迭代器作為容器的 erase() 方法的第一個參數來真正刪除元素。

讓我們看看如何在實際程式碼使用 remove-erase 慣用法。你可以使用與 Ex19_10 相同的程式，只是這次你將 removeEvenNumbers() 替換為這個版本：

```cpp
void removeEvenNumbers(std::vector<int>& numbers)
{
  // Use the remove_if() algorithm to remove all even numbers
  auto first_to_erase{ std::remove_if(begin(numbers),
    end(numbers), [](int number) { return number % 2 == 0; }) };

  // Erase all elements including and beyond first_to_erase
  numbers.erase(first_to_erase, end(numbers));
}
```

輸出（在 Ex19_14 中可取得）應該保持不變：

```
The original set of numbers: 1 2 3 4 5 6 7 8 9 10 11 12 13 14 15 16 17 18 19 20
The numbers that were kept: 1 3 5 7 9 11 13 15 17 19
```

▌**注意** 不要忘記呼叫 erase() 的第二個參數。它必須是容器的結束迭代器。若忘記了第二個參數，那麼 erase() 將只刪除作為第一個參數傳遞的迭代器指向的單個元素。換句話說，在 Ex19_14 中，只有數字 11 會被刪除。

排序

陣列和序列容器的一個關鍵運算是對它們的元素進行排序。std::sort() 演算法在 <algorithm> 中定義，可用於對一系列元素進行排序。傳遞給演算法的前兩個參數是要排序的範圍的開始和結束迭代器。傳遞的第三個參數是一個可選的比較器。如果沒有提供比較器，則按升序排列元素。也就是說，如果應用於一個字串範圍，這些字串將按字典順序排序。下面的範例對字串的範圍進行了兩次排序，第一次是按字典順序排序，然後根據每個字串的長度排序：

```cpp
// Ex19_15.cpp - Sorting strings
#include <iostream>
#include <string>
#include <vector>
#include <algorithm>

int main()
{
  std::vector<std::string> names{"Frodo Baggins", "Gandalf the Gray", "Aragon",
    "Samwise Gamgee", "Peregrin Took", "Meriadoc Brandybuck", "Gimli",
    "Legolas Greenleaf", "Boromir"};

  // Sort the names lexicographically
  std::sort(begin(names), end(names));
  std::cout << "Names sorted lexicographically:" << std::endl;
  for (const auto& name : names) std::cout << name << ", ";
  std::cout << std::endl << std::endl;

  // Sort the names by length
  std::sort(begin(names), end(names),
    [](const auto& left, const auto& right) {return left.length() < right.length(); });
  std::cout << "Names sorted by length:" << std::endl;
  for (const auto& name : names) std::cout << name << ", ";
  std::cout << std::endl;
}
```

輸出如下:

```
Names sorted lexicographically:
Aragon, Boromir, Frodo Baggins, Gandalf the Gray, Gimli, Legolas Greenleaf, Meriadoc
Brandybuck, Peregrin Took, Samwise Gamgee,
Names sorted by length:
Gimli, Aragon, Boromir, Frodo Baggins, Peregrin Took, Samwise Gamgee, Gandalf the Gray,
Legolas Greenleaf, Meriadoc Brandybuck,
```

平行演算法

C++17 標準函式庫中一些最值得注意的新增是,大多數通用演算法的平行版本。今天幾乎每台電腦都有多個處理核心。如今,即使是最普通的手機也有多個處理核心。但是,在預設情況下,呼叫任何標準演算法都只使用其中一個核心。所有其他核心都有坐以待斃的風險,等待著有人向他們的方向投入一些工作。那真是太遺憾了。當處理大型陣列或資料容器時,如果將工作分配給所有可用的核心,這些演算法可以執行得更快。使用 C++17,這樣做變得很容易。例如,要對 Ex19_15 中的獎學金進行平行排序,只需告訴演算法使用所謂的平行執行策略(*parallel execution policy*),如下所示:

```
std::sort(std::execution::par, begin(names), end(names));
```

std::execution::par 常數是由 execution 標頭定義的,所以你必須先導入它。標頭檔還定義了其他執行策略,但是我們不在這裡討論它們。

當然,只有 9 個元素,你不太可能注意到任何區別。如果薩魯曼或索倫把他們軍隊的名字排序,那麼平行執行就更有意義了。

幾乎每個演算法都可以這樣平行化。它幾乎不花你一分錢,而且收益可能非常可觀。因此,在處理較大的資料時,一定要記住這個選項。

▌ **提示** algorithm 標頭檔還定義了 for_each() 演算法,現在可以使用它平行化許多基於一般範圍的 for 迴圈。不過,要注意,迴圈的每個追蹤都可以獨立於其他追蹤執行,否則就會遇到資料競爭。然而,資料競爭和平行程式設計的其他方面不在本書的討論範圍之內。

摘要

本章對標準函式庫的三個最重要、最常用的特性（容器、迭代器和演算法）進行了首次介紹。容器使用各種資料結構組織資料，每種結構都有其優點和限制。典型的容器，特別是順序容器，除了新增、刪除和追蹤元素外，沒有提供太多的功能。更高階的運算是操作儲存在這些容器中的資料，是以一組令人印象深刻的泛型、高階函數樣版的集合，稱之為**演算法**。

我們的目標從來沒有要讓你成為各種容器和演算法樣版的專家。為此，我們需要比這本書多出許多頁。要主動開始使用本章中學到的功能，因此需要定期參考標準函式庫參考——列出所有成員函數的各種容器，以及許多演算法存在的樣版（總共超過 100 個），並且指定所有這些強大的功能的精確語意。即使是最有經驗的 C++ 開發人員也經常需要一本好的參考書或網站的指導。

因此，在本章中，我們的目標是提供一個全面的概覽，主要關注一般原則、最佳實踐和需要注意的常見注意事項，以及在標準函式庫必須提供的豐富特性集、典型使用情境和標準習慣用法之間進行選擇的指南。簡而言之，它包含了你不能輕易從典型參考工作中提取的所有內容。本章的重點如下：

- 序列容器以使用者確定的線性順序儲存資料，一個元素接著一個元素。
- 你的 go-to 順序容器應該是 std::vector<>。其他順序容器在實際應用中的實際使用，特別是 list<>、forward_list<> 和 deque<>，通常是有限的。
- 三個容器轉換器——std::stack<>、queue<> 和 priority_queue<>——都封裝了一個順序容器，它們用來實作一組有限的操作，允許你注入和稍後取出元素。它們的區別主要在於這些元素再次出現的順序。
- 集合是無副本的容器，並且善於確定它們是否包含特定的元素。
- 映射唯一地將鍵與值關聯，並允許你快速搜尋特定鍵的值。
- 集合和映射都有兩種方式：有序和無序。若還需要對資料進行排序的視圖，那麼前者尤其有趣；後者可能更有效率，但是可能需要先定義一個有效的雜湊函數（我們沒有在此討論雜湊函數，但是可以在標準函式庫參考資料中閱讀有關它的所有內容）。
- 當然還有標準演算法，你可以使用迭代器列舉任何特定容器的元素，而不需要知道這些資料實際上是如何組織的。

- C++ 中的迭代器通常會大量使用運算子多載，以便看起來和感覺起來像指標。

- 標準函式庫提供了 100 多種不同的演算法，大多數在 algorithms 標頭檔。我們確保了你可能最經常使用的那些在主文或下面的習題中都會涉及到。

- 所有演算法都在半開放的迭代器範圍內運行，許多演算法都接受頂層的回呼函數。大多數情況下，若預設行為不適合你，則使用 lambda 運算式呼叫演算法。

- 從範圍（find()、find_if()、min_element()、max_element() 等）搜尋單個元素的演算法透過回傳一個迭代器來實作。然後，範圍的結束迭代器用來表示 "not found"。

- 產生多個輸出元素（copy()、copy_if() 等）的演算法通常應該與 iterator 標頭提供的 std::back_inserter()、front_inserter() 和 inserter() 實用程式一起使用。

- 要從序列容器中刪除多個元素，應該使用 "remove-erase" 慣用法。

- 透過將 std::execution::par 執行策略作為大多數演算法的第一個參數傳遞，可以利用目前硬體廣泛的多工處理。

習題

19.1 在實務中，我們永遠不會建議你實作自己的鏈結串列資料結構，將 Box 儲存在 Truckload 中。實作巢狀類別以及使用指標是非常有意義的；但是通常你應該遵循本章前面的建議，只使用 vector<>（更準確地說，一個同名異式 vector<>，請參見第 14 章）。若需要一個序列容器，vector<> 幾乎是正確的選擇。根據此指南，從習題 17.1 的 Truckload 類別中刪除鏈結串列。注意到你現在也可以遵循零原則（參閱第 18 章）了嗎？

19.2 用 std::stack<> 實體替換 Ex16_04A 中自定義 Stack<> 的兩個實體。

19.3 透過使用標準容器替換 SparseArray<> 和鏈結串列樣版型態的所有實體，重新撰寫習題 16.6 的解決方案。仔細考慮哪一種容器型態最合適。

▌ **附註**　若你想要額外的練習，也可以對習題 16.4 和 16.5 的解做同樣的練習。

19.4 研究 `std::partition()` 演算法，並使用它重新實作 Ex19_10 或 Ex19_14 的 `removeEvenNumbers()` 函數。

19.5 不是所有的標準函式庫演算法都是由 `algorithms` 標頭檔定義的。有些還由 `numeric` 標頭檔定義。`accumulate()` 就是這樣一個例子。研究此演算法，並使用它來實作一個類似演算法的函數樣版，計算特定迭代器範圍的平均值。用一個小測試程式練習新實作的樣版。

19.6 由 `numeric` 標頭檔定義的另一種演算法是名為 `iota()` 的奇怪演算法，可以使用它來用 M、M+1、M+2 等值填充特定的範圍。使用它來重做 Ex19_10 的 `fillVector_1_to_N()` 函數。

▌附註 `iota()` 演算法的名稱指的是希臘字母極微小，ι 寫的。這是對經典程式語言 APL 的敬意，由圖靈獎得主 Kenneth E. Iverson 在他的有影響力的書《*A Programming Language*》（這個標題是 APL 的首字母縮寫詞的來源）中開發的經典程式語言 APL。APL 語言使用數學符號數值函數的名字，其中一個是 ι。例如，APL，ι3 將產生陣列 {1 2 3}。

19.7 `erase()` 和 `erase_if()` 並不是唯一適用於刪除慣用法的演算法。另一個例子是 `std::unique()`，它用於從預排序的元素範圍中刪除重複項目。撰寫一個小程式，用 0 和 RAND_MAX 之間的大量隨機整數填滿 `vector<>`，對這個序列進行排序，刪除重複項，然後印出剩餘元素的數量。

19.8 將前面的習題以平行化來解答。

索引

■ B

◾ J, K

◾ L

C++17 教學範本第五版

作　　者：Ivor Horton, Peter Van Weert
譯　　者：蔡明志
企劃編輯：蔡彤孟
文字編輯：詹祐甯
設計裝幀：張寶莉
發 行 人：廖文良

發 行 所：碁峰資訊股份有限公司
地　　址：台北市南港區三重路 66 號 7 樓之 6
電　　話：(02)2788-2408
傳　　真：(02)8192-4433
網　　站：www.gotop.com.tw
書　　號：ACL053600
版　　次：2020 年 01 月初版
建議售價：NT$880

國家圖書館出版品預行編目資料

C++17 教學範本第五版 / Ivor Horton, Peter Van Weert 原著；
　蔡明志譯. -- 初版. -- 臺北市：碁峰資訊, 2020.01
　　面；　公分
　譯自：Beginning C++17, 5th Edition
　ISBN 978-986-502-338-6(平裝)
　1.C++(電腦程式語言)
312.32C　　　　　　　　　　　　　　　　108019036

讀者服務

● 感謝您購買碁峰圖書，如果您對本書的內容或表達上有不清楚的地方或其他建議，請至碁峰網站：「聯絡我們」\「圖書問題」留下您所購買之書籍及問題。(請註明購買書籍之書號及書名，以及問題頁數，以便能儘快為您處理)
http://www.gotop.com.tw

● 售後服務僅限書籍本身內容，若是軟、硬體問題，請您直接與軟體廠商聯絡。

● 若於購買書籍後發現有破損、缺頁、裝訂錯誤之問題，請直接將書寄回更換，並註明您的姓名、連絡電話及地址，將有專人與您連絡補寄商品。